流域環境学

流域ガバナンスの理論と実践

和田英太郎［監修］

谷内茂雄・脇田健一・原　雄一
中野孝教・陀安一郎・田中拓弥［編］

京都大学学術出版会

Hierarchical Watershed Management
- Creation of a Watershed as a Public Space -
*
Eitaro Wada (editor-in-chief)
Kyoto University Press, 2009
ISBN 978-4-87698-770-2

本書は　日本生命財団の出版助成を得て刊行された

湖東地域から望む琵琶湖と比良山系（2003 年 2 月 28 日）

ミクロスケール　　　　　　　　　　　　　　　　　　メソ

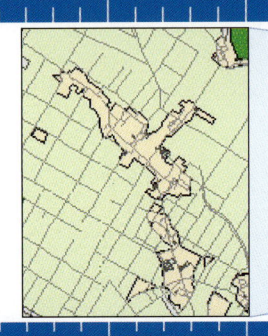

稲枝地域の各集落
（圃場・水路）

彦根市
（小河

農業濁水から

琵琶湖流

（詳細はブリーフノート4参照）

圃場から排水路へ：
田植え前のしろかきにおいて，降雨による溢れ，畦のひびや穴からの漏れ，強制落水などにより，圃場から排水路に濁水が流れ出る．

排水路から河川へ：
排水路に入った濁水は，地域を流れる中小河川に合流する．写真は，しろかき時の農村地域を流れる小河川の中流から下流の様子（2004年5月6日）

河川から琵琶湖へ：
小河川の河口部から琵琶湖湖岸へ流れる濁水（2004年5月6日）

マクロスケール

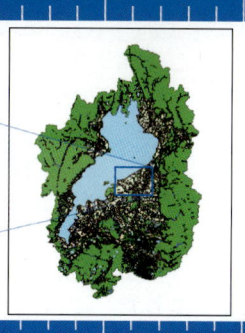

稲枝地域
(排水路)

滋賀県
(琵琶湖流域)

見た

域の階層構造

流域ガバナンスの実現には，流域の階層性を考慮した流域管理が必要となる．琵琶湖－淀川プロジェクトでは，「階層化された流域管理（第2部第1章）」という考え方を提案し，琵琶湖の農業濁水問題を事例として，流域管理の実践的な研究をおこなってきた．

衛星ランドサットから見た琵琶湖に流れる濁水(琵琶湖南湖の濁りは，濁水とは別の要因による)
(1996年4月25日)

南寄りの上空から見た彦根市稲枝地域と琵琶湖湖岸
(2004年5月7日)

空から見た河川から琵琶湖へ流入する濁水
(2004年5月7日)

ミクロレベルの空間スケール：
集落・自治会

地域のいくつかの集落では，異なる分野の研究者が協働して得た成果にもとづいて，農業と水環境に関するワークショップや研究報告会をおこないました．これまでの研究活動をまとめて，農家や住民の方々に報告し意見を交わしました．

「農業と水環境に関するワークショップ」を6集落でおこなった．K_1町（2005年3月23日）

琵琶湖-淀川プロジェクト
環境調査から環境情報提供まで
——流域の階層をつなぐ

ミクロレベルの空間スケール：
集落・自治会

主に社会科学系の研究者が，調査地の地元自治会や組織・個人の方々や市・県など行政機関で，お話しをうかがい，現場の様子を知るために歩きました．それらの結果をふまえて，身近な水辺について考えるワークショップやアンケート調査をおこないました．

メソレベルの空間スケール：
地域

自治会での聞き取り調査．
S町（2003年7月13日）

徒歩での水路網調査．
H町・N町の境付近（2003年9月26日）

> **マクロレベルの空間スケール：
> 琵琶湖流域**

京都大学生態学研究センターのプロジェクト・メンバーを中心に，河川調査と並行しておこなわれた琵琶湖調査．京都大学生態学研究センターの調査船「はす」での採水．
（2004年8月17日）

研究活動の流れ

稲枝のいくつかの圃場では，農業濁水に関する実験や調査をおこない，地元の方々にご協力いただきました．主に自然科学系の研究者は，圃場での調査に加えて，排水路・河川から琵琶湖にいたるさまざまな空間スケールで研究をおこないました（第2部第3章第3節参照）．

> **メソレベルの空間スケール：
> 水路・小河川**

水路での水草分布調査．K₂町付近．
（2004年11月15日）

> **ミクロレベルの空間スケール：
> 圃場・圃場からの排水路**

田から流れる排水の採取と流量の測定
（2004年5月26日）

はじめに

　1993年の環境基本法の制定以降，日本の環境政策には，大きな変化が生まれてきた．河川政策においては，河川法の改正（1997）に象徴されるように，従来の行政と専門家による一元的・トップダウン的な河川行政の限界と弊害が認識され，河川環境を維持・保全していくことや，住民意見を聴取することが政策課題に加わるようになってきた．一方，世界における多様な環境問題研究の進展においても，「多様な利害関係者（ステークホルダー）が関わる，不確実性を前提とした複雑系の持続的なマネジメント」の必要性が，立場やアプローチの違いを超えて唱えられるようになってきた．
　以上のような時代の変化は，一言でいえば，「一律なトップダウン的環境行政」から，「トップダウンとボトムアップを結びつけた環境ガバナンス」への変化とよべるだろう．その大きな特徴は，環境政策の決定過程に，行政や専門家ばかりではなく，地域住民などの多様な利害関係者が参加・参画していくことにある．当然のことながら，そこでは，多様な利害を集約し調整していかなければならないという，これまでの行政と異なった課題がつきまとうことになる．
　このような環境ガバナンスの時代を迎え，その解決にガバナンスを必要とするさまざまな問題に対して，流域管理はもちろん，持続可能性科学や，地球環境問題の現実的な解決の上でも，「従来のトップダウンアプローチではなく，ボトムアップとトップダウンがどのような形で結びつくことが可能なのか？」という問題設定が，より重要性を増してきているといえるのである．
　本書『流域環境学 —— 流域ガバナンスの理論と実践』は，このような時代の要請に応えるため，総合地球環境学研究所（以下，地球研）のプロジェクトのひとつ「琵琶湖—淀川水系における流域管理モデルの構築（2002年度〜2006年度）」（代表：和田英太郎・谷内茂雄）がおこなった5年間の分野横断的な流域管理研究の成果を踏まえて，ガバナンスを理念とする「流域環境学」構築の「はじめの第一歩」としてまとめたものである．
　私たちは，流域管理をおこなう上で，流域の階層性に由来する多様な利害関係者間の問題認識の違いに注目する．詳しくは，本論をお読みいただかねばならないが，流域には複数の階層が存在し，その階層に多様な利害関係者が分散しているため，流域管理を進めるうえでの社会的コミュニケーションが困難になり，流域管理に関する問題認識の違いが発生してしまうと考えている．このような認識の違いが，トップダウンとボトムアップの対立を引き起こす大きな原因のひとつなのである．この課題を乗

り越えるために「階層化された流域管理」という考え方を提案した．この考え方に立ち，琵琶湖 ― 淀川水系のうち，特に琵琶湖流域においては，水質問題（農業濁水問題）を事例として，流域の問題解決を促進するためのコミュニケーションをどのように豊富化していくかという観点に立ち，流域診断・流域管理の方法論の開発を進めてきた．本書は，(1) 流域ガバナンスを理念とした流域管理のための新しい方法論を，(2) 理工学と社会科学の連携による分野横断的なアプローチによって，(3) アジアの代表的な流域管理の事例から学びつつ，琵琶湖 ‐ 淀川水系での実践的な調査活動をもとに，(4) 時代の要請に応えうる理論と実践を兼ね備えた流域環境学をめざして，執筆した点に特徴がある．そして，本書の最後のところでは，こうした流域環境学の成果が，地球環境問題の解決にどのように寄与しうるかということについても触れている．それは，流域における地域環境問題と地球スケールの地球環境問題とは無関係ではないからだ．地球温暖化に代表されるグローバルな地球環境問題の解決においても，巨大な負荷を排出する大都市を含む流域の環境問題の解決が，地球環境問題の具体的な解決策を実践することにつながっていくのである．

　私たちは，5年間の流域環境に関する分野横断的研究から得た重要な知見をもとに，新しい学問を創ることを試みてきた．執筆にあたっては，地域における実践，分野を超えた学問の連携など，その根幹にあるメッセージとダイナミズムを伝えることにも配慮してきた．そのことは，流域管理の現状と課題からはじまり，ガバナンスに配慮した新しい流域管理の考え方の提案，流域診断の技法，流域管理を進めるための社会的コミュニケーション支援，流域環境学の発展課題と続く，5部から全体構成や，多様な専門分野の研究者が執筆していることからもご理解していただけよう．環境問題研究はいまや，多様な学知の動員を要請する総合性を帯びており，専門分野の壁を超えて取りくむべき課題なのである．専門分野の壁を越えた分野横断的な学術研究をおこなう意義，研究者が挑戦すべき学問的・社会的課題を読み取っていただきたい．

　ここで，流域に関する語句についても簡単に説明しておきたい．私たちは，自分たちの研究対象である流域を琵琶湖‐淀川水系という用語で表現している．しかし，文脈によっては，あえて淀川水系と言い換えている部分もある．琵琶湖‐淀川水系とは，琵琶湖流域と淀川流域から構成される．また，淀川流域のうち，木津川，宇治川，桂川の各流域を除いた範囲，すなわち三川が合流した地点より下流を淀川下流域と呼ぶことにする（巻末の付録地図参照）．

　本書の執筆の基盤となったプロジェクトの推進に当たっては，地球研の支援を賜るとともに，国内外の実に多くの皆さまのお世話になりました．特に，琵琶湖流域の調査研究の現場では，地元の皆さま，滋賀県をはじめとする行政機関・研究機関の皆さまに，多大なご支援・ご協力・ご教示をいただきました．とてもすべての方のお名前を挙げることはできませんが，心からお礼申し上げます．

　本書の出版に助成をいただいた財団法人日本生命財団に心からお礼申し上げます．

また，本書の編集と出版に際しては，京都大学学術出版会，特に鈴木哲也氏，斎藤至氏には大変お世話になりました．深く感謝申し上げます．

2009年1月
和田英太郎
谷内　茂雄

目　次

口　絵　i

はじめに　vii

第1部　流域管理の現状と課題

第1章　環境政策と流域管理 ―――――――――――― 3

    1　流域管理，流域ガバナンスとは何か　3

    2　環境政策の現代的課題と流域管理　6

    3　「流域環境学」構築に向けて　11

第2章　流域管理の新しい潮流 ―――――――――――― 15

    1　水循環と物質循環　15

    2　エコシステムマネジメント　18

    3　統合的水資源管理　19

第3章　空間スケールと流域管理 ―――――――――――― 25

    1　流域圏と都市再生　25

    2　国際河川の流域管理　28

    3　流域から地球環境へ　28

第 4 章　琵琶湖-淀川水系の課題 ——————————— 31

    1　水田を媒介とした琵琶湖と人間の関係　31

    2　琵琶湖-淀川水系の人工化　33

    3　河川法改正・河川管理と流域ガバナンス　35

    4　流域ガバナンスと面源負荷　37

ブリーフノート 1　琵琶湖-淀川水系：河川管理と環境保全，住民参加　40

第 2 部　流域管理とガバナンス

第 1 章　「階層化された流域管理」とは何か ——————— 47

    1　流域の階層性 ── 問題認識の差異と階層間のコンフリクト　47

    2　不確実性とガバナンスを前提とした流域管理　50

    3　順応的管理と流域診断 ── 不確実性への対処とエンパワメント　54

    4　コミュニケーションの豊富化 ── 階層性の克服　57

    5　リナックス方式 ── 流域の個性と多様性に応じたカスタマイズと知のコモンズの形成　59

ブリーフノート 2　環境問題解決のための 4 つの手法　63

ブリーフノート 3　合意形成をどう考えるか　66

第 2 章　農業濁水問題の複雑性：琵琶湖を事例として ——— 69

    1　農業濁水問題と流域管理　69

    2　ミクロスケール：小河川や水路の環境悪化　83

    3　メソスケール：沿岸帯における漁業被害　86

    4　マクロスケール：琵琶湖のレジームシフトの可能性　92

ブリーフノート 4　階層性から見た農業濁水　99

第3章　流域ガバナンス研究の枠組みと方法 ──── 101

    1　琵琶湖の水質問題の全体像　101

    2　面源負荷とは：農業濁水問題の位置　105

    3　文理連携と現場主義：研究の枠組みと方法　109

ブリーフノート5　琵琶湖総合開発とは　119

第3部　流域診断の技法と実践

第1章　流域診断の考え方 ──── 125

    1　流域診断のコンセプト　125

    2　流域診断の具体的な展開　131

    3　地域に即した流域診断技法の組み合わせとカスタマイズ　138

ブリーフノート6　流域の望ましい姿とは　143

第2章　水環境への影響 ──── 147

    1　方法論から見た流域管理指標　147

    2　圃場からの濁水の流出 ── 集落から地域社会まで　149

    3　河川の琵琶湖への影響 ── 地域社会から琵琶湖流域まで　174

    4　淀川水系としての視点 ── 琵琶湖流域から淀川流域まで　197

ブリーフノート7　本書で扱う水質指標と安定同位体指標　246

第3章　地域社会の変容 ──── 253

    1　地域の農業構造変化と後継者問題　253

    2　水環境保全に関わる地域の価値観　274

ブリーフノート8　指標と要因の注意点　290

第4部　現場でのコミュニケーション支援

第1章　地域社会と水辺環境の関わり ──── 297
　1　調査地域の概況と利水・排水　297
　2　概念モデルにおける空間構造の検討 ── 稲枝地域を事例に　304

第2章　住民が愛着を持つ水辺環境の可視化 ──── 313
　1　水辺環境について話し合うワークショップ　313
　2　ワークショップの成果にもとづくアンケート調査　324

ブリーフノート9　流域の環境情報と要因連関図式　335

第3章　農家の環境配慮行動の促進 ──── 339
　1　環境配慮行動の促進に向けた心理学的アプローチ　339
　2　農家の濁水削減行動の促進に向けた実践的な取り組み　341
　3　濁水削減行動に対する農家の意思決定プロセスの検討　349
　4　より実践的な順応的管理に向けて　353

ブリーフノート10　簡易モニタリングと重層的なコミュニケーション　357

第4章　ツールとしてのモデル・GIS・シナリオ ──── 361
　1　コミュニケーションのためのモデルとシナリオ　361
　2　複合要因を前提とした固有種の存続評価モデル　365
　3　GISによる階層間のコミュニケーション促進　380

ブリーフノート11　流域管理におけるシナリオアプローチの現在　395

第5章 階層間コミュニケーションを促進する社会的条件 —— 397

1 参加型アプローチが求められる背景　397
2 参加と社会関係資本に関する研究動向　398
3 社会関係資本の諸類型と計測をめぐる問題　400
4 アンケート調査の概要　401
5 流域管理への参加状況　401
6 参加行動に影響を与える諸要因　404
7 参加と社会関係資本に関する計量分析　407

第5部　流域環境学の発展に向けて

第1章 琵琶湖流域から見えてきた課題 —— 419

1 コミュニケーション促進のための指標
　—— 研究者と社会の関わり　419
2 琵琶湖-淀川プロジェクトにおける研究者の協働と地域社会との関わり　424
3 アクションリサーチの実践にむけて
　—— 農村コミュニティの主体性の論理　431

ブリーフノート12　異分野連携のためのGISの活用　445

第2章 淀川下流域と琵琶湖-淀川水系での展開 —— 449

1 淀川下流域の問題構造と水系データベース　449
2 琵琶湖-淀川水系のあり方　461

ブリーフノート13　陸からの負荷と河口域の生態系
　　　　　　　　── 大阪湾の貧酸素水塊の解消策　472

第3章　琵琶湖から地球環境へ ── 477

1　流域環境学の展望　477

2　流域管理とコモンズ・ガバナンス・社会関係資本
　　── 流域管理における管理主体のあり方　482

3　海外における実践事例
　　── バングラデシュとインドでの地域資源管理　494

4　国際河川の流域管理課題 ── メコン川流域　500

5　流域ガバナンスと持続可能性科学，地球環境問題　506

ブリーフノート14　流域管理におけるコアとなる考え方
　　　　　　　　── メコン川流域を事例として　528

ブリーフノート15　地球環境研究の進展と今後の流域研究の展望
　　　　　　　　── 琵琶湖−淀川水系を例に　533

付録地図　544

用　語　集　546

索　　引　557

第1部

流域管理の現状と課題

第 1 章　環境政策と流域管理

　現代の流域管理の課題とは，流域ガバナンスによる持続可能な流域の構築であり，それは現代の環境政策課題の縮図ともいえるものである．本章では，まず第1節において，流域管理，流域ガバナンスとは何かを，流域という視点と流域管理の取り組みが生まれてきた歴史的経緯とともに説明する．第2節では，戦後の環境問題と環境政策の変遷をたどることで，現代の環境政策の基本課題は，「ガバナンスによる持続可能な社会の形成」に集約されることを説明する．ここで，流域ガバナンスを実現する上での流域管理の課題を，(1) 持続可能性，(2) 科学的不確実性，(3) 地域固有性，(4) 空間的重層性の4つに整理して説明する．最後の第3節では，本章を含めた本書の全体構成について解説する．

1 ▍ 流域管理，流域ガバナンスとは何か

1　はじめに：日本の河川管理政策の転換を例に

　本書の主題である「流域ガバナンス」という考え方が日本の社会に登場した背景のひとつとして，1990年代の日本の河川管理政策の大きな転換をあげることができる．当時の日本では，長良川河口堰問題に象徴される，市民不在の中で歯止めの利かない大型公共事業による自然破壊が問題化し，テレビや新聞で連日のように報道された[1]．そのような社会状況の中で，1997年に河川法が改正され，行政と専門家による一元的・トップダウン的な河川行政の限界と弊害が認識され，治水・利水に加えて，河川環境を維持・保全していくことや，住民意見を反映することが政策課題に加わるようになってきたのである．

　流域管理とは，流域という空間スケールを単位として，資源管理や問題解決のマネジメントをおこなうことである．したがって，流域全体の治水計画や地域全体の利水需要といった大局的視点が前提となる河川管理においても，流域管理の視点は当初から必要不可欠であった．実際，1897年の河川法制定に始まった，近代河川工学にもとづいた日本の治水政策は，明治期や戦後の復興期に頻発した洪水被害からいち早く国土を再建する上で急務であった．また，1964年の河川法改正を背景とした水資源開発は，都市人口の増加と産業の成長に必要な利水需要に応え，日本の高度経済成長化を推進する上で不可欠とされたのである．

　その一方で，大局的視点を持った河川管理ではあっても，時代を追うごとに以下

のように相互に関係しあう大きな問題点が明らかになってきた．

第一の問題点は，河川管理目的が治水・利水という開発に関連する目的に限定されていたことである．1997年以前の洪水制御（治水）と水資源開発（利水）という限定された目的の下に，全国一律におこなわれた河川整備事業は，河川改修工事やダムなどの大型構造物の構築の過程で，河川や湿地の生物の生息地やエコトーンを消失させ，河川の連続性を分断し，結果として生態系や環境に大きなダメージを与えることになった．すなわち，河川管理の目的に入っていない生態系や環境に対しては，それが生物や地域社会の持続性の基盤となるものであっても配慮しなかったのである．このような河川整備事業の方向性は，高度経済成長を経て，人々の生活が豊かになるとともに高まってきた豊かな水環境への思いとの間で大きな軋轢を生むことになったのである．

第二の問題点は，第一の問題点とも深く関係するのだが，河川管理の主体が限定されていたことである．河川管理は，ダム建設に象徴されるように，地域開発的な性格も持っており，地域社会の環境と地域の将来像に大きな影響を与えうる．それにも関わらず，工事実施基本計画の策定主体は，基本的に国であった．工事実施基本計画には，影響を受ける地域の多様な利害関係者の参加・参画が前提とされてはいなかったのである．その結果，地域住民に十分な説明がなされないまま計画された，河口堰やダムに代表される巨大な河川構造物の建設は，生態系だけでなく，地域社会にも大きな対立と紛争を生み出すことになったのである．1990年代に日本中で沸き起こった公共事業や河川行政への反対表明は，トップダウン的な河川管理の暴走の危険性を示すと同時に，行政主導による流域管理の限界と弊害を指摘するものでもあったのである．

しかし流域管理という考え方自体には，もともと合理的とされる理由があったはずである．実際，水循環・物質循環の空間的な単位は流域であり，治水や水資源管理においては，水を媒介として緊密な関係にある上流と下流を一体として管理することが合理的であるとともに不可欠との認識がその根底にある．次項では，流域の基本特性から出発して，流域管理の持つメリットを再確認する．

2　新たな流域管理への期待
合理的な空間単位としての流域

流域とは，「雨水が水系に集まる範囲，すなわち雨水が重力に従って地表を移動し水系に集まる領域（岸[2]，p.70）」のことであり，集水域ということばも同じ意味で使われる．ここでの水系とは，河川や湖沼のことである．河川は枝分かれして支流をつくり，その支流がさらに枝分かれして支流をつくり，……，といった形で，地上に河川の分岐した，多くは入れ子状の階層的なシステムを形成するが，その全体を水系とよぶのである．岸[2]によれば，流域には，(1) 集水域（雨水が水系に集まる領域）という最も基本的な特性に付随して，(2) 水循環の基本単位，(3) まとまりのよい生態系，(4)

大地の地図の基本単位（入れ子構造とランドスケープ），(5) 自然の住所の基本領域，という特性がある[2]．以下では，主に岸[2]，柿澤[3]，土屋[4]を参考としながら，流域の特性を流域管理との関係で整理する．

流域管理の概念は，まず，陸上の集水域として，もっと一般的には，表層水だけでなく地下水の流れまで含めて，水循環の収支が完結する空間単位として，そのマネジメント上の合理的な意義を持つのである．さらに，土砂の移動に端的に表されるように，自然界の物質輸送の多くは，水循環によって担われている．水に溶け込んで移動する窒素やリンなどの栄養塩や有機物，また有害物質などの物理化学的プロセスのまとまりでもある．ここに，水循環に付随する物質輸送・物質循環の空間スケールとしての意義が新たに加わってくるのである．

次に，流域は魚などの生物や生態系のまとまりや保全の単位でもある．例えば，サケなどの水生生物の保全には，「単にダムに魚道をつけたり，産業・生活廃水による水質汚染を規制するだけでは十分ではなく，産卵域の保護，河畔林保全による水温維持・栄養分の供給，伐採・林道作設にともなう細粒土砂の流出防止，流水量の維持など流域全体での土地利用を含めた対策が必要（柿澤[3]，p.155）」なのである．さらに，森林や里山，湿地といった生態系は水循環とそれに担われている物質循環によって強く結びつき，単独で管理することは難しい．流域という単位は，これら水循環で結ばれた生態系を維持する上でも合理的な空間スケールの単位なのである．

人間活動や地域社会との関係でいえば，流域は生産活動の単位でもある．上流の森林の伐採が下流の水質や水量に影響を与えたり，上流での灌漑用の水の取得が下流との水資源獲得競争につながるなど，人間の経済活動もまた，水循環を介して密接につながっており，上流と下流を別々に管理することは難しい．

最後に，流域は地形的単位でもある．分水嶺という明確な境界をもって地形的に認識しやすく，水のつながりを通じて人々にとって理解しやすい単位なのである[3]．

近代以前の社会では，水運や漁業などの生業等を通じて，流域は人の生活に融け込み，人と一体感を持って存在していたが，社会の近代化によって人と川とのつながりが断ち切られると，流域という概念も消え去ってしまったのである[4]．土屋[4]によれば，現代の住民が流域という空間スケールを意識するきっかけは，むしろ，水量の減少や水質汚染などの問題発生とともに，「自分と川（自然）との関係が喪失する，あるいは喪失していることに対する危機感（土屋[4]，pp.81）」であるという．この危機感から，意識的に流域を合理的な空間的単位として資源管理や問題解決をおこなおうという動きが，さまざまな領域で発生したのである[4]．こうした意識は，今日の流域管理を見直す上での原点のひとつとしてよいだろう．

本来，このような合理的なスケールメリットを持つ流域管理ではあるが，河川管理の事例で見たように，(1) 管理目的が限定されること，そして (2) 管理主体が限定されることで，現代では大きな問題を露呈するようになった．この問題を克服するべく

流域ガバナンスとは何か [5), 6), 7)]

　次項で説明するように，1990年代以降，地球環境問題が顕在化するとともに，グローバル化が進行することによって世界的に社会経済上の大きな変化が起こった．その結果，広く環境問題，生態系管理，資源管理において，マネジメント（管理）の対象となる問題の範囲が大きく広がるとともに，扱う問題が複雑かつ相互に関係するようになったのである．これによって従来の管理方法にさまざまな問題が露呈しはじめた．その問題を克服しようとして生まれてきたマネジメント上の世界的な指導理念が，「持続可能性」と「ガバナンス」である．本書の中心テーマである「流域ガバナンス」とは，マネジメントに関しては，持続可能性を根底におくとともに，ガバナンスというやり方を採用する流域管理の新しい形態なのである．より詳しくいえば，住民，行政，企業，NGO，研究者といった流域管理の主体は流域全体の持続可能性を保障する，いわばマクロな制約条件としての健全な水循環や環境容量といった俯瞰的な視点を共有している．その上で，地域社会のボトムアップ的・自治的な視点から，各々の多様性と長所を活かして，生活と環境の多面的な関係や課題を粘り強く調整しながら，長い目でみた持続的な流域社会をつくっていく試みのことをいう[5), 6), 7)]．つまり，流域ガバナンスとは，管理の合理的な空間スケールの単位としての「流域」，管理の視点・目的に関わる「持続可能性」，管理の主体に関わる「ガバナンス」という，3つの理念から成り立つ考え方なのである．

　俯瞰的にみれば，日本の河川管理における1997年の河川法改正も，環境政策上の世界的な潮流の一つに位置づけられる．環境を目的に加え，地域の歴史性や固有性の文脈の中に生きる地域社会の多様な利害関係者の意見を反映することが，マネジメントの上で不可欠となってきたのである．次節では，まず，現代の環境問題と環境政策の課題を大きく俯瞰して整理する．その上で，流域ガバナンスを実現する上での流域管理の課題を整理する．

〔谷内茂雄〕

2　環境政策の現代的課題と流域管理

1　第2次世界大戦後の環境問題・環境政策の流れ

公害問題の発生から地球環境問題へ

　環境政策論を専門とする松下和夫は，戦後日本の環境問題と対応する環境政策の関係をもとに，時代を次の大きく4つの時期に区分している[8)]．

1. 戦後復興と高度経済成長前半期（激甚公害の発生）：〜1960年代半ばまで

2. 高度経済成長後半期（環境政策形成期）：1960 年代半ば～ 1970 年代前半まで
3. 低成長期と都市化・生活型公害（環境立法・政策の停滞）：1970 年代後半～ 1990 年頃まで
4. 環境問題の国際化と環境政策の新展開：1990 年頃から現在まで

ここでは，上記 4 つの区分に沿って，おもに松下[8]と倉阪[9]を参考に，環境問題と環境政策の大きな流れを概観する．

戦後復興から高度経済成長の過程においては，まず 1950 年に国土総合開発法が制定される．1962 年には「第一次全国総合開発計画（一全総）」が策定され，「太平洋ベルト地帯を拠点とする拠点開発構想」が打ち出された（倉阪[9]，p.61）．この一全総を背景として，重化学工業を中心とした予想を上回る経済成長の結果，大気汚染による喘息，水俣病などの深刻な健康被害をともなう「激甚公害」が発生したのである．この時代の環境問題は，有害化学物質を含んだ工場排水による水質汚染（河川）や工場の煤煙による大気汚染など，空間的には比較的狭い範囲に発生するとともに，公害の加害者が少数の特定できる工場などの事業者であることと，被害者（地域住民）が分離している点が特徴である．

高度経済成長後半期に入ると，このような公害被害に対して，次々に訴訟が引き起こされ（四大公害訴訟），国は，「公害対策基本法」(1967 年) を成立させた．1970 年代に入ると，総理府の外局として環境庁 (1971 年) が成立し，自然環境保全法 (1972 年) が制定され，日本の「公害・環境法の体系が一応できあがった（松下[8]，p.38）」のである．一方，世界に目を向けると，1970 年代初頭には先進工業国で産業公害が拡がり，1972 年にはストックホルムで「国連人間環境会議」が開かれ，環境保全に関する国際的な取組が本格化した．ローマクラブが「成長の限界」を発表したのもこの年である．

1970 年代後半に入ると，激甚な公害が一応沈静化するとともに，世界的な石油危機 (1973 年，1979 年) の影響も受け，日本経済は低成長時代に入った．それにもかかわらず，高度経済成長期に確立した大量生産・大量消費・大量廃棄型の経済社会システムは存続したため，都市における交通公害，生活排水による閉鎖水域の水質汚濁など都市化・生活型環境問題の比重が増えてきた．この時期の環境問題の特徴は，不特定多数から排出された個々には影響の小さい負荷が大量に集積することで環境問題を引き起こす点にある．また普通の都市住民や地域住民が加害者であるとともに，同時に被害者ともなる点にある．1977 年の淡水赤潮発生に象徴される琵琶湖の水質汚濁問題は，この時期の代表的な事例である．

1990 年代に入ると，地球環境問題が顕在化し，世界的に環境政策における新しい潮流がおこる．東西冷戦体制が終結すると，グローバル化が進行して世界経済の相互依存が深まるとともに人口も急増し，オゾン層破壊や地球温暖化，また世界的な森林伐採や生物多様性の減少などの「地球環境問題」が顕在化してきた．「人間の経済活動

がそれを支える生態系の維持能力を超え，自然や人々の生活や健康に様々な被害を起こす事例が地球の各地域で顕在化してきた（松下[8]，p.54）」のである．地球環境問題とは，その影響が大気・海洋システムを通じて広域に拡散するか，地域スケールの環境問題であっても，同じあるいは相似の構造が，地球上の広い範囲で普遍的に存在するものをいう[10]．影響が広範囲であるため，先進国と開発国に代表されるように，多様な価値観を持った利害関係者（ステークホルダー）が問題の発生と影響の両方に複雑に関わることになる．また問題の影響が，時間的にも世代を超えて伝わるとともに，その影響の予測には，科学的に大きな不確実性をともなうという特徴を持っている．

この地球環境問題の出現に対して，1992年にブラジルのリオ・デ・ジャネイロにおいて，「国連環境開発会議（通称，「地球サミット」）」が開催され，地球規模での「持続可能な発展（sustainable development）」を目指すことが宣言（通称，「環境と開発に関するリオ宣言」）された．併せて，地球温暖化防止のための気候変動枠組条約と生物多様性条約の署名が開始されたのである．

持続可能な発展[11]とは，地球サミット開催を契機として，1987年の「環境と開発に関する世界委員会（通称，「ブルントラント委員会」）」で提唱された概念である．個々の文脈で内容は微妙に異なるが，その共通の特徴を抽出すると，(1)自然や生態系の利用は，人間の福利（human well-being）の基盤となる生態系サービスの供給が，それらの持つ環境容量の範囲内でなされるよう配慮しなければならない，そしてその利用は，(2)将来世代のニーズを損なわず，言い換えれば現世代だけでなく将来世代においても維持すべき（世代間衡平あるいは世代間公正）であり，(3)先進国だけでなく発展途上国においても享受されるべき（社会的衡平あるいは世代内公正）である，という国際的なコンセンサスが形成されるのである．

日本でも，地球サミットの影響を受けて，1993年に「環境基本法」が成立し，1994年に「環境基本計画」が閣議決定された．この環境基本法の成立は，「公害・自然保護・地球環境保全の要請を「持続可能な社会の形成」として統合し，環境行政の転換点となった」とともに，「基本法として環境保全の理念と枠組を提示した」のである（松下8)，p.68)．その後，2001年には，環境省が創設される．現在では，世界各地で，持続可能な社会のモデル（低炭素社会，循環型社会，自然共生・調和型社会等）が研究されるとともに，実践的に構築する試みも始まっている．

持続可能性とガバナンスの理念

環境問題の歴史を見ると，社会経済システムの変化によって，環境問題は広範囲化・複雑化するとともに，問題の発生と影響の双方に多様な主体（利害関係者）が関わるようになってきたことがわかる．その結果，問題解決の方法として，従来の法的規制を中心とした行政主導の方法だけでは，対応できなくなってきたのである．そのため，現代の環境政策の根底には，2つの新しい理念が唱えられるようになってきた．

第一に,「持続可能な社会の形成」,あるいは「持続可能性(sustainability)」という考え方である.地球環境問題の根底には,大量生産・大量消費・大量廃棄という人間の社会経済システムのあり方が,有限である生態系や環境に大きな負荷を与えることに根本的な問題がある.そこで,生態系,地域社会,経済システムの3者が,社会－生態システム(Social-Ecological System)として不可分に結びついていることを認識するとともに,この社会－生態システムが持続可能(sustainable)である必要性が理解されてきたのである.

第二に,環境問題解決における「多様な主体と関連施策の連携(松下・大野[6], p.4)」,すなわち「ガバナンス」の必要性である[6].環境問題が広範囲化・複雑化し,問題の発生と影響の双方に多様な価値観を持った主体(利害関係者)が関わる場合,利害関係者の問題認識は必ずしも一致しているとは限らない.第2部第1章で詳しく説明するが,私たちは,この問題認識の違いを「状況の定義のズレ」とよんでいる.問題の理解において「状況の定義のズレ」が存在すると,利害関係者間にコンフリクトが生じるのである.したがって,問題解決のプロセスにおいても,当事者である多様な利害関係者(ステークホルダー)も問題解決の主体となる必要がある.多様な環境問題の解決においても,この持続可能性とガバナンスを指導理念とした,「多様な利害関係者が関わる,不確実性を前提とした複雑系の持続的なマネジメント」の必要性が,立場やアプローチの違いを超えて唱えられるようになってきたのである.

2　現代の環境政策課題から見た流域管理の課題

第1節において,「流域」という空間スケールを単位として問題のマネジメントをおこなう流域管理の潜在的な合理性を再確認した.一方で,管理目的と管理主体を限定したことによって,大きな問題を露呈した.先述した環境問題の流れをもとに,その理由を考えてみよう.流域管理においても,流域という大きな空間スケールの中に多様な利害関係者を含んでいる.その場合,「状況の定義のズレ」が発生し,問題認識の違いによるコンフリクトが生じることで問題解決に向けた社会的意思決定が難しくなってしまうのである.また,流域自体,現在では生態系と人間が活動する社会経済システムとが一体化しているのが普通であり,問題解決の上では,両者を社会－生態システムとして一体的にとらえ,持続可能性を検討する必要がある.加えて,流域の変化は非常に複雑であり,マネジメントの上でも不確実性をはらむことが避けられない.したがって,流域管理の課題を克服する上でも,先述した3つの理念から成り立つ流域ガバナンスという考え方が提唱されているのである.

では,流域ガバナンスを実現するには,具体的にどうすればよいのだろうか？　本書では,後述する大野の分析(第5部第3章第2節)をもとに,現代の流域管理の問題を,次の相互に関係する4つの課題に整理している.

持続可能性

多くの流域は原生自然とは異なり，人間活動の場でもある．そこでは，その生態系が供給するさまざまなサービスを人間が利用しているとともに，地域社会の経済が生態系サービスの上に成立している場合も多い．したがって，流域管理に関しては，地域社会，地域経済の持続的な維持とともに，生態系サービスを持続的に供給できる状態に生態系を維持することが前提となる．そのための出発点となるのが，流域の現状が，社会−生態システムとして持続可能な状態にあるかを判断するための方法であり，本書では，「流域診断」という考え方でその方法を展開している．

科学的不確実性

流域は複雑なシステムであり，人間活動が流域の生態系にどのような影響を与えるかを，正確に予測することは困難なことが多い．さらに流域の状態の診断についても，時間的制約や経済的コストのため，十分な情報を収集できない状況で判断を下さなければならないことも普通にある．このような場合，科学的不確実性をはらんだ流域管理には，順応的管理とよばれるリスク管理の考え方が本質的となる．

地域固有性

流域は，水循環・物質循環という物理化学的な側面では，近代河川工学のように，汎用性のある指標やモデルの構築がある程度まで可能であり，流域の個性は，システムのパラメータとして集約することも可能かもしれない．しかし，生態系や地域社会に関しては，その生態系や社会が成立した地域の自然科学的特徴や歴史的経緯，いいかえると地域固有性が大きな意味や価値を持ってくる．これらは，全国一律の管理方式にはそぐわないとともに，マニュアル化することもできない．したがって，この地域固有性をどのようにすくいとって流域管理に反映させるかが大きな課題となる．

空間的重層性

流域は，河川の分岐した階層的なシステムをつくる水系によって，流域自体が入れ子構造になっている．これが流域の階層性である．流域を形作る生態系や地域社会も，この流域の入れ子構造に直接・間接に影響を受けて歴史的に形成されてきたものである．そこで，生態系では，流域の階層性によってどのような影響を受けているかが大きな問題として現れてくる．同様の課題が，地域社会では，空間スケール（階層）によって，利害関係者のものの見方や考え方に違い（「状況の定義のズレ」）を生じることである．この流域の特徴である階層性は，空間スケールを拡大したときには，同じ課題を有する国際河川の流域管理や，地球環境問題におけるガバナンスを検討する場合にも共通する．そこで本書では，より一般的には，空間的重層性（大野・松下[6]，27pp.）に起因する課題と位置づけることにする．

3　新しい理念による流域管理の実践

上述した流域管理に関する諸課題を克服するための，さまざまな試みが，現在，世界各地で実践されている．これらのアプローチの多くは，多様な問題を抱える現場の実践の中で生み出されてきたものである．本書では，第2章と第3章でその概要を説明する．

[谷内茂雄]

3 ▍「流域環境学」構築に向けて

これまで説明してきたように，流域全体の健全な水・物質循環の維持，生態系が耐えられる環境容量などの大局的な視点は，流域を問題解決の単位とする流域管理の合理性の根幹である．しかし，流域を単位とした管理ではあっても，流域全体の持続可能性を考慮せずに，限定された管理目的の上で最適化をおこなった場合や，管理主体に流域の利害関係者が含まれていなかった場合には，大きな問題が発生することになる．1990年代の日本の河川管理や公共事業の多くは，地域固有性に配慮しない全国一律の管理・開発方式によって，地域社会の歴史的文脈や生態系の連続性を分断するとともに，管理目的に含まれない生態系や環境に対して，大きなダメージを与えたのである．いわば，スケール・目的・主体のバランスが伴わないために，トップダウン的な流域管理の問題が顕在化したのである．

現代の環境政策上の新しい理念を受けて，これまでの流域管理の課題を克服し，流域全体のいわばマクロな制約条件を共有した上で，生活と環境の多面的な関係や課題を調整しながら，長い目でみた持続的な地域社会をつくっていくための仕組みが，流域ガバナンスなのである．

本書『流域環境学：流域ガバナンスの理論と実践』は，このような時代の要請に応えるため，総合地球環境学研究所（以下，地球研）のプロジェクトのひとつ「琵琶湖−淀川水系における流域管理モデルの構築（2002年度〜2006年度）」（代表：和田英太郎・谷内茂雄）がおこなった5年間の分野横断的な流域管理研究の成果[12), 13)]を踏まえて，ガバナンスを理念とする「流域環境学」構築の「はじめの第一歩」としてまとめたものである．なお，その執筆に際しては，日本学術振興会の未来開拓学術研究推進事業　複合領域6「アジア地域の環境保全」のプロジェクトのひとつ「地球環境情報収集の方法の確立−総合調査マニュアルの作成に向けて（1997年度〜2001年度）」（代表：和田英太郎）の成果[14), 15)]も踏まえていることをお断りしておく．以下に，本書の構成を説明しよう．

本書の構成

第1部第1章（本章）では，流域管理の意義を確認するとともに，現代の流域管理

が克服すべき課題を，環境政策の潮流を踏まえて俯瞰的に整理した．現代の流域管理の課題とは，まず，地域社会と自然の持続可能性，いいかえれば人と自然のつながりをマネジメントの根底に据えることである．この持続可能性を達成する上での流域管理の3つの課題が，流域の持つ特徴でもある，科学的不確実性，地域固有性，空間的重層性である．この課題を克服するための新しい流域管理の試みが，持続可能性とガバナンスの理念に基づいた流域ガバナンスなのである．続く第2章と第3章では，新しい流域ガバナンスの潮流を紹介するとともに，第4章では，本書が事例研究の対象とする，琵琶湖－淀川水系の流域管理の課題を具体的に紹介する．

第2部では，まず第1章で，流域ガバナンスに配慮した流域管理の基盤となる考え方として，「階層化された流域管理」を提案する．この章が本書の枠組となる論理を提供している．私たちは，流域管理の上では，流域の階層性に由来する多様な利害関係者間の問題認識の違いが，大きな課題であるとの認識に立っている．この認識の違いが，トップダウンとボトムアップの対立を引き起こすのである．そこで本書では，流域ガバナンスにおいて「従来のトップダウンアプローチではなく，このトップダウンとボトムアップがどのような形で結びつくことが可能なのか？」という問題を中心に設定した．続く第2章では，プロジェクトでの具体的な研究事例である琵琶湖の農業濁水問題の複雑な様相について説明する．第3章では，農業濁水問題の理解の前提として必要となる琵琶湖の水質問題についてまとめるとともに，プロジェクト研究の枠組と方法を説明する．

第3部と第4部では，第2部で提案した階層化された流域管理の考え方に基づいて，流域の流域診断，流域管理を進めるための社会的コミュニケーション支援のための具体的な方法を展開する．これらは，現場での文理連携のプロジェクト研究の実践の中から求めてきたものであり，本書の主要部分である．

第5部では，本書を締めくくる上で，流域環境マネジメントのための実践的な学問「流域環境学」の発展に向けての展望をまとめている．第1章では，琵琶湖流域でのプロジェクト研究から見えてきた課題をまとめている．続く第2章では，琵琶湖－淀川水系の下流，特に淀川下流域の水質問題に対して，階層化された流域管理の視点からの提案をおこなっている．第3章では，本書の総括として，流域環境学の展望の上で，関連する資源管理や地球環境問題等と比較して流域管理を検討し，流域管理と地球環境問題の間を，空間スケール・階層性という視点をもとに架橋する試みをおこなっている．

15編からなるブリーフノートは，本編では十分展開できなかった重要な概念やトピックを，それだけで完結する形でまとめたものである．本編とあわせて読むことで，より関心や理解が深まるようなテーマを選んでいる．また，巻末の用語集では，本書の考え方をもとに，重要な用語，約30語を精選して解説している．適宜，参照していただきたい．

本書の全体構成や，多様な専門分野の研究者が執筆していることからわかるように，環境問題研究はいまや，多様な学知の動員を要請する総合性を帯びており，専門分野の壁を超えて取りくむべき，いわば研究者のガバナンスが必要とされている課題なのである．本書で展開した流域管理の考え方や具体的な方法論だけでなく，専門分野の壁を越えた分野横断的な学術研究をおこなう意義，研究者が挑戦すべき学問的・社会的課題も読み取っていただければ幸いである．

[谷内茂雄]

参考文献

1) 天野礼子 (2001)『ダムと日本』岩波書店．
2) 岸由二 (2002)「流域とは何か」木平勇吉編『流域環境の保全』朝倉書店, pp. 70-77．
3) 柿澤宏昭 (2000)『エコシステムマネジメント』築地書館, pp. 152-155．
4) 土屋俊幸 (2002)「住民にとって「流域」とは何か」木平勇吉編『流域環境の保全』朝倉書店、pp. 78-85．
5) 仁連孝昭 (2007)「流域システムの価値と流域ガバナンス」『流域ガバナンスとは何か ── 流域政策研究フォーラム報告書　2006』滋賀大学環境総合研究センター・滋賀県立大学環境科学部・財団法人国際湖沼環境委員会 (ILEC) 発行, pp. 12-16．
6) 松下和夫・大野智彦 (2007)「環境ガバナンス論の新展開」松下和夫編著『環境ガバナンス論』京都大学学術出版会, pp. 3-31．
7) 大塚健司編 (2008)『流域ガバナンス ── 中国・日本の課題と国際協力の展望』アジア経済研究所．
8) 松下和夫 (2007)『環境政策学のすすめ』丸善．
9) 倉阪秀史 (2004)『環境政策論 ── 環境政策の歴史及び原則と手法』信山社．
10) 石井励一郎・和田英太郎 (2008)「モデルとシミュレーションと検証と ── 新しい生態系の変動予測から」『科学』**78** (**10**): 1142-1147．
11) 佐和隆光監修、環境経済・政策学会編 (2006)『環境経済・政策学の基礎知識』有斐閣ブックス．
12) 谷内茂雄・田中拓弥・中野孝教・陀安一郎・脇田健一・原雄一・和田英太郎 (2007)「総合地球環境学研究所の琵琶湖−淀川水系への取り組み ── 農業濁水問題を事例として」『環境科学会誌』**20**: 207-214．
13) 和田英太郎・谷内茂雄監修 (2007)『琵琶湖−淀川水系における流域管理モデルの構築　最終成果報告書』総合地球環境学研究所, プロジェクト 3-1．
14) 和田プロジェクト編 (2002)『流域管理のための総合調査マニュアル』京都大学生態学研究センター．
15) 谷内茂雄・脇田健一・原雄一・田中拓弥 (2002)「水循環と流域圏 ── 流域の総合的な診断法」『環境情報科学』**31**: 17-23．

第2章 流域管理の新しい潮流

　流域管理の課題を整理した第1章を受けて，第2章では，多様な現場における流域管理の新しい潮流を紹介する．第1節では，まず，健全な水循環の回復を通じて，都市環境の再生をめざす試みについて紹介する．次いで，森と海を結ぶ循環の連続性（連環）に着目し，連環分断の解明を通じて，沿岸域を含めた流域の再生をめざす「森里海連環学」の試みを紹介する．第2節では，アメリカ合衆国において自然資源管理の新しい考え方として発展した，現代生態学の考え方と協働的・分権的な仕組みを取り入れた，エコシステムマネジメントについて紹介する．第3節では，世界的な水問題の深刻化の中で，国際的に支持されるようになってきた，水資源管理における統合的水資源管理や統合的流域管理の考え方について説明する．

1 水循環と物質循環

生態系サービスを支える水循環

　最初に本節で必要となる，水循環と生態系サービスと呼ばれる考え方について簡単に説明しておこう．流域に降った雨は，最終的に海に流下するが，蒸発によって再び流域に降雨となって戻る．このような水のサイクルを流域での「水循環」と呼んでいる（詳しくは，第3部第1章第1節を参照）．第1章で流域の特性について説明したが，この水循環によって，土砂などの物質の輸送や窒素・リンといった栄養塩の物質循環が駆動されている．さらに，水循環と物質循環は，流域の中に地形や物理環境とともに，生物の生息場所を形成し，生物の食物連鎖・食物網を維持することで，河川や湖沼，湿地，森林などの多様な生態系の基盤となる．そして，人間の生活は，流域の生態系のさまざまな生態系サービス（ecosystem service）の上に成り立っているのである．

　生態系サービスとは，生態系の持つさまざまなはたらき（生態系機能）の中で，人間が利用できるもの，人間の利益になるものを総称したことばである[1]．1990年代，地球環境問題が国際的な環境政策の課題となると（第1章第2節），人間活動が生態系に与えるインパクトとともに，生態系のダメージによって，人間社会がどのような不利益を受けるかについても研究が進展した．その場合の基盤となる考え方が生態系サービスなのである．詳細は，第3部で説明するが，流域においては，「水循環のあり方→生態系のはたらき→生態系サービス」といった流れによって，水循環のあり方が，さまざまな生態系サービスの量と質を決定する主要因となるのである．水環境に関わ

る生態系サービスを，大きく①水量，②水質，③水産資源，④水辺価値，の4つの要素に整理（第3部第1章第1節）してみれば，水循環が人間生活とどのように関わるかがよくわかる．河川管理の視点からいえば，私たちが，治水，利水，環境，それぞれの立場から何を要求するかが，生態系サービスに関わっているといってもよい．

人間活動による流域の水循環の撹乱[2), 3)]

ところが，この生態系サービスを根幹で支える水循環が，近代以降，人間活動によって大きな撹乱を受けてきたのである．第1章でも概観したように，特に，激甚公害が発生する高度経済成長期には，日本の各地域で都市化が進み，東京や大阪などの沿岸の大都市圏では，急速な人口増加と工業化が進展した．その結果，水需要の増大と汚濁物質の排出量の増加によって，水循環が大きな撹乱を受けたのである．具体的には，増大する水需要を満たすための，都市域上流での大規模な水資源開発（ブリーフノート5），都市内での上水道の整備，下流沿岸域へ水を流すための下水道と排水処理システムの整備，地下水くみ上げとビルや地下鉄など地下構造物の建設，水田や森林などの宅地化，路面のアスファルト道路化などによって，流域全体の表層水と地下水を含めた水循環が，人工的に管理されるとともに，量・質ともに大きな影響を受ける．

このような水循環への撹乱の結果，都市河川の人工化による自然の消失，都市水害などの新たな治水上の問題の発生，沿岸生態系への影響など，都市が持続的に機能する上で障害となるさまざまな問題が生じてきた．健全な水循環とは，「流域を中心とした一連の水の流れの過程において，人間社会の営みと環境の保全に果たす水の機能が，適切なバランスの下に，ともに確保されている状態」をいうが，水循環が健全な状態でなくなった結果，治水，利水，環境の立場からのバランスのとれた生態系サービスが満たされなくなったのである．そこで，健全な水循環を回復することで，治水・利水・環境それぞれからの要求がみたされるように生態系サービスを回復し，都市環境の再生をめざす動きがおこってきたのである．都市再生の方法を水循環の回復に求める以上，流域に着目し，流域管理に目をむけるのは当然の流れといってよい．この都市再生の具体的な内容については，第3章の「流域圏と都市再生」で稿をあらためて紹介する．

森里海連環学の試み：森から海までの連環の回復[4)]

流域管理に新たな目を向けるのは，水循環の回復を基盤として都市環境の再生をめざす動きだけではない．次に，広く物質循環や生態系の連続性の回復の視点から流域に着目する，京都大学フィールド科学教育研究センターが提唱する「森里海連環学」[4)]を紹介する．

森里海連環学の提唱者である田中克は，新しい学問を発想した原点の一つは，「森は海の恋人」運動にあるという（田中[4)], p.328）．宮城県の三陸リアス式海岸にある気

仙沼湾は，海草や貝類の好漁場であったが，1960年代後半から赤潮が頻発し，牡蠣の養殖も大きな打撃を受けることになる．地元で漁をしていた畠山重篤は，フランスの牡蠣養殖の視察をきっかけに，海だけで考えていたのでは原因はわからず，川や森までを含めて考えないと根本的な解決はできないと考えるようになる．そこから，「流域に暮らす人々と漁民が価値観を共有する必要がありそのためには仕掛けが必要ではないか（畠山[4]，p.234）」と考え，気仙沼湾に流れ込む大川上流にある信仰の山，室根山に，漁民の感謝の気持ちを込めて広葉樹を植林することを思い立つのである．「森は海の恋人」とは，このときにできた植樹運動のスローガンである．畠山は，植樹運動を続けていくと同時に，植樹運動の科学的な根拠を求めて，研究者との交流を進めていく．その過程で，田中克とも出会うのである．

森里海連環学とは，「森から海までのつながり（連環）の機構を解明し，持続的で健全な国土環境を保全・再生する具体的な方策を研究する新しい学問領域（山下[4]，iv）」とされる．森里海連環学の大きな特徴は，流域を流下する降雨の終着点である海（沿岸域）の生態系や生態系サービスの現状診断からさかのぼって，その原因を，森から海までをつなぐ生態系や水・物質循環の「連環」と呼ばれるネットワークの分断や変質に求める点にある．その際，森と海の間にあり，人間活動や生活の場である「里」が，森と海の関係を解明する鍵になると考える（柴田・竹内[4]，p.3）．「環」とは，森と海の間にある物質循環や食物連鎖による広く循環をさす概念で，「連環」とはその環のつながり，多様な循環のネットワークを指している．里に住む人間の活動がこのネットワークに介入することで，もともとの連環が撹乱を受けてしまった．その結果，現在，森と海を結ぶ連環から断ち切られてしまった環が多数ある．この連環からの環の分断が，多くの環境問題につながったと考える．つまり，森里海連環学とは，物質循環や生態系というレベルでの循環の連鎖・ネットワークである「連環」の解明と再生によって，森から海に至る連環の総体としての流域環境の再生を目指すものである．その根底にあるのは，先に紹介した，流域での健全な水循環の回復によって都市環境の再生をめざす考え方とも共通して，生態系サービスを生み出す生態系や地域社会の持続可能性の視点に立っているのである．

田中は，「環境問題の本質的な解決には，"もぐらたたき"のような個別技術の開発による対処ではなく，自然と自然，人と自然そして人と人のつながりの再生が最も重要であり，ここにこそ21世紀の新しい統合学問領域として「森里海連環学」創生の意義が存在する（田中[4]，p.310）」という．また，「学術分野では森や里や川や海に直接間接に関わる理系・文系を含む異分野研究者の共同テーブルを提供すると共に，現実を変える力になり得る新しいスタイルの学問として，地域密着型・地域住民との共同の輪を広げることをも重視している（田中[4]，p.332）」という．森里海連環学の理念は，私たちが本書でめざしている流域環境学と共有するところが大きいのである．

[谷内茂雄]

2 エコシステムマネジメント[5), 6), 7)]

エコシステムマネジメント（ecosystem management）とは，1980年代中頃にアメリカで生まれた自然資源管理に関する新しい考え方である．森林政策が専門の柿澤宏昭によれば，その背景には，第一に自然資源管理に関わる課題が，時代ともに深刻化・広域化してきたこと（生物多様性の喪失など地球環境問題の登場），第二に自然資源に対する社会的要求が多様化してきたこと（生態系サービスでいえば，木材生産や水産資源などの供給的サービスだけでなく，レクリエーションなどの文化的サービスや洪水制御などの調節的サービスへの要求），第三に生態学の発展により，自然資源管理の前提となる生態系観が大きく変わったこと[6)]がある．従来の自然資源管理では，優れた自然景観や貴重な野生生物の保護，あるいは林業や漁業に関わる生物資源生産の維持を管理目的とすればよかった．管理目的は限定されており，管理する対象や時間・空間的範囲も限定されていたし，管理主体も行政と限られた利害関係者（農林水産業関係者など）でよかったのである．ところが，自然資源管理の課題に生物多様性や生態系の保全が入り，管理目的にも多様な生態系サービスの維持が加わることで，管理対象は時間・空間的にきわめて広範囲になるとともに，多様な利害関係者が関わるようになってきたのである．加えて，生態学によって，生態系の非常にダイナミックで複雑な挙動が指摘されたことで，従来の自然資源管理の方法への見直しが必要となった．その結果，従来の行政の規制的手法を主体とした管理方式では対応できなくなり，新しい自然資源管理が求められるようになったのである．

エコシステムマネジメントの考え方と課題

現代の生態学では，生態系（森林，湖沼，河川など）は，それ自体が階層的な構造を持ち，撹乱に対して複雑な応答をおこなう複雑系であるとともに，他のタイプの生態系と水循環や物質循環，生物の移動を介して密接に結びつく相互依存系でもある[8)]．エコシステムマネジメントとは，この現代生態学の知見をもとに，生態系の持続的な管理をめざした考え方である．以下に，その考え方の基本要素を述べるが，それを見てもわかるように，エコシステムマネジメントは，自然資源管理の上での方針・枠組であり，詳細な青写真のもとにマニュアル的に実施できる性格のものではない．

第一に，管理目標については，木材生産高やサケの漁獲高といった特定の生態系サービスのアウトプットに限定するのではなく，多様な生態系サービスを生み出す生態系の状態におく．生態系というシステムのはたらきを健全な状態に管理することで，生態系が生み出す各種の生態系サービスが持続的に維持されるからである．したがって，どのような生態系サービスをどのくらい供給する生態系が望ましいのか，いいかえると「望ましい生態系」の目標像をどのように決めるのかが重要な課題となる[5)]．

第二に，管理対象や管理の空間的範囲は，生態系の相互依存性という複雑な連関を考えれば，生態系の持続可能性を前提とするエコシステムマネジメントでは，従来よりも大きな管理範囲が必要となる．また，多くの利害関係者の多様な生態系サービスに関する要求を反映する必要もある．ここに，エコシステムマネジメントでも，「まとまりのよい生態系の単位」である流域という空間スケールに収斂してきた理由がある．

第三に，管理方法としては，生態系の複雑な応答を前提とする必要があるため，不確実性を前提とした「順応的管理（adaptive management）」が基本となる．第2部第1章でも詳しく述べるが，順応的管理とは，不確実性にともなうリスク管理手法として提案された「意思決定における試行錯誤と客観的・価値中立的な科学的実験（scientific experiment）という2つの学習方法の長所を組み合わせた（畠山[7]，p.48）」考え方である．

第四に，「人間も生態系の一員として捉え，人間社会と生態系を統一的に考えることを主張（柿澤[5]，p.12）」する．言いかえると，「社会的な持続性・経済的な持続性・生態的な持続性を統合して考える（柿澤[6]，p.76）」のである．社会－生態システム（social-ecological system）としての持続可能性といってもよい．

第五に，実施にあたっては，第一～第四の要素から，幅広い利害関係者の参加・参画と協働を基本とした，分権的な資源管理の仕組みが必要となる．

エコシステムマネジメントの実施に関しては，このような従来の自然資源管理にない考え方・指針の下で，地域ごとに試行錯誤的に踏み出すことが必要となる．代表的な事例として，アメリカ北西部の森林計画や，アメリカ西海岸におけるサケ再生・流域保全，アメリカ東海岸における流域管理が，エコシステムマネジメントによっておこなわれており，現在では，エコシステムマネジメントの主要原理・原則は，さまざまな形で，連邦や州の政策の中に取り入れられている（畠山[7]，pp.54-55）．

アメリカの先駆的な事例をもとに，柿澤は「日本の自然資源管理のパラダイム転換にむけて」と題して，日本の自然資源管理の方向性を考える上での課題を7つにまとめている．なかでも，「望ましい状態としての生態系を目標とするということは，それを支える持続的な社会のあり方を考えるということであり，自分たちの住む地域社会をいかに住みやすくするかを考えることである．エコシステムマネジメントは結局のところ「地域づくり」につながってくる（柿澤[5]，p.191）」という指摘は，流域ガバナンスを実現する上で，本質を突いた指摘であるといえる．

[谷内茂雄]

3 統合的水資源管理

近年，水資源管理や河川・湖沼の流域管理の上で，統合的水資源管理（IWRM：

Integrated Water Resource Management) や統合的流域管理 (IRBM: Integrated River Basin Management) とよばれる考え方が国際的に認知されてきた．どちらも「統合的管理 (Integrated Management)」という点に主眼がある．両者は同義語といってもよいが，統合的流域管理は，後述するように，特に「土地と水」や，国際河川の流域管理における「上流と下流」の統合を強調する場合や，管理目的が水資源に限らない場合にも使われる．そこで本節では，主に統合的水資源管理を中心に紹介する．

統合的水資源管理が提唱された背景には，1990年代以降，世界の水資源の窮迫が認識されるとともに，21世紀には水問題が世界的に深刻になるとの予想があった．中でも，急速に人口が増加している開発国の水問題は深刻だが，その原因については，「『人間開発報告2006』では，水危機の要因は，水供給の不足よりはむしろ，「貧困，格差，不平等な力関係，水管理政策の欠陥」にあるとされている（大塚[10]，p.4）．」のである．

統合的水資源管理は，1992年の「水と環境に関する国際会議」でのダブリン宣言，1992年の地球サミットにおける『アジェンダ21』の勧告（淡水資源の第18章）を経て，「水問題に費用効果の高い経済的かつ持続的な方法で取り組もうとしている国々を支援するプロセス」として，国際的に認知されたのである．1996年には，統合的水資源管理の推進を目的として，ストックホルムに世界水パートナーシップ (GWP: Global Water Partnership) が設立された．以下では，世界水パートナーシップ（以下，GWPとよぶ）のコンセプトペーパー[9]に沿って，統合的水資源管理（以下，IWRMとよぶ）の基本理念を説明する．

GWPは，「IWRMとは，水，土地および関連資源の開発管理を相互に有機的に行い，その結果もたらされる経済・社会的反映を，貴重な生態系の持続可能性を損なうことなく，公平な形で最大化する方法 (18p.)」[9]と定義する．設立の背景からもわかるように，IWRMは，「持続可能な発展」の理念を共有する，次のダブリン宣言の4つを指導理念としている．

1. 水は有限で脆弱な資源であり，生命・発展・環境の維持に不可欠．
2. 水資源の開発・管理には，すべての利害関係者がすべての段階で参加して取り組むべき．
3. 女性は水の供給・管理・保全において中心的役割を果たすことを認識すべき．
4. 水は経済的な価値を有し，経済財として認識すべき．

理念1は，水がさまざまな生態系サービスの基盤であるとともに，希少資源である水の管理には，統合的な取り組みが必要であることを，理念2は，利害関係者の参加型アプローチの有効性と必要性を，理念3は，女性の平等な参加の必要性を，理念4は，水の価値の十分な認識の必要性を示している．

このような理念に立つIWRMでは,「「ばらばらに行われている水資源管理」こそが,水資源管理失敗の根底にあるとして,自然システムと人為システム（社会経済システム）それぞれの各要素の統合管理のみならず,両システム間の統合管理が必要であるとする（GWP-TAC 2000, 18-24）（大塚[10], p.7)」のである．自然システムが統合管理されていないとは,上流と下流,淡水域と沿岸域,土地と水,表流水と地下水,水量と水質などが別々に管理されたことから,多くの問題が発生してきたことをさしている．例えば,水資源を上流の利害関係者だけで管理した場合,下流に水不足や水の汚染といった問題が発生する．また人為システムが統合されていないとは,例えば,同じ水の管理であっても,治水,飲料用水,農業用水,工業用水,環境,排水などの用途によって,それぞれの管理部門が別々に管理をおこなうことをいう．また,従来,管理に多様な利害関係者が含まれていなかったことも問題とし,管理の計画立案・決定の段階から参加する参加型アプローチが必要だとしている．

このような統合管理を方針として,IWRMは,水資源管理を通じて,(1) 希少資源としての水利用の経済効率性（efficiency）を高め,(2) すべての人が適正な量・質の水を利用できる社会的公平性（equity）を増進するとともに,(3) 水資源の持続可能な利用による環境の持続可能性（environmental sustainability）を達成することの3つを戦略目標としている．

IWRMでは,こうした統合的な水資源管理の方針を提唱する一方で,その「基本理念については,経済社会的発展の状況と段階を問わず一般に適用できるものではあるものの,このような理念を実践に移す方法の全体的な青写真はない（p.6)」[9]とする．その理由として,水資源管理においては,国家や地域において大きく異なる要素が多く,地域条件の違いを反映するためには,必然的に多様な形態が必要だとしている．その代わりに,水資源管理をおこなう主体が,意思決定を行う際に支援する手段・方法として「ツールボックス」[11]を開発し,インターネットを介して,無償で提供している(注1)．ツールボックスには,IWRMの基本的な考え方の実践を可能にするための専門的知識・手段（ツール）と世界各地域におけるIWRMの実践事例が,分析的・批判的なコメントも含めて収められている．ユーザーは,自分の関心と状況に応じて,どのツールが利用できるかを理解するとともに,適したツールの組み合わせを選択し,カスタマイズすることで,必要とする状況に適用することが可能となるのである．

このような統合的水資源管理あるいは統合的流域管理の考え方の必要性は,開発国の水資源開発に限るものではない．日本における水資源開発や河川管理においても,治水・利水・環境のバランス,多様な利害関係者の参加の実現の上で,いいかえると流域ガバナンスの実現においても,「統合的管理」は,不可欠な視点なのである．例えば,中村[12], [13]は,湖沼の統合的流域管理の視点から,琵琶湖総合開発（第4章,ブリーフノート5）を含めた流域管理の歴史に関する評価とともに,琵琶湖－淀川水系の今後の取り組みにおける幅広い議論が必要だと主張する．

以上，本章では，流域管理に関わる新しい潮流について紹介してきた．水循環の回復による都市の再生，森と海をつなぐ連環の回復による海の再生，自然資源管理，水資源管理，と多様な分野における事例ではあるが，共通していることがある．1つ目は時代の変化とともに，それまでの管理のやり方が通用しなくなって生まれてきたこと，2つ目は，「持続可能な発展」を理念とし，利害関係者の参加を不可欠とすること，3つ目は，流域という空間スケールが管理の上で有効と考えられていることである．最後に，実施にあたっては，青写真やマニュアルがなく，地域ごとに試行錯誤を通じて管理の仕組みを確立することが必要だと考えられていることである．

　私たちは，これら流域管理に関わる新しい潮流の考え方から多くのことを学んだ．しかし同時に，これらの考え方を具体的に展開していくためには，単に流域という空間スケールに注目するだけでなく，さらに流域内部に生み出される異質性や差異に踏み込んだ議論を行うことが必要だとも考えた．というのも，このような異質性や差異が流域管理をめぐる合意形成を困難にしているからである．以上のような合意形成の困難さは，流域のもつ「階層性」に起因している．そこで第2部では，それら流域が持つ制約条件としての「階層性」について説明し，その「階層性」を乗り越えるための方途として，「階層化された流域管理」という考え方を提案している．私たちは，この流域の階層性を考慮した「階層化された流域管理」の考え方に基づいた流域環境学の確立こそが，流域ガバナンスを実現する上で必要不可欠だと考えているのである．

[谷内茂雄]

注

1) 私たちは，琵琶湖―淀川プロジェクトの開始時に，プロジェクトを進める上での課題を議論する国際ワークショップを催した．その際，本節で紹介した統合的水資源管理(IWRM)を推進する GWP の関係者である Jan Hassing 氏を招待した．Hassing 氏は，デンマークにある GWP のリソースセンター(DHI)の上級水資源プランナーの立場から，IWRM の「ツールボックス」について話題提供をしていただくとともに，本プロジェクトに対しても貴重なご意見をいただいた[11]．

参考文献

1) Millennium Ecosystem Assessment 編・横浜国立大学21世紀COE翻訳委員会監訳(2007)『国連ミレニアム　エコシステム評価　生態系サービスと人類の将来』オーム社．
2) 虫明功臣(2005)「流域圏・水循環再生」石川幹子・岸由二・吉川勝秀編『流域圏プランニングの時代 ── 自然共生型流域圏・都市の再生』技法堂出版，pp.117-148．
3) 高橋裕(2003)『地球の水が危ない』岩波書店．
4) 山下洋監修・京都大学フィールド科学教育研究センター編(2007)『森里海連環学 ── 森から海までの統合的管理を目指して』京都大学学術出版会．
5) 柿澤宏昭(2000)『エコシステムマネジメント』築地書館．
6) 柿澤宏昭(2003)「自然資源管理に求められるもの ── エコシステムマネジメントとは何

か」『神奈川県自然環境保全センター自然情報』**2**：75-78.
7）畠山武道・柿澤宏昭・土屋俊幸「エコシステムマネジメントの進展と課題 ── アメリカ合衆国における多様な取り組み」畠山武道・柿澤宏昭（編著）（2006）『生物多様性保全と環境政策 ── 先進国の政策と事例に学ぶ』北海道大学出版会，pp.33-132.
8）鷲谷いづみ（1999）『生物保全の生態学』共立出版.
9）世界水パートナーシップ技術諮問委員会（TAC）中村正久監訳（2000）『水資源統合管理（Integrated Water Resource Management）』財団法人国際湖沼環境委員会（ILEC）発行.
10) 大塚健司編（2008）『流域ガバナンス ── 中国・日本の課題と国際協力の展望』アジア経済研究所.
11) Hassing, J. (2006)「流域管理のためのツールボックスの利用」130p-152p in 総合地球環境学研究所・研究プロジェクト3-1編集「国際ワークショップ報告書：分野横断による新たな流域管理システムの構築に向けて」総合地球環境学研究所.
12) 中村正久（2002）「湖沼・河川流域の統合的管理と琵琶湖淀川水系」『環境情報科学』**31**：9-16.
13) 中村正久（2007）「統合的流域管理をめぐる歴史的経緯と最近の動向」『流域ガバナンスとは何か ── 流域政策研究フォーラム報告書　2006』滋賀大学環境総合研究センター・滋賀県立大学環境科学部・財団法人国際湖沼環境委員会（ILEC），pp.6-11.

第 **3** 章 空間スケールと流域管理

　第2章では，流域管理の新しい潮流を紹介したが，本章では，特に空間スケールの視点から，流域管理を拡張した話題を紹介する．階層性の視点に立つと，管理とする空間スケールが異なっていても，流域管理が地球環境問題の解決とも密接に関わることがわかってくるのである．第1節では，まず流域圏の考え方について説明する．流域圏とは，流域（集水域）の考え方を拡張したものであり，問題の必要性に応じて，人工的に水利用で結びついた利水域や，排水域となる沿岸域などを，流域につけ加えた空間範囲をいう．その上で，自然共生型流域圏にもとづいた都市再生の事例を紹介する．第2節では，逆に，流域のスケールが国家の空間スケールを越えて広がる国際河川の流域管理について，課題のエッセンスを説明する．第3節では，地球環境問題と流域（圏）管理の関係が主題となる．地球環境問題の解決と現代の流域管理は，ともに持続可能性の理念を共有するとともに，実現の上でのガバナンスの構築が課題となる．

1 流域圏と都市再生 [1]

流域圏の考え方

　本節では，第2章第1節で紹介した水循環の回復にもとづく都市環境の再生について，より具体的に紹介する．繰り返しになるが，特に高度経済成長期における，人間活動による水循環への撹乱の結果，都市が持続的に機能する上でさまざまな問題が生じてきた．この問題に対して，対症療法ではなく，健全な水循環を回復することで，生態系サービスを回復し，都市環境の再生をめざす動きがおこった．その際，問題解決の空間スケールとして，水循環の空間的単位である流域が注目されたのである．ただ，現実の水循環は，すでに人間によるさまざまな改変が加えられている．特に都市域においては，自然の流域（集水域）と一致しないことが多い．そこで，都市再生を検討する上では，問題の必要性に応じて，人間が水循環を人工的に変えた影響範囲等を流域（集水域）に加えて，「流域圏」と拡張することが必要となる（虫明[1]，pp.122-124，辻本[2]，pp.175-176，吉川[3]，pp.97-113）．例えば，利水の上では，その流域の水だけを利用するとは限らない．利用する水を他の流域から運んでくる場合には，その水源となる範囲を，他の流域に水を供給する場合には，供給範囲を含めた全体を「利水（水利用）域」として考える必要がある．水質汚染を考える場合には，利用した水や

排水処理した水が排出される沿岸などの「排出域」も検討範囲に入れなければならない．また，治水を考える場合には，洪水時に氾濫水が及ぶと想定される「氾濫域」も流域に付け加えて流域圏として扱うわけである．つまり，流域圏とは，水循環が閉じる空間範囲としての流域（集水域）の考え方を拡張して，課題を解決する上で，対象とする水や物質の循環が閉じるための範囲を検討し，適宜，氾濫域，利水域，排出域等を流域に付け加えることで，流域を定義し直したものといってもよい．以下では，この流域圏を単位に，水循環の回復によって都市再生をめざす2つの事例をみていく．

鶴見川流域における自然共生型の都市再生

　鶴見川ネットワーキング代表である岸由二は，現代日本の都市再生ビジョンを大きく，「経済・情報の効率化・国際化」と「防災，環境／自然保全，安らぎや美しい都市形成」に分け，流域を強調した自然共生型流域圏を，後者を達成するための戦略のひとつと位置づけている．岸は，流域の入れ子構造を持った自然のランドスケープを活用することで，「それぞれの部分流域に合せ，流域としての基本構造に対応した共通性と地域ごとの自然の個性にあわせた都市再生を進めてゆくことが可能」とし，この「流域アプローチ」の明快さが，行政と市民の共同的な都市再生を進める上で，強みになると考える（岸[1]，pp. 273-277）．以下で紹介する鶴見川流域は，流域を単位とした都市再生の事例の一つである．

　鶴見川流域は，東京・神奈川の境界地域の中心部に広がる235km^{2}の領域で，その丘陵・台地は，高度経済成長期に近郊住宅地帯として，急激な都市化が進んだ．流域の市街地化率と人口は，1958年に10％で45万人，1975年に60％で120万人，1999年に85％で184万人に達し，市街地拡大に伴う大規模開発によって土地利用が激変した．その結果，洪水流出量の増大によって水害の危険が高まるとともに，水質汚染や自然域の激減などが生じた結果，都市の安全・安心と自然環境が大きな影響を受けたのである．

　この事態に対して，まず1980年に治水において，自治体の枠を越えた鶴見川流域という単位で，「鶴見川流域防災総合治水対策」が実施されることになった．総合治水とは，従来の河川改修を主体とした治水対策に頼るだけではなく，流域上中流における山林や農地による保水機能の向上，流域上中流沿川の農業環境の改善や盛土の規制による遊水機能の保持，さらには沿川や中下流の沖積低地に広がる市街地における土地利用の誘導，流域住民の協力体制のよびかけなどによる流域対策を組み込んだ，総合的な治水対策のことである．その後，1996年—1998年にかけて，第一次生物多様性国家戦略に沿った生物多様性保全モデル地域計画が鶴見川流域において策定される．これらの経緯を経て，2004年には，上記の総合治水対策と生物多様性保全計画を骨格として，「鶴見川流域水マスタープラン」と呼ばれる，流域によって諸施策の統合を目指すプランが施工されたのである．このプランは，健全な水循環の回復とい

う視点から,行政区画ではなく流域圏を計画地域として,「自然と共存する持続可能な社会をめざした都市・地域再生」をめざしている.今後のプラン推進上の課題として,岸は,「行政業務として「流域イニシアティブ」を発揮すべき現場の行政機関と,市民サイドから「流域イニシアティブ」を主体的に発揮し続けてきた河川関連の市民活動との地域,亜流域,全体流域レベルの専門的な意見交換や連携が,今後いかなる展開,発展をみせてゆくか」とし,都市再生におけるガバナンスの構築の重要性を指摘する(岸[1], pp. 219-243).

沿岸大都市を含む流域圏の再生シナリオ[2),3)]

次に,より大きな空間スケールでの,流域圏と都市再生に関する研究動向の一つを紹介する.総合科学技術会議は,2002年に,環境分野でのイニシアティブの一つに「自然共生型流域圏・都市再生技術研究」[2),3)]を採択した.この研究イニシアティブでは,東京などの沿岸大都市を,東京湾などの沿岸域を含めた流域圏の中に位置づけ,水循環の回復をもとに,高負荷型の都市から多様な生態系サービスが享受できる持続可能な都市へと転換するための手法の構築を課題としている.具体的な研究内容は,流域の診断・モニタリング手法,流域圏の管理モデル,都市の修復再生技術,都市や流域の状況に応じた再生シナリオの構築が主題である.

第2章で説明した統合的水資源管理,統合的流域管理との関わりでは,「シナリオアプローチ」が進展したことが注目される(第4部第4章,ブリーフノート11).シナリオアプローチとは,地球温暖化問題等の研究においてIPCC(気候変動に関する政府間パネル)によって発展した方法[4)]である.都市再生をめざした流域圏管理においても,シナリオ構築に関する方法として,流域圏の将来像を統合型の流域政策モデルによって検討するシナリオアプローチは,流域管理研究においても,持続可能性を基盤においた統合的流域管理の考え方を具体的に検討する方法として,その有効性が示されたといってよい[5)].

ただし,これまでの事例におけるシナリオのほとんどは,マクロな視点からの影響評価を重視したトップダウン的な視点による策定を前提としており,ミクロな視点からのボトムアップ的な視点はほとんど反映されていない.ボトムアップ的な視点とは,統合的流域管理のもうひとつの重要な理念である参加型アプローチの基本的な視座であり,流域圏の多様な利害関係者の意見をシナリオに反映する点については,今後の課題といえる.この課題については,第4部や第5部において,階層化された流域管理の視点から検討する.

[谷内茂雄]

2 ▎ 国際河川の流域管理

　これまでは流域管理に関わる事例の紹介といっても，ひとつの国内に収まる河川や流域を前提にしていた．しかし，世界の河川や流域を見渡した場合，流域の空間スケールが国家の空間スケールを超えて広がる国際河川流域が大きな割合を占めることに気付く．高橋によれば，「地球の全陸地の 45％ は国際河川流域であり，国際河川はほとんどの国にある（高橋[6]，p.45）」のである．つまり，国際河川や国際河川流域とは，世界的にみれば決して特殊なものではなく，むしろ普通にある状況なのである．第 2 章の統合的水資源管理の背景には，世界的な水問題の深刻さがあると述べたが，その主要な理由のひとつが，国際河川に水資源を依存する国家間の対立なのである．

　一国内の流域においても，上流と下流は，水資源の利用をめぐって紛争が起こりやすい．それが国際河川の流域ともなると，水資源をめぐる上流国と下流国の対立は，しばしば国際紛争や水戦争に発展する．例えば，中東のチグリス・ユーフラテス川では，上流国のトルコにおいて，発電と農業用水開発を主目的とした世界最大規模の水資源開発が行なわれ，ユーフラテス川には，巨大なアタチュルクダムが 1992 年に竣工した．その結果，トルコの南東アナトリア地域の経済は発展したが，下流のシリアに対しては常に潜在的な脅威を与えるものとなったのである（高橋[6]，pp.55-61）．またアジアにおいては，メコン川流域における上流の中国と下流のタイ，ラオス，ベトナム，カンボジア，ミャンマーとの利害対立が問題となる（第 5 部第 3 章第 4 節）．

　第 5 部でも触れるが，これら国際河川流域における上流国と下流国の交渉に関しては，上流国が水資源の権限に関して「上流国が絶対的な主権を有する」とする「ハーモン・ドクトリン」的な発想を完全には否定できないのである（中山[7]，pp.197-199）．このような国際河川流域の流域管理に関しては，統合的流域管理の視点が必要となるのは当然だが，一国の流域管理と異なり，実施に際して，関係諸国を調停するような国家は存在しないため，いかにして国際的な枠組みを構築するかが課題となる．

　　　　　　　　　　　　　　　　　　　　　　　　　　　　　　　[谷内茂雄]

3 ▎ 流域から地球環境へ

グローバル化時代の水循環・物質循環

　第 2 章で紹介した，都市再生，自然資源管理，統合的流域管理等の新しい試みにおいては，流域がマネジメントの単位として注目を集めるようになったことを説明した．その共通する理由は，時代とともに管理対象が広範囲になるとともに，多様な利害関係者がかかわるようになってきたことがあり，その際，問題が閉じるための空間範囲が流域であったのである．第 3 章では，空間スケールから見た流域管理の拡張として，流域圏を単位とした都市再生，一国で閉じない国際河川の流域管理における上流─下

流問題を紹介してきた．すでに都市再生で説明したが，都市の水循環に関しては，利水域と流域の不一致に代表されるように，自然の水循環の単位である流域が，人工的に大きな変更を加えられてしまっていることも事実である．流域圏の考え方とは，そのような人為攪乱を受けて流域に収まらなくなった水循環に対して，そのはみ出す領域を流域に補足的につけ加えることで，水循環を新たに定義した流域圏で閉じるように設定しなおすことともいえる．

　第1章で説明したように，現代の新たな環境政策の課題は地球環境問題の出現であり，その背景には，人口増加と人間活動の増大，それと連動したグローバリゼーションによる世界の相互依存の進行がある．相互依存の視点から見れば，都市は，物質・資源循環の上では，決して流域圏でも閉じていないことは明らかである．流域圏の外から，膨大な食糧をはじめとした物資を輸入して大量消費することで，都市は流域圏内に大量の廃棄物を蓄積している．言いかえると，都市は物質循環の流れを人工的に大きく攪乱しているのである．また，「バーチャルウォーター（virtual water：間接水）」[8] の考え方によれば，直接水の輸入をしていなくても，食糧を輸入していれば，「他国の水資源を，農畜産物の輸入を通じて間接的に消費（沖[8]，p.213）」して，自国の水資源消費を抑えているのと同じことになる．つまり，バーチャルウォーターの視点に立てば，流域圏でも，利水域は閉じていないことになる．いいかえれば，グローバル経済の結果，もはや一国では水循環・水移動が閉じることはなくなり，利水問題を論じるための閉じた空間スケールとは，いまや地球となっているのである．これが，水問題が地球環境問題とされる理由のひとつでもある．このような相互依存の時代において，流域管理はどのよう位置づけられるのだろうか？第5部で詳しく検討するが，以下では，大都市の流域圏管理，階層性の視点から，流域管理と地球環境問題との関係を説明する．

大都市の流域圏と地球環境問題

　流域が自然な水循環や物質循環の単位であるとすれば，人間活動の中心となる大都市は，グローバル経済を通じて，流域という空間スケールを越えた人工的な水循環・物質循環のネットワークを地球上にはりめぐらしてきた．しかし，地球環境問題との関係からも，いまや流域や流域圏が，持続可能な都市を構築する上で，規範とすべき有効な地域スケールとして浮上してきた．大都市を含む流域圏の環境問題と地球スケールの地球環境問題は，その解決の上で深く関係するからである．世界人口の約50％が集中し，巨大な負荷を排出する大都市の環境問題の解決をはかることは，大都市流域圏の再生だけでなく，グローバルな地球環境問題の解決にも直結するのである．例えば，日本政府により2007年に策定された「21世紀環境立国戦略」[9] においては，低炭素社会，循環型社会，自然共生社会の視点から，日本を持続可能な社会へと統合的に構築する戦略が提案された．特に資源利用に関して循環型社会をめざすことは，

空間スケールの視点に立って，都市による水循環・物質循環の撹乱を見直すことでもあり，地球環境問題の解決にもつながるのである．

「階層化された流域管理」と地球環境問題

　流域管理と地球環境問題をつなぐもうひとつの有力な視点は，階層性を考慮したガバナンスの視点であり，本書が提唱する「階層化された流域管理」の考え方である（第2部第1章）．第5部で見るように，管理の空間スケールをスケールアップすることで，流域ガバナンス論と，国際河川の流域管理，グローバル・コモンズ論，地球環境問題に共通する課題が見えてくるのである．本書では，流域ガバナンスにおいて「トップダウンとボトムアップがどのような形で結びつくことが可能なのか？」という問題を中心に設定しているが，空間スケールの大きさの違いや階層性の複雑さの違いはあっても，この問題が上記すべてに共通する課題であることがわかるだろう．流域管理は，流域という限定された空間スケールを対象にしているが，空間スケールを強く意識した階層化された流域管理のアプローチは，グローバルな地球環境問題に取り組む上でも，重要な考え方を提供するのである．

[谷内茂雄]

参考文献

1) 石川幹子・岸由二・吉川勝秀編 (2005)『流域圏プランニングの時代 —— 自然共生型流域圏・都市の再生』技報堂出版．
2) 吉川勝秀 (2002)「「自然共生型流域圏・都市の再生」について」『環境情報科学』**31**: 36-42．
3) 渡辺正孝 (2002)「エコシステム・アプローチにもとづく持続可能な流域圏のための環境管理」『環境情報科学』**31**：29-35．
4) 松岡譲・森田恒幸 (2002)「地球温暖化問題の構造と評価」森田恒幸・天野明弘編『【岩波講座環境経済・政策学第6巻】地球環境問題とグローバル・コミュニティ』岩波書店，pp.37-66．
5) 加藤文昭・丹治三則・盛岡通 (2004)「流域圏におけるシナリオ設計システムの構築に関する研究」『環境システム研究論文集』**32**：391-402．
6) 高橋裕 (2003)「Ⅱ 紛争の絶えない国際河川・国際湖」『地球の水が危ない』岩波書店，pp.43-104．
7) 中山幹康 (2008)「水のローカルガバナンスとグローバルガバナンス」蔵治光一郎編『水をめぐるガバナンス —— 日本，アジア，中東，ヨーロッパの現場から』東信堂，pp.193-206．
8) 沖大幹 (2003)「地球をめぐる水と水をめぐる人々」嘉田由紀子編『水をめぐる人と自然 —— 日本と世界の現場から』有斐閣選書，pp.199-230．
9) 環境省 (2007)「21世紀環境立国戦略」http://www.env.go.jp/guide/info/21c_ens/

第4章　琵琶湖−淀川水系の課題

　本章では，琵琶湖−淀川水系（巻末の付録地図参照）を対象にした既存の諸研究のなかから，特に，琵琶湖−淀川水系と人間社会の関係をとりあげたものに着目し，それらの諸研究の成果をもとに，歴史のなかで，琵琶湖−淀川水系と人間社会の関係がいかなる変容の過程を経てきたのかを概観していく．そのうえで，それらの変容が流域管理においてどのような問題を発生させ，現在，どのような課題をかかえているのかを，第2部で具体的に検討することになる，面源負荷問題や環境ガバナンスとの関連から検討していく．そのような意味で，本章は第2部への導入的な解説をおこなうことになる．以下ではまず，琵琶湖−淀川水系全体のうち，琵琶湖からみていくことにする．

1 ￨ 水田を媒介とした琵琶湖と人間の関係

　琵琶湖の湖底には，80ヵ所程度の湖底遺跡が確認されている．それらの遺跡の多くは，すべて現在の汀線（標高87.371m）付近から4m程度深いところまでのあいだに存在しており，「人間の生活の痕跡が遺物とともに埋没していることから，他地域の海底，湖底遺跡とは異なり，かつて陸上に位置していたものが，地盤沈下や琵琶湖水位の上昇により水没したものと」考えられている．「その成因に関しては定まった学説はないが，大凡1,000年単位で繰り返し発生していた大規模な地震による地盤沈下と，瀬田川底の隆起による相乗作用により形成されたという考え方が有力」とされている[1]．

　これら多数の湖底遺跡の存在から，縄文時代や弥生時代には，琵琶湖の汀線は現在よりもかなり沖合にあったことがわかる．長い時間のなかでは，琵琶湖の大きさも変化していたのである．しかし，このような1,000年単位という長い時間以外にも，1年というもっと短い時間においても琵琶湖は変化していた．たとえば，1896（明治29）年に琵琶湖で発生した大雨は，琵琶湖の水位を3.76mも上昇させ，琵琶湖周辺地域に大洪水をもたらした．このような大洪水は極端な例だが，琵琶湖においては「大きな水位変動が起こるたびに，湖岸線の前進・後退がかなり広い範囲で繰り返されて」きたのである[2]．

　このような1年という短い期間での変化は，琵琶湖を含めて日本列島の大部分では，モンスーン気候の強い影響下にあるためにおこる．モンスーン気候がもたらす雨季と

それ以外の季節（乾季）による1年のサイクルは，水界（水のある空間）と陸界（水のない空間，陸地）とが交互にあらわれる「エコトーン」を琵琶湖の周囲につくりだしてきた[3]．琵琶湖に生息するコイ科やナマズなどの魚類は，このサイクルに，さまざまな形式で適応している．雨季に産卵期をあわせ，陸界が水界に変わるような領域に産卵する．このことは，琵琶湖の周囲に人間が生業活動をおこなうようになってからも変わらなかった．弥生時代，エコトーンからはじまった水田開発は，時代とともに拡大していくことになった．これらの水田や，水田と一体のものとしてあった水路等は，コイ科やナマズなどの魚類の格好の産卵場所となったからだ．ナマズの生態学的研究を進めてきた前畑政善は，「時代とともに水田が拡がるにつれ」，むしろ「繁殖場所を増やしていったと推測される」と指摘している[4](注1)．

琵琶湖の周囲では，水田のような農業だけではなく，以上のコイ科やナマズなどの魚類を対象とする漁撈活動がさかんにおこなわれてきた．すなわち，農家は，農業をしながら，同時に，自給的漁労活動をおこなってきたのである．民俗学者の安室知は，「人（または家）を中心にその生計維持方法を明らかに」し，従来の民俗学では「別個に論じられてきた生業技術を人が生きていく上でいかに複合させているのかに重点をおく」「複合生業論」を展開している．この「複合生業論」とは，「民俗学における環境論の生業研究への応用例のひとつ」として位置づけられるものである[5]．安室は，クリークの発達する琵琶湖岸の稲作村である滋賀県守山市木浜を取り上げ，このような「複合生業論」のあり方を，「とくに昭和初期の稲作と自給的漁労活動との複合関係」に焦点をあわせて詳細に検討している．

この木浜のケーススタディで注目されることは，通常は，「ウケに代表される定置陥穽漁具のように受動的な漁法が中心となるが，ミズゴミに際してはオウギやヤスといった能動的な漁法が用いられるようになる」ということである．それは，「もともと漁場は未分化の状態で低湿地が存在したり，またミズゴミを機に水田が漁場に入れ替わることもある」ためである(注2)．この安室の指摘から，木浜では，ミズゴミという洪水に一定程度適応し，ミズゴミによって水田が水没するリスクを前提に，そのような環境条件の変化をむしろ積極的に生業複合の場として利用していることがわかる．また，「漁期は，魚が産卵などのため"寄り魚"になって内水界にやって来るときが中心となる．そのほかに，湖の水位や水温といった自然条件および稲作活動の都合

---

1) 前畑は，陸界が水界に変わるような領域のことを，「一時的水域」と呼び，以下のように説明している．「降雨後の増水時に河川敷や湖沼の岸辺よりにできる一時的に水に浸かる場所．こうした水域は，近年，魚類だけでなく両生類や甲殻類の繁殖場，あるいは水辺の植物の住処として重要であることが再認識されている」．
2) ウケ（筌）は，竹で編まれた小型の漁具である．ミズゴミとは，大雨による琵琶湖の水位上昇にともない，湖岸沿いの水田が水没するなどの洪水をさす．オウギとは，魚伏篭の一種で，浅瀬に潜む魚を被せ取る漁具である．

により漁期が決定される」ということや，「稲作と漁撈との関係をみてみると，木浜のような大水界に接して立地する低湿地性稲作村の場合，稲作と漁撈との生業複合度は大変に高いものがある」(注3)という指摘からは，生業複合を媒介に，水界と陸界とが密接につながっていることが理解できる[6]．また，モンスーン気候がうみだす陸界が水界に変わるような自然環境を，人間の側がむしろ積極的に受け入れながら，生業複合を組み立てていたことも理解できる．

[脇田健一]

2 琵琶湖-淀川水系の人工化

　前述の前畑の指摘や，安室の木浜での生業複合の研究を通してみてきた「水田を媒介とした琵琶湖と人間の密接な関係」を，現在ではほとんど見ることができない．しかし，少なくとも第二次世界大戦後の高度経済成長期が始まる頃までは，程度の差はあるものの，このような琵琶湖と人間との密接な関係が持続していた．では，高度経済成長期の過程にどのような事態が地域社会のなかに生じたのだろうか．地理学者の大槻恵美の研究をみてみることにしよう．

　大槻は，地域社会に暮らす生活者の立場から環境保全を考える「生活環境主義」(注4)の立場からの共同研究で，滋賀県高島市マキノ町知内での聞き取り調査の結果を，大正期以降の漁法の変遷として漁場別に整理し分析をおこなっている[7]．この大槻の分析からは，以下のことがわかる．大正から昭和10年代にかけての時期においては，琵琶湖はもちろんのこと，湖岸や，大槻が内陸水と呼ぶ，河川や水路，そして沼や水田にいたるまで，知内の漁家と農家は，多種多様な漁法をもとに漁撈活動をおこなっている．「湖，河川はいうにおよばず，水田という本来は農業のための場でさえも，水があり，魚がいさえすれば，漁場として利用されていた」のである．ところが，そのような状況は，第二次世界大戦後に一変することになる．ひとつは，農家が原則として漁撈活動に従事することができなくなり，「内陸水が漁場として利用される度合いを低くしていった」からである．また，昭和40年代になると，水田が広がる陸地

---

3) 寄り魚とは，産卵のために琵琶湖から水田や水路へとやってくるコイ科やナマズなどの魚類を指す．木浜のばあい，大水界とは琵琶湖を，内水界とはクリーク地帯のかなにあるギロンやホリを指す．

4) 環境社会学者の鳥越皓之は，自らの共同研究から生まれたこの「生活環境主義」を，次のように説明している．「1980年頃，日本の環境問題の現場では，大きく分けると，エコロジー論に依拠して自然の生態を守ろうとする考え方と，近代技術の進歩が環境問題を技術的に解決するという考え方のふたつが存在していた．しかし厳密にいうと，このふたつだけではなくて，現場ではその地域の実情やその地域の人たちの暮らしの現状に合わせて，くふうがなされつづけてきた．そのくふうをすくい上げ，論理的整合性をもたせてモデル化したのが生活環境主義である」[12]．

（内陸）では、農業の効率や生産性の向上を目的とする圃場整備事業が進められていく。また、河川改修も進められていく。「内陸は、農民と農業が占有する空間となり、漁民と、漁撈は、湖を活動の場とするようになる。また、そのことが、水の汚濁を招きはじめる」ことになる。さらに昭和50年代以降では、陸地（内陸）からはかつて漁撈活動がおこなわれた水界は消滅し、漁撈活動も「より商品価値のある、アユ苗をはじめとして、マス、イサザ、フナなどに捕獲の的をしぼっていくようになり、漁法も、効率のよさを追い求めていく」[注5]ことになったのである。以上の大槻の研究からは、農村コミュニティの近代化過程において「水界の分断」という事態が生じ、そのような「水界の分断」は、琵琶湖の環境問題にも結びついているということが理解できる。

環境社会学者の嘉田由紀子は、以上のような近代化過程における問題を、琵琶湖—淀川水系というマクロな視点から、「明治維新以降の近代化の中で、琵琶湖・淀川水系の治水、利水、水環境政策の歴史を振り返ることで、21世紀を迎えた日本の水問題の将来を考えるヒントを提起する」という課題設定のもとで明らかにしている。そのさい嘉田は、「水政策は、それぞれの時代の社会的課題を反映し、さらにそこには時代の価値観も見え隠れして」おり、「時代の価値観は、（中略）、行政組織と政治状況の中で操作的に組み立て、創造され」、「それは時代の『大義名分』ともなり、『公共性』の論拠となる」とし、明治時代以降の水政策の「公共性」の論理は、以下のように変化してきたという。

明治時代の洪水や水系伝染病に対応する「安全性確保」からはじまり、「生産性と効率性」の追求（工業化・都市化に必要な電力開発・水資源開発）、「利便性と物質的豊かさ」（戦後の都市的生活様式の普及に伴う上下水道の施設化とともにある）と続く。「利便性と物質的豊かさ」とともに、工場廃水生活排水による河川や水域の汚染が問題となりはじめると、こんどは水域や水辺の「快適性」と「生態的健全さ」という論理が組み立てられ、そして近年では、人と自然の「共生」、異なった社会的主体間での「参加と協働」が強調されることになる[8]。

このような整理のなかで、嘉田は次のように述べている。「昭和30年代まで、淀川水系の上流である琵琶湖周辺では、井戸や川水、わき水など自然の水を生活に使い、排水を河川や湖に流さない伝統的な生活様式が主流であった。いわゆる『近い水』を地域社会が自主管理することで、地域から流れ出す水の清浄さを保ち、その結果、琵琶湖水も清浄さを保っていた」すなわち、高度経済成長期まで、琵琶湖の周囲では、「近い水」を、利用だけでなく排水についても地域全体で自主的に管理する仕組みが存在していたのである。しかし、近代化の過程で、そのような「近い水」を捨て去る方向に社会はシフトしていく。琵琶湖—淀川水系の下流にある都市部では、人口増加とと

---

5) 琵琶湖で捕獲された稚魚の鮎はアユ苗と呼ばれる。これらのアユ苗は、全国各地の河川に放流され成長することになる。

もに開発が進み，自らの水源を失うだけでなく，電気洗濯機の普及，家庭風呂の急速な普及は生活様式の普及により水需要が高まるなか，水資源開発促進法と水資源開発公団法といういわゆる「水資源開発二法」が制定され，多目的ダムが各地に計画されるようになる．そして「水系一貫管理」という大義名分のもと，慣行水利権を国が許可する許可水利権という形に転換していくなかで，国が支配する中央管理化が進んでいく．その結果として，「社会的にも国や県などにより行政管理が進み，地域住民や自治体が口を出せない，手も出せない，『社会的に遠い水』の制度がつくりだされることに」なった．そして「社会的に遠くなることが，心理的にも水を遠くさせ，次第に川や水への関心が薄れ，人々の川ばなれ，水ばなれが進むように」なったのである．さきほどみた大槻の事例は，ひとつの農村の近代化過程に生じた問題であった．大槻は，それを「水界の分断」と呼んだ．そのような分断は，人びとの身近な水環境への関心を希薄化させていったのだが，同様の問題は，琵琶湖—淀川水系というマクロなスケールの水環境においても生じていたのである．

[脇田健一]

3 河川法改正・河川管理と流域ガバナンス

　以上のような「水界の分断」は，琵琶湖流域のばあい，琵琶湖総合開発（1972年〜1997年）によって決定的になった．具体的な説明については，本書のブリーフノート5に譲るが，琵琶湖総合開発とは，端的にいえば，淀川下流に位置する大阪府・兵庫県等阪神地域の水需要増大に対応した水資源開発だけでなく，上流に位置する琵琶湖の「治水・利水・保全」と地域開発を目的とした巨大開発事業であった．治水については，第1節で述べたような琵琶湖沿岸地域での水害（ミズゴミ）を防止するために，湖岸に堤防（湖岸堤）の設置などが行われた．利水については，生活用水については県営水道により琵琶湖の水が水道水として広く供給されるようになった．また，農業用水についても，琵琶湖からの逆水灌漑を含む土地改良や圃場整備事業が進められた（逆水灌漑や圃場整備事業に関しては，第2部第2章第1節に詳しく述べた）．保全については，下水道の整備が進められた．以上のような琵琶湖総合開発に伴う様々な事業は，滋賀県民と琵琶湖との関係を大きく変化させるものであった．このことを嘉田は，次のようにまとめている．

　　昭和30年代まで，滋賀県民にとって，琵琶湖は最下流にあり，排水の受け止め場でもあったものが，近代水道の導入と，農業用水の逆水利用による琵琶湖水のくみ上げ事業により，自らの口に戻ってくる用水となったのである．さらに昭和30年代まで地域社会で利用されていた家庭排水やし尿が下水道や浄化槽により，水域に流れ出し，それがさらに問題を複雑化している．つまり，下水は琵琶湖に流し，上水も琵琶湖からとる，という内部矛盾を含み込んだ構造ができあがったのである．ここに滋賀県民にとっても琵琶湖の意味が大きく変わったことが

理解される[9]．

　以上の変化とは，利便性や物質的な豊かさを大義として，国をトップに強力に進められた事業，そしてその事業が生み出す巨大な技術システムのなかに，人びとが併呑されていく過程でもあった．言い換えれば，人びとを，流域の管理に何らかの形で関与する利害関係者（ステークホルダー）としてではなく，技術システムが与えるサービスの単なる消費者として位置づけていくことでもあった．もちろん，このような過程は，なにも琵琶湖総合開発だけに見られることではない．河川政策一般に見られたことであった．

　日本の河川政策の変化については，第1部第1章でも述べたわけだが，ここでは環境社会学者の帯谷博明の整理に依拠しながら，もう一度振り返っておくことにしよう．

　帯谷は，河川における「関与主体の変化と管理の一元化」に関して，以下のように述べている．日本においては，明治期，「『水力発電用水』が新たな河川の利用形態として加わるために，発電と農業用水，発電と漁業，発電と流筏（林業）などの利害対立も生じ，水の利用をめぐる争いは深刻な様相を呈することに」なった．大正期には，これに加えて，「大都市への人口集中や産業活動の展開に伴った『都市用水』も登場してくる」ようになった．すなわち，「主体間の競合は激化の一途をたどっていった」のである．治水面では，下流部の都市の洪水を防ぐために，河川の「堤防によって川の氾濫を防止するための高水工事への転換」が必要とされていた．帯谷は，このような社会状況において，治水と利水に関する諸課題を解決するための方策として登場したのが，国家による河川管理の一元化と多目的ダムの建設を中心とする『河水統制』にほかならない」と述べる．このような河川政策に構想は，1920年代半ばには内務省のなかで浮上していた．しかし，これらの「河水統制事業」が本格的に展開していくのは，戦後，「1950年代の河川総合開発事業を待たなければならなかった」．そして「1964年の河川法制定によって，水系一貫の一元的管理が可能になり，建設省を頂点とする河川管理の中央集権体制が完成することになった」のである[10](注6)．

　しかし，1990年代に入ると，以上のような河川政策には大きな変化が生じることになる．河川法の改正である．この点についても第1章第1節でも述べたが，この改正のポイントについて，引き続き帯谷の整理に依拠しながら見ておくことにしよう．この河川法の改正は，河川審議会によっておこなわれた2つの答申（1995年3月，1996年6月）と，提言（1996年12月）を踏まえる形で行われたものであった．答申のなかでは，「①生物の多様な生息環境の確保と水循環の確保，②川と地域住民との関係の再構築，③洪水や渇水といった異常時の河川を対象とした河川政策から平時の河川を視野に入れた『川の365日』政策への転換，④地域住民や地方自治体との連携強

---

6) 河川に関する政策・法・制度等の変遷過程については，田中滋[13]も参照してほしい．

化が提示された」．その結果，「河川法の目的（第1条）に，従来の治水と利水の2つの課題に加えて『河川環境の整備と保全』が明文化された」．また，河川整備にあたっては，「住民の意見を反映させるための住民を対象とした公聴会の開催や市町村の意見の聴取を義務規定とした」[11]．もちろん，このような河川法の改正がおこなわれたからといって，河川行政は，依然として国を頂点とする中央集権体制であることに変わりはない．また，そのような体制のあり方以外にも様々な問題が指摘されていることも確かである．しかしながら，多様な利害関係者（ステークホルダー）の参加が一定程度制度化されるなど，これまでに無い新たな変化が見られることにも注目していく必要がある．第1章第1節でも述べたように，「行政と専門家による一元的・トップダウン的な河川行政の限界と弊害が認識され，治水・利水に加えて，河川環境を維持・改善していくことや，住民意見を反映することが政策課題に加わるようになってきた」のである．そして，このような新しい政策課題に呼応するように，流域ガバナンスという新しい潮流が我が国で大きく注目されるようになってきたのである．

[脇田健一]

4 流域ガバナンスと面源負荷

　本書では，この流域ガバナンスを，「流域全体の持続可能性を保障する，いわばマクロな制約条件としての健全な水循環や環境容量といった俯瞰的な視点を共有」した上で，「地域社会のボトムアップ的・自治的な視点から，住民，行政，企業，NGO，研究者といった主体がその多様性とそれぞれの長所を活かして，生活と環境の多面的な関係や課題を粘り強く調整しながら，長い目でみた持続的な流域社会をつくっていく試み」と説明している（第1章第1節）．そして，このような新しい流域管理の考え方を前提に，琵琶湖流域においては農業濁水問題を取り上げることにした．それは，以下の理由による．

　琵琶湖の環境保全（特に水質保全）のために，これまで主に3つの政策手法が用いられてきた．法律や条例によって様々な主体の活動を規制する規制的手法，下水道による技術的解決手法，環境保全への取り組みに経済的インセンティブを与え，人びとによる経済合理的な行動を誘導する経済的手法，以上の3つの政策手法である．これらの政策手法のうち，特に規制的手法や技術的解決手法を積極的に導入していくことで，家庭排水，そして工場や事業所（産業系排水）といった発生源からの琵琶湖への流入負荷量はかなり減少することになった．このような点源（ポイントソース）負荷対策は着実に進んできたのである．しかし，本書が取り上げる農業濁水問題など農地などの面源（ノンポイントソース）負荷対策はあまり進んでいるとはいえない．もちろん，経済的手法の導入も行われてはいるが，根本的な解決にはむかっていないのである（以上の問題に関しては，第2部第2章第1節，第2部第3章第2節で詳述する）．

以上の状況を前に，私たちが注目するのは，もっと別の，4つめの政策手法である（ブリーフノート2「環境問題解決のための4つの手法」を参照のこと）．規制的手法，技術的解決手法，経済的手法では，地域住民や生活者自身は，操作される対象であった．しかし，ここまで述べてきたような，流域ガバナンスを前提にするのであれば，地域住民や生活者自身は操作される対象ではなく，管理に参加する主体として位置づけられなければならないのである．私たちが取り上げた面源負荷の典型である農業濁水問題においても，農家のみならず，農村地域や隣接地に居住する非農家や農業団体，そして行政などの多様な利害関係者（ステークホルダー）が，身近な水路から始まり琵琶湖へと続く水環境との関係を再構築し（ブリーフノート4を参照），保全の担い手となる必要性が生まれてきている．そのような担い手形成を支援していくための政策手法を，本書では社会的・文化的手法と呼んでいる．これは，多様な利害関係者（ステークホルダー）が，流域管理を進めるための社会的コミュニケーションを支援していくという手法でもある．また，この手法は，第2部第1章で説明する「階層化された流域管理」という考え方を前提としている．第1部第1章の「本書の構成」でも述べたが，以下では，まず第2部で，「階層化された流域管理」の考え方を明らかにする．その上で，第3部と第4部では，この考え方に基づいて，社会的コミュニケーションを支援していくための具体的な方法を明らかにしていくことにする．

[脇田健一]

参考文献

1) 琵琶湖ハンドブック編集委員会編，滋賀県教育委員会文化財保護課（2007）「湖底遺跡」『琵琶湖ハンドブック』28-29.
2) 中島拓男（2007）「湖岸」琵琶湖ハンドブック編集委員会編『琵琶湖ハンドブック』32-33.
3) 脇田健一（2001）「21世紀琵琶湖の環境課題とはなにか――『環境史』研究の視点から」『月刊　地球』**23**（6）：440-445.
4) 前畑政善（2007）「琵琶湖の魚と水田」琵琶湖ハンドブック編集委員会編『琵琶湖ハンドブック』86-87.
5) 安室知（2007）「民俗学における生業研究の現状と課題」『水田をめぐる民俗学的研究』慶友社，39.
6) 安室知（2007）「低湿地帯の稲作地における生業複合」『水田をめぐる民俗学的研究』慶友社，124.
7) 大槻恵美（1984）「水界と漁撈」鳥越皓之・嘉田由紀子編『水と人の環境史』御茶の水書房，48-86.
8) 嘉田由紀子（2003）「琵琶湖・淀川流域の水政策の100年と21世紀の課題」嘉田由紀子編『水をめぐる人と自然』有斐閣，112-114.
9) 嘉田由紀子（2003）「琵琶湖・淀川流域の水政策の100年と21世紀の課題」嘉田由紀子編『水をめぐる人と自然』有斐閣，130.
10) 帯谷博明（2004）『ダム建設をめぐる環境運動と地域再生　対立と協働のダイナミズム』昭和堂，29-30.

11) 帯谷博明 (2004)『ダム建設をめぐる環境運動と地域再生　対立と協働のダイナミズム』昭和堂, 40.
12) 鳥越皓之 (2004)『環境社会学 —— 生活者の立場から考える』東京大学出版会, 66.
13) 田中滋 (2001)「河川行政と環境問題」舩橋晴俊編『【講座　環境社会学 2】加害・被害と解決過程』有斐閣, pp. 117-143.

ブリーフノート1

琵琶湖-淀川水系：河川管理と環境保全，住民参加[注1), 1)]

―――――――――――――――――――――――――――（谷内茂雄）

　第1部第1章と第4章では，流域ガバナンスから見た，日本の河川政策の変化の概要を説明した．ここでは，淀川水系流域委員会の活動を紹介することで，1997年の河川法改正が，琵琶湖-淀川水系における河川管理政策にどのような影響を与えたかを検討する．

1997年河川法の大きな改正点

　第1部第4章でも説明したが，1997年の河川法の大きな改正点は2つある．1つは，(1)これまでの治水，利水に加えて，「河川環境の整備と保全」が河川管理の目的に加わったこと（河川法第1条）である．もう1つは，(2)利害関係者の河川管理への参加・参画が一定程度制度化されたことである．まず，これまで国が一元的に策定していた「工事実施基本計画」に代わって，長期的な河川整備の基本となるべき方針を示す「河川整備基本方針（河川法第16条）」と，今後20～30年間の具体的な河川整備の内容を示す「河川整備計画（河川法16条の2）」が策定されることになった．そして，後者の河川整備計画の案を作成する場合に，必要があると認めるときは，「河川に関し学識経験を有するものの意見を聴かなければならない（同第3項）」こと，「公聴会の開催等関係住民の意見を反映させるために必要な措置を講じなければならない（同第4項）」こと，また同計画を定めようとするときには，「関係都道府県知事又は関係市町村長の意見を聴かなければならない（同第5項）」こと，が明文化されたのである．

　(1)は，治水・利水目的に限定された河川整備事業の結果，流域の水循環が大きな人為的改変を受けるとともに，エコトーンなどの重要な生態系が消失し，河川環境が荒廃したことへの反省に立つものであり，今後は，河川管理の目的として環境を治水や利水とともに一体として扱うべきことを謳っている．(2)の背景には，国の主導によって河川整備事業を策定・遂行する従来のプロセスが，影響を受ける当該地域の住民の行政に対する不信感を生み出し，1990年代には，住民と国との深刻な対立によって，河川整備事業の進捗に大きな影響を及ぼすに至った経緯がある．その象徴が長良川河口堰の問題だったのである[2)]．

　1）本節で参照した淀川水系流域委員会の活動内容，委員および河川管理者から提供された資料は，第3次流域委員会が自主的にまとめて提出した「淀川水系河川整備計画策定に関する意見書」を含め，すべて委員会のホームページ（http://www.yodoriver.org/index.html）で公開されており，ダウンロードすることができる．

淀川水系流域委員会とその設立の経緯

この河川法改正を受け，国土交通省は，日本の対象となる各河川において新たな河川整備計画の策定を始めた．その際，河川整備計画案を作成するさいには，流域委員会，河川委員会等の名称をつけた委員会を設立して，学識経験者や関係住民の意見を聴く場を設ける「流域委員会」方式による場合が多かった[3]．淀川水系流域委員会とは，淀川水系[注2]における河川整備計画について学識経験を有する者の意見を聴く場として，2001年(平成13年)2月1日に，国土交通省近畿地方整備局が2001年に設置したものである[4, 5]（以下では，混同の恐れがない場合には，「淀川水系流域委員会」のことを簡単に「委員会」とよぶことにする）．第1次委員会（2001年2月〜2005年1月）では，近畿地方整備局が策定する「淀川水系河川整備計画（直轄管理区間を基本）に対して意見を述べること」と，「淀川水系河川整備計画（直轄管理区間を基本）作成にあたって，関係住民の意見の反映方法について意見を述べる」ことが役割とされた．

淀川水系流域委員会の特徴：「淀川モデル」

委員会設立にあたっては，まず準備会議が2000年に設立された．そして委員会のあり方について検討がおこなわれた．その答申を受けて第1次委員会が2001年2月に設立された[4]．淀川水系流域委員会の審議方針には，「淀川モデル」[4, 5]とよばれた大きな特徴があった．淀川モデルとは，「新しい審議方針として，多様な価値観を持つ委員からなる淀川水系流域委員会を立ち上げ，みんなが議論を深めていく中で新たな河川管理の方向性を提示する方法を称するもの（淀川水系流域委員会[5], p.6)」であり，「新しい公共事業のモデルになるとの思いを込めて（淀川水系流域委員会[5], p.6)」名づけられたのである．委員会によれば，以下の特徴を持っている[4, 5]．

(1)「従来にない審議のプロセス」：河川管理者（国）が整備計画の原案を提示する前に，委員と住民，河川管理者が淀川水系の現状と課題を共有することから始め，まず委員会が今後の「川づくり」の大きな方向性を示す「中間とりまとめ（2002年5月）」，それを統合・深化させた「提言（2003年1月）[6]」を提出した．この提言を出発点として，河川管理者の作成した説明資料を介して，河川管理者と委員会，住民，自治体の間で，「キャッチボールによる議論の積み上げ」がおこなわれ，河川管理者が「淀川水系河川整備計画基礎原案（2003年9月）」を作成した．
(2)「幅広い意見の聴取」：住民等からの意見聴取の試行，現地視察・調査を行ない，住民等の意見および現場から学習した．
(3)「情報公開，透明性の確保」：会議および会議資料・議事録等をすべて一般に公開した．意見募集やシンポジウム，説明会など一般に対して積極的に情報発信した．

---

2) 本書では，「淀川水系」を，主に「琵琶湖－淀川水系」という用語で表現している．ただし，本書では，「猪名川流域」を「琵琶湖－淀川水系」に含めていないことに注意．

(4) 「委員会による自主的な運営」：委員会自らが，審議の進め方，内容を決定した．また，運営に関する事務は，第三者である民間企業に委託された．
(5) 「委員みずからによる執筆」：「中間とりまとめ」，「提言」，「意見書」等は，委員みずからが執筆した．

このような新しい試みは，住民による行政不信を払拭し，新しい河川整備のあり方をめざそうとする河川管理者側と委員会の協働によって生まれたのである．

第1次淀川水系流域委員会による提言と意見書の内容 [4], [5]

委員会の「提言[6]」は，「川づくりの理念の転換」を提示したものであり，次のような概要である（淀川水系流域委員会[4], p.8）．

(1) 環境：「治水・利水を中心とした河川整備」から，「河川や湖沼の環境の保全・再生を重視する」へ．
(2) 治水：「一定規模以下の洪水に対する水害の発生防止」から，「いかなる大洪水に対しても被害を回避・軽減することを目指す」へ．
(3) 利水：「水需要の拡大に応じた水資源開発」から，「水需給を管理し一定の枠内でバランスをとる」へ．
(4) 利用：「人間を中心とした利用」から，「河川生態系と共生する利用を図る」へ．
(5) 住民参加：「行政主導の計画策定，人と河川の係わりが希薄」な現状から，「多様な意見を聴取し，計画づくりに参加してもらう」へ．

この提言を受けて作成された「河川整備計画基礎原案（2003年9月）」に対して，ふたたび委員会側が「基礎原案に対する意見書（2003年12月）」を提出，次いで河川管理者側は「河川整備計画基礎案（2004年5月）」を作成したのである．

この審議のプロセスで大きな争点となったのは，ダムであった．淀川水系には，天ヶ瀬，大戸川，川上，丹生，余野川の5つの事業中のダムがあるが，委員会はその「提言[6]」の中で，「ダムは，自然環境に及ぼす影響が大きいことなどのため，原則として建設しないものとし，考えうるすべての実行可能な代替案の検討のもとで，ダム以外に実行可能で有効な方法がないということが客観的に認められ，かつ住民団体・地域組織などを含む住民の社会的合意が得られた場合に限り建設するものとする．地球温暖化による気候変動や社会情勢の変化などの不確定要素に対しては順応的に対応する（淀川水系流域委員会[6], 4のp.18）」とし，従来の「はじめにダムありき」の河川行政に対して大きな方向転換を提言したのである．第1次流域委員会は，「中間とりまとめ」と「事業中のダムについての意見書」を答申後，2005年1月に4年間の任期を終え，2005年2月には第2次流域委員会（2005年2月〜2007年1月）が設立される．

第2次流域委員会以降の経過と現状

第2次流域委員会設立後，2005年6月に近畿地方整備局河川部長が人事異動によっ

て交代する．同年7月，近畿地方整備局は，委員会への事前連絡無しにマスコミに「淀川水系5ダムについての方針」を発表する．これに対して，委員会は抗議の委員長声明を出すとともに，「「淀川水系5ダムについての方針」に対する見解」を8月に提出する．その後，第2次委員会は，相当な時間をダムに関する河川管理者との質疑に費やし，各種の意見書をまとめて2007年1月に提出して任期を終える．しかし，すぐに第3次委員会が設立されることはなく，いったん委員会は休止されることになる．

休止期間の後，2007年8月に第3次委員会が設立されるが，直後に「淀川水系河川整備計画原案」が近畿地方整備局から提示される．第3次委員会は，この原案に対する意見をまとめる作業に入る．2008年4月，第3次委員会は，「淀川水系河川整備計画原案についての意見」を提出し，天ヶ瀬，大戸川，川上，丹生の4ダムを整備計画に位置づけるのは適切でないとして，「原案の再提示」を求める．しかし，近畿地方整備局は，第3次委員会のこの意見に対して「委員会の意見はすでに十分聴取した」として，6月20日に委員会審議を打ち切り，「淀川水系河川整備計画案」を発表する．第3次委員会は，その後も委員会活動を継続し，9月に新委員長が選出された後，10月に「淀川水系河川整備計画策定に関する意見書」を自主的にとりまとめて提出するのである．このように，第1次委員会の基調であり，淀川モデルが目指した委員会と河川管理者（近畿地方整備局）の協働関係は，特に第3次委員会以降，大きく変化するに至った．

近畿地方整備局は，「淀川水系河川整備計画案」の提出後，計画策定の上で必要となる「「関係都道府県知事又は関係市町村長の意見」を聴く（河川法16条の2第5項）」プロセスに入ったが，これに対して，2008年11月11日，大阪府・京都府・滋賀県・三重県の4知事が，大戸川ダムを河川整備計画に盛り込むことに反対する共同意見を発表する．さらに2009年1月には，滋賀県と大阪府の両知事が大戸川ダム計画に反対する意見書を近畿地方整備局に提出したのである．ここに至って，「淀川水系河川整備計画」の策定は，混迷の様相を呈している．

流域ガバナンスから見た流域委員会というシステム

淀川水系においては，過去の河川政策の反省に立つ河川管理者と第1次流域委員会による協働作業は，1997年の河川法改正の理念に沿った「淀川モデル」を提示し，自ら実践することで，流域ガバナンス構築の上で大きな役割を果たしたといえる．また，積極的な「提言」や「意見書」は，従来の河川管理のあり方を転換し，今後の河川整備計画に持続可能な流域社会の構築の視点を反映させる上で，少なからぬ影響を与えたと評価できる．環境・治水・利水を一体として扱う統合的流域管理の視点，流域治水・総合治水への転換，水資源開発から水需要管理への転換，河川生態系と共生する利用への転換，住民対話集会の検討などがそうである．これらの試みは，淀川水系だけでなく，日本全国に広く伝えられ，日本各地で河川管理のあり方を模索する各地を直接・間接に力づけてきたのである．

一方で，現在の委員会のシステムの限界が露呈したのが第3次委員会における審議であった．端的にいえば，河川管理者（近畿地方整備局）が，委員会と意見が異なる内

容の審議の継続を拒否したことで,そもそも河川管理者によって設置された委員会は,審議を継続することができなくなり,淀川モデルの理念は困難に直面するに至ったのである. 淀川水系委員会, 流域委員会というシステム, 河川法については,すでに評価と今後の課題についての議論が始まっている[7],[8].

参考文献

1) 淀川水系流域委員会ホームページ http://www.yodoriver.org/index.html
2) 天野礼子 (2001)『ダムと日本』岩波書店.
3) 「青の革命と水のガバナンス」研究グループ 流域委員会プロジェクト編 (2006)『流域委員会研究』, Blue Revolution Publication No.4, 日本学術振興会 人文・社会科学振興プロジェクト研究『水のグローバルガバナンス』「青の革命と水のガバナンス」研究グループ発行.
4) 淀川水系流域委員会 (2004)『新たな河川整備を目指して ── 淀川モデルのはじまりから提言・意見書まで』http://www.yodoriver.org/kaigi/iin/news_letter/iin_news_panhu.pdf
5) 淀川水系流域委員会 (2006)『新たな河川整備を目指して ── 委員会の新たな展開と第2次委員会発足以降の動き』http://www.yodoriver.org/kaigi/iin/news_letter/iin_news_panhu2.pdf
6) 淀川水系流域委員会 (2006)『新たな河川整備を目指して ── 淀川水系流域委員会提言 (修正案 030117 版)』http://www.yodoriver.org/kaigi/teigen/pdf/setumeikai_huosi.pdf
7) 中村正久 (2008)「淀川水系における上下流関係と河川整備計画の策定 ── 環境の目的化をめぐる社会的合意形成の課題」大塚健司編『流域ガバナンス ── 中国・日本の課題と国際協力の展望』アジア経済研究所, pp.143-172.
8) 「川の全国シンポジウム ── 淀川からの発信」報告書編集委員会編 (2009)『川の全国シンポジウム ── 淀川からの発信 報告書』「川の全国シンポジウム ── 淀川からの発信」報告書編集委員会.

第 2 部

流域管理とガバナンス

第1章　「階層化された流域管理」とは何か

1 ▎流域の階層性
　── 問題認識の差異と階層間のコンフリクト(注1)

1　階層性をもつ流域

　流域という言葉を聞いたとき，どのようなイメージを思い浮かべるだろうか．自然の地形によって形成される分水嶺を境界とし，その分水嶺内への降った雨が表流水となり，谷を流れながら合流し，それらの表流水はやがて支流となり，支流は本流に合流し，海や湖に至る．そのようなイメージではないだろうか．このようなイメージを思い浮かべてしまうのは，私たちが，無意識のうちに全体を大きく眺めわたす視点にたっているからである．しかし，流域管理を考えていくためには，このような鳥瞰図的な視点からではなく，階層性という概念を通して，もう少し違った角度からとらえなおしてみる必要がある．

　流域においては，本流だけでなく，大小さまざまな支流が樹形図状にひろがっている．そのように考えたばあい，この流域全体を，ミクロレベルの流域，メソレベルの流域，マクロレベルの流域といった複数の空間スケールの階層をもつ，入れ子状の構造としてとらえることができる（図2-1-1）．もちろん，すべての流域にこのような3つの階層の区分が可能なわけではない．流域ごとの地理的特徴にあわせて，階層区分の複雑さは変化することだろう．このような3つの区分は，あくまで，説明のために設定した便宜的なものとして考えてほしい(注2)．以上のように階層性をもつ流域では，流域の内にある特定の階層の生態系は，他の階層の生態系と相互に影響を与えあいながら，その全体を構成している．また，このような生態系に重なりあうような形で，流域内部に居住する人びとは，生活や生産に関わる様々な活動をおこなっている．当たり前のことように思うかもしれないが，階層性という概念を通して流域をとらえたさいには，以下の点に注意しなくてはならない．

　人びとは，自らの生活や生業が直接的に関係する範囲の階層（直接的に利害が及ぶ階層）には強い関心を持ち，その階層固有の流域の問題には敏感であるが，すべての階

1）この章は，以前に筆者が執筆した論文[1]での議論をベースに，大幅に加筆したものである．
2）このような3つの区分は，本書のもとになった総合地球環境学研究所のプロジェクト「琵琶湖─淀川水系における流域管理モデルの構築」の中心的フィールドとなった，琵琶湖を中心とした流域の特徴にあわせるため，便宜的に設定したものでもある．

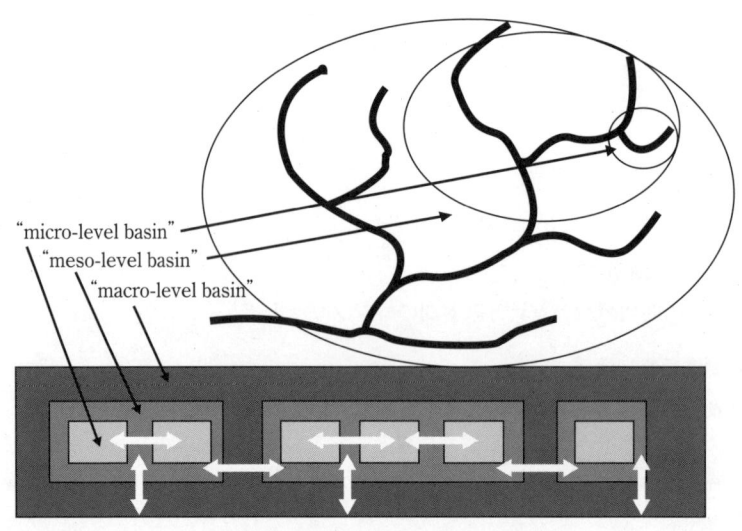

図 2-1-1　入れ子状の構造をもつ流域

層を含んだ流域全体に関心が及んでいるわけではない，ということである．自分が直接関係しない，異なる階層の問題にまで関心をもっているわけではないのである．では，流域の持つすべての階層を視野にいれた何らかの主体は存在しないのだろうか．たとえば，流域環境の保全を目指す地方自治体の環境政策部局のばあいはどうだろうか．それら環境政策部局は，国の法令と，それら関係法令を背景に設定された条例や規則にもとづき，政策を立案し，河川環境管理の計画をたて，さまざまな施策と事業を実施していく．それだけでなく，行政組織内部の様々な関係部局，たとえば河川環境に負荷を与える産業関連の部局との横の調整をおこなわなければならない．以上のような「構造化された諸条件」のなかに置かれているため，地方自治体の環境政策部局のばあいも，マクロレベルの流域については，たとえば水質のような特定の問題については関心をもっていても，メソレベル，そしてミクロレベルの階層で，他の主体，たとえば地域住民が気にしているような問題に関しては，あまり関心が及ばなかったりする．

2　流域の階層間における「状況の定義のズレ」

以上からもわかるように，流域の階層性に注目したときに，流域管理をおこなう上で大きな障害となるのは，「階層ごとの流域の問題認識に差異が生じて，結果として，階層間にコンフリクトが発生してしまう」という事態である．流域のそれぞれの各階層には，なんらかの社会的機能を担う集団が利害関係者として存在している．しかしながら，各階層に分散した集団のあいだで，流域の問題認識が必ずしも一致している

とは限らない．そのことが結果として，流域管理をめぐるコンフリクトにつながっていく．筆者は，このような状態を，社会学の概念を用いて，階層間に「状況の定義のズレ」[2]が生じていると表現している．この「状況の定義」とは，流域の階層間に分散した集団が，自らが関与する流域（階層）に対しておこなう集合的定義のことである．そこでは，流域において「何が問題なのか？」（問題設定に関する認知的側面），「いかに解決するべきなのか？」（解決手法の選択に関する行為的側面）といった点が重要になってくる．以上のことを，少し，具体的な琵琶湖の事例を題材にしながら見てみることにしよう．

琵琶湖では，琵琶湖河川事務所が，瀬田川洗堰を操作することによって人工的にその水位を調整している．従来は，1992年に制定された操作規則によって，梅雨以降に降雨量が増加し，洪水が生じやすい季節に入るまでに，琵琶湖の水位を下げることになっていた．しかし，この水位を下げる時期は，琵琶湖の湖岸や内湖のヨシ帯などで，フナやコイをはじめとするコイ科魚類が産卵する時期とも重なっていた．急激な水位低下は，湖岸域で産卵するコイ科魚類の産卵・孵化環境に大きな悪影響を及ぼすことになる．そのため，洪水などが起きないように配慮しながらも，急激な水位低下をさけ，卵が孵化できるように水位操作のあり方を調整する方向を目指すようになった．また，滋賀県や水資源機構（国土交通省を中心に農水・厚労・経産の4省庁が所管する）と連携しながら，コイ科魚類の産卵や仔魚の成長に関する調査を行うようになった．もちろん，このような琵琶湖の水位操作に関する国土交通省や琵琶湖河川事務所の変化をどのように評価するのか，そしてこのような変化が実質的にどのような生態学的な効果を生んでいるのか，その評価は様々であろう．しかし，「状況の定義のズレ」の観点からは，以下のような説明ができる．

琵琶湖河川事務所は，治水の観点から「雨が多い季節には，洪水がおきやすい」（問題設定に関する認知的側面），そのため「雨が多い季節に入る前に，瀬田川洗堰を操作して水位を低下させておく」（解決手法の選択に関する行為的側面）という「状況の定義」をおこなってきた．しかし，それは琵琶湖というマクロレベルでの階層における問題認識である．また，そのような問題認識の背景には，河川管理に関する法令，国土交通省（あるいは旧・建設省）の河川管理の方針，操作規則という「構造化された諸条件」が存在していることはいうまでもない．以上に対して，琵琶湖の湖岸や内湖のヨシ帯（メソないしはミクロレベルの階層）でのコイ科魚類の産卵行動を熟知していた漁家や研究者たちは，「このような急激な水位低下はコイ科魚類の産卵・孵化に悪影響を与える」（問題設定に関する認知的側面）という対抗的な「状況の定義」をおこなうことで異議申し立てをした．これは，メソレベルないしはミクロレベルに敏感な主体によってはじめて確認できる問題認識である．その結果として，琵琶湖河川事務所は，卵が孵化できるように水位操作のあり方を調整する方向を目指すようになった[注3]．この事例では，流域の階層間に生じた「状況の定義のズレ」が認知され，階層に分散する主

体のあいだに,「状況の定義のズレ」の解消にむけてのコミュニケーションが発生している．しかし，これは，ある意味で「幸せな例」といえるのかもしれない．というのも，通常の流域管理の現場においては，多数に主体により「状況の定義」がおこなわれ，それらの定義間には「状況の定義のズレ」が発生しやすいからだ．また，「状況の定義のズレ」が社会問題化したときも，その解消にむけて階層間のコミュニケーションを促進させることなく，対立だけが深まっていくことのほうが常態だからである．

　筆者は，今後の流域管理において，この「状況の定義のズレ」に起因する諸問題をどのように乗り越えていくのかが，大変重要な課題になると考えている．そこで，以下では，このような「状況の定義のズレ」に注目する必要性を，環境ガバナンス，コモンズ論，科学技術社会論，以上の3つの点から考えてみることにしたい．

[脇田健一]

2 ▎不確実性とガバナンスを前提とした流域管理

1　環境ガバナンス・コモンズ論と流域管理

　従来，流域管理の主体は行政や専門家であった．圧倒的な権力と専門性を背景に，行政がトップダウン的に政策を推進し，一元的に流域管理をおこなってきた．そして，そのばあいの流域管理は，主にはマクロレベルからの流域を対象にしたものであった．しかし，階層性をもつ流域は，多様で複雑な要素から構成されている複合的なシステムである．その挙動はたいへん不確実性が高い．さらに，そこには多様な主体が関与している．従来の行政や専門家によるトップダウン的な流域管理では，流域に関与する様々な主体とのあいだに「状況の定義のズレ」が発生することになる．

　そのような現実を前に，近年，流域管理の現場にも変化が生まれてきた．流域内に分散して居住する地域住民の存在，そして地域住民によって組織される集団の存在が注目されるようになってきたのである．というのも，流域のもつミクロレベルやメソレベルの流域（階層）に分散している地域住民や諸集団の参加・参画，そして行政との協働がなければ，実効性のある環境政策が立案できないという考え方が生まれてきたからである．ただし，私たちは，そのような現場での動きを評価しながらも，従来，流域管理をほぼ独占してきた行政や専門家が，その他の複数の主体へ流域管理に関する発言権を付与していくといったレベルを超えていく必要があると考えている．単なる情報提供や意見聴取のレベルを超えて，多様な主体の参加・参画と協働を志向するボトムアップ的な流域管理を積極的に取り入れる段階にきていると考えているのであ

3）この事例に関しては，「住民の意見の反映」を盛り込んだ新「河川法」（1997年）の登場以降，河川行政においては，従来の「治水と利水」に加えて「環境の整備と保全」をも河川政策の課題に加えなければならなくなっていたことも影響しているに違いない．

る．

　私たちが，ここまで踏み込んで主張するのには，理由がある．近年の環境ガバナンスとコモンズ論に関する議論が，私たちの流域管理に対する新たな考え方を後押ししているからである．まず，環境ガバナンスのほうから見てみよう．

　環境ガバナンスについては種々の議論があるが，ここでは松下和夫と大野智彦[3]に注目してみる．松下と大野は，まず，現在の環境問題をめぐる状況を次のようにとらえる．「現代の環境問題の課題は，地球温暖化問題，有害化学物質汚染，資源リサイクル問題に代表されるように，その科学的メカニズム・関連分野・空間スケール・関連主体とも複雑化・多様化しており，その解決には多様な主体と関連施策の連携が必要である．また環境問題に関する政策形成やその実施主体も多様化・重層化している．このような重層化した環境問題に対処するためには，戦略的な観点から新たなガバナンスの必要性がますます高まっているのである」．そのうえで，松下と大野は，ガバナンスを，「上（政府）からの統治と下（市民社会）からの自治を統合し，持続可能な社会の構築に向け，関係する主体がその多様性と多元性を生かしながら積極的に関与し，問題解決を図るプロセス」と定義している．

　松下と大野の説明は，流域に特化したものではない．しかし「多様な主体の参加・参画と協働を志向するボトムアップ的な流域管理を積極的に取り入れる」べきだという私たちの主張は，松下と大野による環境ガバナンスの「関係する主体がその多様性と多元性を生かしながら積極的に関与し，問題解決を図るプロセス」という定義とも重なりあうことに注目してほしい．

　ところで，このような環境管理における多様性と多元性の強調は，なにも環境ガバナンスに限られたものではない．コモンズ論においても同様の議論がなされている．日本の代表的なコモンズ論研究者の一人で，林政学者の井上真[4]は，コモンズを以下のように説明している．「『自然資源の共同管理制度，及び共同管理の対象である資源そのもの』と定義する．資源の所有にこだわらず，実質的な管理（利用を含む）が共同で行なわれていることをコモンズの条件とする」．井上のこの説明は，井上が調査をおこなってきたインドネシア・カリマンタン島での熱帯雨林の共同管理を念頭においたものと考えられるが，井上の説明を流域にあてはめることが可能だ．流域が，コモンズのひとつであることは容易に理解できる．また，「共同管理」と「問題解決を図るプロセス」という違いがあるものの，井上のコモンズに関する説明は，多様性や多元性を強調する環境ガバナンスとも強い連関性をもっていることも理解できる．

　近年，地球環境問題の深刻化とともにグローバル・コモンズという用語がよく使われるようになってきている．そこでは，特定の主体の所有に還元できない大気や大洋のような自然環境（自然資源）が問題となっているわけだが，そのような地球規模でなくとも，本書で問題とする流域管理においても，流域に関係する主体の「多様性と多元性を生かしながら」，「共同管理」をおこない「問題解決を図」っていくことを目指

51

す時代の流れは，逆戻りできないものになってきているように思う．

しかしながら，そうはいっても「専門的な知識を持つ行政や専門家と素人である地域住民とが，本当に同じ土俵の上で流域管理に関して議論ができるのか」という疑問を持つ人もいることだろう．そこで，この点に関して，次に科学技術社会論における議論を簡単に見てみることにしたい．

2　科学技術社会論と流域管理

科学技術社会論 (Science, Technology and Society; STS) は，科学・技術と社会の境界や接点で発生する様々な問題群を対象にする学問分野である．この科学技術社会論の研究者である藤垣裕子[5]は，従来の「固い科学観」が再考される段階に入っているとして，次のように述べている．藤垣は，科学技術の知識が，社会的意思決定の正統性の提供者という役割をはたしていた時代には，「科学的合理性＝社会的合理性」という社会的な了解が成立し，環境問題も含めて，科学と社会の接点における各種の問題への意思決定は，行政と専門家のコミュニティに閉じられてきたという．そして藤垣は，その根拠となったものが，「科学者集団が証拠を評価するときの基準に行政官が通じることによってよい判断ができる」という「技術官僚モデル」であるという．ここには，科学の権威と専門性に対する信頼が存在している．しかし，環境問題が簡単には解決できない複雑で多様な主体が関与する問題として認識されるにしたがい，科学者にも答えられない問いが存在し，そのことに関する意思決定は，行政と専門家のコミュニティに閉ざされたものではなく，広く利害関係者に開かれたものであることが必要だと考えられるようになってきたというのである．行政と専門家だけでは，複雑で不確実性の高い問題を判断できることができなくなったのだ．藤垣は，以下のように述べている．

> 科学技術の知識が，社会的意思決定の正統性の提供者という役割を果たしてきた時代は，専門家─市民関係は，知識を持つもの（専門家）と持たざるもの（市民）のフレームで語られてきた．市民の側には知識が「欠如」している，というモデルであり，専門家から市民への一方的な知識の流れを仮定している．しかし，科学技術の知識（科学的合理性）だけで問題が解決できないばあい，専門家（科学技術者）の知は，従来のように，市民（素人）の知に対して常に優位にたてるとは，限らない．また，素人というより，現場のプロ（現場をよく知っているものの知識）としての側面も大きくなる．そのため，それまで知識を持つもの（行政と専門家）に占有されてきた意思決定の場を開く必要が生じるのである．

藤垣の主張は，多様性や多元性を強調する環境ガバナンスやコモンズ論における主張とも多くのところで重なりあうものであり，大変興味深い．その詳細については公刊されている専門書[6]に譲ることとし，ここでは，上記の引用に，私たちの流域管理に関する問題意識を重ねてみることにしよう．すでに述べたように，流域は，多様

で複雑な要素から構成されているシステムであり，その挙動はたいへん不確実性が高い．すなわち，流域にも藤垣のいう不確実性を孕む問題が多分に含まれている．そのような流域の課題に対応していくためには，行政や専門が特定の階層（多くのばあいは，マクロレベル）からトップダウンに意思決定をおこなうのではなく，他の階層（多くのばあいは，メソレベルやミクロレベル）の「現場のプロ」の意見に注意深く耳を傾ける必要がある．そして，特定の階層の問題認識に収斂しない，他の階層における問題認識にも開かれた「意思決定の場」を構築していく必要があるのである．そのような「意思決定の場」においては，メソレベルやミクロレベルの問題認識が，マクロの問題とともに，重要な価値を持つものとして扱われることになる．

　この藤垣の「現場のプロ」の存在を，環境社会学者の帯谷博明[7]は，「もうひとつの専門性」という用語で表現している．この「もうひとつの専門性」とは，「生活知や実践知を住民自身が掘り起こし，みずからをエンパワメントする方向で，総合化を試みる領域横断的でローカルな知の体系であり，定形化・細分化され画一的で普遍性を志向する『（自然）科学的専門性』とは対置することができる」ものである．また，「『もうひとつの専門性』は，単なるローカルな知の断片と同義ではなく，個別的・日常的な実践知や生活知を住民が掘り起こし，総合的に体系化していく営み（知的創造行為）を伴うという点である」とも述べている．

　従来，河川行政に反発する住民運動や市民運動が，その運動に共鳴した専門家から支援をうけて「（自然）科学的専門性」に対抗する「対抗的専門性」を構築していくことはよく知られてきた．しかし帯谷のいう「もうひとつの専門性」とは，そのような「対抗的専門性」とは異なる．この「もうひとつの専門性」を，私たちが考えている流域管理の問題に引き寄せて考えてみるならば，次のように考えることができる．通常もちいられる専門性とは，行政や専門家がトップダウン的に展開するマクロレベルでの流域管理に見られるものである．それに対して，帯谷のいう「もうひとつの専門性」とは，行政や専門家からは見えにくい，ミクロレベル，メソレベルの流域管理における専門性のことであり，その流域管理の主体は地域住民である．すなわち，階層ごとの専門性を認めるべきだとの主張なのである．もうひとつ，帯谷の主張で注目したいことは，このような「もうひとつの専門性」が，生活知や実践知を住民自身が掘り起こす実践活動のなかで形成され，住民自身がエンパワメントされるという事実である．言いかえれば，地域住民が，自らの生活・生業と関係する流域管理への統御感を獲得するとともに，ミクロレベル，メソレベルの流域の管理主体となっていくことでもあるのだ．先ほどの藤垣の用語でいえば「現場のプロ」として潜在的な能力を顕在化させていくこと，ないしは成長していくことと言い換えることもできるだろう．

　ここまでのところで，以下のことを確認してきた．①階層性をもつ流域は，多様で複雑な要素から構成されている複合的なシステムであり，その挙動はたいへん不確実性が高い．②そこには多様な主体が関与しており，従来の行政や専門家によるトップ

ダウン的な流域管理では，流域に関与する様々な主体とのあいだに「状況の定義のズレ」が発生することになりがちである．③そのような「状況の定義のズレ」の発生を克服していくためには，多様な主体の参加・参画と協働を志向するボトムアップ的な流域管理を積極的に取り入れる必要がある．④私たちの流域管理に対する考え方との関連から，環境ガバナンスとコモンズ論，そして科学技術社会論との親和的な関係についても見てきた．

　しかし，以上は，これからの流域管理に求められる理念や基本方針というべきものである．このような理念や基本方針を確認したうえで，私たちは，流域の階層性が生み出す「状況の定義のズレ」，そしてその「状況の定義のズレ」から発生する諸問題を克服していくために，具体的な流域管理の枠組みや，モニタリング等を含めたあらたな方法論の検討に踏み出していかなければならない．そこでは，実質的な「多様な主体の参加・参画と協働」を確保するための工夫も必要になってくる．

　というのも，筆者は，近年の環境問題の現場において進められる，様々なタイプの住民参加型の施策や事業にある種の危惧を感じているからである．一見，多様な主体に対する開放性を維持しているようでありながらも，結果として，参加・参画や協働が，施策や事業を正当化するための単なるアリバイになってしまっている例が，しばしば見られる．極端にいえば，行政があらかじめ策定した施策や事業に，地域住民を中心とした多様な主体が動員されているだけなのである．そこでは，参加・参画や協働の名のもとに，排除がおこなわれてしまっている．結果として，その主体がかかえる問題は，社会的には隠蔽されてしまうことになる．

　以上のことは，今後の流域管理においても十分に注意されなければならない点である．複数の階層に分散した多様な主体のあいだで，今述べたような排除や隠蔽を生み出さない形で，問題解決にむけての「多様な主体の参加・参画と協働」をどのように実現すればよいのだろうか．そのための流域管理とは，どのようなものなのだろうか．次節では，以上を念頭に，流域管理の新たな段階に対応するものとして「階層化された流域管理」という考え方を提示することにしたい．

[脇田健一]

3 ｜ 順応的管理と流域診断
　　　—— 不確実性への対処とエンパワメント

　ここでは，前節で見たトップダウンとボトムアップ，参加・参画と協働，環境ガバナンスとコモンズ，そしてエンパワメントといったキー概念群をもとに，新たな流域管理の基本的なフレームワークを，「階層化された流域管理」という考え方を通して説明することにしたい．この「階層化された流域管理」とは，過去に筆者が提示した原理的なアイデアを出発点にしながら[8]，「文理連携」を可能にするためのフレー

ワークとして整備したものである．少し後に述べるように，新たな流域管理を実践するためには，流域管理の基盤に「文理連携」が必要になってくるからである．この「文理連携」については，もう少し後のところで説明する．まずは，「階層化された流域管理」の基本的なフレームワークがどのようなものなのか，見ていくことにしよう．

この「階層化された流域管理」においては，「階層ごとの適切な順応型管理」と「階層間のコミュニケーション」の2点が重要となってくる．まず初めに，「階層ごとの適切な順応型管理」から説明する．

繰り返し述べてきたが，流域は，多様で複雑な要素から構成されているシステムであり，その挙動はたいへん不確実性が高い．このようなシステムを管理しようとするばあい，管理施策の限界・失敗の可能性を積極的に認め，その施策結果を分析し，次のステップに活かすサイクルを前提にした考え方が必要になってくる．そのような前提をもとに考案されたものが，順応型管理 (Adaptive Management) である．現在，自然資源管理の新たな手法として自然科学や社会科学の枠を超えて注目されている．この順応的管理について，林政学者の柿澤宏昭[9]は，次のように説明している．ただし，以下の引用では，柿澤は Adaptive Management を「適応型管理」と訳しているが，これは順応的管理と同じ意味である．本書では，近年の自然資源管理研究に従い順応型管理という用語を用いることにする．

> これまでの自然資源管理は決められた計画を実行し，計画が失敗するとまた最初から新しい計画を立てて分析するということを繰り返すのが一般的であった．しかし，こうした手法を取っていては複雑な生態系を相手とした管理が困難であるばかりでなく，対応が手遅れになるといった危険性をもつ．これに対して適応型管理は，ある一定の時点での最良の知識をもとにして最善の決定を確保することができるのであり，不確実性を前提としつつ，知識や研究の進展にあわせて管理のあり方自体をも発展されることができるという点で優れている．

「階層化された流域管理」では，この順応的管理を積極的に導入している．以下では，図2-1-2をもとに説明する．この図2-1-2には，「P→D→C→A」と書かれた小さなユニットがある．これは，流域の各階層に分散する集団＝利害関係者である．琵琶湖の農業濁水問題のばあいを例に，ごく簡単に説明してみよう．第2章で詳述するが，琵琶湖では田植えの時期に，圃場から流出する濁水が琵琶湖の水質に大きな負荷を与えることから大きな社会問題となっている．このばあい，流域の各階層に分散した集団＝利害関係者には，主要には，マクロレベルでは滋賀県庁の環境政策部局が，メソレベルでは土地改良区が，ミクロレベルでは各集落をあてはめることができる．ただし，図2-1-2は，あくまで理念的な図式であるから，実際の集団の数とは対応していない．

図2-1-2の集団のなかにある「P→D→C→A」とは，Plan, Do, Check, Action の頭文字をとったものであり，順応型管理 (Adaptive Management) のあり方を示して

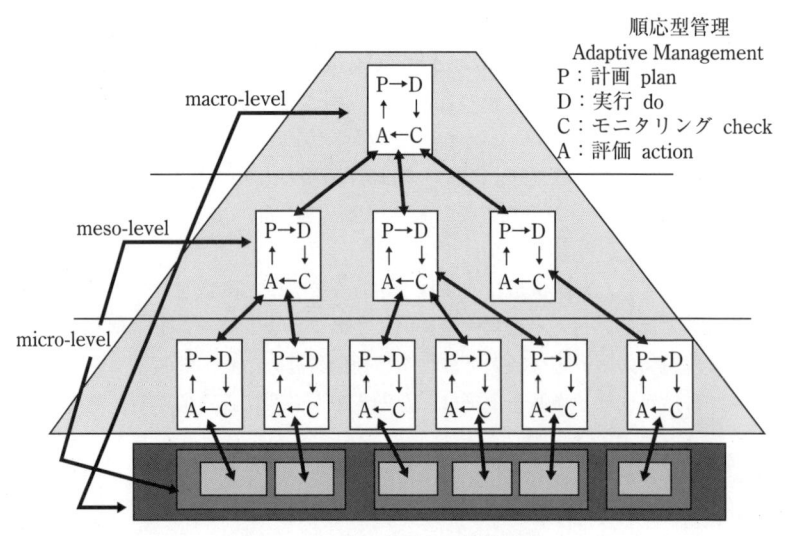

図2-1-2　階層化された流域管理

いる．「階層化された流域管理」においては，各階層に分散した個々の集団＝利害関係者は特定の機能を担っており，それぞれの立場（階層と固有の「状況の定義」）から流域に関係し，様々な働きかけをおこなう（入れ子状の流域と集団を結ぶ矢印）．この「P→D→C→A」サイクルについて説明しよう．まず計画をたて（P），その計画を実行し（D），実行過程や結果をモニタリングしたうえで（D・C），そのモニタリングの結果を分析・評価して（A），新たに必要になった計画の修正をおこなうのである．たとえばミクロレベルのばあい，集落のなかの水質を改善し，きちんとモニタリングをしながら，かつて生息していた魚類などの生物を復活させ，みんなで楽しめるアメニティの高い水路にしようとするような，村づくりのワークショップや継続的な実践なども，このような順応型管理の1つとして捉えることができる．

　このような階層ごとの順応型管理を進めるためには，その階層の様々な諸条件を考慮した流域診断の具体的な方法を開発していくことが必要である．特に，ミクロレベル，メソレベルの流域においては，その流域管理は，地域住民や地域住民によって組織された集団が担い手として期待されることになる．特殊な装置や，高度な専門的知識をもとにしたものではなく，あえて言えば，地域住民の日常生活・生業を基点とした方法が開発されなければならない．自分たちの生活・生業の文脈（コンテキスト）の延長線上に，個々の階層の流域管理の課題を見出し，それを自分たちの力で解決していくことが，結果として，自分たちの生活の地域の流域環境の質の向上につながっていると感じられることが重要となる．また，専門家の支援を受けながらも，基本的には，自分たちの「P→D→C→A」サイクルを動かしながら順応的管理を進めるその

過程を，地域住民が自分達自身で管理できることが必要になる．そのことが，ミクロレベルやメソレベルの流域に対する主体性や意欲，そして管理能力を向上させ，流域管理への統御感を獲得することにつながるからだ．これは，さきほど科学技術社会論について検討したさいに述べた，エンパワメントの問題でもある．地域住民が，「もうひとつの専門性」を活かしながら「現場のプロ」として活躍できる手法や仕組みが必要になるのである．

　マクロレベルの流域管理の担い手は，基本的には，行政や専門家になるだろう．ただし，そのばあいも，従来の手法をトップダウン的に展開するだけでは不十分である．ミクロレベル，メソレベルの流域における地域住民自身による流域管理の「環境負荷削減努力」を適切に評価し，それらがマクロレベルの流域管理においてどのような効果となってあらわれているのかを地域住民に提示していく必要がある．もちろん，そのような効果がすぐにあらわれてくるわけではないし，そのモニタリングも容易ではないかもしれない．しかし，ミクロレベル，メソレベルでの地域住民の「環境負荷削減努力」が，マクロレベルにどのような結果となっているのかを「可視化」させることは，ミクロ，メソレベル流域管理が社会的に有効であると認識する「有効性感覚」を醸成していくことになる．簡単にいえば，「こんなことをやっても……」という意識からぬけだし，「自分たちもやればできるじゃないか！」という意識を社会的に強化していくことになる．そのさい，地域住民は一層エンパワメントされていくことになる．自らの生活や生業が直接的に関係する範囲の階層（直接的に利害が及ぶ階層）だけでなく，他の階層や流域全体に関心をより拡大させていくことにもつながる．また，そのような「可視化」を継続的におこなっていくことは，行政や専門家にとっても，メソレベル，ミクロレベルの流域固有の課題に敏感になっていくことにもつながる．

　以上の「可視化」の問題は，「階層化された流域管理」におけるもう一つの課題，「階層間のコミュニケーション」とも関係している．次節では，この「階層間のコミュニケーション」を，「コミュニケーションの豊富化」という概念をもとに検討しいく．

〔脇田健一〕

4 ┃ コミュニケーションの豊富化
── 階層性の克服

　繰り返し述べてきたように，階層性をもつ流域の管理においては，「状況の定義のズレ」を克服していくことが重要な課題となる．この課題を解決するための「階層化された流域管理」における基本的戦略は，行政や地域住民による階層ごとの流域管理を支援するとともに，そのような個々の階層ごとの流域診断の方法を連関させ，同時に，複数の階層に分散した主体のあいだに流域管理に必要なコミュニケーションを豊富化していくことである．そのことにより，個々の階層のもつ個別性に配慮した形で

の流域全体の管理の方法を発見していくことになる．ここで，もう一度図2-1-2を見ていただきたい．マクロ，メソ，ミクロに分散した「P→D→C→A」と書かれた小さなユニットのあいだを結ぶ矢印は，「階層間の流域診断方法の連関」と「階層間のコミュニケーションの豊富化」をあらわしている．

　まず，「階層間の流域診断方法の連関」だが，これについては，後の章で具体的に論じられることになる．そこでは，指標，モデル，GIS（地理情報システム），聞き取り調査，ワークショップ，アンケートといったものが階層間をつなぐ流域診断方法として説明されている．ただし，これらを個別に用いていたのでは意味がない．「階層ごとの適切な順応型管理」のために開発された流域診断の具体的な方法が，マクロ，メソ，ミクロといった流域が持つ階層を超えて立体的に連結している必要がある．そのためには，「階層性を組み込んだ測定と指標の開発」が必要になってくる．そのような測定や指標の開発をおこなうことは，「流域診断間のコミュニケーション」を促進し豊富化していくことにもつながる．ただし，このような「流域診断間のコミュニケーション」を促進していくためには，「文理連携」への強い意志が必要になる．

　「階層化された流域管理」を展開していくためには，自然科学的研究と社会科学的研究の連携，すなわち「文理連携」がその基盤になければならない．近年，環境科学の分野においては，「文理融合」の必要性が唱えられてきた．しかし，筆者は，そのような「融合」の前段階として，「文理連携」が必要だと考えている．流域の管理の方法を確立するためには，ひとつの学問領域または専門分野の知識や経験だけでは不十分である．「文理融合」が人口に膾炙するのには，このような事情が存在している．しかし，一足飛びにそのような融合を実現することは容易なことではない．一人の研究者が，自ら文理融合的な研究を進めるにしても，現状においては，ほとんど具体的な成果が期待できない．また，環境科学の分野においては，文理融合を看板にしながらも，理工学的研究と社会科学的研究の成果がうまく接合されていないプロジェクトがしばしば見られる．ばあいによっては，単なる研究費確保のための方便として「文理融合」が用いられているのではと疑いたくなるようなプロジェクトさえ存在している．

　私たちは，現実的な方向性としては，理工学的研究と社会科学的研究が連携するなかで（文理連携），個別科学に蓄積された成果を活かしつつ，同時に，個別科学が自明としてきた前提，また個別科学間の齟齬やズレを自覚化しあいながら，少しずつ「相補的な関係」を構築し，新たな流域管理のための方法を探ってきた．本書の第2部第2章「複合問題としての農業濁水問題」から後の章，そして第3部と第4部では，琵琶湖と琵琶湖に流入する河川や地域社会をフィールドにした，私たちのプロジェクト「琵琶湖－淀川水系における流域管理モデルの構築」の成果が提示されている．そこでは，「階層間の流域診断方法の連関」と「階層間のコミュニケーションの豊富化」に関連した議論が展開されている．これらの成果は，居心地の良い専門家の「共同体」

からあえて抜け出し，さらにプロジェクト内部で生じる専門領域間のコンフリクトを超えて，「相補的な関係」を構築することによって生み出されたものなのである．

次に，「階層間のコミュニケーションの豊富化」について検討していくことにしよう．「階層間のコミュニケーションの豊富化」という概念は，環境社会学者である舩橋晴俊[10]が提示した概念「公論形成の場の豊富化」を参考にしたものである．舩橋は，環境問題の解決のためには，現代社会の自己破壊性を克服するような自己組織性が求められるという．そのような「自己組織性の方向は，社会のなかに環境制御システムの形成とその社会に対する介入，とりわけ経済システムに対する介入の深化」であり，「環境制御システムの強化と経済システムへの交錯性の深化のためには，『公共圏』と『公論形成の場』を豊富化する必要がある」と述べる．「公共圏」とは，「相互に対等な諸個人」が，社会的諸課題に関して「批判的な討論を持続的に行うような開放的な場」であり，「公論形成の場」とは，意見交換と意志表明の場のことである．舩橋によれば，そこで必要なことは，「利害関係者に対する開放性」，そして「異質な視点・情報を集め，突き合わせた上で，より普遍性のある問題認識と解決策を見出すこと」だという．ここで舩橋が主張していることは，すでに本章第2節第2項で見た，科学技術社会論の藤垣が，「知識を持つもの（行政と専門家）に占有されてきた意思決定の場を開く必要が生じる」と述べていることや，環境社会学者の帯谷が「もうひとつの専門性」を強調していることと同様のものである．

この舩橋のいう「公論形成の豊富化」を流域管理に位置づけてみよう．そこでは，階層を越えた事業やワークショップの推進，シンポジウムの開催，流域協議会設立やそこでの定期的会合の開催等が考えられる．このようにコミュニケーションを豊富化していくことで，「状況の定義のズレ」を相互に認知しあいながら，「流域診断間のコミュニケーション」によって得られた異なる階層を認知し，階層を超えた環境情報を考慮しながら，舩橋のいう「より普遍性のある問題認識と解決策を見出すこと」に結びつけていくことを目指すことになる．以上のように，「階層間の流域診断方法の連関」と「階層間のコミュニケーションの豊富化」は，流域を共同管理していくための「ガバナンス」の確立に寄与し，参加・参画と協働による流域管理を構築していく基盤を形成していくことにつながるのである．

［脇田健一］

5 リナックス方式
── 流域の個性と多様性に応じたカスタマイズと知のコモンズの形成[注4]

私たちのプロジェクト「琵琶湖－淀川水系における流域管理モデルの構築」の中心的なフィールドは琵琶湖であった．よって，プロジェクトの課題設定やその成果には，琵琶湖流域の地域的特性や，現在の琵琶湖が抱えている環境問題が色濃く反映してい

る．たいへん「個別性」が高い．そのため，私たちのプロジェクトの成果が，「はたして，琵琶湖とは異なる流域でも有効なのか」との疑問を持たれることだろう．しかし，私たちは，この本で提示している階層性に注目した「階層化された流域管理」という考え方には，琵琶湖流域から発想されたものでありながらも，他の流域への展開・応用の可能性，すなわち「一般性」を志向するベクトルが含まれていると考えている．

このような，流域管理における「個別性」と「一般性」という問題に関して，私たちに大きなヒントを与えてくれたものがあった．それは，リナックス (Linux) である．リナックスは，現在でこそ，コンピュータのOSとして世界的に注目されているが，もともとは，1991年当時，フィンランドのヘルシンキ大学の学生であったリーナス・B・トーバルズ (Linus Torvalds) 氏が，卒業研究の一環として開発したものであった．興味深いことは，トーバルズ氏が，このリナックスをインターネット上で公開したことである．当初は，10人程度の限られた範囲で使用されていたが，しだいに世界各地に住む研究者や学生にその存在が知られるようになった．そして，そのような研究者や学生のなかには，このOSのプログラムを改良する者さえ現れはじめた．この段階に至って，リナックスを成長・発展させるいわば「開発集団」が世界中に展開することになったのである[12]．

私たちのプロジェクトの成果は，ある意味，このトーバルズ氏が卒業研究の一環として開発した段階でのリナックスと似たような水準にあるのかもしれない．しかし，リナックス同様，私たちが琵琶湖流域から生み出した「階層化された流域管理」という考え方は，地球上の多様で複雑な流域管理の実践のなかで今後も鍛えなおされ，カスタマイズされることで意味のあるものに成長していくことができるのではないかと考えている．「階層化された流域管理」という考え方をもとに，それぞれの流域の多様な関係者自身が，「階層間の流域診断方法の連関」と「階層間のコミュニケーションの豊富化」を促進し，自分たちの流域を共同管理していくための「ガバナンス」の確立に寄与しながら，参加・参画と協働による流域管理を構築していく基盤を形成していくことが期待されるのである．

今後は，各流域でのカスタマイズの経験をもとに，それぞれの流域で「階層化された流域管理」を構築するさいに発見された様々な知見や方法をデータベースとして蓄積していくことが必要になってくるだろう．そして，そのような各地でのカスタマイズの過程で生み出された知見や方法に関するデータベースは，インターネット等を通してひろがる地球規模のコミュニケーションのなかで，リナックスと同様に，相互に刺激を与えあいつつ鍛え上げられていく必要もあるだろう．それらのネットワーク化されたデータベースは，ある意味で，誰もがアクセスできる地球規模の流域情報デー

---

4) 第5節は，日本学術振興会未来開拓学術研究推進事業・複合領域「アジア地域の環境保全」の研究成果として提出された『流域管理のための総合調査マニュアル』において，筆者が担当執筆したもの[11]をもとにしている．

タベース群である．そのようなデータベース群は，多様な流域情報をめぐる議論とともに，いわば新しい「知のコモンズ」としてとらえることができるだろう．このような「知のコモンズ」においては，いわゆる「コモンズの悲劇」は生まれない．むしろ，地球上の多様な流域に居住する人々がこの「知のコモンズ」にアクセスすればするほど，そして同時に，議論に参加しそれらを展開すればするほど，コモンズはその豊饒さと輝きを増していくことになる．

　順応的管理のところで引用した柿澤宏昭は，自然資源一般に関してだが，次のように述べている．

　「決まったマニュアルに従って，それをこなしていけば達成できるものではなく，不確実性とパラドックスのなかで次の一歩を踏み出していくことが求められている．そして次の一歩を見出すために必要とされているのは，データ・知識の継続的収集と資源管理に関与する人々の間でのその共有であり，これをもとにした開かれた議論であることが認識されなければならない」[13]．この柿澤の主張を，私たちが「階層化された流域管理」に置き換えれば，流域ごとのデータベース，そしてそれらデータベース間のネットワークが必要であるということになるだろう．

　ただし，このようなデータベースやデータベース間のネットワーク構築において，水質指標のように普遍的に数値化できる流域情報だけでなく，指標ほどの普遍性のないものの，流域が存在する特定の地域の社会や文化と結びつく形で数値化できるものや，特定の地域の社会や文化と深く結びつき，文脈依存性（本書「ブリーフノート8」詳述）が高く数値化できない流域情報にもきちんと目をむける必要がある．階層間に分散した多様な主体のガバナンスを重視する「階層化された流域管理」においては，このような配慮は不可欠である．特に，ミクロレベルの流域において見出されるものに，このような指標化できないものが多数存在する．これらの文脈依存性の高い流域情報とは，人びとの具体的な生活や生業と結びついたものが多く，「生活知」などとも呼ばれる．しかし，そのような文脈依存性が高く数値化できない流域情報についても，その取り扱いには十分に注意をはらいながら，なんらかの形でデータベースのなかに情報として蓄積し，社会的に共有していく必要があるように思うのである．

[脇田健一]

参考文献

1）脇田健一（2005）「琵琶湖・農業濁水問題と流域管理」『社会学年報』**34**: 77-97.
2）脇田健一（2001）「地域環境をめぐる"状況の定義のズレ"と"社会的コンテクスト"——滋賀県における石けん運動をもとに」舩橋晴俊編『講座環境社会学第2巻　加害・被害と解決過程』有斐閣，177-206.
3）松下和夫・大野智彦（2007）「環境ガバナンスの新展開」松下和夫編『環境ガバナンス論』京都大学学術出版会，p.4.

4）井上真（2001）「自然資源の共同管理制度としてのコモンズ」井上真・宮内泰介編『コモンズの社会学』新曜社，p.11.
5）藤垣裕子（2004）「科学技術社会論（STS）と環境社会学の接点」『環境社会学研究』**10**: 25-41.
6）藤垣裕子（2003）『専門知と公共性 ── 科学技術社会論の構築に向けて』東京大学出版会.
7）帯谷博明（2004）『ダム建設をめぐる環境運動と地域再生 ── 対立と協働のダイナミズム』昭和堂，291-294.
8）脇田健一（2002）「住民による環境実践と合意形成の仕組み」和田プロジェクト編『流域管理のための総合調査マニュアル』京都大学生態学研究センター，349-350.
9）柿澤宏昭（2000）『エコシステムマネジメント』築地書館，p.15.
10）舩橋晴俊（1998）「環境問題の未来と社会変動」舩橋晴俊・飯島伸子編『講座社会学12　環境』東京大学出版会，203-211.
11）脇田健一（2002）「マニュアルの限界と発展課題」和田プロジェクト編『流域管理のための総合調査マニュアル』京都大学生態学研究センター，354-357.
12）リーナス・トーバルズ，デイビッド・ダイヤモンド著，風見潤訳（2001）『それがぼくには楽しかったから』小学館プロダクション.
13）柿澤宏昭（2000）『エコシステムマネジメント』築地書館，p.193.

ブリーフノート2

環境問題解決のための4つの手法

―――――――――――――――――――――（脇田健一）

　一般に，環境問題解決のための政策手法としては，以下の4つのものが考えられる．規制的手法，技術的解決手法，経済的手法，社会的・文化的手法，以上4つの手法である．

　我が国では，第二次世界大戦後，特に高度経済成長期の1950～1960年代にかけて，全国各地で公害が多発することになった．公害の現場では，被害者を中心とする反公害運動が展開していった．そのような動きを受けて，ようやく国家レベルで公害に対して法的規制による対策が本格化することになった．1967年の公害対策基本法制定をはじめとして，1970年には14もの公害関係法が一度に制定された．また，このような公害の被害を防止するための技術開発も進んだ．公害の発生源の多くは企業である．経済合理性を追求する企業の社会的・経済活動により，環境，人の身体や生活を破壊する公害が発生した．そのような意味で，公害は社会的災害でもある．公害においては企業が加害者であり，企業の周囲の地域住民が被害者となる．公害問題の解決のためには，企業に対して規制的手法，技術の解決手法を駆使し，公害を防止していくことになる．ところが，このような規制的手法や技術的解決手法だけでは，解決できない問題が出現するようになった．

　1970年代になると，高度大衆消費社会が現実化するになる．大量生産・大量消費が推奨され，国民のライフスタイルのなかに定着していく．そのようなライフスタイルは，当然のことながら，大量廃棄を伴う．その結果，生活公害問題という，これまでの公害とは異なる新しい環境問題が出現することになった．公害においては，加害者と被害者が明確に分離していた．しかし，この生活環境問題においては，公害の時代に被害者であった地域住民＝生活者が環境問題の原因者となる．生活環境問題は，地域住民＝生活者の日常的な大量消費・大量廃棄を前提とする消費行動に伴い，結果として，環境への負荷が集積することにより発生する．このような多くの人びとのライフスタイルに深く根ざした要因によって発生する環境問題を，規制的手法で解決していくのには無理がある．不特定多数の原因者が少しずつ環境負荷の原因となる物質を排出するからである．

　そのような生活環境問題の典型的な例として，ゴミ問題をあげることができる．ゴミ問題を解決していくための方法としては，ゴミ処理施設の処理能力を向上させることなどが考えられる．しかし，最終処分場の問題も含めて，そのような技術的解決手法だけでは限界がある．人びとのライフスタイルそのものを変化させ，ゴミの量自体を減らしていく必要がある．そのため，地方自治体によっては，家庭ゴミの有料化を実施するようになってきた．指定した有料のゴミ袋でないと，ゴミを回収しないよう

にするのである．行政にゴミを処理してもらうためには費用がかかるため，経済合理的に判断をするのであれば，地域住民＝生活者はゴミをできるだけ排出しないようにする．有料化が，ゴミの減量化を導くというわけである．このような政策手法は，経済的手法とよばれている．簡単にいえば，環境保全への取り組みに経済的インセンティブを与え，人びとによる経済合理的な行動を誘導することによって環境政策の目的を達成しようとする手法である．身近なゴミの問題以外の経済的手法の例としては，環境税や課徴金をあげることができる．環境税とは，電気・ガスやガソリンなど，地球温暖化の原因となる二酸化炭素を排出するエネルギーに課税することで，二酸化炭素の排出量に応じた負担をしていく仕組みである．このような環境税のもとでは，人びとは，できるだけエネルギーを節約しようとするだろう．もし，エネルギーを消費し，二酸化炭素を排出するのであれば，それなりの費用を負担しなければならない（外部不経済の内部化）．

ところで，規制的手法，技術的解決手法，経済的手法，これらの3つの手法の中心的な担い手とは，社会制度を設計する側に位置する行政や専門家である．これらの手法においては，多くの地域住民や生活者は，制度のなかで操作される対象となる．しかし，環境問題が複雑化し環境ガバナンス（第2部第1章参照）の重要性が認識されるに従い，規制的手法，技術的解決手法，経済的手法では操作される対象であった地域住民や生活者自身が，自ら環境保全の担い手となる必要性が生まれてきた．そこで必要になるのが，社会的・文化的手法である．ところが，この社会的・文化的手法を政策手法として鍛え上げていくことは，他の3つの手法と比較したとき，あまり進んでいるとはいえない．

「階層化された流域管理」においては，この社会的・文化的手法を重視している．第2部第1章第1節で説明したように，階層ごとの順応的管理に必要な環境診断（モニタリング）の方法を開発し，行政や地域住民による流域管理を支援するとともに，そのような階層ごとの環境診断の方法を連関させ，同時に，階層に分散している利害関係者（ステークホルダー）間で，流域管理をめぐるコミュニケーションを豊富化させていくことを目指している．また，ミクロな流域，すなわち集落レベルにおいては，ワークショップを開催し，地域住民が愛着を持つ水辺環境を可視化していくなど，地域環境にかかわる文化的な要素に注目し，ミクロな流域管理に活かしていくことも目指している．筆者は，環境ガバナンスが人口に膾炙し，住民参加・参画が当然のように環境政策の課題に入ってくる時代にあって，このような社会的・文化的手法が，政策手法としてもっと注目されていく必要があるように思う．

「階層化された流域管理」では，社会的・文化的手法を重視している．しかし，だからといって，他の3つの手法を無視しているわけではない．重要なことは，当該地域の環境問題の特性にあわせて，この4つの手法の有機的連携が必要になってくるということなのである．農地がほとんどなく，人工的な環境が優勢であり，河川は大規模な堤防によって囲まれ，下水道という技術システムに人びとの暮らしが完全に取り込まれているような都市的環境においては，琵琶湖流域とは異なる別の手法が必要になってくるだろう．環境ガバナンスを前提とするかぎり，「階層化された流域管理」

が重視する階層間のコミュニケーションの豊富化はどのような流域においても必要とされるであろうが，第2部第1章第5節でも述べたように，流域の個性と多様性に応じてそれはカスタマイズしていく必要があるのである．

参考文献

1) 滋賀県 (2006)「特集　琵琶湖の水質保全――面減負荷対策の推進について」『環境白書』滋賀県, p.7.

ブリーフノート3

合意形成をどう考えるか(注1)

(脇田健一)

「階層化された流域管理」では，多数の利害関係者（ステークホルダー）が合意形成の過程に参加していくことになる．しかし，合意形成とはどのような過程をさすのだろうか．多様な意見が1点に収斂していくことなのだろうか．この合意形成が孕む問題は，第1部第1章で検討した「状況の定義のズレ」や環境ガバナンス，そして第2部第2章第1節の最後のところで述べることになる「状況の定義の多様性」という概念とも関係している．ここでは，この合意形成について，もう少し詳しく説明することにする．

ここまで繰り返し述べてきたが，流域とは，多様で複雑な要素から構成されている複合的なシステムである．その挙動はたいへん不確実性が高い．また，流域は階層性という特徴をもち，そのような複数の階層に多様な利害関係者（ステークホルダー）が分散している．よって，そのような複数の階層に分散した利害関係者（ステークホルダー）により，流域管理に関するなんらかの「状況の定義」がおこなわれるさい，それらの定義間には「状況の定義のズレ」が発生しやすくなる．また，「状況の定義のズレ」が社会問題化したときも，その解消にむけて階層間のコミュニケーションを促進させることなく，対立だけが深まっていくことになりがちである．当然のことながら，「状況の定義のズレ」を克服する合意形成の明確な手段を欠いた場合，流域管理はその足元から不安定なものになっていく．

しかしながら，「状況の定義のズレ」の克服といったとき，それは特定の階層の「状況の定義」に収斂していくことではないはずである．たとえば，行政と地域住民（市民）が協働関係のもとでなんらかの流域管理に関する活動を行っていく場合，行政のもつ圧倒的な権力と専門性を背景に，結果として行政の「状況の定義」が流域管理を進めるうえでの前提となってしまうことがある．また，地域住民（市民）が，そのような行政による「状況の定義」を押し付けられ，あたかも自らの「状況の定義」のように受け入れさせられてしまうこともある．これらは，ミッション化とよばれる現象である．また，このようなミッション化が進行するなかで，こんどは協働関係の名のもとで地域住民（市民）が行政の下請機関化してしまう，エージェント化とよばれる現象も進行してしまう．階層間のコミュニケーションが進捗しているようでありながら，結果として，そこでは特定の「状況の定義」が排除されている．このような一見，流域管理政策の成果とも思えるような場合も，「階層化された流域管理」という考え方を前提とした場合，むしろ問題となってくるのである．

1）ここでの議論は，参考文献に掲示した拙論[1]の一部に，大幅に加筆修正を加えたものである．

第2部第1章第2節「科学技術社会論と流域管理」のところで述べたことを思い出してほしい．科学技術の知識が，社会的意思決定の正当性の提供者という役割をはたし，「技術官僚モデル」が自明であった時代であれば，行政（そして専門家）が，このようなミッション化とエージェント化を徹底していくこと，すなわち，行政や専門家が地域住民（市民）を啓蒙ないしは教育していくことこそが課題となっていたであろう．しかし，環境ガバナンスを前提としたばあい，「現場のプロ」であり「もうひとつの専門性」をもつ地域住民（市民）の「状況の定義」がもっと注目されなければならない．重要なことは，さまざまな階層からの多様な「状況の定義」と，そこから生ずる「状況の定義のズレ」を，流域管理のなかでいかに社会的課題として「維持しつづけていくのか」ということなのである．「状況の定義のズレ」をめぐる議論が未完であり，再検討や検討継続の可能性を含むものだということ，そして合意形成が暫定的なものであることを確認し続けていくことこそが，順応的管理を取り入れた「階層化された流域管理」では重要になってくるのである．「なにが望ましい流域なのか」という問いは，つねに社会に対して開かれたものである必要がある．言い換えれば，対立するような「状況の定義」でさえも，社会的討議の場に持ち込めるような「公論形成の場」（社会的な意見交換と意志表明の場）の豊富化が必要になってくるのである．

　ただし，このような豊富化とは，たんに形式的に「公論形成の場」が多数設定されるということではない．そうではなく，「状況の定義の多様性」を維持していくという意味でも理解していく必要がある．そして，このような「状況の定義の多様性」（第2部第2章第1節）を維持できてこそ，不確実性の高い流域管理に対応するための，さまざまな方策を幅広く選択できる可能性を高めることができるのである．また，流域に発生する様々な環境問題を中心とした諸問題を解決し，流域の環境を保全することだけではなく，むしろそのような解決や保全のための方策が次々にと生み出されるような「社会的可能性」を担保する社会を創造していくことが重要なのである．

　この「状況の定義の多様性」と関連して，政治学者である齋藤純一の主張をみておくことにしよう．以下の齋藤の主張は，ドイツの社会学者・社会哲学者であるユルゲン・ハーバーマスの公共性をめぐる議論を，批判的に継承したものである．少し長くなるが引用しておくことにする[2]．

> 　ハーバーマスの議論を詰めていけば，批判・反省の過程と合意形成の過程とが並行するという保証は失われるだろう．既存の「合意」の批判的解体が新たな合意としては進行せず，「よりよい論拠」かどうかを判断する尺度，すなわち何をもって合理的とするのかの基準そのものが問題化されるだろう．討議は，透明な合意に収斂する代わりにアポリア（行き詰まり）を産出するはずである．そうしたアポリアは，当面の集合的な意思決定が避けられないコンテクストにおいては，暫定的な妥協の形成によって乗り越えられるほかないだろう（「妥協」といっても力の均衡を図る戦略的交渉の産物ではなく，「合理性」をめぐる価値解釈の複数性を一義的なものに強引に解消することを避け，議論が未完のものであることを了解し合うという意味でのそれである）．

以上のハーバーマスを批判的に継承する齋藤の主張は，「状況の定義の多様性」が

むしろ重要なのだという私たちの主張を後押ししてくれる．また，後半の部分，そして「妥協」に関する考え方は，流域のそれぞれの階層で順応的管理を進め，階層間のコミュニケーションを促進していくうえで，現実的な指針となるように思う．ここで，もうひとつ，以下の齋藤の指摘もみてほしい．大変重要な指摘であると思う．

> 問題は，ハーバーマスがそうした政治的な意思決定をめぐるコミュニケーションにおいても，意見の複数性を乗り越えられるべき与件と見なしていたことにある．討議は，合意が形成される過程であると同時に不合意があらたに創出されていく過程でもある．合意を形成していくことと不合意の在り処を顕在化していくことは矛盾しない．討議が開かれたものであることの意義は，不合意に公共的な光が当てられることにある．

第2部第1章第2節では，環境ガバナンスについて検討した．環境ガバナンスとは，「上（政府）からの統治と下（市民社会）からの自治を統合し，持続可能な社会の構築に向け，関係する主体がその多様性と多元性を生かしながら積極的に関与し，問題解決を図るプロセス」であった．環境ガバナンスの立場からすれば，このような合意形成の過程は「調整」ということになるだろう．しかし，その「調整」の過程でおこなわれる合意形成には，以上のような重要な問題が孕まれていることを，よく理解しておく必要がある．

参考文献

1) 脇田健一（2001）「地域環境問題をめぐる"状況の定義のズレ"と"社会的コンテクスト"——滋賀県における石けん運動をもとに」『講座環境社会学第2巻　加害・被害と解決過程』舩橋晴俊編，有斐閣，177-206.
2) 齋藤純一（2000）『公共性』岩波書店．

第2章 農業濁水問題の複雑性：琵琶湖を事例として

1 農業濁水問題と流域管理

1 プロジェクトのフィールドの概況

　本プロジェクトの中心的なフィールドは，琵琶湖の東岸，滋賀県彦根市にある愛西土地改良区（稲枝地区）である（図2-2-1）．愛西土地改良区のある稲枝地域の面積は25.21km^{2}であり，東北部は宇曽川に，そして南部は愛知川に接している．湖岸部中央付近に内湖がある．北部の荒神山（254.1m）をのぞいて緩やかな傾斜の平野部に農地が広がる（図2-2-2，図2-2-3）．愛西土地改良区のある稲枝地域には，29の農業集落と複数の住宅街が含まれている．平成12年国勢調査では，世帯数は3,927戸，人口は13,829人，また，2000（平成12）年の農業センサスでは，総農家数851戸のうち，販売農家数が729戸，第2種兼業率は71.8％となっている．

　図2-2-4の中で，JR琵琶湖線・稲枝駅周辺に線で囲まれた区域があるが，ここは市街化区域である．この区域だけ，マンション建設や住宅開発が認められている．他の地域は，そのほとんどが農地である．それらの農地は農業振興地域に指定されていることから，開発などは規制されている．1962年から1996年にかけては，圃場整備事業が進められてきた．以前はクリーク地帯であった琵琶湖周辺地域に始まり，市街化区域であるJR稲枝駅周辺に至るまで，順番におこなわれてきた（図2-2-5）．

　圃場整備事業以後は，一部に従来からの河川水の利用はあるものの，愛西土地改良区内のほとんどが，水田に必要な用水を琵琶湖からの逆水灌漑により取水するようになった．図2-2-6の太い実線が逆水灌漑による送水路，塗りつぶされた地域が受益地域である．灌漑用水は，愛西土地改良区の，湖岸から少し離れた琵琶湖に設置された取水塔から，土地改良区事務所内にある揚水機場により吸い上げられる．その後，圧力をかけて土地改良区内に送水される．図2-2-7は，図2-2-6に用水排水路を加えたものである．送水路から吐出された灌漑用水は，水田一筆ごとに送水される．また水田からの排水は，直接排水路に流す構造になっている．

2 「環境高負荷随伴的」な構造へと変化した水田

　図2-2-8は，圃場整備事業の前後で，水田への灌漑がどのように変化したのかを示した模式図である．圃場整備事業以前，水田の用水としては，周囲の河川水や湧水が利用されていた．一般には田越し灌漑というが，その当時は，圃場整備された現在

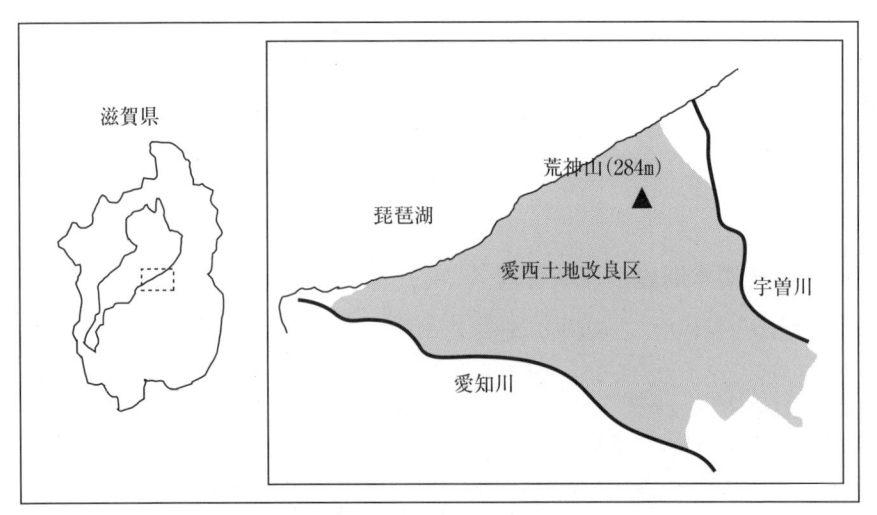

図 2-2-1 愛西土地改良区（彦根市稲枝地区）の位置

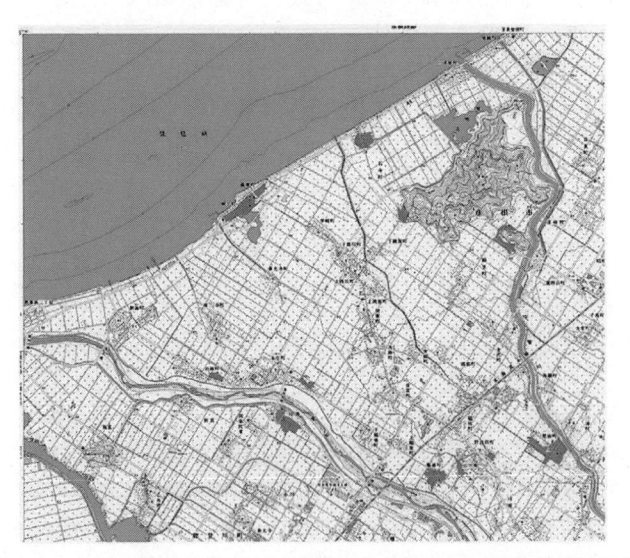

図 2-2-2 愛西土地改良区（国土地理院　25,000 分の 1 地形図「能登川」）

のように水田一筆ごとに用水路や排水路が接しておらず，一筆の水田に引かれた用水は，その水田を満たした後，畦の一部をカットして掘り下げた部分から隣接する水田へと順番に回されていった．言い換えれば，一筆の水田の排水は，隣接水田の用水となったわけである．また，このような田越し灌漑の段階においては，用排水の管理は，個々の農村集落が責任をもってあたっていた．また，灌漑に必要な施設などの管理に

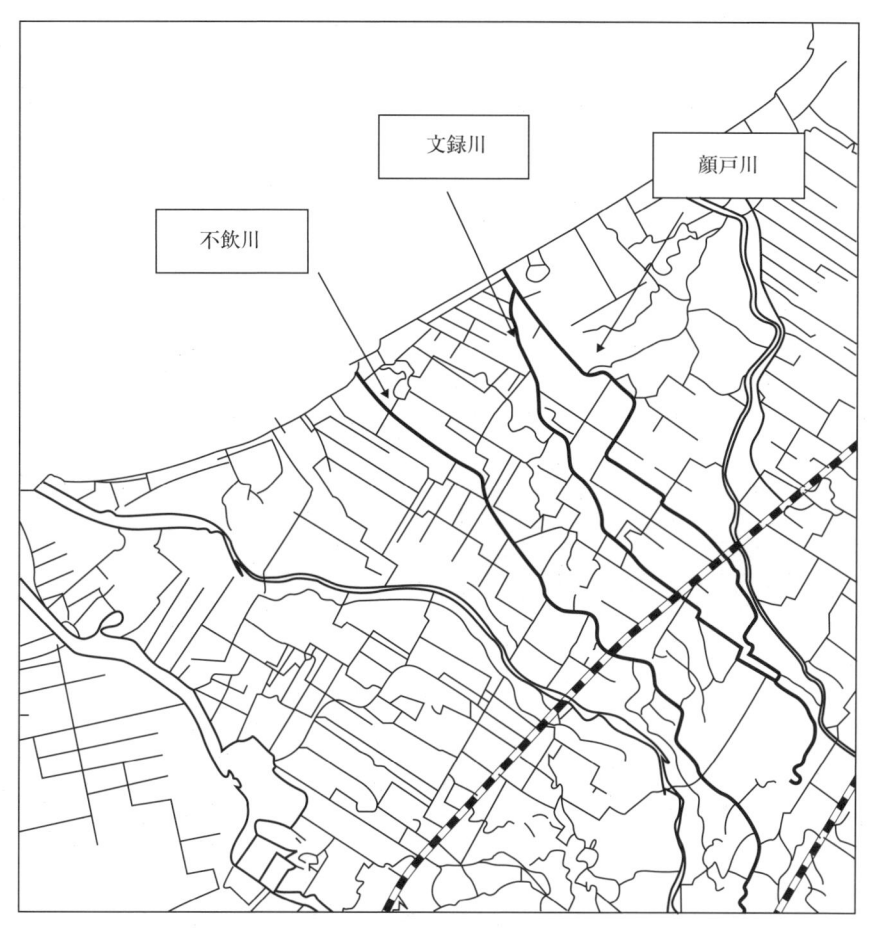

第 2 章　農業濁水問題の複雑性：琵琶湖を事例として

図 2-2-3　愛西土地改良区内の小河川

ついても，同様に，農業集落がおこなっていた．

　一般に，日本の伝統的な農村地域の水田は，零細分散錯圃とよばれる特徴をもっていた．すなわち，一軒の農家は，自らの水田をまとまって所有するのではなく，小さい面積の不定形の水田を，村落内のあちこちに分散させて所有することが一般的だった．そのため，自分が所有する水田に用水を引くためには，他の複数の農家と共同してその管理にあたる必要があった．水田をまとまった形で所有していれば，なんらかの災害があったときにすべて被害を受けることになるが，水田を分散させることで，その危険も分散させることができた．ただし，そのような零細分散錯圃は，第二次世界大戦以後に進められた農業の近代化政策からすれば，大きな障害となった．大型農機具の導入が困難で，なおかつ農機具の移動に時間がかかり，農作業の合理化を阻害

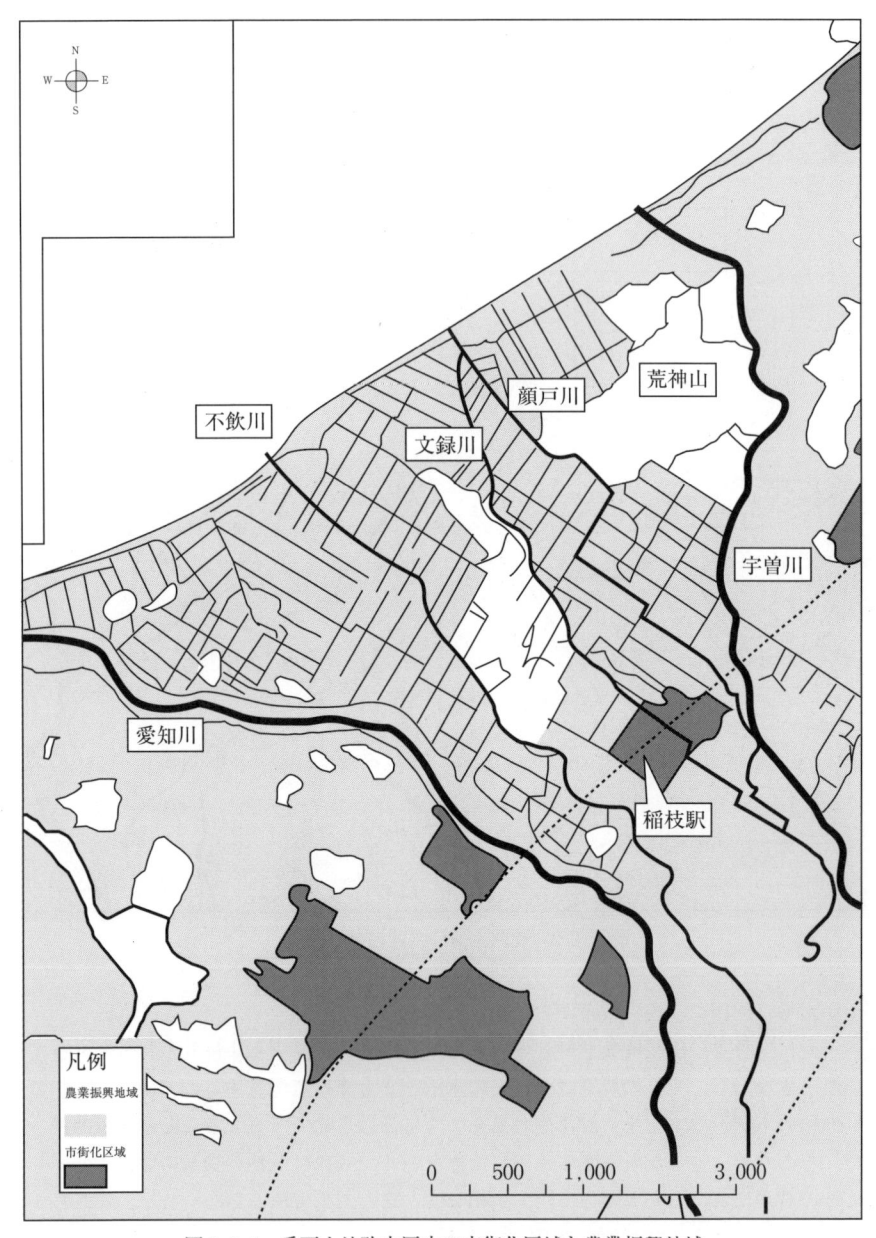

図 2-2-4 愛西土地改良区内の市街化区域と農業振興地域

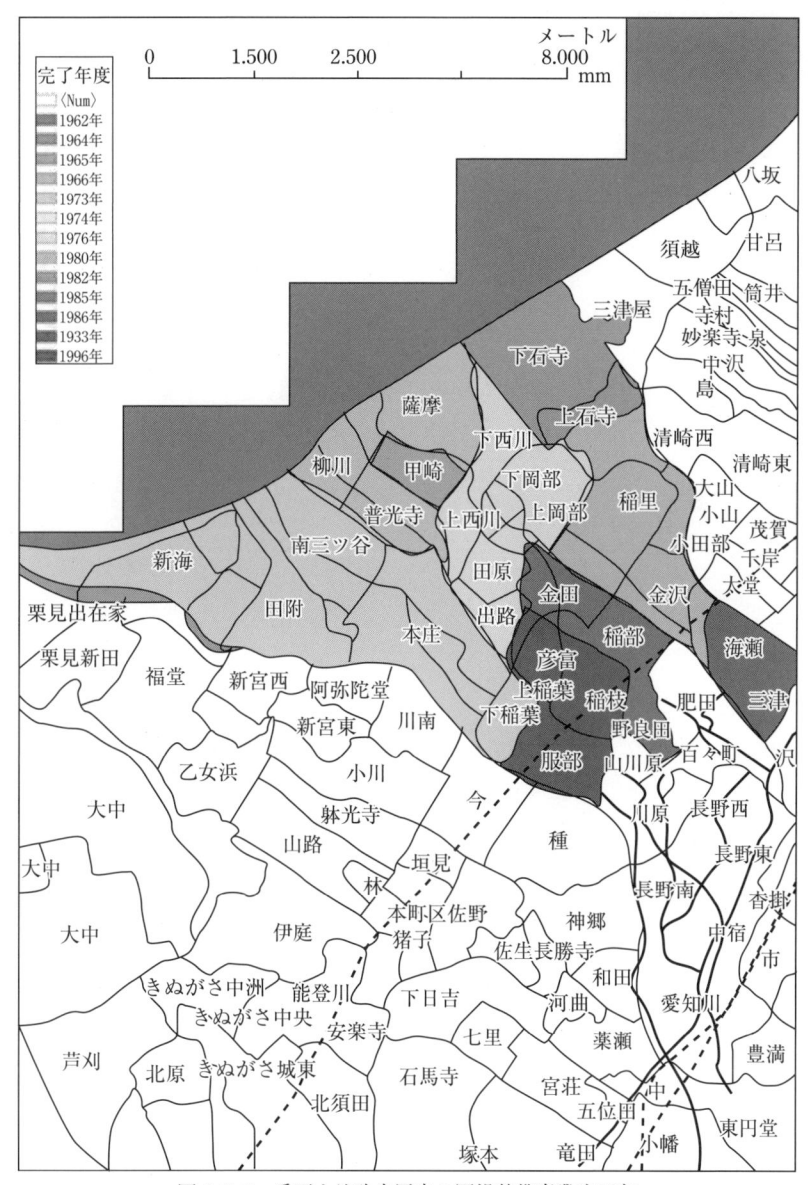

第 2 章　農業濁水問題の複雑性：琵琶湖を事例として

図 2-2-5　愛西土地改良区内の圃場整備事業完工年

図 2-2-6　愛西土地改良区の逆水灌漑区域の用水路

してしまうからである．農業用水の管理についても，すでに述べたように集落全体として責任をもち管理にあたった．すなわち，時間と労力がかかる農業だったのである．そのような状況では，農家の兼業化もままならない．

　圃場整備以後は，それまで小さく不定形であった水田が大きな区画に整地され，大型農機具での営農が容易になった．用排水は完全に分離され，一筆ごとに用水が引かれ，容易に水田に水を入れることができるようになった．それら用排水の管理については，田越し灌漑の段階では一筆ごとに水を回していくことから，集落全体の関与が必要とされたが，圃場整備以後は，基本的には個人で水の管理ができるようになった．すなわち，管理が個人化していった．また，用排水施設の維持管理の負担の軽減，農作業に割かれる時間の減少は，兼業による営農をいっそう容易にしていった．

　しかし，このような圃場整備は，水田一筆ごとの排水を直接排水路に流す構造に作り替えていくことでもあった．一筆の水田からの排水，特に代掻きや田植えの時期の濁水（肥料成分も含む）は，隣接する排水路に流出し，それらは小河川から琵琶湖へと流入し，琵琶湖の水質や生態系に負荷を与えることになったからである（図2-2-9）．

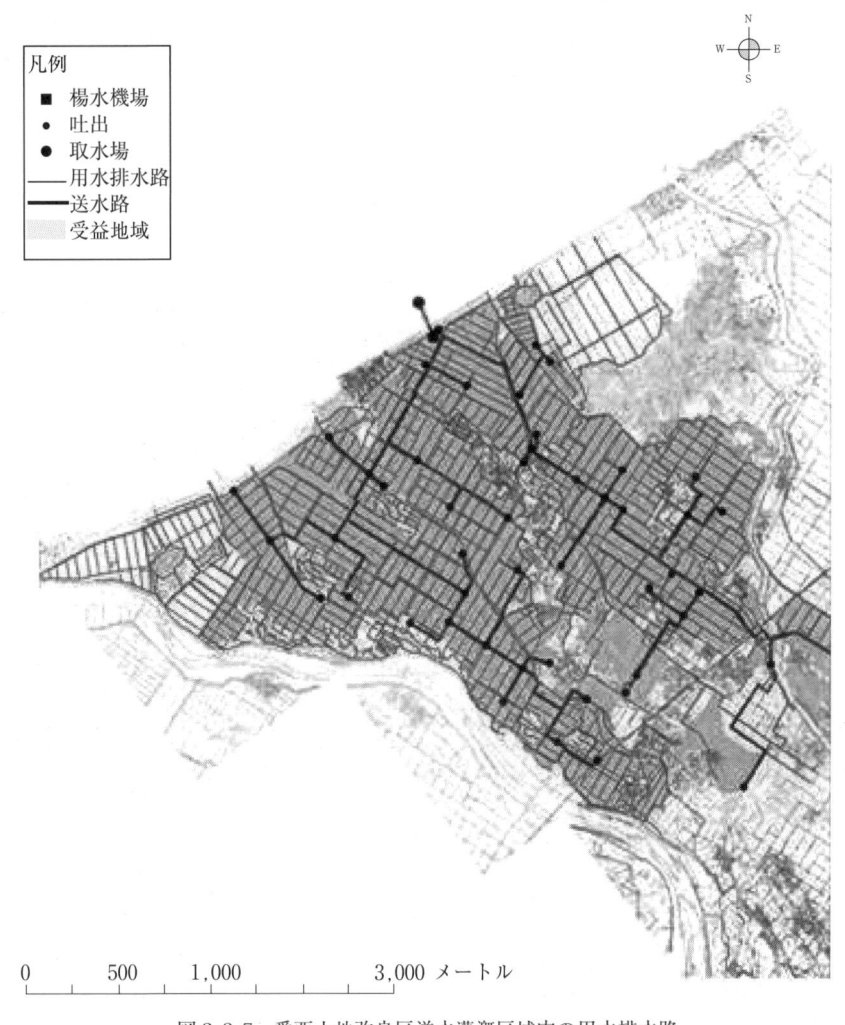

第2章 農業濁水問題の複雑性：琵琶湖を事例として

図 2-2-7 愛西土地改良区逆水灌漑区域内の用水排水路

　前章の「階層間のコミュニケーションの豊富化」に関連して引用した環境社会学者である舩橋の用語を用いれば，圃場整備事業とは，琵琶湖流域に対して高い環境負荷を伴うような「環境高負荷随伴的」[1]な構造を農地につくりだすことになったのである．田越し灌漑の段階では，隣接する水田に順番に回された用水が，最終的には小河川から琵琶湖へ，あるいは琵琶湖に隣接する内湖へと流出していた．そのため，現在と比較して，琵琶湖への負荷は相対的に低いものであった推測される．
　もうひとつ重要な点がある．兼業化を容易にした圃場整備事業は，同時に，個々の

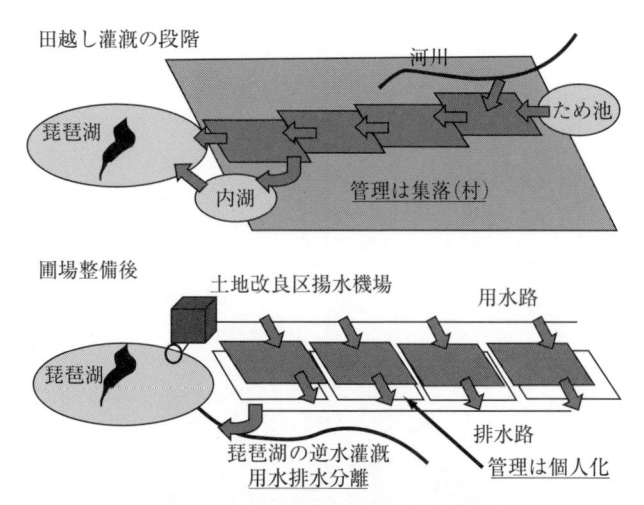

図 2-2-8　田越し灌漑段階と圃場整備後の比較

図 2-2-9　文録川河口から流出する農業濁水，2004 年 5 月 7 日正午ごろの航空写真

図 2-2-10　掛け流しによる濁水のオーバーフロー　　図 2-2-11　補修中の尻水戸近辺からの濁水の流出　　図 2-2-12　強制落水

農家の営農を相対的に粗放化させていったということである．特に，ウィークデーはサラリーマンとして働き，週末だけ稲作にかかわるような，いわゆる第二種兼業農家のばあい，営農に時間をかける余裕がなく，充分に水田の管理ができない状況が生じてきたのである．そのため，農家によって，用水を入れっぱなし（掛け流し）にして，オーバーフローにより濁水を流出させてしまうような事態が生じるようになった（図 2-2-10）．また，尻水戸とよばれる水田の排水口の管理が悪いために，意図せざる結果として，濁水が流出してしまうことも見られるようになってきた（図 2-2-11）．さらに極端な例を説明しよう．兼業農家が，自らの仕事との関係から，どうして明日には田植えをしなくてはいけないばあい，前日に，強制的に水田から水を落とすことがある．それは，強制落水と呼ばれている（図 2-2-12）．もちろん，当該農家も，このような強制落水が，琵琶湖や地域内の河川や琵琶湖に負荷を与えることを，程度の問題はあれ，きちんと理解している．しかし，ここで確認しておきたいことは，農家の水環境に対する規範意識の問題というよりも，強制落水せざるを得ないような状況のなかに農家が巻き込まれているということなのである．

　滋賀県内での圃場整備事業率が高まる 80 年代頃から，代掻きや田植えの時期の水田からの濁水が社会問題化してきた．その背景には，このような圃場整備後の用排水の構造が「環境高負荷随伴的」に変化した物理的側面と，兼業化による営農や水管理の粗放化といった社会的側面の両方を存在している．第 3 部の流域診断の実践に関する論文でも明らかになるように，琵琶湖へ流入する負荷のなかでも，特に，私たちの調査フィールドである琵琶湖の東岸地域（湖東地域）からの影響が大きいこと，そして大きな河川よりも，むしろ代掻き時に圃場の濁水が直接に流れ込むような，中小河川からの負荷が大きいことも明らかになっている．湖東地域の農業濁水が，琵琶湖の富栄養化を促進させる要因になっていることが推測されているのである．では，このような農業濁水を，どのようにして社会的に制御していけばよいのか．その直接の原因者である農家を単なる汚濁源ととらえ，批判するだけでは問題は解決しない．比喩的な言い方だが，農業濁水問題を生み出している「上流」と「下流」を同時に視野に入れた対策が必要になる．これらの比喩が意味するところを説明しておくと，ここでい

う「上流」では，個々の農家に濁水を発生させてしまうような，農業をめぐる国や地方自治体による政策・施策・事業など，そしてその背後にある社会・経済システムの変動までも含めた，構造化された諸条件を検討していくことになる．それに対して，「下流」とは，農業濁水が，階層化された流域，すなわちミクロ，メソ，マクロにおいてどのような環境問題を生みだすのかを見ていくことになる．濁水問題は，自然科学的にいえば単なる水質の問題に還元されてしまうわけだが，「階層化された流域管理」においては，複合的な問題として立ち現れるのである．

3　濁水問題の「上流」と「下流」

　まず農業濁水問題の「上流」からみてみよう．そもそも，琵琶湖に濁水が直接的に流入するような構造に圃場を変化させてしまった背景には，農水省と都道府県・市町村の農政部局とを結ぶ政策ラインが存在している．このラインにそって，琵琶湖流域にとっては「環境高負荷随伴的」な圃場整備事業が国策として推進されてきたのである．また，そのような圃場整備事業は，さきほど述べたように，かつて個々の集落が大きく関与していた用排水の管理を，いわば個人化させていく側面をもっていた．農村集落全体で用水管理をしていく必要が，圃場整備以前と比較して相対的に低くなっていったのである．もちろん，このような農業の近代化政策があったからこそ，兼業が可能になり，農家の所得を向上させることができたわけだ．しかしその裏側では，農業濁水による琵琶湖への負荷が，いうなれば外部不経済化されたままになり，実効性のある対策や取り組みは，おこなわれてこなかったのである．

　もっとも，近年，滋賀県においては，「環境こだわり農産物認証制度」（負荷削減のための経済的手法）が実施されている．この制度にもとづき，化学合成農薬および化学肥料の使用量を慣行の五割以下に削減し，濁水の防止など，琵琶湖をはじめとする環境への負荷を削減する技術で農産物の生産をおこない，県から「環境こだわり農産物」として認証されることで，市場において付加価値を生みだそうとする農家もあらわれている（図2-2-13）[注1]．しかし，すでに述べたように，愛西土地改良区では71.8%が第2種兼業農家であり，濁水削減を含めた圃場の管理に十分に時間をかけることが困難な状況にある．また，稲作経営の先行きは不透明であり，後継者不足も危惧されている．すなわち，農家は将来の営農上の強い不安を感じながら，濁水を生み出さざるを得ないような「環境高負荷随伴的な構造化された場」のなかに巻き込まれているのである．

　ここでに，すでに述べた舩橋の研究成果[2]を参考にしながら，農業濁水の「下流」をみてみることにしよう．舩橋は，「環境資源の利用による受益と，その悪化・破壊による受苦とを人々がどのように体験する」のかという観点から，環境問題を「自己

1）現在では，直接支払制度（経済的助成）もおこなわれている．

図 2-2-13　環境こだわり農産物認証制度
(写真左)「環境こだわり農産物認証制度」の解説パンフレット.
(写真右)「環境こだわり農産物栽培ほ場」の立て札. 生産者名や連絡先等が明記されている.

回帰型」,「格差自損型」,「加害型」に類型化している. 表2-2-1は, この舩橋の類型を参考に作成したものである.

　農業濁水は琵琶湖に流入する以前に, まず地域(ミクロレベル)の水環境の悪化として現れる. 農家は自らの地域の水辺環境を悪化させていることになる. すなわち,「自己回帰型」(ないしは格差自損型)の構造をもっている. ところが, 愛西土地改良区全体(メソレベル)から琵琶湖への濁水流入は, 琵琶湖で操業している漁業(定置網漁など)への被害を生み出す. そのばあい, 濁水問題とは, 加害者と被害者が分離した,「加害・被害型」あるいは「公害型」の構造へと変化する. さらに, 愛西土地改良区を含めた湖東地域全域からの濁水の流入がこのまま続くと, 琵琶湖全体(マクロレベル)の富栄養化を促進することになる. そして, 水質悪化が急激に進むと, 後の章で具体的に検討するレジーム・シフトの問題を引き起こす可能性が高まることになる. このばあいの濁水問題は, 必ずしも適切な表現とはいえないが, あえて言えば,「地球環境問題型」としてとらえることができるのかもしれない[注2] (これらの実態については, 本章の第3節で検討される).

　ここで注目していただきたいことは, このように琵琶湖流域の環境問題が発生する

---

2) 琵琶湖全体を視野に入れたばあい, もちろん, 原因者は農家だけではないが, ここでは濁水問題に限っているので, 原因者を農家としている.

表 2-2-1 「複合問題」としての濁水問題

	レジームシフト	漁業被害	水辺環境の劣化
階層	マクロ	メソ	ミクロ
エリア	琵琶湖	湖岸域	水路等
原因者	農家	農家	農家
被害者	湖水利用者	漁家	農家を含む地域住民
物質	DO, N, P	SS	SS, 泥
距離	大	中	小
タイムスケール	大	中	小
タイプ	地球環境問題型	加害・被害型 公害型	自己回帰型 格差自損型

　流域水準が，ミクロ，メソ，マクロと移行するにしたがい，濁水問題はそのタイプを変化させるということである．また，そのような変化とともに，問題が発生する空間スケールとタイムスケールは拡大していくということである．

　以上から，琵琶湖の農業濁水問題とは，「上流」における「環境高負荷随伴的な構造化された場」に規定され，「下流」においては，連続するが異なるタイプやスケールをもつ「複合問題」であることがわかる．では，以上のような「複合問題」である濁水問題を解決するためには，ただ農家の営農を規制するだけでよいのだろうか．問題は，それほど単純ではないのである．

4　濁水問題における「選択の二重性」

　濁水問題を，このような「複合問題」として捉えたばあい，次のような「選択の二重性」[3]の問題に注意する必要がある．さきほど，圃場整備事業が，政策ラインにそって国策として推進され，農家は「環境高負荷随伴的な構造化された場」に巻き込まれていると述べた．しかし，このような圃場整備事業に関しては，同時に，農家自身もこのような農政を積極的に受け入れてきた側面がある．このような農家の「個人的選択」によって事業は進んできたともいえるのである．農家が政策を受け入れたからこそ，圃場整備事業がおこなわれ，用排水分離の水利システムが完成し効率的な農業ができるようになった．しかも農家は，そのような自ら所有している土地から利益をあげつつ（もっとも米価が低下している現在ではそのような利益をあげられるわけではない），一方では，自らの圃場における水管理のまずさから集合財としての琵琶湖に負荷を与えている，というわけである．

実際，現状をみるかぎり，「環境高負荷随伴的な構造化された場」に関する問題は背後に後退し，このような「個人的選択」が強調される傾向にある．そして，農家に対しては，行政から「濁水を流さないように」との啓発や指導がおこなわれ，濁水問題もマスコミなどにも大きく取り上げられてはいる．しかし，「環境高負荷随伴的な構造化された場」を形成してきた農政の責任は曖昧なものになっている．そのような意図はなかったにしても，結果として，濁水問題において農家の「個人的選択」が強調された結果として，「濁水問題」という環境問題の定義を，行政が独占することになってしまっている．

しかし，「個人的選択」の問題とともに，「環境高負荷随伴的な構造化された場」をも問題にしないのであれば，さらに，そのような「個人的選択」が「環境高負荷随伴的な構造化された場」を形成する農政のあり方自体に強い影響を受けていることを問題にしないのであれば，濁水問題の解決にむけて，社会的公正を担保したうえでの階層間のコミュニケーションを進めることはできない．また，濁水問題を，私的領域の問題として「個人的選択」に還元してしまえば，農家は単なる「汚濁源」として位置づけられることになる．そこでは，農家の圃場における水管理のまずさだけが表面化してくることになる．しかし逆に，公的領域（政策的領域）の問題として，濁水問題を「環境高負荷随伴的な構造化された場」のみに還元してしまうのであれば，農家自身が濁水問題の解決に向けて自らの営農のあり方を変革していくチャンス（主体形成のチャンス）を失うことにもなるのである[4]．

すでに見てきたように，濁水問題とは，「環境高負荷随伴的な構造化された場」に規定され，連続するが異なる問題のタイプやスケールをもつ「複合問題」であった．そのような問題の解決のためには，将来の営農上の強い不安を感じながら，濁水を生み出さざるを得ない農家の存在を排除することのない，また「環境高負荷随伴的な構造化された場」を隠蔽することのない，さらには「選択の二重性」が生み出す二項対立的図式のなかに埋没することのない社会的なコミュニケーションが必要になってくる．

以上のような，排除や隠蔽のないコミュニケーションと，そのようなコミュニケーションをともなった流域管理の方法として提示されものが，前章で詳しく検討してきた「階層化された流域管理」なのである．

5 階層性を考慮した流域管理と濁水問題

私たちのプロジェクトでは，「階層化された流域管理」の考え方をもとに，琵琶湖の農業濁水問題を中心に取り組んできた．ミクロレベルでは，農家が組み込まれた「環境高負荷随伴的な構造化された場」を視野に入れながら，農家自身が非農家も含めた多様な地域住民とともに，自分たちの行為の結果を「可視化」し，自分たちのコミュニティを中心とした地域社会の将来像を描きながら，協働的な実践をおこなうことで

濁水問題を解決し，そのためのコミュニケーションを促進していけるような「流域診断」の具体的な方法を模索してきた．そこで強調されるのは，農家の営農に対する規制ではなく，農家自身の地域環境管理能力の向上を支援するための方策である．それは，「個人化」された用排水の管理を，再度，地域のなかに埋め戻し，濁水問題を個人の水管理の不完全さということではなく，地域社会の水環境の問題と重ねて検討していけるような方途を明らかにしていくことでもある．そのさい，そのようなミクロレベルでの実践を，メソレベルやマクロレベルでの「流域診断」と結び付けていくことも同時に目指してきた．私たちのプロジェクトの試みは，従来の琵琶湖全体を視野にいれたマクロレベルの「トップダウン」的なアプローチと，地域社会からの「ボトムアップ」的なアプローチとを接合させることでもあった．

別の視点からするならば，前者の「トップダウン」的なアプローチは，琵琶湖の水質を中心とした環境問題を焦点化するイッシュー志向のアプローチであるのに対して，後者の「ボトムアップ」的なアプローチは，地域社会の農家の生活世界のなかに埋め込まれた諸要素を包括的に把握しようとするコンテクスト志向であるともいえる[注3]．そのような視点からするならば，本プロジェクトとは，イッシュー志向の環境政策の課題と，コンテクスト志向の地域社会の課題との間に，階層間のコミュニケーションを促進するための架け橋を作り出していこうということだったのであり，「ローカルに発想しローカルに振る舞う」[5]ことを，より「グローバルな課題」につないでいこうということでもある．

「階層化された流域管理」という考え方は，階層という制約条件を乗り越えるための一つのアイデアである．しかし，このような考え方にもとづき流域管理を実践したからといって，自動的に理想的な階層間のコミュニケーションが促進されるわけではない．そこで気をつけなくてはいけないことは，前章で繰り返し述べてきたように，制約条件としての流域の階層性に起因する「状況の定義のズレ」を，どのように乗り越えていくのかということなのである．ただし，乗り越えるといっても，それは流域管理におけるコミュニケーションを，「合意を調達するためのツール」として位置づけることではない．むしろ逆なのである．

「階層化された流域管理」においては，個々の階層に分散した利害関係者の間で，「対抗性」を持続させながらも，利害関係者の排除や，特定の立場からの問題提起が隠蔽されないようなコミュニケーションを常に志向していくことが必要になる[注4]．言い

---

3) このイッシュー志向とコンテクスト志向という表現は，寺口（2001: 246）[8]を参考にしている．

4) 本研究プロジェクト内では，理工学分野の研究者がトップダウン的で，イッシュー志向が強く，社会科学分野の研究者は，ボトムアップ的で，コンテクスト志向が強い．そして，それぞれの持ち味を活かしながら，従来のトップダウンの流域管理にボトムアップな流域管理と密に繋いでいくことで文理連携を進めようとしてきた．しかし，そのような連携で常に注意しなく

換えれば，各階層の利害関係者の「状況の定義の多様性」[6]を維持しながら，どのようにコミュニケーションを進めていくのかということにあるのだ．それは，「互いに意思疎通をしなくてはならない人々が有しているそれぞれの信念を取り除いたり彼らを何とかして転向・変化させたりしようとは決してしない，慎み深い社会スタイル」，そして「説得されずに進捗する意思疎通の政治文化」[7]を，流域管理において，いかに育んでいくのかということでもあるのだ．筆者は，そのような前提条件が，個々の階層の順応型管理を背景にした多様な利害関係者による流域管理，すなわちガバナンスを確立し，公共圏[注5]としての流域を創出していくためには必要だと考えるのである．

以下の節では，ここまで説明してきた「階層化された流域管理」を前提に，「連続するが異なる問題のタイプやスケールをもつ『複合問題』」として濁水問題が，ミクロスケール，メソスケール，マクロスケールのそれぞれの空間スケールにおいて，どのような問題を生み出しているのかを，異なる学問分野の立場から具体的に見ていくことにしよう．

［脇田健一］

2 ミクロスケール：小河川や水路の環境悪化

1 小河川と私たちの日常生活の関係

流域における人間活動が大規模な水域である湖や海に対して与える影響は，いまや人々の大きな関心の対象になり，様々な研究や行政の取り組みがおこなわれている．本プロジェクトが対象にしている琵琶湖-淀川水系では，中流域に存在する琵琶湖が275億トンの貯水量を誇り，淡水としては日本で一番大きな水塊である．研究者，行政，地域住民といった流域で活動や生活をしている多くの人が，琵琶湖の水質や生態系に大きな関心を示し，それに基づいた行動がなされている．一方で，琵琶湖のような象徴的な水域に比べると，人々と琵琶湖をつなぐ自然，例えば，小さな河川や水路といったものへの関心は比較的薄いのではないだろうか？　たしかに，流入河川の琵琶湖への影響といったような，琵琶湖の水質を考えるときの汚染源としての河川とい

てはいけないことは，そもそも本プロジェクトが濁水問題に焦点化したイッシュー志向から出発していることもあり，イッシュー志向の理工学の研究に，コンテクスト志向の社会科学的研究が従属してしまう傾向が生じてしまうことだ．意図せざる結果として，社会科学的調査が，理工学的調査の先遣隊ないしは別働隊の役割を果たしてしまわないような配慮が常に必要になってくる．

5）公共圏という概念は，ドイツの哲学者・社会学者であるユルゲン・ハーバーマスが提起したものである．社会的課題に対して，相互に対等な主体が，批判的な討論を持続的におこなうような開放的かつ社会的な場のことである．

う位置付の中では関心の対象になる．しかし，日常的な生活や行動と身近な小河川との関係が，それ自体として多くの人の関心事となり，小河川の保全に行動を起こすことは多くないように思われる．

　日本の都市部においては，1960年代以降，極度の水質汚濁により，半ば排水路と化した身近な小河川・水路に対して二つの選択をおこなってきた．ひとつは，蓋をし，下水道とすることで日常から切り離すことである．これは，衛生面から考えれば，妥当な考え方であったのだが，結果として，多くの小河川や水路が日常から消えていった．もうひとつは，少数ではあるが，地域住民の取り組みによって，水質を改善させて，身近な水辺を保存させた例である．この場合でも，洗濯や炊事，漁獲といった直接的な河川からの恵みは，現在では享受できなくなっているが，水辺環境が保存されたことによって受けられる精神的な恩恵は，日常生活に大きく影響していると思われる．

　一方，農村地域には，今でも，高度経済成長期における著しい水質汚濁を経験していない河川が多く残っている．現在，これらの河川は，農業のための用水路，排水路としての役割を持っている．特に，大規模な農業が展開されている平野域において，排水路として用いられている小河川が多く，これらの河川における変化が目立つ．しかしながら，この変化は高度経済成長期における水質汚濁による健康被害に比べれば，直接的に人間に及ぼす影響は少ない．著しい悪臭もなければ，ゴミの蓄積もない．目に見えてわかるのは，農繁期に河川水が濁ることである．これは，水田土壌が河川に流出することで起こり，水辺環境へ大きな影響をあたえる因子を含んでいるのだが，直接的な人体への影響がないため，地域住民が特に大きな関心をはらうことはない．また，行政や研究者もこの問題を，大きく取り上げることもないのである．

　昨今，大きな関心を集める環境問題．特に地球規模の問題が地球環境問題として取り上げられ，その解決への取り組みがなされている．しかし，具体的な解決策さえ，見出すことが難しいのが現状である．その理由は，環境問題が公害問題と違って，我々の日常生活が少しずつ自然にインパクトを与え，その集積の結果として起こっているためである．我々自身，どのようなインパクトを与えているかさえ気づいていないことが多い．流域における環境問題は，典型的な地域環境問題といえる．しかし，この場合でも，地球環境問題と同様のことがいえる．つまり，排水路としての役割を担うようになった小さな河川に対して，人々の関心が薄れ，小さな変化に気づかなくなった．これは，地域環境問題のはじまりの典型であるといえよう．このような地域環境問題による影響が各地域で集積することにより，地球環境問題に成長するのは自明のことである．

2　農業濁水が小河川に及ぼす影響

　ここで，本書が事例としている琵琶湖流域に戻ろう．琵琶湖北湖流域は水に恵ま

清浄な水路 土砂で濁った水路

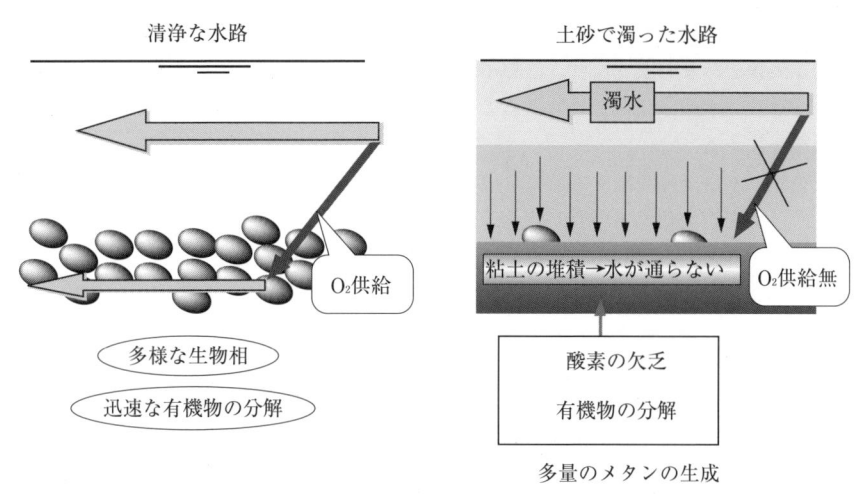

濁水

O₂供給
多様な生物相
迅速な有機物の分解

粘土の堆積→水が通らない　O₂供給無
酸素の欠乏
有機物の分解
多量のメタンの生成

図 2-2-14　しろかきによる濁水が河床に及ぼす影響

た地域である．流域は標高 1000m 程度の山々に囲まれており，山間部での年間の降水量も 2000〜3000mm と多い．また，平野部を通過した雨も琵琶湖に溜まるため，これを再利用することもできる．琵琶湖流域の河川の水質は比較的良好である．これは，人間活動の影響を豊富な水で薄めているからである．琵琶湖流域は大きな自然の恵みを受けている地域であるといえよう．

　しかし，琵琶湖流域においても，一年の中で水質が悪くなる時期がある．それは，水田のしろかき，田植えの時期である．水田からの濁った水の流入が原因である．これも，7月，8月になると認められなくなる．その結果，近くに住む人々の関心も薄れる．しかし，河川を注意深くみていると，濁水を勢いよく流す水田の近くではしろかきの前と後で，河川の様子が変わっていることに気付く．濁水には多くの水田土壌が含まれており，これらの小さな粒子は河川や水路に入ると堆積し，河床を泥化させる．河床が砂やレキ等の比較的大きな粒子で構成されている場合はその間隙を水が通過し，豊富な酸素を供給する（図 2-14）．河床の有機物はその豊富な酸素を用いて，微生物によって分解される．しかし，河床の堆積物の間隙が細かな水田の土壌で埋められると，堆積物中を水が通過できなくなり，酸素が供給されなくなる（図 2-2-14）．水田土壌中には有機物も多く含まれており，酸素が供給されにくいのにもかかわらず，それらの分解により多くの酸素が消費される．これらの現象が進行すると，河床には酸素がなくなり，多くの生物が住めなくなる．このような状態になると，メタンというガスを生成する微生物が活発にはたらき始める．このプロジェクトでは水田地帯における小河川や水路でメタンの量を調べているが，泥が 10cm 以上堆積しているところでは，水質汚濁が著しい富栄養湖に匹敵する非常に多くのメタンが生成されることが

わかった．もちろん，このような水域では酸素を必要とする多くの生物が住めない．多様な生物が存在しなくなり，生態系が衰退すると河川が持っている様々な役割が担えなくなる．水質浄化機能の低下もその一つであろう．これは，下流である琵琶湖にも影響を与える．

琵琶湖の水が全部交換するには単純に見積もって約5年かかる．このような長い期間をかけて湖が変化する場合，我々が湖の小さな変化に気付くことは難しい．常に琵琶湖に関わっている研究者でも流域における人間活動と湖の変化を因果関係を含めて説明することは容易ではない．小さな変化が大きくなって，気付いた時には深刻な問題になるといったことが起こるであろう．それに対して，身近な水辺である小河川や水路に関しては，我々は注意深く観察することが出来，その変化に気づくことは比較的やさしいであろう．身近な水辺の変化を見つけることは重要である．なぜなら，その変化が積み重なって琵琶湖を変えることにもつながるからである．

農業に代表される一次産業は，人々の暮らしを支えるためになくてはならない産業である．その意味で流域における人間活動の主役であり，根本である．一方，この産業は自然の恩恵を直接受けることで成り立っている．それゆえ，一次産業に従事している人々は自然によってもたらされる恩恵を良く知っているが，時々忘れることもある．一つの例をあげると，しろかき時の粗放的な水管理である．琵琶湖北湖流域では自然が人間活動を薄めることで，自然と人間との調和がうまくとれている地域である．しかし，人の感覚より精度の劣る科学的なデータでさえ，しろかき時の濁水の流出がこの調和を乱していることを示している．一次産業の人々がこれに気付かないのは，身近な水辺に対して，関心を失っているからである．長い間にわたって豊かな生活の基盤となりうる自然を守るには，農家の人々をはじめとした地域の人々が，身近な水辺に対して関心をもつことからはじまると思う．

[山田佳裕]

3 メソスケール：沿岸帯における漁業被害

1 濁水問題と漁業被害

筆者は，本章の第1節において，琵琶湖における濁水問題を，環境社会学者である舩橋晴俊の研究成果[1]を参考にしながら，「連続するが異なるタイプやスケールをもつ『複合問題』」として把握した[9]．その詳細について，本章の第1節「農業濁水問題と流域管理」で述べたので，ここでは簡単にそのポイントだけ振り返っておくことにしたい．ミクロスケールにおいては，農家は自らの地域の水辺環境を悪化させている．それらは「自己回帰型」（ないしは格差自損型）の構造をもっていると考えられる．しかし，愛西土地改良区全体，すなわちメソスケールから琵琶湖への濁水流入は，琵琶湖の沿岸で操業している漁業への被害を生み出すことになる．このメソスケールでは，

濁水問題は，加害者と被害者が分離し，原因者（加害者）が農家，被害者が漁家ということになる．すなわち，濁水問題は，ミクロスケールの「自己回帰型」（ないしは格差自損型）から「加害・被害型」あるいは「公害型」へとその構造を変化させることになるのである．

　農業濁水問題については，特に代掻き・田植え期の琵琶湖への濁水流入が，これまでにも新聞紙上でたびたび報道されて社会問題化してきた．また，琵琶湖の水質への悪影響が危惧されてきた．もちろん，このような状況に対して，滋賀県環境行政においても，農業団体・市町村との連携による農家への啓発活動，濁水の発生防止に効果がある水田ハロー等の農業機械の導入(注6)，また農業用排水の反復利用施設の整備などに組んできたが，抜本的な改善には至っていない．

　琵琶湖に農業濁水が流入するその時期は，琵琶湖の沿岸ではアユが遡上の時期と重なり，コイ科魚類も沿岸で産卵をおこなうため，沿岸部における濁水の悪影響が危惧されている．にもかかわらず，メソスケールでの漁業被害については，水質悪化ほどには大きく社会問題化してこなかった．ここでいう社会問題化とは，実態として存在する漁業被害が，社会的問題として社会に広く認知されていく過程や状態を指す．よって社会問題化していないからといって，漁業被害が存在しないというわけではない．以上のような状況から，「連続するが異なるタイプやスケールをもつ『複合問題』」である濁水問題のメソスケールでの現状を把握するためには，この漁業被害の実態を把握しておくことが社会的には必要だと考えられる．

　漁業被害の実態を明らかにするためには，自然科学的手法による定量的な調査研究が不可欠だと考えられる．しかし，残念なことに，水質問題ほどまとまった形で研究成果が蓄積されてきたわけではない．本プロジェクトにおいても，この漁業被害について直接的な自然科学的な調査研究をおこなうことはできなかった．そこで本節では，筆者ら(注7)が漁家に対しておこなった聞き取り調査から，農業濁水によって発生していると推定される漁業被害が，漁家にとってどのように経験されているのかを明らかにしたいと思う．もちろん，このような社会科学的な定性的調査で，漁業被害の実態のすべてが明らかになるわけではないが，次節でも述べるように，筆者らは，漁家への社会科学的な聞き取り調査が，自然科学的調査とともに重要な役割をもってくると考えている．以下では，まず漁家による濁水による漁業被害のクレイムについて検討していく．続いて，筆者らが滋賀県の委託を受けておこなった漁家への聞き取り調査をもとに，農業濁水による漁業被害のもつ社会学的側面について整理しておくことにしたい．

6）水田ハローとは，ロータリーのかわりにトラクターに取り付ける浅水しろかき用の機械のことであり，しろかき作業による河川への濁水流出を減少させることができる．

7）本節の執筆にもとになった調査は，田村典江（京都アミタ持続可能経済研究所）とともにおこなったものである．

2 漁家のクレイムにより認知される漁業被害の存在

　私たちのプロジェクトでは，広い意味で流域管理に関係する様々な分野の専門家を地球研外から招いてセミナーを開催してきた[注8]．その第7回目は，長年にわたり農業濁水問題に取り組んできた増田佳昭氏（滋賀県立大学環境科学部教授）による講演「農業排水問題の構造と対策-農業濁水問題研究会の取り組みを中心に」であった．この講演のなかで増田は，従来，問題視されてきた農家による強制的な濁水排出，すなわち強制落水以外にも，「深刻な問題があるようだということがようやく最近になってわかってきた」と発言している．その問題とは漁業被害の問題であり，漁業者（漁業協同組合）によるクレイムからその存在が明らかになってきたというのである．具体的には，アユの遡上障害と，もうひとつは琵琶湖の伝統的漁法であるエリの漁業不振である．農業濁水がエリの網に付着して，エリとして機能しなくなってしまう問題が発生しているのである．この後者の問題については，プランクトンの付着もあるということで因果関係がはっきりせず，たしかに自然科学的には明確にはなっていないが，流域管理を考えていくうえで，漁業者からのクレイムは無視できないものと考えられる．

　以上の漁業被害については，滋賀県水産試験場によっても「濁水が漁業環境に及ぼす影響」[注9]という報告がおこなわれている．この報告では，琵琶湖に流入する宇曽川において濁水が発生する時期の長期モニタリングにもとづき，濁度の上昇，肥料が混入した濁水に対してアユが忌避行動を示すことなどの結果が報告されている．今後も，漁業被害の実態を明らかにするためには，濁水流入時期の琵琶湖沿岸での継続的なモニタリングと生態学的調査の拡充が不可欠であろう．しかしながら，以上のような漁業被害の問題については，自然科学的な調査研究とともに，長年漁場にかかわってきた漁家の「経験知」がもっと注目されてよいように思う．たとえば，よく知られるように，熊本水俣病の初期段階において，チッソ水俣工場からの廃水が垂れ流しされた漁場で操業していた漁家たちは，原因物質が特定化される以前から，チッソ水俣工場の廃水が問題だと考えていた．琵琶湖の濁水問題のばあいでも，増田氏も指摘するように，漁家からのクレイムにより問題の所在が明らかになってくることがあるからだ．すなわち，漁家への社会科学的な聞き取り調査が，自然科学的調査とともに重要な役割をもってくると考えられるのである．

　筆者は，滋賀県庁琵琶湖環境部水政課が主催した「琵琶湖漁業環境動態調査会議」のメンバーとして，2004年11月から2005年3月までの期間，調査方針に関するディ

---

8) 2002年11月から2005年9月にかけて，合計9回のセミナーを開催した．

9) http://www.pref.shiga.jp/g/nosei/gijyutu-kaigi/seika_17/files/houkoku03.pdf (2008年12月1日取得) を参照した．この報告は，滋賀県農林水産技術会議が2005年12月16日に開催した「生態系保全と環境こだわり農業を目指した技術を考える」（平成17年度農林水産試験研究成果発表会）においておこなわれたものである．

スカッションと聞き取り調査をおこなってきた．会議では，3グループに分かれて聞き取り調査を実施した．筆者が分担したのは，彦根市のI漁業（1月27日）をはじめとする，県内6ヶ所での聞き取り調査である．これらの聞き取り調査は，私たちのプロジェクトと直接的に連動しているわけではないが，「連続するが異なるタイプやスケールをもつ『複合問題』」である濁水問題を考えていくうえで，その調査結果には重要な情報が含まれていると考えられる．そこで，以下では，これらの聞き取り調査の結果のうち，プロジェクトの主要なフィールドでもある愛西土地改良区に隣接する宇曽川河口に位置するI漁業協同組合（以下，I漁協）での聞き取りを中心に，特に農業濁水問題と関係がある部分について取り上げ，農業濁水による漁業被害がどのように漁家によって経験されてきたのかをみておくことにする．

3　聞き取り調査から浮かび上がる漁業被害の実態とその社会学的側面

I漁協は，私たちのプロジェクトの主要なフィールドでもある愛西土地改良区に隣接する，宇曽川の河口部に位置する．宇曽川の濁水は，河口から琵琶湖に流入する濁水のなかでも規模が大きく，マスコミ等でもたびたび報道されることから，一般にも，琵琶湖の濁水問題の代表的な例として知られている．I漁協関係者によれば，宇曽川の濁水を生みだしている圃場は，宇曽川に排水が流れ込む中流域にあるという．この中流域の圃場の土質は，非常に粒子の細かなものであり，その濁りがなかなか沈殿しないことが，琵琶湖での漁業被害を大きくしているというのである．なかなか沈殿しない濁水が琵琶湖にそのまま流入し，エリの網にべったりと張り付くのだという．

愛西土地改良区を挟んで宇曽川の南側に位置する愛知川などの河川のばあいは，そこから農業用水を確保することはおこなわれても，農業排水が流れ込むことはない．一方，宇曽川の濁水のばあいは，端的にいえば農業排水が流れ込む"排水川"になっている．また，宇曽川のばあい，流域に含まれる圃場の面積が大きいことから特に突出した形で濁水が流入することになるのだが，本プロジェクトがおこなった愛西土地改良区での調査からも明らかなように，濁水は，もっと小さな小河川からも流出している．I漁協の関係者によれば，かつて砂地だった湖岸には近い湖底には底泥がヘドロ状になって堆積しているという．しばしば農家からは，「圃場整備事業が進捗する以前からも，琵琶湖へ圃場の濁水は出ていた」という指摘もなされるわけだが，その点については，「ヘドロと（かつての）泥と，また違うんや．早く言うたら（端的に言えば）ドブや，今の何（湖底の様子）は」という話しも聞けるように，底泥の状況はかなり悪化していることがうかがえる．また，それらのヘドロ状の低泥は，琵琶湖に強い風がふき湖中が荒れるような状況になると，湖中に舞い上がるのだという．このような濁水による被害は，昭和40年代に入って少しずつ生じるようになり，頻繁に生じるようになったのは，約20年前（昭和50年代）からなのではないかという．それはちょうど，滋賀県内における圃場整備事業の進捗率が高まってくる時期とも重なり合

う(注10)．

「深刻な問題があるようだということがようやく最近になってわかってきた」（増田佳昭氏）というように，漁業被害の社会的確認や，その被害に対する対策は遅れているといってよい．では，どうして漁業被害が社会的に顕在化しにくかったのだろうか．それら濁水による漁業被害の背景に存在する社会学的な側面についてみておくことにしたい．

漁業被害に対して，漁家は，ただ傍観していたわけではない．濁水が発生しはじめた当初，宇曽川上流の地域に対して，手分けをして抗議に行こうとしたという．しかし，それらの抗議行動はうまくいかなかった．なぜなら，農業濁水（そして排水）については面源負荷という言い方がなされるように，特定の原因者が存在しないからだ．そのような面源負荷の特徴は，漁家の立場からすれば，ある意味で「農業濁水原因者の不可視性」にとしてあらわれる．誰に訴えれば，この被害が直接的に解決するのか，被害を生みだす原因者の存在がまったく見えてこないのである．そのことは，漁家の意識のなかにある種の徒労感を生み出すことになる．そして，濁水問題が顕在化していくための社会的圧力の形成を困難にさせていく．この点が，特定の企業による環境汚染が問題となった従来の公害問題とは異なる点である．面源負荷特有の困難さがここには存在している．

第二に指摘しておきたいことは，「兼業」という問題である．琵琶湖の水産業においては，一部を除いて，漁家は兼業をしていることが通常だと考えられる．主要には，漁業に従事しているとしても，少なくとも自家消費分だけは自ら農家となって生産しているという場合が稀ではないからである．たとえば，「悲しいかな，私らも食べるだけは作ってんのやから」，「農業排水な．漁師をしている人が出しよるやろ．あまり言えへんようになるわ」という語りにも見られるように，漁家は矛盾した社会的立場に位置しているのである．言い換えれば，兼業漁家が，自ら農業濁水による漁業被害を問題視しながらも，その一方で圃場整備事業以降は，濁水を生み出さざるを得ないような「環境高負荷随伴的な構造化された場」のなかに巻き込まれ，「自己回帰的矛盾」を背負い込んでしまっているのである．このような原因者と被害者が重なりあうような兼業の構造は，濁水問題を顕在化していくための社会的圧力の形成を困難にしていると考えられる．漁業被害は，直接的には，原因者と被害者が分離した「加害・被害

---

10) 滋賀県の環境政策では，琵琶湖の環境を昭和30年代に戻すことをひとつの目標においている．しかし，水質的な側面については科学的な数値指標をもとに定量的に把握できるが，実際に具体的にはどのような自然環境だったのか，他の多様な環境情報が欠けている．昭和40年代以降，琵琶湖総合開発による湖岸堤の建設，河川改修，圃場整備事業といった一連の事業が，琵琶湖に深刻な影響を与えてきた．そして，当時の多様な環境情報は，琵琶湖の環境変化の影響を直接的に受けてきた漁家の体験や記憶のなかに鮮明に残っている．「琵琶湖漁業環境動態調査会議」で実施した調査の目的は，そのような漁家の体験や記憶のなかに残っている多様な環境情報を，聞き取り調査により明らかにすることにあった．

型」あるいは「公害型」に分類されるわけだが，その背景ではこのような「自己回帰的矛盾」をかかえていることに注意しておく必要がある^(注11).

　以上のような被害の背景にいては，I漁協の関係者は以下のように説明している．「(圃場整備以前は) 田んぼから濁りが出ているということは絶対ないというぐらい，100％と言いたいほどなかった，ここら (I漁協の近くの地域) でもな．そんなもんやった．それからちょっと上流のほうへ行くと，山のほうからの谷水を利用して田を順番的に保っていたんで (谷水で順番に水田越し灌漑をおこなっていたので)，やっていた．それで貴重な水というかね．今は琵琶湖，逆水 (灌漑) して……(水を浪費しても，気にしなくなった).」第1節でも述べたように，水田は，圃場整備事業により直接的に琵琶湖に水が流れ込むような構造に物理的に変化することになった．しかし，ただそれだけでなく，上記の関係者の語りからは，逆水灌漑により用水に対する農家の意識が変化したことをうかがい知ることができる．逆水灌漑のために費用を支払わねばならないが，用水を確保するために苦労しなくなったのである．すなわち，「金はかかるけど，楽な水」に変化したのである．

　第三は，行政組織の問題である．本来，このような問題を解決していくためには，県庁内の農政，水産，土木，環境といった各部局の相互連携による総合政策が不可欠である．にもかかわらず，そのような具体的な連携はほとんどなされてこなかった．すなわち，「縦割り行政と総合政策の不在」という問題である．もちろん，このようなことは滋賀県だけの問題ではない．しかし，従来までは，県庁内の横の連携よりも，むしろ上位行政である国の関係省庁との縦の関係のほうが強かった．そのため，濁水による漁業被害のような，琵琶湖特有であり，かつ部局横断的でなければ解決できない問題については，積極的に対応できていなかった．また，これとは別に，漁業被害の発生を行政が社会的に認知すると，こんどはその補償の問題が浮上してくる可能性があり，そのことが結果として，漁業被害を顕在化させない方向にむかったのではないかとも推測される．

　漁業被害を顕在化させない要因に関して，「農業濁水原因者の不可視性」，「自己回帰的矛盾」，「縦割り行政と総合政策の不在」の3点からみてきた．今後は，これらの社会学的な調査を，農業濁水による漁業被害や琵琶湖沿岸帯に関する自然科学的な調査とともに進捗させていく必要があるだろう．

[脇田健一]

---

11) この点については，I漁協ではなく近江八幡市や彦根市の他の漁業協同組合での聞き取りから明らかになった．

4 マクロスケール：琵琶湖のレジームシフトの可能性

1 はじめに

近年，自然界におけるさまざまな生態系において，ある状態から全く異なった別の状態へ突然変化することがありうることがわかってきた[10), 11)]．この突然の不連続な系状態の変化はレジームシフトとよばれ，琵琶湖を含む湖沼生態系も例外ではない．湖沼においては水の澄んだ状態から，アオコの大発生に代表されるような植物プランクトンの異常増殖の状態へ突然変化することがある．このレジームシフトを引き起こす要因として，人間活動の増加にともなう湖沼への過剰な栄養塩（リン）の負荷があげられる．湖沼におけるレジームシフトは多くの場合，比較的水深の浅い湖で起こる現象とされているが[12), 13)]，深い湖でも起こることが示唆されている[14)]．

レジームシフトは湖沼生態系を管理するにあたり，次にあげる4つの点で非常に重大な問題となる．1点目は，系の変化は徐々に進行するのではなく，突然不連続的に変化すること．2点目は，レジームシフトの予測は困難であること．3点目は，変化後は以前とは全く異なった状態になっていること．4点目は，レジームシフトが起こった後，富栄養化の引き金となった湖沼へのリン負荷量を抑制することで以前の澄んだ状態を回復するにあたり，たとえリン負荷量をレジームシフトが起こったレベルまで引き下げても，水質は以前の状態に回復しないことがあげられる．水質を以前の澄んだ状態まで回復させるためには，さらなるリン負荷量の抑制を必要とする．また，それまでに湖底に蓄積されたリンが水中に放出し再循環が起こることで，水質の回復には時間的にも遅れをともない，レジームシフト後の湖沼生態系の回復管理は非常に困難となる．なお，このように富栄養化の要因であるリン負荷量の変化する方向（増加／減少）により系の反応が異なることは，履歴現象（ヒステリシス）と呼ばれている．しかし，ヒステリシスをともなうレジームシフトが全ての湖沼において起こるわけではない．Carpenter et al.[15)]によると，リン負荷量を規制・減少させることに対する湖沼生態系の回復の反応には，[i]ヒステリシスをともなわずに回復が可能（リン負荷量の減少にただちに反応して回復），[ii]回復は可能であるがヒステリシスをともなう，[iii]回復不可能，の3つに分類される（図2-2-14）．これら3つの場合のうち，[ii]と[iii]はレジームシフトが起こる．湖沼に流れ込む栄養塩量には，工場や農業からの排水を規制しても，人為的な管理では制御できない負荷がある．これらは，地域的な要因で決まっており，土壌の化学組成や降水などが例として挙げられる．したがって，排水規制のみでは回復不可能な湖沼においては，その他の方法も組み合わせて回復を試みる必要がある．

2 レジームシフトの起こる要因

湖沼において，リン負荷量の「連続的」な増加が，「不連続」な水質の変化を引き起

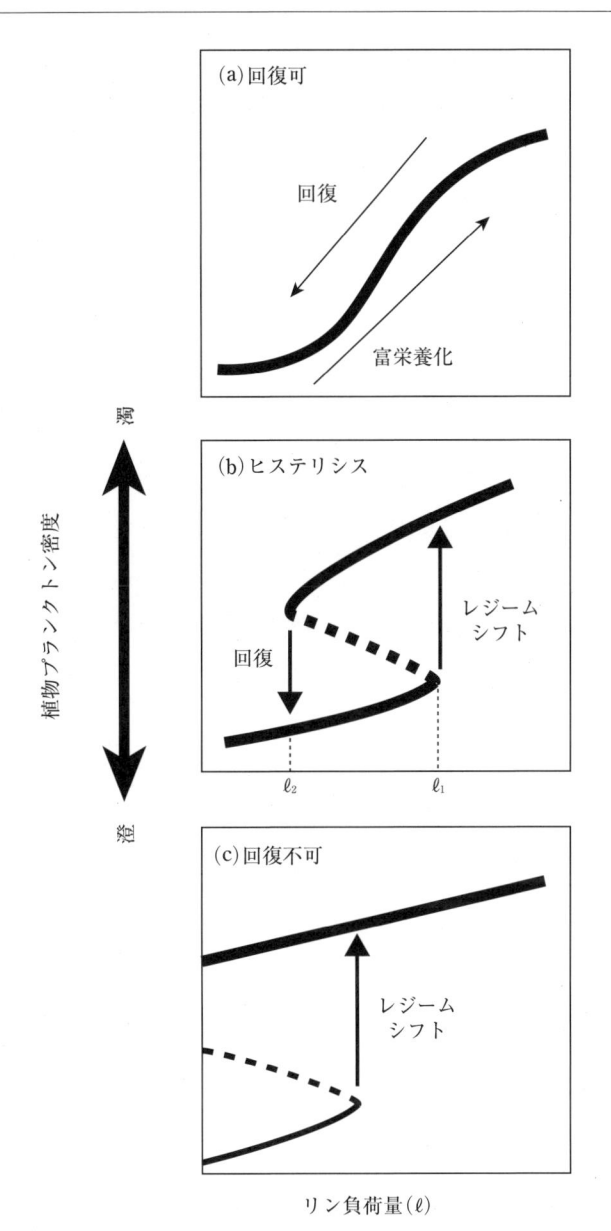

図 2-2-14 3つの水質回復の可能性. (a) 回復可：富栄養化は連続的に起こり，リン負荷量の減少とともにただちに水質も回復する. (b) ヒステリシス：リンの負荷量が低いうちは植物プランクトン密度は低く水質が澄んだ状態にあるが，リン負荷量が ℓ_1 を超えると突然，植物プランクトン密度の高い状態に飛躍する（レジームシフト）. 水質回復には ℓ_2 までリン負荷量を下げる必要がある. (c) 回復不可：レジームシフトが起こり，富栄養化後はリン抑制のみでは水質の回復は不可能.

こす要因にはいくつか考えられている．その中で主なものとしては，次の2つがあげられる．一つは，深水層における無酸素化によるリンの湖底からの放出．もう一つは，沿岸帯植物の影響．深水層の無酸素化に関しては，無酸素化により湖底において鉄と結合していたリンが解離・浮上し植物プランクトンが生息する表水層へリンの再循環が起こる．深水層の無酸素化は，表水層で発生した植物プランクトンが沈降する際にバクテリアによる分解活動によって引き起こされる．貧栄養状態では，表水層での植物プランクトンの発生は小さく，ほとんどが動物プランクトンなどに消費され，沈降する量は少ない．そのため，深水層では十分酸素がある状態が保たれ，リンの湖底からの再循環も起こりにくい．いっぽう，富栄養状態では，大発生した植物プランクトンは表水層にて十分消費されず，大部分が沈降する．この沈降が，深水層で分解され無酸素化を引き起こしてリンの浮上をまねき，表水層における植物プランクトンのさらなる発生に拍車をかける．このように，貧栄養と富栄養それぞれの状態を安定化させるフィードバックがそれぞれ存在する．

　沿岸帯植物の影響に関しても，貧栄養と富栄養それぞれの状態を安定化させるフィードバックが存在する．これは，沿岸帯の湖底に生息するシャジクモやフサモなどの沈水性の水草よりも，水中に浮遊する植物プランクトンの方が光をめぐる競争において有利であることが一因である．貧栄養状態の時には，光をさえぎる植物プランクトンが少ないため，沿岸帯植物は比較的深いところまで分布することができる．この沿岸帯植物は，湖底に根をはるため湖底を安定化させリンの浮上を抑えるほか，植物プランクトンを捕食する動物プランクトンにとって魚からの捕食から逃れる隠れ家としての働きがある．したがって，貧栄養状態の時には湖底からのリンの回帰が少なく，かつ，動物プランクトンによる捕食圧も高いため，植物プランクトン密度は低く抑えられる．いっぽう富栄養状態では，高密度な植物プランクトンが光を遮り，沿岸帯植物は比較的浅いところまでその分布が抑えられ，その結果，湖底からのリンの再循環が起こり，動物プランクトンも少ないため，植物プランクトン密度は高いまま保たれる．

3　琵琶湖におけるレジームシフトの可能性

　レジームシフトなどの人為的撹乱に対する生態系の反応に関する研究は，研究費や時間的・空間的なサンプリング頻度などの制限から，実験系や比較的小規模な生態系を用いた操作実験に限られている．しかし，実際にはさまざまな規模の生態系があり，生態系を保全する上では規模にかかわらず研究がおこなわれるべきである．この一つの方法として，実験や小規模生態系から得られた知見を基に数理モデルを用いて予測をおこなう理論的研究があげられる．

　Carpenter et al.[15]は，レジームシフトが起こるかそうでないかは，水深に強く依存することを示唆している．深いほど深水層の体積も大きく，栄養塩の希釈効果が高く，

深水層における無酸素化が起こりにくいと考えられる．また沿岸帯植物の生息域はその言葉どおり沿岸帯のみに限られるため，湖の大きさや形状に依存すると考えられる．Genkai-Kato and Carpenter[16]は数理モデルを用いて，レジームシフトの可能性を湖沼の規模と形状，沿岸帯植物の優占度，水温と関連付けて調べている．それによると，レジームシフトは平均水深が浅く，水温が高い湖沼ほど起こる可能性が高く，面積は大きな影響を与えない（図2-2-15）．また，沿岸帯植物の効果は浅い湖沼で特に顕著に見られ，レジームシフトを防ぐ．そのため，面白いことに水深に関しては，中程度の平均水深を持った湖沼においてレジームシフトが最も起こりやすく，湖沼を管理するにあたっては沿岸帯植物が繁茂する浅い湖沼や希釈効果の高い深い湖よりもむしろ，中規模の湖沼に対して最も注意を払うべきであると示唆している．

Genkai-Kato and Carpenter[16]のモデルを琵琶湖に応用することも可能である．琵琶湖北湖の面積 613km^2，平均水深 43m，深層水温 7℃とし，琵琶湖南湖の面積 57km^2，平均水深 4m，深層水温 20℃と仮定してモデルに代入した[17]．その結果，リンの供給量の変化（0.02~0.5 μg P・L^{-1}・d^{-1} の範囲）にともなってレジームシフトが起こる可能性は，北湖が回復可能で南湖が回復不可能と予測された（図2-2-15）．北湖においては栄養塩を希釈する十分な深層水があるが，南湖では栄養塩を希釈するほどの体積はなく，しかも沿岸帯植物の効果が働くには深すぎる湖であることがわかる．

北湖は現状ではレジームシフトの可能性はないと予測されたが，仮に深水層水温が上昇するとレジームシフトが起こる可能性も出てくる（図2-2-16）．14℃以下ではリン負荷量の抑制による水質回復は可能であるが，それ以上ではレジームシフトが起こる．16.5℃以上の場合は，湖への栄養塩負荷の制限をおこなってもレジームシフト後の水質の回復は不可能と予測される．

Genkai-Kato and Carpenter[16]のモデルは，湖沼の面積と平均水深が与えられれば，レジームシフトが起こる可能性に加え，リン負荷量と植物プランクトン密度（クロロフィル a 濃度）の関係も予測することができる．琵琶湖では，あらゆる形で湖全体に流入する厳密なリンの負荷量の推定は困難であるが，このモデルを用いると北湖における植物プランクトン密度 9.1 μg chl a・L^{-1} とすれば[18]，北湖への平均リン負荷量に関する予測値を 0.135 μg P・L^{-1}・d^{-1} と逆算して推定できる．

4　おわりに

レジームシフト後に，リン負荷量の抑制のみによって水質の回復が不可能な場合，それに加え付随的な対策を取る必要があるかもしれない．その例としては，カスケード効果を期待した魚などの導入による食物網の操作[19]，深水層への人工的な酸素供給，硫酸アルミニウムの添加によるリン遊離の防止，湖底の浚渫などがあげられる．しかし，これらの併用を施せば必ず回復するという保証はなく，他の2次的な問題（副作用）も生じる可能性がある．また，琵琶湖のような大きな湖では莫大な費用がかかるであ

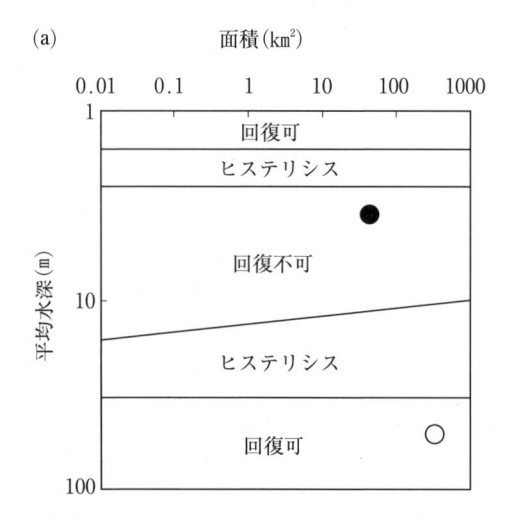

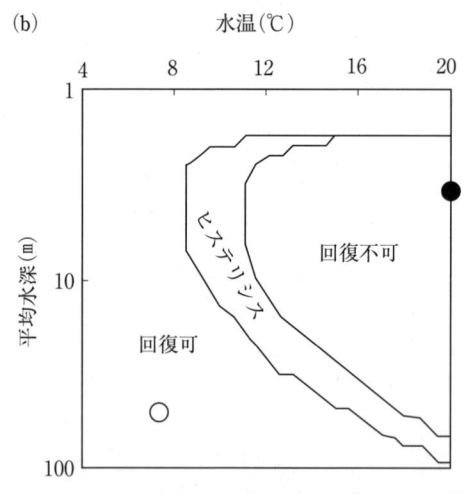

図 2-2-15 Genkai-Kato and Carpenter[7] のモデルの予測結果. (a) 面積と平均水深の影響. (b) 水温と平均水深の影響. ○琵琶湖北湖, ●琵琶湖南湖.

ろう．魚食魚（特に，外来種）など導入するという大規模な生態系操作には，それが思いもよらない副次的効果をもたらす危険性がある．深水層への酸素供給によりリンの再循環を防ぐ方法においても，水温躍層が破壊され，水温成層を利用して生活している生き物や物質循環系に多大な影響を及ぼすことも考えられる．これら副次的に生ず

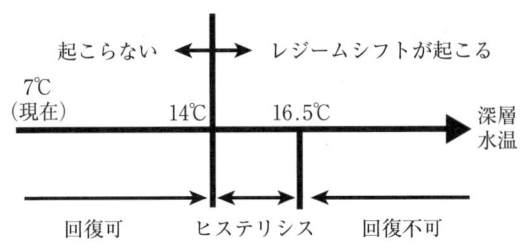

第2章　農業濁水問題の複雑性：琵琶湖を事例として

```
           起こらない    レジームシフトが起こる
    7℃
   （現在）     14℃    16.5℃                深層
                                          水温

           回復可  ヒステリシス  回復不可
```

図 2-2-16　琵琶湖北湖における，深層水温とレジームシフトとの関係予測.

る問題から，当座しのぎのテクノロジー的解決は将来の世代に負の遺産を残す可能性が高いために，とにかく流域管理を徹底して栄養塩負荷の抑制と沿岸帯の保全による富栄養化の阻止が重要である．

　Genkai-Kato and Carpenter[16]では，不連続的富栄養化の要因となるものとして深水層の無酸素化による湖底リンの再循環に注目している．しかし上述のように，沿岸帯植物の効果は湖底の安定化だけではなく，植物プランクトンを捕食する動物プランクトンの棲み家となっている．沿岸帯植物は，動物プランクトンにとって魚からの捕食に対する隠れ家となっているが，ブラックバスなどの大型魚食魚がいる場合，小魚も沿岸帯植物に逃げ込むことも考えられる．したがって，沿岸帯植物の動物プランクトンを介した効果は，湖沼の規模や形状以外にも，食物網構造も考慮する必要がある．しかしレジームシフトの可能性に関しては，動物プランクトンが1日の間に水平方向に移動できる距離には限りがあることから，浅くて小さい湖沼に限定されることがわかっている[20]．

　Carpenter[14]によると，最良の管理対策がおこなわれるためには，新しい解決法の模索とそれを実行できる柔軟な対応のできる機関の存在が必要であると訴えている．そこでは，ある問題に対して，まずは現状を正しく評価し，それに対して対処をおこなう．さらに，その対処に反応して変化した生態系の状態を再評価し，それに基づいて，前におこなった対処の効果を再検討し，より良い対策法を模索し適用していくという，フィードバック型解決法をおこなう．そのため，生態学のような自然科学とともに政治学や経済学などの社会科学とを連携させた学問が要求される．

[加藤元海]

参考文献

1) 舩橋晴俊 (1998)「環境問題の未来と社会変動」舩橋晴俊・飯島伸子編『講座社会学 12　環境』東京大学出版会, 191-224.
2) 前掲 1) を参照.
3) 脇田健一 (2001)「地域環境をめぐる"状況の定義のズレ"と"社会的コンテクスト"──

滋賀県における石けん運動をもとに」舩橋晴俊編『講座環境社会学第2巻　加害・被害と解決過程』有斐閣，177-206．
4）脇田健一（2002b）「住民による環境実践と合意形成の仕組み」和田プロジェクト編『流域管理のための総合調査マニュアル』京都大学生態学研究センター，342-351．
5）古川彰（1999）「環境の社会史研究の視点と方法 ── 生活環境主義という方法」舩橋晴俊・古川彰編『環境社会学入門』文化書房博文社，125-152．
6）前掲3）を参照．
7）小松丈晃（2003）『リスク論のルーマン』勁草書房，81．
8）寺口瑞生（2001）「環境社会学のフィールド」飯島伸子ほか編『講座環境社会学第1巻　環境社会学の視点』有斐閣，243-260．
9）脇田健一（2005）「琵琶湖・農業濁水問題と流域管理」『社会学年報』**34**: 77-97．
10）Scheffer, M., Carpenter, S., Foley, J.A., Folke, C. and Walker, B. (2001) Catastrophic shifts in ecosystems. *Nature* **413**: 591-596.
11）Genkai-Kato, M. (2007) Regime shifts: catastrophic responses of ecosystems to human impacts. *Ecological Research* **22**: 214-219.
12）Scheffer, M. (1998) *Ecology of shallow lakes,* Chapman and Hall, p. 357.
13）Jeppesen, E., Søndergaard, M., Søndergaard, M., Christoffersen, K. (1998) *The structuring role of submerged macrophytes in lakes,* Springer, p. 423.
14）Carpenter, S.R. (2003) Regime shifts in lake ecosystems: pattern and variation. Volume 15 in *the Excellence in Ecology Series,* Ecology Institute, p.199.
15）Carpenter, S.R., Ludwig, D. and Brock, W.A. (1999) Management of eutrophication for lakes subject to potentially irreversible change. *Ecological Applications* **9**: 751-771.
16）Genkai-Kato, M. and Carpenter, S.R. (2005) Eutrophication due to phosphorus recycling in relation to lake morphometry, temperature, and macrophytes. *Ecology* **86**: 210-219.
17）加藤元海（2005）「生態系における突発的で不連続な系状態の変化─湖沼を例に─」『日本生態学会誌』**55**:199-206．
18）Tezuka, Y. (1984) Seasonal variations of dominant phytoplankton, chlorophyll *a* and nutrient levels in the pelagic regions of Lake Biwa. *Japanese Journal of Limnology* **45**: 26-37.
19）Carpenter, S.R., Kitchell, J.F. (1993) *The trophic cascade in lakes.* Cambridge University Press, p. 385.
20）Genkai-Kato, M. (2007) Macrophyte refuges, prey behaviour and trophic interactions: consequences for lake water clarity. *Ecology Letters* **10**: 105-114.

ブリーフノート4

階層性から見た農業濁水

――――――――――――――――――――――――――――――（谷内茂雄）

　第2章においては，琵琶湖の農業濁水問題は，着目する流域の階層スケールを，ミクロ，メソ，マクロへと移行するにしたがって，問題のタイプを異にする「複合問題」であることを説明した．それゆえ，生活や活動の主となる階層が異なる利害関係者にとっては，濁水問題の認識も違ってくるのである．ここでは，口絵ii-iii頁「農業濁水から見た琵琶湖流域の階層構造」に沿って，農業濁水が一筆の圃場での発生を経て，琵琶湖全体に拡がっていく過程を説明する．

1. 農業濁水のゆくえ：水田から河川・琵琶湖へと流れていく道筋

　口絵の上側3分の1は，私たちのプロジェクトでマクロ，メソ，ミクロと設定した，各空間スケールにおける地域である（ただし，「目盛り」は相対的なものであることに注意してほしい）．大きなスケールである右側から小さなスケールである左側へと順に，各スケールでの主な水管理主体となる「滋賀県」，「彦根市稲枝地域」，「稲枝地域の各集落」の地図が描かれている．また，対応する各スケールでの農業濁水問題の管理に関わる物理的な場が，それぞれ，「琵琶湖流域」，「地域内の小河川・排水路」，「各集落内の圃場・水路」となることを示している．

　口絵の下側3分の2は，しろかき時の農業排水が，水田から琵琶湖まで流れていく道筋を，左側から右側へと，反時計回りの矢印に沿って追ったものである．ii頁では，「圃場→排水路→河川→河口」と水田から琵琶湖の河口までの様子を，iii頁では，琵琶湖流入後の濁水の広がりを，「湖岸部→沖岸部と地域全体→琵琶湖流域」へと順に空間スケールを上げていって俯瞰した様子を表している．

2. 矢印に沿った各道筋での農業濁水の様子

　農業濁水が発生する一筆の圃場から，順番に各段階での農業濁水の様子を説明しよう．農業濁水全体の詳しい説明は，第2部第2章を参照してほしい．

圃場から排水路へ

　水稲栽培では，田植え前に「しろかき」をおこなう．しろかきとは，水田に水を溜めて，トラクター等で水と土をこねる作業で，水田の水持ちをよくするとともに，稲作作業がしやすいように田面を平らにすることである．このしろかき時の水田の泥を含んだ水は，降雨による溢れ，畦のひびや穴からの漏れ，強制落水等，水田の水管理に関するさまざまな原因により，水から泥が十分に沈降しない状態で，圃場から排水路に「濁水」として流れ出る．農業濁水の発生である．

排水路から河川へ

それぞれの水田から排水路に入った濁水は，地域を流れる中小河川に合流する．写真は，農村地帯を流れる小河川の中流から下流の様子である（2004年5月6日）．このスケールまでが，ミクロ～メソスケールに相当し，農業濁水問題は，主に地域の水環境問題として発現する．具体的には，排水路や小河川への泥の堆積等によって，身近な水辺環境が悪化する（第2部第2章第2節）．

河川から琵琶湖へ

地域の小河川へと集まった濁水は，小河川を上流から下流へと流れ，最終的には琵琶湖へと流入する．写真は，小河川の河口部から琵琶湖湖岸へ流入する濁水の様子である（2004年5月6日）．

空から見た河川から琵琶湖へ流入する濁水

飛行機によって，小河川の河口から琵琶湖に流入する濁水を撮影したもの（2004年5月7日）．琵琶湖の青い水の色と比べると，河川から流れ出る濁水の茶色く濁った様子がよくわかる．また，田植え前の水田に溜まったしろかきの水もみてとれる．流入直後の濁水は，湖流の影響で湖岸に沿って左に流されながら流入するが，その後，今度は右へと押し戻されながら湖岸に沿って沖合へと拡散していく．このメソスケールでの琵琶湖湖岸での濁水の問題は，主に琵琶湖で操業している漁業への被害である．具体的には，琵琶湖で養殖しているアユの河川への遡上障害と，琵琶湖の伝統的漁法であるエリ漁への影響が懸念されている（第2部第2章第3節）．

南寄りの上空から見た彦根市稲枝地域と琵琶湖湖岸

稲枝地域の整然と圃場整備された水田の様子がよくわかる．平野の中の濃い緑で覆われた山塊は荒神山である（2004年5月7日）．

衛星ランドサットから見た琵琶湖に流れる濁水

琵琶湖流域スケールで見た，しろかき時の琵琶湖の衛星写真．2004年同時期の衛星写真がないため，1996年のしろかき時の衛星写真を比較のために掲載している（1996年4月25日）．例年この時期，湖東から湖北の河口～琵琶湖沿岸にかけて，農業濁水の流入による琵琶湖の色の変化が顕著となる．衛星写真では，湖東から湖北の湖岸に沿った白い煙のように見えるのが濁水である．ただし，写真の琵琶湖南湖の白い濁りは，濁水とは別の要因によるものである．濁水問題は，マクロスケールでは，琵琶湖の富栄養化や生態系の大きな変化（レジームシフト）を引き起こす要因のひとつとなる（第2部第2章第4節）．

第3章 流域ガバナンス研究の枠組みと方法

1 琵琶湖の水質問題の全体像

　第2章においては,「階層性」の視点から,琵琶湖の農業濁水問題とは,連続するが異なるタイプやスケールを持つ複雑な問題(複合問題)であることを紹介した.本章では,この農業濁水問題を事例とした,私たちのプロジェクト研究の枠組みと方法を説明する.本節では,まず,戦後の琵琶湖の水質問題,滋賀県の環境政策の流れを大きくつかむことで,プロジェクトの対象とした農業濁水問題が,現在の琵琶湖の水質問題,水環境問題の中で,どのように位置づけられるのかを説明する.続く第2節では,私たちが流域ガバナンス研究を進める上で,なぜ琵琶湖の農業濁水問題に注目したのかを詳細に説明する.第3節では,階層化された流域管理の視点から,琵琶湖の農業濁水問題に取り組む上で検討した,プロジェクトの具体的な目標と研究方法,調査地との関係など,プロジェクトの全体像について説明する.

1　高度経済成長と琵琶湖流域の変化

　第3節や後述の流域診断(第3部)で詳しく説明するが,持続可能性を考える上では,人間社会と生態系は独立ではなく,人間による生態系への働きかけ(インパクト)と生態系からのさまざまなサービス(恵み)の享受によって密接に結びついた「社会-生態システム(social-ecological system)」ととらえる視点が必要となる.琵琶湖の場合も例外ではなく,陸域の人間活動の影響は,土地利用や水循環,例えば琵琶湖への流入河川を通じて,琵琶湖の水質や生態系に影響を及ぼすのである.その意味で,まず琵琶湖流域,琵琶湖-淀川水系(巻末の付録地図参照)という視点から,社会が戦後どのように変化してきたかを見てみよう.

　琵琶湖-淀川水系は,その歴史の中で,高度経済成長期(1950年代後半〜1970年代前半)と琵琶湖総合開発(1972年〜1997年:ブリーフノート5)を経て大きく変貌した(第1部第4章).高度経済成長は,単に近畿圏や琵琶湖-淀川水系でおこった変化ではない.日本全体が経験した社会経済システム上の一大変化であった.基幹産業が,一次産業から,二次・三次産業に大きくシフトするとともに,所得の向上により,日本人のライフスタイルも,大量消費型へと変わったのである.地域社会も,全国総合開発計画(全総)等を通じて,産業や社会の基盤である道路建設,水資源開発,コンビナート建設,宅地開発等が行われた結果,大きく変貌した.後述するように,この社会経済シ

ステム上の変化が，生態系や環境に対して時代ごとに特徴的な影響を与えてきた結果，環境問題も，公害問題，都市化・生活型環境問題，地球環境問題というように，時代を反映した形で現れてきたのである（第1部）．

滋賀県においては，高度経済成長期後期の1960年代後半以降，人口が大きく増加し始める[1]．この人口増加にともなって，田畑や森林の宅地開発が進むとともに，産業構造も第一次産業から，滋賀県の場合は，特に第二次産業へと大きくシフトした．中でも，琵琶湖総合開発に代表される地域開発によって，瀬田川洗堰の改修による琵琶湖の多目的ダム化，湖岸道路の建設がおこなわれた．農業においても，土地改良事業推進の結果，琵琶湖周辺の多くの農地で，内湖の埋め立て，圃場整備，琵琶湖の水を使った逆水灌漑への転換がおこなわれた．また農業機械・農薬・化学肥料の導入によって農業生産効率が向上した．このような社会経済上の変化は，さまざまな形で琵琶湖流域，琵琶湖-淀川水系の水循環や生態系へ影響を与えるとともに，従来の地域の生活と琵琶湖の関係も大きく変えることになった．琵琶湖-淀川水系は，高度に人工的に管理されたシステムへと変わったのである[2]．次項では，このような社会の変化が琵琶湖の水質や生態系にどのような影響を与えたのかを見ていく．

2 琵琶湖の水質問題の変化と滋賀県の環境対策[3),4),5)]

1960年代に入り，除草剤PCPによる魚やシジミの被害（1960年）をきっかけに，農薬汚染が問題となった．その後，1970年代前半にかけて，米原町でのアンチモン公害（1968年），草津市のPCB公害（1972年）など，工場排水による公害型の水質汚染が問題となる[6]．これらの公害問題に対して，滋賀県は，1968年の公害防止条例の制定をはじめ，一連の法的規制による対策をおこなった．

一方，化学物質による水質汚染とは別に，植物プランクトンの栄養となる窒素やリン等を含む栄養塩や有機物が，生活排水，工業排水，農業排水等を通じて，大量に琵琶湖に流入するようになった．その結果，水質汚濁指標で測定される琵琶湖の水に含まれる栄養塩と有機物の濃度は上昇し，琵琶湖は，急速に「富栄養化」していったのである．水質の栄養塩や有機物の増加自体は，有害化学物質とは異なり，人体に直接的な健康被害を与える現象ではない．しかし，琵琶湖の一次生産を担う植物プランクトンの増殖が促進され，食物連鎖でつながる水域生態系のバランスが変化することで，水の濁り，有害物質や悪臭の発生，水中の酸素不足による水産資源への被害など，琵琶湖の生態系サービス全般に広く影響を与える可能性があった．「赤潮」とは，植物プランクトンの大増殖により，水が赤色などに変色して見える現象のことだが，志賀町沖（1973年），彦根市沖（1973年，1975年）等での局部的な発生を経て，1977年，ウログレナを主とする赤潮（淡水赤潮）が大発生した．この1977年の赤潮大発生をきっかけに，主婦層を中心とした滋賀県民による石鹸運動が展開し，1979年に滋賀県に富栄養化条例が制定されるきっかけとなったのである（本章第2節参照）．その後も，

淡水赤潮は毎年のように発生したが，1983年には，ミクロキスティスと呼ばれる別種の植物プランクトンによる，水面を緑色に変色する赤潮，いわゆる「アオコ」が発生したのである．このアオコは，1985年以降，現在に至るまで毎年発生している．

　滋賀県は，富栄養化に対しては，1980年の富栄養化条例施行等による法的規制を始めるとともに，1982年には，琵琶湖総合開発で設置された流域下水道が稼動し始めた．環境基準による法的規制と流域下水道等による技術的な対策を中心に，陸域からの汚濁負荷を削減する対策が進められていったのである（本章第2節参照）．

3　琵琶湖の水質問題の現状と課題 [3], [4], [5]

　1980年代後半以降，陸域から流入する総体としての汚濁負荷量は減少し始めた．琵琶湖水においても，富栄養化の指標である，全リン（TP），BODの各値は，1980年代初めと比較すると，減少している．琵琶湖の透明度も上昇し，淡水赤潮の発生頻度は減少傾向にある．

　「滋賀の環境2008（平成20年版環境白書）」は，琵琶湖の水環境の現状を，「琵琶湖の窒素，りん（リン）は横ばいもしくは減少傾向にあり，富栄養化の進行は抑制傾向にある一方，CODに改善が見られないことや，南湖での水草の大量繁茂，在来種の減少など生態系の変化が顕在化」していると報告している．琵琶湖の富栄養化には一定の歯止めがかかったと見る一方で，二つの問題を指摘している．第一の点は，CODの変化である．COD（化学的酸素要求量）とBOD（生物化学的酸素要求量）は，どちらも水中の有機物量の指標である．にもかかわらず，琵琶湖においては，CODとBODの挙動が異なる「乖離」現象が続いているのである．1979年以降，BODが減少傾向にあるのに対して，CODは1984年まではBODと同じく減少したが，その後一転し，現在まで漸増傾向が続いている．CODが酸化剤（過マンガン酸カリウム）により化学的に分解される有機物量の指標であるのに対し，BODは微生物により生化学的に分解される有機物量の指標という違いがある（どちらも分解に消費される酸素量で測定される）．一般的には，微生物には分解しにくい有機物も分解できる，強力な酸化剤を使って測定するCODがBODよりも大きくなる．増加するCODは，生物に分解しにくく安定な「難分解性有機物」ではないかという仮説が出されているが，COD漸増のメカニズムと，CODの増加が水環境や生態系に与える影響の解明は今後の課題である．第二の点は，水質問題にとどまらない水環境，生態系レベルでの問題の顕在化である．代表的な現象を三つ紹介する．1994年の琵琶湖の大渇水を機に，沈水植物（コカナダモ）が琵琶湖南湖を中心に急速に分布を広げてきている．南湖の浅い湖底から水面まで生えてきた水草による，景観や船舶の運行への影響が問題となってきたのである．次に，固有種を含めた琵琶湖の生物多様性の減少傾向がとまらない．特に魚貝類においては，外来魚（ブルーギル，ブラックバス）が増殖する一方で，セタシジミ，ニゴロブナなどの漁獲量が激減している．地球温暖化との関係でいえば，湖底の水に含まれている酸

素濃度への影響が懸念されている．湖底の溶存酸素は，底生動物の呼吸や微生物の分解過程に不可欠である．この酸素は，大気との交換により高い酸素濃度をもつ琵琶湖表層の水が，冬季に冷却されて高密度になり，湖底に沈降することによって供給される．あるいは，冷たく酸素に富む表流水が，冬から春にかけて琵琶湖に流入することによってももたらされる．ところが，温暖化が進行すると，こうした酸素に富む水が琵琶湖の底層に行きにくくなるのである．実際，2006年の冬季は暖冬となり，湖水の循環開始が遅れ，例年より酸素供給期間が短くなったため，琵琶湖湖底の低酸素化が継続したのである．

　これらの現象は，いずれも琵琶湖の生態系が大きく変化する可能性を示唆している．水草は，生態系の一次生産のレベルで，植物プランクトンと競合して栄養塩や光環境を争う位置にいる．したがって，水草が繁殖した結果，食物連鎖の上位に位置する動物プランクトンや魚介類への影響も考えうるのである．一方，琵琶湖の魚や貝など，琵琶湖の生態系の食物連鎖の最上位に位置する大型生物においては，在来種の個体数が減少するとともに外来魚の増殖によって，すでに群集構造が大きく変化している．このような生態系レベルでの問題を検討し，対策を立てる上で重要なことは，複合的な人為撹乱要因の効果を検討することである（第4部第4章第2節）．富栄養化に伴う湖底の貧酸素化が，温暖化によって湖内の生態系を急激に悪化（レジームシフト）させる可能性は，その典型である（第2部第2章第4節）．温暖化という人為撹乱要因の程度が大きくなると，これまで問題なかった富栄養化（窒素，リンなど）の程度でも，生態系の大きな変化を引き起こす引き金となる可能性がある．つまり，水質の富栄養化の程度が改善されてきていても，他の人為撹乱要因のインパクトが強くなれば，複合的な効果の結果として，生態系の大きな変化が引き起こされる可能性がある．その結果として，陸域からの汚濁負荷の流入が変化しなくても琵琶湖の富栄養化が進行するシナリオも考えられるのである．

　水質保全は，琵琶湖が水源として，近畿圏1400万人の住民の飲み水を供給する上で，重要な課題である．しかし，琵琶湖が供給する生態系サービスとしては，水質がすべてではないことにも注意しなければならない（ブリーフノート6）．また，上で説明したように，水質の状態が，水環境や生態系全体の状態を正確に反映しているわけではない．実際，栄養塩や有機物という意味での水質は，おおむね改善へと向かっているのに対し，生態系としての琵琶湖の状態は，1980年代後半以降，むしろ悪化している．なにより，水質は，生態系サービスを生み出す琵琶湖生態系の変化によっては，大きく悪化する可能性もある．このような認識の広がりとともに，滋賀県の環境対策も，水質の改善を目標に重点的に対策をおこなってきた時代から，幅広い生態系サービスを生み出す生態系の保全・再生の中に，水質の改善を位置づけて対策を考える方向へと変わってきたのである（ブリーフノート11）．

　このような水質問題の現状を考えた場合，汚濁負荷量の削減という点においても，

CODとBODの乖離とともに注意すべき点がある．それは，生活排水や工業排水など，負荷排出源が特定できる「点源負荷」は大きく削減されたが，農地や市街地などの負荷排出源が広範囲に広がる「面源負荷（non-point source）」については，削減があまり進んでいないことである．負荷量全体の削減は進んできたが，法的規制や下水道など技術的方法だけでは削減が難しい，面源負荷が占める割合が相対的に高くなってきたのである．本書で事例として取り上げる農業濁水を含んだ農業排水は，この面源負荷の代表的な事例なのである．

[谷内茂雄]

2 面源負荷とは：農業濁水問題の位置

前節では，農業濁水問題が，琵琶湖流域の水質問題の中でどのように位置づけられるのかを説明してきた．この節では，もう少し農業濁水問題そのものに踏みこんだ形で検討を行う．具体的には，なぜ私たちのプロジェクトが琵琶湖の農業濁水問題に注目するのかを，①これまでの滋賀県の環境政策，特に政策手法との関係から，そして②環境ガバナンスを前提とした流域管理＝流域ガバナンスとの関係からみていくことにする．

1 琵琶湖の水質保全と政策手法

これまで滋賀県では，琵琶湖の水質保全のために，下水道[注1]，農業集落排水施設[注2]，合併処理浄化槽[注3]等の整備を着実に進めてきた．

下水道の普及率をみてみると，1970年には，全国の普及率が16％であるのに対して，滋賀県のばあいはわずか1.7％であった．全国の普及率とのあいだにはかなりの差があった．しかし，1982年頃から普及率が急激に上昇していくことになった．その背景には，琵琶湖総合開発が存在していた．琵琶湖総合開発が始まった1972年当時，すでに琵琶湖の水質汚濁が社会問題化しており，この総合開発のなかで流域下水道の

---

1) もちろん，このような下水道事業については，様々な批判が存在している．環境社会学者の嘉田由紀子は，次のように説明している．
 下水道事業については，昭和40年代からさまざまな疑問が投げ掛けられてきた．特に流域下水道計画の初期から，大規模な管渠建設によるコスト増，バイパスされた河川水の量的減少，工場廃水を受け入れることによる毒性物質の処理の困難性，汚泥の循環的利用への阻害などが，日本各地の流域下水道で問題とされていたが，琵琶湖周辺においても，これらの課題は解決されないまま，初期の計画が実行された[1]．
2) 農業集落排水施設とは，農業集落におけるし尿，生活雑排水等の汚水，汚泥を処理する施設をさす．
3) し尿だけを処理する単独処理浄化槽のばあい，台所や洗濯，そして風呂などの生活雑排水は，身近な河川に未処理のまま流れていく．滋賀県のばあいは，それら生活排水は琵琶湖に流入することになる．それに対して，合併処理浄化槽のばあいは，し尿にあわせて生活雑排水も処理する．

整備は，主要な水質汚濁防止対策として位置づけられていた．巨額の公共投資が行われるなかで，2000年には，全国を抜き，下水道普及率は64.5%になった．このような下水道の普及とともに，農業集落排水施設，合併処理浄化槽も普及していくことになった．2007年度末では，滋賀県全体で下水道が72.9%，農業集落排水施設が7.7%，合併処理浄化槽が8.3%，生活排水の処理率全体としては88.9%にまで上昇しているのである．

　もちろん，このような技術的解決手法だけでなく規制的手法も取り入れてきた．たとえば，「滋賀県琵琶湖の富栄養化を防止するための条例」(琵琶湖条例)などはその先駆け的な取り組みといってよいだろう．この琵琶湖条例は，「合成洗剤に替えて石けんを使おう」と主張する大規模な県民運動(注4)を背景に制定されたものであり(1979年制定・1980年施行)，当時，全国の一般家庭で使用されていた有リン合成洗剤の販売・使用禁止を含むことから，画期的な規制的手法として社会的にも高く評価された．この他にも，全国に先駆けて，琵琶湖の富栄養化を促進させる窒素やリンの排水規制などにも取り組んできた．

　以上のような技術的解決手法や規制的手法を導入していくことにより，家庭排水，そして工場や事業所(産業系排水)といった発生源からの琵琶湖への流入負荷量は，かなり削減できるようになった．これらの発生源は，一般に点源とよばれる．このような点源負荷対策は着実に進んできたのである．ところが，山林・農地・市街地など，空間的に広がりのある排出源，すなわち面源からの負荷対策についてはあまり進んでいるとはいえない．本書が注目する水田からの濁水問題について見てみよう．滋賀県では，現在，「環境農業直接支払制度」など「環境こだわり農業」などの取り組みが行われている．たとえば，「環境こだわり農産物認証制度」などもそのような取り組みのひとつである．この認証制度では，化学合成農薬および科学肥料の使用量を慣行の5割以下に削減し，濁水の流出の防止など，琵琶湖をはじめとする環境への負荷を削減する技術で農産物の生産を行うと，滋賀県から「環境こだわり農産物」として認証され，市場において付加価値を生み出すことができる．このような「環境こだわり農産物認証制度」は，経済的手法の一種といえる．しかし，このような経済的手法が，どこまで負荷削減につながっているかというと，現在のところ，根本的な解決につながっているとはいいがたい．このような経済的手法だけでなく，農業濁水を用水として反復利用する循環灌漑などの施設整備もおこなわれている．水田からの面源負荷に対する技術的解決手法のひとつといいうる．しかし，莫大な費用の問題も含めて，現状においてはどこでも採用可能な手法とはいえない(環境問題を解決するための政策手法については「ブリーフノート2」を参照のこと)．

---

4) この県民運動は，一般には石けん運動と呼ばれた．石けん運動については，拙論[9]を参照いただきたい．

2　面源負荷としての濁水

　一般に，水田からの面減負荷を削減するためには，以下のような対策が必要だといわれている．窒素・リンの対策，適切な除草剤の使用，排水の削減対策，施肥の方法および肥料の洗濯，農業用水の循環利用，水田浄化能力の利用等などである[6]．いずれも，水田の水の管理や肥料の管理などの注意深い作業が必要になる．しかしながら，滋賀県の農村の現状では，多くの農家は，このような手間暇をかける農作業ができない状況にある．

　農業土木学者である渡辺紹裕は，「滋賀県の圃場整備率と稲作労働時間」に関して次のように説明している．滋賀県では，1972年当時16.7％であった圃場整備率が，1980年頃には50％を超え，1997年では約86％にも達した．「特に中心的な水田地域では90％程度となっており，これは実質的に「完了」に近い状況を示」しているという．そして「このような圃場整備の進展に伴って稲作の労働時間も大きく減少してきた」のである．「1970年代当初に，110h/10a（注：10aあたり110時間の労働投入を要するという意味）もあったものが，約3分の1（1989年で36.3h/10a）にも減少している」という．もちろん，このような労働時間の減少という傾向は全国的なものでもあるのだが，全国レベルでの圃場整備率が1995年度で約50％であることから，滋賀県の特殊性がよく理解できる．「滋賀県では琵琶湖総合開発事業に関連して，圃場整備が積極的に進められ，我が国の有数の圃場整備事業実施県となり，農業生産，特に水稲生産という視点からは非常に安定した基盤が形成」[7]されるようになったのである（琵琶湖総合開発については，「ブリーフノート5」を参照のこと）．

　ここで，もう一度，第2部第1章第1節で述べたことを振り返っておこう．圃場整備事業の結果，かつて集落ぐるみで管理にあたっていた用排水の管理は，基本的には個人でおこなわれるようになった．すなわち，水管理の個人化である．この圃場整備とともに用水路と排水路を分離する用排水分離も行われた．多くの圃場が，水田一筆ごとの排水を直接排水路に流す構造に作り替えてられていった．このような圃場整備は，農家の兼業を容易にしたが，同時に，個々の農家の営農を相対的に粗放化させていくことになった．第2種兼業農家では，農作業にかけられる時間が限られているからである．たしかに，渡辺のいうように，琵琶湖総合開発を背景とした圃場整備事業は安定した基盤を形成することになった．それらは農業の工業化という側面を持っており，生産至上主義や労働生産性向上の下，水田を稲作生産の空間として装置化することでもあった．しかしそのような圃場整備事業は，圃場整備事業が農作業の負担を軽減すると同時に，農家と農業との関わりをも希薄化させていった．そして，意図せざる結果として，濁水問題という外部不経済を生み出していったのである．

3　面源負荷にどのように取り組むのか

　ここまで見てきたような琵琶湖の水質保全の取り組み，そして琵琶湖の現状を前に

したとき，私たちのプロジェクトは，そのスタートの段階で以下の3つの基本方針を定めた．

ひとつは，琵琶湖の流域管理においては，いまだ対策が十分とはなっていない面源負荷，特に，農地からの負荷に取り組むということである．このような農地からの負荷のなかでも，特に，しろかきや田植えの時期に琵琶湖に流入する濁水に焦点をしぼっていくことにした．本書で繰り返し述べてきたように，農家の農作業という活動の結果が，濁水の流出となって直接的に琵琶湖に負荷を与えているからである．

二つめは，これまでとは異なる手法を開発していくことであった．これまでの，規制的手法・技術的解決手法・経済的手法といった政策手法は，行政や専門家が担い手であった．しかし，濁水問題という面源負荷には，多数の農家が直接的にその発生に関わっており，そのような農家自身が担い手となるような，すなわち農家自身も利害関係者（ステークホルダー）として関与できるような手法，すなわち社会的・文化的手法を大胆に取り入れた流域管理の考え方を提案できることを目指した．

近年の環境政策では，新たなスタンダードとして環境ガバナンスが重視されるようになってきている．環境ガバナンスとは，「上（政府）からの統治と下（市民社会）からの自治を統合し，持続可能な社会の構築に向け，関係する主体がその多様性を生かしながら積極的に関与し，問題解決を図るプロセス」と定義される（第2部第1章第2節を参照のこと）．また，このような環境ガバナンスと関連して，環境政策において住民参加・参画をどのように担保するのか，すなわち従来のトップダウン的なアプローチに，ボトムアップ的なアプローチをどのように接合していくのかがひとつの重要なポイントになっている．農家自身が利害関係者（ステークホルダー）として位置づけられる濁水問題は，以上の環境ガバナンス論や住民参加・参画の課題を考えていくうえで，大変重要な事例として位置づけることができる．

三つめは，私たちのプロジェクトメンバーの専攻の多様性を生かせる，理工学と社会科学の連携による分野横断的なアプローチを採用することである．私たちは，このような分野横断的なアプローチを文理連携と呼んでいる．第2部第1章でも簡単に述べたが，ここでもう一度振り返っておくのならば，文理連携とは，理工学と社会科学が連携するなかで，個別科学に蓄積された成果を活かしつつ，同時に，個別科学が自明としてきた前提，また個別科学間の齟齬やズレを自覚化しあいながら，少しずつ「相補的な関係」を構築していくアプローチであるといえる．言い換えれば，プロジェクト内部で，特定の個別科学が中心となるのではなく，環境ガバナンスと同じようにその多様性を活かしていくのである．その結果，農業濁水の琵琶湖への影響だけでなく（濁水問題の下流），農業濁水問題が顕在化した社会的・歴史的な原因・背景等（濁水問題の上流）も含めて，濁水問題の全体像を総合的に理解することが可能になる．第2部第2章では，このような下流と上流をもつ濁水問題を，「上流」における「環境高負荷随伴的な構造化された場」に規定し，「下流」においては，連続するが異なるタイプ

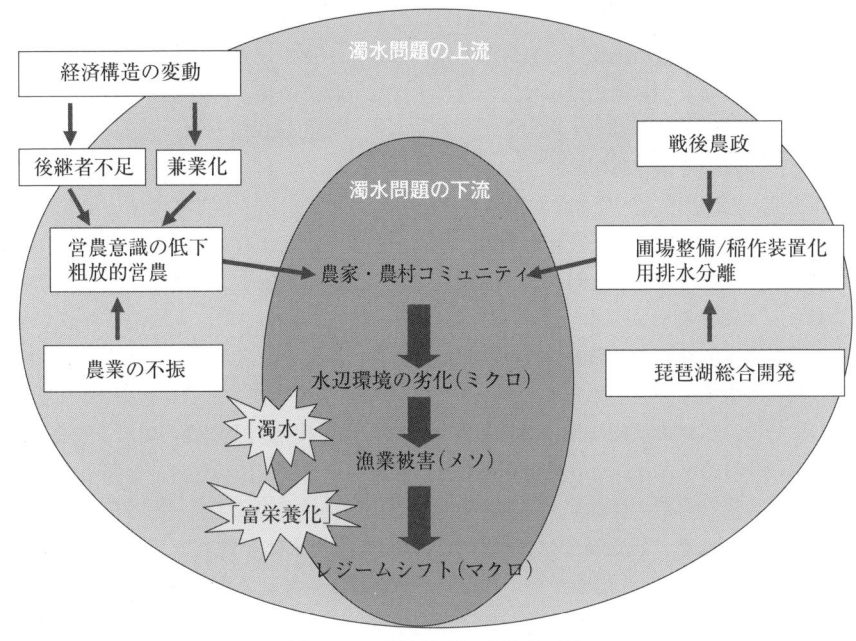

図 2-3-1 濁水問題の上流と下流

やスケールをもつ「複合問題」としてとらえた(ミクロレベルでは水辺環境の劣化,メソレベルでは漁業被害,マクロレベルではレジームシフト).以上をまとめて模式図にしたものが,図 2-3-1 である.次節では,この文理連携について,さらに詳しくみていくことにしたい.

[脇田健一]

3 ｜ 文理連携と現場主義：研究の枠組みと方法

本節では,まず私たちが流域ガバナンスのプロジェクトを実際に進めるに当たって,なぜ琵琶湖流域を主な調査地とし,どういう理由で特に農業濁水問題を事例として選んだのかを説明する.次いで,文理連携による事例研究として農業濁水問題に取り組むうえで,より具体的な研究の枠組みと方法,調査地との関係について説明する.

1 なぜ琵琶湖の農業濁水問題なのか
1.1 琵琶湖を見る視点：人と自然のつながりを問い直す

すでに第 1 部第 4 章「琵琶湖-淀川水系の課題」で詳しく述べたが,あらためて琵琶湖-淀川水系を,その歴史的な経緯を含めて,環境問題における位置づけを確認しよう.

琵琶湖-淀川水系は，大きく上流の琵琶湖流域と，下流の淀川流域からなる（巻末の付録地図参照）．琵琶湖流域は，滋賀県とほぼ一致し，日本最大の淡水湖である琵琶湖を含み，特に湖東から湖北にかけての湖岸平野に稲作農業地帯が広がる．対照的に下流の淀川流域には，京都・大阪などの大都市を含む都市域が広がり，およそ1,400万人が琵琶湖に水を依存している．

琵琶湖-淀川水系は，日本の古代から政治・経済・文化の中心として栄えてきたと同時に，明治維新以降の近代化の中で，治水・利水・水環境政策の歴史の上で，日本の水政策が転換するきっかけを作り出してきた[2]．その意味で，日本を代表する流域であり，人間活動によりもっとも大きな影響・改変を受けてきた流域のひとつである．日本の高度経済成長期の前後は，短い期間ではあるが，日本における，人間と自然の関係が大きく変化した重要なフェーズである．その期間，ここ琵琶湖-淀川水系においては，下流の淀川流域における水量変動の安定化と利水需要の要求を契機に，琵琶湖の多目的ダム化，その見返りとしての上流の琵琶湖流域の総合的な開発がおこなわれ，人間と自然の関係が，高度な人工系へと大きく変化した[2]．その結果，後述するように，現在，琵琶湖では生態系の急激な変化の危険を含めて，レジリアンス（用語集参照）の低下，生態系サービスの低下が進行しており，また，農村に代表される地域社会も大きな転換期にある．琵琶湖流域は，その意味で，「社会-生態システム（social-ecological system）」という視点から，現在進行している環境問題に，文理連携で取り組むのにふさわしいフィールドであったのである．

1.2　琵琶湖-淀川水系に取り組む方針：琵琶湖流域から淀川下流域へ

とはいえ，上述のように，琵琶湖-淀川水系は，上流の琵琶湖流域と，都市域の広がる下流の淀川流域（特に淀川下流域）で，かなり性格が異なる．そこで，私たちは，まず琵琶湖流域で，後述の理由から，農業濁水問題に焦点を絞って，プロジェクトを展開し，問題の全体構造を解明する流域診断の方法論とともに，コミュニケーション促進の方法について，研究を進める方針をとってきた．淀川下流域では，琵琶湖流域での研究活動の上にたち，水質・流入負荷の視点から，流域の主要な問題構造を抽出し，琵琶湖流域で展開した流域診断や流域管理の考え方が，どのように課題解決に向けて提言できるか検討することを目標としたのである．

1.3　琵琶湖流域での現代的課題：面源負荷としての農業濁水

本章第1節で，閉鎖水域である琵琶湖の水質問題の全体像を見てきたが，琵琶湖の歴史においてきわだって大きな出来事は，1970年代から富栄養化が進行したことである．この出来事をきっかけに，陸域からの汚濁負荷に対して，環境基準による法的規制や下水道普及率の向上など技術的な対策が進められてきた．その結果，近年は，第2節で詳述したように，農業濁水を含めた面源負荷の対策が相対的に重要課題とし

て浮上してきたのである．農業濁水が「農業濁水問題」とよばれるようになるのは，滋賀県内での圃場整備事業率が高まる 1980 年代頃からである．4 月から 5 月の連休の時期を中心に，特に琵琶湖東から湖北にかけての湖岸に，この濁水流入が視覚的に顕著な現象として発現するようになり，「問題」として認識されるようになったのである（ブリーフノート 4 および口絵参照）．

農業濁水は，琵琶湖周に広がる水田からの濁水の流入が原因の典型的な面源負荷である．したがって，農業濁水の影響を軽減するには，法的規制・技術的解決といったハード的な対策だけでは困難であり，農家の参加を前提とした流域管理，すなわち流域ガバナンスが必要となる．私たちが，滋賀県における流域ガバナンスの現代的な課題として，農業濁水問題に注目した理由の 1 つがここにある．

1.4　淀川下流域の課題：都市域と生活排水

一方，都市域が広がる淀川流域では，まず，宇治・桂・木津の三川〜淀川河口に沿った水質調査と現地視察をおこなった．新たに「淀川下流域班」を立ち上げ，下水処理場視察，淀川河口〜大阪湾の生態系への影響を検討するワークショップ，既存公開資料の解析などの活動をもとに，淀川流域の中でも，特に，淀川下流域での水環境の課題を整理した．その結果，都市域の生活排水による負荷とともに，上流からの負荷が，地域の河川や水環境，そして淀川河口域〜大阪湾奥部の海洋生態系へ与える影響が主要な課題として確認できたのである．この詳細については，第 5 部第 2 章で説明する．

2　具体的な研究目標

2.1　農業濁水問題の全体像の解明

私たちは「階層化された流域管理」（第 2 部第 1 章）を，流域ガバナンスを促進するうえで必要な基本的な考え方として提案した．この枠組みをもとに，まず流域管理の方法論を開発するための，5 つの具体的な研究目標をたてたのである（図 2-3-1）．第一の目標は，農業濁水問題の全体像を把握することである．ここでいう全体像とは，(1) 農業濁水の環境への影響（問題の下流（downstream））とともに，(2) 農業濁水問題が顕在化した社会的・歴史的な原因・背景（問題の上流（upstream））をあわせた理解のことである．いいかえると，問題の上流の解明とは，農業濁水問題が顕在化するに至った，人間活動と社会経済システムの要因連関の解明であり，主に社会科学が対象とする問題である．一方，問題の下流の解明とは，農業濁水が，琵琶湖，河川，地域の自然環境・生態系にどのような影響を与え，その結果私たちが享受している生態系サービス（第 3 部第 1 章第 1 節参照）がどのようなダメージを被るかということの解明である（第 3 部第 2 章第 2 節）．

環境問題においては，人間活動や社会システムのしくみが生態系の機能にダメージ

具体的目標
1. 濁水問題の全体像の解明(社会-生態システム)
2. 階層に応じた流域診断
3. 順応的管理支援と階層間のコミュニケーションを促進するための方法論

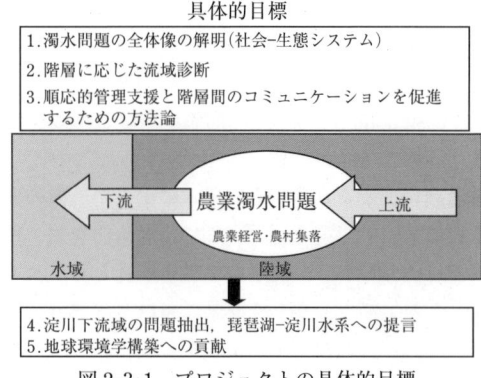

下流 ← 農業濁水問題 ← 上流
　　　　農業経営・農村集落
水域　　　　陸域

4. 淀川下流域の問題抽出，琵琶湖-淀川水系への提言
5. 地球環境学構築への貢献

図2-3-1　プロジェクトの具体的目標

を与え，その結果が，さまざまな生態系サービスへのダメージとして，人間の社会システムに影響を与える．この人間社会と自然の間の，互いに影響を与えあうサイクルの長期的な積み重ねを理解することが，私たちの社会システムや生態系が持続可能かどうかを判断するうえで，不可欠であることが認識されてきた．つまり，人間社会と生態系の関係を，互いに結びついた社会-生態システム（social-ecological system）として認識した上で，その長期的な相互作用の繰り返しを「自然と人間の相互作用環」として抽出し，性質を解明することが，持続可能性の視点から社会制度を設計するうえでも必要なのである（第5部第3章第5節）．このような文脈から，農業濁水問題の上流（原因・背景）と下流（影響）を結びつけて理解しようとする試みは，「自然と人間の相互作用環」の解明につながる第一歩なのである．そのためには，社会-生態システムの一部分だけに関心を持ってくわしく研究する既存の学問分野だけでは限界があり，ここに文理連携による分野横断的な調査が必要となるのである．

2.2　各階層に応じた流域診断

　第2部第2章でも詳しく見たように，農業濁水問題は，流域の中の着目する空間スケール（階層）によって，異なる性質の問題が結合した「複合問題」である．いいかえると，農業濁水という現象は，所属する階層が異なる利害関係者にとっては，異なる問題と認識される．したがって，濁水問題の全体像を解明する調査研究の過程は，問題の上流と下流をむすびつけると同時に，階層ごとの問題認識の違いを解明し，複合問題の全体像を捉えることが大切となる．このような階層性や空間スケールによる問題認識・発現の違いも含めて，流域でおこる問題の全体像の解明を「流域診断」とよぶ．

　流域診断の過程は，各階層に適した流域診断の手法を開発し，実践的に使っていく過程でもある．流域診断の考え方と具体的な手法については，第3部で詳しく説明さ

れるが，流域診断の方法は，個別学問分野において洗練された方法論として確立したものもあれば，必要に応じて開発したものもある．たとえば，地域社会の集落レベルでの水管理の実態については，社会科学で確立している手法である「聞き取り調査」を使ったが，琵琶湖流域というスケールで，農業濁水の影響を診断する場合には，新しく「安定同位体」による環境診断手法の開発を進めながら診断をおこなった．

2.3　順応的管理支援と階層間コミュニケーション促進の方法の開発

濁水問題の流域診断は，専門分野を超えて文理連携を実践する試みである．私たちは，この流域診断で得られた重要な環境情報を，いかにして問題解決につなげるかをもうひとつの大きな研究課題とした．この場合も，「階層化された流域管理」という考え方をもとに，環境診断結果を順応的管理に効果的に生かす方法，コミュニケーション促進のための方法として，現場での実践を通して考えた．第4部で詳しく説明するが，この課題は，住民参加型のワークショップやアクションリサーチなどの方法としてまとめられた．

2.4　淀川下流域への発展

以上の課題は，琵琶湖流域の農業濁水問題という事例を対象にしている．私たちは，淀川下流域においても，主に水質・流入負荷の視点から，主要な問題構造を抽出した．その上で，琵琶湖流域で展開した流域診断や流域管理の考え方が，どのように課題解決に向けて展開できるかを，第5部第2章に発展課題としてまとめた．

2.5　琵琶湖−淀川水系から地球環境へ

琵琶湖−淀川水系での研究成果は，より広く流域環境学や地球環境問題の解決に対してどのように貢献できるのか．琵琶湖−淀川水系の流域管理の研究成果を整理したあとで，流域環境学の展望，地球環境学としての位置づけを考察した（第5部第3章）．

3　調査地の決定と階層化された流域管理の具体化

さて，これでプロジェクトの具体的な研究目標が定まったわけだが，実行に移すには，琵琶湖流域のどこを調査地とするかを決めなければならない．また「階層化された流域管理」を構成する，順応的管理，階層間のコミュニケーションの促進という，いまだ抽象的な内容を，研究課題として実践的な方法の開発がおこなえる作業レベルまで，明確に具体化しなければならない．

3.1　琵琶湖流域における3つのスケールの設定

私たちは，まず，候補となる滋賀県内の現地を何ヵ所か訪問した．同時に，滋賀県など関係機関の担当者や現地の関係者と面談したうえで，次のように調査地を決定し

第 2 部 流域管理とガバナンス

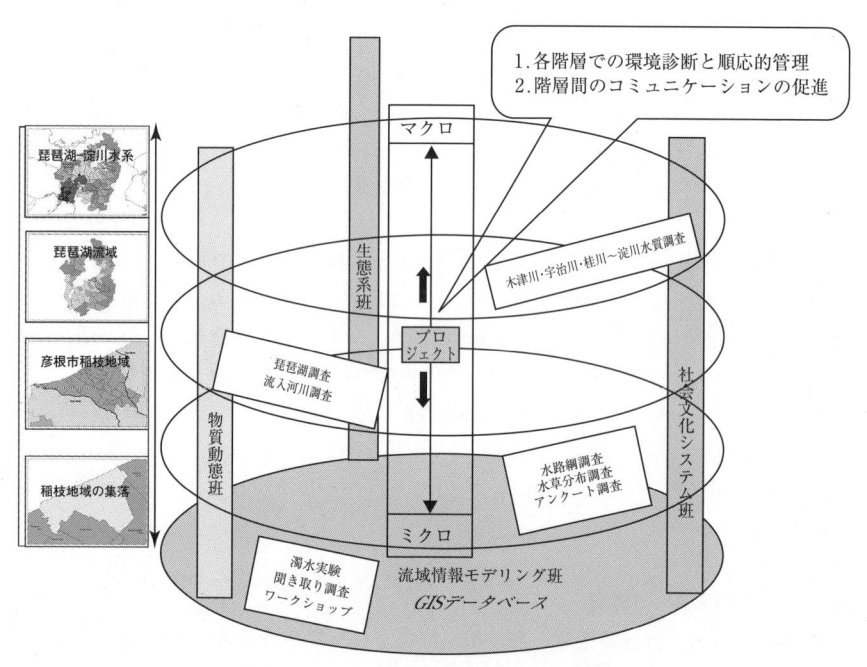

図 2-3-2 各階層と 4 つの班の関係

た.

　琵琶湖流域を「入れ子状の構造」として捉えたうえで,農業濁水問題に関わる,マクロスケール,メソスケール,ミクロスケールという 3 つの空間的な階層に対応する調査地として,それぞれ,「琵琶湖流域(滋賀県)」,「滋賀県彦根市稲枝地域」,「稲枝地域内の集落群」を設定したのである.農業濁水問題に関わる最も大きなスケールは琵琶湖流域であるといってよい.したがって,マクロスケールは琵琶湖流域(滋賀県)となる.次に,メソスケールとしては,琵琶湖の湖周に展開する農村地域が候補となる.その中から,滋賀県湖東の農村地域のひとつである,彦根市稲枝地域を選んだ.この地域を含む湖東の稲作地帯には,農業濁水問題が発生している.地域の愛西土地改良区が中心になって土地改良事業を推進してきた結果,稲枝地域は滋賀県の中でも先進的な稲作農業地帯となったのである.そしてミクロスケールは,この稲枝地域の中にある各集落(自治会)とした.なお,湖北の安曇川流域と湖南の赤野井地区を,メソスケールにおける,彦根市稲枝地域の比較対照地域として設定した.

　さて,淀川流域を含めて琵琶湖-淀川水系全体を考えるときには,さらに階層がひとつあがることになる.図 2-3-2 は,4 つの階層において,後述の 4 つの班で文理連携的に研究を進める様子を,階層を上昇・下降するエレベータに喩えて表現したものである(口絵 iv,v 頁も参照).

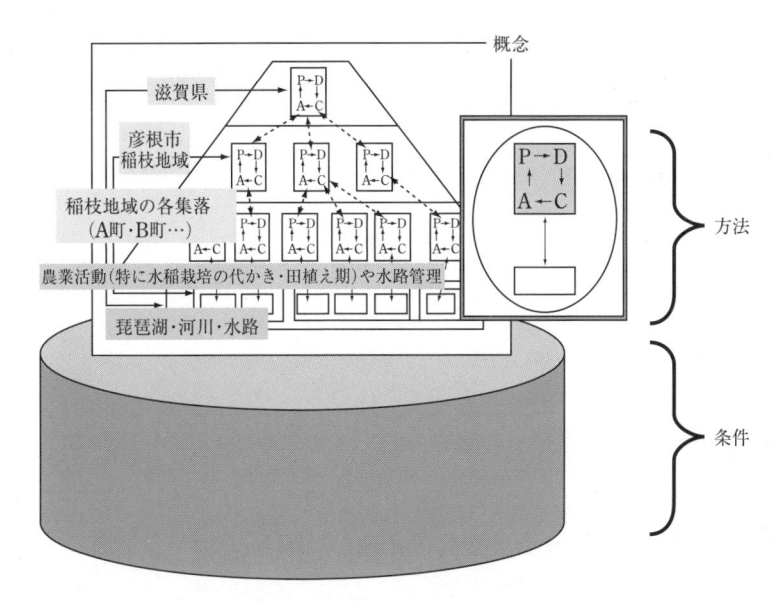

図 2-3-3 階層化された流域管理システムの具体化

3.2 4班の役割と GIS をプラットフォームとした連携

　研究体制については，「物質動態」，「社会文化システム」，「生態系」，「流域情報モデリング」の4つのワーキンググループ（班）を組織した．一言でいえば，社会文化システム班が人間社会と人間活動を受け持ち，物質動態班が人間活動の影響を物質の視点から分析し，生態系班が生き物と生態系を担当し，「ヒトーモノー生きもの」の間の相互作用に連携して取り組む．そして流域情報モデリング班が，GIS を共通の土俵として，各班の知見を GIS 上のデジタルデータに統合し，連携を支援するのである（ブリーフノート12参照）．

3.3 階層化された流域管理に基づいた作業課題の具体化

　次の段階は，階層化された流域管理（システム）に対応する作業課題を明確化し，調査地でどのように研究を進めるかを決めることである．図 2-3-3 は，琵琶湖流域における濁水問題について，概念レベルでの階層化された流域管理の図式に，調査地で対応する事物と作業を具体的に示したものである．水管理主体としての，滋賀県，彦根市稲枝地域，稲枝地域の各集落，対応する人間活動としての農業活動や水路管理（メソ・ミクロスケール），それに活動・影響の場所として，琵琶湖，中小河川，水路が対応する．さらに，環境保全を促進する仕組みとしての，各階層内の順応的管理（PDCAサイクル）と階層間のコミュニケーション促進を，現地での研究活動として具体化したものを，「方法」ということばであらわし，その方法が有効に機能するための条件

第2部　流域管理とガバナンス

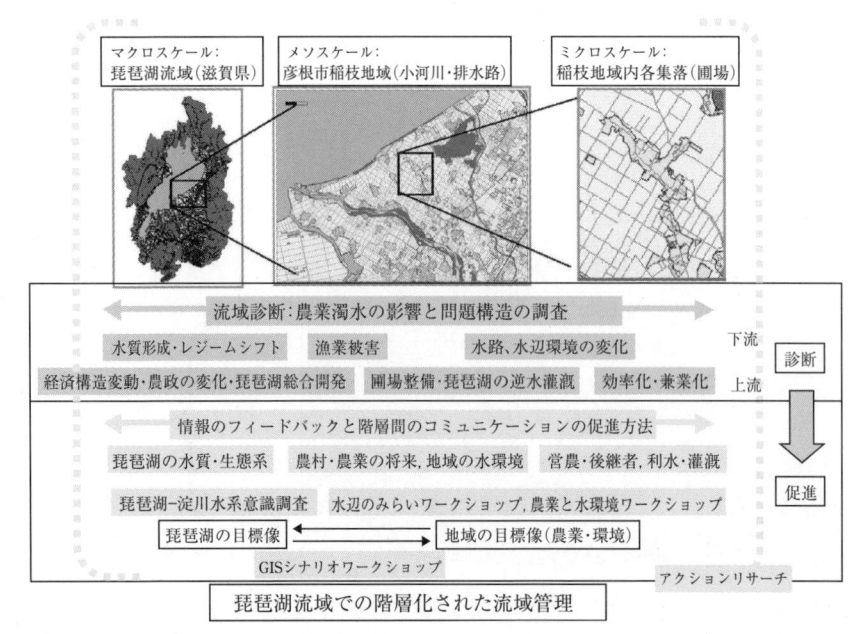

図 2-3-4　研究の全体構造とフロー

を見出す研究活動を,「条件」ということばであらわしたものである．このように流域管理システムを構成する，いわば「部品」となる方法とその条件を，現地での実践を通じて考えながら，試行的に開発した．以上で，琵琶湖流域における濁水問題を事例としたときに，階層化された流域管理という考え方を，調査地でどのように具体化して，研究を進めていくかについての説明を終える．この琵琶湖流域におけるプロジェクト研究の全体構造とフローを一枚の図で表したものが，図 2-3-4 である（口絵も参照）．

4　現場での実践と地域との協力

最後に，本プロジェクトと実践，調査地域との関係について説明する．

4.1　実践的なプロジェクトの意味

私たちは「実践的」なプロジェクト研究をめざしたが，それは次のような意味である．私たちは，階層化された流域管理（システム）という，順応的管理の導入やコミュニケーションを促す仕組みをつくることによって，流域の多様な利害関係者間のコミュニケーションが促進され，環境問題の解決に不可欠なガバナンスの形成が促進されると考えている．しかし，実際にこのような仕組みを，プロジェクトで調査地域に導入したわけではない．そうではなく，この流域管理システムを構成する，個々

第 3 章　流域ガバナンス研究の枠組みと方法

プロジェクトと稲枝地域との関係

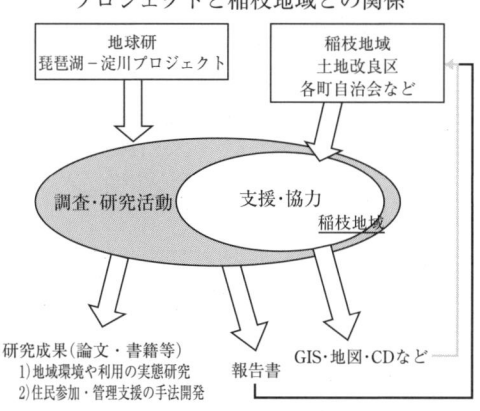

図 2-3-5　プロジェクトと稲枝地域との関係

の「部品」としての仕組みを，現場の文脈の中で，現地の人々の協力を経て，ワークショップなどのかたちで，その雛形をつくることを試みたのである．これが「実践的」という意味である．その意味では，階層化された流域管理を具体化する作業といっても，プロジェクトの 5 年という限られた期間と条件の中で，研究者が計画したプロセスの範囲である．

このような流域管理システムが将来地域の現場で導入される場合には，地域の住民や行政が主体となり，その地域の個別性を前提として，具体化の方法を試行錯誤していくことになると，私たちは考えている．それに対して，私たちはこのプロジェクトで，階層化された流域管理の「コア」となる考え方を，もっともシンプルな「雛形」として提示したのである．いいかえると，雛形としての限界は認識したうえで，このシステムに関する基礎的な知見を導き出すことを目標としたのである．もし将来的に，このようなシステムが有効であるとされ，地域で導入される場合には，私たちの試みは，第 2 部第 1 章で紹介したリナックス方式の「コア」としての役割を担い，ここでの雛形は，各地域で地域の個別性に合わせて，その地域の主体によって「カスタマイズ」される，そういうイメージなのである．

4.2　プロジェクトと調査地域の関係

私たちのプロジェクトは，地域との共同作業，地域の人たちの協力のもとに進行してきたが，そのプロセスでは，図 2-3-5 のように地域との関係を考えてきた．従来の研究（図 2-3-5 の左側のフローのみ）では，研究者が現地で調査・研究活動をおこない，その結果を研究成果として出せば終了した．しかし，このようなタイプの研究活動は，現在では，研究者が地域社会に一方的な協力を求めて，成果だけを収奪するとの批判が，研究に協力した地域から起きている．私たちのプロジェクトでは，社会文

化システム班がリーダーシップをとることによって，そういった収奪型の研究活動ではなく，地域への支援・協力を依頼すると同時に，研究経過を逐次地域に伝え，研究成果も，地図や映像ビデオなどの地域の人にとってもわかりやすい形で還元するように努めてきた（図2-3-5の全体のサイクル）．そうすることで，研究者と地域の人々との間に信頼関係が育ち，実践的なプロジェクトを遂行できたのだと考えている．

[谷内茂雄]

参考文献

1) 中西正己・山田佳裕（1999）地域開発・都市化と水・物質循環の変化，和田英太郎・安成哲三編『【岩波講座地球環境学4】水・物質循環系の変化』pp. 229-265.
2) 嘉田由紀子（2003）「琵琶湖・淀川流域の水政策の100年と21世紀の課題―新たな「公共性」の創出をめぐって」嘉田由紀子編『水をめぐる人と自然―日本と世界の現場から』有斐閣選書，pp. 111-151.
3) 滋賀県琵琶湖環境部環境政策課編（2008）『滋賀の環境2008（平成20年版環境白書）』滋賀県琵琶湖環境部環境政策課.
4) 滋賀県琵琶湖環境部環境政策課編（2008）『滋賀の環境2008（平成20年版環境白書）――資料編』滋賀県琵琶湖環境部環境政策課.
5) 『滋賀県琵琶湖研究所記念誌（所報22　2003年度）』（2005）滋賀県琵琶湖研究所.
6) 藤永太一郎編（1975）『琵琶湖の開発と汚染』時事通信社.
7) 水野修（2002）「面源の対策」大垣眞一郎・吉川秀夫監修 財団法人河川環境管理財団編『流域マネジメント』技報堂出版，pp. 117-120.
8) 渡辺紹裕（2000）「農業」宗宮功編著『琵琶湖　その環境と水質形成』技報堂出版，pp. 34-35.
9) 脇田健一（2001）「地域環境問題をめぐる"状況の定義のズレ"と"社会的コンテクスト" ―― 滋賀県における石けん運動をもとに」舩橋晴俊編『【講座　環境社会学2】加害・被害と解決過程』有斐閣，pp. 177-206.

ブリーフノート5

琵琶湖総合開発とは

―――――――――――――――――――――――――――――（谷内茂雄）

　高度経済成長（1950年代後半～1970年代前半）と琵琶湖総合開発（1972年～1997年）を経て，琵琶湖－淀川水系，そして琵琶湖流域は大きな変貌を遂げた．ここでは，琵琶湖総合開発がおこった背景，開発の具体的内容，開発が琵琶湖流域に与えた影響について，その概要を説明する．

琵琶湖総合開発事業とその背景 [1), 2), 3), 4), 5)]
　琵琶湖総合開発事業とは，国，滋賀県，大阪・兵庫など下流の関連自治体，滋賀県内の市町村が事業主体となり，25年間にわたっておこなわれた巨大な開発事業である．したがって，その事業内容は多岐にわたり，関連資料も膨大である．このブリーフノートでは，本書の主題に関わる側面に焦点を当て，その概要を説明する．
　端的に言えば，琵琶湖総合開発事業とは，淀川下流の大阪府・兵庫県等阪神地域の利水需要のための利水開発事業と，上流の滋賀県のための治水及び地域開発事業とが，セットとしておこなわれた巨大開発事業である．まず，琵琶湖総合開発事業の背景を説明する．戦後の復興から高度経済成長時代の中で，淀川下流域の阪神地域の自治体では，急速な人口増加と工業化による水需要が増大していた．しかし，淀川からの新規利水開発は，農業の慣行水利権によって限界があるため，上流の琵琶湖から新たな利水を確保する必要があった．一方，上流の滋賀県では，琵琶湖の洪水による浸水被害や渇水への対策とともに，阪神地域等に比較して遅れていた県内の産業基盤整備を含めた地域開発が望まれていた．このような時代背景の中，下流の阪神地域の自治体と上流の滋賀県の双方の要求を満たす形で，「琵琶湖の利水対策」，「琵琶湖周辺の治水対策」，「琵琶湖の水質や自然環境の保全対策」を3つの柱として計画されたのが，琵琶湖総合開発事業だったのである．
　新規の開発水量，琵琶湖の水位操作範囲をめぐって，事業の調整に時間が費やされたが，1972年に「琵琶湖総合開発特別措置法」が制定，同年「琵琶湖総合開発計画」が策定されて，琵琶湖総合開発は始まった．当初の計画は，1972年から10年間であったが，1982年及び1992年に2回の計画変更がおこなわれた結果，最終的な事業期間は1997年までの計25年間と延長され，この間の総事業費は約1兆9000億円となったのである．

琵琶湖総合開発事業の内容 [1), 2), 4)]
　琵琶湖総合開発は，具体的には，水資源開発公団がおこなう「琵琶湖治水及び水資源開発」と，国，滋賀県及び県下市町村が事業主体となる「地域開発事業」の2つから

構成された．事業は膨大で多岐にわたるため，本書に関係した代表的な事業を中心に概説する．

まず前者の水資源公団による事業では，琵琶湖の洪水対策として，琵琶湖周辺の地盤の低い地域に堤防（湖岸堤）を設置するとともに，雨による湛水被害の大きい地域には琵琶湖に水を汲み出す（内水排除）ための排水ポンプが設置された．また，瀬田川の浚渫，瀬田川洗堰の改築がおこなわれることで，新たに琵琶湖から毎秒 40t の水資源が開発されるとともに，洪水調節が可能となったのである．

一方，後者の滋賀県内の地域開発事業においては，まず保全事業として，すでに汚染問題が発生していた琵琶湖の水質保全の対策として，流域下水道をはじめとした下水道事業，し尿処理，農業集落排水処理施設の整備等が進められた．特に下水道事業には，琵琶湖総合開発事業費の約 1/4 が投資され，その結果，滋賀県の下水道普及率は大きく伸びたのである．また，保全事業の一環として，湖岸道路も建設された．治水事業としては，琵琶湖流入河川の浚渫やダム建設・砂防事業がおこなわれている．利水事業としては，水道用水供給事業により滋賀県営水道が完成するとともに，工業用水道が整備された．また滋賀県内の土地改良事業に大きな事業費が投じられ，琵琶湖からの逆水灌漑，用排水分離の圃場整備が進展したのである．

琵琶湖総合開発は，琵琶湖流域をどう変えたのか [3), 4), 5), 6)]

琵琶湖総合開発によって，下流阪神地域の利水需要が満たされるとともに，琵琶湖の洪水対策も進んだ．また，湾岸道路建設と水道の整備により，生活の利便性が向上するとともに，都市化・工業化のためのインフラが整備され，滋賀県の地域開発は大いに進んだのである．本書で説明している農業のインフラ整備に関しても，この時期に大きく進展した．また水質保全に関しても，流域下水道の稼動により，流入負荷の削減が進んだ．

他方，生態系に対しても大きな影響を与えた．まず，琵琶湖自体が，上流と下流の利水・治水需要を目的とした瀬田川洗堰の操作により，人為的に水位が管理される多目的ダムとなったことが大きい．特に，1992 年の瀬田川洗堰の水位操作規則の変更後は，夏季の低水位が生態系に影響を与える危険性が指摘されている．また，湖岸提・湖岸道路の建設等による湖岸の人工化によって，ヨシ帯など琵琶湖のエコトーンが消失した．このような開発の生態系や環境への懸念は，すでに 1976 年の段階で，琵琶湖総合開発工事の事前差し止めを求めた「琵琶湖環境権訴訟」で表明されていた．総じて，琵琶湖流域，琵琶湖−淀川水系は，高度経済成長と琵琶湖総合開発を経て，水資源としての琵琶湖を管理する高度に人工化されたシステムへと大きく変貌したのである．その結果，水を介した人の生活と琵琶湖との関係も，身近な関係から遠い関係へと変わっていったのである．

参考文献
1) http://www.pref.shiga.jp/d/suisei/documents/files/biwakosougoukaihatunogaiyou.html
（滋賀県琵琶湖環境部水政課　琵琶湖総合開発事業 25 年のあゆみ）

2) http://www.byq.or.jp/kankyo/img+pdf/pdffile/1-3-3.pdf（財団法人 琵琶湖・淀川水質保全機構　BYQ 水環境レポート―琵琶湖・淀川の水環境の現状　平成 19 年度　第 1 章第 3 節 (3) 琵琶湖総合開発事業　21-22.）
3) 京都新聞社編（1998）『琵琶湖とともに』京都新聞社.
4) 嘉田由紀子（2003）「琵琶湖・淀川流域の水政策の 100 年と 21 世紀の課題 ── 新たな「公共性」の創出をめぐって」嘉田由紀子編『水をめぐる人と自然 ── 日本と世界の現場から』有斐閣選書, pp. 111-151.
5) 中村正久（2008）「淀川水系における上下流関係と河川整備計画の策定 ── 環境の目的化をめぐる社会的合意形成の課題」大塚健司編『流域ガバナンス ── 中国・日本の課題と国際協力の展望』アジア経済研究所, pp.143-172.
6) 中西正己・山田佳裕（1999）「地域開発・都市化と水・物質循環の変化」和田英太郎・安成哲三編『【岩波講座地球環境学 4】水・物質循環系の変化』岩波書店, pp.229-265.

第3部

流域診断の技法と実践

第 1 章　流域診断の考え方(注1)

1　流域診断のコンセプト

　流域管理を実践的におこなうためには，まず流域診断が必要となる．第2部第3章において，琵琶湖の農業濁水問題を事例とした研究の枠組みと方法について説明した．そこでは，流域診断を「階層性や空間スケールによる問題発現・問題認識の違いも含めた，流域でおこる問題の全体像の解明」と説明した．この定義には，(1) 社会的・歴史的な原因や背景から，生態系サービスに与える影響までを含む問題の全体像の把握，(2) 生態系と社会経済システムの持続可能性の検討，(3) 流域の多様な利害関係者 (ステークホルダー) による，階層ごとの問題認識の違いの把握，という3つの要素が含まれている．(1)，(2) のためには，自然科学と社会科学における多様な専門分野の研究者が連携して総合的な調査を行なう必要がある．(3) のためには，地域社会の住民や行政との協働作業が欠かせない．本節では，さまざまな分野の研究者が協力し，総合調査を遂行するうえで共有すべき「流域診断」の考え方を，日常生活で私たちになじみの深い「健康管理」や「健康診断」と対比しながら説明していく．総合調査で得られた多様な環境情報を総合化し，研究者グループや地域社会で共有するツールや手法 (流域診断の個別技法) については，第3部と第4部各章で説明する．

1　流域の「健康」と「健康診断」の考え方

　人間の健康管理には健康診断が前提となるように，流域管理にも流域の健康診断が必要となる．世界保健機構 (WHO) は，世界保険機関憲章の前文 (1948年) において，健康とは，「身体的・精神的・社会的に完全に良好な状態であり，たんに病気あるいは虚弱でないことではない (*Health is a state of complete physical, mental and social well-being and not merely the absence of disease or infirmity.*)」と定義した．同様に，流域管理における「流域の健康」も，現時点で，水害や水質問題などの生態系サービスへの影響がないといった，「問題の下流 (影響面)」に限定された視点ではない．すぐ後に説明するように，流域における「健全な水循環の維持」を基本として，生態系の状態，人間の社会経済システムの状態，そして社会−生態システム (生態系と社会経済システムの関係) のあり方が，さまざまな生態系サービスが持続的に供給されるような，持続可能な (sustainable) 状態にあることと私たちは考える．流域管理とは，以上のような流域の持続可能性を流域の望ましい健康状態とし，そこからはずれた状態をいわば「疾患 (問

第3部　流域診断の技法と実践

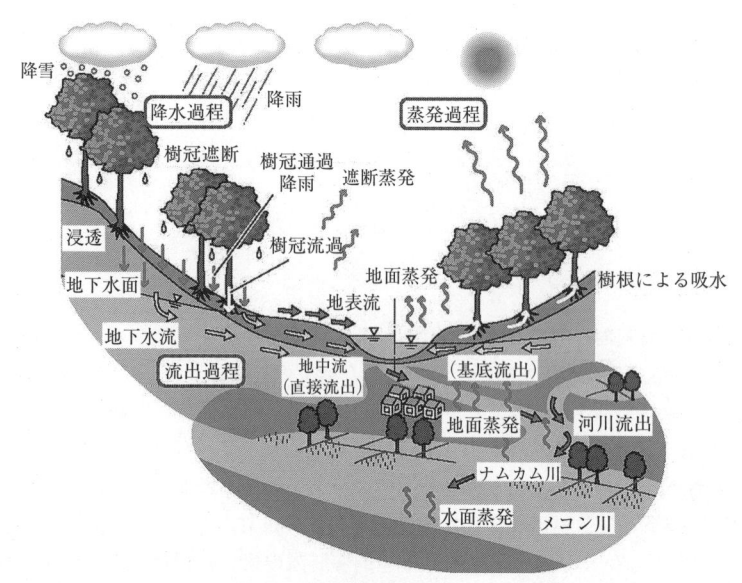

図3-1-1　流域での水循環の概念図（メコン川を例に）

題）」とみて，流域の症状の記述と疾患の発見，疾患の原因の解明，疾患の進行の予測，疾患の治療，そして予防をおこなうことなのである．流域診断とは，この一連の流域管理の過程の中で，「疾患の治療」を除いたプロセスの連鎖にあたる．ここで注意すべきは，流域の持続可能性を流域の望ましい健康状態と定義する，といっても必ずしもひとつの状態を指すのではないということである．流域あるいは地域により複数の望ましい健康状態があるのが普通である．その場合，誰がそれを決めるのかが大切となる（ブリーフノート6参照）．

流域の健康状態を診断するには，水循環の状態の診断，生態系の診断，社会経済システムの診断を総合することではじめて，全体像が明確になる．その具体的な診断方法は，本書第3部と第4部で詳述する．本節では，以下で，特に生態系サービスに着目して流域診断のエッセンスを説明しよう．

2　健全な水循環と生態系サービスの関係

まず，流域における水循環と生態系サービスの関係をより具体的に説明しよう．

流域における水循環の具体的なイメージは図3-1-1に示すとおりである．流域に降った雨は，途中のさまざまな過程を経て，最終的に河口から他の河川や湖沼あるいは沿岸域に流下する．降水は流下する途中で，あるいは最終的な河川や沿岸域において蒸発し，流域に再度降雨となって戻る．四季による水量の変動も含めて，このような水のサイクルを流域での水循環と呼んでおり，流域の水文現象を考えるときの基本

概念となっている.

次に，生態系サービスとは，生態系の持つさまざまなはたらき(生態系機能)の中で，人間が利用できるもの，人間の利益になるものを総称したことばである．国連によって提唱された，「ミレニアム生態系アセスメント(世界中の生態系や生物多様性の最近数十年間の変化に関するアセスメント：2001年-2005年)」[1), 2)]では，生態系サービスを，(1) 土壌形成・栄養塩循環・一次生産など，すべての生態系サービスを支える「基盤的サービス」，(2) 食料・水・燃料・繊維・化学物質・遺伝資源など，生態系が供給するモノである「供給サービス」，(3) 気候・洪水・病気の制御など生態系のプロセスの制御により得られる公共的な「調節的サービス」，(4) レクリエーション・教育的効果など，生態系から得られる非物質的利益である「文化的サービス」の四つに分類している．

さて，ここで流域における水循環と生態系サービスの関係に戻ろう．水はすべての生物にとって生理的に必須である．また，栄養塩をはじめ水に溶け込むさまざまな物質は，水循環によって流域を循環(物質循環)し，植物プランクトンや陸上植物の一次生産を通じて，流域生態系を維持している．季節による水量の変動サイクルも，河川の淡水魚類の繁殖にかかせないだけでなく，生態系の生物多様性を豊かにするうえで不可欠な攪乱なのである．つまり，流域における水循環とは，さまざまな生物や生態系を支える基盤的サービスを決定する主要因なのである．そして，このような水循環によって維持された生態系から，人間は狩猟・漁撈などの生業や林業・漁業などの産業活動によって生物資源を供給サービスとして引き出すとともに，森林による水害緩和などの調節的サービス，河川や湖沼でのレクリエーションなどを通じて文化的サービスを受けている．農業や工業などの人間活動や日常生活の上でも，農業用水，工業用水，生活用水のすべてが流域への降水を起源としているのである．

このように流域での水循環のあり方は，その流域における生態系サービスと人間活動の質を決定する基盤として位置付けられる．そして，流域の水循環のあり方は，地形・地質や気候といった流域の自然環境とともに，人間活動による土地利用の改変，治水や取水のための堰・ダム・灌漑施設などの構造物によって大きな影響を受けるのである．いいかえると，流域における社会-生態システムのあり方が，「水循環のあり方→生態系のはたらき→生態系サービス」といった流れで，水循環のあり方を通して生態系サービスを決めるのである．したがって，水循環が「健全」であること，すなわち，「流域を中心とした一連の水の流れの過程において，人間社会の営みと環境の保全に果たす水の機能が，適切なバランスの下に，ともに確保されている状態」にあることが大切なのである．

3　健全な水循環を知るうえで着目すべき4つの要素

流域の水循環が健全な水循環にあるかどうかを具体的に知るうえでは，①水量，②

水質，③水産資源，④水辺価値の4つの要素（軸）で生態系サービスを整理するのがわかりやすい（以下，簡単にこの4つを「生態系サービス」ともよぶ）．「治水，利水，環境」を考えれば，流域の主要な生態系サービスは，この4つの要素から診断できる．もちろん，それぞれの要素は，独立して存在しているのではなく，相互に深く影響を与えあっているが，以下では，便宜上，個別に解説していく．

これら4つの生態系サービスのうち，水量は水循環からダイレクトに影響を受けることから，最も基本的なサービスだと考えられる．この水量と深く関係しているのが，水質である．これら，水量と水質とは，いわば水環境を物理・化学的な観点から捉えたものであり，4つのサービスの中でも最も基盤的な部分に位置する．ついで水産資源だが，これは，水量・水質といった基盤があってはじめて成立するものであり，生物的・生業的・経済的な観点から水環境を捉えたものである．水辺価値とは，「資源」のような経済的な観点からだけでは捉えきれない水環境が生み出す価値を指す．

3.1　水量

水量が安定かつ豊富にあり，また，水の流れが連続していることが重要である．健全な水循環の基本は，河川や湖沼や井戸，湧水など水が存在すべき湿地に，流域の風土に見合った形で水が流れていることである．たとえば，アジア地域のなかでも，モンスーン気候の多くの地域では，水量は安定し豊富だといえる．しかし，そのような地域であっても，たとえば1年の周期のなかで，雨季と乾季では水量が変動する．重要なことは，その変動のパターンが繰り返し持続することなのである．また，そのような変動はあるものの，水循環の特性として，流域全体にわたって途切れ目がなくシームレスにつながっていることが自然本来の特徴であることから，水の連続性という観点から水循環の健全さを図ることができる．

3.2　水質

安全で良好な水質であることが重要である．ただし，水は飲料水として利用されるだけでなく，農業用水，工業用水，生活用水などに利用される．また，水生生物の生息環境としても重要な要素である．水質は，流域の人間活動によって強く影響を受けるが，森林や農地の状態，水生生物の生息状況などによっても幅広い要素から影響を受ける．

3.3　水産資源

多様な生物の生息空間があることが重要である．第一義的には，人間にとって有用な資源生物が中心となるが，それ以外の多様な生物が生息し，また生物の生息空間が多様であることが必要である．人工的な構造物，たとえば湿地の埋め立てや河川の直線化と護岸構造などは，生物の生息空間を減少させ，水産資源にも深刻な影響を与え

ている．それぞれの流域の特性にあった多様な生物の存在を確保するためには，同時に，それぞれの生物が生息できる多様な水辺空間（生息空間）を保全していかなければならないのである．

3.4 水辺価値

水産資源のように「資源」の観点からだけでは捉えきれない水環境が生み出す価値にも注目する必要がある．たとえば，流域に暮らす人々と水とのかかわりの希薄さが，流域の環境悪化につながった事例は多い．舟運や観光などがこれに相当し，水産資源とは異なり，二次的に経済的価値を生み出している．また，貨幣価値に代替できないが，当該地域にとっては重要な価値を生み出すレクリエーションや祭り，さらにはマイナーサブシステンス（中心となる生業ではないが，当該地域住民の生活にとって不可欠な生業）などもそこには含まれる．また，大規模な経済的価値を生み出すものではないが，流域の少数民族の生活や文化にとって重要な漁撈活動に注目することは，環境的公正の観点からも重要である．このような人間活動が可能となる環境を保全することは，流域の生態系を診断する上で重要な点となる．

以上で，健全な水循環であるかどうか，いいかえると流域の健康を，水量・水質・水産資源・水辺価値の4つの要素を軸に見ることを説明した．次は，このような健康状態の基準値となる軸がある場合に，その基準をもとにした流域の健康診断（流域診断）の考え方を説明しよう．

4 流域診断の考え方

4.1 流域の健康状態をはかる指標

人間の健康診断においては，体温が標準的な「ものさし」として使われる．それは，健康な人の体温の値はある範囲の値（基準値）をとることがわかっているから，体温の現在の値を体温計で測定し，基準値と実測値のズレ（熱があるかないか）を計ることで，体調の総合的な状態を測る指標となりうるのである．同様に，流域の健康診断，具体的には，水循環の健全性，生態系や社会経済システムの持続可能性を診断する際にも，適切なものさしが必要となる．このものさしは，健康状態のいわば「基準値」と「現在の値（測定値）」を比較できる「数値」であり，「指標（indicator）」とよばれる[3),4)]．

前項で説明したように，水循環の健全性を評価するためには，たとえば，水量・水質・水産資源・水辺価値の4つの要素の診断が必要であり，持続可能性ともなると，自然環境，経済，社会システムにわたる広範な考え方を含むものであるため，多様な指標を組み合わせて判断されなければならない[4)]．それは，どのようにして可能だろうか？　例えば，人間の健康診断でいえば，「腎炎」といった特定の疾患を診断するには，尿検査，血液検査，さらにはレントゲンといったより高度で専門的な検査と複

数の指標を組み合わせて診断する．これと同じ考え方で，(1) 流域の健康状態を少数の指標に集約させる試みと同時に，(2) 自然環境，経済，社会システムごとに，目的に応じて，さまざまなタイプの指標を作成し，階層化させたり，有機的に連関させたりすることが現実には有効である．

4.2 調査項目の決定と環境情報の収集

人間ドックなどで全身の健康状態を検査する際には，まずは問診をおこない，循環器，呼吸器，消化器，血液，目・耳などの感覚器などに分けて詳細な個別検査をおこなう．これと同様に，流域の総合的な診断をおこなうには，まず，問題の特徴と地域の実情に応じて，調査項目の範囲や，調査の深さや細かさを決定する必要がある．次いで，調査の予算・期間・既存情報のレベルに応じて，各調査分野の研究者は，その分野における重要な指標を，その地域の実情などに応じて，既存の指標セットから選択，あるいは新たに作成する．そのうえで，その指標を計算するために必要とされる環境情報を，行政機関等の公開データの利用，図書館やインターネットによるデータベース検索，あるいは現地での測定や社会調査などの方法で収集する．

4.3 環境情報の集積・統合と流域診断

人間ドックにおいては，循環器，呼吸器，消化器などの個別検査の結果は，一枚のカルテにまとめられ，総合的な健康診断に使われる．流域の総合的な診断においても，各調査分野の結果を最後にとりまとめ，全体像を把握する必要がある．この段階においては，さまざまな指標などの診断用ツールを効果的に組みあわせて流域診断をおこなうことが必要である．そのためのツールとして，GIS (地理情報システム) やシナリオアプローチなどの，情報集積・集約機能と多様な利害関係者のコミュニケーション機能を併せ持った方法が近年開発されてきた (第4部第4章参照)．総合的な診断結果は，専門家だけでなく，住民や行政関係者にも理解できるような工夫をする必要がある．たとえば，直観的に理解できるような工夫を施した「流域診断カルテ」や，比較的多くの指標群を使った「レーダーチャート」などがその工夫の一例である[3]．

4.4 流域診断の向上

以上のように，流域診断にあたっては，「指標」が中心的な役割を果たす．これまで，日本の流域管理においては，水質に代表されるように，自然科学的な側面を中心とした調査が行なわれてきた．しかし，流域の健康管理は，経済的，社会的側面の管理抜きには達成できない．そのためには，経済的，社会的側面で何が持続可能性にとって重要であるのか，その優先順位を明確にするとともに，それらを経済・社会指標，あるいは指標に準ずる要因として抽出し，従来の指標群に付け加え，より充実させていくことが必要である[4]．また，物理的・物質的な指標においても，科学や測定

表 3-1-1　流域の健康と人の健康の対比

人の健康	流域の健康	
人	流域	分水嶺で囲まれた生態系を構成する最小単位
人の健康	流域の健康	流域環境が，自然・社会・経済の3点において，いずれも持続可能な状態にあること
疾病	環境問題	流域環境の健康が損なわれること
診断	調査	流域環境の問題点（疾病個所）の発見と症状の重さの評価をおこなうこと
人間ドック	総合調査	流域環境の状態の調査だけでなく，人間活動，社会のしくみや文化にまでさかのぼって問題点（疾病個所）の発見と症状の重さの評価をおこなうこと
カルテ	流域評価	総合調査の結果出される流域の健康に関する診断の評価結果レポート
医師（団）	研究者（チーム）	流域環境の診断方法の提供者・診断の主体（の一部）
治療	対策	流域診断の結果をもとに，作成される流域環境を健康に戻すための処方箋

技術・情報処理技術の発展に応じて，本書で取り上げた「安定同位体指標」のような，既存の指標の限界を乗り越える新しい指標を開発していくことが，流域診断技術，ひいては流域管理の向上につながるのである．最後に，流域の健康と人の健康にかかわる対応関係についてまとめておく（表3-1-1）．

［谷内茂雄・脇田健一・原　雄一］

2　流域診断の具体的な展開

第1節で説明した流域診断を具体的におこなう上では，(1) 流域の多様性を考慮した対応と，(2) 流域診断の総合性の実現が課題となる．本書では，(1) に対する大きな枠組みとして，流域ガバナンスの立場から，「リナックス方式（第2部第1章第5節）」を提案している．この考え方に沿って，本節ではまず，琵琶湖流域を含むアジア地域を例に，調査上の制約（調査情報や知識の蓄積の欠如，流域管理のための十分な資金や技術等が期待できない等）があっても，その地域なりの流域管理を進めるための工夫として「段階的調査」の考え方を紹介する．次に，流域診断においては，当該流域の個別性が，問題発見や問題のメカニズムを解明する上でポイントとなることが多い．この流域の個別性をうまくすくい取る流域診断の方法として，「要因連関図式」（ブリーフノート9参照）が活用できる．(2) に対処する方法として，要因連関図式とともに，「文理連携」について説明する．

1 地域の多様性への取り組み方：アジア地域の多様性を例に

アジアは，多様な気候区と多数の国家・人種・民族を含み，その風土に特徴的な土地利用，宗教，生活習慣や生活規範が発達するとともに，さまざまな産業構成や経済発展段階が共存し，多様な地域社会が成立している（第5部第3章第3節・第4節）．この多様なアジアの各流域・地域における環境問題に対して，その地域の多様性・個別性，さまざまな調査上の制約に立脚しながら，流域の健康診断をおこなうためには，さまざまな制約をクリアする方法を確立するとともに，地域の多様性を環境情報としてうまくすくいあげる方法が必要となる．

1.1 多様性への対応1：情報蓄積のレベルに応じた「段階的調査」

アジアの流域の多様性を前提として適切な流域診断をおこなうには，それまでの当該流域に関する情報量の多寡によって，流域を以下のように，例えば，表3-1-2のように大きく3つのレベルに区分する．

このような情報蓄積のレベルによって流域を区分する考え方は，人の健康診断でいえば，過去の健康診断の履歴が蓄積されている患者（カルテが充実している）とそうでない新規患者とでは，健康診断の出発点が異なることに対応する．琵琶湖－淀川水系のようにこれまでに多くの研究や調査・観測が実施され，データが蓄積されてきた流域と，セレンゲ川流域（ロシア）のように，いまだ十分な調査が行われていない流域では蓄積された情報量に大きな差があり，調査の開始段階での調査内容や流域診断の進展状況及び流域管理のレベルは，当然異なってくるのである．注意すべきは，琵琶湖－淀川水系やメコン流域のように，同じ流域であっても，全流域のスケールで見たときと特定の支流域スケールで見たとき（たとえば，木津川流域，西の湖流域）とで，情報蓄積のレベルが異なる場合があることである．

対象流域のレベルが設定されると，次に，調査の段階として大きく3つのステップを考える．

(a) ステップ1：流域での問題発見をおこなう．

「問題発見」とは，流域診断の最初のステップに相当する．過去の調査蓄積がほとんどない流域においては，まずその流域で何が主要な問題となっているか，その問題把握に主眼をおいて調査をおこなうことがポイントとなる．

(b) ステップ2：流域での詳細な流域診断をおこなう．

流域診断において問題発見がなされている場合は，次の診断のステップとして，問題の背後に潜むメカニズムの解明を含む，問題を含めた流域のより詳細な健康診断を行い，診断に基づき必要な流域カルテを作成する．

(c) ステップ3：流域での流域管理につなげる．

流域カルテに従い，持続可能な流域環境を維持するための処方箋に相当する施策体

第 1 章　流域診断の考え方

表 3-1-2　対象流域のレベル分け

対象流域のレベル	定　　義	具体的な流域
レベル 1	過去の調査の蓄積がほとんどない流域	セレンゲ川流域，メコン川支流域，長江支流域
レベル 2	過去の調査の蓄積が少しあり，流域の特性及び問題について検討されている流域	長江全域，メコン川全域，木津川流域（淀川流域の一部）
レベル 3	過去の調査の蓄積があり，流域特性の把握，問題の整理が既に行われている流域	琵琶湖－淀川水系全域，西の湖流域（琵琶湖流域の一部）

系を提案し，流域管理を進める．

　調査の蓄積がほとんどないレベル 1 の流域で実際に調査を実施する時には，ステップ 1 の問題発見から開始し，流域診断，流域管理につなげる．レベル 1 では時間的には年間を代表する情報（年平均値などの年間代表値）から流域全体の環境容量を推定し，人間活動がこの環境容量を超えていないかどうかに着目する．環境容量を超過していると診断される場合には，人間活動の総量の規制をどのような手法で規制するか，その方向性を明らかにした流域管理へとつなげる．
　レベル 2 の流域では，すでにある程度の流域情報があることから，流域現象（環境問題と認識されている場合が多い）のメカニズムの解明に焦点を当てる．メカニズムの解明には，年平均値では解明が困難であり，季節変動あるいは日変動のデータが必要となる．たとえば，水田地帯では，灌漑期に大量の水を使用し，非灌漑期には，水の利用はないことから，この季節的な変動の違いなどが考慮される必要がある．
　レベル 3 の流域では，現象のメカニズムが理解されてはいるものの，十分には理解されていない未解明の箇所に焦点をあて，この未知数の入手によって流域全体の総合的な理解につなげる．さらに，将来の流域の発展シナリオを基本に，流域環境の将来像を予測評価し，持続可能な流域社会の構築に向けて包括的なシステムを提示する．
　レベル 1 からレベル 3 およびステップ 1 からステップ 3 は図 3-1-2 に示すように，レベル 1 でのステップ 3（流域管理）から次にレベル 2 のステップ 1（問題発見）へとつなげる．段階的調査とは，このように「問題発見（流域診断の最初のステップ）→流域診断（より詳細な診断）→流域管理（流域診断の内容に応じたマネジメント）」を，流域ごとの情報蓄積のレベルの違いに応じて，適切な流域診断のステップを選択し，ラセン的な形で深化させていくのである．もちろん，ここでの説明は原理的な考え方であり，レベルやステップの段階は，実際には，固定したものではないことに注意されたい（図 3-1-2）．

第3部　流域診断の技法と実践

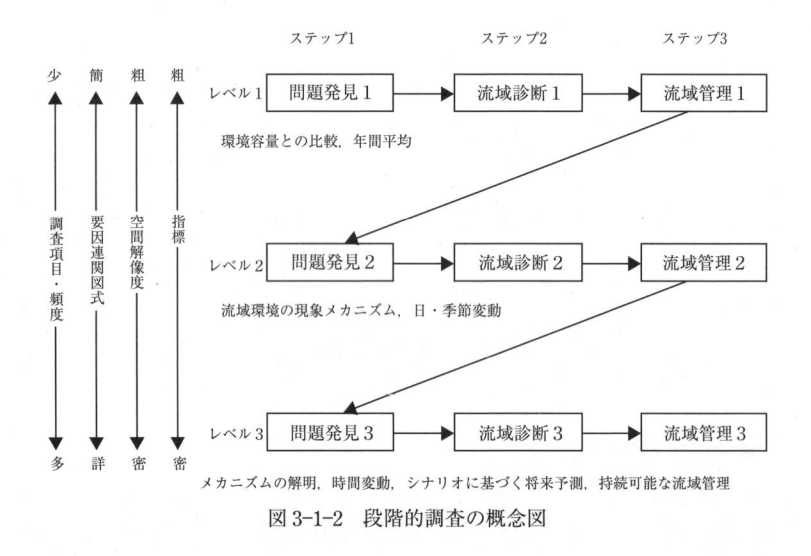

図 3-1-2　段階的調査の概念図

1.2　多様性への対応２：問題発見のための個別要素の抽出

　アジアの多様な流域の流域特性は，水循環の物理的プロセスに代表される，すべての流域に共通した「共通要素」と，流域それぞれの個別の歴史や風土にもとづいた，他の流域とは違う「個別要素」から成り立っていると見てみることが，特に，問題発見において有力な手がかりを得るヒントとなる．式で喩えて表すならば，以下のようになる．

流域特性＝個別要素＋共通要素

　琵琶湖流域を例にとって，まず個別要素から説明しよう．かつて琵琶流域では周囲に内湖とよばれる小さな湖が数多くあったが，その多くが干拓によって農地へと転換した．内湖は，負荷物質を沈殿させる機能を担っていたが，干拓により流域からの負荷は琵琶湖に直接流入することになった．また，水田への灌漑方法も，以前は上流の河川から取水し，順々に下流方向に水田を何度も通りながら最後に琵琶湖に注ぐ「田越し灌漑」とよばれるものだったが，現在は，多くが，琵琶湖からポンプアップによって上流に逆向きに灌漑する「逆水灌漑」とよばれる方法へと変わった．また同時に用水路と排水路を分離させる整備が進み，水田一筆ごとから，排水が直接流されるようになった．この逆水灌漑と用排水分離によって，これまで水田から水田に何度も利用されてきた水の特徴は失われ一方的な要素が強くなり，循環利用の習慣が失われた．このような内湖の存在とその干拓，逆水灌漑の広がりなどは，琵琶湖特有の個別要素と考えることができる．

一方，降雨から始まり，遮断，蒸発，浸透などの水循環は，どのような流域でも共通に生じる現象である．もちろん，水循環特性は流域の面積や地形，それを構成する地質などの条件によって異なるが，水文パラメータの違いなどを除くと基本的な構成要素としては，共通項として捉えることができる．また，生活排水の流入によって有機性の汚濁が進行するのも共通の現象といえる．流入負荷を軽減するために，下水道などの整備が進められていることなども，共通項として各地で実施されている．

琵琶湖の事例でいえば，個別要素に相当する内湖の干拓や逆水灌漑は，本書の事例としてとりあげた「農業濁水問題」において，その発現メカニズムを構成する重要な要素である（第2部第2章・第3章）．もちろん，個別要素＝問題発見という図式ではないが，共通要素とは異なる要素が，その地域特有の問題を引き起こしている原因と関連している場合が多いのである．なお，個別要素は，共通要素と異なるという定義であるから，共通要素の定義によって，ある事象が個別要素であったり，そうでなかったりといった状況が生じる．しかし，ここでは，厳密に共通要素を定義することが目的ではなく，あくまで個別要素を抽出するための手段として定義していることに注意されたい．図3-1-3は流域での個別要素と共通要素との関係を模式的に示している．

個別要素を把握するひとつの方法として，本書では，「要因連関図式」を提案している．要因連関図式は，流域診断の総合性を高めるための工夫として提案されたものだが，同時に，ここでいう個別要素を把握する方法としての側面をもっているのである（ブリーフノート9参照）（図3-1-3）．

2 総合性を高めるための工夫

2.1 総合性を高めるための工夫1：要因連関図式の活用

流域診断（流域管理）には，自然科学から社会科学を含む「総合的な調査」が必要になる．それは，別の言い方をすれば，地域の多様性・制約に対応していくためには，既存の学問領域（ディシプリン），特に文理の協働＝「連携」が必要だということなのである．ただし，ここにいう「連携」とは，既存の個別学問領域を否定することではない．個々のメリットを生かしつつ，その限界を相互に認知し相補的な関係を構築していくことである（第2部第3章第3節）．

たとえば，理工学やマクロな社会経済学から見たときの，環境負荷発生の流れは，「マクロ社会・経済条件」→「負荷活動」→「負荷量」となるが，「負荷活動」は一律に「活動原単位」をもとにして扱われる．しかし，地域の個別性・多様性に配慮するならば，「負荷活動」に具体的な地域の経済・社会・文化システムの特徴を組み込まなければならない．この経済・社会・文化システムを組み込むことで，どのような人々の行為が，どのような組織や制度のなかで，また文化・価値に規定されながら，環境負荷を促進する社会的メカニズムを生み出しているのか，その地域固有の経済・社会・文化システムのメカニズムが明らかにできるのである．そのためには，人文・社会科

流域は個々に異なっており,これらがモザイク的に連結しており,全体として非常に多様性に富んでいる.

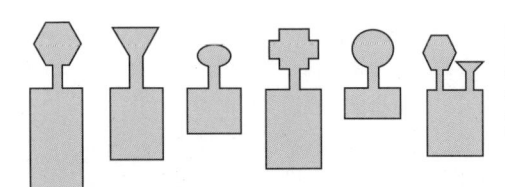

しかし,それぞれの流域は完全に異なるものではなく,現在かかえる問題や流域情報を整理することによって,ある範囲で共通する要因や問題を見出せるという見方を採用する.

個別要素とは
地域に固有の問題の要因などは個別の情報として取り扱う必要がある.地域住民が生業の中で把握している環境情報や諸々の環境問題への解釈が蓄積されている.また,地域の行政者が政策を施行してきた中でつかんだ地域の特徴も含まれる.

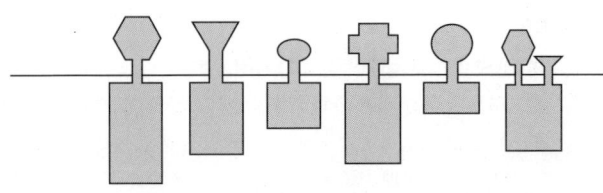

共通要素とは
多くの流域で共通に存在する要因あるいは情報である.もっとも共通するからといって,完全に同一であるというわけではない.ただ,情報として規格化しやすいため,共通の調査方法での情報収集が可能である.共通する情報には,人文社会及び理工系で扱う項目の双方が含まれる.

図 3-1-3　個別要素と共通要素の関係

学的知見をもとに,そのようなメカニズムを「要因連関図式」をもとに明らかにしていくことが重要である(ブリーフノート9参照).

　近年,流域の環境保全については,従来の工学的な発想にもとづく末端処理的な方法だけではなく,問題発生の根源から対処しなければならないとの指摘がなされている.そこでは,「対処→制御→管理→社会変革」といった社会的対応の深化の必要性

が唱えられている．その際，地域の住民が，制御される「汚濁源」ではなく，むしろ，主体的に環境負荷を削減していく「主体」として規定されなければならない．そこでは，住民による環境保全への参加・参画，環境実践，環境教育といった問題が浮上してくる．また，そのような問題を解決していくためには，個々の地域の個別性・多様性に対応可能であり，住民や市民にとってもインセンティブ（経済的なものに限らない，文化的・社会的なものをも含む）のある具体的な手法が示される必要がある．このような点においても，理工学的な指標やモデルとともに，人文・社会科学的立場からの知見が必要なのである．

このように考えたとき，要因連関図式には，「遊撃手」的な役割があることに気付く．すなわち，流域の環境問題解決に向けての社会変革に，この要因連関図式を縦横に利用していくのである．地域の住民が，行政官や複数の領域の研究者（具体的には，自然科学，工学分野の知見を用いながら，人文・社会科学系の研究者が中心となる）と協働しながら（住民参加・参画），この要因連関図式を作成する作業をおこなうことで，なにが環境負荷を促進させているのかを把握し，社会変革にむけてのボトムアップな合意形成を行っていくことを支援する「ツール」として活用することができるのである．

2.2 総合性を高めるための工夫2:「文理の連携」の推進

本書では，地域の多様性・制約を環境情報としてうまくすくいあげる方法として，「文理連携」にもとづくさまざまな方法を提案する．このような方法とともに重要になることは，社会変革のために必要とされる「社会規範」（あるいは「行動規範」）形成のための根拠として，環境容量のように基底的な環境情報を同時に提供していくことである．また，さまざまなシナリオを用意し，社会変革への複数の選択肢を提供していくということである．そこでは，個々のシナリオにもとづき，社会変革に伴うメリットとデメリットを勘案することができる．そして，個々の地域社会の個別性や多様性に応じて，実践的な社会変革をおこなうことも可能になる．

ところで，文理連携を進めるにあたっては，いくつかの問題が存在している．たとえば，理工学的モデルには，（暗黙の）仮定と前提が含まれている（第4部第4章）．人文・社会科学的知見にもとづく要因連関図式と，理工学的モデルをつなぐことは，一見，文理連携の上で有効に見えるかもしれないが，実際には木に竹を継ぐようなところがある．要因連関図式のなかの主要なファクターを「縮約」して，その地域固有の要因を抽出し，理工学的モデルの地域への適合性を高めるための情報として活用することは可能である．しかし，このような「縮約」によって，地域の個別性・多様性に由来するさまざまな要因まで切り捨てられる恐れも同時に存在している．また，理工学的モデルと要因連関図式とでは，その抽象度や精度，対象のスケールのとり方にずれが存在しているからである．理工学的な指標と人文・社会科学的知見にもとづく要因についても，総合性を高めるうえで大きな問題が存在する（ブリーフノート8参照）．

以上の点に十分留意して，文理連携を進める必要がある．

[谷内茂雄・原雄一・田中拓弥・脇田健一]

3 地域に即した流域診断技法の組み合わせとカスタマイズ[5]

1 「豊かさ指標」の教訓

　本書で繰り返し述べたように，流域は多様で複雑な要素から構成されるシステムであり，その挙動はたいへん不確実性が高い．そのため，本章の第1・2節では，流域診断とその具体的な展開の仕方について述べてきた．そこでは，流域管理を進めていくためには，次の二つの条件に同時に取り組まなければならないことを述べた．一つは，多様性・汎用性への取り組みである．もうひとつは，総合性への取り組みである．この二つの特徴が，比喩的な言い方を用いれば，それぞれが縦糸と横糸になり，いわば一枚の織物を編み上げるようにして，現実の流域管理が進められていく必要がある．たとえば，第3部第2章で述べているような安定同位体の成分比から流域の状態を診断する物理化学的な手法などは，琵琶湖に限らず他の様々な流域においても適応しうる高い汎用性もつ科学的には先端的な手法である．しかし，このような手法は流域の物理化学的ファクターのみに着目するため，当該の流域固有の多様なファクターが捨象される恐れをはらんでいる．

　当該流域の管理ためには，その流域に即した形に，地域固有のファクターも取り入れて複数の流域診断際を組み合わせていかなければならない．いいかえれば，流域診断を，当該の流域管理にあわせてカスタマイズしていくということである．この節では，このカスタマイズしていくという点にいて，少し踏み込んで説明することにしたい．

　流域に生活や生業を通して関係している多数の利害関係者（ステークホルダー）は，流域に対して多様な価値観や意識をもっている．しかし，そのような価値観や意識は，それそのものとしては物質的存在に還元できない．また，水質のpHのようには，容易には計量化できない．たとえば，生活の「豊かさ」などがそうである．

　日本の経済企画庁では，1992年から都道府県別に，「豊かさ指標」（「新国民生活指標」の通称）として，8分野，100～170の指標で「生活の豊かさ」を数値で表すことを試みてきた．8分野とは，①「住む」（住居や治安など），②「費やす」（収入や支出，資産など），③「働く」（賃金や労働時間など），④「育てる」（教育支出や進学率など），⑤「いやす」（医療施設や保険施設など），⑥「遊ぶ」（休暇日数や余暇施設など），⑦「学ぶ」（大学や生涯学習施設など），⑧「交わる」（婚姻率や交際時間など）である．

　この「豊かさ指標」とは，過去に見られる経済至上主義的な政策や社会のあり方にたいする反省からスタートした．「日本の社会は，経済的に豊かになったはずなのに，国民としてそれを実感できない」といった不満にこたえるために，GDP（国内総生産）

第1章 流域診断の考え方

や国民所得など貨幣的な指標で測れない生活の豊さをとらえようとしたのである．しかし，このような「生活の豊かさ」を数値で表す試みに対しては，全国各地の地方自治体から抗議が巻き起こった．結果として，経済企画庁は，99年版から都道府県別の順位の発表を取りやめることになった．何が問題だったのだろうか．

たとえば，過疎地帯の一戸建てに老夫婦で居住するケースと，都会のマンションに家族4人で居住するケースを比較してみよう．「豊かさ指標」では，「一人当たり畳数」がひとつの指標とされていたのだが，前者の老夫婦が圧倒的に高くなってしまう．しかし，本当に使いもしない部屋をたくさんもっているからといって，老夫婦のほうが豊かだといえるのだろうか．必ずしも，そうとはいえない．「豊かさ指標」の最大の欠点は，このような，人口当たりの指標が実感以上に力を及ぼしてしまっている点なのである．

また，8分野の重要性ははたして同じ重みなのだろうか．「豊かさ」の8分野と多数の指標が，上位概念と下部構成概念としてうまく一致しているのかとの疑問も提示された．さらには，そもそも「豊かさ」とは何かといった，いわば哲学的な問題もそこには存在している．「豊かさ」とは，あたかも普遍的な価値観のように思えるが，その実態は，その人が住む地域，年齢，性別，職業といった様々な属性によって異なる．この「豊かさ指標」は，大きな目安としては有効であっても，具体的な地域社会で人びとが感じている現実（リアリティ）には適応できない．「豊かさ」は個別的な側面を多分にもっており，それらは簡単には把握できないのである．

多様性に富んだ流域の管理をおこなっていく際，この「豊かさ指標」の事例は，大きな教訓となるように思う．流域管理において，いくら体系だって細かく指標を設定しても，すべての流域に対して現実には有効とはならないし，個々の流域に固有の個別的・質的な要素，流域管理における本質的問題（要素）を抽出していくことにはつながらないのである．

2　文脈依存性

別の例を見てみよう．国連開発計画では，開発援助を評価するための指標を用意している．人間開発指標（HDI），人間貧困指標（HPI）である．前者では，人間開発の3つの基本的側面として，平均寿命，教育達成度（識字率など），一人当たり実質国内総生産が指標としてあげられている．また，後者では，基本的な人間開発の剥奪状況として，40歳未満で死亡するとみられる人の割合，読み書きができない人の割合，全体的な経済資源の充当，社会的医療サービスや安全な水が利用できない人の割合，5歳未満の低体重児の割合が指標としてあげられている．これらの指標では，開発援助する側の意図と目的が明確である．開発援助する側に，前提として，「望ましい（あるべき）人間像・社会像」がある．指標をたてる際の基準が明確なのである．開発援助において，これらの指標は，現在，ひとつのスタンダードになっている．ところが，

流域管理のばあい，はたして流域一般に関して「望ましい流域像」などというものが設定できるのだろうか（ブリーフノート6も参照）．現実には，その望ましさは個別の流域ごとに異なる．また，同じ流域の内部においても，そこには差異が生まれてくるだろう．たとえば，特定の流域内部で，漁業を営んでいる漁家が望ましいと思う流域像と，その流域の水を生活用水として利用している農家が望ましいと思う流域像とでは異なってくることが予想される．前者は，一定程度，河川が富栄養化したとしても，そのことによって漁獲高があがるのであれば，彼らはそのような事態を歓迎するだろう．しかし，後者においては，同じ程度の富栄養化が進行してしまうと生活用水として利用できなくなるため，社会問題化してしまう．このような例からもわかるように，流域に関する人びとの価値観や意識に関して一元的な指標体系をつくることには，かなりの無理があるだけでなく，むしろ弊害のほうが大きい．HDIやHPIのように，「生存」レベル，すなわち生物としての人間の生存レベルにかかわってくるような問題においては，地域を超えて様々な指標は一定収斂していくだろうが，「望ましい流域像」においては，何かを指標にしようにも，収斂せずにむしろ分散していくばあいが存在するのである．多様な利害関係者（ステークホルダー）が関与することが前提となる流域ガバナンス，そして「階層化された流域管理」のばあい，特に，この点に留意する必要がある．「望ましい流域像」とは，当該流域の現実の社会生活という文脈と重ね合わせたときにはじめて意味をもってくる．このような特性を，ここでは文脈依存性と呼ぶことにする．

3　文脈依存性という問題を飼いならす

「階層化された流域管理」において向き合わねばならない，このような文脈依存性という問題については，強引に指標化をおこなっていくのではなく，逆に，そのような問題を前提とした「現実的な方法」を採用することが必要である．この節の冒頭で，流域管理を地域に即したものにカスタマイズしていくということを述べたが，それは，このような文脈依存性という問題を飼いならすための方法であるのだ．

たとえば，特定の流域内における人口の増加は，その流域の水質等の環境に負荷を与える．個々の負荷を与えるメカニズムは異なっているにしても，メコンデルタ，日本の平野部，モンゴルの平原のどの地域においても見出すことのできる現象である．そのため，流域管理を進めるうえで，人口は普遍性のある指標となりうるだろう．しかし，たとえば「土地の水田化率」という指標はどうだろうか．メコンデルタや日本の稲作地帯では，一定有効な指標になるかもしれないが，モンゴルの平原では使えない指標である．おわかりいただけると思うが，「土地の水田化率」は文脈依存性を帯びたものなのである（ブリーフノート8を参照のこと）．このように，自然科学や工学の様々な指標や，経済学が扱うようなマクロ社会経済指標のようには普遍性はもたないが，当該の流域管理においては重要となってくるような，そのような指標については

「条件付き指標」と呼べるように思う．「条件付き指標」は，普遍性はもたないが，それに準ずるものとして，個々の流域固有の個別性をすくいあげて，その流域に有効なパラメーターを提供することになる．カスタマイズしていくうえで，このような「条件付き指標」を発見していくことは，重要なことであろう．

　もうひとつの方法としては，「要因連関図式」をあげることができる．詳細については，ブリーフノート9をご覧いただきたいが，これは，流域ごとの個別的で多様な要素（情報）を抽出するために用いられるものであり，それらの要素は文脈依存的であることから，流域固有の文脈がどのようなものなのかを把握するためにも用いられる．この「要因連関図式」は，「条件付き指標」とはまた違った形で，問題発見等，流域管理に貢献するのである．

　自然科学や工学の様々な指標や，経済学が扱うようなマクロ社会経済指標と，以上の，文脈依存性を飼いならすための「条件付き指標」や「要因連関図式」とは相互浸透しあいながら相補的な関係をもっているといえる．本書では，「階層化された流域管理」の考え方をもとに（第2部第1章を参照のこと），琵琶湖流域を，マクロレベル，メソレベル，ミクロレベルといった，3つの流域が入れ子状になったものとして捉えた．この考え方からすれば，制約条件としての階層を超えて指標や要因は意味のある「つながり」を持っていなければならない．すなわち，地域に即した形に流域診断技法をうまく組み合わせていく必要があるのだ．また，「条件付き指標」や「要因連関図式」についても，前節の「レベル1〜レベル3までの調査内容」に示されたように，段階的にその精度を高めていくことになる．「条件付き指標」と「要因連関図式」の間においても，相互浸透的かつ相補的な関係を強化していくことが必要になるだろう．

［脇田健一］

注

1）この章は，日本学術振興会未来開拓学術研究推進事業・複合領域「アジア地域の環境保全」の研究成果として提出された，和田英太郎（2002）『流域管理のための総合調査マニュアル』において，筆者らが担当執筆したものをもとにしている．

参考文献

1）Millennium Ecosystem 編，横浜国立大学21世紀COE翻訳委員会訳（2007）『生態系サービスと人類の将来 ── 国連ミレニアムエコシステム評価』オーム社．
2）中静透（2005）「生物多様性とはなんだろう？」日高敏隆編『生物多様性はなぜ大切か？』昭和堂，pp.1-39.
3）環境庁企画調整局環境計画課　地域環境政策研究会編（1997）『地域環境計画実務必携（指標編）』ぎょうせい．
4）内藤正明・森田恒幸著，日本計画行政学会編（1995）『【計画行政叢書】「環境指標」の展開 ── 環境計画への適用事例』学陽書房．

5）和田英太郎（2002）『流域管理のための総合調査マニュアル』京都大学生態学研究センター．

ブリーフノート6

流域の望ましい姿とは^(注1)

―――――――――――――――――――――――――（谷内茂雄）

流域の望ましい健康像とは何か？　誰が決めるのか？

　「流域診断のコンセプト（本章第1節）」において，流域の望ましい状態が必ずしもひとつではないことに触れた．これは，どういうことなのか？　また望ましい状態が複数あるとすれば，誰がそれを決めるのか？　このブリーフノートでは，この点について説明する．

　まず人の健康診断から説明しよう．人の健康診断の場合，医学の専門知識を持った医師が，患者を診断して健康であるかないかを診断する．その場合，患者が健康であるかどうかを判断する基準，言いかえると「望ましい健康像」には，(1)生命を維持する上で誰もが満たすべき健康の要素（基準）と，(2)患者の個性（年齢，性別，職業など）に依存する要素の2種類がある．

　(1)の生命を維持する上で誰もが満たすべき健康の基準とは，具体的には，致死率の高い感染症やガン，心臓病，脳疾患に罹患していないこと，身体を生物学的に維持する上で必要な最低限のカロリー，必須アミノ酸やビタミンをちゃんと摂取していることなどである．これらの基準が守られていないと，遠からずどんな人間も死んでしまう．それゆえ，この健康の基準は誰にも当てはまる普遍性を持つ基準である．一方，生命を維持する上での(1)の基準を満たしている場合，たとえば，ある人の体重がどれくらいであるべきかということには，個人の属性によって異なるとともに，ある程度の選択の幅を持っている．たとえば，大人と赤ちゃんでは，大人の平均体重のほうが赤ちゃんの平均体重よりもずっと大きい．したがって，生命を維持する上で安全な体重の範囲は，年齢という患者の属性によって違ってくる．また，同じ大人でも，たとえば相撲の力士と会社員とでは，職業によって，どういう体重が望ましいかが違ってくる．この場合，生命を維持した上での，望ましい体重（健康像）を決めるのは，患者である．医師は患者の生命を維持する上での健康については自分で診断できるが，生命を維持できる範囲での望ましい体重については，患者が主体的に決めることなのである．この場合，医師は，患者の望ましい体重を基準として現在の患者の状態を診断し，今後の体重の予測等を正確に伝えることで，患者の望ましい体重に近づけることをサポートする役割を担うのである．

　流域の健康，すなわち「流域の望ましい姿」についても同じことがいえる．流域管理における流域の健康とは，健全な水循環の維持を基本においた，生態系，社会経済システムが持続可能な状態にあること，と説明した．本書では，健全な水循環を基盤として生み出される生態系サービスを，①水量，②水質，③水産資源，④水辺価値，の4つの要素に整理している．したがって，これらの生態系サービスが維持される基

盤となる「水循環や生態系が存続し，安定に維持されること」が，どの流域にとっても共通の，人の生命が維持されるというレベルでの絶対的な健康基準といえる．一方，このレベルの健康基準が満たされていても，人間活動は流域に負荷を与えることで生態系サービスを低下させ，その流域の住民の生活に影響を及ぼす．したがって，このような場合でも流域の健康基準を決め，人間活動の負荷を管理することが必要となる．

　この場合，どのサービスを相対的に重視するかが，言い換えると4つの生態系サービスの重み付け・バランスを決めることが，具体的に健康基準を決めることになる．しかし，生態系サービスに対する評価は，流域ごとに異なり，同じ流域でも，時代や経済水準，社会の変化によって違う．また，4つの生態系サービスすべてを高い水準に維持することは，サービス間のトレードオフ関係によってできないことが普通であろう．たとえば，ダムをつくる施策は，水量変動を安定化させ，洪水被害の危険性を減少させるだろうが，生態系にダメージを与えることで，水産資源や水辺価値に関係したサービスを大きく低下させる．本書では，流域ガバナンスの立場から，このような場合の流域の望ましい健康像，健康基準を策定する主体は，その流域の多様な利害関係者，特に当該流域の住民と行政であるとする立場である．当該流域の住民と行政が主体となり，流域の環境保全との関係で，自分たちのライフスタイルや社会経済システムのあり方を検討し，ライフスタイルや社会経済システムを変革するならばどのように変えていくのかといった，ガバナンスによる社会的な意思決定を通じて流域の健康基準を決めるのである．その場合，研究者はどのような役割を担うのであろうか？　研究者は，その流域の住民と行政が望ましい健康像を決める上で，重要な情報，たとえば現在の流域の状態の科学的情報や，流域の将来シナリオ作成の上でのアドバイザーの役割を担うことになる．同時に，策定された流域の望ましい健康像を基準として，現在の流域の状態を診断し，今後の予測等を正確に伝えることで，流域の望ましい状態に近づけることをサポートする役割を担うのである．

どのようにして望ましい流域に近づけていくのか？

　さて，流域の望ましい健康像（流域の「将来ビジョン」といってもよい）が決まったとして，どこまで正確な流域診断が可能なのだろうか？　流域診断の結果をもとに，どのようにして望ましい流域に近づけていけばよいのだろうか？

　森林，河川，湖沼といった生態系とともに，農地，都市といった常に変化する人間の社会経済システムを含む流域は，「複雑系」とよばれる性質を持つ複雑なシステムである．この流域のふるまいやメカニズムを知ることは，本書で提示するさまざまな流域診断の方法論や，現在の科学的知見や技術をもってしても限界がある．多様な流域が抱える環境問題の全体像を把握し，的確な流域診断をおこなうことは難しい．むしろ常に診断の誤りのリスクを抱えていることを前提として謙虚に考えたほうが見通しがよい．言いかえると，総合調査の結果出てくる診断はあくまでもひとつの仮説であり，その診断結果にもとづいて対策の処方箋を立てる流域管理そのものが，ある意味リスクを抱えた実験であると受けとめるのである．本書で提案した流域管理の一つの要となる「順応的管理（第2部第1章第3節）」とは，まさにこのような不確実性を

抱えたシステムに対処するための，リスク管理の方法のひとつなのである．

　それでは，流域診断が誤り，予測できないことが起こったらどうすればよいのだろうか？　ここでいいたいのは，「失敗や誤りは，次のプロセスで生かせばよい」，といった安易で無責任な順応的管理に陥らないためにはどうすればよいのだろうか？　ということである．医療の現場では，「インフォームド・コンセント」という考え方がある．医療診断においては，常に誤りのリスクがあり，治療もうまくいかないことがある．そのことを積極的に認め，診断や治療の結果に対してリスクを伴うことを，医師と患者の間であらかじめ合意する．もちろんそのためには，医師から患者への医療情報に関する情報の公開・提供が大前提となる．その上で，医師ができるかぎり適切な診断と治療をおこなうのである．流域管理の場合も，生態系や流域のような複雑なシステムの管理では，インフォームド・コンセントと同じように流域診断やそれに基づく対策には限界があり，失敗するかもしれないということに対して，あらかじめ利害関係者の間で了解を取れる制度や社会的仕組みをその流域に用意しておくことが必要となる．そういう制度や仕組みのもとで，できるかぎり，対象地域である流域のもつ特性や事情を考慮しながら，多種多様なアプローチを適切に組み合わせ，しかも情報の透明性・公開性を担保した上で総合調査を進める．そして，具体的な政策・施策や社会的実践のなかで，流域診断の結果をチェックしながら，それを次の総合調査のやり方にいかすという順応的管理のサイクルを繰り返すことで，流域の望ましい姿に近づけていくのである．まとめると，(1) 何がその流域の「望ましい健康像」であるかを決定し管理する主体である地域住民・行政と，(2) この「望ましい健康像」をもとに，どんな問題がその流域でおこっているかを診断し，現状を評価するために必要な環境情報を提供する研究者の役割を，はっきりさせた上で，(3) 順応的管理の考え方を基盤として，ガバナンスによって流域管理を進めていくのである．

注

1) このブリーフノートは，日本学術振興会未来開拓学術研究推進事業・複合領域「アジア地域の環境保全」の研究成果として提出された，和田英太郎 (2002)『流域管理のための総合調査マニュアル』において，筆者が担当執筆したものをもとにしている．

第2章　水環境への影響

1 方法論から見た流域管理指標

1 「環境指標」とは何か

　読者の皆さんが「環境の状態」を理解する手段は何であろうか？　ここでは，特に水系の環境状態をテーマとしているので，たとえば，水が濁っているか澄んでいるか，いやな臭いがあるかどうか，またはどれだけの生物が生息しているのか，などが思い浮かぶであろう．科学的な手法を用いれば，個々の分析項目に関して手法が定められており，それに基づいた物理測定，化学成分の測定，または生物多様性調査などを採用することになる．逆に，そこに暮らす人間を主体とすれば，その水に入りたいか，またはその水環境に毎日かかわって暮らしたいかというような感覚的な判断も可能である．すなわち，多岐にわたる「ものさし」があり，それらは目的に応じて使い分ける必要がある．本章では，このように環境の状態を捉えるのに利用できる「ものさし」のなかで，特に自然科学に基づくものについて解説する（ブリーフノート7）．

　環境の状態を把握するためには，適切な環境情報を収集することが必要になる．また，望ましい環境の状態に近づくためには，どういった基準でその目標を設定するか，それに至るプロセスを考えることが必要である．こういった目的のために，「環境指標」を設定し，環境の状態を適確に把握し，さらにこの環境指標を用いて流域の環境を望ましい状態にもっていくことが，流域のガバナンスを考える上で重要になってくる．「環境指標」の定義は，日本計画行政学会（編）[1]によれば，「ある対象が多数の状態変数によって規定される場合，その対象が持っている特性のうち，特に抽出したいものを，できるだけ少数の特性値に投影して分かり易く表現したもの」とされる．内藤[2]は環境指標を第Ⅰ種の指標と第Ⅱ種の指標に分類している．第Ⅰ種の指標とは，現象の理解が的確になされるための科学的厳密性を踏まえた指標であり，第Ⅱ種の指標とは，現象の持つ価値を何らかの尺度に変換して評価したものである．たとえば，第Ⅰ種の環境指標とは，水質指標や大気環境指標などであるのに対し，第Ⅱ種の指標とは都市の住みやすさの指標などである．

　実際に，これらの環境指標を用いて流域診断をおこなうやり方は，医師による健康診断にたとえられる．たとえば「人間ドック」では，まず医師による問診がおこなわれ，続いて循環器，呼吸器，消化器などに分けて詳細な個別検査をおこなう．これらをまとめる形で，総合的な診断結果としての「健康度」が示される[3]．ここで，この

比喩についてもう少し考えてみると，「病気がない状態」を目指すのか，少しくらいの「不健康」に目をつぶるのかは，この診断結果を受けた各自の判断が必要となる．さらにいえば，「健康で文化的な生活を送れる」ためには，人間ドックは自分の健康管理のベンチマークに過ぎず，それをふまえて毎日の生活を考える必要がある．これを流域環境に置き換えてみても同様のことが言える．環境の状態において「望ましい状態」というのは，「原自然」であるのか，いわゆる「里山」に代表されるような人間のかかわりのなかでの「望ましい状態」なのか，人間の健康に影響がなければそれでよいのか，などについては自明ではない．本プロジェクトでは，多岐にわたる指標をもとに，流域の住民が自ら流域管理をおこなえることを目指した．この「順応的管理」（第2部第1章第3節）を実現するためには，環境指標項目を整理し検討することが必要となる．

2　本章の簡単な紹介

本章では，対象をスケールによって階層化し，ミクロ視点，メソ視点，マクロ視点に分けた．具体的には，以下のような構成になっている．

第2節ではミクロ視点からみた，主に圃場レベルの研究を紹介した．滋賀県は西日本有数の米の産地であり，琵琶湖集水域は耕地面積の92％が水田である．本プロジェクトでは，水田の圃場整備事業に伴う用排水分離の結果として，水資源が貴重であった圃場整備以前では考えられなかった「しろかき濁水」について研究をおこなった．本プロジェクトの調査地域（稲枝地区）において実験的に「しろかき時の強制落水」をおこない，とくに窒素・リンの排出に関する推定をおこなった．これらの実験は，しろかき濁水の管理が下流域（ここでは琵琶湖を想定している）における生物生産にどのような影響を与えうるかの推定に役立つものである．ここで，強制落水によって引き起こされる影響は現地水田の土質などに影響されるため，一般的見積もりではなく実際の現地における実験データをもとにして，現地の方々と話をするほうが実感を伴うということを意識したものである．また，水田から排出された濁水を培養することにより，窒素の形態変化を研究し，実際に湖東域の小河川（蛇砂川）を連続モニタリングすることにより，年間の栄養塩の変動におけるしろかき期の寄与について考察した．

第3節では，イオウやストロンチウム同位体比および多元素分析を用いて，メソレベルの視点から考察した．これらはトレーサーと呼ばれ，水田排水の管理や流域の土地利用を反映し，琵琶湖集水域における水利用に関する短期的および長期的な変化を捉えられる可能性をもつ．これらを用いて，琵琶湖集水域を流れる河川の水質の変化を捉えようとする試みをおこなった．また，そのなかでも，毎年しろかき濁水の流入で報道される機会も多い宇曽川水系のしろかき期の人為影響について，詳細に研究した．

第4節では，これらの琵琶湖流入河川が琵琶湖に与える影響，またそれより下流の淀川水系に及ぼす影響についてマクロ視点から研究したものを紹介する．まず琵琶湖の環境に関して概説をおこない，琵琶湖の状態について簡単に述べる．続いて，このような琵琶湖の環境の変遷を湖底の堆積物分析をおこなうことにより紐解く手法について説明する．ここで用いるのが安定同位体手法である．そして，しろかき濁水が琵琶湖の中に流入する過程についての観測について述べる．また，「全窒素の窒素安定同位体比」という指標を用いて，流入河川と琵琶湖の窒素動態について考える．琵琶湖における N_2O について安定同位体比を用いた研究を紹介する．さらに，琵琶湖の溶存酸素同位体について酸素同位体比を用いた研究を紹介する．最後に，淀川流域の河川水質を，安定同位体指標を用いて解析した例を示す．

3　ミクロ・スケールからマクロ・スケールまで

次節から始める研究紹介は，琵琶湖－淀川水系で起きている環境問題に関して，網羅的に解説することを目的とはしていない．濁水問題を通して，農家の排水管理といったミクロ・スケールの事象から，小水系への影響といったメソ・スケールの事象，琵琶湖流入河川レベルにおいての各河川の寄与といったマクロな事象，さらに琵琶湖や淀川水系全体といった階層間のつながりを意識した研究を集めている．特筆すべきことは，農家の水田排水管理といった直接的な人為影響が引き起こす効果といったものの見積もりから，人口や土地利用といった総和としての人為影響の見積もりに関して，炭素・窒素・酸素・イオウ・ストロンチウムといった安定同位体比が有効な指標であることである．

[陀安一郎]

2 ▍ 圃場からの濁水の流出 ── 集落から地域社会まで

1　はじめに

食料の生産は人間が生きていくために必要な行為である．食料は自然からの恵みであるが，自然を改変することで得られる．我々は主食となる米の生産のために，多くの土地を稲作に利用し，その中で，うまく自然と共存するための術を構築してきた．しかしながら，近年になって，食料生産の現場にも経済効率が強く求められるとともに，労働人口が減少してくると，合理性や作業効率が追求されるようになってきた．結果として，自然との共存といった意識が薄くなり，農地からの自然への負荷が増大することになった．

農家の方は，昔と比べて，近年の農業は自然に大きな影響を与えていることを意識しておられるが，具体的な影響について言及されることは少ない．生物にとって毒である有害物質による環境汚染の場合は，その影響は顕著でわかりやすいが，食料生産

の場で扱っているような，人間にも生物にも必要な物質による環境汚染は，自然に対して劇的な変化を与えるものではなく，ゆっくりと穏やかな変化を与える．そのために，自然の変化に気付くには長い期間が必要になる．自然への関心が薄れていれば，小さな変化は見落としてしまう．いったん変化が顕在化すれば元の状態をとり戻すにも長い時間が必要になる．人間の病気にたとえれば，糖尿病のような生活習慣病を考えるとわかりやすい．

人間活動に伴う流域への窒素の過剰な供給は，水質汚濁の主要な要因となっている．近年，下水処理場の普及および下水処理能力の向上や，流域への窒素・リンの総量規制により生活廃水や工場廃水からの窒素・リンの負荷量は減少しつつある[4),5)]．しかしながら，流域への窒素・リンの重要な供給源の一つである農業廃水については廃水の管理が難しい等の理由から具体的な対策が取られていないのが現状である．

近年では，日常となっている農作業が自然にどのような影響を及ぼしているのか，これを知るには，実際に自然の中で仕事をしておられる農家の方の眼がもっとも信頼できる．しかしながら，自然への関心が薄くなっている近年では科学の眼も有効な手段である．自然と農業との関係の一部でも科学の眼を通して観ることができれば，自然への関心も取り戻され，より多くの情報が人間の眼にとらえられるようになる．そうすることで，様々な対策が地域の人々から考え出され，効果的な改善策が実行されるようになる．

本節では，琵琶湖の流域の，特に西日本有数の稲作地帯である近江平野において，水田からの物質の流出とそれが下流域に及ぼす影響について現場調査を中心に明らかにした．具体的には（1）しろかき期における水田からの物質の流出量の算出，（2）河川，水路におけるこれら物質の変化，（3）下流域の水環境に与える影響について調べた．以下に，これらの結果を紹介する．

2　しろかき期の強制落水による懸濁物，窒素とリンの流出
　　── 圃場における流出実験

2.1　調査の概要

稲作は我が国の農業の基幹であり，多くの土地を利用している．琵琶湖集水域は耕地面積の92%が水田であり[6)]，西日本有数の米の生産量を誇る．ここでの米生産者の特徴として農業就業人口の半数以上が65歳以上の高齢者であり，また全体の90%以上が兼業農家であることが挙げられる[7)]．また，全国で最も機械化が進んでいる地域でもあり，省力化，集約化した圃場が多く存在している．

高い兼業率で生産量を維持する為には，用水の安定供給が不可欠である．琵琶湖集水域では，琵琶湖水やダム湖水を用いることで水源を確保している．これらによる用水供給地域は湖岸部を中心に水田地帯の44%を占める[8)]．例えば，主要な水田地域である湖東平野では十分な用水確保のため，琵琶湖湖水を揚水して各圃場にパイプライ

ンで供給する「逆水灌漑」をおこなっており，毎年，灌漑期には農業用水が安定に供給される．また，水の安定供給のための圃場整備は昭和40年代末から急速におこなわれ，現在では約88%の水田が整備されている[9]．これにより用排水の分離が推進され，圃場ごとの水管理が可能となっている．

しかし，こうした用水の安定供給や使用の簡便さは水管理の粗放化を引き起こし，水田からの排水を増大させていると指摘されている[10]．また，上流側の水田からの排水が下流側の水田で再利用されることがなくなり，懸濁物，窒素，リンを多く含む排水が水路を経て直接琵琶湖に到達することが多くなっていると指摘されている[11]．

現在，生活廃水は下水処理場の普及及び下水処理能力の向上により[4),5)]，工業廃水は窒素・リンの総量規制により一定の規制がされているが，農業排水による水系への負荷に関しては規制が困難なこともあり，具体的な措置はとられていない．琵琶湖集水域には121の1級河川があり，小河川を含めると400以上もの河川が存在するが，それらのほとんどが水田地帯を流れる小河川であり，農業用排水路としての役割を有している．またほとんどの河川が直接琵琶湖に流入していることから水田利用における水管理手法が琵琶湖の水質に及ぼす影響は大きいと考えられる．

灌漑期の中でも特にしろかき期に水田からの濁水は増大する[12),13),14),15)]．琵琶湖集水域における将来の水田排水の管理のためには，しろかき期における粗放的な水管理がもたらす影響を評価するための実証的なデータが必要である．粗放的な水管理の代表的なものとして，強制落水が挙げられる．強制落水とはしろかき後の田植えの際に田面水の自然な減水を待たずに，排水口の堰を取り払い強制的に濁った田面水を流出させる方法である．増田[16]は有数の水田地域である滋賀県彦根市での聞き取り調査から強制落水をおこなっている農家は7割にも及ぶと報告している．本項では，強制落水によって水田から流出する懸濁物，各形態の窒素・リン量について圃場実験で得られた結果をもとに紹介する．

2.2 調査方法

調査は滋賀県彦根市の水田において2004年6月4日から5日にかけておこなった．調査期間中，降水はなかった．3,000m^2（30m×100m）の逆水灌漑区域の水田2枚で，しろかきをおこない，田面水を濁った状態にした．実験に用いた水田は耕作者が同一で，施肥の方法や量も同じである．しろかき前には1枚の水田（3,000m^2）に土壌改良剤100kgを散布しており，この中にリンが30g含まれている．窒素，リンの供給を目的とした施肥はしろかき後の田植え時及び田植え後におこなっているので，本調査時前にはおこなっていない．土壌の種類はグライ土，両水田は30m離れている．各水田においてしろかき終了後速やかに，排水口の堰を取り払い，田面水を強制的に落水させる強制落水をおこなった．排水量は排水口の堰の高さで調節した．排水口からの田面水の流出が見られなくなった時点を調査終了時とした．

表3-2-1 灌漑用水中の各測定項目の濃度

測定項目	濃度
SS (g ℓ^{-1})	0.002
Total-N (mg ℓ^{-1})	0.421
Total-P (mg ℓ^{-1})	0.021
NO_3^--N (mg ℓ^{-1})	0.175
NO_2^--N (mg ℓ^{-1})	0.013
NH_4^+-N (mg ℓ^{-1})	0.070
PO_4^{3-}-P (mg ℓ^{-1})	0.003

出所：山田ほか (2006) より引用

　懸濁物，窒素，リンは排水口から排水を一定時間毎に採水して測定した．同時にJIS法に基づき，容量がわかった容器にて排水を採取し，水の流出量を測定した[17]．排水は落水開始時と10分後に，その後20分ごとに5回採水し，その後は1～2時間ごとに採水した．採水した試料は孔径150μmのプランクトンネットでリターなどを取り除き，懸濁物（SS），全窒素（total-N）及び全リン（total-P）を測定した．各濃度から灌漑用水における濃度を引き（表3-2-1），その差分と排水量から各物質の流出量を見積もった．

2.3　水田からの排水

　水田A，水田Bの排水量の時間変化を図3-2-1に示した．水田Aでは2時間，水田Bでは20時間落水が継続した．調査終了時の田面水の水位の減少はそれぞれ8mm, 72mmであった．これより，水田Aの田面水の状態を浅水，水田Bを深水と定義した．周辺の水田において，満水近くまで湛水した時の水深が100mm程度であることから考えて，水田Aは軽度の強制落水，水田Bは中～重度の強制落水と位置付けることができる．排水量は，落水開始時は水田A・水田Bともに18$m^3 \cdot h^{-1}$であったが，水田Aは時間の経過とともに急速に減少した（図3-2-1）．水田Bは落水開始後，約2時間は17～18$m^3 \cdot h^{-1}$であったが，その後，水量は減少した．総流出量は水田Aで24m^3，水田Bでは148m^3であった．水田Bからの総流出量は水位の減少から見積もった田面水の減少量より小さい．これは，田面水の水田土壌への浸透のためと考えられる．

2.4　排水中のSS，窒素及びリン

　水田A，水田BのSS濃度の時間変化を図3-2-2aに，SSの流出量の時間変化を図3-2-2bに示した．水田Aの排水中のSS濃度は，強制落水開始時が1.68g・ℓ^{-1}であり，その後落水終了時まで0.93～1.52g・ℓ^{-1}の範囲で推移した（図3-2-2a）．水田Bの排水中のSS濃度は，強制落水開始時が2.37g・ℓ^{-1}であったが0.8時間後に

第 2 章 水環境への影響

図 3-2-1 水田 A 及び水田 B における水の流出量の経時変化

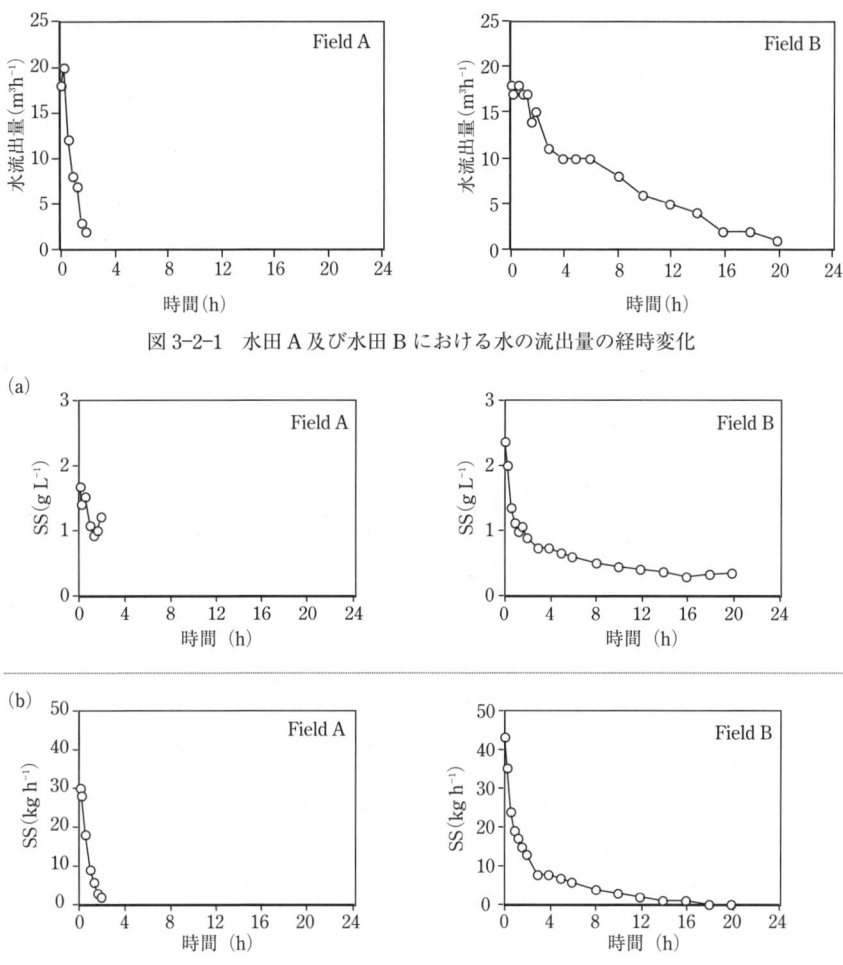

図 3-2-2 水田 A 及び水田 B における懸濁物の排水中の濃度と流出量の経時変化（山田ほか（2006）より引用）

は 1.11g・ℓ^{-1} と半減し，調査終了直前には 0.35g・ℓ^{-1} に減少した．SS の流出量は，落水開始時は水田 A では 30kg・h^{-1}，水田 B では 43kg・h^{-1} で時間の経過にともない急激な減少を示した．SS の総流出量は水田 A が 33kg，水田 B が 116kg であった．

両水田の total-N 濃度の時間変化を図 3-2-3a に，total-N の流出量の時間変化を図 3-2-3b に示した．Total-N 濃度は水田 A では強制落水開始時は 5.16mg・ℓ^{-1} であり，その後減少し，落水終了時には 3.00mg・ℓ^{-1} であった．水田 B では強制落水開始時は 7.16mg・ℓ^{-1} であったが，その後急速に減少して 1.2 時間後には 4.07mg・ℓ^{-1} となり，落水終了時まで 3～4mg・ℓ^{-1} 前後で推移した．水田 A では全時間帯にお

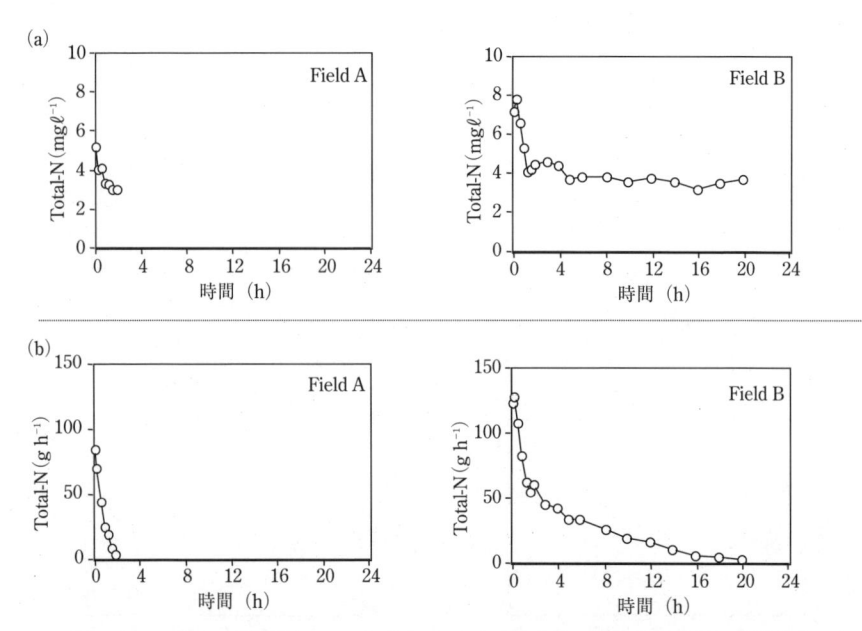

図 3-2-3 水田 A 及び水田 B における total-N の排水中の濃度と流出量の経時変化（山田ほか 2006 より引用）

いて total-N の 77.4 ～ 88.4% が懸濁態窒素として存在していた．水田 B でも同様に total-N の 69.5 ～ 91.5% が懸濁態窒素であった．Total-N の流出量は落水開始時には水田 A で 85g・h^{-1}，水田 B で 123g・h^{-1} と多かったが，水田 A は SS 同様に時間の経過とともに急速に減少した．水田 B も SS と同様に落水開始後約 3 時間で 45g・h^{-1} に急速に減少したが，その後は比較的緩やかに減少した．Total-N の総流出量は，水田 A は 0.085kg（2 時間），水田 B は 0.589kg（20 時間）であった．

両水田の total-P 濃度の時間変化を図 3-2-4a に，total-P 流出量の時間変化を図 3-2-4b に示した．Total-P 濃度は水田 A では落水開始時は 2.60mg・ℓ^{-1} で，その後 1.46 ～ 2.05mg・ℓ^{-1} の範囲で推移した．水田 B では落水開始時は 2.81mg・ℓ^{-1} であったがその後急速に減少して 1.5 時間後には 1.19mg・ℓ^{-1} に半減し，落水終了時まで 0.53 ～ 1.12mg・ℓ^{-1} の範囲で推移した．Total-P の流出量は，落水開始時は水田 A では 46g・h^{-1}，水田 B では 51g・h^{-1} と多かったが，水田 A は SS，total-N と同様に時間の経過とともに急速に減少した．水田 B も SS，total-N と同様に落水開始後約 3 時間で 9.90g・h^{-1} に急速に減少し，その後は緩やかに減少した．Total-P の総流出量は，水田 A は 0.046kg（2 時間），水田 B が 0.146kg（20 時間）であった．

第 2 章　水環境への影響

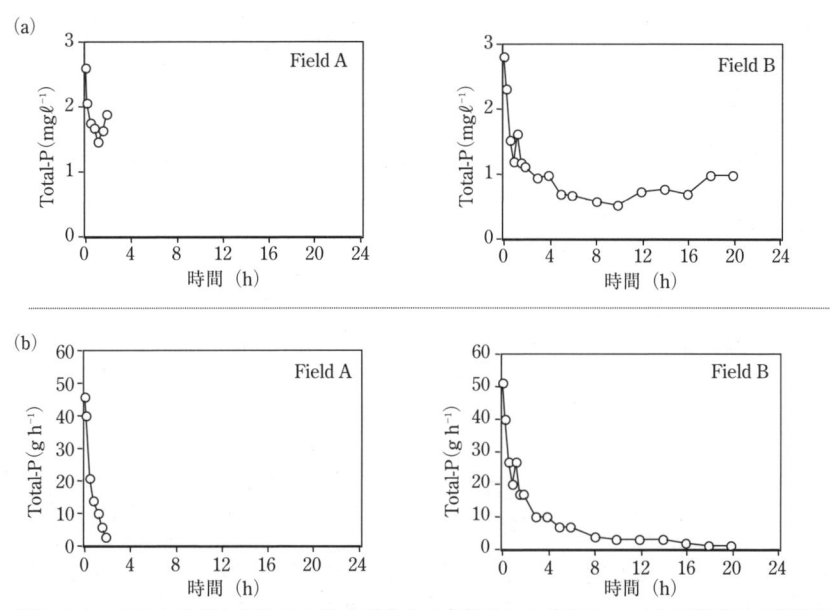

図 3-2-4　水田 A 及び水田 B における排水中の各態リンの濃度と total-P の流出量の経時変化（山田ほか 2006 より引用）

表 3-2-2　水田 A 及び水田 B における物理環境及び SS, total-N と total-P の総流出量

	Water			Substances	
	Decrease in water level (mm)	Runoff time (h)	Total water flux (m^3)	Substance	Total flux (kg)
Field A	8	2	24	SS	33
				Total-N	0.085
				Total-P	0.046
Field B	72	20	148	SS	116
				Total-N	0.589
				Total-P	0.146

出所：山田ほか 2006 より引用

2.5　下流への影響の考察

　強制落水による水田 A 及び B からの SS, total-N, total-P の総流出量を表 3-2-2 に示した．水田 A では 2 時間，水田 B では 20 時間排水が継続した．両水田ともに SS 濃度と total-N 濃度および total-P 濃度とは正の相関を示した（図 3-2-5a, 3-2-5b）．窒素とリンの主要な形態は懸濁態であることから，強制落水時には SS の流出とともに，粒子状の窒素やリンが流出していることがわかる．水田 B では落水開始後最初の 2 時間で，総流出量に対して SS で 42％，total-N で 32%，total-P で 40% が流出し

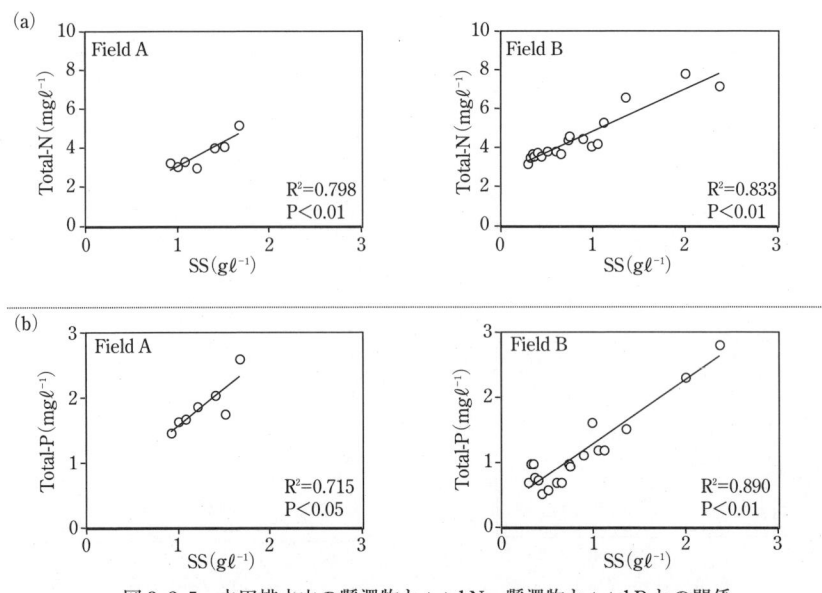

図 3-2-5　水田排水中の懸濁物と total-N，懸濁物と total-P との関係
（山田ほか 2006 より引用）

た．しろかき後，田面水が著しく濁った状態での強制落水は落水当初に SS, total-N, total-P を多量に流出させることがわかる．一方，水深が深い場合は，浅い場合に比べて，流出量が著しく大きくなった．水田 A に比べ水田 B からの流出量は SS で 3.5 倍, total-N で 6.9 倍，total-P で 3.2 倍であった．

　水田からの窒素やリンの流出量に関しては多くの研究がなされており，水田の形態や気象状況，灌漑期と非灌漑期などの条件の違いによって大きく変動する．よって，これまでに報告されている値には広い幅がある[12),13),14),18),19)]．それゆえ，強制落水による窒素，リンの負荷を定量的に議論するには，本研究における結果だけでは十分でない．しかしながら，強制落水の影響について，一定の目安を示すことも必要である．これらの点を踏まえた上で，本研究で得られた値を適用して，琵琶湖北湖集水域の水田からの強制落水時の窒素とリンの流出量を見積もった．琵琶湖北湖集水域の水田において水源が豊富な琵琶湖湖水を利用している圃場，大規模な水源を有する永源寺ダム流域の圃場の計 276.6km^2 を強制落水が可能な水田の対象とし，水田 A 及び水田 B で得られた結果をそれぞれ適用した．その結果，集水域における上記の対象水田すべてが，しろかき時に粗放的な水管理をおこなった場合，total-N が 7.9t, total-P が 4.3t（水田 A；浅水），total-N が 54.3t, total-P が 13.5t（水田 B；深水）流出すると見積もられた．琵琶湖北湖集水域の全ての水田から琵琶湖に流入する 1 年間の total-N, total-P の割合は経済企画庁総合開発局[20)]，植田[21)]，國松[18),19)]，國松[22)] の原単位を用いて金

ら[23],[24]によって見積もられており，1年間のtotal-N，total-Pの流入量に換算すると，それぞれ1,032t，31.8tとなる．本研究で得られたtotal-N，total-Pの強制落水による流出量は上記によって求められた年間流出量のそれぞれ0.8%，13.5%（水田A；浅水），5.3%，42.3%（水田B；深水）にあたる．

さらに，質的な側面に注目し，金ら[24]によって算出された1年間に集水域から琵琶湖北湖へ流入する窒素量とリン量から窒素／リンの比率（N/P，モル比）を算出すると27.0である．これに対し，本研究で得られた強制落水による排水のN/Pは，それぞれ4.1（浅水），8.8（深水）であった．レッドフィールド比から求められる植物プランクトンのN/Pが16であることをあわせて考えると[25]，強制落水は特にリンを高い効率で流出させるといえる．琵琶湖水中の植物プランクトンはリン律速な状態にあり[26]，琵琶湖へのリンの供給は富栄養化の促進の点から望ましくないといえる．

現在，滋賀県の下水道普及率は78.2%であり年々増加傾向にある．また，下水の高度処理化も進んでおり，高度処理普及率も75.0%と大幅に増加している[27]．高度処理によるリンの除去率は高く，生活廃水由来のリンの琵琶湖への流入量は大幅に減少していると考えられる．将来的にもこの傾向は促進されるであろう．これは琵琶湖の富栄養化の歯止めに大きく貢献している．一方，滋賀県において過去5年間に強制落水をおこなった農家は年平均で40%程度である[27]．これは滋賀県全域における値で，灌漑用水の供給システムが整備された水田地域においてはさらに大きくなると思われる．このことを考えると，将来的には水田から排出されるリンの琵琶湖への相対的な影響は益々大きくなっていくことが懸念される．強制落水といった水田の粗放的水管理の改善が今後の琵琶湖の水質を考えるうえで大きな問題となるであろう．

3 水田から流出する濁水中の窒素の形態変化

前項で示したように，しろかき期には，水田から懸濁物を多く含んだ濁水が流入する[7],[8],[9],[10]．そして，濁水に含まれる物質は様々な生物地球化学的変化を経ながら，下流域の物質循環系へと組み込まれていく．よって，水田からの濁水が流域の物質循環や生態系に与える影響を評価していく上で，窒素やリンの供給量に加えて，その形態変化の過程を把握することが重要と考えられる．

本項では，琵琶湖集水域有数の水田地帯である湖東平野の水田地帯において，しろかき期に水田から流出する濁水の培養をおこない，水田から流出する濁水中の窒素の形態変化を調べた．

3.1 調査方法

2004年5月に湖東平野の水田地帯においてしろかき時に水田から流出する濁水を採取した．採取した濁水試料は孔径150μmの網を用いて夾雑物を除去した後，その300mlを遮光したガラス瓶に分取した．これに硝化抑制剤（ニトラピリン）15mgを添

加した検体および硝化抑制剤無添加の検体（コントロール）をそれぞれ5検体ずつ作成した．また，蒸留水300mℓを遮光したガラス瓶に分取した検体を3検体作成した．調整した各検体に回転子を入れ，スターラーで撹拌しながら，人工気象器を用いて現場水温（23℃）で培養し，培養開始から7日，14日，21日，28日後に濁水の採取をおこなった．27日後の濁水採取時には，同時に溶存酸素計（YSI-model95）を用いて濁水中の溶存酸素量（DO）を測定した．

水田から流出していた濁水および培養実験で得られた濁水試料は，孔径0.2μmのメンブレンフィルター（GD/X, Whatman）でろ過を行い，ろ液について硝酸態窒素（NO_3^--N），亜硝酸態窒素（NO_2^--N），アンモニア態窒素（NH_4^+-N）を測定した．また，水田から流出していた濁水および培養開始から13日，27日後の濁水試料は，全窒素（TN）についても測定した．NO_3^--N，NO_2^--N，NH_4^+-N の総和を DIN として算出した．

3.2 窒素の形態変化とゆくえ

水田から流出していた濁水中のTN濃度は5.03mg・$ℓ^{-1}$ であった（図3-2-6）．硝化抑制剤を添加した実験区のTN濃度の平均値は13日後では4.95 ± 0.52mg・$ℓ^{-1}$，28日後では5.27 ± 0.15mg・$ℓ^{-1}$ であった（図3-2-6）．また，硝化抑制剤を添加していない実験区では，14日後で4.77 ± 0.29mg・$ℓ^{-1}$，28日後で5.40 ± 0.15mg・$ℓ^{-1}$ であり，両実験区において培養期間中のTN濃度の増減はほとんどなかった（図3-2-6）．さらに，蒸留水のTN濃度は14日後で0.02 ± 0.004mg・$ℓ^{-1}$，28日後で0.03 ± 0.01mg・$ℓ^{-1}$ と低かったことから培養期間中における窒素の外部からの汚染は無視できるレベルであったといえる（図3-2-6）．

培養終了時（28日後）における DO は硝化抑制剤を添加した実験区では，10.0 ± 0.4mg・$ℓ^{-1}$ であり，硝化抑制剤を添加していない実験区では10.1 ± 1.1mg・$ℓ^{-1}$ であったことから，培養期間中，実験に用いた濁水は酸化的な条件下にあったと考えられる（図3-2-7）．

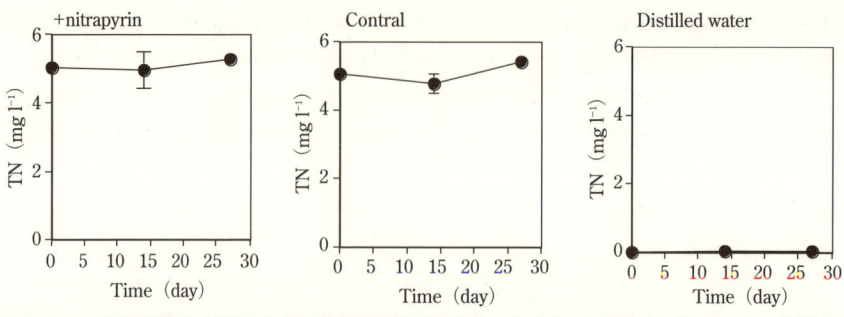

図3-2-6 培養期間中における硝化抑制剤添加区（+nitrapyrin），無添加区（Contral），蒸留水（Distilled Water）中における全窒素（TN）濃度の変化（山田ほか2008より引用）

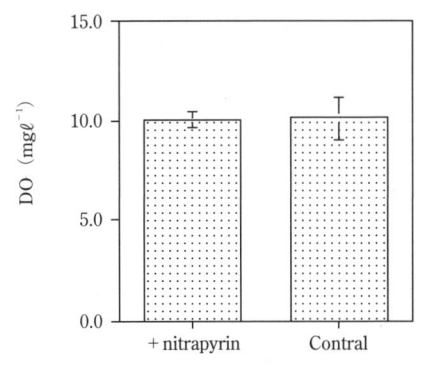

図3-2-7 培養終了時(28日後)おける硝化抑制剤添加区(＋nitrapyrin),無添加区(Contral)の溶存酸素量(DO)(山田ほか2008より引用)

　水中における無機態窒素にはNO_3^--N,NO_2^--N,NH_4^+-Nの三つの主要な形態が存在する．NH_4^+-Nは自然水域中では，主に有機窒素の無機化によって生成される．そして，酸化的な環境下ではNH_4^+-Nは硝化細菌により，NO_2^--N,NO_3^--Nへと形態が変化する．NO_3^--Nは溶存酸素が欠乏した環境下では脱窒細菌により還元され，窒素(N_2)ガスとして水中から除去される．硝化抑制剤の添加によって，硝化反応を阻害された濁水中では，培養期間中NO_3^--N,NO_2^--Nはそれぞれ$0.05mg・\ell^{-1}$,$0.02mg・\ell^{-1}$程度の値から変動しなかったのに対して，NH_4^+-N濃度は，培養開始時の$0.26mg・\ell^{-1}$から培養終了時(28日後)には$1.33\pm0.07mg・\ell^{-1}$まで増加している．これは，水中に含まれる懸濁態および溶存態の有機窒素が無機化されたためと考えられる(図3-2-8)．一方で，硝化抑制剤を添加していないコントロールの濁水では，NH_4^+-N濃度の増加は見られず，培養開始時の$0.26mg・\ell^{-1}$から7日後には$0.02\pm0.007mg・\ell^{-1}$と減少し，以後同程度の濃度で推移した(図3-2-8)．しかしながら，培養開始から7日後にはNO_2^--N濃度は$0.97\pm0.083mg・\ell^{-1}$と著しく増加しており，無機化されたNH_4^+-NがNO_2^--Nへと硝化されたことを示している(図3-2-8)．そして，培養開始から14日後には，NO_2^--Nは$0.01\pm0.002mg・\ell^{-1}$と培養開始時と同程度まで濃度が減少し，逆にNO_3^--N濃度が$0.86\pm0.07mg・\ell^{-1}$が増加したことから，無機化されたNH_4^+-Nのほとんどが約2週間後にはNO_3^--Nまで硝化されたものと考えられる(図3-2-8)．培養開始から21日後には，DINおよびNO_3^--N濃度は，若干の低下がみられ，脱窒が生じていた可能性がある(図3-2-8)．培養期間中においては，濁水は酸化的な条件下にあったものの(図3-2-7)，懸濁粒子の隙間といった微細な空間では還元的な環境が形成されており，このような空間で脱窒が進んだ可能性が考えられる．

　以上のことから，自然界中では，濁水中のTNの約30％が約1ヶ月で分解され，NO_3^--Nにまで硝化されていると考えられる．

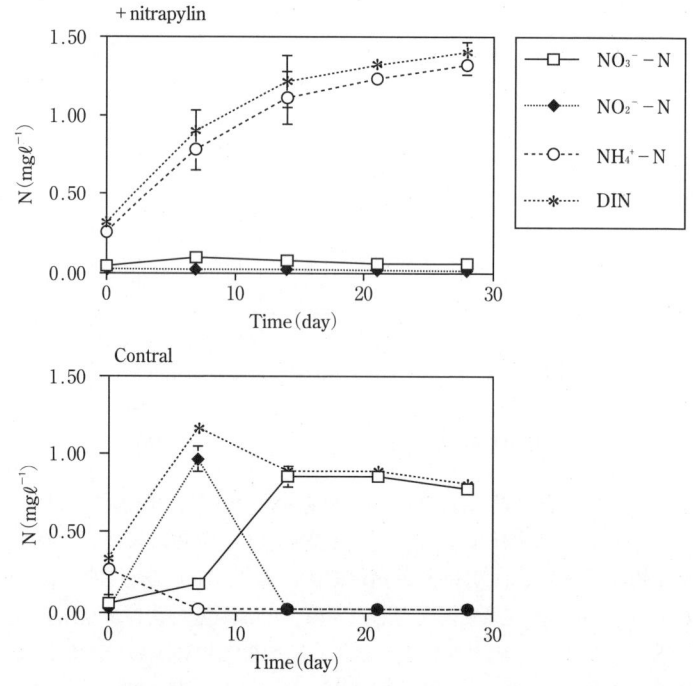

図 3-2-8　培養期間中における硝化抑制剤添加区（+nitrapyrin），無添加区（Contral）における硝酸態窒素（NO_3^--N），亜硝酸態窒素（NO_2^--N），アンモニア態窒素（NH_4^+-N），溶存無機態窒素（DIN）濃度の変化（山田ほか 2008 より引用）

山田ら[28]は，しろかき期に流出する窒素の 70 〜 90 % 程度が懸濁態を主体とした有機窒素であり，琵琶湖北湖集水域において，農業用水を比較的豊富に用いることができる水田（約 277km^2）が粗放的な水管理によるしろかきをおこなった場合，その TN 負荷量は最大 54.3t になると見積もっている（前項参照）．本実験の結果より，しろかき時の濁水中の TN の約 30 % が NO_3^- N になると考えられる．琵琶湖集水域における水田全てが粗放的な水管理によるしろかきをおこなった場合，16 t の NO_3^--N が濁水中の有機窒素の無機化によって負荷されることになる．これは，Miyajima[29]によって見積もられた琵琶湖北湖における成層期（6 月〜 10 月）の深水層での NO_3^--N の回帰速度 567mg/m^2/month と琵琶湖北湖の面積 614km^2 から算出される琵琶湖北湖の成層期の深水層での NO_3^--N の 1 ヶ月当たりの回帰量（348）の 5 % に相当する．

分解されなかった約 70 % は堆積物中へ移行し，長時間湖底に蓄積されることになる．稲藁などの難分解性の有機物が主要な要因であると考えられるが，このような堆積物へ移行する分画が水域の窒素循環にどのような影響を及ぼすか，明らかにしてい

く必要がある．いずれにせよ，水田の水管理が粗放化した場合，このように短期間に琵琶湖への窒素負荷が増大することになる．水管理の適正化をおこなうことが，琵琶湖の富栄養化を抑制する上で必要である．

4 水田排水由来の懸濁物が河川の水質及び河床環境に与える影響

水田排水が河川の水質に与える影響に関する研究は多くなされており，窒素，リンや懸濁物の流出は小河川の水質に大きな影響を与えることが知られている[12),13),30)]．我々がおこなった研究においても先に述べたように，水田から特にリンが効果的に排出されていることが明らかとなり，下流の湖である琵琶湖の富栄養化を促進させると思われる．一方，懸濁物は水路や河川に堆積し，河床の状態を悪化させ，生態系に大きな影響を与えることが懸念される．水田排水が水路に流出することにより，水質に影響を与えるだけではなく，排水に含まれる懸濁物は河床へと堆積し，河床環境を変化させるのである．河川における生態系は主に河床を中心として形成され，河川に生息する多くの生物は河床に存在している．このことから河床は河川生態系において重要な位置を担っており，河床環境が悪化することで河川生態系は著しく衰退すると考えられる．河川に水田由来の懸濁物が流入し，河床に堆積すれば，堆積物中での酸素の供給が阻害され，河床に堆積嫌気的な環境が形成されると考えられる．河床が嫌気的になると通常の好気的環境を好む生物は生息しにくくなるのである．河川中に生息する微生物は酸素の無い状態に陥ると硝酸，マンガン，鉄，硫酸等を用いて分解をおこなう．嫌気的な状況がさらに進行すると，最終的にメタン発酵が生じる[31)]．このことから最終生成物であるメタンを嫌気的な環境の指標として用いることで，河床の嫌気的な状態を詳しく知ることができる．

そこで本項では水田排水と河床の関係に注目し，メタンを嫌気的な環境の指標とし，水田地帯を流れる小河川や水路の嫌気的環境の実態を明らかにすることで，水田の水利用が河川生態系に及ぼす影響を評価することを試みた．

4.1 地点の概要

調査は近畿圏において有数の水田地帯である琵琶湖湖東平野の水路及び中小河川でおこなった．湖東平野に位置する額戸川は宇曽川から水を引いており，全長7kmで琵琶湖へと流れている（図3-2-9）．集水域の土地利用は多くが水田であり，このことから水田排水や水田からの流出物が河川水質及び底点へ与える影響を調査するのに適していると考えられる．

4.2 調査方法

2004年10月12日に琵琶湖湖東平野の水田地帯における水路23地点を対象とし（図3-2-9），堆積物中の有機物汚濁を解析するために，水温，DOを多項目水質計で測

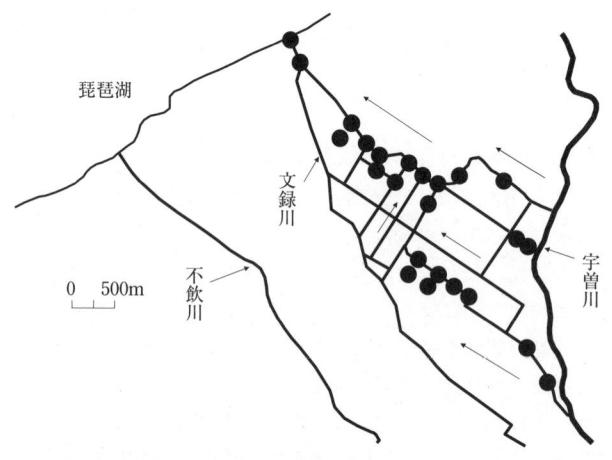

図 3-2-9 河床調査地点概要図（2004 年 10 月）

定し，NO_3^--N，NO_2^--N，NH_4^+-N，total-N，PO_4^{3-}-P，total-P を測定した．このうち 8 地点で泥深，CH_4 の放出量，溶存 CH_4 についても測定した．水試料は，表層をバケツで採水し，孔径 150μm のプランクトンネットでリターなどを取り除いた試料について total-N，total-P を測定し，Whatman 社製 GF/F ガラスフィルターでろ過したろ液について NO_3^--N，NO_2^--N，NH_4^+-N，PO_4^{3-}-P を分析した．溶存 CH_4 は現場で血清瓶に空気が入らないように試水を注入後，ブチルゴム栓で蓋をし，飽和塩化水銀を注入して分析まで保存し，FID を装着したガスクロマトグラフィー（Shimadzu 社製，GC-14B）を用いて，ヘッドスペース法で測定した．メタンの放出量はチャンバーを用いてガスサンプルを採取した．河底に任意の長さの筒状チャンバー（100mm×100mm）を設置し，設置後数分後と約 2 時間後にチャンバー内のガスサンプルを真空管に採取した．密封した状態で実験室に持ち帰り，FID を装着したガスクロマトグラフィーを用いて測定し，CH_4 の放出量を求めた．

　前年におこなったメタンの放出量について詳細に調査するため，2005 年 11 月 15 日に 10 地点で再度調査をおこなった（図 3-2-10）．なお本文中では，調査域内の河川を本流河川とし，水路幅 1m 以下の水路を小水路と表現している．

4.3 調査結果

　全ての地点で水温は小水路から本流河川にかけて 19～23℃，DO は 2.9～15mg/ℓ，酸素飽和率は 34～122% であった（図 3-2-11）．下流地点において過飽和となっており，流量の少ない小水路で貧酸素となっていた．

　窒素濃度に関して全ての地点で NO_3^--N は 20～1.33×10^3μg/ℓ，NO_2^--N は 17μg/ℓ 以下，NH_4^+-N は 311μg/ℓ 以下，total-N は 594～2.03×10^3μg/ℓ であった（図 3-2-12）．

図 3-2-10　河床調査地点概要図（2005 年 11 月）

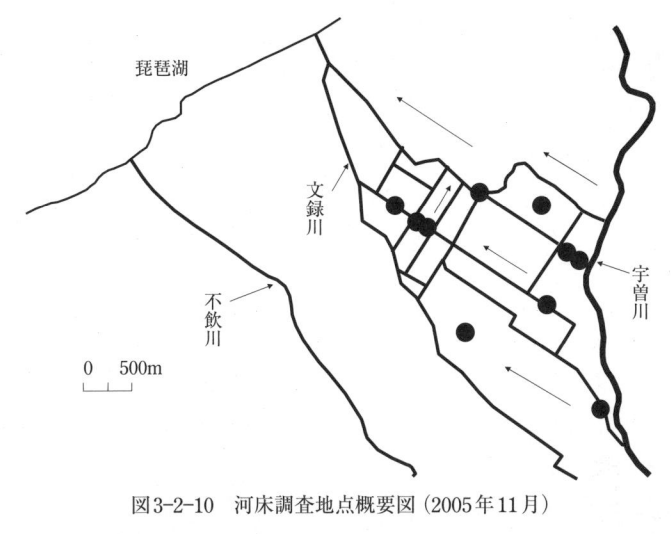

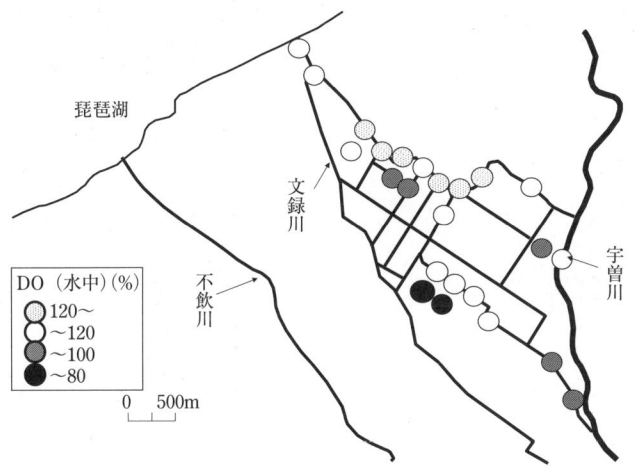

図 3-2-11　琵琶湖湖東平野の水田地帯における DO の分布（2004 年 10 月 12 日）

NO_3^--N 濃度は小水路から本流河川にかけて若干増加していた．NH_4^+-N 濃度は流量の少ない小水路で高濃度を示していた．total-N 濃度は小水路から本流河川にかけて増加傾向がみられた．

　リン濃度に関して全ての地点で PO_4^{3-}-P は 12〜116μg/ℓ，total-P で 83 〜 232μg/ℓ であった（図 3-2-13）．PO_4^{3-}-P 濃度に関して上流から下流までほぼ変化がなく，本流河川と小水路間でも大きな差はみられなかった．total-P について上流から下流にかけて増加傾向を示していたが，本流河川と小水路間で大きな差はみられなかった．

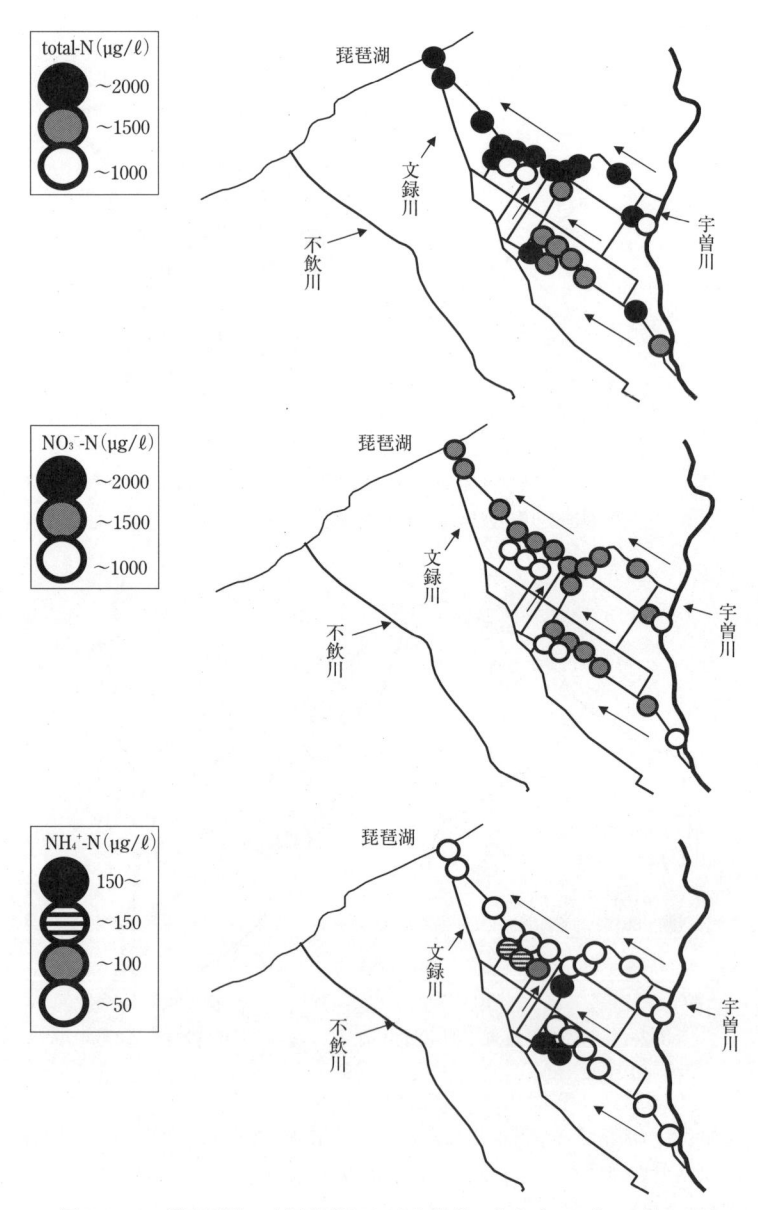

図 3-2-12 湖東平野の水田地帯における窒素の分布（2004 年 10 月 12 日）

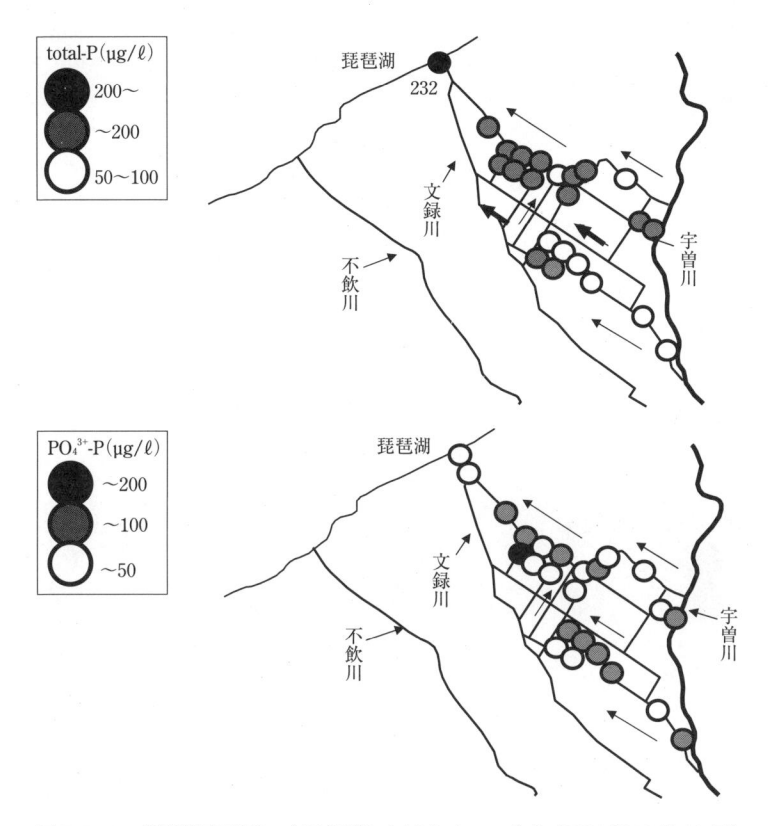

図 3-2-13　琵琶湖東平野の水田地帯におけるリンの分布（2004 年 10 月 12 日）

2004 年 10 月の観測において全ての地点で水中の溶存 CH_4 濃度は $64 \sim 7.21 \times 10^3$ nM であった（図 3-2-14）．特に小水路で高濃度となり，$4.27 \times 10^3 \sim 7.21 \times 10^3$ nM であった．本流河川は $64 \sim 2.32 \times 10^3$ nM と低かった．

2004 年 10 月におこなった調査で得られた CH_4 の放出量は $0.02 \sim 29.6$ mmol/m^2/day であった（図 3-2-14）．

また，翌年の 2005 年 11 月におこなった調査で得られた CH_4 の放出量は $0 \sim 157$ mmol/m^2/day であった（図 3-2-15）．2004 年，2005 年とも特に 10cm 以上泥が堆積した場所でメタンの放出量は急増した（図 3-2-16）．

4.4　河床の嫌気的環境の実態

1m 以下の水量の少ない小規模な水路では溶存酸素が少なく，NH_4^+-N と溶存 CH_4 濃度は高い値を示していた．これは水量が少なくなるにつれ，水中の嫌気的環境が増大していることを示している．しかしながら水量と CH_4 の放出量とは関係がなかっ

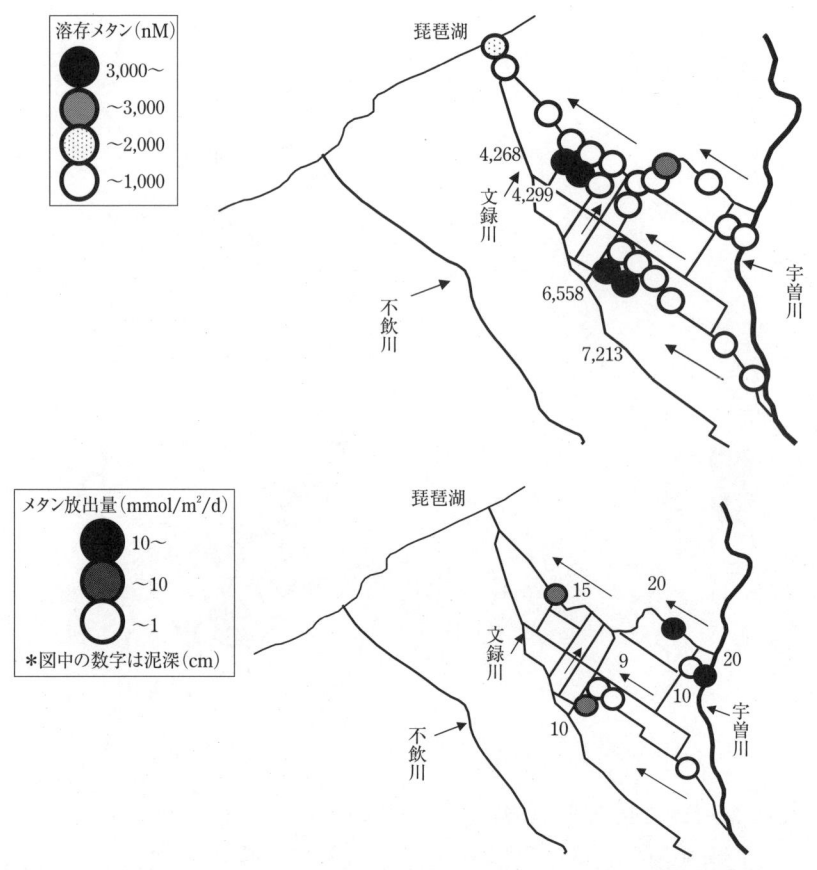

図 3-2-14　琵琶湖湖東平野における溶存メタン濃度及びメタンの放出量の分布（2004 年 10 月 12 日）

た．CH_4 の放出量は，泥深 10cm 以上堆積した地点で急激に大きくなっている．このことは水田から流出した泥が河川に堆積することで，河床の還元的な環境が進行し，CH_4 の放出量に影響していることを示している．水田土壌中には，CH_4 生成微生物が多く生息していることは知られており[32]，CH_4 濃度に関する文献値[33]と比較したところ，本研究で得られた CH_4 の放出量は水路の場所によって異なるが，水田からの放出量と近く，日本における代表的な富栄養湖（CH_4：$10.8 mmol/m^2/day$[34]）の約 3 倍と，多量の CH_4 が放出していることが明らかとなった．培養実験においても堆積物の表層ではほとんど CH_4 が生成されず，深層において表層の 40～100 倍の高濃度の CH_4 が生成されていた．このことから河床中の堆積物中，表層より深層において CH_4 が大量に生成される環境にあると考えられ，泥深が 10cm を越えると嫌気的環境が促進

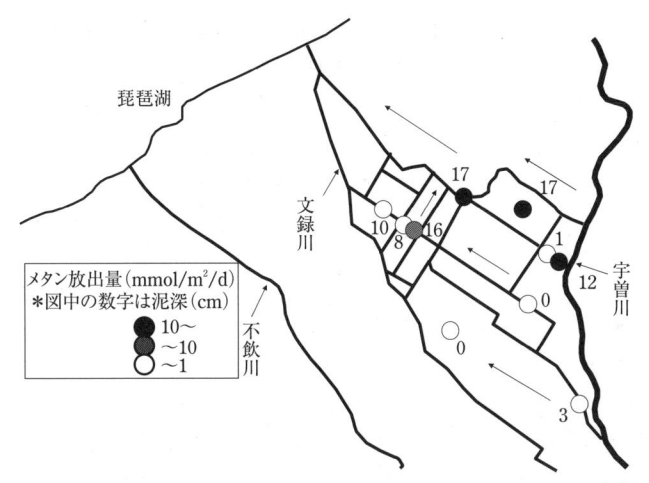

図3-2-15 琵琶湖湖東平野における溶存メタン濃度及びメタンの放出量の分布（2005年11月25日）

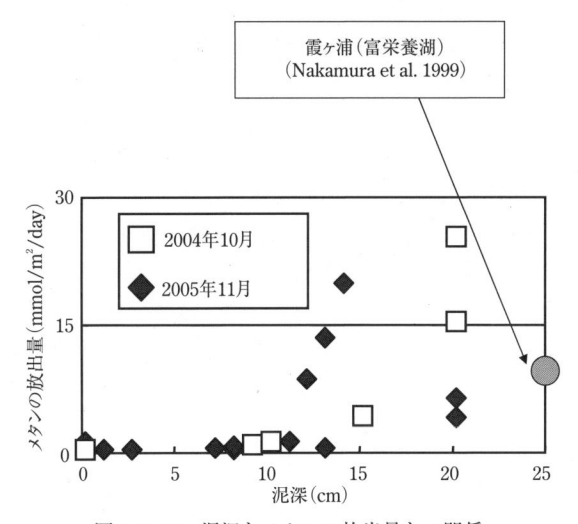

図3-2-16 泥深とメタンの放出量との関係

すると思われる．この還元的な環境は生態系へ影響を与えるため，河川の環境を良好な状態に保つためには泥深10cmを目安とした水路掃除が必要ではないかと思われる．

5 琵琶湖流域における河川堆積物中の酸化還元環境

前項において，水田から排出される微細な粒子が水路の嫌気的環境を増大させてい

ることを示した.水路の下流にある中小河川の現状はどうであろうか？

近年,琵琶湖の水質を考える上で,相対的に小さな河川(以降,中小河川)の重要性が注目されている[35].琵琶湖流域における中小河川の特徴として,源流を森林に持たず,相対的に大きな河川から水を導水している点が挙げられる.大きな河川から導水した水は中小河川を経由し,周辺の農地や市街地を経由して琵琶湖へと流入する.それゆえ,中小河川は比較的流域の人間活動の影響を受けやすく,水質汚濁が進行しやすい環境にあると言える.さらに,琵琶湖流域には約 120 もの 1 級河川があり,小規模のものを含めると 460 以上もの河川が存在するが,そのほとんどが中小河川である[36].この点からも,中小河川の水質汚濁の現状を明らかにすることは琵琶湖流域の環境保全にとって必要であると考えられる.

このようなことから,本項では河床の酸化還元状態を表す酸素に注目し,下流域の堆積物表層における溶存酸素濃度を測定し,各河川の堆積物中の溶存酸素濃度と土地利用との関係を解析した.

5.1 調査内容

調査は 2003 年 8 月に琵琶湖集水域河川である堺川,中の井川,蛇砂川,安食川,野洲川,愛知川,姉川,大川,大浦川の 9 河川で,下流の河川水の滞留が認められない地点でおこなった.各河川の水源は堺川,中の井川は野洲川からの導水および伏流水,蛇砂川は永源寺ダムからの放流水,安食川は湧水,野洲川,愛知川,姉川,大川,大浦川は森林域を水源としている(図 3-2-17a).

河川水及び堆積物中の溶存酸素濃度は,溶存酸素計(YSI model-95)を用いて測定した.堆積物中の溶存酸素濃度は内側が空洞で,側壁に直径 5mm の穴の空いたステンレス製の杭を河床に打ち込み,側壁の穴から滲出してきた水を数回取り除き,その後滲出してきた水について測定した.この際,側壁の穴が堆積物表層から 8cm の深度になるように杭を打ち込んだ.

河川流速は,電磁流速計(アレック電子 AEM1-D)を用いて測定した.

河床堆積物は,表層から深度約 8cm の柱状試料を,ライナー採土器(大起理科工業 DIK-110B)を用いて間隙水や堆積物粒子が流出しないよう注意を払って採取した.その後実験室に持ち帰り,目合い 2000μm,500μm,250μm,125μm,63μm のふるいを用いて粒子を 6 段階に分別し,その乾重量を測定し,粒度組成を求めた.

なお,調査期間中大浦川調査時にのみ降雨が確認されたが,他 8 河川での調査時には降雨はなかった.また,調査前 6 日間は滋賀県内で降雨はほとんど観測されなかった(滋賀県彦根測候所).

各調査河川流域の流域面積と流域内の土地利用形態及び人口密度を,GIS(ESRI ジャパン ArcGIS 9)を用いて算出した.数値情報は流域面積及び土地利用形態は滋賀県 GIS を,人口密度は統計情報研究センター 地域メッシュ 3:3 次地域区域メッシュ

第 2 章 水環境への影響

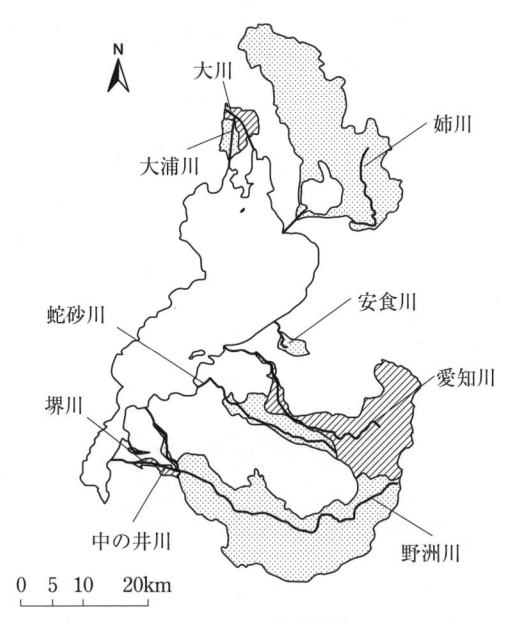

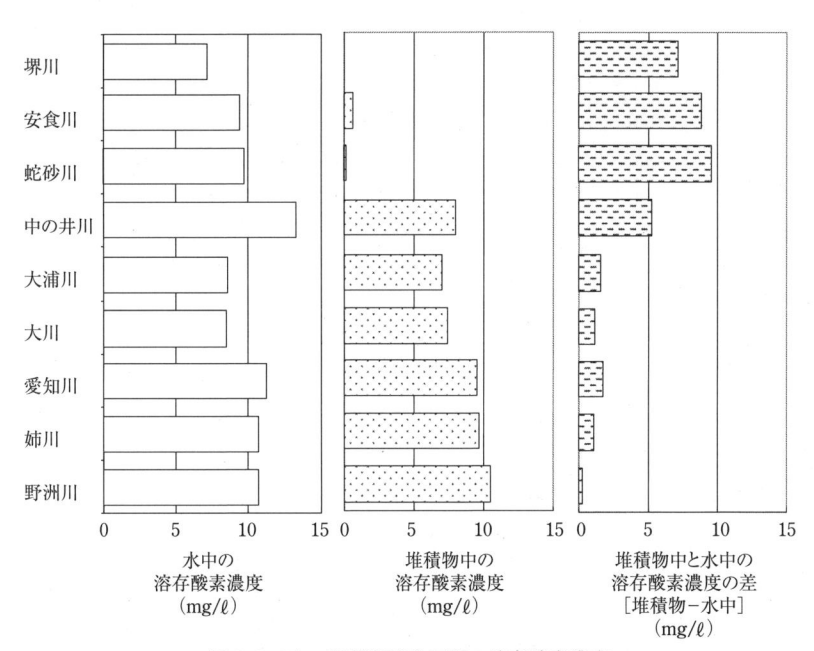

図 3-2-17a 調査地点

図 3-2-17b 琵琶湖流入河川の溶存酸素濃度

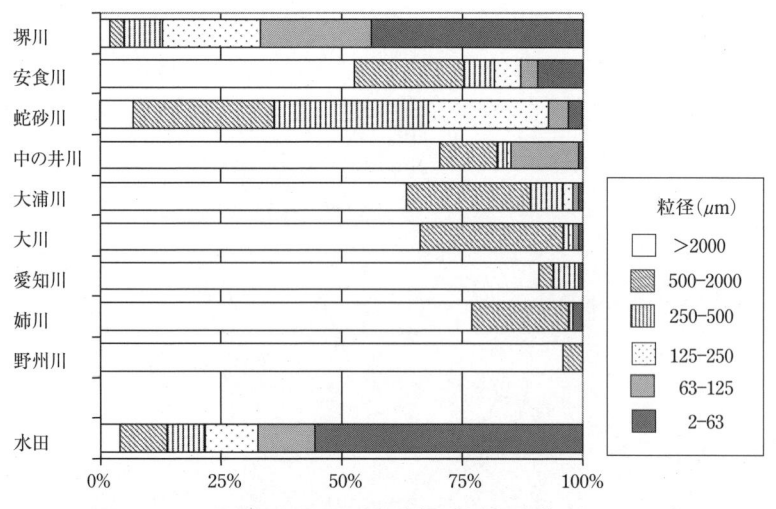

図3-2-17c　琵琶湖流入河川の堆積物の粒度組成（深度0〜8cm）

(1km×1km) を用いた．

5.2　河床堆積物中の溶存酸素濃度

各調査河川流域の流域面積及び土地利用形態，人口密度を表3-2-3に記す．

流域面積が大きい愛知川，姉川，野洲川においては流域の50％以上を森林で占められており，水田比率は6〜19％であった．流域面積の小さい堺川，中の井川，安食川，蛇砂川では流域の50％以上を水田で占められており，森林比率は0〜19％であった．大川，大浦川は流域面積はそれぞれ15.5km^2，19.8km^{2}と比較的小さいものの森林比率が80％と高く，水田比率が低かった．これらをまとめると「流域面積が小さく，水田比率が高く，森林比率が低い（水源を森林に持たない）滋賀県南東部の中小河川」「流域面積が小さく，森林比率が高く，水田比率が低い滋賀県北部の中小河川」「流域面積が大きく，森林比率が高い，水田比率の低い大河川」の3つのタイプに分類される．

また，建物用地比率及び人口密度は水田比率同様に平野部のみを流れる中小河川において増加する傾向が見られた（表3-2-3）．

調査河川の水中及び堆積物中の溶存酸素濃度と水中と堆積物の溶存酸素濃度の差を図1bに示す．水中の溶存酸素濃度はすべての河川で7mg/ℓを超えており，豊富に存在していた．上流にため池が存在する中の井川に関しては13.3g/ℓと飽和濃度を大きく超えていた．いっぽう，堆積物中の溶存酸素濃度は中の井川8.0mg/ℓ，野洲川10.5 mg/ℓ，愛知川9.53 mg/ℓ，姉川9.64 mg/ℓ，大川7.38 mg/ℓ，大浦川7.05mg/ℓで高く，堺川0mg/ℓ，蛇砂川0.19mg/ℓ，安食川0.67 mg/ℓで低かった．水中と堆積

表 3-2-3 調査河川の流域面積，土地利用形態，人口密度

	流域面積 (km²)	土地利用形態（%）								人口密度 (人/km²)
		森林	田	建物用地	その他の農用地	その他の用地	河川及び湖沼	幹線交通用地	荒地	ゴルフ場	
堺川	1.23	0	55.5	42.6	1.84	0.03	0	0	0	0	1640
中の井川	8.92	4.92	51.6	33.9	0.47	6.45	0.72	1.80	0.08	0	1064
安食川	11.7	1.26	70.4	19.8	0.43	5.49	1.09	1.59	0	0	954
大浦川	15.5	80.3	11.2	2.37	2.37	1.52	0.35	0.00	1.90	0	76
大川	19.8	88.6	5.38	1.60	0.26	0.47	0.99	1.37	1.32	0	76
蛇砂川	56.7	18.6	57.9	16.2	1.50	2.48	0.95	1.59	0.72	0	627
愛知川	203	81.1	8.45	2.14	0.52	0.59	4.16	0.10	2.94	0	108
姉川	369	88.9	5.58	1.59	0.95	0.65	1.49	0.06	0.81	0	96
野洲川	382	59.0	19.3	6.45	2.35	3.14	5.02	0.40	2.13	2.17	334

［対象：河川源流〜調査地点］

注：その他の農用地：畑，果樹園など
　　その他の用地：空港，野球場，湾港，造成地など

物中の溶存酸素濃度の差は中の井川 -5.26 mg/ℓ，堺川 -7.17 mg/ℓ，蛇砂川 -9.54 mg/ℓ，安食川 -8.78 mg/ℓ で大きく，野洲川 -0.25 mg/ℓ，愛知川 -1.69 mg/ℓ，姉川 -1.07 mg/ℓ，大川 -1.16 mg/ℓ，大浦川 -1.54 mg/ℓ で小さかった．

調査時の河川流速は順に，中の井川 10 cm/s，堺川 4 cm/s，蛇砂川 33 cm/s，安食川 24 cm/s，野洲川 80 cm/s，愛知川 4 cm/s，姉川 18 cm/s，大川 50 cm/s，大浦川 40 cm/s であった．

調査河川の河床堆積物の粒度組成をみると，堆積物中に粒径 250μ 以下の粒子が占める比率は中の井川 16%，堺川 87%，蛇砂川 32%，安食川 18%，野洲川 0%，愛知川 1%，姉川 2%，大川 3%，大浦川 4% であった（図 3-2-17c）．

5.3　土地利用が堆積物の粒度分布と溶存酸素濃度に及ぼす影響

各調査河川の水中の溶存酸素濃度は中の井川を除くすべての河川で飽和濃度に近い値であった．しかし，堆積物中の溶存酸素濃度は流域の 50% 以上を森林が占める愛知川，姉川，野洲川，大川，大浦川では 7.05 〜 10.5 mg/ℓ と水中の溶存酸素濃度との差はほとんど無かったが，流域の 50% 以上を水田が占める堺川，蛇砂川，安食川の堆積物中の溶存酸素濃度は 0 〜 0.67 mg/ℓ と無酸素およびそれに近い値であった．水中－堆積物中の溶存酸素濃度の差は流域の森林比率が高い河川では -0.25 〜 -1.54 mg/ℓ であったが，水田比率の高い河川では -5.26 〜 -9.54 mg/ℓ と水中との差が大きかった．

中の井川は水田比率が50％以上の小規模な河川であるが，他の同様な河川とは異なり堆積物中の溶存酸素濃度が8.00mg/ℓの値が観測された．これは13.3mg/ℓと非常に高濃度な水中の溶存酸素濃度の影響によるものであり，この原因は調査地点上流部に存在するため池からの高濃度の溶存酸素の供給によるものである．ため池には栄養塩を含む多くの物質が流入し，構造上水が滞留しやすいため，植物プランクトンの活性が卓越し，夏季の日中において光合成によって大量の溶存酸素を生産する．中の井川では堆積物中の溶存酸素濃度は8.00mg/ℓであったが，水中－堆積物中の溶存酸素濃度の差は－5.26mg/ℓと他の水田比率が高い河川と同様に明瞭な差が見られた．

流域の森林比率が高い愛知川，姉川，野洲川，大川，大浦川の河床堆積物は95％以上が粒径500μm以上の荒い粒子で占められていたのに対し，流域面積が小さく水田比率が高い堺川，中の井川，蛇砂川，安食川では粒径250μm以下の細かい粒子の比率が高くなる傾向が見られた．特に，流域面積が1.23km^2と水田地帯の水路としての性格が強い堺川では粒径63μm以下の粒子の比率が44％を占め，粒度組成は付近の水田土壌の粒度組成と良く一致していた．

河川流速と水中及び堆積物中の溶存酸素濃度，河床堆積物の粒度組成との間には明瞭な関係性は見られなかった．

これらの結果から，流域面積が小さく，水田比率の高い河川において堆積物中の粒径250μm以下の細かい粒子の比率が高くなり，水中と堆積物中の溶存酸素濃度の差が大きくなることが考えられる．

水田の他に河床の粒度組成や溶存酸素濃度に影響を与えると思われる要因として，「畑及び果樹園」「人口密度」「河川流速」「河川規模」が挙げられる．そこで各河川の「（水中－堆積物中）の溶存酸素の差」を目的変数としてこれらの要因との関係性を重回帰分析で解析した．その結果，水田だけが有意な結果を示し，また，他の要因よりも効果が大きいことが示された．この結果から（水中－堆積物中）の溶存酸素濃度の差は流域の水田比率の増加による影響が大きいことがわかった（表3-2-4）．

粒径の細かい堆積物が供給されない河川は堆積物中の間隙が大きいため，水中の溶存酸素が堆積物中に供給されると考えられる．このような河川は流域の森林比率が高い河川であった．一方，粒径の細かい粒子が供給される河川では細かい粒子が堆積物中に蓄積することにより堆積物中の間隙がなくなり，水中の溶存酸素が堆積物中に供給されず，堆積物中が無酸素になると考えられる．このような河川は流域の水田比率が高い河川であるといえる．

堆積物中の酸素が欠乏している河川では有機物分解によってメタン（CH_4）が生成される．そこで，補足調査として2003年10月に琵琶湖流入河川下流域にて表層水を採取し，FID検出器を接続したガスクロマトグラフで水中のメタン濃度を測定した（GC-14B島津製作所）．この調査は先の2003年8月の調査結果とは日時，河川，調査地点が異なるため同列に解析することはできないが，流域面積が大きく，森林比率が高い

表 3-2-4　重回帰分析による解析

重回帰分析
$r^2 = 0.942$（自由度調整 $r^2 = 0.845$）
F 値 $= 9.731$　　$\rho = 0.045$

	標準化係数	t 値	ρ 値
水田	−1.150	−4.051	0.027
畑・果樹園	−0.082	−0.478	0.665
人口密度	0.389	1.284	0.289
河川流速	0.224	1.177	0.324
流域面積	0.113	0.666	0.553

表 3-2-5　琵琶湖流入河川下流域の河川水（表流水）のメタン濃度（2003 年 10 月）

	流域面積 (km^2)	土地利用形態（%）		CH_4 (nM)
		森林	水田	
堺川	2.28	0	67.9	5,865
不飲川	7.21	3.58	66.0	596
文録川	14.0	15.7	66.8	1,417
安食川	14.8	1.06	70.2	6,241
白鳥川	33.4	20.4	54.0	1,623
家棟川	41.8	19.5	52.3	1,245
宇曽川	83.7	28.6	51.7	1,222
愛知川	211	78.0	10.4	439
日野川	226	44.3	31.3	1,033
野洲川	391	57.7	20.0	504
姉川	372	88.2	5.91	502

愛知川，野洲川，姉川のメタン濃度は 439nM，510nM，502nM であったが，流域面積が小さく，水田比率が高い河川においては大きな河川より高い傾向にあり，堺川，安食川ではそれぞれ 5,865nM，6,241nM と大きな河川の 10 倍以上の値が観測された（表 3-2-5）．この結果からも中小河川では水田からの土壌粒子の供給によって，堆積物中の無酸素化になっている現状がうかがえる．

5.4　まとめ

本研究の結果から，中小河川の堆積物中の溶存酸素が欠乏しており，これらの河川

の特徴としての堆積物中の粒度組成は他の河川と比較して粒径 250μm 以下の細かな粒子の比率が高く，流域内の水田比率が 50％と高いことが明らかとなった．水田から流出した土壌排水の蓄積が河川環境を大きく改変していると考えられる．琵琶湖流域には流域内の水田比率が 50％を超える河川が 36 河川存在する．これは全河川の 30％に相当することから，こういった事例は琵琶湖流域の多くの場所で起こっている現象であると考えられる．中小河川の水質形成のメカニズムと琵琶湖への影響についての研究の発展が必要である．

[山田佳裕]

3 河川の琵琶湖への影響
— 地域社会から琵琶湖流域まで

1 湖の富栄養化と河川
1.1 琵琶湖の富栄養化と対策

　少子化や大都市圏への人口集中が進む日本のなかにあって，滋賀県では，京都や大阪に通勤する人たちのための宅地開発がおこなわれ，現在でも人口が増え続けている．この半世紀の間に 85 万人から 140 万人まで増加している（図 3-2-18）．人間活動が盛んになれば，流域の河川を通して様々な物質が琵琶湖にもたらされる．人口の急激な増加が始まった 1960 年代後半から，琵琶湖では富栄養化現象が見られるようになった．湖の富栄養化は，その一次生産を支える植物プランクトンに必要な窒素やリンなどの栄養塩が過剰に供給されることによって生ずる．富栄養化に伴いまずカビ臭問題が発生した．引き続いて 1977 年に淡水赤潮が，さらに 1983 年になるとアオコが発生し大きな社会問題を引き起こした．

　湖の表層で生活する生物は，生命活動を終了した後は湖内を沈降し湖底で分解する．分解時には，湖水に溶存している酸素が消費され硝酸が発生する．琵琶湖底層水の酸素濃度は，測定が始まった 20 世紀後半以降，減少し続けている．さらに近年の地球温暖化に伴い，酸素に富んだ冷たい河川水が冬季の湖底に流入しにくい状況が現れるようになった．富栄養化とそれに伴う湖底の酸欠は，琵琶湖全体の生態系に大きな脅威を与えている[37),38)]．

　富栄養化の原因である窒素やリンの発生源は，家庭，工場，農地，都市，大気など様々である．発生源が家庭や工場，畜産といった特定の場所である場合，点源（ポイントソース）と呼ばれる．これに対して，大気や森林あるいは農地や都市などが発生源である場合には，その具体的な発生場所を特定しにくいため，面源（ノンポイントソース）（第 2 部第 3 章第 2 節）と呼ばれる．琵琶湖の富栄養化問題が起こった 1970 年代，滋賀県では，琵琶湖に流入する窒素とリンに占める家庭系発生源の割合を 24％，リンについては 34％（図 3-2-19）と見積もっていた．いっぽう，1970 年代の下水道

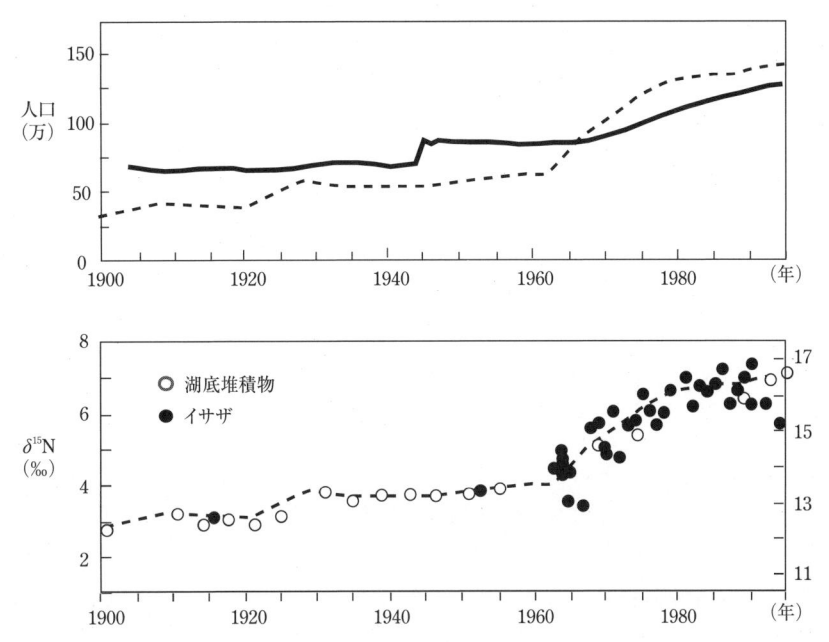

図 3-2-18 滋賀県の人口変化 (a) と琵琶湖の湖底堆積物 (IE 地点) およびイサザの窒素同位体組成 (δ^{15}N 値) の変化 (b). 点線は δ^{15}N 値の変化曲線. Ogawa et al. (2001) より作成.

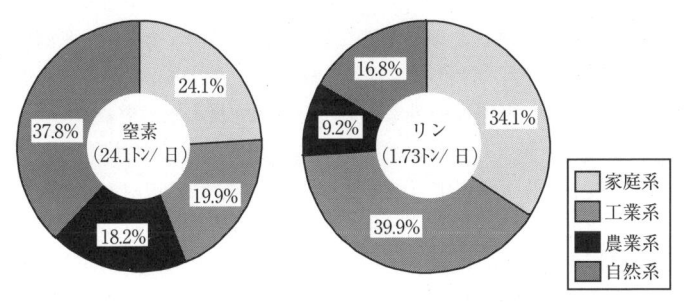

図 3-2-19 琵琶湖に負荷する窒素およびリンの発生源の割合. 國松・須戸 (1997) より作成.

普及率は 2～4% に過ぎず (図 3-2-20), このため富栄養化対策として, 県では下水道を整備すると共に, 処理施設における窒素やリンの除去率の向上を図ってきた.

現在の下水道普及率は 80% を越え, 全国都道府県の第 7 番目に数えられるまでになっている. こうした努力により, 湖水の富栄養化はどのように改善されたのであろうか.

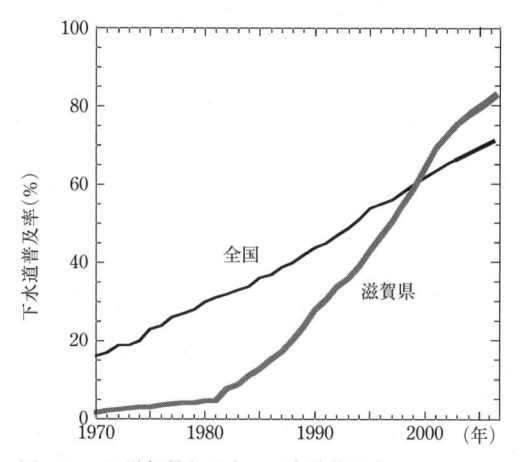

図 3-2-20　滋賀県と日本の下水道普及率．
http://www.pref.shiga.jp/d/gesuido/ などより作成．

1.2　琵琶湖の水質変化

　湖水の水質は，流入河川の量や質あるいは湖水の流動の影響を受けて，深度や地点だけでなく季節によっても変化する．このため，下水道対策の効果にも地域性が生ずる．琵琶湖全体の水質変化を評価するため，代表的な地点において長期にわたる水質モニタリングが実施されてきた．

　琵琶湖は琵琶湖大橋を境に北湖と南湖に分けられる（図 3-2-21）．北湖は南湖の約140 倍もの容量があり，平均深度も南湖の 3.5m に対して 44m と深い．北湖は春から秋にかけて，水温が高く低密度の表層水が冷たく高密度の水の上に成層する．1 月から 3 月の循環期には表層水と底層水が混合するため，湖水は均質化する．いっぽう，南湖の水は，北湖から流入する水を主体としており，それに南湖流域の人為影響を受けた河川が流入したものである．琵琶湖の水は，北湖から南湖を介して南部の瀬田川へと流出している．南湖の南東部には滋賀県最大の下水処理場があり，汚水処理水が流入する．このため，南湖は北湖に比べて窒素やリンだけでなく，他の溶存成分の濃度も一般に高い．

　琵琶湖環境科学研究センターによるデータを基に，北湖と南湖の代表的な水質を示した結果[39]（滋賀県環境白書，2007）を図 3-2-22 に示す．それによれば，湖水の BOD は両湖で大きく異なるものの，1970 年代以降は減少し続けている．透明度も回復しつつあるように見える．しかしながら，硝酸イオンは変動が大きいものの，全体的には年度の進行と共に濃度が上昇傾向へと転じている．リン濃度も，1994 年頃を境に減少から上昇へと変化している．このように下水処理施設の普及と改善にもかかわらず，琵琶湖の窒素やリンの濃度が期待したほど低下しないのは，他の発生源からの寄

第 2 章　水環境への影響

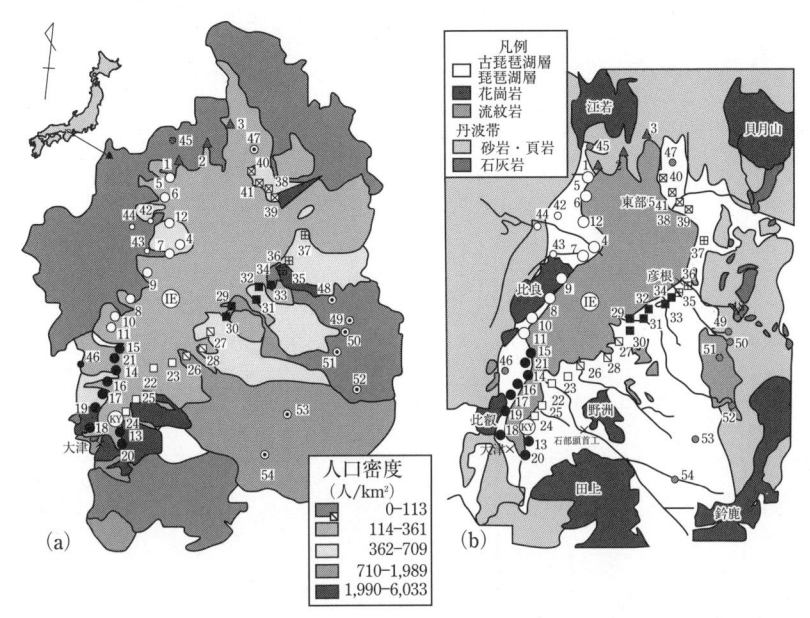

図 3-2-21　琵琶湖流域の地質と河川および河川試料採取地点．数字の河川名は表 3-2-6 に示す．

与が大きいこと，とくに面源負荷の寄与を考える必要があることを示している．ところが，富栄養化の原因となる窒素やリン，BOD や COD など一般的におこなわれている水質項目にはいくつかの限界がある．

第一点は，湖水に含まれる汚染物質の発生源を，水質モニタリングデータから直ちに特定するのは難しい，ということにある．ヒ素や鉛あるいは PCB などの有害物質による汚染は，鉱山や工場といった点源に由来することが多いが，その場合でも発生源や負荷量の決定には時間がかかる．様々な点源や面源が想定される琵琶湖の富栄養化問題の場合には，栄養塩の主要な発生源の特定は容易でない．第二点は，河川からもたらされた窒素やリンの多くは，湖内の生物生産や湖底での脱窒などによって消費されてしまうことにある．河川からもたらされた物質の湖内での動態や収支がわからない限り，湖水の水質変化を引き起こした河川や人間活動の特定は難しい．富栄養化問題の解決には，河川と湖の質的関係を高い確度でつなげる化学指標の開発が必要とされる理由がここにある．

1.3　湖水を変える流入河川

湖水に溶存している成分は，流域の河川水や地下水あるいは雨や雪などの大気降下物にその起源がある．琵琶湖の水環境については，琵琶湖編集委員会編[40]によくまと

177

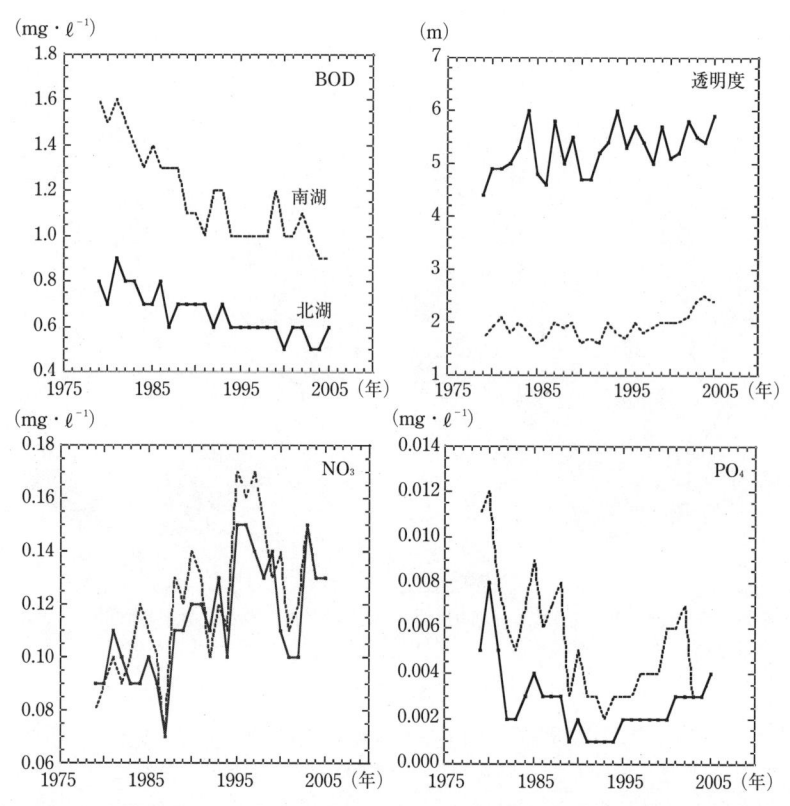

図 3-2-22 琵琶湖における水質（透明度，BOD，PO_4，NO_3）の経年変化．太線は北湖，点線は南湖．滋賀県環境白書（http://www.pref.shiga.jp/biwako/koai/hakusyo/）などより作成．

　められている．それらによると，琵琶湖流域の年間降水量は1,600mm～2,400mm（平均：1,879mm）であり，山地ほど高く，また南から北に向かって増加する傾向を示す．琵琶湖流域に占める湖水の割合は17.5%に及んでいるので，大気から湖水に直接もたらされる降水量は無視できない．しかしながら，日本の雨や雪に含まれている成分の濃度は，河川水や地下水に比べて，多くの場合1桁から2桁程度低い．したがって，大気降下物が直接琵琶湖の水質に及ぼす影響は小さい．

　河川水は地下水と互いにつながっており，両者に含まれている成分は個々の流域では互いによく似ている．琵琶湖を涵養する水のうち，地下水が占める割合は10～20%程度と見積もられている．降水量が同じで地下の保水量や流動速度にも大きな違いがない流域の場合，地下水の水量は河川水と同様，流域の規模に応じて変化すると考えられる．したがって，琵琶湖の水質変化の原因を解明するには，河川水の量と質

を流域ごとに検討することが最も重要になる.

　河川の組成は，降雨や雪解けなどのイベント時に大きく変化するが，平水時の河川水の水質は比較的一定しており，基底流出水と呼ばれる．水に溶けている成分は陽イオンおよび陰イオンとして存在するが，主な陽イオンはカルシウム（Ca^{2+}），マグネシウム（Mg^{2+}），ナトリウム（Na^+），カリウム（K^+），陰イオンは塩素（Cl^-），重炭酸（HCO_3^-），硫酸（SO_4^{2-}），硝酸（NO_3^-）である．代表的な微量成分は，ストロンチウム（Sr）やバリウム（Ba）などのアルカリ土類元素，ルビジウム（Rb）やセシウム（Cs）などのアルカリ元素であり，この他，臭素（Br）やヨウ素（I）などが陰イオンとして存在する．琵琶湖に流入する主要な41河川（表3-2-6）の基底流出水を2003年6月と2004年12月に採水し，溶存する30成分を分析した結果，濃度の季節的な違いは30%以内であった．これに対して，地理的な違いは10倍以上に及んでいた[41]．

2　琵琶湖流域の河川の特徴
2.1　湖と河川をつなぐ化学指標

　琵琶湖の水質は，このように地域的に多様な水質をもつ河川が流入し混合することによって生ずる．湖水の水質にも不均質性が存在するが，湖内での混合が行われるため，その程度は河川の地域的変化に比べるとはるかに小さい．湖水の混合が十分達成される場合，その元素組成（L_i）は次式で表される．

$$L_i = \Sigma (R_i \times R_a) \quad (1)$$

ここでR_iは河川（R）に含まれる元素（i）の濃度，R_aは河川（R）の水量である．河川からの流入量が流域の年間降水量に比例し，さらに年間降水量が流域にかかわらず一定である場合には，湖水の元素組成（L_f）は次式で近似できる．

$$L_f = \Sigma (R_i \times R_r) \quad (2)$$

ここでR_rは琵琶湖流域における河川（R）が占める面積の割合を示す．

　(2)式を用いて，41河川のデータから求めた湖水の18成分の組成は，硝酸，鉄，マンガンを除くと，南湖の北山田（KY）地点の水質とよく似ている（表3-2-7）．この南湖地点（KY；北山田）は下水処理場の北にあり，処理水の影響を受けていない．いっぽう，北湖の水質はわずかであるが南湖のそれと明らかに異なる．北湖のIE地点（図3-2-21）は，大きな流入河川の河口から離れており，北湖の水質を代表すると考えられている．IE地点の循環期の水質は，深度にかかわらず一様である．この水質は北湖に流入する河川から求めた値と比較的よい一致を示す．野洲川は琵琶湖の流入河川の中で流域面積が最も広いが，流域の人間活動が盛んであり，石部頭首工で取水された水の多くは最終的には南湖に注ぐ．北湖への野洲川の寄与を60%として再計算すると，IE地点における溶存成分組成との一致はさらによくなる．この一致は，野洲

表3-2-6 対象にした河川と流域の人口，人口密度，流域面積とその割合

番号	河川名 下流地点	人口 (人)	密度 人/km²	面積 km²	面積の割合 (％)
北部					
1	知内川	2257	44	51.33	1.93
2	大浦川	3828	98	39.21	1.48
3	大川	1111	55	20.24	0.76
西部					
4	安曇川	8185	27	306.12	11.52
5	石田川	5023	84	59.93	2.25
6	百瀬川	851	65	13.14	0.49
12	今川	281	90	3.13	0.12
7	鴨川	4149	89	46.53	1.75
8	比良川	937	97	9.68	0.36
9	鵜川	465	66	7.03	0.26
10	八屋戸川	664	170	3.90	0.15
11	野離子川	685	183	3.74	0.14
東部					
	東部-1				
22	野州川	126122	324	391.18	14.72
23	家棟川	35935	859	41.84	1.57
24	葉山川	68910	2048	33.65	1.27
25	守山川	14426	2540	5.68	0.21
	東部-2				
26	日野川	76360	338	225.85	8.50
27	長命寺川	69867	644	108.41	4.08
28	白鳥川	23545	704	33.42	1.26
	東部-3				
29	愛知川	22957	110	211.14	7.94
30	大同川	27233	876	31.08	1.17
31	不飲川	5465	758	7.21	0.27
32	文録川	8323	595	13.98	0.53
33	宇曾川	34452	411	83.74	3.15
34	安食川	14870	1002	14.85	0.56
	東部-4				
35	犬上川	11066	109	101.63	3.82
36	芹川	34039	462	73.86	2.78
37	天野川	24994	226	110.93	4.17
	東部-5				
38	姉川	22516	61	372.26	14.01
39	田川	10853	301	36.02	1.36
40	余呉川	21958	281	78.12	2.94
41	丁野木川	4219	412	10.23	0.39
南部					
13	草津川	16614	433	38.34	1.44
14	真野川	24305	1048	23.18	0.87
15	和邇川	3203	186	17.17	0.65
16	天神川	2609	1364	9.77	0.37
17	雄琴川	4699	741	6.34	0.24
18	柳川	8736	2118	4.12	0.16
19	藤の木川	7116	1805	3.94	0.15
20	長沢川	11728	3174	3.69	0.14
21	丹出川	8622	4353	1.98	0.07
	上流・中流地点				
42	今川		43	鴨川	44	安曇川
45	知内川		46	真野川	47	余呉川
48	芹川		49	犬上川	50	犬上川
51	宇曾川		52	愛知川	53	日野川
54	野洲川					

表 3-2-7 琵琶湖北湖 IE 地点（2004 年 2 月 22 日）における 4 深度の湖水と南湖北山田港近くの湖水のストロンチウムと硫黄の安定同位体組成と溶存成分濃度（mgL^{-1}）および河川水から計算した湖水の組成

	$^{87}Sr/^{86}Sr$	$\delta^{34}S$ (‰)	Cl	NO_3^-	SO_4^{2-}	Ca	Na	Mg	K	Br	Sr	Ba	Rb	Fe	Mn	Al	Ti	V	Cu	Zn	As	Mo	Sb	Cs	Co	Sc	Y	La
IE地点 (0m)	0.712416	0.4	10107	223	9874	12502	8272	2562	1482	21	40	6.8	1.37	50	0.6	<2	0.30	0.10	0.80	0.6	2.12	0.30	0.17	0.007	0.01	2.00	<0.003	<0.001
(−20m)	0.712418	0.3	11103	224	9810	12492	8921	2670	1629	22	40	6.9	1.42	30	0.5	<2	0.30	0.10	1.00	0.8	2.11	0.30	0.18	0.007	0.01	2.00	<0.003	<0.001
(−50m)	0.712412	0.0	10399	224	9876	12458	8428	2649	1535	22	41	6.9	1.38	30	0.5	<2	0.30	0.10	2.30	0.5	2.11	0.30	0.18	0.006	<0.005	2.00	0.00	<0.001
(−73m)		0.5	10372	223	9855	12599	8439	2680	1545	21	39	6.7	1.30	30	0.6	<2	0.30	0.10	2.00	<0.5	2.12	0.30	0.17	0.007	<0.005	2.00	<0.003	<0.001
（平均）	0.712416	0.3	10495	224	9854	12513	8515	2640	1548	22	40	6.8	1.37	35	0.6	—	0.30	0.10	1.53	0.6	2.12	0.30	0.18	0.007	0.01	2.00	0.00	—
KY 地点	0.712212	−1.7	11023	192	11346	12750	10110	2760	2370	28	50	24.8	2.16	31	7.9	12.7	0.26	0.52	0.85	11.6	3.71	0.50	0.23	0.013	0.04	1.81	0.02	0.02
計算結果																												
(1)	0.712325	0.0	13849	1076	11877	14324	10374	2807	1639	27	50	11.9	1.50	65	31	7.3	0.92	0.36	0.81	1.1	1.08	0.42	0.16	0.011	0.05	1.97	0.05	0.013
(2)	0.712461	−0.3	8711	923	9105	12073	7038	2317	1234	23	40	8.9	1.07	52	25	6.1	0.78	0.31	0.69	0.9	0.88	0.33	0.14	0.007	0.04	1.63	0.04	0.010
(3)	0.712398	0.0	10767	984	10214	12973	8372	2513	1396	25	44	10.1	1.24	57	27	6.6	0.83	0.33	0.74	1.0	0.96	0.37	0.14	0.009	0.05	1.77	0.05	0.011
(4)	0.712237	0.1	14893	1133	13108	15371	11187	3022	1810	30	55	13.8	1.69	72	41	7.8	0.99	0.38	0.89	1.8	1.17	0.48	0.17	0.012	0.07	2.12	0.05	0.014

注：(1) 北湖に流入する全河川水
　　(2) 野洲川を除いた北湖に流入する河川水
　　(3) (2)において野洲川の寄与を 60% とした場合
　　(4) 琵琶湖に流入する全河川水

川の北湖への寄与がその流域面積ほど大きくないことを示唆している（表3-2-6）．いずれにしても，河川の溶存成分を基に計算によって得られた水質が，湖水の実測値とよい一致を示すことは，陽イオンだけでなく，塩素，硫酸，臭素などの陰イオンも，河川と湖の関係をつなぐよい水質指標であることを示している．後述するストロンチウムや硫黄も，湖内で生ずる諸プロセスの影響をほとんど受けない．

2.2　河川の水質の地域性

　河川の基底流出水は，森や林あるいは水田や畑に降った雨や雪が土壌に浸透し，地下水となった後に地表に現れたものである．したがって，河川水の元素組成は，大気降下物からもたらされる成分に，流域を構成する岩石からもたらされる物質，および人間活動によって流域外からもたらされる物質が加わって生ずる．雨水の元素濃度は一般に低いので，河川水の水質に見られる大きな地域的変化の原因は，流域の地質と人間活動に求めることができる．

　河川の下流地点における13の溶存成分を主成分分析すると，大きく二つのグループに分けられる．一つはアルカリ土類元素や硫酸，重炭酸などのグループ1の成分（Ca, Mg, Sr, SO_4, HCO_3, NO_3），もう一つはアルカリ元素や塩素，臭素などのグループ2の成分（Na, K, Rb, Cs, Ba, Cl, Br）である（図3-2-23）．これら二つの因子を基に琵琶湖流域の河川を分類すると，東部，西部，南部，北部の4地域に大別できる．北部や西部の河川は流域の人間活動が少なく，人口密度は200人/km^2以下である（表3-2-6，図3-2-21）．これに対して，南部は人口密度が高く（多くは1,000人/km^2以上），東部は農業活動が盛んである．人為影響を無視できる場合，河川の水質は流域の地質環境の影響を強く受けるが，琵琶湖流域の山地は花崗岩，流紋岩，砂岩・頁岩および石灰岩で構成される（図3-2-21）．花崗岩と砂岩・頁岩は分布範囲が広いのに対して，流紋岩は東部の，いっぽう石灰岩は北東部の限られた地域に分布する．平野部の地質は，山地からもたらされた鮮新世以降の若い時代の礫，砂，泥で構成されている．

　河川に溶存する成分の濃度は，流域の人口密度が低い北部と西部の河川や山地域の河川で低いのに対して，人口密度が高い南部と東部の河川で高い（図3-2-24）．後者の河川の水質は，流域の地質だけでなく人間活動（農業，工業，都市，郊外など）の違いを反映している．東部の河川は全体的にグループ1の成分に富んでいる（図3-2-23）が北から南に向かって5地域（東部1, 2, 3, 4, 5）に細分される．湖東平野の南部を南東から北西に向かって流れる野洲川やその周辺の河川（東部1地域）は，グループ2の成分に富んでいる．これに対して，水田が広く分布する宇曽川から愛知川およびその間にある河川（東部3地域）は，カルシウム，硫酸，重炭酸濃度などのグループ1の成分に富んでおり，とくに流域面積の小さい河川ほどその傾向が強い．日野川とその周辺の河川（東部2地域）は，両者の中間的な水質を示す．東部の最北部の河川（東部5地域）は，人口密度が低いにもかかわらず，南部地域の河川と溶存成分組成が似

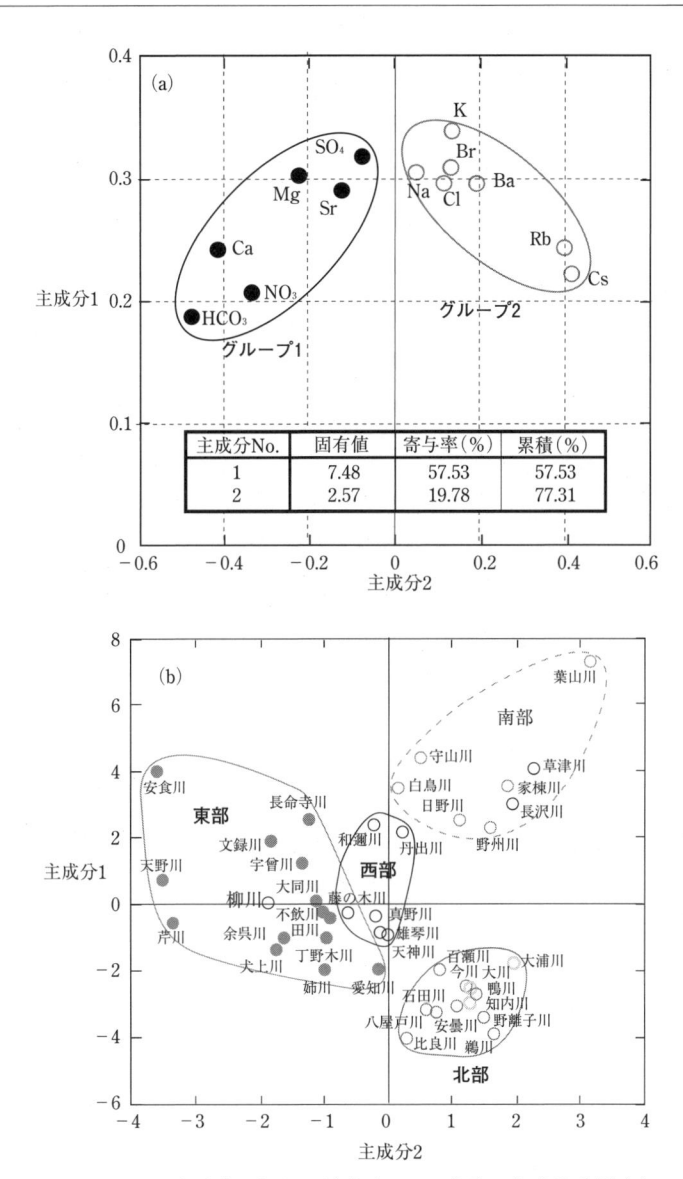

図 3-2-23 下流地点の河川に溶存する 13 成分の主成分分析 (a) と主成分による河川の分類 (b). 溶存成分はグループ 1 (黒丸：HCO_3, SO_4, NO_3, Ca, Mg, Sr) とグループ 2 (赤丸：Cl, Br, Na, K, Ba, Rb, Cs) に区分され, 両グループ成分により, 河川は 4 地域に区分できる.

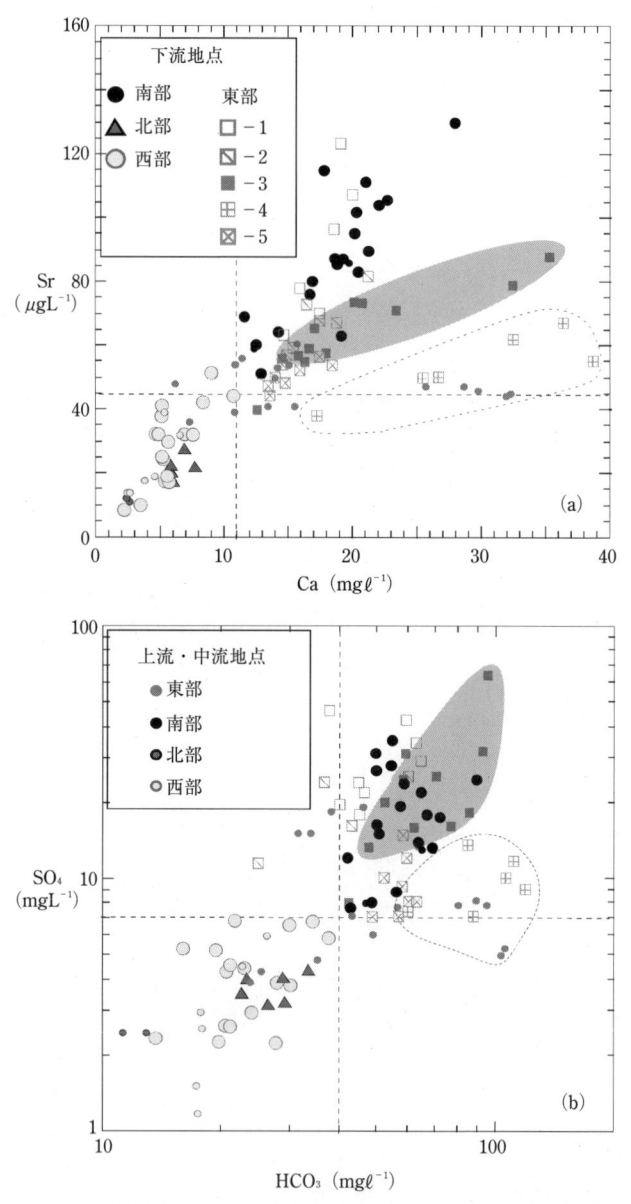

図 3-2-24 河川水の Ca-Sr (a) および HCO_3-SO_4 (b) の関係. 灰色部は東部 3 地域, 点線は東部 4 地域の河川. 東部 3 地域は Ca, HCO_3, SO_4 に富む. 東部 4 地域の河川は低い Sr/Ca で特徴づけられる.

ている．

2.3 ヘキサ図から見た河川の特徴

　水に溶存する主要な陽イオンと陰イオンをそれぞれ3成分にまとめ，各成分の濃度を中心線からの距離として表し，それらを結ぶと左右のバランスがほぼつりあった六角形ができる．このように，主要イオンの組成で水質を表現した図をヘキサダイヤグラムという．ヘキサとは六角形という意味で，その形と大きさによって異なる水質を視覚的に捉えることができる．例えば，海水はナトリウムと塩素に富んでいるので，鼓に似た形をしたヘキサダイヤグラムとなる．日本の雨は，海水に比べて1万倍も濃度が低いが，海塩粒子成分に富んでいるので，ヘキサダイヤグラムは海水と同じような形となる．

　琵琶湖流域の河川の水質の地域的特徴は，ヘキサ図によく現れている．琵琶湖の主成分組成は地点によってあまり変化しない．カルシウムと重炭酸にやや富んでおり，そろばん玉のようなヘキサ図を示す（図3-2-25）．河川の多くも，カルシウムと重炭酸の濃度がもっとも高い．北部と西部の河川や山地の河川は，溶存成分が乏しいためにヘキサ図全体が小さい．例外は石灰岩を流域にもつ東部4地域の河川（天野川，芹川，犬上川）で，カルシウムと重炭酸に富んでいるため，菱型をしたヘキサ図を示す．南部の河川と東部5地域の河川は水質が互いによく似ており，カルシウム—重炭酸型である．東部3地域の水田地帯の河川は全体的に濃度が高く，カルシウム—重炭酸・硫酸型の水質を示す．

　流入河川に含まれている物質の発生源を追跡することは，水質の地域多様性の原因だけでなく，湖水への人為影響の原因解明にもつながる．しかしながら，元素の発生源を組成情報だけで特定するのは難しい．

3　安定同位体：湖と川と人をつなぐ環境トレーサー

3.1　窒素同位体：人為インパクト指標

　琵琶湖の水質は時代と共に変化しているが，湖と川をつなげる指標となりうる前述したイオン成分については，ほとんど測定されていない．河川水についても同様である．このことが，富栄養化をもたらした河川や，その原因となった人間活動の特定を難しくさせている一因になっている．昔の湖や川の水質を復元するには，新たな指標の開発が不可欠である．各種元素の安定同位体組成は，河川に溶存する元素の発生源だけでなく，湖底堆積物や琵琶湖産生物などのアーカイブ試料を用いることによって，湖水の水質復元にも有益な情報をもたらしてくれる．

　富栄養化の原因である窒素には ^{14}N と ^{15}N の二種類の安定同位体が存在する．琵琶湖の主要河川の堆積物に含まれている窒素の安定同位体組成（$\delta^{15}N$）は，流域の人口密度に応じて地域的に変化する．人口密度が高い南湖周辺の河川堆積物は高い $\delta^{15}N$

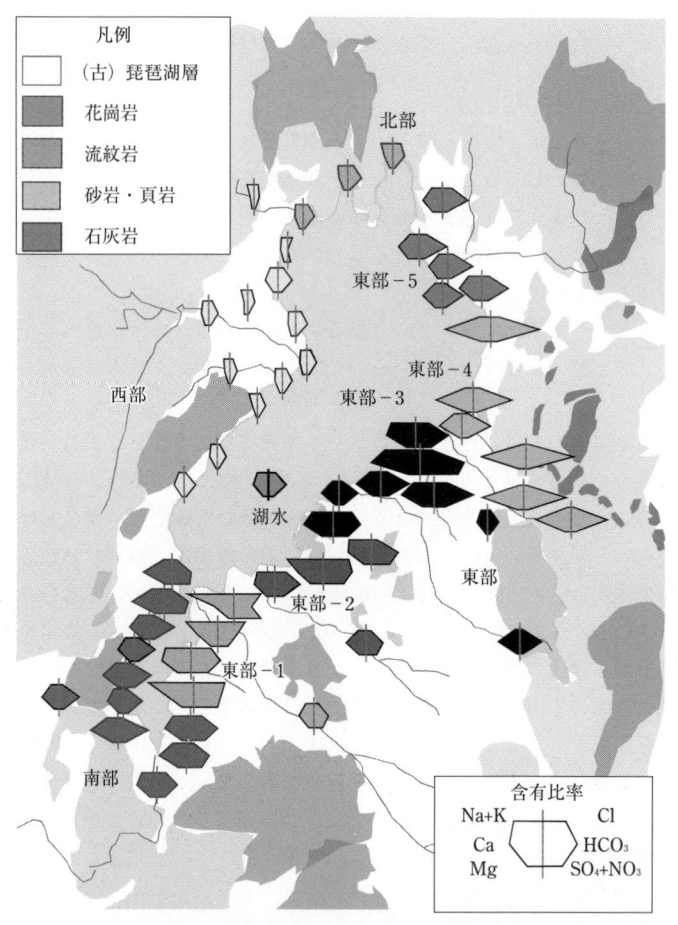

図 3-2-25　河川水のヘキサダイヤグラム．琵琶湖の水質は地点にかかわらず似たヘキサ図を示すのに対し，河川は地域により大きく異なる．また上流域は下流域に比べてヘキサ図の大きさが小さい．

値を示すのに対し，人口が少ない北湖の北部や山地部の河川では低い $\delta^{15}N$ 値を示す堆積物が多い．湖東平野の河川は両者の中間的な $\delta^{15}N$ 値を示すが，彦根市などの人口密度の高い地域の堆積物は $\delta^{15}N$ 値が高い．人間活動は流域の河川に高い $\delta^{15}N$ 値を持つ窒素，言い換えれば ^{15}N に富んだ窒素をもたらすことがわかる．このように，窒素同位体は人間活動によるインパクトを評価する指標として利用できる．

3.2　ストロンチウム同位体：流域地質インパクト指標

　水や岩石に含まれている微量成分の一つにストロンチウムがある．ストロンチウム

はカルシウムやマグネシウムと同じアルカリ土類元素の一つである．カルシウムとマグネシウムは河川水や地下水の主成分であるが，この原因は両元素を含む鉱物が化学風化しやすいことにある．化学風化とは，岩石が水と反応し，それに含まれている鉱物が溶解したり，別の鉱物に変質する現象である．風化により，岩石に含まれていたさまざまな元素が水に移動する．岩石は数種類の鉱物で構成されているが，水に対する化学風化の程度は鉱物によって大きく異なる．ストロンチウムはカルシウムを含む岩石や鉱物に多く含まれる．石灰岩は炭酸カルシウムで構成され，弱酸に溶解する．石灰岩は，他の岩石に比べてカルシウムに対するストロンチウムの濃度が低いという特徴がある．このため，芹川や犬上川など流域に石灰岩が分布する東部4地域の河川は，カルシウムとストロンチウムに富むが，他の河川に比べて低い Sr/Ca を示す（図3-2-24）．

ストロンチウムには4つの安定同位体（^{84}Sr, ^{86}Sr, ^{87}Sr, ^{88}Sr）があるが，そのうち ^{87}Sr と ^{86}Sr の比（$^{87}Sr/^{86}Sr$）は岩石によって変化することが知られている．河川水の $^{87}Sr/^{86}Sr$ は，流域を構成する地質の $^{87}Sr/^{86}Sr$ に対応して変化する．$^{87}Sr/^{86}Sr$ の分析精度は 0.00001 程度である．これに対して，琵琶湖流域の河川の $^{87}Sr/^{86}Sr$（0.7097〜0.7186）は 0.01 程度に及んでおり，大きな地域的変化を示す．河川の同一地点における $^{87}Sr/^{86}Sr$ の変化は，多くの場合 0.0005 以下と小さい．このように，小数点3桁目あるいは4桁目というわずかな数値の違いであっても，$^{87}Sr/^{86}Sr$ は河川の地域性を特徴づける指標となる．

河川水に見られる，同一地点における一定した $^{87}Sr/^{86}Sr$ と地域的に大きく変化する $^{87}Sr/^{86}Sr$ は，含まれているストロンチウムの多くが流域の地質に由来することを示している．琵琶湖流域の河川のストロンチウムとカルシウムがよい相関を示すことは，カルシウムの多くが地質に由来することを示している．

河川水の $^{87}Sr/^{86}Sr$ を4地域で比較すると，重なる部分が多いものの，北部，南部，東部，西部の順序で高くなる傾向を示す（図3-2-26）．西部地域の河川水は高い $^{87}Sr/^{86}Sr$ で特徴づけられるが，これは流域が高い $^{87}Sr/^{86}Sr$ をもつ砂岩・頁岩類（多くは ＞ 0.72）で主に占められていることと関係する．東部の芹川はもっとも低い $^{87}Sr/^{86}Sr$（0.7097）を示すが，これは流域に分布する低い $^{87}Sr/^{86}Sr$ をもつ石灰岩（〜0.708）の溶解に求めることができる．西部地域の中でも，その南部の比良山や比叡山が連なる地域には花崗岩が卓越する．これら花崗岩の $^{87}Sr/^{86}Sr$ は 0.712〜0.736[42]と流域の花崗岩の中でも高く，これが同地域の河川水の $^{87}Sr/^{86}Sr$（0.7128〜0.7154）に反映していると考えられる．花崗岩は北部地域にも分布するが，それらの多くは南部地域の花崗岩に比べてやや低い $^{87}Sr/^{86}Sr$（〜0.709）を示す．これが北部地域の知内川が比較的低い $^{87}Sr/^{86}Sr$（0.7111〜0.7116）を示す原因になっている．東部の河川は幅広い $^{87}Sr/^{86}Sr$ を示すが，その多くは 0.7117±0.0005 の狭い範囲に入っている．とくに流域が小さく，大半が平野を流れる中小河川では，その傾向が強い．湖東平野を構成する古琵琶湖層

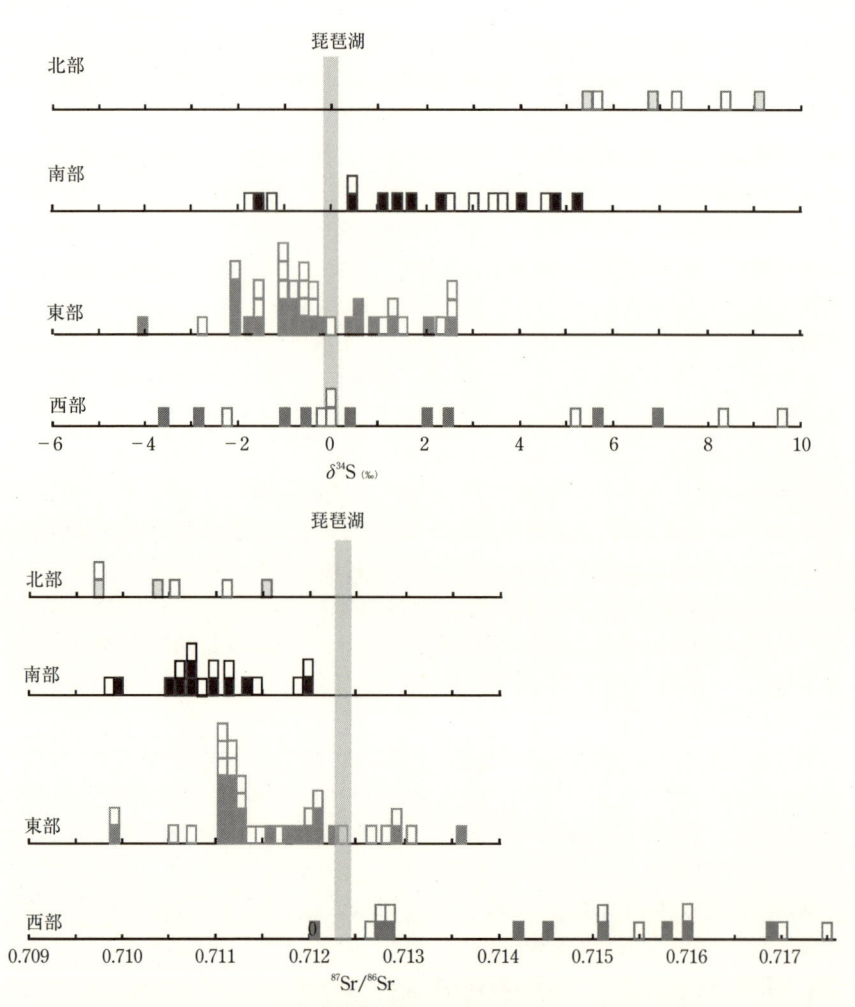

図3-2-26 河川の$^{87}Sr/^{86}Sr$と$\delta^{34}S$値の地域的変化．塗りつぶしは2003年6月，白抜きは2004年12月の試料．琵琶湖水に比べて，東部の河川の多くは低い$^{87}Sr/^{86}Sr$と$\delta^{34}S$値を示すが，他地域の河川の多くはいずれかの同位体組成が高い．

や琵琶湖層に含まれている酸に溶解しやすい鉱物が，こうした値を有していると考えられる．これに対して，大きな河川は山地を構成する岩石に由来する成分の寄与が相対的に大きくなるので，$^{87}Sr/^{86}Sr$はより変化に富んでいる．ストロンチウム同位体は，流域の地質からのインパクトを評価するよい指標である．

3.3 硫黄同位体：地下資源インパクト指標

河川に溶存する硫酸イオンの濃度は北部と西部で低く，東部や南部で高い．両地域の境界値は10mgℓ^{-1}である（図3-2-24）．硫酸イオンは東部の中小河川でとくに高く，30mgℓ^{-1}以上に達する河川も見られる．人間活動の影響が少ないあるいは無視できる北部と西部の河川や山地の河川に含まれている硫黄は，岩石と大気降下物に由来する．琵琶湖流域の砂岩・頁岩は硫黄を含んでいるが，花崗岩や流紋岩は硫黄をほとんど含んでいない．後者の風化物を多く含む平野部の堆積物も，硫黄含有量は少ない可能性が高い．したがって，これらの地域の河川に含まれている硫黄の多くは，大気降下物に由来すると考えられる．

硫酸イオンに含まれている硫黄の発生源の推定には，硫黄同位体が有効である．硫黄には4種類の安定同位体（^{32}S, ^{33}S, ^{34}S, ^{36}S）が存在する．硫黄同位体組成（δ^{34}S）は，存在量が一番多い^{32}Sと二番目に多い^{34}Sの割合（^{34}S/^{32}S）を，標準試料の割合に対する千分率偏差（パーミル：‰）として表現される．自然起源の硫黄として最も多いのは海水起源の硫黄である．海水のδ^{34}S値は20.3‰と大変均質である．藻類によって海から大量に発生する硫化ジメチルはこれより低いδ^{34}S値をもつが，正確な値は報告されていない．

これに対して，人為起源の硫黄には石炭や石油などのエネルギー資源に含まれている硫黄や，硫化物として存在する金属資源に含まれている硫黄がある．これらの燃焼時や精錬時に発生する硫黄は大気に放出し拡散したのち，雨や雪などに溶解して陸域にもたらされる．これら人為起源硫黄のδ^{34}S値は大きな変化を示すが，人間活動が盛んな北半球の都市部の雨や生物に含まれている硫黄は，その多くが0±10‰の範囲に入っている．日本の雨や雪に含まれている硫酸成分のδ^{34}S値は，季節によっても地域によっても大きく変化する．海塩粒子成分の寄与が大きい島や沿岸部では10‰以上のδ^{34}S値を持つことが多いが，琵琶湖流域に降る雨のδ^{34}S値の年平均は5～10‰程度と見積もられる．人間活動によって環境にもたらされる硫黄の大半はエネルギー資源と鉱物資源にあるので，硫黄同位体は地下資源の環境へのインパクトを評価するよい指標となる．

人間活動による流域への硫黄の直接的な負荷が無視できる河川（北部，西部，上流の山地域）は，SO$_4$濃度が低いにもかかわらず，δ^{34}S値（-8.5‰～10.6‰）は大きく変化する．低SO$_4$濃度の河川の中でも，砂岩・頁岩地域の河川は，花崗岩地域の河川に比べてSO$_4$濃度が高く，δ^{34}S値が低い傾向がある（図3-2-27(b)）．例えば，北部の知内川や西部でも比良川や鵜川といった花崗岩地帯の河川は，いずれも0‰以上の高いδ^{34}S値を示す．これに対して，西部の安曇川や東部の姉川や犬上川などの砂岩・頁岩を流域に持つ河川のδ^{34}S値は0‰以下である．上記したように花崗岩は硫黄を含んでいないので，その流域の河川はSO$_4$濃度が低く，δ^{34}S値が高い大気降下物の影響がより強く現れるのである．これに対して，砂岩・頁岩はマイナスのδ^{34}S値をも

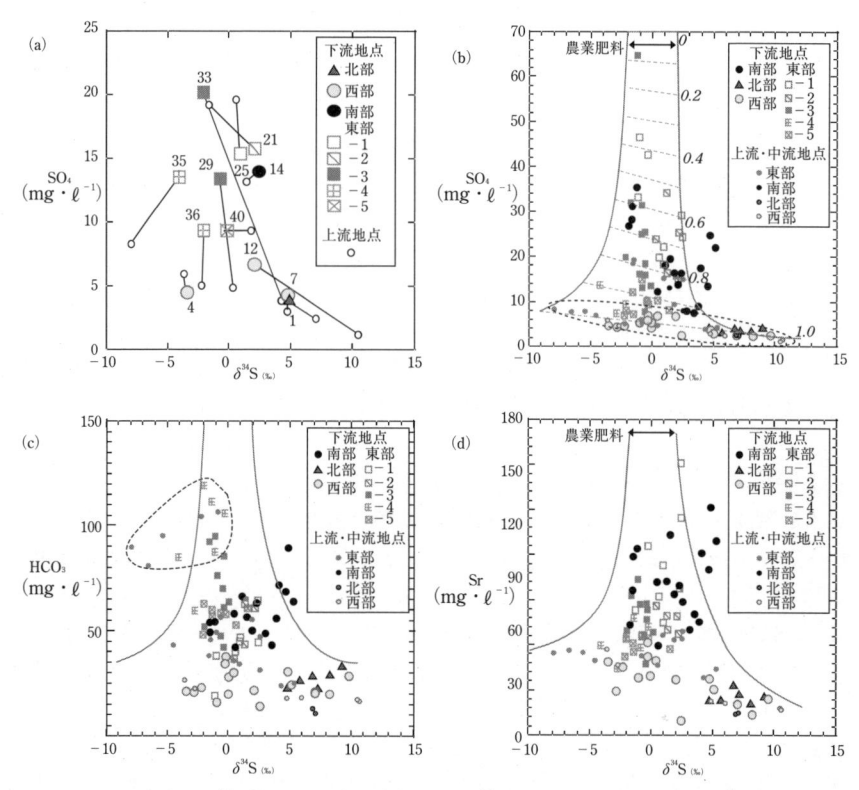

図3-2-27 河川水のδ^{34}S値とSO$_4$濃度 (a)(b), δ^{34}S値とHCO$_3$濃度 (c), δ^{34}S値とSr濃度 (d) との関係. (a): 同一河川の上流地点と下流地点の違い. 数字は河川の番号 (表3-2-6). (b): 曲線はSO$_4$濃度とδ^{34}S値がそれぞれ70 mg・ℓ^{-1}, -2‰と8mg・ℓ^{-1}, -9‰の二端成分の混合ライン, および70mg・ℓ^{-1}, 2‰と2mg・ℓ^{-1}, 12‰の二端成分の混合ライン. 河川のδ^{34}S値は両曲線の間にプロットされる. 点線で示した楕円は, 北部と西部の河川および山地上流域の河川で, これら河川のδ^{34}S値とSO$_4$濃度の間には負の関係が認められる. (c): 石灰岩の影響を受けている東部4地域の河川を除くと, 河川のδ^{34}S値はHCO$_3$濃度の増加と共に0±2‰に収束する. (d): Sr濃度も, δ^{34}S値が0±2‰に収束すると共に高くなる傾向がある.

つ硫化物を含むために, その溶解により河川のSO$_4$濃度が上昇し, それに伴いδ^{34}S値が減少すると考えられる.

3.4 湖と川と生物の質的関係

湖水の^{87}Sr/^{86}Srとδ^{34}S値は, 地点によるわずかな違いがあるものの, 表3-2-6のように特徴的な値をもつ. 両者の値は, 元素組成と同じように (2) 式に^{87}Sr/^{86}Srあ

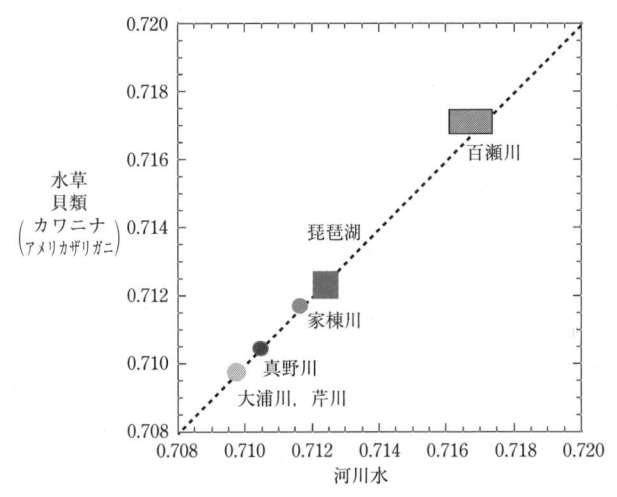

図 3-2-28 琵琶湖および流域の河川水とそこに生息する水草および固着性動物の $^{87}Sr/^{86}Sr$ の関係.

るいは $\delta^{34}S$ 値の項を加えることによって求められる.

$$Ls_i = \Sigma R_i \times Rs_i \times R_r \quad (3)$$

ここで Ls_i および Rs_i は湖水 (L) および河川 (R) に含まれる $^{87}Sr/^{86}Sr$ あるいは $\delta^{34}S$ 値である. R_i は河川に含まれている Sr あるいは SO_4 の濃度であり, R_r は (2) 式と同じである.

(3) 式を用いて計算した北湖および南湖の両同位体組成は, 実際の値と大変良く一致する (表 3-2-7). このことは, ストロンチウムや硫黄の安定同位体組成も, 河川と湖水をつなぐよい水質指標であることを示している. 元素組成と同じように, 北湖と南湖の両安定同位体組成には分析誤差以上の違いが見られるが, 河川の値の変化に比べると, その違いははるかに小さい.

元素に比べて両安定同位体が環境トレーサーとして優れている点は, 生物とその環境水との間に一定した関係があることにある. カルシウムは貝の殻をつくる炭酸カルシウム, あるいは骨や歯をつくるリン酸カルシウムに多く含まれる. 植物では細胞壁に多い. ストロンチウムは, こうした生物の硬組織に含まれているカルシウムを置換して存在する. 図 3-2-28 は, 河川の $^{87}Sr/^{86}Sr$ とそこに生息する水草あるいはカワニナなどの固着性動物の $^{87}Sr/^{86}Sr$ の関係を示したものである. 両者は全く同じ $^{87}Sr/^{86}Sr$ を示す.

窒素は有機物の主成分である. 水界に住む生物の $\delta^{15}N$ 値は, 硝酸イオンに始まり, 植物プランクトン, 動物プランクトンを介した食物連鎖によって高くなることが知ら

れている．湖水や植物プランクトンのδ^{15}N値が時代と共に変化すれば，それに応じて湖内の生物のδ^{15}N値も変化する．

硫黄は生物にとって必須元素であり，人間をはじめとする動物に多く含まれている．硫黄は河川水では硫酸態，生物では有機態として存在する．存在形態が異なるために，生物硫黄のδ^{34}S値は共存する環境水の硫酸イオンの値に比べて2‰程度低い．

いずれにしても，ストロンチウムや窒素，硫黄の安定同位体組成は生物と環境水の間で一定した関係がある．また琵琶湖の場合，これら成分の安定同位体組成の地域的変化は小さい．このような特徴は過去においても成立したと考えられる．したがって，湖で採取された異なる時代の水生生物の^{87}Sr/^{86}Srやδ^{15}N値，δ^{34}S値を分析することにより，湖水の水質環境の時代変化を復元できる．

3.5 湖水の安定同位体組成の経年変化

琵琶湖の北湖にはイサザというハゼの仲間の淡水魚が生息している．この魚は琵琶湖の固有種であり，生存期間は多くの場合一年である．つまり，イサザの体内には，北湖に存在した物質の1年にわたる情報がつまっていることになる．京都大学生態学研究センターには，半世紀以上にわたってイサザ試料がホルマリン・アルコール保存されている．イサザがアーカイブ試料として優れている点は，1年間隔で湖水の変化を捉えられること，また室内保存されているので自然界での変質の影響を無視できることにある．

イサザのδ^{15}N値は，1960年以降は，年と共に上昇している（図3-2-18）．20世紀前半のデータは少ないが，湖底堆積物の有機物についてもδ^{15}N値の経年変化が報告されている（図3-2-18）．イサザのδ^{15}N値の変化パターンは，湖底有機物のそれとよい一致を示すが，前者は後者に比べて約8.6‰高い．この違いは，湖内での食物連鎖によって重い^{15}N に富む窒素がイサザに分配されたためである．イサザや湖底堆積物にみられるδ^{15}N値の上昇は，湖内での生物活動や脱窒による可能性もある．しかしながら，流入河川の堆積物のδ^{15}N値が東部と南部で高いことから，これら流域の人口密度が高い河川からの寄与が，1960年以降，相対的に大きくなった可能性が高い．いっぽう，河川堆積物のδ^{15}N値は南部の都市域，東部3の農業地域，東部1の工業地域など人間活動の違いにかかわらず高い．したがって，富栄養化の原因となった人間活動を窒素同位体だけで結論するのは難しい．

窒素同位体とは反対にイサザの^{87}Sr/^{86}Srは時代と共に減少する傾向を示す（図3-2-29）．δ^{15}N値と同じように，1960年（0.7126）から1980年（0.7123）にかけての減少がとくに大きい．イサザの^{87}Sr/^{86}Srは湖水と同じ値をもち生物活動の影響を受けない．また河川の^{87}Sr/^{86}Srは地質環境に強く依存するので，時代にかかわらず同じ値をもつと仮定できる．したがって，イサザに見られる^{87}Sr/^{86}Srの経年変化は，流入河川の相対的な寄与が変化したことを示している．北部と南部の河川，および東部の多く

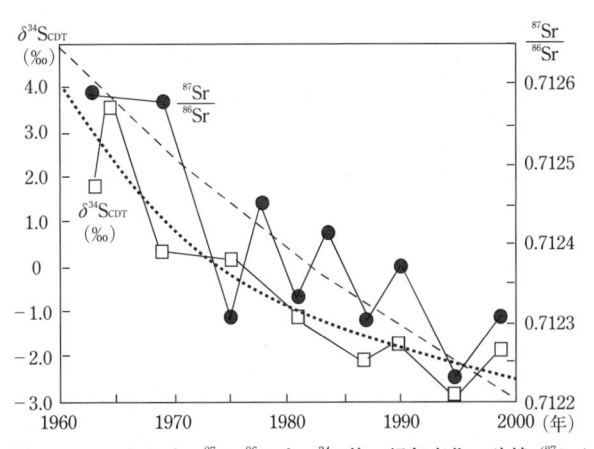

図 3-2-29 イサザの $^{87}Sr/^{86}Sr$ と $\delta^{34}S$ 値の経年変化．破線（$^{87}Sr/^{86}Sr$）および点線（$\delta^{34}S$ 値）は湖水のシミュレーション計算結果（Nakano et al., 2005）．

の河川は，湖水に比べて低い $^{87}Sr/^{86}Sr$ を示すので，これらの河川の湖水への寄与が相対的に減少したと考えられる．

いっぽう，イサザから求めた湖水の $\delta^{34}S$ 値は，この40年にわたって 5‰ から 0‰ まで変化している．窒素やストロンチウムの安定同位体と同じように，1960年から 1980 年にかけての変化が大きい．このことは，現在の琵琶湖より低い $\delta^{34}S$ 値をもつ河川の寄与が大きくなったことを示す．0‰ より低い $\delta^{34}S$ 値をもつ河川は，西部と東部の一部であり，北部や南部にはあまり存在しないことから，前者の河川からの寄与が大きくなったと考えられる．

イサザの窒素，ストロンチウム，硫黄の三種類の安定同位体組成は，時代と共にそれぞれ一方向に向かって変化しているが，それぞれの変化傾向と調和的な河川（低 $^{87}Sr/^{86}Sr$，低 $\delta^{34}S$ 値，高 $\delta^{15}N$ 値）は，調べた 41 河川の中の 12 河川に過ぎない．そのうち 11 河川は東部地域にある．とくに東部 3 地域の水田地帯の中小河川は，全てイサザの安定同位体組成の経年変化と調和的である．このことは，稲作に伴う物質の負荷が琵琶湖の水質に大きな影響を与えたという考えを支持している．

4 農業河川と湖の富栄養化
4.1 農業が湖水を変えた

滋賀県が見積もった琵琶湖流域における農地からの窒素とリンの寄与は，18.2% および 9.2%（図 3-2-19）である．この値が過小評価であるという指摘は，1980 年代からなされていた[38),43)]．最近のインベントリー研究によると，面源負荷は窒素で 49%，リンで 58%，そのうち水田からの負荷は窒素で 27%，リンで 18% と推定されてい

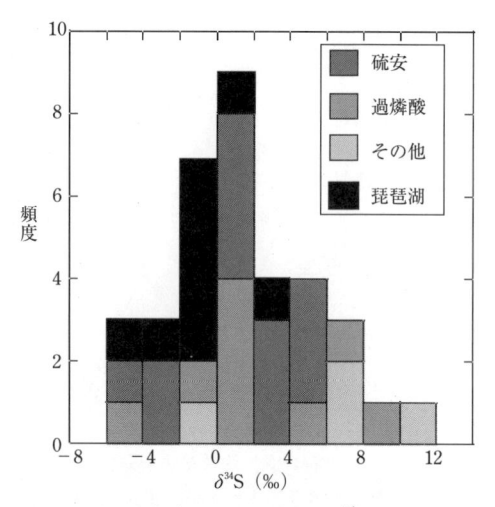

図3-2-30 日本（Mizota and Sasaki[49]）および琵琶湖流域（Hosono et al.[46]）で使用されている肥料の δ^{34}S 値.

る[44]．流域の面源負荷，とくに水田からの窒素とリンの負荷は，初期に考えられていた以上に大きかった可能性が高い．

3種類の安定同位体情報は，琵琶湖（厳密には北湖）の水質変化を引き起こした典型的な河川が，湖東平野の水田地帯を流れる中小河川であることを強く示唆している．このことは，他の河川は琵琶湖の富栄養化に影響を及ぼしていない，ということを意味するものではない．しかし，平野部の60％が水田で占められる東部3地域の中小河川は，琵琶湖に比べていずれも高い δ^{15}N 値，低い δ^{15}N 値と ^{87}Sr/^{86}Sr を示しており，琵琶湖への農業影響は無視できない．したがって，湖水の富栄養化の原因解明には，水田地域の河川の水質が生まれるプロセスを明らかにすることが重要となる．

琵琶湖流域では稲作，麦，茶，果樹などの多様な農業活動がおこなわれている．琵琶湖集水域の農地の90％は水田であり，その面積（490km^2）は琵琶湖（681km^2）に匹敵する．人為影響のない河川の SO$_4$ 濃度の最大値は 10mg・ℓ$^{-1}$（図3-2-24）なので，これより高い SO$_4$ 濃度をもつ河川は，人為起源の硫黄が負荷されていることになる．稲作が盛んな東部3地域の河川は，硫酸濃度がとくに高い．同じ河川でも，下流地点の SO$_4$ 濃度は上流の山地地点に比べて高い傾向があり，濃度の増加と共に，δ^{34}S 値は 0±2‰ に収束する（図3-2-27 (a)）．流域全体の河川においても，SO$_4$ 濃度が低い河川は δ^{34}S 値の変化が大きいが，SO$_4$ 濃度の上昇と共に δ^{34}S 値は 0±2‰ に収束する（図3-2-27 (b)）．これらのことは，0‰前後の δ^{34}S 値をもつ物質が河川に負荷していることを示している．

農業には様々な肥料が用いられる．肥料に含まれている硫黄は，化石燃料の脱硫によって回収されたものが多い．日本の肥料のδ^{34}S値の大半は0±5‰である（図3-2-33）．琵琶湖流域で利用されている肥料も同様なδ^{34}S値を示す．都市域の河川もSO_4濃度が高いが，δ^{34}S値（多くは2±3‰）は東部の農業河川に比べてやや高い（図3-2-33）．洗剤など日常生活で利用されている物質には石油を原料としているものが多い．琵琶湖河川に見られるSO_4濃度とδ^{34}S値の関係は，石油を原材料とする人為起源の硫黄を多く含んでいることを示している．農業地域や都市域の河川に見られるSO_4濃度の上昇は，0‰前後のδ^{34}S値をもつ人為起源硫黄の寄与に求められる．

いっぽう農業地域の河川，とくに湖東平野の水田を流れる中小河川の多くは，グループ1の元素に富み，比較的均質な$^{87}Sr/^{86}Sr$（0.7117±0.0005）を示す．水田地帯の河川に含まれているストロンチウムの大半は平野を構成する砂や泥に起源があると考えられる．こうした平野部を構成している岩石からのミネラル供給は，農業活動とどのように関係しているのだろう．

4.2　農業河川の水質形成モデルと今後の課題

流域に占める水田の割合が大きい河川は，多くの成分に富んでいるが，とくにグループ1の成分であるカルシウム，硫酸，重炭酸の濃度が高い．δ^{34}S値とSO_4濃度の間に見られる関係は，δ^{34}S値とHCO_3濃度の間にも見られる（図3-2-27 (c)）．硫黄や炭素は湖東平野の堆積物にほとんど含まれないので，河川に含まれている両元素は大気起源あるいは人為起源である．森林域より農業地域の河川の方が，重炭酸，カルシウム，マグネシウムなどの濃度が上昇することは，ミシシッピー川流域でも知られており，一般的な傾向と言える[45]．

河川の重炭酸濃度の上昇は，農作物の分解などに伴い増加した土壌中の二酸化炭素が，水に溶解することによって生じたのであろう．重炭酸は弱酸ながら岩石の化学風化，あるいは堆積物に吸着している陽イオンの脱着を促進する．硫安などの肥料も水に溶けると硫酸や硝酸になるので，岩石との反応が促進される．農業に伴って発生する様々な酸が，平野部を構成する砂や泥からカルシウムやマグネシウム，ストロンチウムなどのミネラル成分を溶出したというシナリオで，水田地域の河川の水質形成を説明することができる．河川のSr濃度が，δ^{34}S値が0±2‰に収束すると共に増加するという関係（図3-2-27 (d)）も，こうした考えと調和的である．

東部3地域の河川が流域に占める面積は1％程度に過ぎない．湖水の$^{87}Sr/^{86}Sr$とδ^{34}S値の時代変化を，同地域の河川による負荷量が流域河川の1％と仮定して計算した結果は，イサザから求められた湖水の変化と大きく矛盾しない[35]．一般的には，大きな河川ほど湖水への影響が大きいと考えられている．いっぽう，農業活動の影響を強く受けた中小河川は，水量が少なくても溶存成分に富んでいる．このため，長い年月の間に琵琶湖の水質を大きく変えた可能性がある．このように河川水とイサザを用

いた安定同位体の比較研究は，農業地域の河川が琵琶湖の水質に大きなインパクトを与えたことを示している．しかしながら，農業地域の下流地点の河川水に含まれる窒素やリンは，水田だけでなく，上流の森林域など他の発生源からも負荷されている．河川に対する水田からの負荷量については今後の問題である．安定同位体や微量成分などを合わせた総合的な水質モニタリングの検討が必要であろう．

琵琶湖の水の$^{87}Sr/^{86}Sr$を低下させた要因として，流域における人為起源物質の可能性も検討に値する．例えば，農業肥料の$^{87}Sr/^{86}Sr$は0.7083～0.7102であった[46]．石灰はコンクリートをはじめとして様々な産業も現在の琵琶湖の値に比べて低いと考えられる．いっぽう，東部3地域の河川を対象にした研究によれば，水田からの物質寄与がもっとも大きい4月から6月においても，肥料起源のSrの寄与は最大でも25％程度で，残りは流域の岩石に由来する[46]．他の元素の挙動も合わせて考えると，1960年以降の$^{87}Sr/^{86}Sr$の急激な減少は，湖東平野の堆積物に由来するSrの可能性が高い．しかしながら，こうした人工物に由来するSrや他の物質の寄与についても，今後の検討課題といえる．

4.3　農業濁水と琵琶湖の泥問題

湖水の水質成分の多くは河川からもたらされた成分の混合で説明できるが，湖水の硝酸や鉄，マンガンの濃度は，(2)式を用いて流入河川から見積もられた値に比べてはるかに少ない（表3-2-7）．例えば，琵琶湖の硝酸濃度は，北湖のIE地点では計算値の22％，南湖では16％に過ぎない．硝酸濃度が低くなる原因の一つとして，湖内での脱窒が考えられる．脱窒とは，嫌気的環境では硝酸を分解する微生物活動に伴い窒素ガスが放出される現象を言う．これまでの研究によると，河川からもたらされた硝酸の半分程度が脱窒によって失われている[47]．硝酸濃度の減少を引き起こした要因としては，脱窒のほかにも生物による窒素固定などがある．河川由来の窒素は，湖内での生物活動による改変を強く受けている．琵琶湖の湖底には，鉄やマンガンの酸化物が広く分布しているが，その下位は酸素のない嫌気的環境である．両元素は，琵琶湖では一部リン酸塩として存在する．流入河川から求めた計算値と実際の湖水の値に見られる両成分の濃度の相違は，こうした鉱物化に起因する．砂地であった湖底の泥化は，南湖だけでなく北湖においても広範囲にわたって進行しており，底層水は溶存酸素に乏しい環境になっている．湖底の無酸素化が進むと，リンや鉄，マンガンが溶出する．脱窒の検討は，今後の進行が危惧される湖底の無酸素化とその生態系への影響を評価する上でも重要である．

湖水の富栄養化や湖底の泥化の原因として，農業活動に伴う濁水の可能性は検討に値する．農業濁水は富栄養化成分に富んでいる．とくにリンは泥への吸着が強いため，代掻き時の負荷は予想以上に大きい可能性がある[28]．稲作は琵琶湖周辺で広く行われているが，農業濁水は湖東平野でとくに多い．花崗岩や砂岩・頁岩は風化により礫や

砂になるが，粘土のサイズまで細粒化することは少ない．

また石灰岩は溶解するので，石灰岩の粘土は生じない．風化によって粘土が生ずる岩石は，琵琶湖流域では流紋岩である．流紋岩は湖東平野に分布し，とくに東部2や3の地域に多い．流紋岩由来の粘土成分に富む土壌や地層が卓越していることが，同地域で濁水が多く発生する原因になっている可能性がある．もしそうであるならば，農業濁水の発生には自然要因も大きいということになる．今後の検討が待たれる．

多種類の安定同位体（マルチ安定同位体）と多種類の元素（マルチ元素）は，湖と川と人を結ぶ強力なトレーサーである．これらの地球化学的指標を用いた環境研究は近年多くなってきたものの，環境モニタリングとしての適用はほとんどなされていない．これらの分析システムはすでに確立されているのに加えて，環境基準項目の分析に比べて経費の負担も少ない．マルチトレーサーは一般的な水質項目と同様，モニタリングツールとして地球環境研究に広く適用される段階に入っている．本研究はその高いポテンシャルを実証している．

[中野孝教]

4 淀川水系としての視点 —— 琵琶湖流域から淀川流域まで

1 マクロスケールとしての琵琶湖とは

前節までで，主に琵琶湖に流入する河川の環境について議論してきたが，本節では琵琶湖について考える．琵琶湖は日本で最も大きな湖であり，約50種の固有種を有する古代湖である．琵琶湖は本州の中心部に位置し，表面積 675km^2，最大深度 104m，体積約 27.5km^3 であり，貯水量 275 億 t を有する．湖の区分としては，4月から12月にかけて水温躍層が形成される温暖一循環湖である．湖水は滋賀県，京都府，大阪府，兵庫県にわたる 1,400 万人を超える人々に供給されており，近畿圏の主要域は琵琶湖からの水の恵みによって成り立っているといえる．とりわけ，滋賀県の人々の琵琶湖に対する思い入れは強い．琵琶湖の主要湖盆である北湖では長いところで東西 15km 以上あり，対岸を目視することが難しく，スケールの大きさを感じさせる．このスケールのためか，滋賀の人々は琵琶湖のことを「うみ」と呼んでいる．この親しみを感じさせる呼び方は，人々と琵琶湖の密接な関係にもよると思われる．琵琶湖は，水だけでなく，豊富な魚介類による恵みも与えている．アユは湖産の代表的な魚で，動物プランクトン食の小さな身体は，天ぷらやつくだ煮など色々な料理で食されている．かつては，琵琶湖にしか生息していない魚介類を用いた郷土色のある料理も多くあった．ニゴロブナを用いた鮒ずしなどはその典型である．このように，人々と琵琶湖のつながりが滋賀県では強く，これが琵琶湖の水環境を考えるうえで重要になってくるのである．

琵琶湖において顕在化している水環境問題の中で，主要なものは，湖の富栄養化を

背景とした水質汚濁問題である．1960年以降の人口増加と高度経済成長にともなう生活様式の変化は，日本の各地で水質汚濁を引き起こした．本来，富栄養化とは数万年といった地質学的な期間の中でおこる自然現象である．長い時間を要して，湖は流入物により徐々に浅くなり，窒素やリンなどの栄養が蓄積される．さらに藻類による光合成が活発になり，多くの有機物が生成される現象である．もともと，琵琶湖のような深い湖では豊富な有機物生産はみられないのである．ところがこの現象を人間は，窒素やリンを急激に湖に供給することで数十年単位の短い期間で引き起こしてしまう．その結果，湖の生態系が急激に変化し，様々な問題となって人間にフィードバックされるのである．多くの水を湛える琵琶湖においても，流域の人口や県民総生産の増加にともなって，湖の有機物の生産力が増大していった．

琵琶湖における学術研究は古く，昭和6年の日本陸水学会誌に吉村信吉らによって，栄養塩，有機物生産の少ない貧栄養湖として記述されている．同年同学会誌において，菊池健三は滋賀県水産試験場のデータとして16mの透明度を報告している．これは，現在観測される透明度の2倍以上である．このように，日本の代表的な湖として古くから研究対象になっており，基礎的なデータも多い．1960年以降は滋賀県の水産試験場や衛生環境センター（現：滋賀県琵琶湖環境科学研究センター）などが継続的な調査をおこなっており，琵琶湖の水質の変遷をみる上で貴重な資料となっている．これらのデータによると，北湖では1960年代後半から琵琶湖水中の窒素濃度は年を経るごとに上昇している．特に，1970年代前半，1980年代後半に急激な上昇を示しており，これは高度経済成長期やバブル経済期の後半にあたる．滋賀県水産試験場で得られた硝酸態窒素濃度でみると，1960年はじめにの0.1mg/ℓ未満であったのが，1992年には約0.3mg/ℓと3倍もの濃度上昇をみせている．1970年代の濃度上昇は琵琶湖の水質変化のはじまりを示すもので，このころから，湖内の物質量が少ない貧栄養湖から有機物の生産能力の高い中栄養湖へと変遷していったものと思われる．また，滋賀県環境白書のデータを整理してみると1980年から1996年までバブル経済期をはさんでも，湖中の全窒素量は90mの湖盆において$1m^2$あたり約290gから330gに，有機物量の目安となるCODは1.5kgから1.8kgに，それぞれ上昇している．このような水質の変化にともなって，湖底における溶存酸素濃度は減少を続けている．この仕組みについて簡単に説明する．

琵琶湖では，冬季には湖水がほぼ均一に混ざっている．これを全循環といい，全循環が起こる時期を循環期という．循環期は，通常1月から3月くらいを差し，湖水はほぼ均一に混ざる．その後，春になり湖面が暖められると，温かい水が表面に，循環期の水温を保った冷たい水が湖の深いところに滞留する（後述する図3-2-50も参照）．この時期を成層期もしくは停滞期といい，表面の暖かい水の層を表水層，深い冷たい水の層を深水層という．この二つの層の間には急激に水温の変わる層があり，それを水温躍層という．ちょうど，表面が熱い割に底が冷たい，十分混ざっていない風呂を

考えてみればよい．成層期には，水は水温躍層を境に混ざり合わないため，空中から溶け込んだり植物プランクトンが光合成するなどしてできた酸素は，深水層にはほとんど到達しない．そのため，深水層では循環期に溶け込んだ酸素を使って，成層している期間の酸素消費をまかなわなければならない（後述する図3-2-51，図3-2-52も参照）．冬季になり表面が冷却されると水は密度が高くなるので，表層水の沈み込みがおき，冷たい深層の水と水温がほぼ同一になれば再び全循環がおきる．成層期の深水層では，表水層で成育した植物プランクトンの死骸などで構成されるPOM（懸濁態有機物）が沈降し，これを微生物が分解することによって溶存酸素が消費される．湖の富栄養化などで，多量の有機物が生成され沈降すると湖底に貧酸素層もしくは無酸素層ができる可能性があり，これは生物にとって危機的状況を引き起こす．溶存酸素は水中の生物が活動するのに必要な元素で，これがなくなると呼吸ができなくなる．溶存酸素の減少は琵琶湖を考える上で最も注視しなければならない現象の一つである．一連の琵琶湖の水質の変遷をみてみると，流域の人間活動が琵琶湖を大きく変えていることは容易に理解できる．

一方で，琵琶湖流域の人々の水環境に対する意識が比較的高いことは前述した．例えば，1977年に琵琶湖ではじめて大規模な赤潮が起こり，これに危機感をおぼえた流域の住民は水質をよくするための対策を自ら呼び掛けたのである．「せっけん運動」として有名なもので，植物プランクトンの栄養であるリンを含む洗濯用合成洗剤を使うのをやめて，粉せっけんにしようという運動である．琵琶湖の水質改善への効果を科学的に議論することは容易ではないが，このような住民の水環境に対する意識が，琵琶湖の水質悪化を最小限にとどめていると考えるのは正しいだろう．日々の生活に起因する水質汚濁の改善には，住民の環境意識の発揚と行動が必要であると思われる．現在は琵琶湖の赤潮発生から30年が経っている．琵琶湖においても多くの環境問題が残されている．この間にも，人々の生活様式や価値観は大きく変わってきたが，琵琶湖の現状はどうであろうか．

2　琵琶湖堆積物から見える琵琶湖の過去

琵琶湖に与える人間の影響は20世紀後半に大きく変化した．すなわち，人間活動の増加は富栄養化や水環境の変化など様々な形で湖の生態系に撹乱を与えている．しかしながら，これらの撹乱が湖の生態系に対して，どのように，また，どの程度影響を与えたのかを理解するためには，長期的なデータに基づいた分析が必要となる．幸い，湖の生態系においては，過去の生物活動や人為撹乱を解き明かす様々な手がかりは堆積物に記録されている．堆積物の植物プランクトンの遺骸や化石色素は過去の湖の群集構造を再構築するために広く用いられている．炭素・窒素安定同位体比（$\delta^{13}C$と$\delta^{15}N$）も過去の湖の栄養状態や集水域における人間活動の状態を推定するために用いられている．なぜなら，自生性有機物（湖の中で生産される有機物；具体的には植物プ

ランクトンや沿岸の湖底に生える付着藻類など）の炭素・窒素安定同位体比は富栄養化の進行や栄養塩の負荷の増大とともに変化することが知られているからである．

しかしながら，堆積物として堆積した有機物の同位体の歴史的な変化を解釈する際には注意が必要である．というのも，堆積物は湖で生産された「自生性有機物」だけではなく，集水域由来の「外来性有機物（陸上で生産される有機物：具体的には，森林からの落葉や田畑の稲藁など）」も含むからである．したがって，歴史的あるいは長期の安定同位体の変化が意味するところを理解するには，陸上有機物を評価できる指標も同時に分析することが望ましい．その一つとして，フェノール類の重合体であるリグニンが挙げられる．リグニンは主に陸上に生息する維管束植物によって合成されるために，その堆積物中に占める割合は陸上有機物の寄与を反映すると考えられる．実際，リグニンを用いて，Hedges and Mann は陸上由来有機物の海洋堆積物に対する割合を定量的に推定した[50],[51]．加えて，リグニンのアルカリ酸化銅による酸化分解は植物分類群（裸子植物または被子植物），組織（木材組織または非木材組織）特異的，および酸化分解の程度を表す一連のフェノール化合物を生成することが知られている．よって，湖のリグニンの組成は集水域の過去の植物組成に関する情報を与えると考えられる．リグニンフェノール濃度は 100mg 有機態炭素量（TOC）に対するバニリルフェノール（V），シリンギルフェノール（S）およびシナミルフェノール（C）の合計ミリグラム量として表す（mg/100mg TOC）．S/V と C/V 比はシリンギルフェノール：バニリルフェノール比，シナミルフェノール：バニリルフェノール比を表す．バニリルフェノールは高等植物に存在するが，シリンギルフェノールは被子植物にのみ，またシナミルフェノールは非木材組織にのみ存在する．よって，S/V と C/V 比は陸上由来有機物の高等植物の分類群の違い（裸子植物と被子植物）と組織の違い（木材組織と非木材組織）を表す．さらに，バニリン酸とバニリンの比（Ad/Al）v およびシリンガ酸とシリンガアルデヒドの比（Ad/Al）s は，酸化的リグニン分解の指標として用いられている．

琵琶湖は 1960 年代以降富栄養化し，結果として生態系の特性が大きく変化したことが知られている．しかし，集水域の人間活動に伴い琵琶湖への陸上起源有機物の流入も変化したのかどうかは明らかではない．また富栄養化以外にも，水温や栄養塩循環の変化によって植物プランクトン群集や一次生産速度を変化させる気象の変化の影響を湖の生態系が受けていることが，近年の研究によって明らかにされている．琵琶湖一帯では年間気温が過去 40 年間の間に上昇を続けており，湖底の水温はより速い速度で上昇している．しかしながら，これらの気象の変化が琵琶湖の藻類生産や陸上有機物の流入にどのような変化を与えたのかもまた明らかではない．Hyodo et al.[52]は，炭素・窒素安定同位体，リグニン由来フェノールそして化石色素を調べることにより，琵琶湖の過去 100 年の湖環境を調べた．この研究を紹介する．

京都大学生態学研究センターでは，その前身の京都大学理学部附属大津臨湖実験所

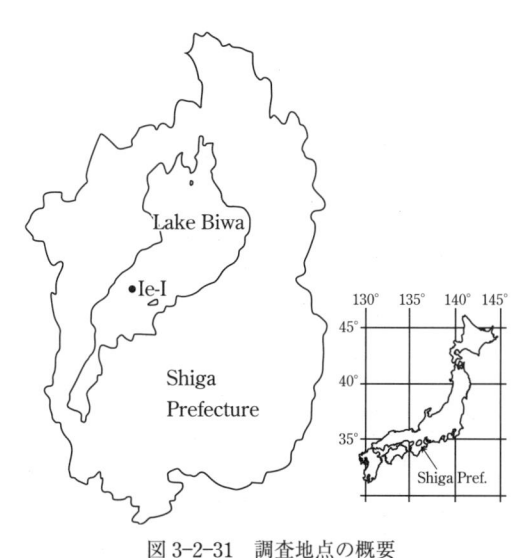

図 3-2-31　調査地点の概要
Ie-1 は水深 75m で京都大学生態学研究センターの毎月の定期観測定点である．

時代から，琵琶湖北湖近江舞子沖に一定点（Ie-1 と称する（35°12'58"N, 135°59'55"E），水深約 75m，図 3-2-31），南湖三定点を設けている．この定期観測は，故森主一所長（当時）らの発案により 1965 年に開始された．Mori et al.[53] によれば，当時，滋賀県水産試験所によって，北湖の観測が定期的に実施されていたが，湖沼環境の重要な指標である底生動物の調査や，南湖における観測の充実といった点で，課題が残されていた．そこで，大津臨湖実験所が，大津市下阪本に移転したのをきっかけに，北湖一定点，南湖三定点を調査地点として選び，月に一回の頻度で，定期観測を開始したのである．この観測は，1991 年に大津臨湖実験所の廃止後は，生態学研究センターに引き継がれ，今日まで継続的に実施されている．

Hyodo et al.[52] この近江舞子沖定点において，26cm の湖底堆積物コアを採集した．本コアの堆積速度は速いために，より高い時間解像度での解析が可能となる．堆積物は 1cm ごとに切り取り，凍結乾燥後，乳鉢を用いて粉砕した．堆積物の年代は Tsugeki et al.[54] に従った．この堆積物の炭素・窒素安定同位体比と，リグニンフェノール分析をおこなった．

化石色素とは，植物プランクトンの「色」に含まれる成分が分解されたもので，その当時どのような植物プランクトンが成育していたかを示す指標になる．植物の「緑色」を形成する基本は，クロロフィルであるが，その他に補助色素が存在する．ルテインは緑藻綱（緑藻）に，そしてフコサンチンは珪藻といくつかの黄金色藻綱と渦鞭毛藻に特異的なカノテノイドである．全有機態炭素あたりのクロロフィル a とその分

解産物の量（μg/100mg TOC）を全藻類の指標として用いた．琵琶湖では，緑藻綱は一般に夏の初めから秋（6月から11月）にかけて優占するが，珪藻と黄金色藻綱は主に冬から春の初め（1月から3月）にかけて優占する．よって，本研究ではルテイン：フコサンチンの比を循環期に対する成層期における藻類の量として用いた．

2.1 全有機態炭素および窒素の変化

全有機態炭素濃度（TOC）は26cmから表層にかけて次第に増加した（図3-2-32）．しかしながら，その増加は1970年代後半から1980年代初期に対応する10cmから8cmあたりで停滞しているようである．10cmより表層の堆積物におけるTOCの値は，これらの表層堆積物の有機物が十分に分解を受けていないことを意味すると考えられる[57]．C/N比は8.6から10.7の幅を示し，1960年以降の堆積物でやや上昇傾向を示した．堆積物の$\delta^{15}N$値は26cmから21cm（1900年から1930年）にかけて，約4‰であったが，20cmから16cm（1930年から1950年）にかけてやや上昇した．14cmから9cm（1960年から1980年）にかけて，$\delta^{15}N$値は急速に増加した．9cm以降，$\delta^{15}N$値は約7‰で一定であった．$\delta^{13}C$値は18cmから9cm（1945年から1980年）にかけて，-26‰から-24‰へと急激な上昇を示したが，それ以降は1950年代と同様の値まで減少した．

2.2 リグニン由来フェノール

リグニンフェノール濃度（mg/100mg-TOC）は約0.95で，15cm（1959年）まで一定であった（図3-2-33）．14cmから10cm（1960年から1980年）にかけて，0.62 mg/100mg TOCにまで急な減少を示し，7cmでやや増加した．しかしその後再び減少傾向を示した．表層の10cmのリグニン濃度を後述するように10cmの深さのTOCを用いて評価すると，過去25年間，ほぼ一定の値を示した（図3-2-33の白丸）．リグニンフェノール濃度と対照的に，他のリグニンパラメータは明瞭な傾向を示さなかった．S/V比，C/V比，（Ad/Al）v比および（Ad/Al）s比の平均値はそれぞれ0.92，0.25，0.46および0.33であった．

2.3 化石色素

HLPC分析の結果，有機態炭素あたりのクロロフィル合計値は，1960年代以前は比較的低かったが，1960年代から1980年代初めにかけて約3倍に増加した（図3-2-33）．その後，1980年代の中頃に減少し，まだ分解が起こっていると考えられる表層の3点を除いて，安定した．堆積物のフコサンチン量は，1950年代以前は極めて低かったが，1960年代以降増加し，1980年中頃にいったん減少，1990年代初めには再び増加した．対照的に，ルテイン量も1960年代から1980年代にかけて劇的に増加するが，それ以降近年にかけて連続的に減少した．その結果，ルテイン：フコサンチン比は1950年代から1970年にかけて増加し，その後徐々に減少した（図3-2-32）．こ

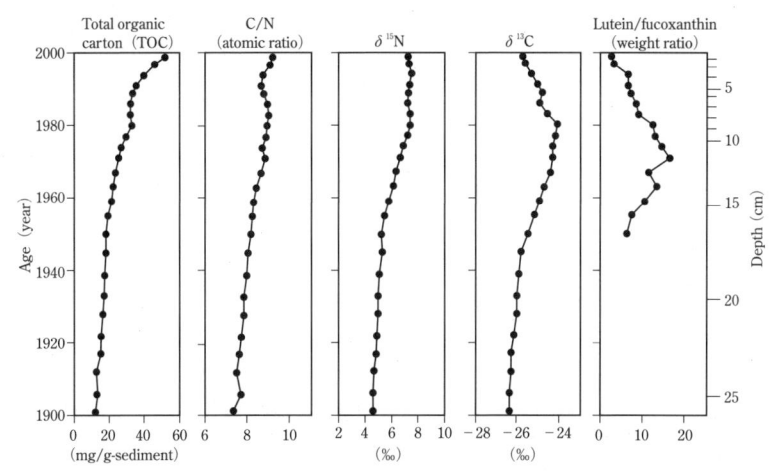

図3-2-32　琵琶湖の堆積物コアの全有機態炭素，C/N比，安定窒素炭素同位体比及びルテイン：フコサンチン比の鉛直プロファイル

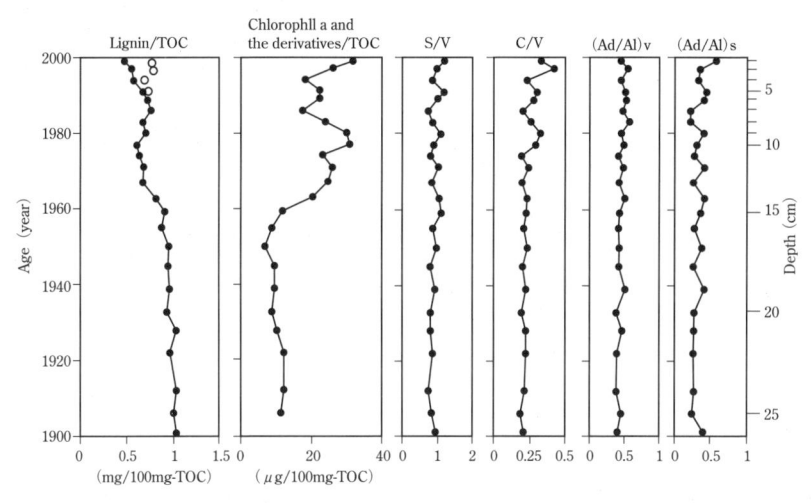

図3-2-33　琵琶湖の堆積物コアのリグニン由来フェノール濃度，クロロフィルaとその分解産物の合計濃度及びその他のリグニンパラメーターの鉛直プロファイル．
略語：S/V：シリンギルフェノール：バニリルフェノール比，C/V：シナミルフェノールとバニリルフェノールの比，(Ad/Al)v：バニリン酸とバニリンの比，(Ad/Al)s：シリンガ酸とシリンガルデヒドの比

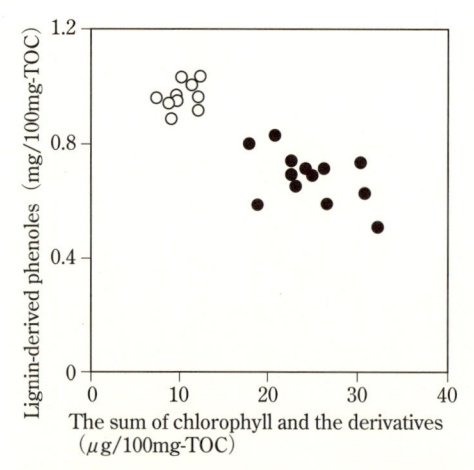

図3-2-34 リグニン由来フェノール濃度（mg/100mg-TOC）とクロロフィルaとその分解産物の合計濃度（μm/100mg-TOC）の関係
白丸と黒丸はそれぞれ1960年の前後のそれらの値を示す．

れらの化石色素の相対量が安定同位体とリグニンフェノールとどのように関係しているかを明らかにするために，単回帰分析をおこなった．クロロフィルaとその分解産物の合計はリグニンフェノール濃度と強い負の相関を示した（図3-2-34; r=－0.89, p < 0.0001）．しかしながら，$\delta^{13}C$ 値と $\delta^{15}N$ 値とは正の相関を示した（それぞれr=0.65, p < 0.001, r=0.84, p < 0.0001）．また $\delta^{13}C$ 値はルテイン：フコサンチン比と強い正の相関を示した（図3-2-35; r=0.88, p< 0.0001）．表層堆積物の3点を除いた場合，クロロフィルaとその分解産物の合計量とリグニンフェノール量， $\delta^{13}C$ 値および $\delta^{15}N$ 値の相関係数はそれぞれ -0.92，0.86，0.86と改善した．

2.4　湖底堆積物が語る琵琶湖の20世紀

琵琶湖では，多くの研究によって，1960年代以降富栄養化が生じたことが明らかにされている．1960年代というと，一連の第一次全国総合開発計画が施行された時期である[56]．本研究はこの富栄養化の傾向を堆積物に記録された化学的・生物学的パラメータを用いて確証した．従来の研究の中で，Ogawa et al.[47] は 1960年代から1980年代にかけて堆積物の $\delta^{15}N$ 値が上昇することを明らかにしている．彼女らはこの増加を，増大した窒素負荷と深水層において増加した有機物負荷によって引き起こされる酸素消費の結果，脱窒作用が増大したためであると考えた．しかしながら，彼女らはコアの低い時間的な解像度のため，1980年代以降明瞭な傾向を見つけることはできなかった．Hyodo et al.[52] では Ogawa et al.[47] と比較して，堆積速度が速いサイトの

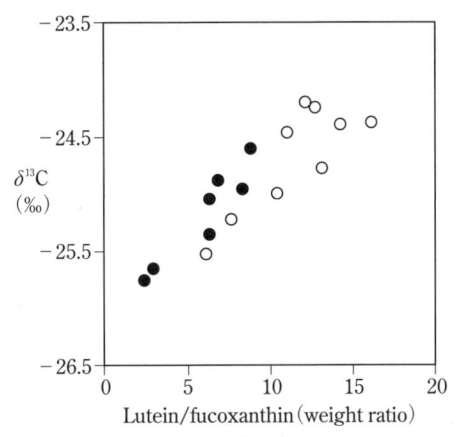

図 3-2-35 炭素安定同位体比とルテイン：フコサンチン比の関係
白丸と黒丸はそれぞれ 1980 年前後のそれらの値を示す．

堆積物を用いたため時間解像度が高かった．本研究によると，$\delta^{15}N$ 値は実際 1960 年代から増加し，その後 1980 年以降一定であることが示された．よって，もし $\delta^{15}N$ 値の増加が栄養塩や有機物の増加の直接的・間接的結果として引き起こされたものだとすると，1980 年代以降の一定な値は富栄養化の進行が 1980 年代に止まったことによるものと考えられる．

この可能性は $\delta^{15}N$ 値と有意な相関を示した化石色素の量によっても支持される．$\delta^{15}N$ 値と同様に，クロロフィル a とその分解産物の合計量は 1960 年代に劇的に増加した．しかし，その合計量は 1960 年代よりは依然高い値を示すものの 1980 年に減少した．本研究と一致するように，1970 年代以降，琵琶湖の観測データは有光層のクロロフィル a 濃度の年平均値と一日あたり一次生産速度は増加傾向にはないことを示している[57]．集水域の人口の増加を反映して，全窒素および硝酸濃度は 1960 年代から今日にかけて連続的に増加しているが，湖水の全リン濃度は少なくとも 1980 年以降は比較的一定である[37]．リンは琵琶湖においてほとんどの季節，藻類生産を制限しているため[26),58]，藻類量および一次生産速度の年平均は窒素負荷にもかかわらず，1980 年代以降増加していないと考えられる．クロロフィル a とその分解産物の合計量の変化と同様に，全有機態炭素に対するリグニン由来フェノール量は 1960 年に減少し，1980 年に回復傾向を示した．しかし，再び表層に向かい減少した．この減少は主に堆積物の有機態炭素の増加によるものである．ここで留意すべきは堆積物の有機態炭素濃度が 10cm の深さでいったん安定するが，表層に向かって指数関数的に増加することである．表層の高い有機態炭素濃度は，その新鮮な有機物がより深い場

所にある堆積物に比べて未だ分解を受けていないことを反映しているのであろう[55]．よって，本研究では表層の10cmまでの堆積物のリグニンフェノール濃度を10cmの深さの堆積物のTOC濃度で割ることで評価した．なぜなら，10cmより深い堆積物はほとんど分解を受けていないと考えられるからである[55]．この見積もりの結果，リグニンフェノール濃度は1980年代以降比較的安定な値を示した（図3-2-33）．これらの結果は，陸上植物由来である外来性有機物の琵琶湖への流入がこの100年間大きくは変化していないこと，そして，これらの有機物の湖の堆積物への寄与は自生性有機物の増加によって1960年代から1980年代の間低下していたことを示唆している．リグニン由来フェノールの組成から琵琶湖集水域の陸上植物を特徴づけることが可能である．シリンギル：バニリルフェノール比（S/V）とシナミル：バニリルフェノール比（C/V）は高等植物の分類群の相対的な量（裸子植物と被子植物）および組織の種類（木材組織と非木材組織）を表す．本研究ではS/VおよびC/V比に顕著な変化は見られなかったが，このことは琵琶湖の集水域で陸上植物の組成が過去100年間大きく変化していないことを示唆している．また，Hedges and Mann[50],[51]の図によれば，S/VおよびC/V比の値は裸子植物と被子植物が混合したものであることを示している．Ishiwatari and Uzaki[59]も琵琶湖の堆積物のS/VおよびC/V比を測定して，約60万年に相当する表層250mの堆積物のそれぞれの平均値は0.53 ± 0.16と0.14 ± 0.06（平均値±標準偏差）であることを報告している．これらの値と比べて，本研究の比は幾分高く，被子植物と非木材組織を含む植物が現在の集水域で優占していることを示唆している．あるいは，これらの比がやや高いのは単に他のフェノールに比べて，バニリルフェノールが長期の続成作用を受けにくいことを意味している可能性もある．Hedges et al.[60],[61]によれば，（Ad/Al）v比と（Ad/Al）s比は酸化分解の程度を示す良い指標として用いることができる．本研究で得られたこれらの比は比較的安定でIshiwatari and Uzaki[59]によって測定されたより深い堆積物の値よりも明らかに低い．このことはリグニンフェノールの分解の状態が過去100年間大きく変化していないことを意味している．湖の堆積物の炭素同位体比は堆積物が自生性有機物で構成されている場合，その生産の変化を示す指標としてよく用いられている．本研究では$\delta^{13}C$値はクロロフィルaとその分解産物の合計と非常に強く相関していた．加えて，堆積物のC/N比は比較的低く，堆積物中の有機物が主に自生性有機物であることを示唆している．$\delta^{15}N$値と同様に，$\delta^{13}C$値は湖が富栄養化した1960年代から1980年代にかけて，増加していた．一般的に植物プランクトンは溶存無機態炭素（DIC）から軽い同位体^{12}Cを取り除き，その結果，新しく生産された有機物はより高い$^{13}C/^{12}C$比をもつ．さらに，藻類生産速度が高い場合，CO_2 (aq)の利用可能性は消費によって減少し，その結果藻類は^{13}Cを多く利用するようになり，結局生産された有機物の$\delta^{13}C$値は増加する[62]．そのような藻類の同位体に関与する生理特性によって，湖が極端に富栄養化した場合における堆積物の$\delta^{13}C$値の上昇は説明される．実際，オンタリオ湖において，

Schelske and Hodell[63]も増大したリン負荷によって一次生産が高まった際に、堆積物のδ^{13}C値が上昇したことを明らかにしている.

1980年以降、琵琶湖の堆積物のδ^{13}C値が1960年以前と同様のレベルに急速に減少している. 過去25年のこのδ^{13}C値の減少は幾分不可解である. 1980年以降のδ^{13}C値の急速な減少が一次生産速度の低下によるものであると考えられるかもしれない. 実際、クロロフィルaとその分解産物の量は1980年以降にいったん減少している. しかしながら、それ以降、その量は1980年と同じレベルにまで増加している. 酸化的環境の間隙水帯において、続成作用が堆積物中の有機態炭素を減少させることがあるが、炭素同位体比には影響を与えないことが知られている. よって、過去25年間のδ^{13}C値の急速な減少は堆積物中での有機物の続成作用によるものではないと考えられる. 上記のように過去25年間、リグニンフェノールの相対量が一定か、あるいは減少している. 従って、過去25年間のδ^{13}C値の減少は外来性有機物によっても説明がつかない. 近年のδ^{13}C値の低下を説明する一つの可能性として、全DICに対する自生性有機物の分解にともない発生したCO_2の割合が高まったことが挙げられる. 自生性有機物は大気平衡している$CO_2(aq)$および溶存態HCO_3^-よりもδ^{13}C値が低いため、自生性有機物の分解によるCO_2発生の増加は、DICのδ^{13}C値の減少につながる[64]. しかしながら、琵琶湖では表層水のCO_2分圧は、循環期においては過飽和になっているにもかかわらず、成層期には大気よりもずっと小さい値を示すことが知られている[55]. この事実は、藻類が成層期には大気由来のCO_2を利用していることを示唆している. 実際、Miyajima et al.[64]は表水層のDICのδ^{13}C値は深水層のそれよりも約3‰ほど高いことを示した. ほとんどの自生性有機物は成層期の表水層において作られるため、堆積物の近年のδ^{13}C値の減少を藻類生産に使われるDIC源の変化によって説明するのは困難であろう.

近年の堆積物のδ^{13}C値の減少を説明できるもう一つの可能性として、藻類生産の季節性の変化（成層期：循環期の生産比）が挙げられる. 湖ではDICや懸濁態有機態炭素のδ^{13}C値が季節的に（最大20‰ほど）変化することが報告されている[65],[66]. 一般に、δ^{13}C値は藻類の活性が高まる成層期に増加し、循環期には減少することが知られている. さらに、循環期には植物プランクトンは深水層で自生性有機物の分解によって生じたCO_2を利用している可能性もある. これまでと同様にYamada et al.[67]は琵琶湖のセストンのδ^{13}C値が循環期に減少することを示している. よって、植物プランクトンに作られた有機物のδ^{13}C値は、循環期に比べて成層期に藻類生産が低い年には低くなると考えられる.

この可能性は堆積物中の化石色素の組成の変化によっても支持されている. 本研究では、δ^{13}C値はフコサンチンに対するルテインの量的比と正の相関を持つことを示した. この結果は緑藻綱に対して珪藻やいくつかの黄金色藻綱と渦鞭毛藻が量的に多い年には、δ^{13}C値が低いことを意味する. 琵琶湖では緑藻綱は夏から秋にかけて優

占する植物プランクトンであるのに対し，珪藻は冬から初春にかけて優占する．よって，堆積物における近年の $\delta^{13}C$ 値の急激な低下は藻類生産の季節性の変化を反映している，つまり，循環期の藻類生産が成層期のそれに比べて増加したことを反映していると考えられる．琵琶湖の一帯では，年間気温が過去 40 年間で，毎年 0.031°C 上昇し，その上昇は冬場の水温でより顕著であることが知られている[68]．冬の気温の上昇は藻類の生長を促進する．他方では，冬の気温の上昇は春の藻類のブルームの時期を早め，自生性有機物由来の低い $\delta^{13}C$ 値をもつ CO_2 を藻類が利用する機会をもたらす．冬場の気温の上昇に伴い，これらのプロセスは近年の堆積物の $\delta^{13}C$ 値の減少をもたらすかもしれない．結論として，本研究は琵琶湖の堆積物中の $\delta^{13}C$ 値，$\delta^{15}N$ 値，リグニンフェノールおよび化石色素量が過去 100 年間大きく変化したことを示した．これらの変化は藻類生産が富栄養化のため 1960 年代から 1980 年代まで増加したことを示している．しかしながら，$\delta^{13}C$ 値は富栄養化の進行が止まった 1980 年以降も，連続的に変化している．我々は 1980 年以降の $\delta^{13}C$ 値の変化は温暖化に関連した藻類生産の季節性の変化を反映しているものと考えている．もしそうだとすれば，同様の現象が温暖化に面した他の湖でも観察されるであろう．

3　琵琶湖沿岸帯に与えるしろかき濁水の影響

　次に，現代におけるしろかき濁水の琵琶湖への流入形態について研究した例を示す．農業用排水施設整備事業は，農業における用水の安定供給に大きく貢献し，琵琶湖集水域における農業用水の形態を大きく変化させてきた[11]．その反面，農地から琵琶湖への濁水流入といった現象も引き起こすようになってきた．しかし，琵琶湖流入河川のうちで定期的に水質のモニタリングをされている河川は限られており，さらに流入河川から琵琶湖への濁水の流入過程に関しては，いくつかの報告があるに過ぎない．例えば，東ほか[69]は，しろかき・田植え時を中心に，空中写真撮影，湖上観測，河川調査を組み合わせることにより，琵琶湖の濁水流入の実態について研究した．その結果をもとに，大河川の河口域よりも中小河川および小排水路からの濁水の流入が重要であることを示唆した．さらに，焦ほか[70]は，赤野井湾および丁野木川河口の面的観測により，濁水の湖内への流入過程を研究した．また，大久保ほか[71]は，しろかき・田植え時の濁水排出が湖内における栄養塩濃度の上昇に関係し，藻類生産に効いている可能性を示した．

　そこで本項では，前節で扱った農業濁水が琵琶湖にどのような影響をあたえるかについて，実際に観測をおこなった事例を紹介する[72]．本プロジェクトの調査地である琵琶湖東岸彦根沖において，しろかき・田植え時である 2004 年 4 月 26 日および 2004 年 5 月 7 日の流入河川水質（5 月 7 日のみ）・琵琶湖表層の水質空間分布・湖内の水質鉛直分布を明らかにした．2004 年 4 月 26 日においては，琵琶湖東岸彦根沖を京都大学生態学研究センターの調査船「はす」を用いて採水した．採水地点は，表層の

みのサンプリング地点（以下表層サンプリング地点）として 15 地点，鉛直方向も含めたサンプリング地点（以下鉛直サンプリング地点）として宇曽川河口からのトランセクト上に 4 地点の計 19 地点でおこなった（図3-2-36）．

2004 年 5 月 7 日においては，琵琶湖東岸彦根沖を京都大学生態学研究センター調査船「はす」を用いて採水すると共に，芹川，犬上川，安食川，宇曽川，顔戸川，文録川，不飲川，愛知川の河口近くでも採水をおこなった．湖内の採水地点は，表層サンプリング地点として 4 月 26 日の調査地点に 9 地点を加えた 24 地点，鉛直サンプリング地点としては 4 月 26 日同様の 4 地点，あわせて 28 地点でおこなった（図 3-2-36）．

3.1 観測結果

両日とも，表層サンプリング地点では表層より 1m の深度において，5l ニスキン採水器を用いて採水した．また現場の水温について多項目水質計 YSI6600（YSI ナノテック社）を用いて計測した．鉛直サンプリング地点では，およそ水深 10m (V1)，20m (V2)，30m (V3)，40m (V4) の地点において，表層より 1m，2.5m，5m，10m の試水，さらにそれ以下は 10m ピッチで湖底までサンプリングした．また，5 月 7 日には航空機により流入河川の河口域の航空写真も撮影し，視覚的に濁水流入の有無を確かめた．図 3-2-37 に，2004 年 5 月 7 日正午ごろにおける文録川河口付近の航空写真を示す．文録川には明らかに濁水が流れていた．また，河口より流れ出た濁水がいったん湖岸に沿って南西（写真左方向）に向けて流れた後，北東（写真右方向）へ向かって拡散していく様子がとらえられた．

図 3-2-38 に，2004 年 4 月 26 日の水温・SS・δ^{15}N-PON の平面分布を示す．4 月 26 日では文録川河口より温かい水が流れている様子がとらえられ，それに沿って SS の量も多い．δ^{15}N-PON に関しては逆に文録川河口が若干低い傾向がある．

いっぽう，5 月 7 日の水温・SS・δ^{15}N-PON の平面分布は違った傾向が見える（図 3-2-39）．水温は平均的であり，SS の量は芹川河口に向けて高くなっていた．δ^{15}N-PON に関しては，宇曽川から犬上川にかけて高い傾向が見える．

図 3-2-40 に，4 月 26 日の鉛直サンプリング地点における水温・DO の分布を示す．表層ほど水温も DO も高いが，より沿岸側に寄るほど両者とも高くなっており，河川を含めた沿岸からの影響が強いと考えられる．また，図 3-2-41 に，4 月 26 日の鉛直サンプリング地点における SS・δ^{15}N-PON・δ^{15}N-NO$_3$ の分布を示す．図 3-2-40 と同様に，河川を含めた沿岸からの影響を示すが，その影響を安定同位体分布でみると，δ^{15}N-PON は低い側に，δ^{15}N-NO$_3$ は高い側に出ていた．

図 3-2-42 に，5 月 7 日の鉛直サンプリング地点における水温・DO の分布を示す．これも 4 月 26 日と同様に，表層および沿岸側に寄るほど水温・DO 共に高くなっており，河川を含めた沿岸からの影響が強いと考えられる．また，図 3-2-43 に，5 月 7

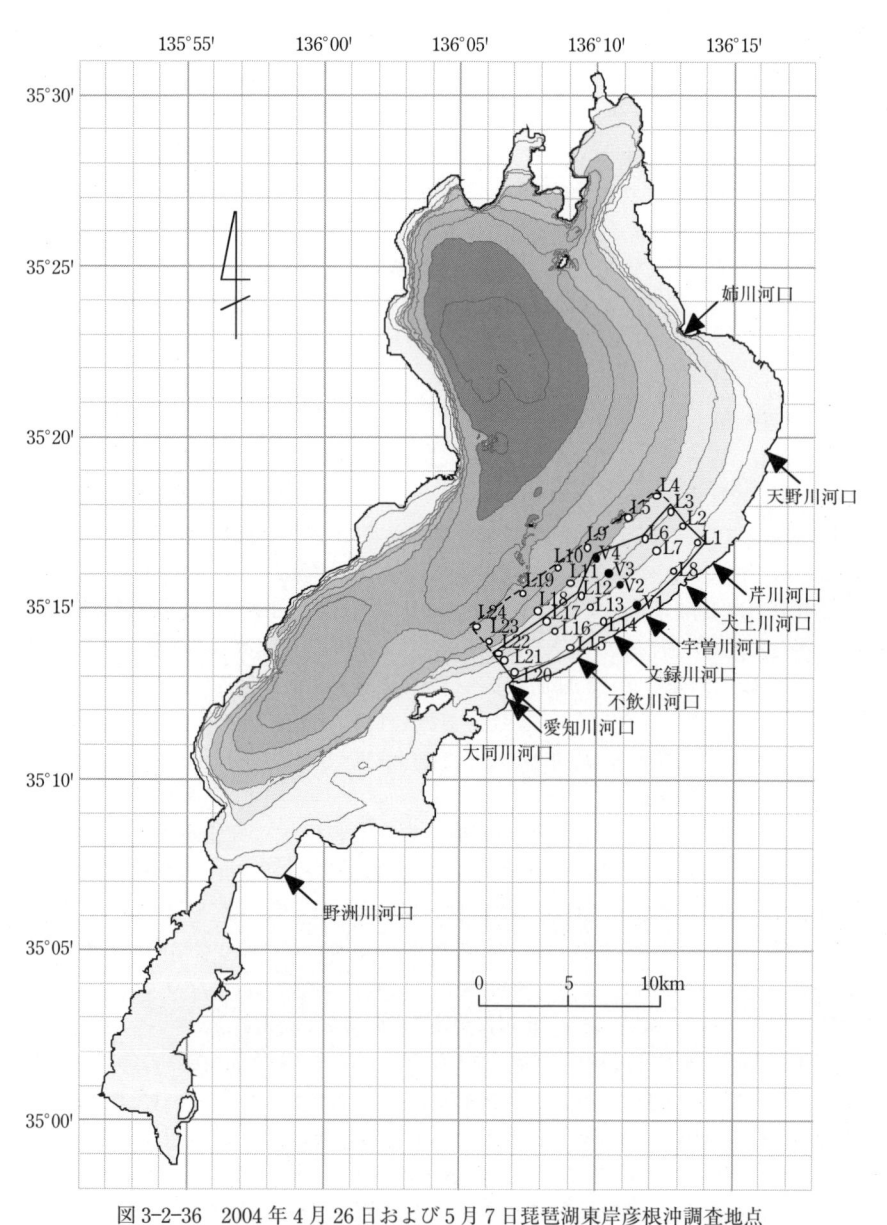

図 3-2-36　2004 年 4 月 26 日および 5 月 7 日琵琶湖東岸彦根沖調査地点

鉛直採水点（V1-V4），および表面採水点（L1-L24）の場所を示す．実線枠囲みが，4 月 26 日調査地点の領域（図 3-2-38），であり，5 月 7 日調査地点は，それに，加え点線で囲まれた部分を加えた領域（図 3-2-39）

第 2 章　水環境への影響

図 3-2-37　文録川河口，2004 年 5 月 7 日正午ごろの航空写真

日の鉛直サンプリング地点における SS・δ^{15}N-PON・δ^{15}N-NO$_3$ の分布を示す．今回の SS は，中間地点 (V2) の底層で高くなっており，河川を含めた沿岸からの傾度は明瞭ではなくなっている．それはまた，δ^{15}N-PON および δ^{15}N-NO$_3$ に関しても同様である．表層ほど δ^{15}N-POM は低い側に，δ^{15}N-NO$_3$ は高い側に出ているのは同様であるが，河川を含めた沿岸からの傾度は明瞭ではない．

表 3-2-8 に，5 月 7 日の各河川の河口近くの水質データを示す．水質パラメータは河川間で大きく異なっており，特に宇曽川，安食川，顔戸川，文録川といった河川では SS の値が高かった．

3.2　河川水と琵琶湖湖水

5 月 7 日の河川データを元にすると，宇曽川，安食川，顔戸川，文録川の SS は高く，芹川，犬上川，不飲川，愛知川では低かった (表 3-2-8)．しかしながら，5 月 7 日における表層サンプリング地点でこれらの河川間の違いは明瞭ではなく，それよりも北東方向の芹川沖で SS は高かった (図 3-2-36)．これは，この調査では河川から琵琶湖への流入口から少し離れた水深 10m 以深の水塊で調査したため，それより浅い沿岸帯での水の動きに影響されたためと考えられる．実際，図 3-2-36 において視覚的に理解される通り，文録川からの濁水はそのまま沖に流れるのではなく，蛇行しなが

211

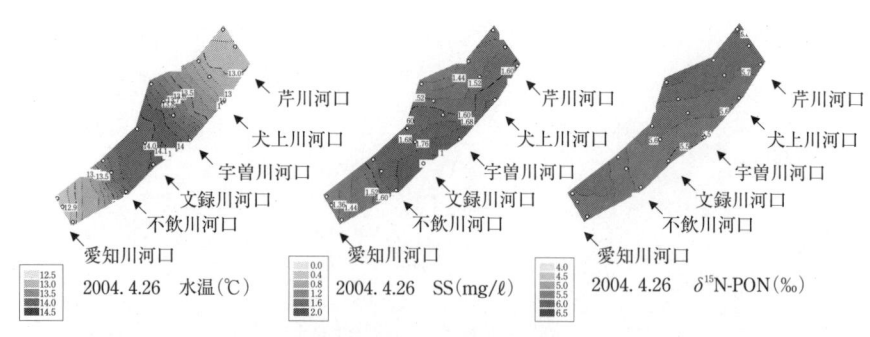

図 3-2-38 2004年4月26日彦根沖調査水域の水温（℃），SS（mg/ℓ），δ^{15}N-PON（‰）の分布図．調査水域は図 3-2-37 を参照．

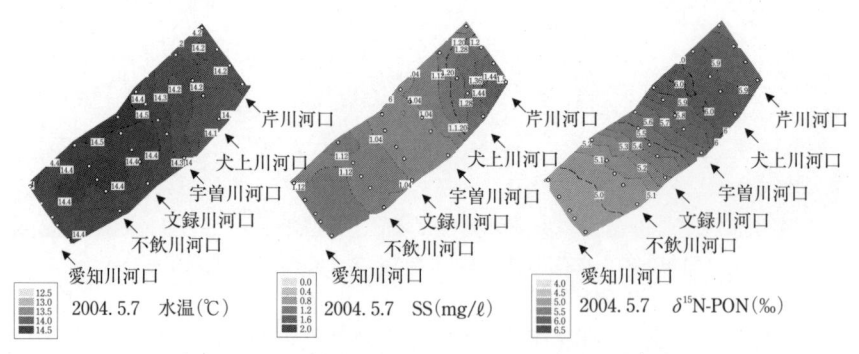

図 3-2-39 2004年5月7日彦根沖調査水域の水温（℃），SS（mg/ℓ），δ^{15}N-PON（‰）の分布図．調査水域は図 3-2-37 を参照．

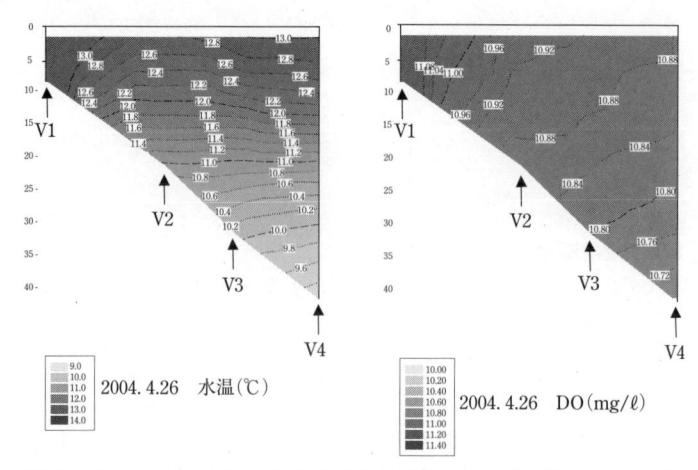

図 3-2-40 2004年4月26日鉛直採水点（V1-V4）の断面における水温（℃），DO（mg/ℓ）の分布図．

第 2 章　水環境への影響

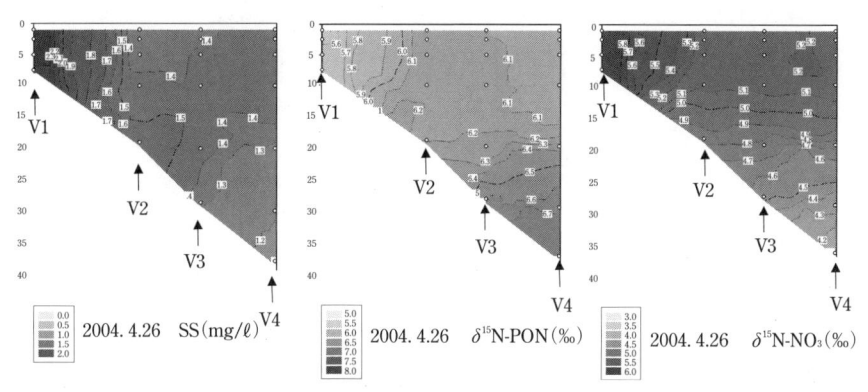

図3-2-41　2004年4月26日鉛直採水点 (V1–V4) の断面におけるSS (mg/ℓ), δ^{15}N-PON (‰), δ^{15}N-NO$_3$ (‰) の分布図.

表3-2-8　2004年5月7日, 琵琶湖流入河川下流における測定データ. 測定項目に関しては本文を参照.

河川名	計測時間	水温	EC (μS/cm)	SS (mg/ℓ)	POC (μM)	PON (μM)	PP (μM)	δ^{13}C-POC (‰)	δ^{15}N-PON (‰)	δ^{15}N-NO$_3$ (‰)	NH$_4^+$-N (μM)	NO$_2^-$-N (μM)	NO$_3^-$-N (μM)
芹　川	9：15	16.2	241.8	2.6	35.5	3.2	0.21	−27.0	4.5	5.1	1.10	0.50	73.30
犬上川	9：58	16.7	200.3	3.1	34.1	4.0	0.28	−27.3	5.8	5.3	0.76	0.36	46.74
宇曽川	10：37	20.5	164.4	35.0	181.9	16.7	0.59	−29.2	4.0	5.7	9.86	2.05	74.78
安食川	11：08	19.2	314.4	24.7	204.4	15.3	0.78	−28.9	3.8	7.0	16.91	2.66	74.00
顔戸川	11：44	18.9	181.7	62.0	415.0	25.0	0.95	−28.7	4.5	6.0	8.52	3.62	72.34
文録川	12：09	19.1	209.0	43.7	324.5	19.6	1.09	−29.1	4.1	7.3	15.99	2.77	72.70
不飲川	12：44	19.9	187.4	8.4	113.3	5.0	0.38	−30.1	3.5	6.6	9.92	0.95	34.70
愛知川	14：20	22.4	139.2	3.5	51.8	5.4	0.41	−27.8	5.1	6.5	6.14	0.40	35.49

ら湖岸沿いを北東に流れていた.

　いっぽう, 4月26日には文禄川の沖に高水塊, 高SS水塊があった. 水温の平面分布については測定時間の違いもあり詳細な議論はおこなえないが, これらはSSからみても濁水の影響を受けていることを示唆する. この理由については二つ考えられる. 2004年の濁水発生期における文禄川, 顔戸川, 不飲川のSSについて, 井桁らによれば, 5月7日よりも (本調査と同日ではないが) 4月27日の方が2倍程度の濃度であり, 多量の濁水が流入していた. もう一つの理由は湖水の流れの影響である. しかし, 今回の調査では物理測定 (風向および水流の方向) をおこなっていないので, この違いが流入の影響であるか, 湖水の流れの影響であるかは不明である.

　焦ほか[70]は, 丁野木川河口域の調査から, 北湖では河川水は表層に乗って拡散することを示唆した. 今回の河川水の水温 (表3-2-8) と湖水の水温は大きく異なり, 同

213

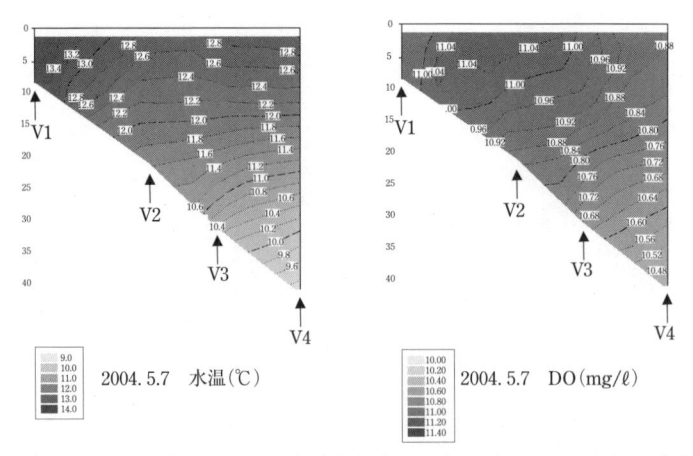

図 3-2-42　2004 年 5 月 7 日鉛直採水点（V1-V4）の断面における水温（℃），DO（mg/ℓ）の分布図

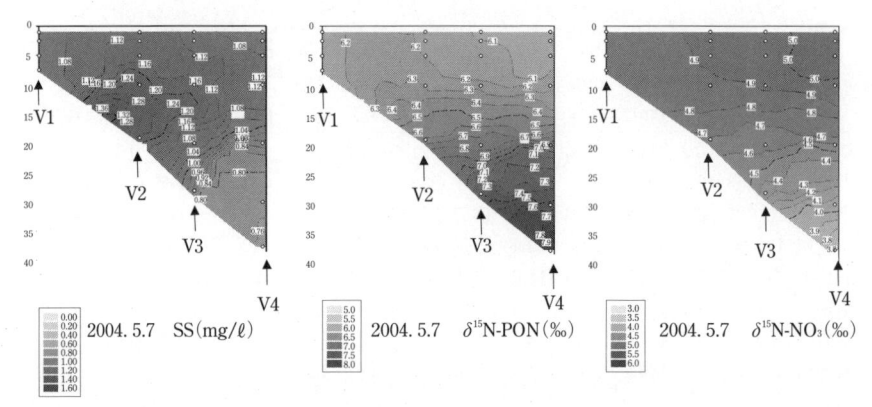

図 3-2-43　2004 年 5 月 7 日鉛直採水点（V1-V4）の断面における SS（mg/ℓ），δ^{15}N-PON（‰），δ^{15}N-NO$_3$（‰）の分布図

様のことが起こっているかもしれない（図 3-2-40，図 3-2-42）．しかし，SS について鉛直断面を見てみると，4 月 26 日は沿岸帯にかたまっており，また 5 月 7 日には湖底付近に溜まっていた（図 3-2-41，図 3-2-43）．これは水の流れとは別に沈降速度が関係してくると考えられる．

　一般にしろかき期の水田からの排出における窒素およびリンの形態は，有機態（懸濁態）であり無機態の排出は少ないことが報告されている[28]．濁水期の河川水中の δ^{15}N-PON（懸濁態窒素）は低い値（表 3-2-8）を示すために，よく用いられる δ^{13}C-POC のほかに，δ^{15}N-PON 値は河川由来 SS のトレーサーとなる可能性がある．鉛直分布をみると，4 月 26 日では SS 濃度と δ^{15}N-PON 値は明瞭な逆相関を持ち（図 3-2-

41),5月7日についても逆相関を持った(図3-2-43).これは,この仮説を支持するが,表層の分布に関しては,4月26日にSSとδ^{15}N-PONは弱い逆相関(図3-2-38)であり,5月7日は正の相関を示した(図3-2-39).懸濁物の中には自生性の植物プランクトンもあるために,これを考慮して議論を深める必要がある.

　無機態の栄養塩として硝酸態窒素を考えてみると,NO_3^-濃度は4月26日,5月7日とも底層で濃度が高かったが,δ^{15}N-NO_3^-はちょうどそれに逆相関して低くなった(図3-2-41,図3-2-43).またここには示していないが,δ^{18}O-NO_3^-もそれに応じて低くなっている.沿岸帯での流入河川と湖水との混合過程,および硝化脱窒過程が密接にからんでいると考えられ,今後更なる研究が必要である.

　溶存酸素(DO)は,水生生物の生存に欠かせないものであり,その動態は非常に重要である.濁水流入期の5月は,琵琶湖はまだ成層が始まって間もない頃であり,DOが極端に欠乏することはない.しかしながら,DOの鉛直断面分布をみると,底層で酸素が減少している様子がとらえられる(図3-2-40,図3-2-42).農業濁水由来の泥がどこに溜まるのかについては,本研究では明らかにはできなかったが,酸素を消費する有機物を多く含んだ泥の行方は琵琶湖の水質を考える上で重要な要素である.

4　流入河川と近江舞子沖定点から見た琵琶湖の環境
4.1　琵琶湖―流入河川における全窒素の安定同位体比

　ここでは,流入河川が琵琶湖にあたえる影響について,生態系にとって重要な元素の一つである窒素に焦点をあて,窒素の安定同位体比のトレーサビリティを利用して解析する.他の章でも述べられているように,安定同位体比は自然界中の物質循環の履歴を反映しており,目的の物質の安定同位体比を測定することにより,その物質の起源やどのような生物,化学的な反応を受けてきたかが解析出来るのである.すでに,学術研究の分野では生元素の安定同位体比は様々な生態系の解析指標として定着している.一般的に安定同位体比を指標として水域生態系を解析する際には主要形態の物質の同位体比が対象となることが多い.しかしながら,窒素は主要な存在形態が多いだけでなく,形態間の変化も活発におこっている.そのため,生態系内の窒素循環を解析するには多くの形態の同位体比を測定する必要があり,熟練した技術と時間を要する.また,結果の解析も複雑になる.そこで,本研究では全窒素(すべての形態の窒素)の窒素安定同位体比を測定し,窒素輸送に関しての解析をおこなった.全窒素の安定同位体比の測定は新しい試みであり,比較対象が少ないことから,本項においては解析の方向や指標としての有効性について示せれば良いと考えている.ここでおこなっている解析は,数少ない結果からおこなっており,今後データを蓄積することで,より的確な議論がおこなえると考える.

　山田らの調査は琵琶湖東岸における主要な河川(表3-2-9)の河口と,前述の琵琶

表3-2-9 2005年7月の各観測点における全窒素濃度 (TN)

地点	河川 TN (μg/ℓ)	水深 (m)	琵琶湖 TN (μg/ℓ)
姉川	1,372	0	193
安食川	1,884	10	138
入江川	3,018	20	346
宇曽川	1,640	30	380
愛知川	428	40	362
丁野木川	1,738	50	362
野洲川	1,585	60	337
文録川	1,927	70	372
		湖底直上	538
平均	1,699.0	平均	337.0

湖北湖近江舞子沖の定点 (Ie-1) においておこなった．河川ではバケツで水を採水した．琵琶湖においてはアクリル製採水器で鉛直的に10m毎に採水をおこなった．得られた試水について全窒素濃度と全窒素の窒素安定同位体比を測定した．全窒素の窒素安定同位体比の分析は，すべての形態の窒素を酸化剤で硝酸態窒素に変えて，それの安定同位体比を測定することでおこなった．

2005年7月における全窒素濃度 (TN) を表3-2-9に，窒素安定同位体比 ($\delta^{15}N$) を図3-2-44および図3-2-45に示した．琵琶湖では7月は成層期で水深20mぐらいに水温による躍層が出来て，湖水は表水層と中深層にわかれる．これらの層はお互いに混合しないため，琵琶湖のような中栄養湖では水中の物質量や形態に違いが出てくる．一般的に，表水層では光合成による有機物の生産が，中深層ではバクテリアによる有機物の分解が卓越することになる．琵琶湖における全窒素濃度は表水層で200μg/ℓ以下と低く，湖底付近で538μg/ℓと比較的高い値を示した．これは，表水層で生産された有機物が沈降し，湖底へ輸送されているためと考えられる．全窒素の安定同位体比は中深層で2～5‰程度の低い値を，表水層と湖底付近で6‰以上の高い値を示した．これも，表水層と湖底付近の有機物が同じものであることを示唆している．夏期の琵琶湖では表水層で生産された有機物が比較的速やかに湖底へ輸送されていると解釈できる．

次に，河川では，集水域面積が大きい姉川，野洲川，愛知川において全窒素の安定同位体比は低かった．集水域面積の小さな河川において比較的値が高く，特に農地面積の大きな安食川や文録川において7‰以上の高い値になった．渓流水中の硝酸態窒素の値が概ね0‰以下，人間活動によって負荷される窒素はこれより高くなることを考えると，大きな河川における値は森林の，小さな河川における値は平野部における人間活動の値をそれぞれ反映しているといえる．さらに，小さな河川では河川水量が

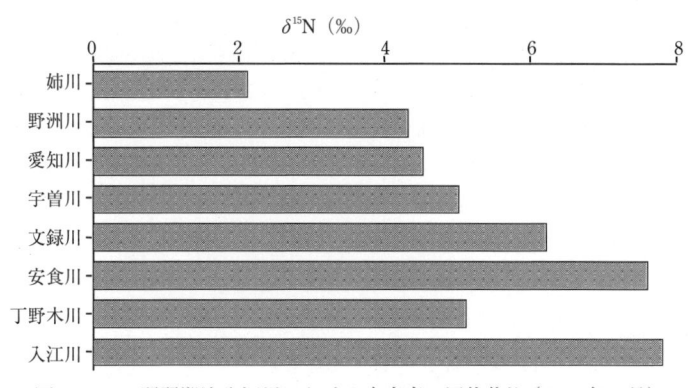

図 3-2-44 琵琶湖流入河川における全窒素の同位体比（2005 年 7 月）

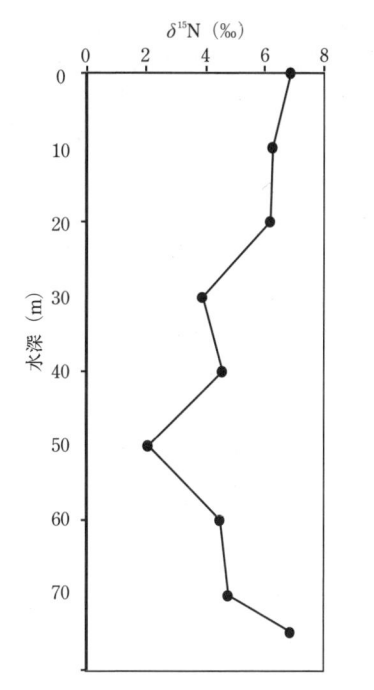

図 3-2-45 琵琶湖近江舞子沖定点（Ie-1）における全窒素の同位体比（2005 年 7 月）

少なく，河口（琵琶湖への流入口）において水が滞留しやすい．前章でも述べたように集水域において水田が多い河川の下流域の河床では溶存酸素が少なくなり，還元的な環境になっている．このような状態では，硝酸を用いた有機物の分解である脱窒が盛んにおこなわれるようになる．河口域において幾分かの窒素が大気中へ回帰されてい

るのである．これは，硝酸態窒素の安定同位体比を高くするため，全窒素の安定同位体比を上昇させる要因の一つになる．

琵琶湖と流入河川の関係についてみると，琵琶湖における全窒素の安定同位体比と流入河川における値の単純な平均値はほぼ同程度である．しかしながら，琵琶湖への窒素の流入量を考えると，大河川によってもたらされるものが多く，実際に琵琶湖へ供給される窒素の安定同位体比は大きな河川の値に近くなるであろう．このように考えると，琵琶湖の中深層における全窒素の安定同位体比は低いことから，この層の窒素は流入水に勢いのある大きな河川から供給されたものである可能性が高い．一方，安定同位体比の高い表水層の窒素はどうであろうか．これは二通りの考え方ができる．一つは，流入水の勢いの弱い小河川の水が河口域で暖められ，これらの河川の安定同位体比の高い窒素が水温の高い表水層に流入しているという考え方，もう一つは湖に流入した窒素が長い期間循環するなか，脱窒されているという考え方である．河川水の全窒素濃度に比べ，琵琶湖の濃度が著しく低いことは湖内における脱窒を示唆している．この場合，湖底における高い全窒素安定同位体比については，単に有機物の沈降だけでなく，湖底の酸化還元境界における脱窒の影響も考えなくてはならない．本章では7月の時間的に断片的なデータしかなく，季節変動などの時間軸を加えて考えることが今後必要であろう．山田らの解釈によると，両者がからみ合っていると考えるのが真実に近いのかもしれない．

このように，全窒素の安定同位体比を指標として用いることで，ある程度まとまった水域における窒素循環のフレームワークが解析出来るようになる．琵琶湖においてもさらに多くのデータを蓄積することが，水質汚濁などの環境問題を考える上で有効になるであろう．

4.2　一酸化二窒素

一酸化二窒素（N_2O）とは耳慣れない物質かも知れないが，地球温暖化を促進するガスの一つとして注目されているガスである．近年一般のニュースや報道でも二酸化炭素（CO_2）の増大が温室効果を増加させ，地球規模での気温・水温の上昇を引き起こしていることが周知されるようになってきた．その原因となっているのが，人間活動による化石燃料の使用である．二酸化炭素は，産業革命前（1750年）に280ppm（ppmは百万分の一）であったが，石炭・石油・天然ガスといった化石燃料の燃焼によって大気中の存在量が増加し，2005年には379ppmになった[73]．メタン（CH_4）は産業革命前（1750年）の715ppbから，1,774ppb（ppbは十億分の一）になった．これと同様に，一酸化二窒素は産業革命前（1750年）の270ppbから，2005年には315ppbになった．IPCCでは，ある因子が引き起こす，地球の気候システム上のエネルギーバランスの変化の大きさを「放射強制力」と呼んでいる．すなわち，この値が大きいほど地球に対してより強い温暖化を引き起こす力となっていることを示す．放射強制力は，1750

年に対して2005年の変化をW/m²（ワット／平方メートル）を単位として示す．これによると，二酸化炭素が1.66 W/m²に対し，メタンが0.48 W/m²，一酸化二窒素が0.16 W/m²，フロンガスに代表されるようなハロカーボン類が0.34W/m²と推定されている[73]．これをみると一酸化二窒素はたいしたことがないと思われるかも知れないが，世界的に削減の議論がなされている二酸化炭素，人為起源物質でありすでに規制がかかっているハロカーボン類に対して，メタンや一酸化二窒素はよく分かっていないことが多いため，まだまだ研究を深める必要がある．ここでは，琵琶湖におけるN_2Oの研究を紹介する．

Yamada et al.[74]は琵琶湖の堆積物の$\delta^{15}N$が，琵琶湖を含む姉川から淀川までの水系の中で最も高い値を示すことを報告している．琵琶湖の硝酸態窒素の$\delta^{15}N$も他の水系の湖の場合と比較して，有意に高くなっていたことから，脱窒過程が琵琶湖集水域の広い範囲で進行していたことが示唆された．マスバランスの計算から，琵琶湖の北湖および内湖・水田などに流入する窒素のうちの最大40%が脱窒過程によって窒素ガスとして大気中に戻っていると考えられた．Miyajima et al.[64]によれば琵琶湖の溶存態N_2Oガスは時空間スケール的にはかなり一様に分布しており，深層水まで比較的酸化的な他の貧栄養湖の場合と似かよっていた．溶存無機炭素（DIC）の$\delta^{13}C$値は水深が深くなるにしたがい低くなり，酸素消費速度と明瞭な負の相関をもつことが明らかになった．深層水の溶存無機炭素へと分解される有機物の$\delta^{13}C$値はマスバランスの計算式によって算出できるが，その値から分解される有機物は陸域起源や堆積物由来の有機物に比べ高く，溶存無機炭素の主たる起源は内部生産された有機物であることが示唆された．Ogawa et al.[47]は琵琶湖で1916年から1994年にかけて採取されたイサザのホルマリン標本や湖底堆積物中の全窒素の$\delta^{15}N$を測定し，過去50年間に起こったイサザを巡る食物連鎖構造の変化や琵琶湖での窒素循環の変化を明らかにした．イサザ自体の$\delta^{15}N$値は1960年代に急激に上昇したが，それはイサザの食物連鎖上の位置（栄養段階：Trophic level）の変化によるものではなく，琵琶湖集水域全体の$\delta^{15}N$値が水質汚濁や脱窒作用により上昇したことに起因すると解釈された．このことから，比較的大きな中栄養湖では，生物地球化学的，生態学的観点から安定同位体比のデータは湖の生態系を明らかにするのに貴重な情報を提供することがわかる．本論では溶存態N_2Oガスの生物地球化学的，生態学的研究を通して，N_2Oガスの起源およびその生成過程を琵琶湖の酸化還元境界の動態に着目して明らかにしていく．

4.3 各種栄養塩濃度，溶存態メタンガス，溶存無機炭素（DIC）の動態

Boontanonらは，前述の琵琶湖北湖近江舞子沖の定点（Ie-1）にて調査をおこなった[77]．溶存酸素濃度は年間変動したが，深水層での溶存酸素濃度は1997年に比べて1998年は低かった[76]．水温躍層形成時期に，水深に伴う溶存酸素濃度の減少は沈降性粒子と堆積物による酸素消費に起因するものである．底層水では溶存酸素濃度はし

ばしば低くなり，特に冬期の上下混合の開始直前に低くなった．Itasaka[77]の湖底堆積コアの酸化還元ポテンシャルの垂直変化を考慮すれば，こういった溶存酸素濃度の低い時期には湖底堆積物と直上の湖水の境界面で無酸素層が形成されやすくなっていると考えられる．そして，無酸素層が堆積物表層に存在する場合，通常では拡散してこない堆積物中のリン酸が湖底から溶出してくるものと思われる．微小サイトの溶存酸素濃度を直接測定することは困難だが，Boontanonら[77]のデータでは湖底付近のリン酸濃度は湖底の溶存酸素濃度と逆相関しており，そういった意味でも湖底の還元状態の変動を硝酸濃度は表層から水温躍層にかけて増加したが，深層水では一定していた．硝酸の再生成が中深層水で進行することが報告されている[29]．表水層中の硝酸濃度は夏期に極めて低く，冬から春にかけての湖水の水平方向および上下方向の混合により増加した．アンモニウム濃度は表層水と水温躍層で高く，深層水で低かった．しかしながら，深層水では夏から初秋にかけて高くなり，この時期に湖底堆積物からアンモニウムが溶出していることが示唆された．

4.4　溶存態 N_2O 濃度の深度方向の変化と時系列変化

図 3-2-46 に各サンプリング時期における溶存態 N_2O の過飽和度（$\triangle N_2O=[N_2O]_{測定値}-[N_2O]_{溶存飽和量}$）を示した．$N_2O$ の大気中の濃度から，大気と水の交換平衡時の溶存態 N_2O の濃度は琵琶湖の水温下では 7-14nM（n（ナノ）は十億分の一，M はモル／リットル）である．N_2O ガスは湖水中の有機物の分解（硝化）と堆積物中での脱窒によって生成される．1997 年の 8 月 4 日には，溶存態 N_2O の濃度は表層で高く，水温躍層にかけて徐々に減少した．また，1998 年の 10 月 9 日には，溶存態 N_2O の濃度は水温躍層付近（20m）で上昇した．こういった時期には溶存態 N_2O ガスは有光層から，大気中に拡散していったと考えられる．

植物プランクトンがゆっくりと沈降し分解されることにより，こういった溶存態 N_2O 濃度の深度パターンは形成されると考えられた．また，河川や沿岸域で発生した N_2O ガスの水平方向の移動も表層水の溶存態 N_2O の濃度が高くなるひとつのメカニズムになりうる．30m から 70m にかけての中深層水では，溶存態 N_2O の濃度は高く，季節変化に富んでいた．春から秋にかけての成層時期には，30m 以深の中深層水の溶存態 N_2O の濃度は溶存酸素濃度の低下にともない上昇しつづけ，12 月に最大値（$\triangle N_2O=18nM$）に達した（図 3-2-46a）．

また，底層付近では溶存酸素濃度の低下に伴い硝酸を基質とした脱窒反応による N_2O の生成機構が卓越していると考えられる．1997 年の 8 月には全水深にわたって非常に高い過飽和度 $\triangle CH_4$ が観測され（図 3-2-46b），この時のメタンガスは堆積物の嫌気層から発生しているものと推測された．底質の酸化層の厚さは数 mm 以下であり，その下の嫌気的堆積物層で発生したメタンガスが酸化されずに拡散してきたと考えられた．このことは底質表層で脱窒が生起することも示唆している．N_2O ガスの

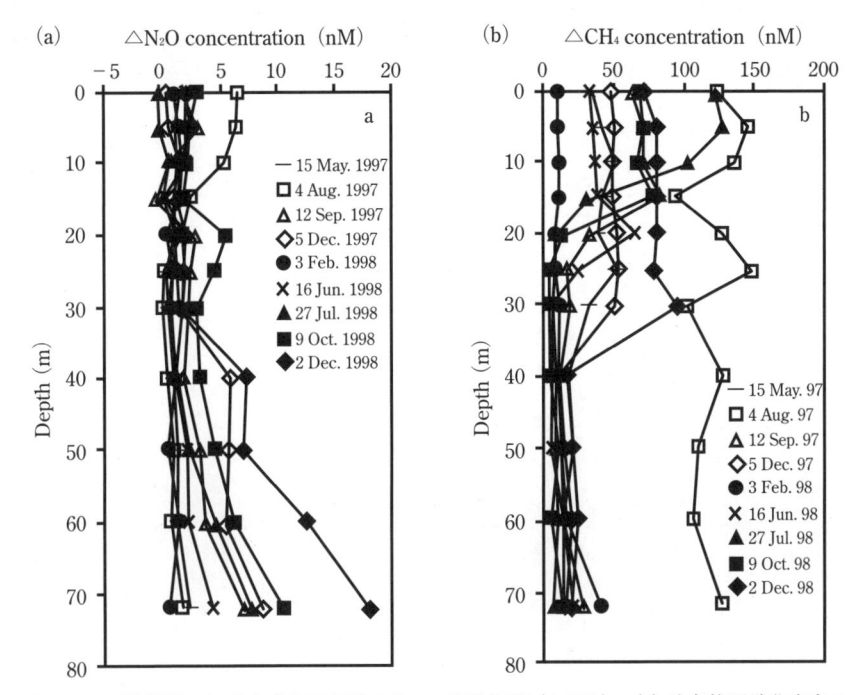

図 3-2-46 琵琶湖における (b) 溶存態メタンの過飽和度 (△CH$_4$), (a) 溶存態亜酸化窒素の過飽和度 (△N$_2$O) の垂直プロファイル

生成速度は硝化過程による酸化的水塊からよりも湖底表層での脱窒による方がより高かった．しかしながら，Wada et al.[78)]によると貧酸素下（溶存酸素濃度が 0.07mg/ℓ）でも硝化による N$_2$O の生成は起こりうることから，硝化と脱窒の共役系が駆動している可能性もある．

4.5 溶存態 N$_2$O の分子内同位体組成

琵琶湖の溶存態 N$_2$O の分子内同位体組成 (δ^{15}N, δ^{18}O) に関して，異なる分子内同位体比の傾向を示す 2 種類の溶存態 N$_2$O の存在することが明らかになった．

その第 1 のグループは酸化的環境下での溶存態 N$_2$O と考えられ，δ^{15}N と δ^{18}O の間に正の相関関係をもつ場合で，

$$\delta^{18}\text{O (N}_2\text{O)} = 1.17\, \delta^{15}\text{N (N}_2\text{O)} + 38.3 \quad (r^2 = 0.58) \quad (1)$$

の直線関係が見られた（図 3-2-47）．中深層水の N$_2$O は前述したように沈降性有機態粒子 (POM) の酸化的分解で生じると考えられたが，その N$_2$O の基質になっている POM の δ^{15}N 値は中深層水への硝酸の供給速度と植物プランクトンによる硝酸の吸収

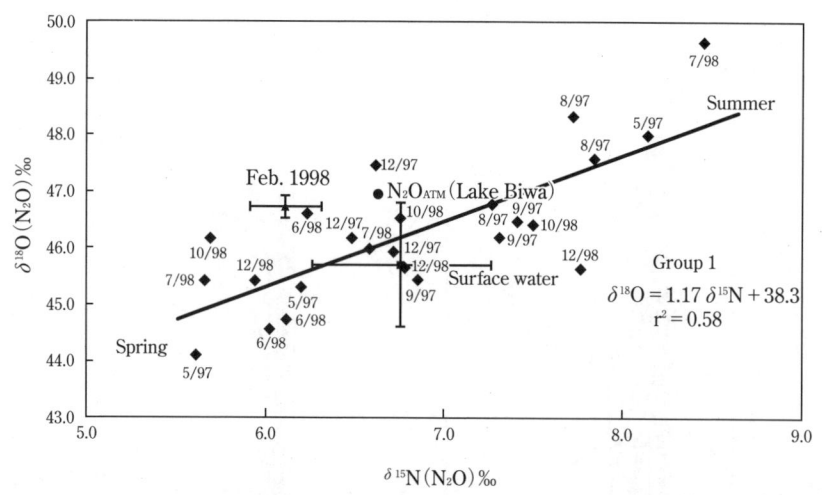

図 3-2-47 琵琶湖の湖水中（深度 15,30,50m）の溶存態 N_2O の分子内同位体分布
参考値として表層水中（大気中の N_2O との交換平衡および沿岸域からの N_2O の移動を反映）と 1998 年 2 月時（上下混合の著しい時）の溶存態 N_2O の同位体分布の平均と標準偏差を合わせて示した．また N_2O_{ATM} (Lake Biwa)（●印）は大気中の N_2O の値である．各測定値の積の数値はサンプリング時の月および西暦を表す．図中の右下の Group1 は本文中の内容と対応し，その下の式は図中の近似直線（実線）である．

速度に影響され，季節変化がある．Yamada et al.[67] によれば，琵琶湖の POM の $\delta^{15}N$ 値は植物プランクトンによる硝酸の取り込み時に生じる同位体分別（a）の季節変化を反映して，春期から夏そして秋にかけて上昇する．また，硝化系では $NH_4^+ \rightarrow NO_2^-$ の過程で溶存酸素の酸素原子が N_2O 分子内に入るため，N_2O の $\delta^{18}O$ 値は成層時期には POM の酸化的分解に伴い上昇すると推測された．以上のことから春から夏にかけて，溶存態 N_2O の $\delta^{15}N$ と $\delta^{18}O$ がともに上昇したと考えられた．

もう一つの溶存態 N_2O の分子内同位体比は湖底堆積物から発生する溶存態 N_2O と考えられ，$\delta^{15}N$ と $\delta^{18}O$ の間に負の相関関係のある場合で，

$$\delta^{18}O\ (N_2O) = -1.27\ \delta^{15}N\ (N_2O) + 55.4 \quad (r^2 = 0.75) \quad (2)$$

の直線関係が見られた（図 3-2-48）．湖底堆積物での N_2O の生成は堆積物の表層に存在する酸化還元境界面で起こると考えられるが，Boontanon らが分析した 1997 年と 1998 年では溶存酸素濃度が大きく異なることから，POM の沈降量も異なったと思われる．

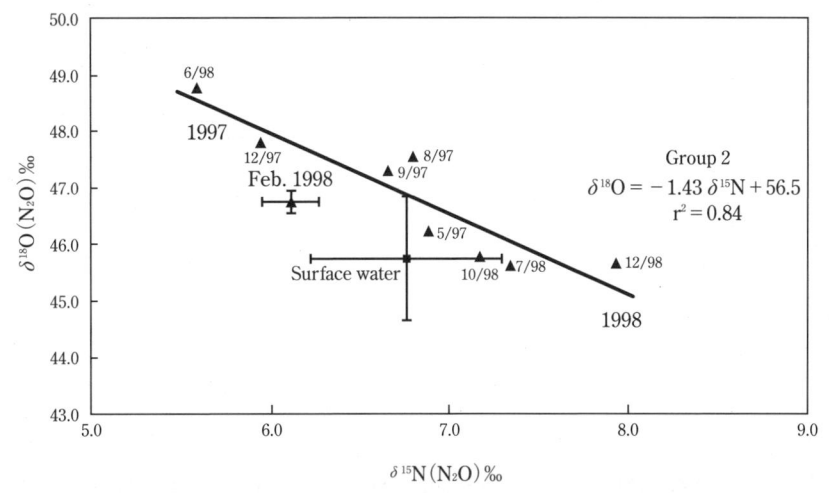

図 3-2-48　琵琶湖の底層水中の溶存態 N_2O の分子内同位体分布

参考値として薄い色で表層水中（大気中の N_2O との交換平衡および沿岸域からの N_2O の移動を反映）と1998年2月時（上下混合の著しい時）の溶存態 N_2O の分子内同位体分布の平均と標準偏差を合わせて示した．各測定値の積の数値はサンプリング時の月および西暦を表す．図中右の Group2 は本文中の内容と対応し，その下の式は図中の近似直線（実線）である．

4.6　N_2O の生成メカニズム

(1) 硝化過程での生成

　硝化過程も含めた POM の酸化的分解では，N_2O は NH_4^+ から生成され，その生成反応全体は以下に示される．

　有機態窒素からの N_2O の生成反応を一次の速度反応とし，その速度定数を k，その同位体分別係数を a，有機態窒素から N_2O への無機化率を f とした場合，Wada and Hattori[79]の速度論的同位体効果から，N_2O の同位体比は

$$\delta_{product} = -a\{(1-f)/f\}\ln(1-f) \quad (3)$$

　ただし，a は同位体分別係数

となり，N_2O の t=0 時の $\delta^{15}N$ と $\delta^{18}O$ をそれぞれ $\delta^{15}N_{t=0}$ と $\delta^{18}O_{t=0}$ とすると，溶存態 N_2O の分子内 $\delta^{15}N$ と $\delta^{18}O$ の関係式は

$$\delta^{18}O = (a_O/a_N)\,\delta^{15}N + \{\delta^{18}O_{t=0} - (a_O/a_N)\,\delta^{15}N_{t=0}\} \quad (4)$$

　ただし，a_N，a_O はそれぞれ窒素，酸素の同位体分別係数

となる．この式(4)から N_2O の分子内の $\delta^{15}N$ と $\delta^{18}O$ の関係は f に関係なく線形であることが明らかである．今回，琵琶湖の溶存態 N_2O の分子内 $\delta^{15}N$ と $\delta^{18}O$ の間に見られた直線関係とよく符合する（図3-2-47）．ただし，POM に由来する有機態窒素の

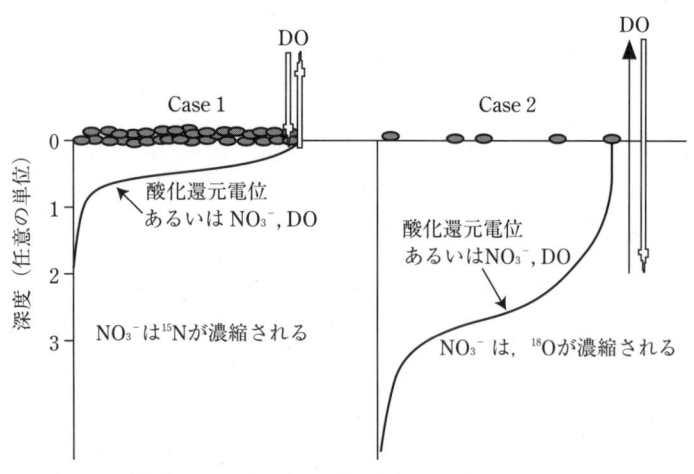

図3-2-49　沈降性粒子の多少による堆積物中の酸化還元境界面の変動と
N_2O の分子内同位体分布との関係に関する説明モデル
沈降性粒子の多かった 1998 年は Case1 に相当し，少なかった 1997 年は Case2 に相当したと考えられる．

$\delta^{15}N$ 値は，先述したように植物プランクトンの取り込みの際の同位体分別の違いや POM の分解に伴う ^{15}N の濃縮などの影響で春から夏にかけて上昇する．また，N_2O 生成の際の酸素の一部は O_2 由来であるが，O_2 の $\delta^{18}O$ も成層化した中深層水中では，細菌による分解が進行し，上昇する．N_2O 生成の際の窒素基質，酸素基質の $\delta^{15}N$，$\delta^{18}O$ の値が式（4）の $\delta^{15}N_{t=0}$ と $\delta^{18}O_{t=0}$ にそれぞれ対応すると考えれば，春から夏にかけての基質の δ 値の上昇は，生成する溶存態 N_2O の $\delta^{15}N$ - $\delta^{18}O$ 座標上での近似直線の x, y 切片の変化となって現れ，図3-2-47 に見られるように直線からのばらつきは大きくなると考えられる．琵琶湖でみられたような溶存態 N_2O の $\delta^{15}N$ と $\delta^{18}O$ 間の正の相関関係はより酸化的なバイカル湖でも報告されている[80]．

(2) 脱窒過程での生成

湖底堆積物から発生する N_2O は主として脱窒過程により生じていると考えられるが，底層の溶存態 N_2O の $\delta^{15}N$ と $\delta^{18}O$ 間に負の相関関係が見られた．沈降性粒子の多少による堆積物中の酸化還元境界面の変動という概念を導入することで，この分子内同位体比の変動パターンをうまく説明できる（図3-2-49）．

ケース１：POM などの沈降性粒子が多い場合．微生物分解が盛んになり，堆積物中の酸化還元境界面は堆積物表層近くに上昇する．この場合，酸化還元境界層に存在する溶存酸素は直上の深層水の溶存酸素との交換が容易に起こるため，硝酸の $\delta^{18}O$ は一定に低く保たれる．一方，硝酸の $\delta^{15}N$ は盛んな POM の分解と POM の分解に伴う ^{15}N の濃縮により上昇する．このことから，脱窒過程により生じる N_2O の $\delta^{15}N$

は高くなる.

ケース 2：POM などの沈降性粒子が少ない場合．堆積物中の酸化還元境界面は堆積物の深層に移動する．その結果，間隙水中の溶存酸素と直上水中の溶存酸素の交換はおきにくくなり，微生物分解の影響で酸化還元境界面付近の硝酸の $\delta^{18}O$ は高くなると考えられる．また，堆積物内の未分解性 POM の分解に伴う ^{15}N の濃縮はおきにくく，N_2O の $\delta^{15}N$ は上昇しないと推定される．

底層の溶存態 N_2O でみられた $\delta^{15}N$ と $\delta^{18}O$ の間の負の相関関係（図 3-2-48）はケース 1（低い $\delta^{18}O$ と高い $\delta^{15}N$）とケース 2（高い $\delta^{18}O$ と低い $\delta^{15}N$）の混合モデルで説明できると考えている．特に，1997 年にはケース 2 にあたるデータが多いのに対し，1998 年にはケース 1 に相当するデータが多いことがわかる．1997 年と 1998 年の底層水付近の溶存酸素濃度を比較した場合，1998 年の方が底層水はより貧酸素な環境にあったことがわかる[76]．このことから，沈降性粒子の多かった 1998 年はケース 1 に相当し，少なかった 1997 年はケース 2 に象徴される状態であったと推測できた．

琵琶湖の溶存態 N_2O の分子内同位体分布から，中深層水中では硝化系，堆積物表層では脱窒系によって N_2O が生成しており，両者ではその $\delta^{15}N$ と $\delta^{18}O$ の直線関係が明確に異なることを提示した[75]．これらの提案に関しては今後データを増やし，詳細な検討をすることが必要となる．

4.7 溶存酸素の同位体から見た，琵琶湖の酸素循環

琵琶湖北湖では，近年深水層湖底近傍における年最低溶存酸素濃度が長期的に低下傾向にあると指摘されている[81]．溶存酸素濃度の減少は，直接的には魚類や底生生物の生存に大きな影響を与えることが明らかである．また無酸素層の出現は，底質からのリン溶出につながる可能性が示唆されており，湖の栄養状態に関してレジームシフトを引き起こす可能性についての議論もなされている[82]．琵琶湖において，溶存酸素動態に関して長期観測はいくつかの機関でなされているが，その動態の詳細は分かっていない．

そこで本研究では，溶存酸素の安定同位体比を用いて，湖内の溶存酸素の動態について研究するという試みをおこなう[83]．酸素原子には三つの安定同位体があり，標準海水中の酸素原子の ^{16}O，^{17}O，^{18}O 同位体存在比は，それぞれ 99.763 ％，0.0372 ％，0.1995 ％である．分子状酸素の安定同位体比は，標準物質を対流圏の酸素とすることにより，標準物質の同位体存在比からのずれの千分率で表すことが多い．すなわち，以下のような式により表される．

$$\delta^{18}O_{HLA} = ([^{18}O/^{16}O]_{sample} / [^{18}O/^{16}O]_{HLA} - 1) \times 1000\ (‰)$$
$$\delta^{17}O_{HLA} = ([^{17}O/^{16}O]_{sample} / [^{17}O/^{16}O]_{HLA} - 1) \times 1000\ (‰)$$

ここで HLA は Holy Land Air の略で，大気中の分子状酸素を指す．分子状酸素以外

の酸素化合物（水，二酸化炭素など）で用いられる標準物質である標準海水（Vienna Standard Mean Ocean Water）とは，$\delta^{18}O_{HLA}=0‰$ が $\delta^{18}O_{VSMOW}=23.5‰$ にあたり，$\delta^{17}O_{HLA}=0‰$ が $\delta^{17}O_{VSMOW}=12.2‰$ にあたる．近年，これら3つの酸素同位体の比を用いて研究がなされるようになったが[84]，本研究では $^{18}O/^{16}O$ 比のみを扱う．ここで，同位体の比を $^{18}R_{sample}=[^{18}O/^{16}O]_{sample}$ と定義する．相間の転移もしくは化学変化などに対し同位体比が変化することを同位体分別というが，物質Aと物質Bの同位体分別係数を，$^{18}\alpha=^{18}R_A/^{18}R_B$ と定義する．植物の光合成では，水と同じ $\delta^{18}O$ をもつ酸素（O_2）が発生する．すなわち，光合成の同位体分別係数 $^{18}\alpha_p=1$ である．大気平衡を示す $\delta^{18}O_{HLA}$ 値は 0.7‰ なのに対し[84]，琵琶湖湖水の $\delta^{18}O_{HLA}$ 値は−30‰程度であるため，光合成により生成された溶存酸素は $\delta^{18}O_{HLA}$ 値を低い方に引っ張る．一方，呼吸については質量数の大きい酸素ほど反応速度が遅いため，より質量数の大きい ^{18}O が溶存酸素中に多く残り，溶存酸素の同位体比（$\delta^{18}O$）が高くなるという現象が生じる．この同位体分別係数は数々の見積もりがあるが，平均的には $^{18}\alpha_r=0.98$ 程度であると考えられている．そのため，呼吸で溶存酸素が使われると，残った溶存酸素の $\delta^{18}O_{HLA}$ 値は高い方に引っ張られる[84]．

これらの原理を用い，琵琶湖の中で南湖に比べ圧倒的な容量を持つ琵琶湖北湖における溶存酸素動態について，酸素の安定同位体比を元に考察する．今回紹介する調査は，京都大学生態学研究センターの調査船「はす」により琵琶湖北湖近江舞子沖の定点（Ie−1: 北緯 35°12.97′，東経 135°59.96′，水深約 70m）でおこなった．ここでは 2003 年 12 月より 2004 年 2 月まで 1 年間にわたりおおよそ月一回おこなった結果を報告する．試水は 5ℓニスキンサンプラーにより採水し，真空に引いたストップコック付きの 300mℓ 容のガラス瓶の内容量の半分（150mℓ）まで入れた．溶存酸素同位体測定用のサンプルは，溶存酸素濃度プロファイルを見て 6 深度で 1 深度につき 3 本とった．溶存酸素濃度はウィンクラー法を用いた．これに加え，多項目水質プロファイラーによる水温および溶存酸素濃度測定をおこなった．なお，多項目水質プロファイラーで得られた溶存酸素濃度は，ウィンクラー法により求めた溶存酸素濃度を元に，濃度補正をおこなった．

4.8　琵琶湖近江舞子沖での溶存酸素の季節変動

図 3-2-50 に水温の季節変動を示す．琵琶湖は年 1 回循環が起きる温暖一循環湖のため，4 月ごろより成層がはじまり，1〜2 月ごろに全循環が起きていた．図 3-2-51 に溶存酸素濃度の季節変動を示す．溶存酸素濃度は，成層期の 20m〜30m と湖底直上から減少した．11 月ごろより表水層から酸素濃度が回復していった．溶存酸素濃度の最低値は，2005 年 1 月 14 日に 5.2mg/ℓ 湖底直上層で記録した．また，水温躍層の下の酸素濃度極小が秋口に見られた．水塊に溶存酸素が溶け込むことができる最大値は，水温によって決まり，水温が低いほどたくさんの溶存酸素が溶け込むことがで

第 2 章　水環境への影響

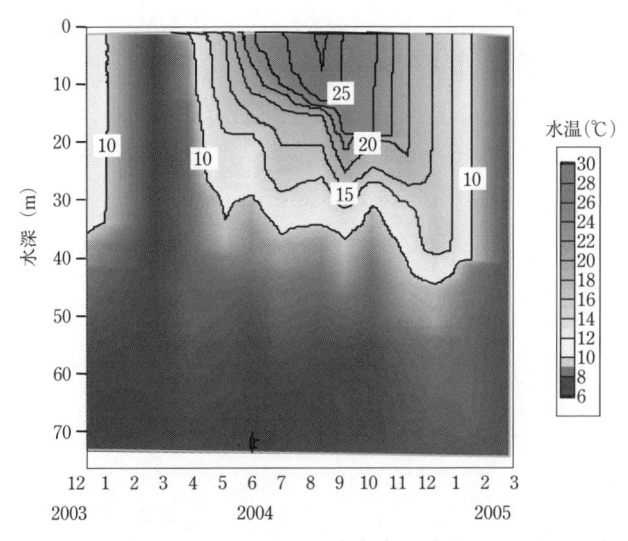

図 3-2-50　琵琶湖北湖近江舞子沖定点（Ie-1）における水温の年間変動

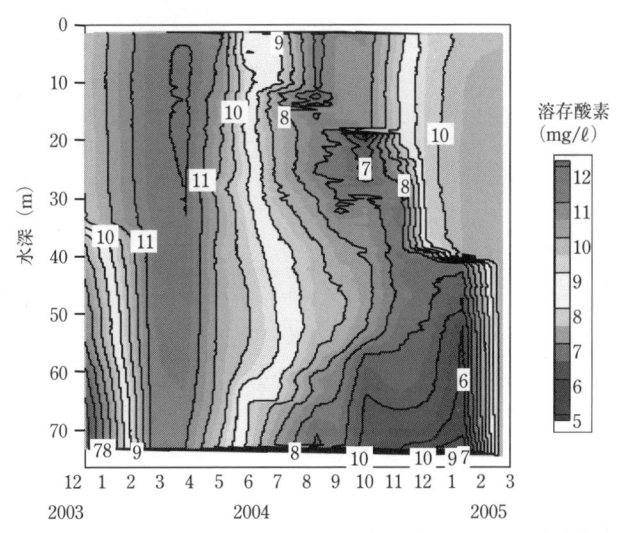

図 3-2-51　琵琶湖北湖近江舞子沖定点（Ie-1）における溶存酸素濃度（mg/ℓ）の年間変動

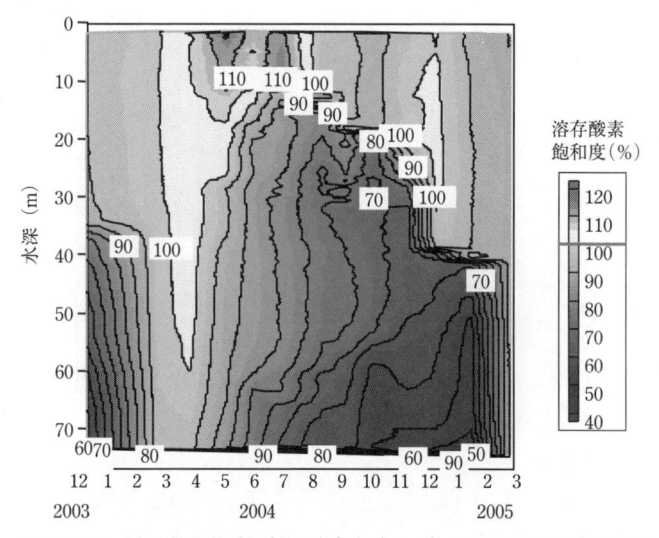

図3-2-52 琵琶湖北湖近江舞子沖定点（Ie-1）における溶存酸素飽和度（%）の年間変動

きる．このため溶存酸素の量だけでは動態の把握は難しいので，しばしば溶存酸素が目一杯溶け込める量（溶存酸素飽和量）に対する溶存酸素の割合を百分率で表す．これを溶存酸素飽和度といい，図3-2-52にその季節変動を示す．溶存酸素飽和度を基準にとると，春〜夏期の表水層で過飽和状態が出現しており，水温躍層の下である深水層で飽和度は減少していった．また2004年度秋には表水層で過飽和域（濃度100%を越えること）が出現した．図3-2-53に溶存酸素同位体比の季節変動を示す．ここでは，大気平衡である$\delta^{18}O_{HLA}=0.7‰$を基準[84]にして議論する．サンプリングされた中での2004年度の最低値は，2004年7月6日の水深7mの地点で$\delta^{18}O_{HLA}=-4.5‰$を示していた．このように夏場の表水層では，溶存酸素同位体比が大気平衡値$\delta^{18}O_{HLA}=0.7‰$を下回っていた．成層期において水温躍層下の水塊は一様に，$\delta^{18}O_{HLA}=0.7‰$を上回っていた．また，成層がはじまって以降ほぼ単調に$\delta^{18}O_{HLA}$は上昇していき，湖底直上層および水温躍層の下の酸素濃度極小に対応して，最高の溶存酸素同位体比を示した．湖底直上1mでの最高の値は2005年1月14日に$\delta^{18}O_{HLA}=7.9‰$を示した．

図3-2-54にQuay et al.[85]やRuss et al.[86]などが採用した，溶存酸素飽和度と溶存酸素同位体比の関係を示す．ここでは特に水温躍層の上にある表層（水深10m）に関してのみ示した．図中に記入してある等高線（アイソクライン）は平衡を仮定した場合の呼吸／光合成比（R/P比）を指す[84),85),86]．ここで，与えるパラメータのうちで推定に幅のあるa_rに関しては，キネレト湖において植物プランクトンとバクテリアの総和と考えられる$a_r=0.977$を採用した[89]．春から初夏，および冬季（11〜12月）における

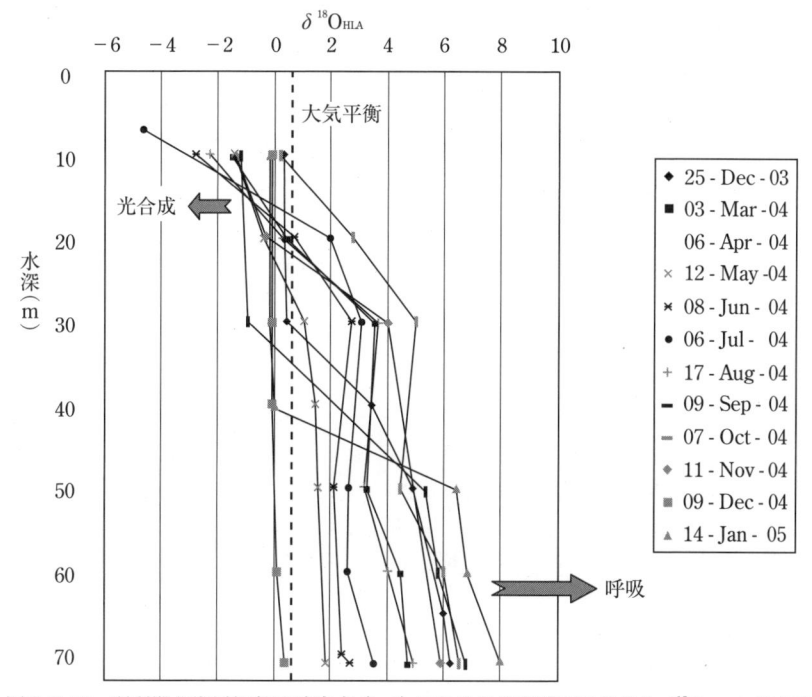

図 3-2-53 琵琶湖北湖近江舞子沖定点 (1e-1) における溶存酸素同位体比 $\delta^{18}O_{HLA}$ の年変動

R/P 比の減少が見える（図の右下領域：高 DO 濃度かつ低 $\delta^{18}O_{HLA}$）．グラフからは，2004年 5 月の R/P 比が低いことがわかる．それ以外の季節においては基本的に左側の領域に入っており，R/P 比は 1 以上であった．春から初夏においては気温の上昇とともに藻類の成長が促進され呼吸速度に比べ高い光合成速度を持ったと考えられる．一方，冬場の R/P 比の値についても，呼吸速度に比べ高い光合成速度をもっていたことを示唆する．すなわち，2004 年 12 月ごろの表層の光合成がいくらか酸素回復に効いている可能性がある．

5　淀川水系の河川水質環境
5.1　淀川水系

ブリーフノート 7 に示したように，近年河川環境の診断に各種安定同位体比（炭素，窒素，酸素，イオウなど）が広く用いられており，特に窒素汚染源の特定や水域における環境診断の指標として窒素安定同位体比（$\delta^{15}N$ 値）が有効である．水系内の $\delta^{15}N$ 値は流域の人間活動の影響を反映し，下水や生活排水，畜産排水といった人為的汚濁負荷によって高くなる．近年河床堆積物の $\delta^{15}N$ 値を用いた河川環境診断や富栄養化に

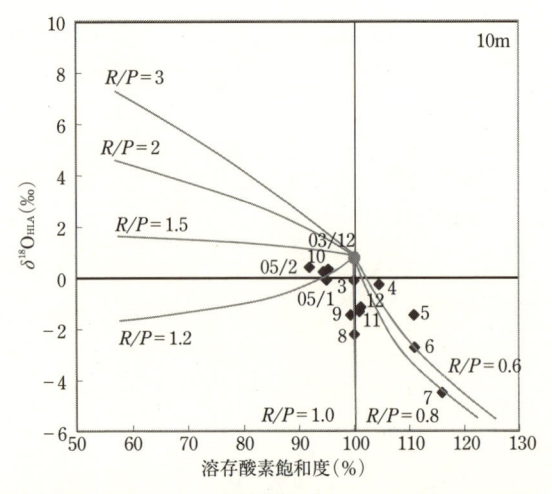

図 3-2-54 表層 10m の溶存酸素（%）と溶存酸素同位体比（$\delta^{18}O_{HLA}$）のグラフによる解析 2003 年 12 月より 2005 年 2 月までを記載．数字だけの点は 2004 年の月を表示．アイソクラインは平衡を仮定した場合の R/P 比（$a_r = 0.977$（Luz et al. 2002））．

よって水生生物の $\delta^{15}N$ 値が高くなるといった報告がなされている[74]．しかし，これらの指標を用いて河川環境を調査地点ごとの傾向（ミクロスケール），支流を含めた水系全体（メソスケール），さらに複数の水系が 1 つにまとまった大規模な水系（マクロスケール）までを総合的に解析した例は少ない．そこで，淀川水系の各種水質濃度とともに各種安定同位体比を測定し，人口密度や土地利用形態といった流域内の人間活動との比較から人為的な汚濁負荷が河川環境に及ぼす影響を空間スケールごとに解析し，河川環境の新たな総合的指標を検討することを目的とした．

淀川水系の水系図を図 3-2-55 に記す．淀川水系は流域面積 7,857km^2 で大きく 4 つの河川（桂川，宇治川，木津川，淀川）から形成される（注：本研究では淀川水系に猪名川流域は含まれていない）．桂川は全長 107km，流域面積 1,159km^2，佐々里峠を水源とし，平均流量は 24.0m^3/s である．上，中流域での人口密度は低く，森林の比率が高い．中流部に大規模ダム（日吉ダム）が 1 つある．下流部（京都市）で人口密度が急激に高くなる．宇治川（瀬田川）は全長 37km，流域面積 4,354km^2（琵琶湖流域を含む）．琵琶湖を水源とし，琵琶湖からの唯一の流出河川である．平均流量は 127m^3/s である．琵琶湖湖水が瀬田川に流入する南湖において近年水質の汚濁が顕著である．中流部に大ヶ瀬ダムがある．流域内の人口密度は滋賀県内においては一定であるが，京都市都市部にて増加する．木津川は全長 89km，流域面積 1,600km^2，青山高原を水源とし，平均流量は 25.7m^3/s である．木津川水系は木津川本流と名張川の 2 つの水系から構

第 2 章　水環境への影響

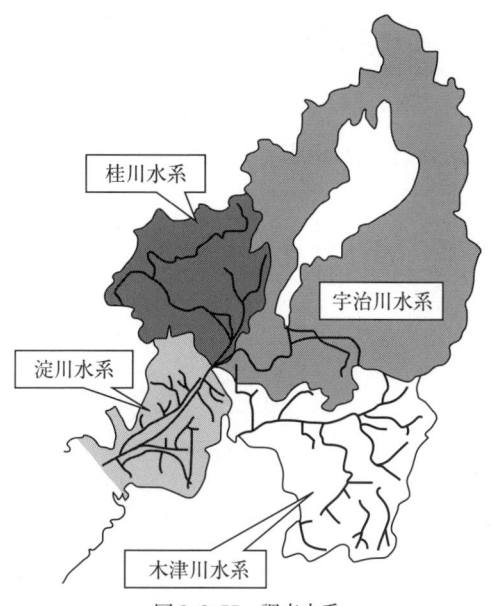

図 3-2-55　調査水系

成されており，木津川中流域にて合流する．名張川流域には 4 つの大規模ダムが存在する．両水系ともに都市域を流域としているため上中流部の人口密度は高く，中流から下流にかけて若干増加する．淀川は桂川，宇治川，木津川が合流した河川で，全長 38km，平均流量は 163m^3/s で，大阪府の中心部を流下し，大阪湾へ流入する．

井桁ら[88]の調査は 2003 年 8 月から 11 月にかけて桂川水系 15 地点（本流 13 地点［ダム湖内 1 地点含む］，支流 2 地点［2 河川：各 1 地点］），宇治川本流 6 地点，木津川水系 10 地点（本流 8 地点，支流 2 地点［1 河川：ダム湖内 1 点含む］），および淀川本流 3 地点で行った．また，2003 年 12 月に桂川水系内の鴨川にて本流 5 地点，支流 1 地点において同様の調査をおこなった．鴨川は全長 31km，流域面積 240km^2，平均流量 3.0m^3/s の比較的小さな水系で京都市中心部を通過する河川である．流域内にダムは存在しない．本調査時および調査前日にまとまった降雨はなかった．各調査地点で河川水および堆積物を採取した．硝酸イオンの窒素および酸素安定同位体比は，科学技術振興機構 CREST プロジェクトの協力の下，脱窒菌法により硝酸を N$_2$O ガスにし京都大学生態学研究センターの質量分析計（Delta plus XP，サーモエレクトロン社）により測定した．

5.2　桂川水系：各種水質分析からの検証

　桂川水系の調査地点図を図 3-2-56 に，調査結果を表 3-2-10 に記す．桂川水系の各

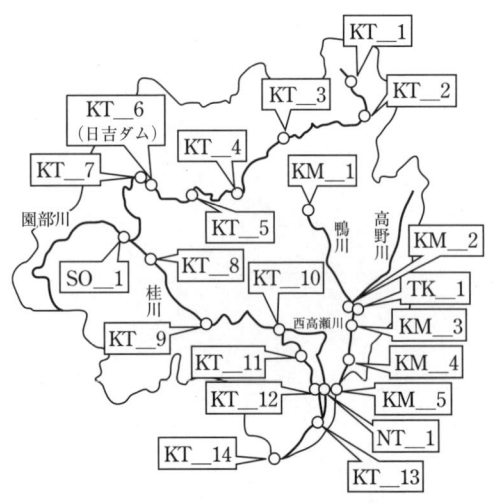

図 3-2-56　調査地点（桂川水系）

種水質濃度分布は，源流域は低く（KT_1），流下に伴いすべての元素において増加傾向を示した．源流域から京都市嵐山（KT_10）間で栄養塩類は 3 倍程度，ミネラルイオン濃度は 1.5 倍（Cl^-）程度の増加であったが，京都市都市部において各項目ともに急激に上昇し淀川合流前地点（KT_14：大阪府島本町）では源流域と比較して DIN（溶存態無機窒素（NO_3^--N, NO_2^--N, NH_4^+-N）の和）が 21 倍，PO_4^{3-}-P が 38 倍，Cl^- は 8.4 倍，SO_4^{2-} が 20 倍となった．このことから京都市内の都市部において急激に各種濃度が上昇したことが示された．日吉ダム湖内（KT_6）および前後調査地点にて水質に大きな変動は見られなかった．南丹市八木町（KT_7 から KT_8 の間）にて合流する支流園部川（SO_1）の水質濃度は桂川本流と比較して高い値であった．桂川支流の鴨川の源流域の各種水質濃度は桂川源流域同様に低い値であったが（KM_1），都市部（KM_2：京都市左京区）に流入すると急激に増加し，特に Cl^- が著しく増加した．支流高野川（TK_1）は鴨川（KM_2）の Cl^- は約半分，他のミネラルイオン濃度は同程度，DIN が約 2 倍であり，両河川の水質組成が大きく異なることが明らかとなった．鴨川・高野川合流地点（KT_3）より下流においては大きな変動は見られず桂川合流前地点（KM_5）は源流域と比較して DIN は 5.2 倍，ミネラルイオン濃度は 1.5 ～ 3 倍程度の増加であった（KM_5）．流域内の 76％を建物用地が占め人口が非常に密集している支流西高瀬川では著しい水質汚濁が確認された（NT_1）．この原因として都市化の影響のほかに，西高瀬川の水源は桂川嵐山付近（KT_10）であるが，水源が乏しく殆どが吉祥院処理場および鳥羽処理場（京都市南区）からの下水処理水であるためと考えられる．

5.3 桂川水系：安定同位体比からの検証

桂川源流（KT_1：京都市北区）の POM，堆積物，NO_3^- の $\delta^{15}N$ はそれぞれ 1.8‰，0.3‰，1.5‰ と低い値であった（表 3-2-10）．この $\delta^{15}N$-NO_3^- は降水の $\delta^{15}N$ 値に近い値を示しており，源流域における人為的窒素負荷が少ないことが DIN（溶存態無機窒素（NO_3^--N，NO_2^--N，NH_4^+-N）の和）濃度同様に認められる．また，POM および堆積物の $\delta^{13}C$ が －28.3‰，－31.1‰ と低く，C/N 比（mol）が 12.3，18.6 と高いことから源流域の有機物負荷は主に陸上植物由来であることが分かる．KT_4 にて POM の $\delta^{15}N$ が 6.8‰ と急激に上昇したがこれは調査地点が下水処理水放流口付近であるためだが，下流の KT_5 では 2.2‰ であることから，KT_4 の高い POM の $\delta^{15}N$ は一時的な値であり，水系全体で見た場合大きな汚濁負荷ではないと考えられる．日吉ダム（KT_6）にて POM の $\delta^{13}C$ が －23.2‰ と上昇し，POM および堆積物の C/N 比がそれぞれ 7.3，10.4 と低くなった．この結果はダム湖内が止水環境であるために上流からの陸上植物起源の有機物が蓄積し，分解されることによる栄養塩の供給による一次生産が活発化していることを示している．また，日吉ダム直下（KT_7）では堆積物の $\delta^{13}C$ が -24.9‰ と桂川水系において最大値を示したが，これはダム湖内で増加した植物プランクトンを含む放流水の蓄積によるものと考えられる．支流園部川の POM，堆積物，NO_3^- の $\delta^{15}N$ は各種水質濃度同様に桂川本流と比較して高く，特に $\delta^{15}N$-NO_3^- が 8.2‰ と高い値を示した．この値は一般に生活排水中の $\delta^{15}N$ と非常に近いことから園部川流域（南丹市園部町）からの生活排水および下水処理水の流入が示唆される．

支流鴨川においても源流域の POM，堆積物，NO_3^- の $\delta^{15}N$ はそれぞれ 3.4‰，0.7‰，1.8‰ と低い値であった．また，POM および堆積物の $\delta^{13}C$ が低く，C/N 比が高いことから桂川源流同様に人為的窒素負荷が少なく，源流域の有機物負荷は主に陸上有機物であることが示された．その後，水質濃度同様に都市部（KM_2）において上昇を示し，桂川合流前地点（KM_5）では POM，NO_3^- の $\delta^{15}N$ はそれぞれ 7.3‰，8.0‰ となった．一方で堆積物の $\delta^{15}N$ は 3.9‰ と他河川と比較して低いことから鴨川下流での汚濁物質の蓄積は小さいものと考えられる．西高瀬川は各種水質濃度から著しい水質汚濁が確認されたが POM，NO_3^- の $\delta^{15}N$ はそれぞれ 6.6‰，11.5‰ と水質濃度ほどの上昇は見られなかった．桂川水系における $\delta^{15}N$-NO_3^- 分布の特徴として源流域で低く，流下に伴い序々に増加し，京都市内都市部（KT_11：京都市西京区）にて急激に高くなり（10.2‰），淀川合流地点まで同程度の値で推移した．この急激な上昇は都市部における人口密度の増加に伴う人為的窒素負荷の増大と，鳥羽処理場（京都市南区）および洛西浄化センター（長岡京市）からの下水処理水の流入によるものと示唆される．また，都市部を流れる鴨川が他の水系と比較して各種水質濃度および安定同位体比が低いのは，都市部において鴨川に排水や他河川からの流入がない構造になっているためである．

表 3-2-10　淀川水系河川における化学成分およびその安定同位体比　(注　DIN：溶存態無機窒素（NO_3^--N, NO_2^--N, NH_4^+-N）の和）

	DIN(mg/ℓ)	PO_4^{3-}-P(mg/ℓ)	Cl^-(mg/ℓ)	SO_4^{2-}(mg/ℓ)	POM δ^{15}N(‰)	POM δ^{13}C(‰)	POM C/N (mol)	河床堆積物 δ^{15}N(‰)	河床堆積物 δ^{13}C(‰)	河床堆積物 C/N (mol)	NO_3^--δ^{15}N(‰)
桂川水系											
KT_1	0.20	0.01	3.91	2.4	1.8	−28.3	12.3	0.3	−31.1	18.6	1.4
KT_2	0.20	0.01	3.91	2.5	2.2	−28.1	11.4	0.9	−29.0	15.4	1.9
KT_3	0.27	0.01	3.80	2.9	2.1	−27.9	12.6	1.3	−27.3	11.9	2.5
KT_4	0.28	0.01	4.24	3.3	6.8	−27.5	11.5	No data	No data	No data	3.7
KT_5	0.27	0.01	4.18	3.6	2.2	−27.6	12.1	1.7	−28.2	15.1	3.8
KT_6(Dam)	0.19	0.00	3.92	4.1	3.7	−23.2	7.3	2.7	−28.7	10.4	4.1
KT_7	0.31	0.00	4.43	4.1	3.4	−25.6	8.3	4.3	−24.9	9.3	2.9
KT_8	0.33	0.01	4.83	4.4	5.4	−25.6	8.3	3.9	−26.4	11.6	5.1
KT_9	0.56	0.03	5.86	6.1	5.1	−25.4	8.1	5.5	−26.4	9.9	7.1
KT_10	0.60	0.03	5.87	6.9	6.7	−25.9	9.2	5.6	−27.3	11.9	7.1
KT_11	0.83	0.03	9.43	10.2	6.3	−23.8	7.3	4.5	−28.1	13.1	10.2
KT_12	1.31	0.08	12.2	15.6	8.2	−28.6	7.5	7.6	−25.5	9.8	10.2
KT_13	2.46	0.12	17.7	24.4	6.7	−24.4	7.4	4.1	−26.0	10.5	9.5
KT_14	4.37	0.34	32.8	49.0	6.7	−26.2	8.9	5.6	−26.5	10.9	10.1
園部川（桂川支流）											
SO_1	0.54	0.03	5.70	6.8	5.4	−26.1	9.8	6.5	−25.9	9.9	8.2
鴨川（桂川支流）											
KM_1	0.16	0.02	3.25	4.0	3.4	−27.3	13.2	0.7	−27.8	18.6	1.8
KM_2	0.52	0.03	16.7	7.5	3.8	−23.3	8.3	3.4	−25.4	15.1	7.1
KM_3	0.84	0.03	10.1	8.6	6.1	−23.5	8.0	4.2	−25.4	14.3	7.5
KM_4	0.88	0.02	8.19	9.6	7.3	−24.2	8.8	4.0	−24.7	12.7	8.0
KM_5	0.85	0.02	8.56	10.3	7.3	−23.5	7.7	3.9	−24.5	13.2	8.0
高野川（桂川支流）											
TK_1	0.95	0.03	7.35	8.7	5.5	−24.8	8.5	4.5	−26.9	13.1	6.6
西高瀬川（桂川支流）											
NT_1	7.09	0.23	46.0	77.5	6.5	−27.0	7.5	No data	No data	No data	11.5
宇治川水系（琵琶湖集水域を含む）											
UJ_1	0.31	0.01	12.5	19.3	6.8	−25.9	6.4	No data	No data	No data	8.9
UJ_2	0.42	0.01	13.6	15.6	8.7	−26.8	6.4	No data	No data	No data	9.5
UJ_3	0.58	0.01	11.3	15.4	6.1	−28.8	6.8	No data	No data	No data	8.9
UJ_4	0.55	0.01	12.5	15.4	6.8	−26.1	7.0	6.9	−25.1	9.4	9.5
UJ_5	0.51	0.02	13.0	14.3	6.5	−25.3	7.0	5.6	−25.3	11.1	8.9
UJ_6	2.55	0.21	20.8	20.6	6.8	−25.4	7.5	4.4	−25.1	10.8	10.1
木津川水系											
KD_1	1.01	0.02	4.72	3.7	2.1	−29.2	15.9	1.9	−27.7	16.6	3.1
KD_2	0.88	0.03	5.16	4.7	4.4	−26.7	8.9	2.8	−25.5	10.2	6.4
KD_3	0.85	0.05	8.36	8.7	4.0	−26.5	8.1	4.6	−26.5	12.1	7.9
KD_4	1.02	0.04	8.01	8.8	6.6	−27.5	8.1	4.5	−25.2	10.6	8.0
KD_5	1.16	0.04	8.49	10.5	7.0	−27.6	7.6	8.2	−26.0	9.8	9.2
KD_6	1.21	0.04	9.04	11.6	9.2	−27.9	7.5	No data	No data	No data	9.4
KD_7	1.28	0.04	9.29	11.8	10.5	−28.6	8.5	6.5	−26.3	12.0	9.6
KD_8	1.33	0.04	11.1	12.9	9.9	−25.9	7.3	7.4	−23.8	10.1	9.3
名張川（木津川支流）											
NB_1	0.77	0.04	6.79	7.9	5.9	−25.0	8.5	5.3	−26.4	11.9	8.2
NB_2	1.12	0.01	7.98	9.3	4.5	−28.7	5.9	3.8	−27.6	11.1	8.4
淀川											
YD_1	1.92	0.12	20.8	21.9	9.7	−26.4	7.5	9.1	−24.1	10.1	9.6
YD_2	1.28	0.07	17.7	17.2	9.9	−30.5	6.8	3.4	−25.7	10.2	10.4
YD_3	0.86	0.05	>5,000	>100	6.2	−30.0	5.3	4.8	−27.3	12.1	10.5

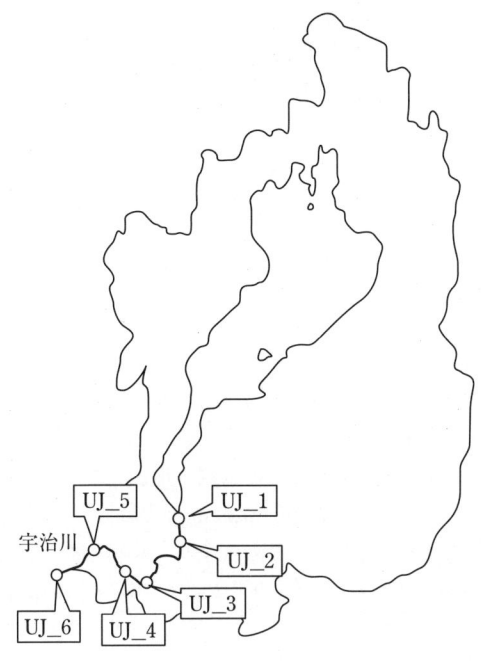

図 3-2-57　調査地点（宇治川水系）

5.4　琵琶湖・宇治川水系：水質分析からの検証

　琵琶湖・宇治川水系の調査地点図を図 3-2-57 に，調査結果を表 3-2-10 に記す．宇治川の各種水質濃度は他河川と比較して上流部から高い値となった（UJ_1）．これは集水域である琵琶湖湖水の水質を反映している．井桁らが 2004 年 2 月から毎月 1 回水質調査をおこなった琵琶湖北湖の平均水質と比較すると UJ_1 の水質濃度は DIN は同程度であり，Cl^- などのミネラルイオン濃度は 1.1 〜 1.3 倍高い．一方で SO_4^{2-} は約 2 倍高いがこの原因は不明である．宇治川の上流部（UJ_1：大津市）から下流（UJ_5：京都市伏見区）まで DIN を除く水質において流下に伴い濃度変動に大きな差は見られなかった．すなわち宇治川の水質濃度は流域の多くを占める琵琶湖からの流出水に支配されていることを示している．しかし，淀川合流前地点（UJ_6：八幡市）にて特に栄養塩濃度が著しく高くなった．UJ_5 から約 6km の間に DIN は 4.5 倍，PO_4^{3-}-P は 13.3 倍，ミネラルイオン濃度は 1.1 〜 1.9 倍増加しており，この原因として桂川下流と同様に伏見処理場（京都市伏見区）および洛南浄化センター（八幡市）からの下水処理水の流入によるものと示唆される．

5.5　琵琶湖・宇治川水系：安定同位体比分析からの検証

　宇治川水系の POM の $\delta^{13}C$ および $\delta^{15}N$ はそれぞれ − 28.8 〜 − 25.3‰，6.1 〜 8.7‰

となり，C/N比も6.4〜7.5と比較的一定であった．この結果は宇治川水系のPOMの多くが植物プランクトンであることを示している．同様に$δ^{15}$N-NO_3^-も約9‰前後で一定であり，これらの結果からも水質分析結果同様に宇治川水系の河川環境は琵琶湖からの流出水の影響を強く受けていることを示している．また，宇治川は支流河川と比較して流量が多いため流下に伴う水質および各種同位体比の変動は小さかった．淀川合流前地点（UJ_6）にて$δ^{15}$N-NO_3^-は10.1‰と上流地点（UJ_5）より1.2‰の上昇を示したが，DINの急激な増加と比較して小さいものであった．

5.6　木津川水系：水質分析からの検証

　木津川水系の調査地点図を図3-2-58に，調査結果を表3-2-10に記す．木津川本流のミネラルイオン濃度は上流域（KD_1：名賀郡青山町）は比較的低濃度であったが上野市を通過後KD_3（阿山郡島ヶ原村）ではCl$^-$ 8.37mg/ℓ，SO_4^{2-} 8.71mg/ℓに増加した．他のミネラルイオン濃度も同様に約2倍程度増加した．名張市下流（NB_1：名張市）のCl$^-$，SO_4^{2-}はそれぞれ7.98mg/ℓ，9.29mg/ℓと高く，上野市同様に市街地を通過することによって濃度が上昇したと考えられる．木津川本流と名張川が合流した地点（KD_4：相楽郡南山城村）ではそれぞれ8.01mg/ℓ，8.83mg/ℓとなり，その後，流下に従って序々に増加し，淀川合流前地点（KD_8：八幡市）では11.1mg/ℓ，12.9mg/ℓとなったが，桂川および宇治川の淀川合流前地点（KT_14およびUJ_6）と比較して低濃度であった．木津川水系の特徴として特に上流域から中流域において窒素濃度が高いことが挙げられる．木津川上流域から中流域（KD_1〜3）および名張川（NB_1,2）のNO_3^--Nは0.73〜1.02mg/ℓで，木津川・名張川合流地点より下流では0.94〜1.30mg/ℓで推移した．桂川上流域から中流域（KT_1〜10）のNO_3^--Nは0.19〜0.58mg/ℓであ

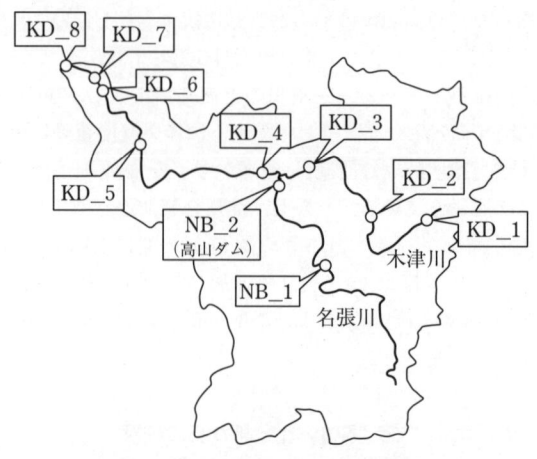

図3-2-58　調査地点（木津川水系）

ることから木津川水系の上中流域において多量の窒素が負荷されていることが伺える．農地における窒素濃度は茶畑や果樹園への施肥，畜産排水などによって地下水および周辺水域にて高くなるが，木津川および名張川流域の耕地の大部分が水田であるため，これらによる窒素濃度の増加の影響はないと考えられる[89]．淀川合流前地点（KD_8）の DIN および PO_4^{3-}-P はそれぞれ 1.33mg/ℓ，0.04mg/ℓ であり，ミネラルイオン濃度同様に桂川および宇治川で見られた急激な増加は見られなかった．これは淀川合流地点周辺に木津川に放流する下水処理施設がないためである．

5.7 木津川水系：安定同位体比分析からの検証

木津川本流上流域（KD_1）の POM，堆積物，NO_3^- の $\delta^{15}N$ はそれぞれ 2.1‰，1.9‰，3.1‰ と低い値を示した．また，POM および堆積物の $\delta^{13}C$ は -29.2‰，-27.7‰ と低く，C/N 比が 15.9，16.6 と高いことからここでの有機物負荷は主に陸上有機物である．上野市周辺（KD_2, KD_3）から POM および堆積物の C/N 比がそれぞれ 8.0 と 8.9，10.2 と 12.1 に減少しており，内部生産が活発化していることを示しており，上野市およびその上流の青山町市街地において木津川本流への窒素供給の増加によるものと考えられる．また，支流名張川を流下した地点（NB_1）の POM の $\delta^{13}C$ が -25.0‰，C/N 比が 8.5 であることから名張市においても上野市下流と同様に流域内での窒素負荷が増加したと考えられる．高山ダム湖内（NB_2：相楽郡南山城村）の POM の C/N 比は 5.9 と著しく低くなり，調査時において一次生産が活発であったことを示しているが，一方で $\delta^{13}C$ が -28.7‰ と低い値となった．これは底泥からの有機物分解によって発生する $\delta^{13}C$ の低い炭酸ガスを植物プランクトンが取り込んでいるためと考えられる[90]．木津川中流（KD_4）から淀川合流前地点（KD_8）にかけての POM および堆積物の $\delta^{15}N$ は流下に伴いそれぞれ 6.6～10.5‰，4.5～8.2‰ と高くなった．この区間の水質濃度の変動が 1.2～1.5 倍程度であることと比較すると POM および堆積物の $\delta^{15}N$ は大きく変動した．淀川合流前地点（KD_8）の POM および NO_3^- の $\delta^{15}N$ はそれぞれ 9.9‰，9.3‰ となり，POM は桂川および宇治川と比較して高い値となり，NO_3^- は同程度の値となった．木津川水系の $\delta^{15}N$-NO_3^- は NO_3^--N 同様に全域において高く，KD_1 を除いて 6.4～9.6‰ であった．これは木津川および名張川上流の上野市および名張市からの（下水および生活）排水の流入によるものと考えられる．三重県内の下水道普及率は 33.9％（平成 15 年末）と全国平均の約半分程度であり，特に木津川上流域および名張川流域は高地に存在するため三重県内においても下水処理施設普及率が低いためである．

5.8 淀川：水質分析からの検証

淀川水系の調査地点図を図 3-2-59 に，調査結果を表 3-2-10 に記す．3 河川合流後の淀川上流（YD_1：枚方市）の水質濃度は合流する 3 河川の水質濃度を反映してすべ

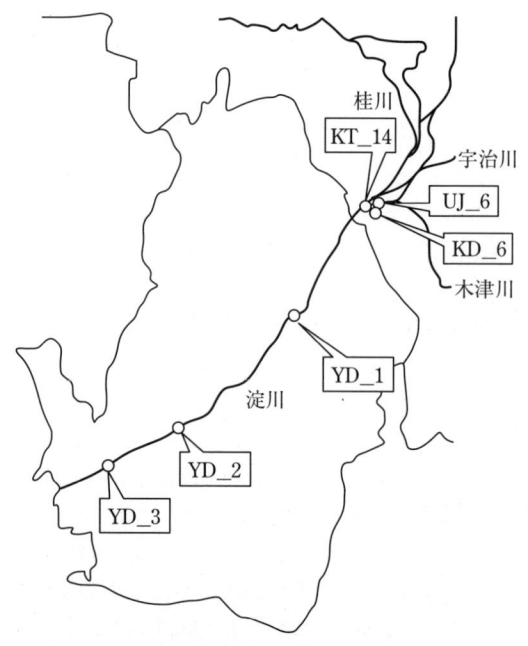

図 3-2-59　調査地点（淀川）

ての元素において高い値となり，特に 3 河川の中でも流量が最も多い宇治川の水質濃度（UJ_6）と近い値となった．しかし，中流（YD_2：大阪市東淀川区）では上流地点（YD_1）と比較して DIN，PO_4^{3-}-P が 35% 程度，ミネラルイオン濃度が 15 ～ 20% 程度減少した．この原因として淀川は大阪府における用水供給源であり大阪府内において排水の流入は殆どないため，汚濁の進行が緩和され流下に伴う自浄作用によって減少したと考えられる．また，NH_4^+-N と NO_2^--N が大きく減少していることや，地形上河川の流速が緩やかであること，調査地点から 1.8km 下流に淀川大堰があるため水が滞留しやすいことからも脱窒が起こっている可能性がある．淀川下流（YD_3：大阪市西淀川区）では海水の流入により DIN および PO_4^{3-}-P が希釈効果により減少した．

5.9　淀川：安定同位体比分析からの検証

　淀川上流（YD_1）の POM，堆積物，NO_3^- の $\delta^{15}N$ がそれぞれ 9.7‰，9.1‰，9.6‰と上流の 3 河川の影響を受け高い値となった．淀川中流（YD_2）では DIN は上流より大幅に減少したのに対し POM は同程度，NO_3^- の $\delta^{15}N$ は 1‰程度高い値となった．一方，堆積物の $\delta^{15}N$ は 3.4‰と上流より 6‰以上低い値となった．この原因は定かではないが採取した堆積物の状態から浚渫により新たな土砂が供給されている可能性がある．淀川中流および淀川下流（YD_3）の堆積物の $\delta^{13}C$ および $\delta^{15}N$ は Mishima らに

よる大阪湾および淀川での調査報告の値とほぼ一致していた[91]．淀川下流（YD_3）のPOM の $\delta^{15}N$ は 6.2‰ と淀川中流と比較して低い値となったが，沿岸域の POM の多くを占める海洋由来の植物プランクトンの $\delta^{15}N$ は 6‰ 程度であることから海水の流入によるものであると考えられる[92]．一方で淀川中流および下流の POM の $\delta^{13}C$ が約 −30‰ と非常に低い値となった．この原因については未解明である．淀川全域における $\delta^{15}N\text{-}NO_3^-$ は DIN の挙動と異なり 9.6 ～ 10.5‰ と高い値で推移した．

5.10　$\delta^{15}N\text{-}NO_3^-$ を用いた人間活動が水系に及ぼす影響評価

　日本国内における地下水調査結果では $\delta^{15}N\text{-}NO_3^-$ が 6 ～ 8‰ を境に，それより低い値は自然あるいは化学肥料の影響を受けた地下水，それより高い値を生活排水や有機肥料を起源とする地下水と分類できると報告されている[93),94)]．これにならうと本調査地点において $\delta^{15}N\text{-}NO_3^-$ が 6‰ 以上であった地点は桂川水系では（KT_9 ～ KT_14）および支流園部川（SO_1），鴨川水系では源流域を除く支流高野川を含む全域（KM_2 ～ KM_5，TK_1），西高瀬川（NT_1），宇治川は全域（UJ_1 ～ UJ_6），木津川水系は木津川上流域を除く全域（KD_2 ～ KD_8，NB_1，NB_2），淀川全域（YD_1 ～ YD_3）であった．これらの地点の特徴として人口密度が 100 人 /km² 以上であることから，淀川水系において人間活動に伴う生活排水の流入が河川水質に反映される境界は人口密度が 100 人 /km² 以上であると言える（図 3-2-60）．また，人口密度と $\delta^{15}N\text{-}NO_3^-$ との関係は，人口密度が 0 ～ 400 人 /km²，$\delta^{15}N\text{-}NO_3^-$ が 1 ～ 10‰ までにおいて強い相関を示した．この関係性は降雨などの大気由来の低い $\delta^{15}N$ を持つ森林からの渓流水と高い $\delta^{15}N$ を持つ生活排水（下水処理水）との混合比によって決定されると考えられる．人口密度が 400 人 /km² 以上の地点において $\delta^{15}N\text{-}NO_3^-$ は 10‰ 程度で安定した．極度の人口密集地であり（14,975 人 /km²），DIN が 7.09mg/ℓ と多量の窒素負荷が見られた西高瀬川（NT_1）においても 11.5‰ であった．これは生活排水によって多量に供給される有機物のほとんどが酸化的に分解されるため，$\delta^{15}N$ は生活排水および下水処理水の値近くで安定していると考えられる．これらの関係は Cabana and Rasmussen[95] による人口密度と一次捕食者の $\delta^{15}N$ 値との関係性を示したモデルや，和田ら[96] が考案した水系の人口密度と POM および堆積物の $\delta^{15}N$ 値との関係性を示したモデルの挙動と一致する．本研究で示された淀川水系における人口密度 400 人 /km²，$\delta^{15}N\text{-}NO_3^-$ 10‰ という値は水系が持続的に維持される上限，すなわち一種の環境容量を表していると考えられる．

　比較的大規模な流域の場合，河川への窒素負荷量はその流域の人間活動の大小を示し，人口密度と正の相関を示すとされている[97]．すなわち気象状況や植生などの自然環境の違いよりも人間活動が河川水質を決定する主要な要因となっている．本研究[88] からも DIN 濃度と人口密度との間には一定の関係性が見られたが，人口密度が低い地点や人口密度が高い 400 人 /km² 以上の地点を他の水系と同一に扱った場合，相関

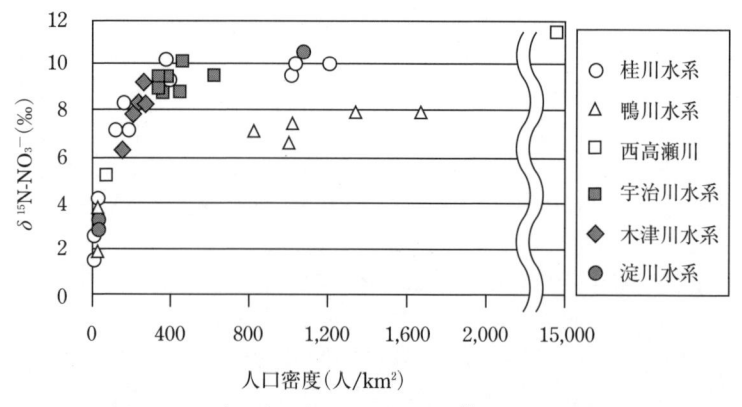

図3-2-60 各調査地点の人口密度と δ^{15}N-NO$_3^-$ の相関図

は得られなかった．これは水源の違いや河川流量の違いなどによるものであり，複数の河川を同列に評価できない．また，河川水中の窒素濃度は流域の人間活動の影響を受け増加するが，人間活動には生活排水や工場排水，農地からの負荷といった様々な負荷形態があり，さらに小規模河川の流入や湖やダムを介するなどと河川形態が様々であることから，大規模な水系において様々な河川の水質汚濁状況を既存の量的指標（環境基準値濃度など）から同一に解析するのは難しい．これらの結果から δ^{15}N - NO$_3^-$ は水系における窒素供給源の特定が可能であるとともに，物質循環的視点から見た河川環境の質的状況を評価できることから，流域環境診断における優れた指標であると言える．

5.11 δ^{15}N-NO$_3^-$ からみた各水系の特徴

桂川水系では流下に伴い，人口密度の増加にしたがって水質濃度および各種安定同位体比が序々に高い値となり，京都市内より急激に上昇した．宇治川水系は琵琶湖湖水の影響を強く受けており，水質濃度および δ^{15}N-NO$_3^-$ が高く支流河川と比較して流量が多いため，下流まで大きな変動を示さなかった．木津川水系の人口密度は上中流域で比較的高く中下流域で若干増加するが，水質濃度および δ^{15}N-NO$_3^-$ も同様な挙動を示した．京都市内から排出される下水および生活排水の殆どを京都市南部の大型下水処理施設にて処理するため，ここから排出される処理水の影響を受け，桂川および宇治川の下流域（淀川合流前）にて急激に各種水質濃度が高くなり，δ^{15}N-NO$_3^-$ も高い値を示した．淀川の水質および δ^{15}N-NO$_3^-$ は3河川の影響を受け高い値となったが，大阪市内において水質濃度は一定の回復を示した．一方 δ^{15}N-NO$_3^-$ は高い値となった．δ^{15}N-NO$_3^-$ は水系における窒素供給源の特定が可能であるとともに，物質循環的視点から見た河川環境の質的状況を評価できることから流域環境診断における優れた指標

であると言える.

[陀安一郎]

参考文献

1) 日本計画行政学会編 (1995)『環境指標の展開 —— 環境計画への適用事例』学陽書房.
2) 内藤正明 (1988)「環境指標の歴史と今後の展望」『環境科学会誌』1-2, 135-139.
3) 谷内茂雄 (2002)「流域管理の必要性」和田プロジェクト編『流域管理のための総合調査マニュアル』京都大学生態学研究センター, 10-12.
4) 中村栄一 (1996)「琵琶湖の水質改善と下水道」『用水と廃水』**38**: 36-40.
5) 平山公明・平山けい子・今岡正美・金子栄廣 (2002)「下水道の普及に伴う小河川での水質変化に関する検討」『下水道協会誌』**39**: 151-166.
6) 農林水産省統計部 (2005)『平成 16 年耕地及び作付面積統計』農林統計協会.
7) 農林水産省統計部 (2001)『2000 年世界農林業センサス』農林統計協会.
8) 滋賀県教育委員会 (2005)『琵琶湖と自然 [五訂版]』滋賀県, 大津, 105-124.
9) 滋賀県農政水産部 (2004)『しがの農林水産業』滋賀県, 大津.
10) 國松孝男 (1996)「環境保全型農業論」桜井倬治 (編著)『水田農業の水質保全機能の評価と活用』農林統計協会, 50-65.
11) 渡辺紹裕 (1997)「琵琶湖集水域における農業用水利用の展開と課題」『環境技術』**26**: 508-512.
12) 武田育郎・國松孝男・小林愼太郎・丸山利輔 (1991)「水系における水田群の汚濁物質の収支と流出負荷量」『農業土木学会論文集』**153**: 63-72.
13) 近藤正・三沢真一・豊田勝 (1993)「代掻き田植時期の N, P 成分の流出特性について」『農業土木学会論文集』**164**: 147-155.
14) 宇土顕彦・竺文彦・大久保卓也・中村正久 (2000)「灌漑期の水田における水量収支と栄養塩収支」『水環境学会誌』**23**: 298-304.
15) 村山重俊・駒田充生・馬場浩司・津村昭人 (2001)「農業集水域小河川の平常流量時の水質とその時期的変動」『日本土壌肥料学雑誌』**72**: 409-419.
16) 増田佳昭 (2003)「水田土地改良と環境保全 —— 琵琶湖の農業濁水問題を中心に」『環境経済・政策学会年報』**8**: 139-151.
17) 日本工業標準調査会 (1994)『工業用水・工業排水の試料採取方法』JIS K 0094.
18) 國松孝男 (1985a)「農地からの N, P 負荷 (その 1)」『環境技術』**14**: 114-119.
19) 國松孝男 (1985b)「農地からの N, P 負荷 (その 2)」『環境技術』**14**: 195-202.
20) 経済企画庁総合開発局 (1970)『淀川・大和川・紀ノ川水系利用現況図』.
21) 植田泰行 (1998)「GIS を用いた琵琶湖淀川流域における汚濁負荷の面的分布とその流出過程に関する研究」京都大学工学部衛生工学科卒業論文.
22) 國松孝男 (1988)「琵琶湖研究 —— 集水域から湖水まで」『滋賀県琵琶湖研究所 5 周年記念誌』滋賀県琵琶湖研究所, 49-63.
23) 金再奎・原田茂樹・内藤正明 (2001a)「琵琶湖の水質保全対策の評価に関する研究 —— 水質保全対策の効果と水質環境容量との比較」『水環境学会誌』**24**: 837-843.
24) 金再奎・原田茂樹・内藤正明 (2001b)「琵琶湖の環境基準を満たすための水質保全対策の評価に関する研究」『環境衛生工学研究』**15**: 99-102.
25) Redfield et al. (1963).
26) Urabe, J., Sekino, T., Nozaki K., Tsuji A., Yoshimizu C., Kagami M., Koitabashi T., Miyazaki T. and Nakanishi M. (1999) Light, nutrients and primary productivity in lake biwa: an evaluation

of the current ecosystem situation. *Ecological Research,* **14**: 233-242.

27) 滋賀県琵琶湖環境部 (2005)『環境白書 水環境保全のための新たな取組の推進』滋賀県,大津.

28) 山田佳裕, 井桁明丈, 中島沙知, 三戸勇吾, 小笠原貴子, 和田彩香, 大野智彦, 上田篤史, 兵藤不二夫, 今田美穂, 谷内茂雄, 陀安一郎, 福原昭一, 田中拓弥, 和田英太郎 (2006)「しろかき期の強制落水による懸濁物, 窒素とリンの流出 —— 圃場における流出実験」『陸水学雑誌』**67**: 105-112.

29) Miyajima, T. (1992) Decomposition activity and nutrient regeneration rates in the hypolimnion of the north basin of Lake Biwa. *Jpn. J. Limnology,* **52**: 65-73.

30) 金木亮一, 岩佐光砂子, 矢部勝彦 (2001)「田面水のSS・COD濃度に及ぼす代かき, 施肥および土壌の種類の影響」『農業土木学会論文集』**215**: 93-98.

31) Canfield, D. E. (1993) Organic matter oxidation in marine sediments. In: R. Wollast, F. T. Mackensie. and L. Chou eds. *Interactions of C, N, P, and S Biogeochemical Cycle and Global Change,* Berlin Heidelberg, Springer-Verlag, 333-363.

32) 加来伸夫, 上木厚子, 大渕光一, 上木勝司 (1996)「水田土壌中におけるメタン生成微生物生態系の解析—各種細菌の分布の季節変化と有機物施用の影響—」『水環境学会誌』**9**: 249-261.

33) Aselmann, I. and Crutzen, P. J. (1989) Global Distribution of Natural Freshwater Wetlands and Rice Paddies, their Net Primary Productivity, Seasonality and Possible Methane Emissions. *J.Chem,* **8**: 307-358.

34) Nakamura, T., Nojiri, Y., Utsumi, M., Nozawa, T. and Otsuki, A. (1999) Methane emission to the atmosphere and cycling in a shallow eutrophic lake. *Arch. Hydrobiol,* **144** (4): 383-407.

35) Nakano T, Tayasu I, Wada E, Igeta A, Hyodo F, Miura Y. (2005) Sulfur and strontium isotope geochemistry of tributary rivers of Lake Biwa: implications for human impact on the decadal change of lake water quality. *Science of the Total Environment,* **345** (1-3):1-12.

36) 東善広 (2003)『滋賀県琵琶湖研究所記念誌』(所報22号) 9-17.

37) 山田佳裕・中西正己 (1999)「地域開発・都市化と水・物質循環の変化」高橋裕 [ほか] 編【岩波講座 地球環境学4】和田英太郎・安成哲三編『水・物質循環系の変化』229-265, 岩波書店.

38) 滋賀県琵琶湖研究所記念誌 (2005)『琵琶湖研究所所報』**22**: 397.

39) 滋賀県環境白書 (2007) http://www.pref.shiga.jp/biwako/koai/hakusyo/

40) 琵琶湖編集委員会編 (1983)『琵琶湖 その自然と社会』サンブライト出版.

41) Nakano, T., Tayasu, I., Yamada, Y., Hosono, T., Igeta, A., Hyodo, F., Ando, A., Saitoh, Yu., Tanaka, T., Wada, E.,Yachi, S. (2008) Effect of agriculture on water quality of Lake Biwa tributaries, Japan. *Science of The Total Environment,* **389**: 132-148.

42) 沢田順弘, 加賀美寛雄, 松本一郎, 杉井完治, 中野聡志, 周琵琶湖花崗岩団体研究グループ (1994) 琵琶湖南部白亜紀環状花崗岩体と湖東コールドロン」『地質学雑誌』**100** (3): 217-233.

43) 國松孝男・須戸幹 (1997)「森林渓流の水質と汚濁負荷流出の特徴」『琵琶湖研究所所報』**14**: 6-15.

44) 金再奎, 原田茂樹, 内藤正明 (2001)「琵琶湖の水質保全対策の評価に関する研究 —— 水質保全対策の効果と水田環境容量との比較」『水環境学会雑誌』**24** (12): 837-843.

45) Raymond, P. A. and Jonathan J. C. (2003) Increase in the Export of Alkalinity from North America's Largest River. *Science,* **301**: 89-91.

46) Hosono, T., Nakano, T., Igeta, A., Tayasu, I., Tanaka, T. and Yachi, S. (2007) Impact of fertilizer on a small watershed of Lake Biwa: use of sulfur and strontium isotopes in environmental

diagnosis, *Science of The Total Environment,* **384**: 342-354.
47) Ogawa, N.O., Koitabashi, T., Oda, H., Nakamura, T., Ohkouchi, N. and Wada, E. (2001) Fluctuations of nitrogen isotope ratio of gobiid fish (Isaza) specimens and sediments in Lake Biwa, Japan, during the 20th century. *Limnology Oceanography,* **46**: 1228-1236.
48) 滋賀県環境部下水道課 (2006) http://www.pref.shiga.jp/d/gesuido/
49) Mizota C. and Sasaki A. (1996) Sulfur isotope composition of soils and fertilizers: differences between northern and southern hemispheres. *Geoderma,* **71**: 77-93.
50) Hedges, J. I., and D. C. Mann, (1979a) The characterization of plant tissues by their lignin oxidation products. *Geochimica et Cosmochimica Acta,* **43**: 1803-1807.
51) Hedges, J. I., and D. C. Mann, (1979b) The lignin geochemistry of marine sediments from the southern Washington coast. *Geochimica et Cosmochimica Acta,* **43**: 1809-1818.
52) Hyodo, F., Kuwae, N., Azuma, J.-I., Urabe, J., Nakanishi, M. and Wada, E. (2008) Changes in stable isotopes, lignin-derived phenols, and fossil pigments in sediments of Lake Biwa, Japan: lmplications for anthropogenic effects over the last 100 years. *Science of the Total Environment* 403: 139-147.
53) Mori, S., Yamamoto, K., Negoro, K., Horie, S. and Suzuki, N. (1967) First report of the regular limnological survey of Lake Biwa (Oct. 1965-Dec. 1966). I. General remark. Memories of the Faculty of Science, Kyoto University. Series of Biology **1(1)**: 36-40.
54) Tsugeki, N., H. Oda, and J. Urabe, (2003) Fluctuationof the zooplankton community in Lake Biwaduring the 20th century: a paleolimnologicalanalysis. *Limnology* **4**: 101-107.
55) Urabe, J. and others, (2007) The production-to-respirationratio and its implication in Lake Biwa, Japan. *Ecological Research* **20**: 367-375.
56) Yamamoto, K., and M. Nakamura, (2004) An examination of land use controls in the Lake Biwawatershed from the perspective of environmentalconservation and management. *Lakes&Reserv.* **9**: 217-228.
57) 中西正己，野崎健太郎，鏡味麻衣子，神松幸弘 (2001)「琵琶湖の近況─植物プランクトン群集」『海洋化学研究』**14**: 104-111.
58) Tezuka, Y., (1984) Seasonal variations of dominant phytoplankton, chlorophyl-a and nutrient levels in the pelagic region of Lake Biwa. *Japanese Journal of Limnology.* **53**: 139-144.
59) Ishiwatari, R., and M. Uzaki, (1987) Diagenetic changes of lign in compounds in a more than 0.6 million-year-old lacustrine sediment (LakeBiwa, Japan). *Geochimica et cosmochimica Acta,* **51**: 321-328.
60) Hedges, J. I., and J. R. Ertel, (1982a) Characterizationof lignin by gas capillary chromatography ofcupric oxide oxidation products. *Analytical Chemistry.* **54**: 174-178.
61) Hedges, J. I., and J. R. Ertel, (1982b) Lign in geochemistry of a Late Quaternary sediment core from Lake Washington. *Geochimica et Cosmochimica Acta,* **46**: 1869-1877.
62) Zohary, T., J. Erez, M. Gophen, I. Berman-Frank, and M. Stiller, (1994) Seasonality of stable carbonisotopes within the pelagic food web ofLake Kinneret. *Limnology Oceanography,* **39**: 1030-1043.
63) Schelske, C. L., and D. A. Hodell, (1991) Recent changes in productivity and climate of Lake Ontario detected by isotopic analysis of sediments. *Limnology Oceanography,* **36**: 961-975.
64) Miyajima, T. and others, (1997) Distribution of greenhouse gases, nitrite, and $\delta^{13}C$ of dissolvedinorganic carbon in Lake Biwa: Impliations for hypolimnetic metabolism. *Biogeochemistry* **36**: 205-211.
65) Zohary, T., J. Erez, M. Gophen, I. Berman-Frank, and M. Stiller, (1994) Seasonality of stable carbonisotopes within the pelagic food web of Lake Kinneret. *Limnology Oceanography,* **39**:

1030-1043.
66) Yoshioka, T., (2001) Stable Isotope Studies, in: S. Y. and H. Hayashi eds., *Lake Kizaki*. 173-181. Backhuys Publishers.
67) Yamada, A., T. Ueda, T. Koitabashi, and E.Wada, (1998) Horizontal and vertical isotopic model of Lake Biwa ecosystem. *Japanese Journal of Limnology* **59**: 409-427.
68) Hayami, Y., and T. Fujiwara, (1999) Recent warming of the deep water in Lake Biwa. *Oceanogr. Jpn.* **8**: 197-202.
69) 東善広・横田喜一郎・焦春萌・大久保卓也・山本佳世子 (1999)「琵琶湖沿岸域における代かき・田植え時の濁水観測 (1) —— 集水域と水質の関係」『琵琶湖研究所所報』**17**: 20-25.
70) 焦春萌・横田喜一郎・東善広・大久保卓也・西勝也 (1999)「琵琶湖沿岸域における代かき・田植え時の濁水観測 (3) —— 沿岸・河口部の濁水分布と水質」『琵琶湖研究所所報』**17**: 32-35.
71) 大久保卓也・東善広・須戸幹 (1999)「琵琶湖沿岸域における代かき・田植え時の濁水観測 (2) —— 流入河川の水質および汚濁負荷量の変化」『琵琶湖研究所所報』**17**: 26-31.
72) 陀安一郎, 由水千景, 高津文人, キムチョルグ, 横川太一, 大手信人, 兵藤不二夫, 井桁明丈, 中野孝教, 永田俊「2004 年代かき濁水発生時期における琵琶湖東岸彦根沖の濁水観測」総合地球環境学研究所編『琵琶湖 - 淀川水系における流域管理モデルの構築　最終成果報告書』(2007) pp. 228-238.
73) IPCC, 2007: Summary for Policymakers. in: Solomon, S., D. Qin, M. Manning, Z. Chen, M. Marquis, K. B. Averyt, M.Tignor and H. L. Miller eds. *Climate Change 2007: The Physical Science Basis. Contribution of Working Group I to the Fourth Assessment Report of the Intergovernmental Panel on Climate Change.* Cambridge University Press, Cambridge, United Kingdom and New York.
74) Yamada, Y., Ueda, T. and Wada, E. 1996. Distribution of carbon and nitrogen isotope ratios in the Yodo River Watershed. *Japanese Journal of Limnology,* **57**: 467-477.
75) Narin Boontanon, 和田英太郎, 高津文人 (2007)「安定同位体比から見た琵琶湖における N_2O の生成機構」『琵琶湖 - 淀川水系における流域管理モデルの構築　最終成果報告書』総合地球環境学研究所, 247-254.
76) 京都大学生態学研究センター琵琶湖定期観測データ (1965-2000) http://www.ecology.kyoto-u.ac.jp/biwako/teikan/index-j.htm
77) Itasaka, O. 1980. Chemical properties; dissolved oxygen. in: Mori, S. ed. *An introduction to limnology of Lake Biwa.* 27-30 (Kyoto).
78) Wada, E. and Ueda, S. 1996. Carbon, nitrogen, and oxygen isotope ratios of CH_4 and N_2O in soil ecosystems. in: Boutton, T. W. and Yamasaki, S. -I. eds. *Mass spectrometry of soils.* 177-204 (Marcel Dekker, Inc., New York).
79) Wada, E. and Hattori, A. (1991) *Nitrogen in the sea: Forms, abundances, and rate processes.* (CRC Press, Florida).
80) Ueda, S., Yoshioka, T., Go, C. -S. U., Wada, E., Khodzher, T., Gorbunova, L., Zhdanov, A., Igor, K., Bashenkhaeva, N. and Tomberg, I. 1999. Nitrogen and oxygen isotope ratios of N_2O in Lake Baikal. in: Wada, E. ed. *Response of land ecosystem to global environmental changes.* 28-35 (Kyoto University).
81) 西野麻知子・中島拓男・辻村茂男・大高明史・杉原夕華 (2002)「北湖深底部の低酸素化に伴う生態系変化の解明 —— チオプローカと底生動物の変化が訴えるもの」『琵琶湖研究所所報』**19**: 18-35.
82) Carpenter, S.R. (2003) Regime shifts in lake ecosystems: pattern and variation pp.199, Excellence in Ecology series Vol.15, Ecology Institute.

83) 陀安一郎，由水千景，キムチョルグ，槙洸，後藤直成，和田英太郎，永田俊 (2007)「溶存酸素同位体比を用いた琵琶湖北湖の溶存酸素動態」『琵琶湖―淀川水系における流域管理モデルの構築　最終成果報告書』総合地球環境学研究所，239-246.
84) 陀安一郎 (2008)「溶存酸素の安定同位体比を利用した生産と分解の評価」永田俊・宮島利宏編『流域環境評価と安定同位体』京都大学学術出版会，153-162.
85) Quay, P.D. et al. (1995) The ^{18}O:^{16}O of disolved oxygen in rivers and lakes in the Amazon basin: determining the ratio of respiration to photosynthesis rates in freshwaters. *Limnology and oceanography* **40**: 718-729.
86) Russ et al. (2004) Temporal and spatial variation in R:P ratios in Lake Superior, an oligotrophic freshwater environment. *Journal of Geophysical Research* **109**: C10S12.
87) Luz, B. et al. (2002) Evaluation of community respiratory mechanisms with oxygen isotopes: A case study in Lake Kinneret. *Limnology and Oceanography* **47**: 33-42.
88) 井桁明丈，陀安一郎，兵藤不二夫，由水千景，梅澤有，神山藍，今田美穂，高津文人，永田俊，和田英太郎 (2007)「淀川水系の河川水質環境――各種安定同位体比を用いた様々な空間スケールに対応する流域診断方法論の構築」『琵琶湖―淀川水系における流域管理モデルの構築　最終成果報告書』総合地球環境学研究所，269-283.
89) 田瀬則雄 (2003)「硝酸・亜硝酸性窒素汚染対策の展望」『水環境学会誌』26: 546-550.
90) Finlay J. C., (2003) Controls of stream water dissolved inorganic carbon dynamics in a forested watershed. *Biogeochemistry*. **62**: 231-252.
91) Mishima, Y. Hoshika, A. Tanimoto, T., (1999) Deposition rates of terrestrial and marineorganic carbon in the Osaka Bay, Seto Inland Sea, Japan, determined using carbon andnitrogen stable isotope ratios in the sediment. *Journal of Oceanography*. **55**: 1-11.
92) Wada, E. Minagawa, M. Mizutani, H. Tsuji, T.Imaizumi, R. Karasawa, K., (1987) Biogeochemicalstudies on the transport of organic matteralong the Otsuchi river watershed, *Japan.Estuarine Coastal and Shelf Science*. 25: 321-336.
93) 平田健正 (1996)「硝酸性窒素による地下水汚染」『水環境学会誌』**19 (12)**: 950-955.
94) 近藤洋正・田瀬則雄・平田健正 (1997)「窒素安定同位体比を用いた宮古島における硝酸性窒素による地下水汚染の原因究明」『地下水学会誌』**39(1)**: 1-15.
95) Cabana, G., Rasmussen, J. B., (1996) Comparison ofaquatic food chains using nitrogen isotope. *Proceedings of the National Academy of Sciences of the United States of America* **93**: 10844-10847.
96) 和田英太郎・西川絢子・高津文人 (2001)「12.　安定同位体の利用 (1) 環境科学――特に水系について」『RADIOISOTOPES』**50**: 158S-165S
97) Caraco, N. F. Cole, J. J., (1999) Human impact on nitrate export: An analysis using major world rivers. *Ambio*. **28**: 167-170.

ブリーフノート7

本書で扱う水質指標と安定同位体指標

(陀安一郎)

本書では，環境の状態を表す指標のうち水質にかかわる指標について特に注目した．以下，本書においてよく記述されるパラメータ，およびその指標性について説明する．なお，語句の説明の一部は『陸水の事典』によった[1]．

懸濁物質（SS）は，湖水や河川水に懸濁して存在する物質を指す．試水をろ過して，ろ紙を通過しない物質として定量する．通常は 1μm 以上のサイズの粒子を指し，バクテリア，動植物プランクトンなどの生物だけでなく，土壌粒子なども含む．本プロジェクトでは，稲藁などの大きな破片を除去するために 150μm のプランクトンネットであらかじめろ過し，ガラス製ろ紙（Whatman GF/F フィルター：口径の目安 0.7μm）でろ過した研究が多い．本書で特に重視した，水田からの濁水発生状況に関する一つの指標といえる．

濁度は，水中に存在する懸濁粒子による濁りの程度を指す．光学濁度計を用いて測定し，当てた光の散乱光の強度により測定される．単位は NTU が使われる．濁度と懸濁物質（SS）の関係は，懸濁粒子の性質により異なり，必ずしも比例するとは限らない．

汚濁物質の指標として，全炭素（TC）という表現はあまり使われず，無機炭素成分を除いた**全有機炭素**（TOC）が水質の汚濁指標となる．平成 17 年度より水道法が改正され，水質検査の項目（有機物指標）として取り入れられた．TOC のうち，懸濁成分に含まれるものを**懸濁態有機炭素**（POC）といい，本プロジェクトでは上記の懸濁物質の基準に基づいたものを採用した（0.7μm-150μm）．本プロジェクトでは，TOC 成分のうち Whatman GF/F フィルターを通過したものを**溶存有機炭素**（DOC）とした．一方，無機炭素に関しては，本プロジェクトの中には，**溶存無機炭素**（DIC）（もしくは全無機炭素 TIC）を有機物の分解過程の指標として用いた研究も含まれる．

全窒素（TN）は，溶存態・懸濁態をあわせた，水中に含まれるすべての窒素分を指す．水質に関する環境基準項目であり，水質の指標である．このうち，懸濁成分を**懸濁態窒素**（PN）として表す．通常，窒素に関しては，水中では岩石由来の成分が極めて少ないので，PN を**懸濁態有機窒素**（PON）として扱うことが多い．本プロジェクトでは上記の懸濁物質の基準に基づいたものを採用した（0.7μm-150μm）．本プロジェクトでは，TN 成分のうち Whatman GF/F フィルターを通過したものを溶存窒素とし，**溶存無機窒素**（DIN）と**溶存有機窒素**（DON）に分けられる．DIN は，さらに，**アンモニア態窒素**（NH_4^+），**硝酸態窒素**（NO_3^-），**亜硝酸態窒素**（NO_2^-）などに分けられる．

全リン（TP）は，**溶存態リン**（主に溶存無機リン（DIP）でリン酸態リン（PO_4^{3-}）が主な形態）と**懸濁態リン**（PP）を合わせた，水中に含まれるすべてのリン成分を指す．

水質に関する環境基準項目であり，水質の指標である．実際のメカニズムを考えると，生産と分解のどちらが優占するかで，溶存態か懸濁態かの量的バランスが変わる．湖沼の生物生産はリンの利用度によって規定されている場合が多いため，リンの濃度は水域の生産力の重要な指標である．

溶存酸素（DO）は，水生生物の生存に大きくかかわる量として環境基準項目となっている．水域においては，酸素は大気からの拡散によって溶け込むほか，光合成によって供給され，呼吸によって消費される．水域の物質循環の中心的な過程は有機物の生産と分解であり，溶存酸素濃度（あるいは，現場の水温における酸素の飽和量を基準とした割合であらわした溶存酸素飽和度）は，その指標となる．

生物化学的酸素要求量（BOD）は，採水した水を通常5日間暗所，一定温度で生物化学的に分解させた時の酸素の消費量から求める．BOD は有機汚濁の指標となるが，微生物に分解されにくい物質が多く含まれている場合や微生物活性を阻害する物質が含まれている場合は過小評価になる．

化学的酸素要求量（COD）は，強力な酸化剤（例えば日本の公定法では過マンガン酸カリウム）によって酸化させたときに必要な酸化剤の量を，酸素量に換算して示す．COD は湖沼・内湾などの停滞水域の有機汚濁指標となっている．対象有機物の分解率のばらつきと還元性無機物の存在に注意する必要がある．

日本における河川・湖沼・海域の水質汚濁に関する基準は，人の健康の保護に関する基準と生活環境の保全に関する基準が制定されている．前者は主に重金属類や発ガン物質などが指定されており，後者は上記に説明した項目を含む pH，SS，BOD，COD，大腸菌などが指定されている．こういった環境基準に用いられる測定項目が，すぐれた環境指標の要素であることは間違いないが，流域管理に必要な自然環境の情報としては，調査時の水質状態に強く影響されるために，必ずしも十分とはいえない．また，こうした指標は易分解性有機物やそれらの分解産物である無機栄養塩類の濃度によるため，流下過程での分解や生物による取込みなどによる減少，地下水など水質の全く異なる水の流入といった影響因子を除外するには精緻な流量観測が必要不可欠である．そのような詳細な観測は，行政などがおこなう大河川のモニタリングなどに限られており，中小河川などで流域住民が「順応的管理」によるモニタリングを提案することは難しい場合もある．そこであらゆる河川に適用可能な，できるだけ簡便な方法による，河川の流程に沿った流域環境の状態の評価方法の開発が望まれている．

そこで，新しい診断パラメータとして注目される安定同位体比による評価手法について紹介する．

安定同位体指標

本書では，琵琶湖・淀川水系の各種水質測定とともに各種安定同位体比を測定し，これらと流域の人間活動との比較から，人為的な汚濁負荷が河川環境に及ぼす影響を空間スケールごとに解析し，河川環境の新たな総合的指標を検討することを目的とした．

ここで安定同位体比について簡単に解説する．同位体とは，元素の性質を示す「陽

子」の数は同じであるが，「中性子」の数が異なるため，全体の重さ（＝質量数）が異なる原子を指す．このうち，ある時間が経つと崩壊するものを「放射性同位体」と呼び，安定に存在するものを「安定同位体」と呼ぶ．例えば，炭素（C）は6個の陽子をもつが，それに加え6個の中性子を持つものが ^{12}C，7個の中性子を持つものが ^{13}C であるが，この両者は安定同位体である．一方，炭素には8個の中性子を持つ放射性同位体 ^{14}C も極微量存在している．炭素のほかに，生物を構成する元素には水素（H），窒素（N），酸素（O），イオウ（S）などがあるが，これらにも安定同位体が表 bn7-1 の通り存在する．リン（P）には安定同位体が一種類しかないため，残念ながら直接扱うことはできない．

　生物間においてこれらの安定同位体の存在比の変化はごく小さいため，存在比そのままの表現方法では分かりにくい．そこで，通常安定同位体比は，各元素によって決められた標準物質の元素存在比に比べ，目的の試料中に存在する元素存在比がどれくらいずれているかを千分率であらわす．例えば炭素同位体比は，

$\delta^{13}C_{測定試料} = ([^{13}C/^{12}C]_{測定試料} / [^{13}C/^{12}C]_{標準物質} - 1) \times 1000$ （単位は‰，パーミル）

で定義される．これは相対的な表現法なので，標準物質を決めないといけないが，国

表 bn7-1 「生元素」の安定同位体
各元素に関して，標準物質として定められている物質，およびその同位体存在割合を Coplen et al. (2002)[19] に従って示す．

元素名	標準物質及びその同位体存在量	
水素（H）	標準海水 (VSMOW)	
	^{1}H	99.984%
	^{2}H	0.016%
炭素（C）	矢石 (VPDB)	
	^{12}C	98.894%
	^{13}C	1.106%
窒素（N）	空中窒素 (Air)	
	^{14}N	99.634%
	^{15}N	0.366%
酸素（O）	標準海水 (VSMOW)	
	^{16}O	99.762%
	^{17}O	0.038%
	^{18}O	0.200%
イオウ（S）	トロイライト (VCDT)	
	^{32}S	95.040%
	^{33}S	0.749%
	^{34}S	4.197%
	^{35}S	0.015%

注：^{2}H は D とも書く．

際的に炭素についてはベレムナイト（矢石）という頭足類の化石を元にした単位を用いる．他の元素についても同様に標準物質が定義されている（表bn7-1）．窒素に関しては，大気中の窒素ガス（N_2）を標準（0‰）としており，大気中の窒素と比較して^{15}Nの同位体組成が大きい場合$δ^{15}N$値は正の値となり，小さい場合は負の値となる．

　安定同位体比が物質の状態変化・化学変化によって変化する原理は，質量数の違いによる反応速度に起因している．簡単にいうと，軽いものほど拡散速度や反応速度が大きいため，反応の初期にできる産物（生成物）の同位体は軽いものが多くなり，生成物の同位体比は低くなる．これを同位体分別（isotopic fractionation）という．近年，河川環境の診断に各種安定同位体比（炭素，窒素，酸素，硫黄など）が広く用いられており，特に窒素汚染源の特定や環境診断の指標として窒素安定同位体比（$δ^{15}N$値）が有効であることが指摘されている[2]．$δ^{15}N$値は汚染物質の起源や生態系における様々な化学反応や生物代謝（脱窒などの浄化プロセス，生物による取り込み，食物連鎖）を反映することから，生態系環境を診断する上での有益な情報を与えてくれる．表bn7-2に河川に流入する主な窒素供給源の$δ^{15}N$値を記す．

　環境中の窒素化合物にはそれぞれの特有の同位体比を有しており，この値を利用して河川水や地下水などの水系の窒素起源を推定できる．山岳域の森林地帯や若い森林では窒素は降水や生物学的窒素固定によって供給され，植物などの生物が持つ$δ^{15}N$値は一般的に低い[3]．たとえばアメリカの森林地帯で，FryはLTERサイトの植物の$δ^{15}N$値が-5～2‰であったと報告している[4]．一方，人為影響のある生態系ではその値が変わってくる．たとえばCabana & Rasmussen[5]は，湖の一次消費者や河川懸濁粒子が示す$δ^{15}N$値が集水域の人口密度と正の相関があることを示した．これは，以下のように解釈される．一般に，人為影響の大きい水域生態系では，家畜排出物，生活排水や下水道由来の窒素が主な窒素源となる．人間によって排出される有機物の$δ^{15}N$値が天然起源に比べて高い約6～7‰程度と見積もられるのに加え，溶存態窒素はその存在環境により，アンモニアの揮散や脱窒といったプロセスを経て$δ^{15}N$値が高い[6]．これらの$δ^{15}N$値は，森林起源有機物の$δ^{15}N$値に比べ高いことから，この二つの起源の混合比により水系の$δ^{15}N$値が決定される．例えば，集水域の人口密度が高くなると河川への生活排水の寄与が大きくなり，窒素の負荷は増加する．しかし，規模が比較的大きく，きれいな河川では，そのほとんどが速やかに硝酸態窒素にまで酸化（硝化）され，水中に留まるため，水系の$δ^{15}N$値は生活排水の値近くで安定する．たとえば，Wada et al.[7]は，大槌川の上流では硝酸態窒素の$δ^{15}N$値は2‰であるが，下流に向かうにしたがって徐々に増加し，河口では6‰程度となることを示した．さらに有機物負荷が高い河川では，堆積物中での活発な脱窒の駆動に伴うN_2OやN_2の放出が起こり，さらに酸素の減少が起こると，相対的な硝化の低下にともなうアンモニアの揮発などにより，$δ^{15}N$値は上昇する[8]．

　その他の例として，McClelland & Valiela[9,10]は，河口域に流入する排水の影響が栄養塩・プランクトン・水草の$δ^{15}N$値に反映されることを明らかにした．また，Carmichael et al.[11]は，人為起源の窒素負荷の程度が増えるのに対して懸濁粒子や二枚貝の窒素同位体比は上昇することを示している．Cole et al.[12]は水草（*Spartina*

表 bn7-2 窒素供給源の $\delta^{15}N$(‰) の範囲

		最頻値	範囲	引用文献
降水	NH_4^+	−2	−10 〜 4	Kendall (1998)[20]
	NO_3^-	2	−6 〜 10	Kendall (1998)[20]
	NH_4^+		−11 〜−5	小倉ほか (1981)[21]
	NO_3^-		−1 〜 2	小倉ほか (1981)[21]
肥料	NH_4^+	0	−4 〜 4	Kendall (1998)[20]
	NO_3^-	2	0 〜 6	Kendall (1998)[20]
			3 〜 9	廣畑ほか (1999)[22]
			−4 〜−1	山本ほか (1995)[23]
化学肥料			−5 〜 3	田瀬 (2003)[24]
	アンモニア系		−3 〜 1	Hubner (1986)[25]
	硝酸系		1 〜 5	Hubner (1986)[25]
	尿素系		−1 〜 1	Hubner (1986)[25]
有機肥料			3 〜 15	Chien et al. (1977)[26]
陸上土壌		4	−8 〜 14	Kendall (1998)[20]
水田土壌			0 〜 7	Wada et al. (1984)[27]
畑地土壌			2 〜 8	Yoneyama et al. (1986)[28]
森林土壌（表層）			−4 〜−3	Wada et al. (1984)[27]
下水および生活排水		16	−10 〜 32	Kendall (1998)[20]
下水および生活排水		11	10 〜 12	廣畑ほか (1999)[22]
下水および生活排水（合併浄化槽）			10 〜 14	Mariotti et al. (1988)[29]
下水処理水			11 〜 17	新井・田瀬 (1992)[30]
生活排水			8 〜 15	田瀬 (2003)[24]
畜産廃棄物			10 〜 20	田瀬 (2003)[24]

alteniflora）について，排水による窒素負荷の割合が $\delta^{15}N$ 値と相関することを示した．一方，Savage & Elmgren[13] は，近年窒素負荷が減少したことで藻類（*Fucus vesiculosus*）の $\delta^{15}N$ 値が減少したことを示した．

　$\delta^{13}C$ 値は，植物プランクトンや付着藻類，水草の光合成の指標になる．これら一次生産者の $\delta^{13}C$ 値は，基質となる溶存無機炭素（DIC）の炭素同位体と，みかけの同位体分別の大きさ（$\Delta\delta^{13}C$）により決定される．この時に，炭酸固定基質の違い（重炭酸か溶存 CO_2 か），水中の DIC の拡散抵抗，光合成速度，細胞や葉の表面の境界層の厚さなどが影響する[14]．その結果，付着藻類や大型植物プランクトンでは炭酸律速のために ^{13}C が上昇することが知られており[15]，それを指標として河川や湖沼の生産基盤の変動について議論することができる．

　また，生物体に含まれるストロンチウム（Sr）同位体比は栄養段階によっては変動

を受けず，環境水と同じ $^{87}Sr/^{86}Sr$ をもつことが知られている[16]．他のミネラル成分と同様に，環境水に含まれている Sr は岩石や鉱物などの地質にその究極の起源があり，Sr 同位体比の変化は異なる Sr 同位体比をもつ起源物質の混合割合が変わるということである[17]．従って，生物試料をもとにして集水域の Sr 同位体比を比較することは，集水域の地質に依存する水循環・物質循環の流れそのものを調べることにほかならない．また，イオウ同位体比（$\delta^{34}S$ 値）は，同様の起源物質の推定に用いられるほか，底生の酸化還元状態の指標にもなる[18]．

なお，安定同位体を用いた流域環境評価に関しては，専門書も参考にされたい[31]．

参考文献

1) 日本陸水学会編（2006）『陸水の事典』講談社．
2) Kendall, C. (1998) Tracing nitrogen sources and cycles in catchments. In: Kendall, C. and McDonnell, J. J. eds. *Isotope tracers in catchment hydrology,* 519–576, Elsevier.
3) Vitousek P. M., Shearer G. & Kohl D.H. (1989) Foliar ^{15}N natural abundance in Hawaiian rain forest: patterns and possible mechanisms. *Oecologia* **78**: 383–388.
4) Fry B. (1991) Stable isotope diagrams of freshwater food webs. *Ecology* **72**: 2293–2297.
5) Cabana G. & Rasmussen J. B. (1996) Comparing the length of aquatic food chains using stable N isotopes. *Proceedings of the National Academy of Sciences* **93**: 10844–10847.
6) Heaton T. H. E. (1986) Isotopic studies of nitrogen pollution in the hydrosphere and atmosphere: a review. *Chemical Geology (Isotope Geoscience Section)* **59**: 87–102.
7) Wada E., Minagawa M., Mizutani H., Tsuji T., Imaizumi R. & Karasaw K. (1987) Biogeochemical studies on the transport of organic matter along the Otsuchi river watershed, Japan. *Estuarine Coastal and Shelf Science* **25**: 321–336.
8) Macko S. A. & Ostrom, N. E. (1994) Pollution studies using stable isotopes, In Lajtha, K. & Michener, R. H. eds. *Stable isotopes in ecology and environmental studies.* Blackwell Scientific, 45–62.
9) McClelland J. W. & Valiela I. (1997) Nitrogen-stable isotope signatures in estuarine food webs: A record of increasing urbanization in coastal watersheds. *Limnology and Oceanography* **42**: 930–937.
10) McClelland J. W. & Valiela I. (1998) Linking nitrogen in estuarine producers to land-derived sources. *Limnology and Oceanography* **43**: 577–585.
11) Carmichael R. H., Annett B. & Valiela I. (2004) Nitrogen loading to Pleasant Bay, Cape Cod: application of models and stable isotopes to detect incipient nutrient enrichment of estuaries. *Marine Pollution Bulletin* **48**: 137–143.
12) Cole M. L., Valiela I., Kroeger K.D., Tomask G.L., Cebrian J., Wigand C., McKinney R. A., Grady S. P. & da Silva M.H.C. (2004) Assessment of a $\delta^{15}N$ isotopic method to indicate anthropogenic eutrophication in aquatic ecosystems. *Journal of Environmental Quality* **33**: 124–132.
13) Savage C. & Elmgren R. (2004) Macroalgal (Fucus vesiculosus) $\delta^{15}N$ values trace decrease in sewage influence. *Ecological Applications* **14**: 517–526.
14) Goericke R., Montoya J.P., Fry B. (1994) Physiology of isotopic fractionation in algae and cyanobacteria. in Lajtha, K. & Michener, R. H. eds. *Stable Isotopes in Ecology and Environmental*

Science, Blackwell Sci. Pub., London.
15) Yamada Y. Ueda T. Koitabashi T. & Wada E. (1998) Horizontal and vertical isotopic model of Lake Biwa ecosystem. *Japanese Journal of Limnology* **59**: 409–427.
16) Nakano T. & Noda H. (1991) Strontium isotopic equilibrium of limnetic molluscs with ambient lacustrine water in Uchinuma and Kasumigaura, Japan. Annual Report, Institute of Geoscience, University of Tsukuba **17**: 52–55.
17) Graustein W.C. (1988) $^{87}Sr/^{86}Sr$ ratios measure the source and flow of strontium in terrestrial ecosystems. In: Rundel P.W., Ehleringer J. R., & Nagy K. A. eds. *Stable Isotopes in Ecological Research*, 491–512. Springer Verlag, New York.
18) Krouse R.H. & Grinenko V.A. (1991) Stable Isotopes: Natural and Anthropogenic Sulphur in the Environment. SCOPE 43, John Wiley & Sons.
19) Coplen et al. (2002) Isotope-abundance variations of selected elements. *Pure & Applied Chemistry* **74**: 1987–2017.
20) Kendall C., Isotope tracers in catchment hydrology. Kendall C. & McDonnell J. J. eds. (1998) 519–576, Elsevier, Amsterdam.
21) 小倉紀雄・石野哲・丹下勲（1981）「多摩丘陵表面流出中の硝酸塩の起源」『環境科学研究報告集』B104-R12-6, 23-28.
22) 廣畑昌章・小笹康人・松崎達哉・藤田一城・松岡良三・渡辺征紀（1999）「熊本県 U 町の硝酸性窒素による地下水汚染機構」『地下水学会誌』**41**: 291-306.
23) 山本洋司・朴光来・中西康博・加藤茂・熊澤喜久雄（1995）「宮古島の地下水中の硝酸態窒素濃度と $\delta^{15}N$ 値」『日本土壌肥料学会誌』**66**: 18-26.
24) 田瀬則雄（2003）「水文学における環境同位体の利用」『化学工業』**67**: 97-99.
25) Hubner H., (1986) Isotope effects of nitrogen in thesoil and biosphere. In: Fritz P. & Fontes J. eds. *Handbook of environmental isotope geochemistry,* 2. The terrestrial environment, B. 361–425, Elsevier, Amsterdam.
26) Chien, S. H., Shearer, G., and Kohl, D. H., (1977) The N-isotope effects associated with nitrate andnitrite loss from waterlogged soils. *Soil Science Society of America Journal,* **41**: 63–69.
27) Wada E., Imaizumi R., and Takai Y., (1984) Natural abundance of ^{15}N in soil organic matter with special reference to paddy soils in Japan: Biogeochemical implications on the nitrogen cycle. *Geochemistry Journal,* **18**: 109–123.
28) Yoneyama T., Nkano H., Kuwahara M., Takahashi T., Kanbayashi I., Ishizuka J., (1986) Natural ^{15}N abundance of field grown soybean grains harvested in various locations in Japan and estimate of the fractional contribution of nitrogen fixation. *Soil Science & Plant Nutrition,* **32**: 443–449.
29) Mariotti A., Landreau A., Simon B., (1988) ^{15}N isotope biogeochemistry and natural denitrification process in groundwater: Application to the chalk aquifer of northern France. *Geochimica et Cosmochimica Acta.* **52**: 1869–1878.
30) 新井秀子・田瀬則雄（1992）「安定同位体を利用した河川浄化機能の評価」『環境科学会誌』**5**: 249–258.
31) 永田俊・宮島利広編（2008）『流域環境評価と安定同位体』―水循環から生態系まで』京都大学学術出版会.

第3章 地域社会の変容

1 地域の農業構造変化と後継者問題

1 はじめに

1.1 研究の目的と課題

　本書で提唱する「総合的な流域管理」を進めるに際しては，流域の空間的な階層性に着目し，それぞれのレベルに応じた管理のあり方を模索してゆく必要がある（本書第2部第1章）．農業濁水問題は，農家の営農生活から日々生じたものの蓄積とも考えられるが，より広い流域階層で生じた構造的な変化の帰結であるとみなすこともできる．そこで本節では，琵琶湖の農業濁水問題を社会科学の立場から検討していく．具体的には，農業構造や農業を取り巻く社会構造的変化と，農業の担い手像や地域像を明らかにしていく．

　「農業濁水問題は複合問題である[注1]」という視点は，すでに指摘されている通りであり，筆者もこの視点を共有している．では，どのような理由から，どのような意味において「複合問題である」とみなすことができるのだろうか．そもそも農業濁水問題は，高度経済成長期に相前後して大々的に実施された灌漑排水事業や圃場整備事業といった土地改良事業を受けて顕著になり始めた．もちろんそれまでも小規模な農業濁水の流出は見受けられたが，今日のように大規模に発生するようになるまでは，それほど問題視されることはなかった．それは，こういった問題が企業活動の引き起こす加害的な公害問題とは異なり，農業経営をおこなう農業者が生活を営むなかで必然的に起こる問題であることも一因と考えられる．しかし，視野を広げて考えてみると，農業濁水が大規模に発生する営農環境は，食料増産体制，あるいは，工業化による経済成長に向けて優良な労働力を大量に農業部門から工業部門へ移動させることを企図した農業経営近代化政策によって生み出された側面もある．近代化の指標である圃場整備や灌漑施設といった一連の農業基盤整備とは，意図せざる結果として，農業濁水問題という負の面も合わせ持つものだったのである．

　具体的には，次の三つの手順をふむことによって，農業を取り巻く社会構造的変化と，現在の担い手像や地域像を明らかにしよう．まず，戦後の農業政策との関連から

1）この視点は，本書執筆者のひとりである脇田健一の論考[1]に拠っている．本書では第2部第2章においてより掘り下げられた議論がなされている．

地域農業の変化を跡づける．次に2000年の農業センサス（以下ではセンサスと記す）の経営指標に基づき集落を類型化し，それらを現状と照合しながら，農業経営における担い手の状況を明らかにする．さらに，それらをふまえて，地域資源管理の可能性について考察し論点を提起する．

農業濁水問題を構造的に検討するために，農業政策の変化と関連付けるのは以下の二つの理由からである．ひとつは，現代の農業濁水問題は灌漑システムや圃場整備という生産手段の創設までさかのぼり，歴史的な経緯の中で意味づけをする必要があるからである．戦後に創設されたこういった生産手段は，その時代の要請の中で個別農家といった枠を超えて政策誘導的に創設されたものであり，現在も準公的に維持・管理されている．農業濁水問題の構造性を解明する手がかりとして，政策との関連や灌漑システムの創設過程を含めた地域農業の歴史を知ることは必須である．今ひとつは，琵琶湖岸の多くの地域では同様の灌漑システムが採用されており，それぞれの地域が抱える諸問題は共通のものであると考えられるからだ．

以下，分析は主にセンサスをもとにすすめるが，資料の特徴や限界を考慮し実態調査の結果も照合しながら考察をおこなうことにする．

1.2 センサス分析の特徴と現代的課題

センサスとは，農村社会における特定の特徴をいくつかの社会集団としてみるための客観的な構造的統計であり，農業経営や農村の社会像を表現するために有効な一つの指標である．日本におけるセンサス統計は1955年の「臨時農業基本調査」にさかのぼる．これ以降，農業における構造の把握が生産力構造から農村社会構造の統計的把握へと変化し，農業構造が農村社会関係の総体として統計的に把握されるようになったといわれている[注2]．しかし，おおよそ半世紀が経過した現在の農村の社会関係は，農業を取り巻く環境が急激に変化したこともあり，センサス統計の分析だけから素描することは困難になってきたことも否めない．というのも，「農家」でありながら他の農家に米を作ってもらう，いわゆる委託による農業経営を多くの農家がおこなっているのが現状だからである．つまり，農村地域では相変わらず農業経営はおこなわれているが，実はその経営主体はそれぞれの個別農家ではない場合があり，地域農業の経営実態と「農家の経営」実態がかならずしも一致しないのである．さらに，センサス統計が属人調査であるために，区域を越えた出入り作を追うことができないという欠点も合わさって，現代のように受委託経営が圧倒的多数を占める農業経営を検討するには限界がある[注3]．そこで，より実態に沿うようにと2005年センサスからは，

2）生源寺眞一編[2]を参照のこと．また，2005年センサスにおいては農家という経営単位の変動を検討するのではなく，農業事業体としての経営行動に着目したかたちで，統計調査がおこなわれた．

3）児島俊弘[3]，pp.26-29を参照のこと．

調査対象者が「農家」から「経営体」へと変更され，同時に対面聞き取り調査から個別記入式に変更がなされた．

ここでは 2000 年のセンサス統計を用いて地域農業における構造的変化を検討するが，それは以下の理由からである．第一は現時点で入手しうる最新の統計であること，第二は一定程度の連続性を保持しており変化の大きな流れを素描することが可能であるからだ．

以下では次のように議論を進めることにしよう．次項では戦後の稲枝地域の農業変化を農業政策の変遷と照合しつつ概観する．第三項では，センサスの指標から農業構造の変化を具体的に跡付けその特徴をみておく．続く第四項では，稲枝地域 29 集落を主成分得点によって類型化し各類型の傾向を明らかにし，最後に，類型化をふまえて地域農業の担い手の現状と課題を考察する．

2 農政の転換と地域農業の変化

2.1 戦後における稲枝地域の変化

彦根市の一部である稲枝地域は 1968 年に彦根市に編入された旧稲枝町全域（旧稲枝村，旧稲村，旧葉枝見村）を指す．湖岸部の平場農業振興地域でもあり，現在も見渡す限りの矩形圃場が拡がる．このような牧歌的ともいえる風景を醸し出しているこれらの圃場は，じつは，琵琶湖逆水によってポンプアップした湖水を上流部から一斉に配水する送水パイプが埋め込まれた近代的装置型圃場なのである[注4]．同地域に土地改良事業が初めて導入されてから約 50 年が経過し，その間には農業を取り巻く環境は激変した．そういった変化を受けて農業のみならず農村地域全体が再編されてきた．以下ではその経緯を概観しておく．

同地域は 29 の農業集落から構成されており，そのうち琵琶湖に面した 6 集落では，土地改良事業が導入される以前は水路であるクリークを田舟で行き来する農業を営んでいた．同時に水害常襲地域としても名高く，排水改良の問題は地域農業者にとって長期の懸案事項であった．そういった地元の意向は，1955 年に稲枝町が発足した際に形になり，排水改良事業を中心にした土地改良事業が「新町建設の目標」の一つとして掲げられた．この土地改良事業は第一期県営灌漑排水事業として，稲枝地域旧三村間に若干の熱意の相違を内包したまま推進された[注5]．事業は湖岸部の排水改良事業か

---

4) 本節では，このような送水用パイプや暗渠排水の埋設・装備された圃場のことをここでは装置型圃場と呼ぶこととする．

5) 旧三村における地域間格差の具体的内容や事業推進主体に関する論点については，拙稿[4]を参照のこと．また，同地域における県営灌漑排水事業は大きく二つの事業から構成されたが，第一期事業が 1957 年から 1972 年までであり，第二期事業が 1975 年から着工された事業であった．

ら始まり，紆余曲折を経て約十年の歳月をかけ琵琶湖逆水灌漑システムの創設とそのシステムに見合った整備圃場が実現した．その結果，現在のような配水パイプが敷設された圃場ができあがり，琵琶湖の水を利用する用水と河川を利用する排水とに完全に分離されることになった．このような用排水完全分離の近代的な乾田の創設と，同時に実施されたのは，点在していた沼の干拓やクリークの埋め立てである．皮肉にもこの一連の土地改革案が現代的な農業濁水問題の構造性を決定づけるものとなった．

2.2 農業政策と地域農業の変化

　ここでは農政の三つの画期について，地域農業や地域社会の変化を概観しておこう．

　第一期は1950年代初頭から1970年代前半までの基本法農政期である．この時期における稲枝地域の変化は，1957年の愛西土地改良区（以下では土地改良区と記す）の設立に象徴されている．愛知川上流部において国営のダム構想（現永源寺ダム）が浮上したことを受け，愛知川下流部で琵琶湖湖岸周辺に位置する稲枝地域では，多数のクリークを擁していたこともあり，排水改良事業導入への気運が高まった．当初は，湖岸部の一部地域の有志が主導して請願がおこなわれた程度であったが，やがてそれは政治家を巻き込み，そして同時に，地元農家の賛同を得るための啓蒙活動へと展開していった．そして当時，折しも進められていた三村合併協議会の中でも議論されるに至り，最終的に，土地改良事業の導入が新町建設の一大目標に掲げられることになったのである．

　この時期は，農業を位置づける法的・制度的枠組みが整備され，工業発展のための農業生産の確立が急がれていた[注6]．また，1960年に施行された農業基本法によって，高度経済成長の本格化に対応した農業に関する基本的理念が完備されたことを受け，生産基盤の強化があらゆる方面で取り組まれた．具体的には，機械導入を可能にするための圃場整備やそれにともなう水路変更，あるいは灌漑施設整備などであり，これらは多種多様な補助事業によって推進された．生産基盤の整備によって実現された機械化は労働生産の向上を可能にし，そして，機械化による労働時間の短縮が零細農家に滞留していた膨大な過剰労働力を農外に流出させることを可能にしたのである．

　稲枝地域でも全国的な傾向と同様に，機械購入のための農外所得を確保できる多くの兼業農家や大規模に展開する専業農家がこの時期に多数創出された．この時期に同地域は，農業発展による地域振興を目指して大々的に土地改良事業を導入したのである．しかし，皮肉にもこの頃から農産物を含む貿易の自由化も本格化したことにともない，麦類，大豆の国内生産の撤退傾向と食料自給率の低下が始まった．補足をして

---

6) 1942年の食糧管理法，1949年には土地改良法，さらに1952年の農地法を踏まえ，戦後の農地改革制度が確立された．

おくと，この時期に化学肥料の使用が広がり，その使用量は機械化の進展とともに増加の一途をたどった．

第二期は，1970年代前半以降における総合農政期から1992年の政策転換までであり，稲枝地域で稲作農業が大規模経営を目指して土地を集積させた時期とした．ここでは地域農業が方向転換を示し始めるまでのひとつの画期として，総合農政から地域農政への移行期も含めた(注7)．

このいわゆる総合農政は，固有の国内農政の範囲のみならず，ほかの政策分野と関連付けて農政を展開することを意味したものである．1960年代の高度経済成長時代のなごりを引き継ぐ反面，1985年のプラザ合意以降の輸入農産物の増加，ガット・ウルグアイラウンド合意後の食糧管理制度廃止や新食糧法の制定といった大きな転換点を含んでおり，農業政策の過渡期として特徴付けられる時期である．経済のグローバル化が進展したことを受けて国内農業も再編を迫られ，日米経済摩擦の調整による国際協調型の経済構造へ国内経済が再編される中で農産物の市場開放にさらに拍車がかかった．

そういった外的条件の下で稲枝地域の農業にも大きな変化があった．1970年代に入ると農業基盤整備の補助事業がますます本格化し，同じ集落に多数の事業が重複して導入される事態が恒常化した．その一因は，灌漑方式を琵琶湖逆水に変更したことにより，大規模な電子制御装置を維持・運営しなくてはならなくなったことにある．その装置を保全管理する常設の土地改良区が必要となり，さらに，その土地改良区を運営していくために補助事業を常時導入する構造となったのである．

1970年代初頭には久しく困難であるとされてきた田植え労働が機械化され，耕起から収穫にいたる稲作の全作業において「機械化一貫体系」が確立したことを受けて，稲枝地域では先駆的に大規模圃場の創設もなされた．農家の経営における形態は，機械化一貫体系の確立にともない，第一種兼業から第二種兼業へと深化し，兼業内容の変化に拍車がかかった．また，離農する農家もあり農家数は激減したが，離農によって出てきた農地は土地改良区の舵取りで集積が図られ，大規模経営が着実に育成され始めた．このことは全国的にも先進事例として取り上げられ，稲枝地域は「農地流動化の優等生」として名を馳せた(注8)．その後は，兼業による多数の小規模零細農家と，経営耕地を拡大し市場向け生産を強化した少数精鋭の農家に二分していった．もっとも，これは灌漑システムに規定された選択なき道でもあり，米単作化のさらなる強化

7）暉峻氏は1985年以後の国際化時代における農業を検討するにあたり，1972年から1992年の間をさらに三つの時期に区分し分析している．しかし，本節では分析対象地域の資源管理主体の変遷と農政転換の関連を考察するにあたり，総合農政およびその後の地域農政の期間をまとめて論じることとする．

8）この点の経緯については小池恒夫[6]において詳細な状況が述べられているが，本節では紙幅の都合もあり，概略を抜粋するにとどめる．より詳細な議論は適宜参照のこと．

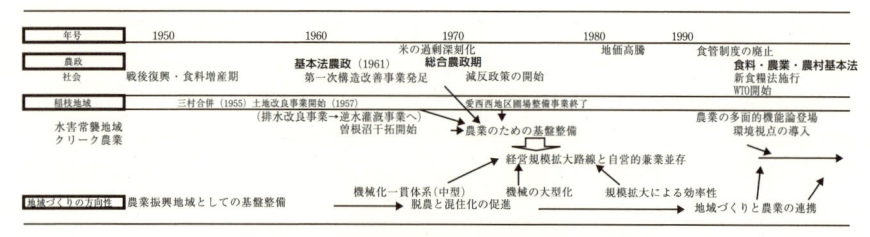

図 3-3-1　農政の変化と稲枝地域農業の変化

であったといっても過言ではない．圃場整備後に浸透した農業の機械化は，農業の過重労働や農家総動員体制といった問題を解消させたが，その反面，零細な経営にまで機械の過剰装備や多額の資金を必要とさせ，その重圧が離農に繋がる兼業の深化を招来させ，農村内部からの混住化をも加速させる一因となった．

続く第三期は，「食料・農業・農村基本法」に向けた政策転換が発表された1992年以降であり，同地域にも法人が設立され土地改良区も地域も一体となって環境保全型の農業を模索し始めた時期とする．コメの関税化をめぐる議論の中で，農業・農村の多面的機能論が浮上し，食料・農業・農村基本法（新農基法）が登場した際に，非市場的な価値が農業を評価する指標に加えられ，農村整備の方向性が転換した．それまでの生産性を重視した効率性を優先する土地改良事業に，国民共有の財産をコーディネイトする視点が加わった．農業を保護し農村を整備することが人々の豊かな生活にとって不可欠であり，さらに環境保全指向でなければならないことが農家や都市の人々に広く発信された．それは，米価低迷の中で効率性を最優しながら大規模経営をおこなう農家にとっては，さらに厳しい条件が課せられることを意味したといえる．

稲枝地域でこの方向転換にいち早く対応したのはやはり土地改良区であった．大規模農業経営の所得確保に向けた効率化を支援しながらも，環境親和型の補助事業を取り付け環境に配慮した農業を積極的にアピールした．現在では，休耕を余儀なくされた圃場や土地改良区職員の圃場を環境教育の現場として提供するなど可能な限りの地域貢献をおこないながら，農家以外の多様な主体も参加できる農村作りをすすめている．以上の経緯の概略を記したものが図 3-3-1 である．

3　稲枝における農業の構造的変化と現状
3.1　地域農業の変化

以下では 2000 年までの稲枝農業の変化をセンサスから概観し，その特徴や要因を整理しておこう．2000 年の国勢調査および農業センサスによると，稲枝地域の人口は 13,829 人，世帯数は 3,927 世帯，農家数は 851 戸である．図 3-3-2 に示されているように，1960 年における稲枝地域の農家数は 2,235 戸だったので，この間の減少率は滋賀県平均を大きく上回る 64% であった．また，総世帯数に対する農家数の比率を

第3章　地域社会の変容

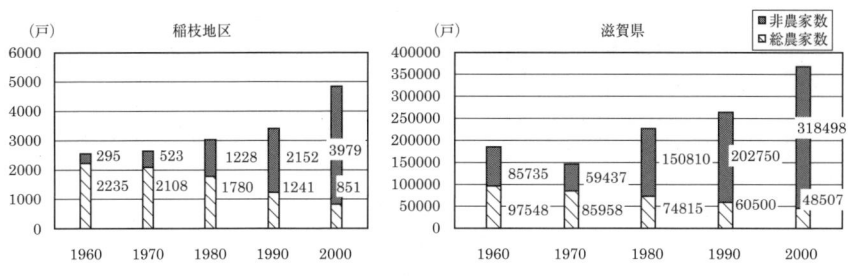

図3-3-2　農家数と非農家数の推移

出所）農林水産省『農業センサス』各年版より作成.

2000年について算出すると21.7％であり，県の平均が13％程度であることを考えると比較的高い比率であるといえる.

　農家数の減少率について特に注目されるのは，湖岸部地域の圃場整備が終了し土地改良事業が本格化した1970年以降である．総戸数は微増であるのに対して，非農家数の増加がじわじわと起こり始めている．その素地は1965年頃から始まった線引き政策に因るところが大きい．その当時，隣接する彦根市は県東北部開発促進地域圏に指定され，他方，稲枝地域は農業振興地域として指定された．つまり，稲枝地域は彦根市をはじめとする湖東地域の工業発展を支える後背地にされた(注9)．こういった諸条件の下で稲枝地域は，工業化に対する労働力の供給地としての性格を帯びながら兼業による米単作化傾向を強めてきたのである．

　農家の減少傾向を詳しくみておくと，県の平均は1980年に非農家数が農家数を越えている．しかし，稲枝では1990年になるまで逆転現象が起こらない．1965年以降1980年代は全国的に工業化の著しい波が押し寄せた時期でもあり，内陸部の農村である稲枝地域は1960年という早い段階で工業化のための労働力供給地として位置づけられたにも関わらず，農家数の減少は緩慢であった．その理由を物語るのが図3-3-3である．

　図3-3-3は専兼別農家比率の推移を第一種兼業農家，第二種兼業農家に分けて表している．図3-3-2にあったように，稲枝では農家の減少は緩慢であったが，図3-3-3の兼業指標でみてみると，早い段階から劇的に変化していたことがわかる．1960年には稲枝でも約33％と県平均とほぼ同数の専業農家が存在していたが，たった5年で5.5％へと激減し，1970年には4％，1975年には3.4％にまで減少した．第一種兼業から第二種兼業への深化をみてみると，稲枝地域の第二種兼業農家率は1965年53％，1970年62％であった．滋賀県平均は順に51％，60％だったので，常に県の

9）このときに稲枝地域は，工業化促進地域のための労働力供給地として位置づけられることが明示された．詳細については滋賀県1960年，滋賀県東北部地域開発促進協議会1962年資料を参照のこと.

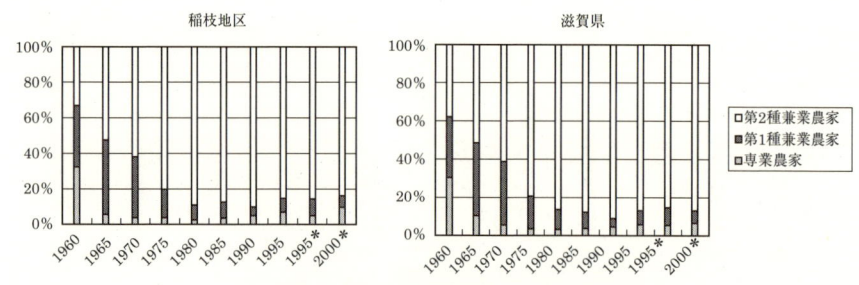

図 3-3-3　専業・兼業別農家数構成比の推移

出所）図 3-3-2 に同じ．
注）1960 年は専業兼業農家の定義が 1965 年以降と異なるため，直接比較はできない．＊印は販売農家のみの集計値である．販売農家の定義は経営耕地面積が 30a 以上，あるいは農産物販売金額が年間 50 万円以上の農家である．

平均を超える先駆的な変化をしていたことがわかるだろう．1975 年になると 80％，1980 年には 88％と急伸し，1975 年以降は第二種兼業農家が地域の農家像となったことがわかる．県の動向と比較すると稲枝では労働力の流出傾向は明らかに先行していたといえる．

　土木工事の機械化が達成されていなかった 1960 年当時，土地改良事業をするためには多数の日雇い労働力が必要であった．そのため，農閑期に女性を含む近隣の農家世帯員が多数雇用された．農家にとっては土地改良事業に多額の費用負担があること，また，事業導入後に機械化農業が展開し始めたこと，他方では，現金を日常的に持つことがなかった農家女性は現金収入を得る楽しみを知ったことなど，土地改良事業は農家に多面的な影響を及ぼした．その結果，兼業の深化が事業導入後の地域で促進された．このように稲枝は工業化のための労働力移動が早くからスムースに展開した地域のひとつである．その背景として，①稲枝地域が都市近隣であったこと，②戦前から出稼ぎ型ではなく通勤兼業型農村の特徴をもっていたこと，③土地改良事業が農家にとってはいろいろな点で変化の契機となったことがあげられる．

　次に稲枝地域における農業経営の特徴と変化をみておこう．図 3-3-4 は販売金額 1 位の部門別農家構成比を表したものである．

　これによると，稲作の比率は 1980 年の 99％をピークとしてやや低下傾向にあるものの，2000 年においても依然 95％であり，米単作型の農業が営まれていることがわかる．第一次農業構造改善事業，第二次農業構造改善事業で計画された畑作は発展せず，大規模稲作経営志向から脱することはできなかった[注10]．それは先に述べた兼業

---

10) 第一次，第二次農業構造改善事業ではどちらも計画段階では蔬菜作導入が企図されていた．具体的には大阪・京都市場をターゲットにたまねぎやキャベツをはじめ蔬菜を導入し，一大産地として発展する図を描いていた．しかし，実際には格納庫の建設および当時としては珍しかった大規模区画の圃場整備事業が導入された．詳細については稲枝支所所蔵文書を参照のこと．

稲枝地域

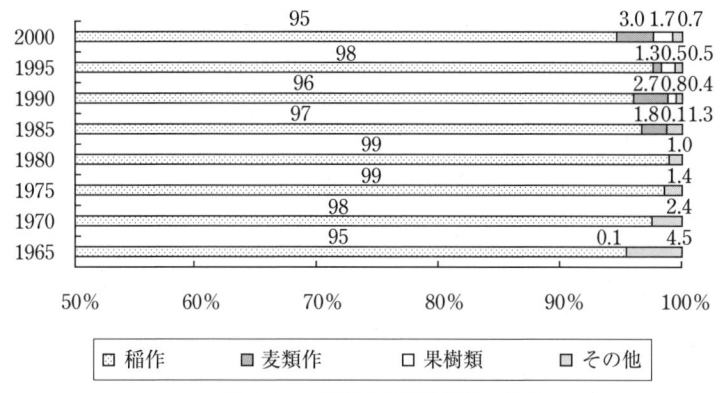

図 3-3-4 販売金額別農家数の推移

注）2000年センサスにおいて販売金額1位の農家数が多い上位3部門を抽出している．
1995年農業センサスで部門区分が変更されたため，1990年までの施設園芸は1995年以降の施設野菜に含めた．
出所）図 3-3-2 に同じ．

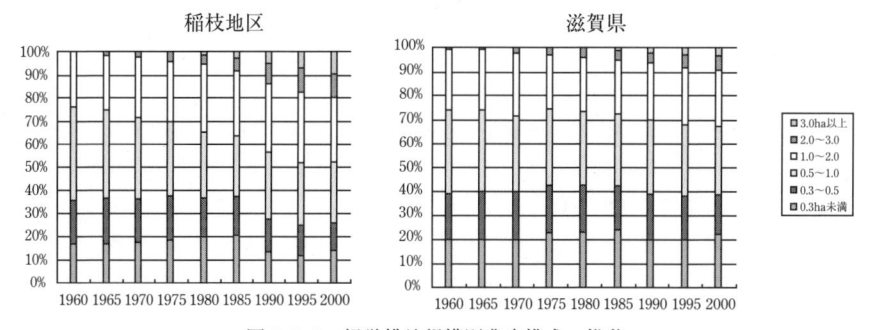

図 3-3-5 経営耕地規模別農家構成の推移

注）例外規定農家は 0.3ha 未満層に含む．
出所）図 3-3-2 に同じ．

の深化や灌漑方式と密接に関連していた．多数の農家は，世帯員の農外就業による兼業収入によって機械導入が可能になり省力化を達成できたが，皮肉にも，高額機械の購入費を捻出するためにますます兼業を深化させる結果を招いた．また，一斉送水という圃場条件もこの傾向を後押しした．そういうわけで米単作経営の兼業農家が圧倒的多数を占めることとなった．米以外の作物をみてみると，麦作は契約栽培も含めて転作作物として面積を拡大しているが，わずかである．他方，湖岸部付近にある曽根沼の干拓地で導入された梨は，1985年以降順調に販売額を伸ばしているが，個別農家の多角化による複合経営である．

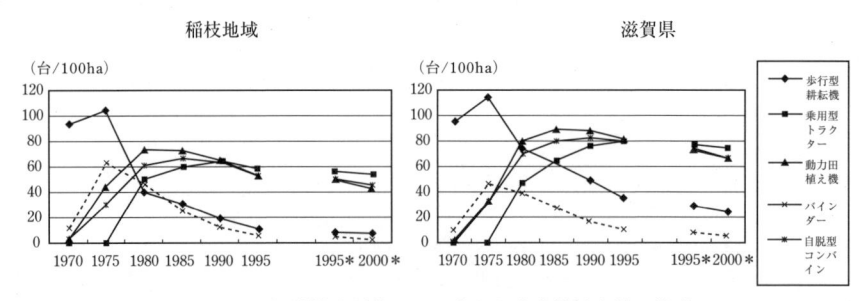

図 3-3-6　経営耕地面積 100ha 当たり農業機械台数の推移

注）＊印は販売農家の数値を表している．販売農家の定義は経営耕地面積が 30a 以上，あるいは農産物販売金額が年間 50 万円以上の農家である．
出所）図 3-3-2 に同じ．

　次に稲枝農業の特徴のひとつである規模拡大化の推移と傾向を確認しておこう．図 3-3-5 は経営耕地面積別農家数における構成比の推移である．
　図に示されているように，2000 年では，経営耕地面積 2ha 以上農家の比率は 19.9％となっており，滋賀県平均の 8.8％を大きく上回る．さらに 3ha 以上農家比率は滋賀県の 3.7％に対して 9.3％にも及ぶ．湖岸側の大規模な集落の圃場整備が終了した 1975 年には，3.8％の農家が 2ha 以上の経営をおこなっていた．また，政策的に農地集積が叫ばれた 1980 年以降の大規模化は優良事例地域として取り上げられるほどであった．平場で圃場整備導入地域という好条件下で稲枝では早い時期から大規模経営をおこなう中核農家が育成された．そしてそれは土地改良区，農家，農協がともに連携することによって達成された．
　最後に農業機械の普及動向についてもみておく．稲作関連の主要農業機械について経営耕地面積 100ha 当たりの台数を示した図 3-3-6 を見ると，1970 年時点で普及率が高かったのは歩行型耕耘機のみであった．その後，収穫作業や田植え作業が機械化されると，稲作機械化一貫体系が一気に形成された．また，注目されるのは 1970 年代に稲作機械作業の高度化や効率化が起こったことである．この時期には歩行型耕耘機とバインダーが減少に転じ，代わって乗用型トラクターとコンバインの台数が急速に増加するとともに田植え機が急速に普及し始め中型機械一貫体系が達成された．その後，経営規模の拡大にともなって大型機械一貫体系へと比較的短期間に移行したが，こういった早い展開は，既述のように，計画的で重点的な圃場整備と都市近郊ならではの豊富な兼業機会と深く関わっていた．
　1980 年以降，これらの機械の単位面積当たり台数は少しずつ減少するが，これは機械化の後退を示すものではなく集落営農等の取り組みによる機械稼働率の向上を意味している．
　具体的な数値を見ながら現在の特徴を県と比較しながら検討しておく．2000 年に

第3章　地域社会の変容

表3-3-1　借地経営農家数，借地面積および耕作放棄地の推移

単位（戸，a，％）

	総農家数（A）	借入耕地経営の農家数（B）	経営耕地面積計（C）	借入耕地面積（D）	耕作放棄地面積（E）	1戸当経営耕地面積（C/A）	借地経営農家率（B/A）	借地面積率（D/C）	耕作放棄地率（E/C）
1970年	2,108	1,047	160,270	20,474		76	49.7	12.8	0.0
1975年	1,929	836	152,121	22,230	68	79	43.3	14.6	0.0
1980年	1,780	734	152,457	30,314	124	86	41.2	19.9	0.1
1985年	1,601	593	150,883	35,671	241	94	37.0	23.6	0.2
1990年	1,241	582	147,342	48,412	350	119	46.9	32.9	0.2
1995年	998	514	142,776	65,291	260	146	51.5	45.7	0.2
2000年	851	500	135,462	69,690	856	159	58.8	51.4	0.6

出所）図3-3-2に同じ．

おける滋賀県平均の100ha当たり機械台数は，乗用型トラクター75.7台，動力田植機68.2台，自脱型（自動脱穀型）コンバイン67.1台である．他方，稲枝地域は，乗用型トラクター55.1台，動力田植機43.6台，自脱型コンバイン45.7台となっている．このように，稲枝地域では農業機械の単位面積当たり台数が滋賀県平均をかなり下回っており機械の効率的利用がおこなわれていることがわかる．大規模農家の存在と集落組織等によって機械の使用効率が相対的に高められてきたとみてよいだろう．しかし，近年では機械の利用時期が集中することを回避するためや受委託作業の調整が煩わしいことを理由に，共同利用から再び脱退し個別化へ逆転するケースも散見される．

3.2　借地経営の展開と耕作放棄地の現状

　表3-3-1は借地経営および耕作放棄の動向を表したものである．現在，地域農家1戸当たりの経営耕地面積は159aである．1970年の平均経営耕地面積が76aだったのでこの30年の間に2倍になった．経営の規模拡大はおもに借地による農地集積で達成されている．借地経営をおこなう農家は1970年では約50％，2000年では約60％となっており，30年間で10％ほどの増加傾向しか示していないが，経営耕地に占める借地面積率でみると13％から51％へ増加している．つまり，経営に占める借地の構成比が格段に高くなっているのである．もっとも，高米価を狙って規模拡大を図るために借地を求めていた1970年と，離農から発生する農地の受け手を模索する現在とでは借地の意味合いは異なっている．

　他方で，耕作放棄地率がきわめて低いことは稲枝地域の大きな特徴である．2000年センサスでは全国の耕地面積に占める耕作放棄地の割合は5.1％である．経営規模

263

表 3-3-2 稲枝地域における成分行列

	成分		
	第一主成分	第二主成分	第三主成分
兼業化率	−0.358	0.734	−0.325
3ha 以上層農家率	0.627	0.477	−0.202
農家人口高齢化率	0.459	−0.676	−0.251
農業専従者数男女計農家数	0.783	0.076	0.434
稲作委託率	−0.465	0.158	0.750
稲作受託率	0.537	−0.002	0.199
販売農家数に占める複合経営農家率	0.746	0.388	0.037
累積寄与率	34.37	54.44	68.75

注) 農業専従者数，男女計農家数，および受委託率については販売農家数について算出している．

が大きな地域ほど放棄地率は少ない傾向があるが，稲枝はとりわけ低いといえる．各集落には営農組織が形成されており，また，営農組織のない集落では近隣集落の担い手が農地の受け手として参入し資源管理が地域内で達成できている．旧村の領域や集落を越えた受委託もかなり進展しているのであるが，こういった農地集積や受委託がうまくいっている背景には，平場でなおかつ灌漑条件が良好であること，そして，地域農家の良好な社会関係が存在しているからである．

以上の検討から，稲枝農業の特徴は以下の5点に整理できるだろう．①都市的性格を帯びており第二種兼業農家が圧倒的大多数を占めていること，②稲作を中心とした単作化傾向の強い農業が営まれていること，③2000年センサスまでの期間では機械の効率的使用が進展していること，④農地を集積した経営規模の大きな担い手農家がかなり形成されていること，⑤地域内で受委託が進展しており，認定農業者や担い手，あるいは集落営農といった堅実な受け手が存在していること，である．地域としてはこういった農業構造の特徴をもっているが，集落レベルにおいては様々な課題が存在しているのが現状である．次項ではそれらを検出するために農業構造から類型化をおこなう．

4 農業集落の類型化と特徴

4.1 稲枝各集落の主成分得点

稲枝地域29集落の農業像を明らかにするために，7つの経営指標を選択し主成分分析による因子抽出法を試みた[注11]．その結果，表3-3-2に示した3つの主成分を抽

---

11) 各変数は平均0，標準偏差値1となるように変換，標準化して使用している．主成分分析とクラスター分析については田中豊，脇本和昌[9]，大野高祐[10] などの，統計解析に関わるいくつかの教科書を参照した．

出した．累積寄与率は第一主成分で34.37%，第二主成分では54.44%，これらの三主成分で全分散の68.75%を説明している．それらの主成分の意味するところを検討しておこう．

主成分の構成において最も重要な位置を占める第一主成分は3ha以上の大規模経営層や農業専従者数の男女の総計，複合経営といった発展的展開の要素があり，受託率においても因子得点は比較的高い．その反面，委託率や兼業化率といった要因は負に利いていることから，担い手農家指向的性格を示すということができるだろう．

第二主成分は，兼業化率のみが正の高い負荷を示しており，他方では高齢化率が負の負荷であり，なおかつ受託率が効いていないことから，兼業経営で自立的に経営を展開している可能性をうかがわせる．つまり兼業と農業経営の両立という経営指向性を示していると考えることができるだろう．

第三主成分は，委託率の高さにのみ代表され，負の負荷あるいは正の負荷すべてにおいて得点が高くないのが特徴である．つまり，経営としては発展的要素がみうけられないといえ，したがって第三主成分は，農地維持的で消極的な稲作経営指向が想定される．

以上の性格付けに基づいて，第一主成分から第三主成分までをそれぞれ以下のように呼ぶこととしよう．1：大規模担い手指向（以下では1型指向と記す），2：兼業自立指向（以下では2型指向と記す），3：農地維持的省力指向（以下では3型指向と記す）とする．これらをもとに地域の29集落をさらに詳細に検討しよう．ただしJR駅が立地する稲枝集落については都市的土地利用が圧倒的に多く，分析の結果も特異であるために検討の対象から外すこととした．表3-3-3は各集落の主成分得点表である．

4.2 集落の類型化と各類型の特徴

グループ間平均連結法によって3つの主成分得点についてクラスター分析をおこなった結果，稲枝集落を除く28集落は，1型指向2型指向が強く3型指向の弱い集落群と，1型指向・2型指向が強くなく3型指向が強い集落群，さらに，1型指向・2型指向・3型指向のすべてが弱い集落群というおおよそ三つに分けることができた．それぞれの指向性とこれらの特徴を踏まえて，類似性のある3パターンに類型化し整理したものが表3-3-4である．また，図3-3-7はこの三類型を地図上に表したものである．各集落群の性格付けからそれぞれを，担い手賦存型大規模経営（以下では担い手賦存型と略して記す），自己完結型農地維持経営（以下では自己完結型と記す），外部依存型経営（以下では外部依存型と記す）と呼ぶことにしよう．

担い手賦存型にあたるのは，稲里，甲崎，薩摩，下西川，新海，下稲葉の6集落である．稲枝地域の約24%の農家がここに含まれる．この類型の特徴は，1型指向・2型指向が強く3型指向が弱いことであり，兼業形態であったとしても積極的な大規模指向性を持つ経営がおこなわれている可能性を持っていると考えられる．

表 3-3-3 稲枝 29 集落の主成分得点表

	大規模担い手指向	兼業自立指向	農地維持的省力指向
三津	−1.37	−0.54	0.18
海瀬	−0.12	0.25	1.25
金沢	−0.75	0.15	0.24
稲部	−1.14	−0.57	−0.36
肥田	−0.50	−1.38	−1.90
野良田	−0.76	−0.22	−0.17
稲枝	−2.70	2.22	1.44
彦富	−0.70	−1.37	−0.52
金田	−0.61	−1.69	−1.24
稲里	0.25	0.51	−0.32
柳川	−0.21	−0.80	−0.50
薩摩	1.07	1.36	−1.38
下石寺	−0.87	0.52	0.21
上石寺	1.09	−0.78	2.20
下岡部	1.64	−0.57	1.84
上岡部	1.12	−0.32	−0.58
田原	0.48	−0.25	0.92
上西川	0.85	−0.85	0.13
下西川	2.10	1.05	−0.95
甲崎	0.54	1.19	0.04
服部	−0.08	0.08	0.28
上稲葉	−0.98	0.90	−0.92
下稲葉	0.35	1.77	−1.12
出路	−0.19	−0.93	−0.33
本庄	0.14	0.83	1.06
普光寺	−0.07	−1.02	0.12
南三ツ谷	−0.13	0.23	0.28
田附	0.49	−0.82	1.18
新海	1.04	1.03	−1.07

　自己完結型にあたるのは，海瀬，上石寺，下岡部，田原，田附，本庄の 6 集落である．この型には稲枝地域の約 39％の農家が含まれている．これらの集落は 3 型指向と 1 型指向は強いが 2 型指向が弱いという特徴があり．したがって，農地維持的な経営指向性がとりわけ強いと考えられる．また，大規模経営の傾向も比較的強いが兼業自立指向性が負に強く効いている．

　外部依存型は 1 型 2 型 3 型のすべての指向性が弱いのが特徴であり，金沢，稲部，野良田，三津，彦富，肥田，金田，下石寺，柳川，上西川，上岡部，出路，南三ツ谷，普光寺，上稲葉，服部の各集落がここに類別されており，稲枝地域の約 55％の農家

表 3-3-4 類型化された各集落の特徴 (2000 年)

経営形態型名および集落	主成分得点の平均			5ha 以上農家数率 (%)	総農家数 (戸)
	大規模担い手指向	兼業自立指向	農地維持的省力指向		
担い手賦存型大規模経営：稲里，甲崎，薩摩，下西川，新海，下稲	0.893	1.152	−0.799	7.9	178
自己完結型農地維持経営：海瀬，上石寺，下岡部，田原，田附，本庄	0.620	−0.223	1.409	6.5	153
外部依存型経営：金沢，稲部，野良田，三津，彦富，肥田，金田，下石寺，柳川，上西川，上岡部，出路，南三ツ谷，普光寺，上稲葉，服部	−0.399	−0.487	−0.318	2.8	397

注）稲枝地域稲枝は都市的地域のために分析対象から外した．

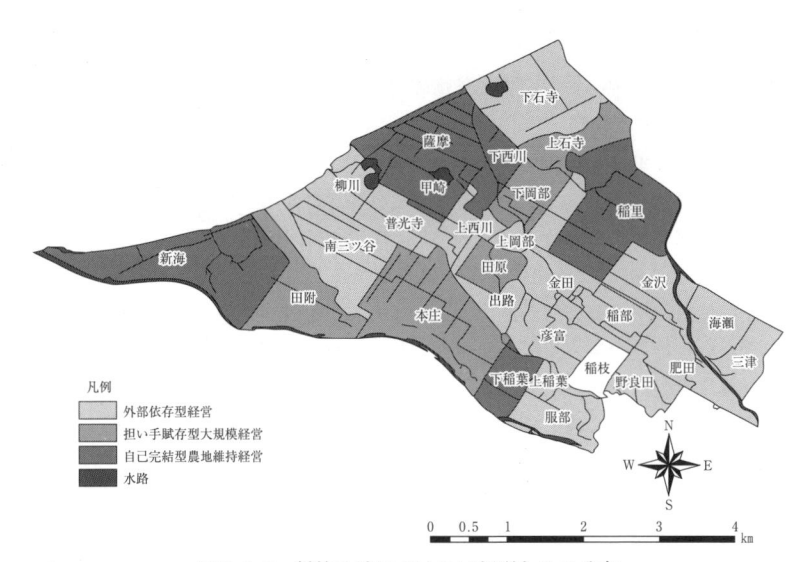

図 3-3-7 稲枝地域における三類型とその分布

第3部　流域診断の技法と実践

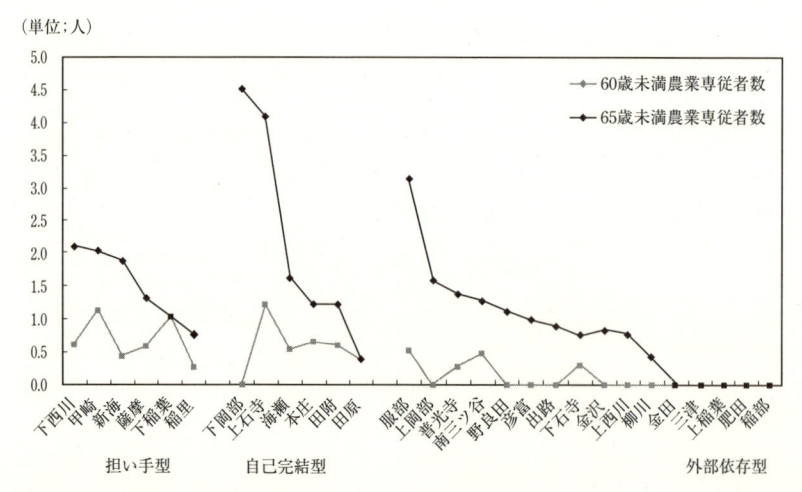

(単位：人)

図3-3-8　各類型における稲作10haあたり60歳未満農業専従者数および65歳未満の農業専従者数

注）農業専従者は男女の合計である．
出所）図3-3-2に同じ．

がこの型に含まれている．この型は，規模拡大傾向はあまりなく委託が進展しており，兼業形態での経営でなんとか維持できている経営の可能性があるといえるだろう．

5　各類型における担い手の現状と今後の展開可能性
5.1　担い手の実態と動向

　以上の三類型を踏まえて担い手の現状を農業専従者から考察してみよう．図3-3-8は，類型別集落別にみた10haあたりの農業専従者数を60歳未満と65歳未満で比較したものである(注12)．ここからは，65歳未満では高い専従者数を示している集落であっても，60歳未満では極端に少ない集落があることがわかる．こういった集落は後継者問題に直面する可能性が高い．このように，将来的に担い手が集落内農家から輩出できない可能性のある集落，後継者や担い手の育成が急がれる集落が浮き彫りになっている．
　では，各類型別に順にみていこう．担い手型の各集落は，高齢者の労働力に依存しておらず後継者が育成されているようである．現状を補足しておくと，新海，薩摩，甲崎，下西川の各集落では女性の農業専従者も存在しており．他方で，女性の進出はいまひとつである稲里は，若手の後継者を中心に高齢者の男性層が補強する体制が固

12）農業専従者とはもっぱら自営農業に従事している者であり，過去1年間に自営農業に従事した日数が150日以上のものを指す．なお，一日は8時間を目安としている．

268

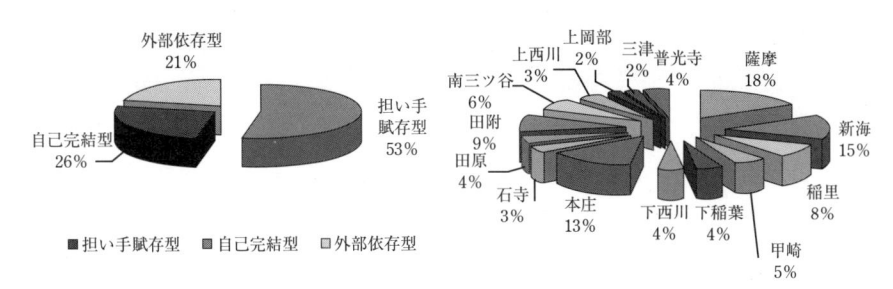

図 3-3-9　認定農業者の類型別耕作面積シェアおよび集落別面積シェア
出所) 愛西土地改良区資料より作成.

められている.

　自己完結型はどうだろう. 本庄, 上石寺では 60 歳未満の専従者が確保されており, さらに, この 2 集落と田附では生産年齢の女性の専従者も存在している. しかし, その他の集落は高齢者と男性だけといった傾向が強く, とりわけ, 下岡部では高齢者の農業専従者比率が 80％を占めており, さらに女性の参入も見られないことから今後の展開に不安材料が大きいといえる.

　外部依存型の集落では専従者不在の集落が 5 集落もあるだけでなく, 2, 3 の集落を除いて全体的に農業専従者の不足している状況が見てとれ, 将来のみならず現状においても担い手不足の危うい現状がうかがえる.

　担い手像をより明らかにするために地域内の認定農業者の経営動向についても検討しておく. 2005 年の時点で稲枝地域の認定農業者は 43 名であり, その総耕作面積は 600ha に及んでいる. 同地域の経営耕地面積がおおよそ 1,300ha であるから, 認定農業者のカバー面積は 50％弱を占めている.

　図 3-3-9 は, 認定農業者がカバーする経営耕地面積シェアを表したものである. 左図は三類型における認定農業者の耕作面積シェアを表しており, 右図は集落別に耕作面積シェアをみたものである. 担い手賦存型集落の認定農業者の耕作面積シェアは耕作面積全体の 53％を占めており, 自己完結型と外部依存型が残りを二分している. それらを右図で集落別にみていくと, 担い手賦存型の薩摩集落と新海集落がそれぞれ 18％, 15％と予想通り高いが, その他の集落は担い手賦存型でもそれほど突出したシェアを占めていない. しかし他方で, 自己完結型に類別されている本庄集落が 13％, 田附集落が 9％と相対的に高い値を示している. このことは自己完結型に類別されている集落の中にも, 周辺地域にとって重要な担い手が存在していることをうかがわせるものである. また, 外部依存型に類別されている南三ツ谷が担い手型に相当するシェアを占めていることは注目に値するだろう.

　各集落に存在している認定農業者数と経営面積の関係もみておこう. 図 3-3-10 は類型別にみた各集落の認定農業者数と平均耕作面積を表したものである. 図中の棒グ

第3部　流域診断の技法と実践

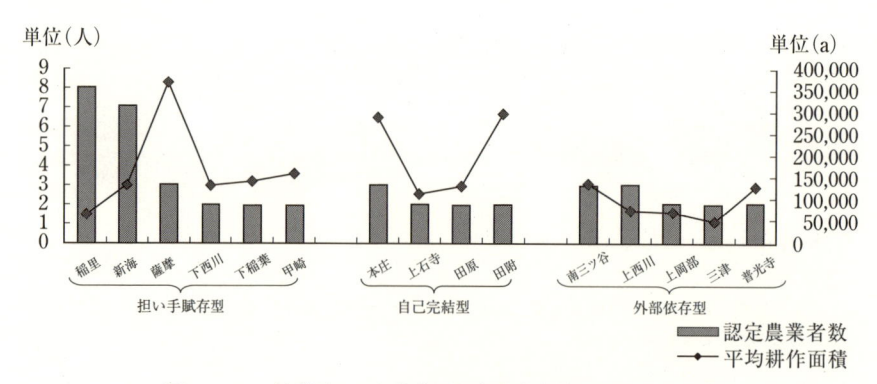

図3-3-10　類型別にみた集落別認定農業者数と平均耕作面積
出所）図3-3-9に同じ．

ラフは集落の認定農業者数，折れ線グラフは認定農業者が耕作する平均面積である．
　認定農業者数の最も多い集落は稲里，新海集落であり，続いて薩摩，本庄，南三ツ谷，上西川と続いている．その他の集落は1～2人と横並びである．平均耕作面積との関係をみてみると，認定農業者一人当たりの耕作面積が多い集落は，薩摩，本庄，田附集落である．薩摩集落の担い手は一人当たり36ha，田附では29ha，本庄は28haと突出している．これら三集落では若年層の認定農業者が存在していることが大きいといえるだろう．認定農業者の平均年齢から全体を見渡すと，担い手型と自己完結型は共に40歳代であるが，地域内の55％の農家が含まれている外部依存型では50歳を越えており，この型がやはりここでも今後どのように担い手を確保していくのかが課題となることが予想される．また，新海，稲里といった担い手型集落は今後も耕作面積を拡大しうる潜在能力がうかがえると同時に，本庄や田附といった自己完結型でも地域の担い手として重要な役割を果たす可能性を秘めている集落があることがわかる．

5.2　地域農業の可能性と課題

　以上の類型化にもとづいた現状分析の結果をふまえ，以下では今後の可能性と課題を整理しておこう．担い手賦存型集落は，2型指向が強くかつ大規模経営志向が特徴だったように，多くの認定農業者を輩出しており専従者比が相対的に高いことが特徴であった．なかでも認定農業者が圧倒的に多い稲里は，歴史的に農業振興地域として名高く，1970年当時から大規模化を志向してきた集落である．稲里同様に認定農業者が多い新海は，男性の生産年齢の専従者のみならず女性の生産年齢専従者も存在している．この集落は土地改良事業が導入される以前はアスパラガスの先進的な産地であったこともあり，農業経営に対して意欲的な地域であるといえる．また，法人も存在している薩摩は，認定農業者が多いだけでなく認定農業者の経営耕地面積シェアも

高く，女性や高齢者が担い手を補強しながら確実にカバー面積を拡大しており，地域農業にとって重要な担い手層が存在している様子がうかがえた．加えてこの集落では環境親和的な農業をおこなっている農業者がいることも特徴としてあげられる．この薩摩と甲崎の両集落は土地改良事業が導入される以前は内湖を挟んだクリーク農業地域として歴史的に集落間の結束が固かったこともあり，現在でも営農面で良好な連携が保たれている．これらの集落に共通していることは，灌漑事業と農業構造改善事業が重複して導入されたことで，一挙に大規模化に向けた整備がなされたということだ．それは先進地域として土地改良区や農協が農家と連携しながら発展の方向付けが誘導されてきた集落であったことを意味する．こういった経営を強化する支援体制が現在でも揺らぐことなく保持されているのである．現在，この型の集落はひとつを除き合理的圃場管理の下で転作のブロックローテーションがおこなわれている．

　このように経営指標を多面的に検討した結果，この型の集落は兼業，専業にかかわらず大規模経営を展開し，一定程度の担い手が賦存し将来的にも健全な農業経営が展開できる可能性を持っていると考えられ，今後は一層中心的存在となると考えられる．

　自己完結型には中間的な性格を持つ集落が混在していた．現在は大規模に農業経営を展開している農家も存在し，受委託経営が深く進展していることをうかがわせた．担い手の検討からみると，認定農業者の不在や専従者の高齢化といった集落がある一方で，女性を含めた若手の専従者が存在している集落や耕作面積シェアが大きい集落もあった．専従者比が相対的に高く経営耕地面積の広い集落は将来的に自己完結を維持できる可能性はある．しかし，より長期的な視点に立つならば，担い手層の薄さに課題があると考えられ，後継者の育成や女性の参入が急がれる．というのも，生産年齢専従者の有無が耕作面積の拡大と関わっていることが認定農業者の分析から明らかであったからだ．そうなると，薩摩，本庄，田附集落の認定農業者でさえも，規模拡大の可能性はあるものの余力に不安材料は残るといわざるを得ない．したがって，自己完結型もやがては農地維持を継続できる集落と，外部依存型の農地維持へと転落する集落とに二分していくことが予想される[注13]．そしてその展開を左右するのは生産費の推移と補助金関係となる可能性はある．担い手の点から考えると，地域農業を守っていくために必要なことは，生産年齢における男女専従者比が高く認定農業者が経営面積を伸張する潜在力を持つ新海，下西川，上石寺などの集落が，担い手としてひとつの層を形成しながら地域農業を共に支える構造が必要だろう．

　他方で，外部依存型では認定農業者が12人存在しているが，いずれもの経営も面積シェアが低く専従者も不足気味であった．図3-3-8，図3-3-9で確認できたように，担い手不足や後継者の不在，経営耕地面積シェアの低さから，省力型の稲作経営でな

13）認定農業者の存在しない集落は海瀬集落，下岡部集落である．しかし他方で本庄集落は3名が存在し，残りの集落ではそれぞれ2名ずつ存在している．

んとか農地を維持すること自体が目的となっていることが想定できる．今はまだ担い手が存在し大規模経営を営む農家がある集落でも，高齢化の影響は強く表れており将来的には困難が予想される．現担い手が引退をするにあたり，多数の集落は程度の差はあれ早晩経営の縮小を強いられるが，その際に，どのような主体にどのような形で農地を委託するかによって資源管理の方向は左右されるだろう．集落営農の機能が低下している現状をみるにつけ，後継者および女性農業者の育成如何によっては稲枝地域以外からの入り作の急激な増加も十分想定できる[注14]．営農による資源の維持管理を指向してきた各集落が出入り作を拡大した場合，総体的な地域資源管理は農外からの主体の参入も視野に入れなければならない．その場合は，地域住民や農家が望む資源管理の方向性と参入主体の土地利用に齟齬が起こる可能性もある．農業と農外，地域内と地域外の諸主体が相互にコミュニケーションを図ることがますます重要になってくることは必至である．

6　むすび ── 「広義の担い手」像の模索へ向けて

　ここまで農業濁水問題の構造性の一側面を明らかにするために，地域農業の歴史，農業構造変化と担い手の現状を分析してきた．今一度課題に即して検討内容を整理しておこう．

　第一の課題は，地域農業の変化と農政転換を連動させて整理することであった．稲枝地域は，排水不良問題を克服し農業発展をするため，集落間あるいは旧村間の総意を束ねて土地改良事業導入へと収斂していった旧町の歴史を持っていた[注15]．それは現在も農家の人々の間で共有されている一つの地域作りの歴史である．土地改良事業実施後は琵琶湖逆水による灌漑システムが完備され，送水パイプが埋設された近代的な圃場整備がおこなわれた．その後は機械化のスムースな導入と大規模化を成功させ，農地集積による経営規模の拡大という一般的な傾向を先取りし，先進的な優良事例地域となった．土地利用の充実を図った一連の変化は琵琶湖岸の多くの集落の歴史的経験と一致しているが，稲枝地域が際立っている点は，その時々に農政のシナリオに忠実であり，常に先進地域として優等生的な存在であったことである．しかし，皮肉にも土地改良事業導入とともに訪れた高度経済成長や農政の転換によって，農業振興を目指す方向でひとつにまとまっていた地域の農家は，規模拡大して農業発展を目指すものと，兼業形態で自営農業を維持するものに二分されていった．また，灌漑システムの装置とその維持管理のための常設土地改良区が今度は地域農業にとって桎梏のひとつとなった．

---

14) 出入り作とは，ここでは貸し付け耕地における経営および借入耕地経営が農地所有者の居住する集落外で行われることを主に意味している．
15) この箇所の詳細については，柏尾[4]および，同学位申請論文[11]第1章における議論を参照のこと．

第二の課題は，センサスの経営指標から集落を類型化し，担い手像や現状を明らかにすることであった．センサスから7つの指標を取り上げて主成分分析をおこなった結果，大規模担い手指向，兼業自立指向，農地維持型省力指向の3つの主成分を検出した．主成分に基づき類似性を持つ集落を類型化し，担い手の存在状況を加えて考察したところ，センサス分析や現状分析では見えなかった集落像が浮き彫りになった．発展的な経営を展開する可能性を持つ集落がある一方で，現状では大規模化に成功しているが今後の展開が危惧される集落の存在がわかった．

　具体的に稲枝地域は例外的な稲枝集落を除き3パターンの特徴を持つ集落群に分類できた．それぞれをここでは，担い手賦存型大規模経営，自己完結型農地維持経営，外部依存型経営とした．このネーミングが正確にこれらの集落の特徴を表しているのかは，検討の余地を残しているかもしれないが，いずれにせよ現場の状況を踏まえると資源管理のあり方や農業経営の今後を検討するためには有効な結果であると確信する．

　第三の課題は，今後の可能性を考察し課題を検出することであった．地域農業の担い手分析をふまえると，将来的には担い手を輩出している集落を中心に潜在力のある集落が地域農業を補強する体制を整備することが必須であることがわかった．一般的に，女性農業者は後継者としても担い手としてもかなり定着しつつあるが，稲枝地域は女性の農業就業率が低いという特徴がある．稲作経営の機械化の過程で女性は主要な農業経営から排除される傾向があるが，稲枝地域では機械化と大規模化がほぼ同時に展開したこと，地の利から農外就労機会が豊富にあったことを背景に，女性の農業離れが早くから起ったと考えられる．現農家女性が担い手として経営に参入するには障壁は高いかもしれないが，就農ブームの追い風を受けて農外あるいは地域外から婚姻によって参入する女性が将来の担い手になる可能性は十分考えられる．

　最後に濁水問題と直接関わる資源管理と農業経営についての課題と論点を整理しておこう．これについては全国的な傾向を補足しながら述べることとする．環境保全的農業に関して，経営の規模が大きくなるにつれて取り組みの割合が上昇するという興味深い指摘があるが，こういった経営行動の特色はまさに同地域の農業にも符合していた[注16]．このことは規模が大きい経営は市場を含めた現代的なニーズに敏感であり，農村地域づくりに意欲的であることを物語っている．そういった地域リーダー的な農業者の行動が波及効果を生んでいることも調査においては散見された．また稲枝地域では，滋賀県の提供する環境配慮を謳った補助事業に申請する農家も増加してきている．このような経営行動は営農に対して環境への配慮が芽生えつつあることを示唆しており，農業濁水削減に繋がる可能性もある．農家のおこなう環境配慮行動が，消費者や地域作りの諸主体に共感をよび，波及効果も生まれ始めている．

---

16) 生源寺眞一編[2] 参照のこと．

2007（平成19）年度から稲作経営において，大規模経営層の育成にはさらに厳しい選別政策がとられることになった．しかし，景観行政に後押しされた農村の多面的価値に関する議論は依然活発であり，加えて，環境親和型の農業経営が軸となる農村作りが農村からも都市からも指向されていることを考えると，大規模稲作経営に邁進することだけが地域農業の発展方向ではないこともわかるだろう．農業経営を維持しつつ地域資源を良好に保全・継承するために必要なことは，多様な地域個性の発掘や再認識に基づいて農業者と住民が連携しながら地域作りのシナリオを模索することである．その際に重要となってくるのは，資源管理主体としての広義の担い手である．既述のように，大規模経営者に環境親和的な配慮行動が散見されたことからも，担い手は従来どおり農業経営にとって最重要であるが，農業濁水問題の解消への取り組みを含めた生産資源の良好な管理・運営にとっても重要な主体となると想定される．広義の担い手とは，農業に関連する諸主体を束ね，農村地域作りを牽引する主体なのである．

［柏尾珠紀］

2 ▎ 水環境保全に関わる地域の価値観

1 　調査研究の目的

「階層化された流域管理」に取り組んでいくには流域住民の参加や連携が重要であり，このようなテーマについてはSabatierら[12]をはじめ広く扱われてきた．住民参加や集合的行為について考える際には，まず，地域社会や住民の状態について理解することが必要となる．すなわち，水質や生態系に関する指標だけでなく，水環境保全あるいは流域管理に関わる住民らの意識や価値観をあらわした指標に着目することも，階層化された流域管理を行うには不可欠なのである．

そこで本節では，このような価値指標の開発について検討してみたい．具体的には，主に，
① 流域環境に対して地域社会が与える価値指標
② 流域管理における住民参加や集合的行為の基盤的部分に関する価値指標
の2つについて考えていきたい．

住民参加や集合的行為を前提とした総合的な流域管理を考えていくにあたっては，まず，当該流域環境の保全および管理ということに対して，住民らがどれほどの価値を置いているかについて知ることが大切である．仮に，住民らが，流域環境の保全や管理にさほどの価値を置いていなければ，流域管理における積極的な住民参加や集合的行為は期待されないだろう．このような価値について探ろうとするのが上記の①に相当する．

また，流域管理における住民参加や集合的行為が円滑におこなわれるには，住民間のネットワークや信頼関係といういわゆる社会関係資本（social capital）[注17]の存在が

不可欠であり[13]，これらを醸成する日常的なコミュニケーションが重要な基盤的部分となる．そこで上記の②では，このようなコミュニケーションに焦点を当て，とくにコミュニケーションが形成・蓄積される「話し合いの場」というものに着目し，ここから社会関係資本について考える．このような設定は従来の社会関係資本に関する研究としてはあまり例がないが，ネットワークや信頼関係はさまざまな「話し合いの場」での日常的なコミュニケーションを通じて醸成されることを考えると，「話し合いの場」を社会関係資本の代理変数として捉えることは妥当といえる．

2　流域環境に対して地域社会が与える価値指標の開発

まず，流域環境に対する流域住民の潜在的な価値意識を明らかにする．総合的な流域管理のフローのなかでは，流域環境の保全や管理が当然のように掲げられることが多いが，流域住民らは，流域環境の保全・管理にどれほどの価値を見出しているのだろうか．もし彼らがそれほどの価値を置いていなければ，彼らを流域管理に積極的に参加させていくことは難しいだろう．

環境のように市場を持たない財の価値評価をおこなうには，環境経済学の分野で発展してきた環境評価手法を用いることが適切である．このうちとくに表明選好法では，市場を持たない財について，非利用価値も含めた経済的な評価をおこなうことができる．そこで本研究においても，表明選好法のひとつである CVM (Contingent Valuation Method) を採用し，流域環境に対する住民の潜在的な価値意識の定量化に取り組んだ．

2.1　CVM とは何か

CVM は環境経済学の分野で発展してきた環境評価手法の代表的なものであり，とくに表明選好法として位置づけられている．詳しくは鷲田[14]，栗山[15]，坂上[16]を参照してほしい．表明選好法は，アンケートを用いて直接的に選好を聞きだす方法を採用しているため，評価対象の利用価値ばかりでなく，存在価値や遺贈価値といった非利用価値も含めて評価することができる．そのため CVM をはじめとする表明選好法は，非利用価値を多く含むと考えられる自然環境を評価する際に有用であるとされている．

今回は CVM のなかでもオープンエンド方式を採用した．これは流域環境を保全するための原資（基金）に対する支払意志額（willingness to pay: WTP）を直接尋ねる方式をとる．

CVM アンケート調査の対象地域は，当プロジェクトが様々な研究活動を展開してきた滋賀県彦根市の稲枝地域の2集落である．両集落の人口は合計1,455人（平成16

[17) 社会関係資本は，様々な分野において近年注目されている概念であり，これまでにパットナムをはじめとしてコールマンやダスグプタらが代表的な研究をおこなってきた．これらについては第4部第5章にて詳しく述べられているので参照のこと．

年10月1日現在）である．平成17年1月に，両町で無作為に抽出した384人に質問票を配布し，299人から質問票を回収した．

2.2　CVMによる価値指標の導出

回答者（n=284）が表明したWTPの結果から流域環境の価値指標の推定計算をおこなったところ，流域環境の保全に対して，1人当たり147,439円の支払意志があることが明らかになった．

次に支払意志額（WTP）が回答者の社会経済属性の影響を受けているかどうかについて調べるため，無相関の検定をおこなったところ，

- 年齢　　　$\rho = 0.13$（2.24）
- 居住年数　$\rho = 0.165$（2.76）
- 所得　　　$\rho = 0.09$（1.55）

（ρは相関係数，（　）内はt値）

となった．これより，年齢および居住年数はWTPに対して有意に正の影響を与えている，あるいは，WTPと年齢，WTPと居住年数には，それぞれ正の相関関係があることが明らかとなった．所得については，無相関であるという帰無仮説は棄却されなかった．

さらに，ノンパラメトリックブートストラップ法を用いて10,000回のシミュレーションを試みた．結果として，ブートストラップ平均値は166,639円/人と算定された．

流域における地域環境を保全していくための（仮想的な）基金に対しては，流域住民1人当たり16万円ほどの支払意志額があることが分かった．流域住民は，ある程度の自己負担を背負ってでも流域環境を保全していく意志があるということである．地域社会全体としては，当該環境の保全に対して約4500万円の経済的な価値指標を与えているということになる．また，年齢の高い住民ほど，あるいは居住年数が長い住民ほど支払意志額が高くなる傾向がある．つまり，地域への'愛着'が強いほど，流域環境保全への意識が高いことが分かる．

2.3　ボランティア供与指標の導出[注18]

ひきつづきCVMの方法を応用して，ボランティア供与に関する指標を導出してみよう．先のCVMと導出手続きは同様である．ただし先ほどは流域環境保全のために支払う金額を尋ねたが，ここでは金額ではなく，流域環境保全のために提供する労働量を尋ねた．

結果のみ簡潔に紹介すると，流域自然環境の保全のためなら，住民1人当たり年間

18）ボランティア供与指標については，Echessahら[25]，村中・寺脇[26]におけるWTWの考え方に基づいている．

で13時間ほど（あるいは1ヶ月で1時間強）の労働量を無償提供する意思のあることが明らかになった．たとえば河川清掃ボランティア等の呼びかけがあると，住民1人当たり月に1時間程度はボランティアを提供するということであり，これは，流域環境保全に対する流域住民としての意識の高さを示した定量的指標といえる．

3　住民参加や集合的行為に関する価値指標の開発

次に，流域管理における住民参加や集合的行為に関する価値指標について考察していこう．本節では，住民参加や集合的行為の基盤となる住民間のネットワークや信頼関係という社会関係資本に留意し，これらを醸成するコミュニケーション（あるいは「話し合いの場」）に着目する．そこで以下では，コミュニケーションや話し合いの場に関わる価値指標の開発を試みる．

まずは，集合的行為とコミュニケーションとの関係性について調べる．

3.1　集合的行為と「話し合いの場」

調査対象地である彦根市稲枝地区は伝統的な農村域であるが，日本の伝統的農村では，農家同士の日常的なコミュニケーションの場として，「寄り合い」と呼ばれる「話し合いの場」が古くから存在している．これは比較的小規模の集落単位で，農業に関わることなどを中心に種々の課題について定期的に話し合う場である．この「寄り合い」については，農林水産省の農林業センサスが定期的にデータを収集している．農林業センサスによれば，「寄り合い」の定義は，「原則として地域社会または地域の農業生産に関わる事項について，農業集落の人達が協議を行うため開く会合をいう．ただし，婦人会，子供会，青年団，4Hクラブ等のサークル活動的なものは除いた．」である．この農林業センサスデータを活用して，話し合いの場（寄り合い）と集合的行為との関係について考察してみよう．

実際の分析データとしては，当プロジェクト調査地がある滋賀県における2000年の農林業センサスを用いた．この農林業センサスでは，滋賀県における1522の集落ごとのデータが詳細に収集されている．ちなみに各集落における総戸数は，最小の集落では6戸，最大の集落では6,078戸となっている．平均戸数は244.6戸である．

寄り合いと集合的行為の関係を調べるにあたっては，農林業センサスに記載されている各集落における「寄り合い」回数の情報と，「周辺地域の農道の管理状況」，「周辺地域の農業用排水路の管理状況」の2つの情報を用いる．後者2つは集落における集合的行為をあらわす変数として捉えることができる．たとえば「周辺地域の農道の管理状況」とは，集落内の全戸に農道管理の出役義務が課されているか否かを示すものである．「周辺地域の農業用排水路の管理状況」とは，集落内の全戸に排水管理の出役義務が課されているか否かを示している．これらは集落という地域社会単位における集合的行為の強度を示しているといえる．

表 3-3-5 農道の管理状況と寄り合いの回数（滋賀県農林業センサス（2000）に基づいて作成）

寄り合い回数				集落数	
0回	集落として管理	共同作業	全戸に出役義務	0	0%
			農家のみ出役義務	2	50%
		人を雇っておこなう		0	0%
	集落として管理しない			1	25%
	農道がない			1	25%
1～3回	集落として管理	共同作業	全戸に出役義務	64	25%
			農家のみ出役義務	121	48%
		人を雇っておこなう		3	1%
	集落として管理しない			58	23%
	農道がない			5	2%
4～7回	集落として管理	共同作業	全戸に出役義務	152	34%
			農家のみ出役義務	192	43%
		人を雇っておこなう		2	0%
	集落として管理しない			92	21%
	農道がない			6	1%
8～14回	集落として管理	共同作業	全戸に出役義務	139	43%
			農家のみ出役義務	114	35%
		人を雇っておこなう		1	0%
	集落として管理しない			63	19%
	農道がない			9	3%
15回以上	集落として管理	共同作業	全戸に出役義務	197	42%
			農家のみ出役義務	194	41%
		人を雇っておこなう		3	1%
	集落として管理しない			69	15%
	農道がない			11	2%

　滋賀県農林業センサスデータ（2000）に基づき，農道の管理状況と寄り合いの回数との関連についてまとめると表 3-3-5 の通りとなった．
　寄り合いの回数が多いクラスほど，農道管理についての出役義務，とくに全戸に出役義務を課す集落の比率が高くなることが分かる．同時に「集落として管理しない」という集落の比率は下がる．つまり「寄り合い」の回数が多い集落ほど農道管理が活

表3-3-6　ボランティアと寄り合い回数

	ある	ない
高齢者ボランティア	13.8	8.7
女性ボランティア	13.7	8.6

表3-3-7　自然保護組織と寄り合い回数

	ある	ない
自然保護組織（高齢）	11.7	11.8
自然保護組織（女性）	15.1	11.7
自然保護組織（複数）	14.4	11.7

発であることが分かる．あるいは逆に，農道管理が活発な集落ほど「寄り合い」を多く開催しているということである．

次に，この変数を用いてシンプルな二項プロビットモデルによる分析を行った．これは二項選択行動を解析する基本的な離散選択モデルのひとつであり，誤差項には正規分布を仮定する．なお，「Yoriai」という変数は寄り合い回数をあらわす．

$$(農道管理) = -0.33526 + 0.00736\ \text{Yoriai}$$
$$(-5.65)\qquad\quad(1.91)$$

N = 1139

Log Likelihood = −767.5

農業用排水路の管理状況に関しても同様の回帰分析をおこなった．

$$(排水路管理) = -0.37156 + 0.010947\ \text{Yoriai}$$
$$(-6.24)\qquad\quad(2.84)$$

N = 1139

Log Likelihood = −768.7

これらの結果から明らかなように，「寄り合い」の回数は，農道や排水路の管理という集合的行為に有意に影響を及ぼしている．つまり，「寄り合い」という「話し合いの場」の回数が多い地域ほど，集合的行為も盛んに行われていることが示された．

続いて，寄り合いの回数と，集落でのボランティア活動状況という集合的行為との関係について検討する．

農業センサスにおける「寄り合い」回数の情報と，ボランティア活動状況を示す「高齢者中心の組織によるボランティア活動の有無」，「女性中心の組織によるボランティア活動の有無」という2つの情報を用いる．

滋賀県下における，高齢者中心の組織によるボランティア活動が存在する集落の「寄り合い」回数の平均値と，高齢者中心の組織によるボランティア活動が存在しない集落の「寄り合い」回数の平均値を比較したのが表3-3-6である．ちなみに高齢者中心のボランティア活動があるのは702集落，高齢者中心のボランティア活動がないのは437集落であった．表から明らかなように，高齢者ボランティア活動の存在する集落のほうが，「寄り合い」の回数が多い傾向にある．

女性中心の組織によるボランティア活動が存在する集落の「寄り合い」回数の平均

値と，女性中心の組織によるボランティア活動が存在しない集落の「寄り合い」回数の平均値の比較もおこなってみた（表 3-3-6）．ちなみに女性中心のボランティア活動があるのは 690 集落，女性中心のボランティア活動がないのは 449 集落であった．これも表から明らかなように，女性ボランティア活動の盛んな地域のほうが寄り合いの回数が多い傾向にある．

　これらの結果は，「寄り合い」という社会関係資本を醸成する場の多い集落のほうがボランティア活動という自発的な集合的行為が盛んである，あるいは，ボランティア活動が盛んな集落ほど「寄り合い」の回数が多いということをあらわしている．

　次にこの因果関係を統計的に明らかにするための分析をおこなった．先ほどのボランティア活動に関するデータに加えて，「複数の世代が入り混じった組織によるボランティア活動の有無」という情報も追加し，これらのデータをプールして，高齢者・女性・複数世代のいずれかによるボランティア活動が存在するか否かというダミー変数をつくった．そして，先ほどと同様のプロビットモデルによる分析をおこなったところ，

　　（ボランティア活動）$= -0.18393 + 0.02731 Yoriai$
　　　　　　　　　　(-3.55)　　　　(7.54)

　　$N = 1499$

　　Log Likelihood $= -1031.8$

となった．やはり，「寄り合い」の回数が有意にボランティア活動状況に影響を及ぼしていることが裏づけられた．

　さらに，集落での自然環境の保全に関する集合的行為についてもみてみよう．

　農林業センサスにおける「寄り合い」回数の情報と，「地域における自然動植物の保護に携わる組織の有無」の情報を用いる．自然動植物の保護に関わる組織（高齢者・女性・複数世代別）が存在する集落における「寄り合い」回数の平均値と，このような組織がない集落の「寄り合い」回数の平均値を比較した．

　表 3-3-7 から，とくに女性や複数世代で構成された自然動植物保護に関わる組織が存在する集落では，このような組織が存在しない地域に比べて「寄り合い」回数が多いことが分かる．つまり「寄り合い」の回数が多い集落ほど自然環境の保全に関する集合的行為が活発におこなわれている，あるいは，自然環境の保全に関する集合的行為が多い集落ほど「寄り合い」の開催回数も多いということがうかがえる．

　以上のように，「寄り合い」という「話し合いの場」と，農業関連施設の管理・ボランティア活動・地域環境保全活動といった集合的行為との間には，正の相関関係がみられることが分かった．先述のように「話し合いの場（寄り合い）」は社会関係資本の代理変数として捉えられることから，このことは，「話し合いの場」を通じて醸成される社会関係資本が豊かに存在する地域ほど集合的行為が盛んである，あるいは，集合的行為が盛んな地域ほど社会関係資本が豊かであるということを示している．つま

り，流域管理における市民参加や集合的行為を促すには，社会関係資本の存在強度が重要であることが分かる．

4 流域環境の保全における社会関係資本に関する価値指標

流域管理における市民参加や集合的行為を促していく上では，コミュニケーション（話し合い）という切り口からみた社会関係資本が重要なことが示されたが，ところで，流域住民らは，このような社会関係資本の価値をどれほど認識しているのだろうか．そこで，ここからは，社会関係資本の代理変数として設定した「話し合いの場」に対して流域住民が与える価値を導出する．具体的には，先ほどの CVM 手法を用いて，「話し合いの場」に対する価値指標を推定する[注19]．先にも述べたとおり，CVM は市場を持たない財の価値評価に威力を発揮する手法であるため，このような「話し合いの場（寄り合い）」といった財の価値評価にはふさわしいといえる．

4.1 CVM による推定結果

話し合いの場に関する CVM 調査の結果は以下の通りである．この調査は先と同じ 2 集落にて同じ調査設計で行われたものである．

回答者が表明した WTP 値の結果より，「話し合いの場」に対して一人当たり 754 円の支払意志があることが明らかになった．また，これらの WTP が回答者の社会属性に影響を受けているかどうかについて無相関の検定をおこなった．

・年齢　　$\rho = 0.07$（1.22）
・居住年数　$\rho = 0.11$（1.81）
・所得　　$\rho = 0.06$（1.2）

（ρ は相関係数，（ ）内は t 値）

これより，いずれの属性も WTP に影響を与えていない，すなわち無相関の帰無仮説は棄却されないことが明らかとなった．

次に，ノンパラメトリックブートストラップ法を用いて 10,000 回のシミュレーションを試みた．得られたブートストラップ平均値は 744 円/人となった．

流域環境保全についての「話し合いの場（寄り合い）」の追加的な創設に対して，地域住民らは 1 人当たり 750 円ほどの支払意志額を持っていることが分かった．この結果から，流域管理におけるコミュニケーションの切り口からみた社会関係資本の価値指標を推計すると約 21 万円となった．先ほどの環境価値指標に比べると低い評価だ

---

19) 社会関係資本は文字通り資本として定義されているが，経済学における資本の定義に照らすと，果たして本当に資本なのかという点については議論のあるところである．この点についてはたとえば Sobel[27] や諸富[17] で詳しく述べられている．ちなみに，資本であるとした場合，「話し合いの場」という社会関係資本の代理変数に対する支払意志額は，社会関係資本の価値指標であると同時に，当該資本に投下する投資意志額としても捉えることができる．

が，地域コミュニティが流域管理に関わる社会関係資本に対して一定の価値を置いているという事実は興味深い．ちなみに低評価となった原因としては，'話し合うことに費用はかからない'などといった抵抗回答が多く，これらによる影響が大きいものと想定される．

4.2 コンジョイント分析の導入

　流域管理に関わる社会関係資本の価値指標（支払意志額）についてのより詳細な情報を得るために，ここではCVMの応用的手法として位置づけられるコンジョイント分析を導入する．さらに，調査地域についても，これまでの彦根市稲枝地区の農村2集落から，琵琶湖-淀川水系全体へと拡大し，大規模なコンジョイント分析調査を実施する．調査対象域は，大津，草津，彦根，久御山，八幡，京都，大阪，亀岡の8地域であり，合計1298人からアンケート調査票を回収した．調査の詳細は第4部第5章第4節に譲る．

　コンジョイント分析はCVMと同じ表明選好法である．ただしCVMでは対象財そのものの価値評価であったが，コンジョイント分析では，その対象財が持つ属性別の価値にまで分解することができる．属性とは，例えば対象財が自動車であれば，色・排気量・価格・型などのことを指している．この手法を用いれば，流域環境保全に関する「話し合いの場」の属性別の価値まで求めることができる．

　「話し合いの場」の属性と水準は，前年度における少数の専門家によるフォーカスセッションの結果，

「発言の機会（多い・少ない）」
「話し合いの相手（行政担当者・専門家・住民同士）」
「話し合いの場の回数（1回・4回・7回）」
「話し合いの場を設定するための費用（500円・1000円・1500円）」

とした．このような属性・水準の設定に基づいて直交配列によるプロファイル群を作成し，コンジョイント分析に関する調査票を作成した（図3-3-12）．なお，コンジョイント分析についての詳細および先行研究については，鷲田[14]，Louviere[18]，Adamowiczら[19]，Boxallら[20]，Hanleyら[21]などを参照してほしい．

　琵琶湖-淀川水系の流域住民1298人からコンジョイント分析アンケート調査票に対する回答データを回収した．これらの全データを用いた条件付きロジットモデルによるコンジョイント分析推定結果は表3-3-8の通りである．

　まず，費用属性の係数は負となり，理論整合的であることが分かる．また，属性の係数がすべて有意水準であったこと，モデル説明力を示す尤度比インデックスが0.13となり一定の水準が得られたことから，属性の設定など，「話し合いの場」を対象と

図 3-3-12　コンジョイント分析調査票

続いて、仮想的な質問をおこないます。説明の文章を2つ読んでから、質問にご回答ください。

＜まず、一番目の文章です。「話し合いの場」について説明した下の点線の枠内の文章を、ご一読ください。＞

> 琵琶湖―淀川水系は、飲用水や工業・農業など産業のための用水として多くの人々が利用しています。そのため、これらの川や湖の水質をよい状態に保つことが大切です。
>
> もちろん、水質を維持し改善する対策は、これまでいろいろとおこなわれてきました。下水道の整備はこうした対策のひとつです。しかし、さらに水質を改善するには、水の使い方や水辺とのかかわり方といった、生活のスタイルを見直す必要があるでしょう。
>
> 生活のスタイルを見直すには、川や湖に対する意識を変えていくことが大切です。そのため、川や湖の水質の状態や、水質改善のために何をおこなうべきかについて、よく理解することが先決です。
>
> そこで、川や湖の水質について学び、それらの水質を改善する方法について意見を交換する場をつくります。そして、そのような場を「話し合いの場」と呼ぶことにします。

＜上で説明したような「話し合いの場」を設けることに関する仮想的な質問を、問40～問42でおこないます。それぞれの質問では、「話し合いの場」の状況を描いた3つの選択肢を示します。そして、3つの選択肢から、あなたがもっとも好ましいと感じる「話し合いの場」をひとつ選んでいただきます。【回答例】参照＞

発言の機会	○	▽	△
回数	△回	▽回	▲回
参加者	▽、▲	□、▲	▽、□
費用	□円	△円	▲円

| ・なし | A | B | C |

【回答例】 各質問では、3つの選択肢から、ひとつ選んでいただきます

<つづいて、二番目の文章です。下の点線の枠内の説明をご一読ください。>

問40〜問42にあげた選択肢では、「話し合いの場」の状況を描くために、『発言の機会』、『回数』、『参加者』、『費用』の項目を設定しています。

- 『発言の機会』とは、「話し合いの場」で参加者が自由に発言できる機会のことです。『発言の機会』が『多い』場合は、参加者がたくさんの意見をのべることができるように工夫されています。『発言の機会』が『少ない』場合は、参加者が話しやすいような工夫があまりされていません。

- 『回数』とは、「話し合いの場」が全部で何回あるかということを示しています。

- 『参加者』とは、「話し合いの場」に参加する人々のことを指します。『住民』は、あなたが居住する地域の住民のことです。『行政』とは、あなたの居住する地域の自治体の職員が参加するということを示しています。『専門家』とは、たとえば、大学教授や研究所の研究員など、環境問題に関する何らかの専門的知識を持った者が参加するということです。

- 『費用』とは、このような「話し合いの場」を創設するためにかかる費用のことです。そして、このような費用をまかなうため、**いま仮に**、基金のようなものを設立したとして、この基金に対する、一度きりの、一人当たりの寄付額を示しています。

それでは、**質問をはじめます**。同じような形式の質問が3問続きますが、選択肢の内容はそれぞれ違います。1問ずつ、じっくり考えてお答えください。

問40. 仮に、下のA、B、Cの各選択肢で示されている「話し合いの場」があると想定してください。この中で、あなたがもっとも好ましいと感じる「話し合いの場」を1つ選び、A、B、Cのいずれかに〇を付けてください。どれも選ばない場合は「**なし**」に〇を付けてください。

発言の機会	多い	少ない	少ない
回数	1回	7回	4回
参加者	住民、専門家	住民同士	住民、専門家
費用	1,500円	1,500円	500円
・なし	A	B	C

問41. 仮に、下のA、B、Cの各選択肢で示されている「話し合いの場」があると想定してください。この中で、あなたがもっとも好ましいと感じる「話し合いの場」を1つ選び、A、B、Cのいずれかに○を付けてください。どれも選ばない場合は「**なし**」に○を付けてください。

発言の機会	少ない	少ない	多い
回数	1回	1回	7回
参加者	住民同士	住民、行政	住民、行政
費用	500円	2,500円	500円
	A	B	C

・なし

問42. 仮に、下のA、B、Cの各選択肢で示されている「話し合いの場」があると想定してください。この中で、あなたがもっとも好ましいと感じる「話し合いの場」を1つ選び、A、B、Cのいずれかに○を付けてください。どれも選ばない場合は「**なし**」に○を付けてください。

発言の機会	少ない	多い	少ない
回数	4回	4回	7回
参加者	住民、行政	住民同士	住民、専門家
費用	1,500円	2,500円	2,500円
	A	B	C

・なし

問43. 上の3つの質問（問40～問42）で、一度でも「なし」を選んだ場合、その理由を簡単にお教えください。

理由：＿＿＿＿＿＿＿＿＿＿＿＿＿＿＿＿＿＿＿＿＿＿＿＿＿＿＿＿＿

問44. もし、川や湖の水質について学び、それらの水質を改善する方法について意見を交換するという話し合いの場が開かれる場合、あなたは参加しますか？

1．参加しない　　　　2．参加する

表 3-3-8 コンジョイント分析推定結果

	係数	標準誤差	t値	WTP (円)
定数項	-0.37189	0.180404	-2.06144	-
発言	0.532766	0.058182	9.15696	521
回数	-0.12691	0.032469	-3.90862	-124
行政	1.24157	0.073713	16.8433	1215
専門家	0.935505	0.180134	5.19337	916
費用	-0.00102	5.83E-05	-17.5131	-

したコンジョイント分析の調査デザインが適切であったと判断される．

得られた係数値から総合的に解釈すると，当該流域の住民らは，流域管理における流域環境保全に関する理想的な「話し合いの場」として，

・発言の機会が多い
・行政担当者や専門家が同席してほしい（とくに行政担当者）
・回数は少ないほうが良い
・費用は少ないほうが良い

という状況を望んでいることが分かった．

さらに係数値から支払意志額を計算すると，発言の機会が増えることに対しては約521円，行政担当者が参加することに対しては約1,215円，専門家が参加することに対しては約915円の支払意志額があることが明らかになった（表3-3-8）．行政担当者の参加に対しては最も高い支払意志額を示している．これらから，流域住民らは，どのような人が「話し合いの場」に参加するかという点を重視していることがうかがえる．

以上，これらの貨幣価値は，社会関係資本の代理変数としての「話し合いの場」に対し，琵琶湖―淀川流域の住民らが与えた価値指標として，あるいは当該資本に対する投資（意志）額として解釈することができる．

次に，全データを地域別に分けて分析をおこなった．ここでは詳細については割愛するが，特徴としては，

・都市部は平均的な結果であること
・琵琶湖周辺の上流域は支払意志額が高めであること
・琵琶湖を水源としていない地域は支払意志額が低いこと

が明らかになった．つまり，地域それぞれが持つ地理的特徴により，住民が与える価

値指標に差異のあることが分かる．このことは，地域独自の特徴を考慮した柔軟な流域管理モデルの必要性を示唆しているともいえよう．

また，ランダムパラメータロジットモデルによる解析結果についても簡単に説明しておこう．上記の解析は条件付きロジットモデルによる解析であったが，推定係数に変動を許容するランダムパラメータロジットモデルを用いると，回答者間での選好の異質性を考慮できるため，より応用的な解析をおこなうことが可能となる．このモデルを扱った先行研究としては，Revelt and Train[22]，Layton[23]，Greene and Henscher[24] などがある．

そこで本項でも，係数に正規分布を仮定したうえで，ランダムパラメータロジットモデルによる解析を行った．その結果，モデル説明力はあまり改善がみられず，また，ほとんどの属性係数において標準偏差を示すパラメータは有意にならなかった．つまり，この分析においては，回答者間での選好のばらつきはほとんどみられないということである．よって，条件付きロジットモデルを採用することで十分であることが分かった．

このように，琵琶湖―淀川水系における大規模なコンジョイント分析アンケート調査をおこない，流域管理に関わる「話し合いの場」に対する属性別の選好構造を解明し，価値指標を導出した．その結果，流域管理に関わる社会関係資本を醸成する「話し合いの場」に対して，流域住民らは，話し合う回数の多さよりもどのような立場の人が参加するかを重視していることが分かった．とくに，行政担当者が同席することに大きな価値を置いていることが明らかとなった．また，できれば発言の機会が多いほうが良いということも分かった．いずれにしても，流域住民らは，流域管理におけるコミュニケーションという切り口から捉えた社会関係資本に対して一定の価値を置いていることが，コンジョイント分析からも確認することができた．

5 実験的指標化からさらなる応用へ

本節では，総合的な流域管理に関わる住民の潜在的意識を定量化（指標化）するアプローチを紹介した．その結果，

・流域環境およびその保全に対して，地域社会は経済的な価値を置いていること
・住民間のコミュニケーションと集合的行為の度合いには相関性があること
・流域管理における住民参加や集合的行為においては，住民間のネットワークや信頼といった社会関係資本の存在が重要であること
・上記の社会関係資本に対して地域社会は一定の価値を見出していること
・上記の社会関係資本は流域管理におけるコミュニケーションという切り口から捉えたものだが，流域住民は，行政担当者との双方向のコミュニケーションを重要視していること

が明らかになった.

　本節では，いくつかの実験的なアプローチにより以上のような価値指標の導出を試みたが，実験的意味合いが強かったため，表明選好法のうちでも基礎的な分析手法をあえて採用した．今後は，応用的手法によるさらなる詳細な分析が課題となる．

　また，本節のような結果が果たして他の流域でもあてはまるのか，「話し合いの場」は社会関係資本の代理変数として妥当なのかといった点も課題として残されている．今後は，本節で得られたような知見を礎石として，これらの課題に対する批判的検討を含め，総合的な流域管理へ向けたさらなる研究の発展が期待される．

［坂上雅治］

参考文献

1） 脇田健一（2005）「琵琶湖・農業濁水問題と流域管理 ――「階層化された流域管理」と公共圏としての流域の創出」『社会学年報』（東北社会学会）34: 77-97.
2） 荏開津典生・生源寺眞一（1995）『こころ豊かなれ日本農業新論』家の光協会，生源寺眞一編（2002）『21世紀日本農業の基礎構造』農林統計協会.
3） 児島俊弘（1993）『農業センサスの世界』農林統計協会.
4） 柏尾珠紀（2003）「土地改良事業の推進主体と農村構造転換 ―― 滋賀県彦根市稲枝地区を事例に」『奈良女子大学社会学論集』10, 85-102.
5） 暉峻衆三編（2003）『日本の農業150年』有斐閣ブックス.
6） 小池恒夫（1989）「農地利用集積の実態と地域農業の対応 ―― 滋賀県の実態分析をふまえて」『農業と経済』富民協会.
7） 滋賀県（1960）『県勢進行の構想に基づく開発の方向および主要事業計画体系』，滋賀県東北部地域開発促進協議会（1962）『滋賀県東北部の現況』.
8） 稲枝支所所蔵文書
9） 田中豊・脇本和昌（1983）『多変量統計解析法』現代数学社.
10） 大野高祐（1998）『多変量解析入門』同友館.
11） 柏尾珠紀（2005）「戦後の日本農村における空間変容とジェンダー」奈良女子大学博士学位申請論文.
12） Sabatier, P., Focht, W., Lubell, M., Tracht, (2005) *Swimming upstream: Collaborative Management to Watershed Management,* Cambridge, Mass.: MIT Press.
13） Ohno, T., T. Tanaka and M. Sakagami, (forthcoming) "Does social capital encourage participatory watershed management?" *Society and Natural Resources*.
14） 鷲田豊明（1999）『環境評価入門』勁草書房.
15） 栗山浩一（1998）『環境の価値と評価手法』北海道大学図書刊行会.
16） 坂上雅治（2006）「仮想評価法（CVM）」『環境経済・政策学の基礎知識』有斐閣，164-165.
17） 諸富徹（2003）『環境』岩波書店.
18） Louviere, J. J. (1994) "Conjoint Analysis. In Advances in Marketing Research", R. P. Bagozzi (ed.) *Advanced Methods of Marketing Research.* Cambridge, M. A.: Blackwell Publishers.
19） Adamowicz, W., J. Swait, P. Boxall, J. Louviere, and M. Willaims, (1997) "Perceptions versus Objective Measures of Environmental Quality in Combined Revealed and Stated Preference Models of Environmental Valuation", *Journal of Environmental Economics and Management* **32**:

65-84.
20) Boxall, P., W. Adamowicz, M. Willians, J. Swait, and J. Louviere, (1996) "A Comparison of Stated Preference Approaches to the Measurement of Environmental Values", *Ecological Economics* **18**: 243-253.
21) Hanley, N., D. Macmillan, R. Wright, C. Bullock, I. Simpson, D. Parrsisson, and B. Crabtree, (1998) "Contingent Valuation versus Choice Experiments: Estimating the Benefits of Environmentally Sensitive Areas in Scotland", *Journal of Agricultural Economics* **49**: 1-15.
22) Revelt, D., and K. Train, (1998) "Mixed Logit with Repeated Choices: Households' Choice of Appliance Efficiency Level", *Review of Economics and Statistics* **53**: 647-657.
23) Layton, D. F. (2000) "Random Coefficient Models for Stated Preference Surveys", *Journal of Environmental Economics and Management* **40**: 21-36.
24) Greene, W. H., and D. A. Hensher, (2002) "A latent class model for discrete choice analysis: contrasts with mixed logit", Working paper, Institute of Transport Studies, The University of Sydney and Monash University, April.
25) Echessah, R. N., Swallow, B. M., Kamara, D.W., and Curry, J. J., (1997) "Willingness to Contribute Labor and Money to Tsetse Control", *World Development,* 25(2): 239-253.
26) 村中亮夫・寺脇拓 (2005)「表明選好尺度に基づいた里山管理の社会経済評価」『人文地理』vol.57 (2): 153-172.
27) Sobel, J., (2002) "Can We Trust Social Capital?" *Journal of Economic Literature,* 40(1): 139-154.

その他，本章第1節では下記の資料を参考にした．
愛西土地改良区 (1988)『愛西土地改良沿革史』，愛西土地改良区
愛西土地改良区 (1997)『愛西』，愛西土地改良区
愛西土地改良区 (2005) 所蔵資料
近畿農政局大津統計・情報センター (2006)『しが農林水産統計』．
財団法人農林統計協会『2000年世界農林業センサス』CD-ROM 版．
財団法人農林統計協会『図説・食料・農業・農村白書』各年版．
滋賀県農政水産部環境こだわり農業課 (http://www.pref.shiga.jp/g/kodawari/)．
農林水産省　農業センサス各年版．
農林水産省近畿農政局大津統計・情報センター (http://www.maff.go.jp/kinki/jimusyo/shiga/index.html)
農林水産省統計情報部『滋賀県統計書』各年版．
農林水産省統計情報部 (2003)『環境保存型農業による農産物の生産・出荷状況調査報告書』．
『平成13年度持続的生産環境に関する実態調査』．

ブリーフノート 8

指標と要因の注意点

――――――――――（谷内茂雄・原　雄一・脇田健一）

　本書では，流域診断の総合性を高める上で，「文理の連携」を提案してきた（第2部第3章第3節）．しかし，理工学と人文・社会科学とでは，流域診断で主要な役割を担う要因や指標，「指標化」に対する見方は必ずしも同じではない．このブリーフノートでは，最初に環境指標の目的と用途を整理する．その上で，理工学と人文・社会科学における要因の特徴の違いを「文脈依存性」というキーワードで説明する．

環境指標の目的・用途

　環境指標とは，「環境の状態を定量的に評価するためのものさし」である．つまり，目的に応じて環境の現状を評価するために，環境データ（機器による計測値や統計データなど）を加工した数値である[1]．環境指標は，「流域診断」（狭義には，表 bn8-1 の a に相当）という用途の他に，「環境対策の進捗状況の評価」をはじめ，広範な目的で使われる（表 bn8-1）．このように，環境指標は，環境問題への対策（情報認知・理解，合意形成，意志決定）に関しても有効な基本ツールとなるのである．

表 bn8-1　環境指標の目的・用途

	環境指標	目的・用途
a	環境の現状把握	環境の実態を把握する
b	環境改善努力の評価	現時点と過去の時点の指標値を比較して，環境改善努力の評価をおこなう．
c	開発行為・事業計画のチェック	開発行為や事業計画の可否，規模などを決定する
d	施策効果の把握	過去から現在までの施策による環境維持，改善効果を推定する
e	望ましい環境像などの設定	計画目標として望ましい環境像，まちづくりのイメージ，基本目標の設定などをおこなう．
f	定量的目標設定	計画において目標値や目標水準を定める．
g	施策の方向性・重点課題の抽出	計画における施策の方向性や重要課題などを抽出する
h	計画の進行管理	計画に掲げた目標の達成状況をはかる
i	他部局との調整	他部局へ指標を提供し，現状評価や政策立案に活用してもらう
j	住民との情報交流	指標を用いて環境の状態を視覚的に示したり，指標づくりそのものへの参加や測定を通じて地域環境に対する理解を深める

出所）文献[1]「1-2 指標は何のために作るか」pp.19-20 より引用，一部改変して作成．

理工学における指標

　理工学や医学，マクロ経済学の分野では，数量化が日常的におこなわれ，環境や健康，経済の状態を知るために多くの指標が作成され，診断だけでなく対策にも広く利用されている．しかし，これらの分野においても，必ずしも最初から定量的な指標が作成されていたわけではない．例えば，湖沼の有機汚濁に関していえば，当初は汚濁現象を定性的に記述した段階があったと考えられる．その後，汚濁問題を改善するために，有機汚濁を定量的に表現する必要がでてきた．なぜならば，定量化によって初めて，異なる場所における水質汚濁と比較することが可能となり，問題改善に対する施策の効果を客観的に把握することが可能となるからである．このように考えると，指標化とは，定性的に把握される現象を定量化する作業ということもできる．

　このように，理工学，医学やマクロ経済学に代表される分野で，指標の開発が進んだ背景には，(1) 水質管理，健康管理，経済政策といった社会的要請が指標化を促進したとともに，(2) これらの分野が対象とする現象や状態が，水質や水量，価格のように，定量化しやすいと同時に，地域の風土や歴史などの個別の条件に依存しない，いいかえると「文脈依存性（後述）」が低かったため，どのような情況でも定型的な評価が可能だったことが大きい．次に，人文・社会科学における対象や要因との違いを見ていこう．

人文・社会的要因の特徴

　現時点で定性的と判定される指標も，今後，基本的に定量化の方向への開発が求められていることは事実なのだが，同時に，「意味のある粗視化」を考えていかなければならない．現実的に指標化をおこなっていく際の，ある種のバランス感覚のようなものが必要とされているのである．ここでは，人文・社会的要因のもつ「文脈依存性」とよばれる特徴について解説する．この文脈依存性は，指標化をおこなおうとする際，気をつけなければならない問題である．

　従来の自然科学や工学の立場からすれば，人文・社会科学的研究が扱う対象は，たいへん抽象的で曖昧に見える．人間の行為，組織・制度，文化・価値といった人文・社会科学が得意とする研究対象が，計量化が困難であり，ひとつの明確な単位をもった物的存在に還元できないからである．

　図 bn8-1 を見てほしい．研究対象のもつ性質として，(1) 文脈依存性が高い（個別性・特殊性が高い））／低い（普遍化・一般化），(2) 定量的／定性的（質的）の程度を2つの軸にとって，多様な研究分野の対象・要因を2次元平面上にプロットしてみる．先にも述べたが，「文脈依存性が低い」というのは，どのような場面でもあまり変わらない評価をすることができる対象や要因，指標の性質を意味する．例えば，水域の有機性汚濁指標のひとつ，BOD などがこれに該当する．BOD 5mg/ℓ という値だけで独立的に評価が可能である．一方，農業における兼業化率が何％，市街化率が何％といった値は，それだけでは評価ができない．すなわち，どのような文脈のなかでそうなのかを伴わないと評価できないものを，「文脈依存性が高い」とよぶ．

　理工学と人文・社会科学では，研究対象や要因・指標が，図のどの象限に位置付

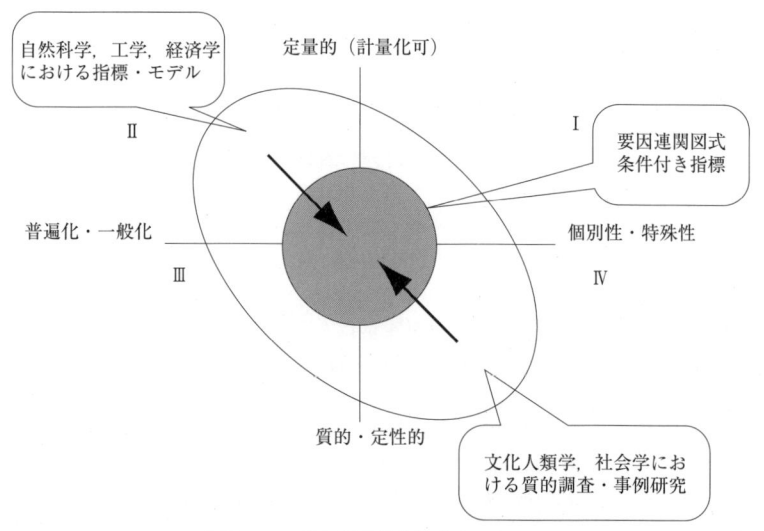

図 bn8-1 「文理連携」を進めるために

けられるかに，大きな違いがある．自然科学や工学が扱ってきたのは，この図 bn8-1 の第 II 象限である．量的に把握が可能であり（計量化可），特定の時空間を越えて普遍的に起こる現象を対象としてきた．つまり，定量的かつ文脈依存性が低い．もちろん，人文・社会科学においても，この第 II 象限を志向する分野は存在する．たとえば，経済学である．経済学では，仮説とモデル設定から数学的演繹をおこなうことで研究を進めてきた．また，社会学においては，アンケート調査にもとづいて「日本人の階層意識」に関する研究がおこなわれているが，このような研究では，大量のデータを収集し，統計的方法によって帰納的に一般化をめざしている．

しかし，人文・社会科学においては，文化人類学，あるいは社会学における質的調査・事例研究のように，図 bn8-1 の第 IV 象限にあたる，個別的で計量化困難な（あるいは不向きな）対象を質的に深く研究し，その対象の本質を抽出しようとする分野が存在している．そのような分野では，詳細な聞き取り調査などによってすくいとることのできる，質的・個別的な要素（情報）こそが，たいへん重要になってくる．従来の自然科学や工学にとっては，あたかもノイズや誤差のような要素（情報）が，人文社会科学の分野においては，たいへん重要になってくるのである．

流域診断における「文理連携」を進めるには，この，一見，水と油のような関係にある，第 II 象限と第 IV 象限を中心に分散する要素（情報）を，できるかぎりうまくつないでいかないと，トータルな流域特性は見えてこない．しかし，現実には，両者をつなぐにあたって，大きな問題が存在している．それが，質的要素（情報）の文脈依存性という特性である．この問題のために，これまで自然科学と人文・社会科学との学際的な研究は，あまり進展してこなかったのである．本書第 3 部第 1 章第 2・3

節で説明した「要因連関図式」,「条件付き指標」は,まさにこのギャップをつなぐために提案された,総合性を高めるための工夫の1つなのである.

注

1) このブリーフノートは,日本学術振興会未来開拓学術研究推進事業・複合領域「アジア地域の環境保全」の研究成果として提出された,和田英太郎 (2002)『流域管理のための総合調査マニュアル』において,筆者が担当執筆したものをもとにしている.

参考文献

1) 環境庁企画調整局環境計画課,地域環境政策研究会編 (1997)『地域環境計画実務必携 (指標編)』ぎょうせい.

第4部

現場でのコミュニケーション支援

第 1 章　地域社会と水辺環境の関わり

1 調査地域の概況と利水・排水

　第2部第1章で説明した「階層化された流域管理」のコンセプトでは，流域における環境管理主体が，相互に豊富なコミュニケーションをおこないながら，水辺環境を順応的に管理していく考え方を示した．流域の環境管理主体のさまざまな空間的規模に注目しながら，コンセプトは理想型として提示されている．続いてコミュニケーション支援のための具体的な方法論や実施可能な条件を考えなければならないが，その前に，このコンセプトが前提としている流域の空間構造（階層構造や入れ子構造）について若干の考察をおこないたい．流域に関する空間構造の認識はコンセプトの基礎にある．ここで，それをあらためて見直すことで，コンセプトを一層深化させる意義があると思われる．

　本章では，まず，私たちのプロジェクトが調査をおこなった稲枝地域の概況を紹介し，同地域の生活や農業における近代的な用排水システムと，従来の自然流下による水利用でみられる用水系統について記述する．それらに続いて，コンセプトにおける空間構造（階層構造と入れ子構造）の捉え方について，稲枝地域での状況を参照しつつ検討していく[注1]．

1　稲枝地域の概況

　彦根市稲枝地域は，滋賀県彦根市南部に位置し，琵琶湖東岸に接している．同地域の面積は 25.21km^2 である．北側に宇曽川，南側に愛知川が流れ，湖岸付近には曽根沼・神上沼という内湖がある．北部の荒神山（標高 284.1m）を除けば，なだらかな平野が広がり，29 の農業集落と，駅周辺や湖岸部に複数の住宅街がある（図 4-1-1）．

　同地域では，宇曽川と愛知川の間の平地部を小河川及び水路が並行するように南東

---

1) 本章は，本プロジェクトの最終成果報告書の一節[1]を加筆・修正したものである．記述にあたって，書籍・行政資料・統計等の公開データと愛西土地改良区より提供を受けた資料を用いた．また，稲枝地域のミクロレベルの水利用に関しては，2003 年 6 月～8 月に実施した聞き取り調査に基づいた．地図作成にあたっては，「数値地図 2500（空間データ基盤）」（国土地理院），「数値地図 25000（空間データ基盤）」（国土地理院），「滋賀県 GIS」（滋賀県），「農業集落地図データ Shape ファイル」（財団法人農林統計協会），「農地及び道路水路地図」（愛西土地改良区）及び本プロジェクト作成のデータを用いた．

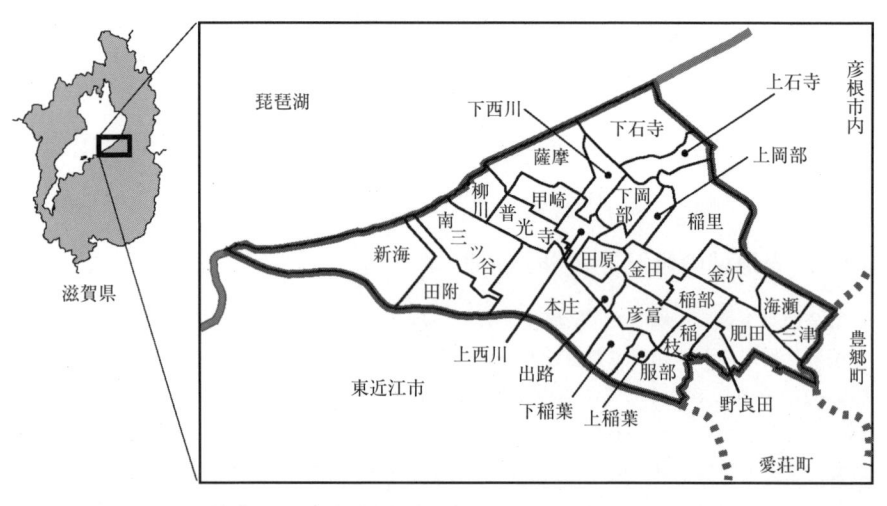

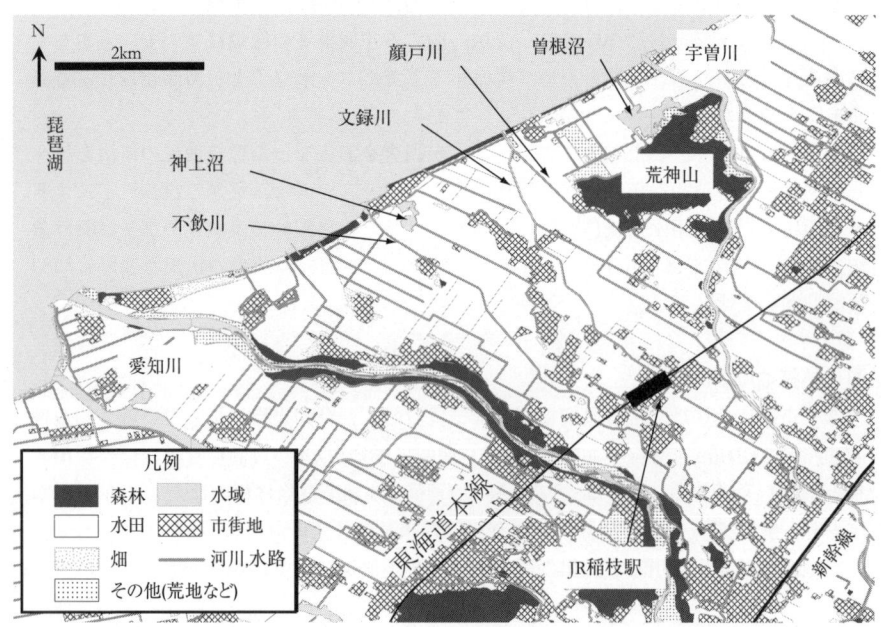

図 4-1-1　稲枝地域の農業集落・周辺市町の境界と土地利用の概況

から北西に向けて流れている(注2). 東部には，JR東海道本線が南西から北東に横断しており，域内にはJR稲枝駅がある．また，県道や国道が湖岸から並び，これらの道路は湖岸から内陸に向かう道路によって結ばれている．

現在の稲枝地域は，1955(昭和30)年，稲枝村・稲村・葉枝見村が合併して生まれた稲枝町に相当する領域である(注3)．その後，1968年(昭和43)に稲枝町は彦根市と合併し今に至る(注4)．だが，市と合併後も，稲枝地区連合自治会・愛西土地改良区のように同地域をまとまりとした自治活動や事業がおこなわれてきた(図4-1-1)．

統計資料に基づいて，滋賀県・彦根市・稲枝地域という空間スケールごとに特徴を見てみよう．

国勢調査によると，稲枝地域の2000(平成12)年の世帯数は3,927世帯あり，人口総数は13,829人である(うち，男性6,665人，女性7,164人)．同調査で人口推移を見ると，1960年から2000年の40年間で稲枝地域の人口は15％増加しているが，彦根市(48％増加)・滋賀県(59％増加)に比べると緩やかである(図4-1-2)．

2000年の農業センサスによると同地域の農家は851戸である(図4-1-3)．その内訳は，自給的農家122戸(14.3％)，専業農家69戸(8.1％)，第1種兼業農家49戸(5.8％)，第2種兼業農家611戸(71.8％)となっている．滋賀県全体での傾向と比較すると，自給的農家の占める割合は少なく，専業農家がやや多い．また，同地域の経営耕地面積は135,462aであり，そのうち，田が131,465a(97.0％)，畑が3,015a(2.2％)，樹園地が982a(0.7％)である．経営耕地面積の大部分を田が占めている点は，滋賀県(94.3％)や彦根市(95.9％)での傾向と同様である(図4-1-4)．ただし，稲枝地域の農家1戸あたり経営耕地面積は159.2aであり，滋賀県(98.1a)や彦根市(92.3a)に比べると広い．さらに，経営規模別の農家数で見ると，0.3～1.5haの農家が多数を占める点は県及び彦根市と同様であるが，0.3ha未満の農家が少なく，3.0ha以上の経営規模の農家が若干多いという特徴がある(図4-1-6)．

作物類別の作付面積を見ると，2000年のデータでは，滋賀県・彦根市・稲枝地域のいずれにおいても，「いね」が非常に多く，「麦類」「まめ類」「野菜類」の順で占める割合は少なくなる．ただし，集落でのブロックローテーションによる転作(麦作・大

---

2) 資料によって，小河川の表記・呼称が異なる．
3) 稲枝地域の3校の小学校学区は旧村の範囲と重なる部分が多い．しかし，彦根市統計書[2]における統計区と農業センサスにおける旧村域，小学校の学区では微妙に範囲が異なる．
4) 2002年8月より彦根市・豊郷町・甲良町・多賀町の1市3町での合併が協議されていたが，2004年11月に彦根市は合併協議を断念した．また，本プロジェクトがはじまった2002(平成14)年には，同地域の南側は能登川町と接し，内陸側は愛知川町及び豊郷町と接していた．しかし，2005(平成17)年2月に八日市市・永源寺町・五個荘町・愛東町・湖東町が合併して東近江市となり，さらに，2006(平成18)年1月に東近江市が蒲生町・能登川町の2町と合併して，新しい東近江市となった．一方，2006(平成18)年2月には，秦荘町と愛知川町が合併して愛荘町が発足した．そのため現時点では，同地域は東近江市と愛荘町・豊郷町に接している．

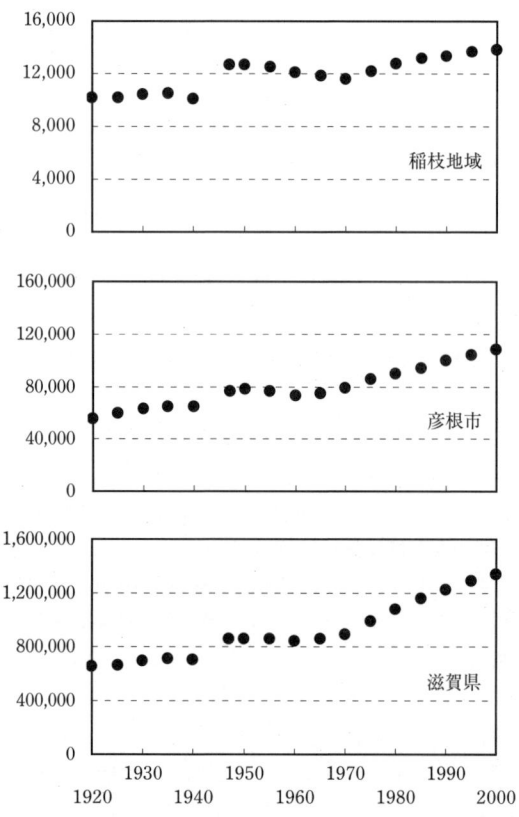

図 4-1-2　滋賀県・彦根市・稲枝地域の人口推移（1920年-2000年）

資料：滋賀県と彦根市の人口は『滋賀県推計人口年報』[3]を参照した．また，稲枝地域の人口は，大正 9 年〜昭和 25 年については国勢調査の旧三村での合計を，昭和 30 年〜平成 12 年については『彦根市統計書』（各年版）[2]をそれぞれ参照した．

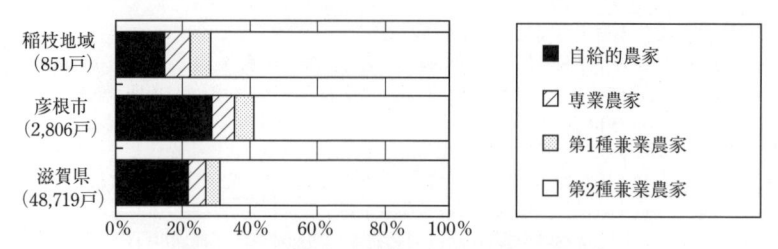

図 4-1-3　滋賀県・彦根市・稲枝地域の農家数
資料：『2000 年世界農林業センサス』農林統計協会．

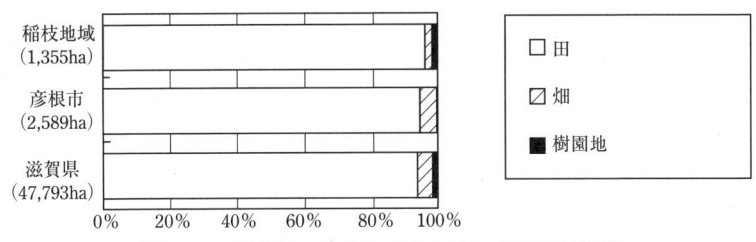

図 4-1-4　滋賀県・彦根市・稲枝地域の経営耕地面積
資料：『2000 年世界農林業センサス』農林統計協会

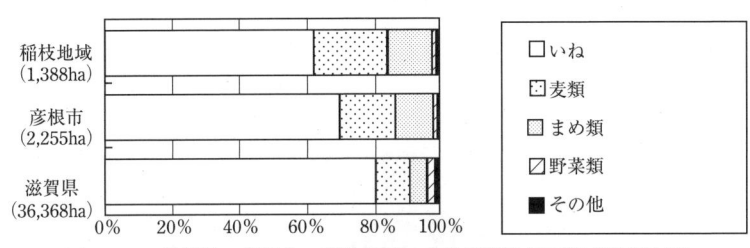

図 4-1-5　滋賀県・彦根市・稲枝地域の作物類別作付面積（販売目的）
資料：『2000 年世界農林業センサス』農林統計協会

豆作）を反映して，稲枝地域では麦類・まめ類の占める割合が県及び市のレベルと比べて高い（図 4-1-5）．

2　稲枝地域の水利用と排水

　稲枝地域の暮らしでみられる水利用と排水について，生活系・農業系の用排水と従来の自然流下による水利用に分けて概説する(注5)．

　稲枝地域の各世帯で炊事・洗濯・風呂などに使う生活用水は，主に彦根市の上水道が供給しており，その水源は同地域内の地下水（稲枝水源地・上岡部町）と琵琶湖（大藪浄水場・八坂町）の 2 つある．供給地域は，稲枝水源地からの地下水を供給する地域と，その地下水を大藪浄水場からの湖水と混合して供給する 2 区域に分かれる．

　他方，家庭からの排水は大きく 2 つの経路で排出される．稲枝駅周辺から同地域の中央付近にいたる範囲の排水は，流域下水道(注6)を通じて，彦根市北部にある東北部浄化センターまで運ばれ，そこで処理されてから琵琶湖へ放流される[4]．また，流域下水道を整備しない地域での処理施設として，13 集落に対して 7 箇所の農業集落排水処理施設がある(注7)．合併浄化槽等によって処理している箇所を含め，流域下水道

---

5 ）ここでは，稲枝地域の工業・養殖業における利水・排水については触れていない．
6 ）この下水道は分流式である．分流式下水道では，汚水のみが下水処理場へ流され，雨水は公共用水域へ放流される．

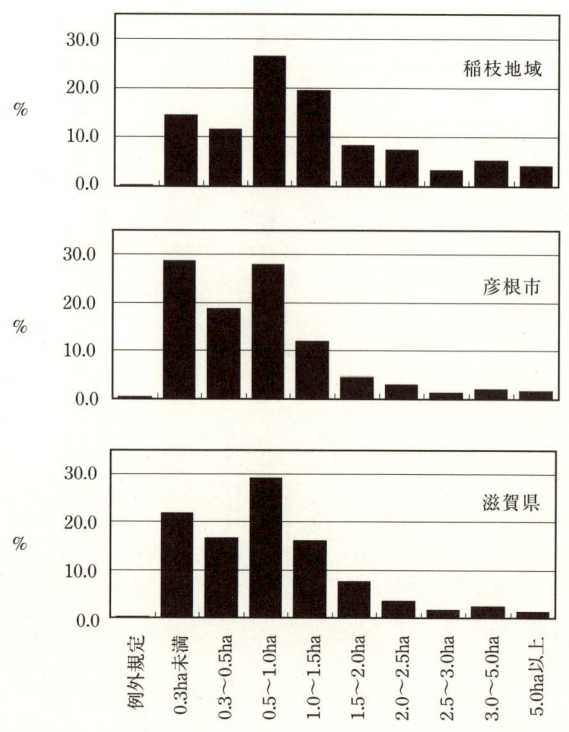

図 4-1-6　滋賀県・彦根市・稲枝地域における経営規模別農家数

資料：『2000 年世界農林業センサス』農林統計協会

へ流入しない排水は，稲枝地域の小河川や水路を通じて琵琶湖へ流入する（図 4-1-7 (a)）.

　稲枝地域の農地を潤す水は，現在，大部分が琵琶湖から供給されており，一部が宇曽川から供給されている．琵琶湖の水は，湖岸沖にある三ヶ所の取水口から引き込まれポンプアップされている．この水は，パイプラインや水路によって各圃場まで運ばれる．愛西揚水機場[注8]からは約 1,300ha の圃場に，新海揚水機場[注9]からは約

---

7) 彦根市の農業集落排水処理施設は，以下の 7 施設（括弧内は処理区域）であり，すべて稲枝地域にある．新海地区（新海町），南三ツ谷地区（南三ツ谷町・普光寺町），本庄地区（本庄町・田附町．ただし，一部を除く），服部地区（服部町・上稲葉町・下稲葉町），両浜地区（薩摩町・柳川町），下石寺地区（石寺町の一部），稲里地区（稲里町・清崎町．ただし，一部を除く）．平成 5 年の新海地区をはじめとして，平成 9 年までに全地区での供用が開始されている[5]．
8) 1997（平成 9）年に完成[6]．
9) 1980（昭和 55）年に完成[6]．

第1章　地域社会と水辺環境の関わり

(a) 生活系（用水・排水）

流域下水道（東北部浄化センター）
彦根市（大藪浄水場）
彦根市（稲枝水源地）
農業集落排水処理施設（7地区）・合併浄化槽

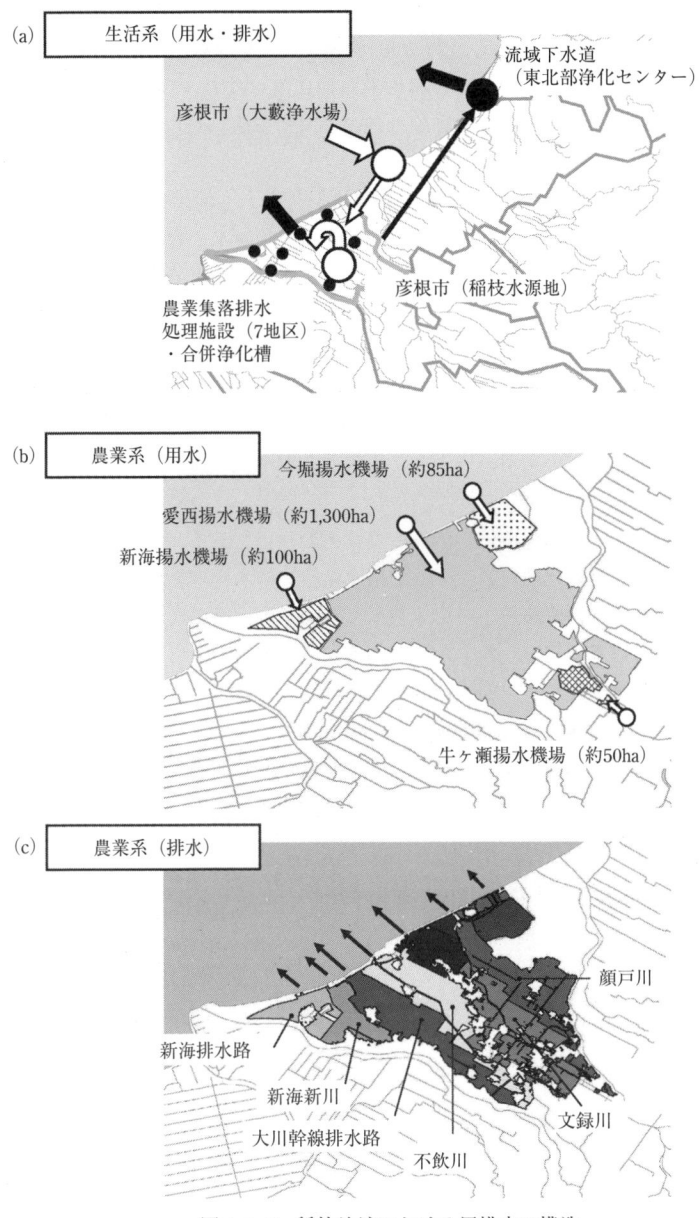

(b) 農業系（用水）

今堀揚水機場（約85ha）
愛西揚水機場（約1,300ha）
新海揚水機場（約100ha）
牛ヶ瀬揚水機場（約50ha）

(c) 農業系（排水）

顔戸川
新海排水路
新海新川
大川幹線排水路
不飲川
文録川

図 4-1-7　稲枝地域における用排水の構造

100haの圃場に，そして，今堀揚水機場からは約85haの圃場に供給されている．また，宇曽川の牛ヶ瀬揚水機場[注10]からは約50haの圃場に供給されている[注11]．これらの施設による用水供給期間は4月から9月の灌漑期に限られている（図4-1-7 (b)）．各圃場からの排水は，排水路を通じて稲枝地域の小河川を流れ琵琶湖へ流入する（図4-1-7 (c)）．

　稲枝地域では旧来からの自然流下による利水システムも活用されている（図4-1-8）．愛知川右岸に沿った集落では，愛知川の表流水・伏流水を管や樋を用いて引き込んでの利用や堤防沿いの湧水の利用がみられる．また，宇曽川では寺井湯というファブリダム（ゴム引布製の可動堰）から宇曽川表流水を左岸に引き込んでの利用がみられる．他方で，上流の湧水群を源流とする不飲川・文録川などの小河川からは，堰（メンドと呼ばれる）[注12]を駆使した集落への導水がおこなわれている[注13]．また，集落やその一部で井戸を掘り地下水をくみ上げている例もある．集落を流れるこうした水は，小規模な灌漑や家庭内での利用のほかに，集落の防火用水や地域の水辺を潤すことを目的として用いられている．

　以上述べたように，稲枝地域の生活系・農業系のパイプラインや流域下水道は，電力エネルギーを投じた近代的技術によって用水供給・排水処理をおこなうシステムである．また，農業排水は水路や小河川を利用して湖岸へ排出されるが，その水路系統はよく整備されている．他方，わずかではあるが，堰を用いた自然流下による従来の水路網を一部で継承している．稲枝地域の人々は作業や経費の一部を負担することによって，同地域にこのような用排水システムを構築し，維持管理している．そして，より小さな空間スケールで見ると，集落の立地や農業への従事の仕方によって用排水システムとの関わり方は異なっている．

2 ▍ 概念モデルにおける空間構造の検討
　　　── 稲枝地域を事例に

　さて，第2部第1章で述べたように本プロジェクトでは，流域管理モデルのコンセプトを琵琶湖流域の自然や社会の空間的構造に注目しながら適用してきた．具体

---

10) 1952年（昭和37）に設置[5]．
11) 2003年当時．
12) メンド（小河川・水路に設けられた堰）は，上流側での貯水，あるいは，上流側での流水の分岐を目的とした仕組みである．メンドによる利水のためには，状況に応じた水位調節操作と補修・水路掃除が不可欠であるが，規模の小さなメンドの維持管理は集落・自治会が担っている．現在は集落内の防火用水等の確保を主な目的としているが，かつては，農業・生活のための配水をおこなう重要なシステムであった．
13) 2003年6月～8月の聞き取り調査によると湧水（湯・井などと表記され，ユと呼ばれる）からもたらされる水量は以前に比較してかなり減少した．

第1章　地域社会と水辺環境の関わり

琵琶湖
宇曽川流域
愛知川流域
小河川上流部の湧水群

宇曽川

小河川・水路での堰（黒点箇所）による貯水・分岐

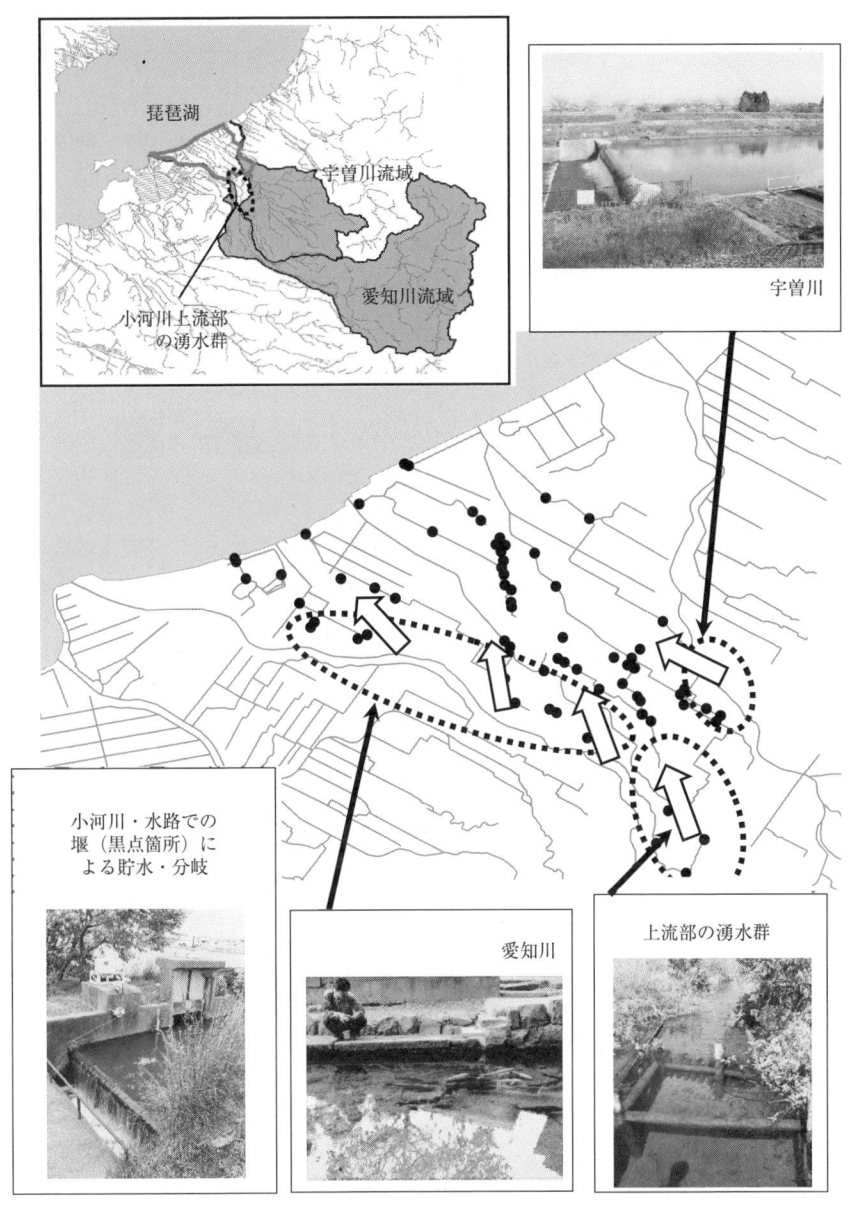

愛知川

上流部の湧水群

図 4-1-8　稲枝地域における周辺河川・湧水の利用

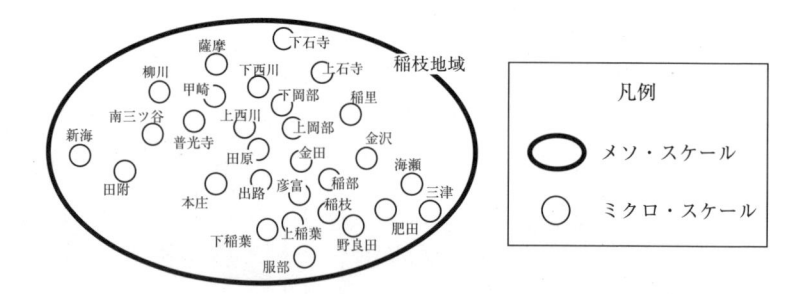

第 4 部　現場でのコミュニケーション支援

凡例
　⬭　メソ・スケール
　○　ミクロ・スケール

階層構造：　メソ・スケール（稲枝地域の社会組織あるいはその管理対象である水辺環境）は，ミクロ・スケール（農業集落・自治会あるいはその管理対象である水辺環境）によって構成された二層構造である．
入れ子構造：　ミクロ・スケール（農業集落・自治会あるいはその管理対象である水辺環境）は，互いに重なることなく，メソ・スケール（稲枝地域の社会組織あるいはその管理対象である水辺環境）に含まれる．

図 4-1-9　コンセプトにおける空間認識 —— メソ・スケールとミクロ・スケール

的には，滋賀県全体（あるいは琵琶湖流域全体）をマクロ・スケール，稲枝地域全体をメソ・スケール，同地域内部の各集落・各自治会をミクロ・スケールとする階層構造と，各スケールの包含関係を入れ子構造とする捉え方である．図 4-1-9 では，メソ・スケールとミクロ・スケールに関して，この考え方を図式化した．たしかに，稲枝地域と同地域の農業集落の空間的関係を見るかぎり，同地域は階層構造（入れ子構造）を有している．また，集落や自治会をミクロ・スケールの社会組織，それらをまたぐ稲枝地区連合自治会や愛西土地改良区をメソ・スケールの社会組織として捉えれば，同地域の社会においても同様の構造がみられる．しかし，これはコンセプトを同地域へ適用するためにわかりやすく単純化したものであり，同地域の水辺環境保全に関わってみられる現実の空間構造はもう少し複雑である．ここからは，実際との相違点を示しながら，コンセプトが想定する流域の空間構造について検討しよう．

1　階層数の多様さ

ひとつは，同地域において重要な空間スケールが，稲枝地域や農業集落・自治会のスケール以外にも存在している点である．たとえば，ミクロ・スケールの農業集落・自治会組織は内部で「組（班）」に分かれている．組は多くの場合 10 世帯程度から成り，集落内部で自治的な共同作業を分担する単位である．また，一部の集落では，地下水利用による小規模水道施設の整備や管理をおこなう「井戸組」が存在している．井戸組を構成する世帯は，組のものと同じではないが，組織の規模としては同程度の大きさである．

さらに，一部の集落では，集落内部が「ナコウジ」[注14]という区域に分かれ，ナコウジの内部が組に分かれるという構造を持つ．これらの集落では，水路掃除などの共

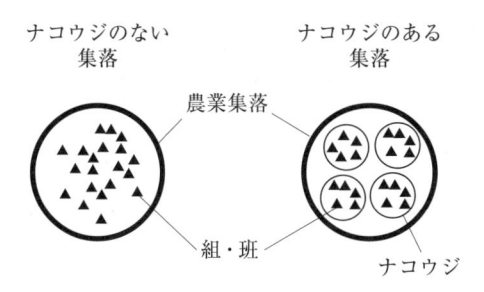

第1章　地域社会と水辺環境の関わり

図4-1-10　ナコウジの有無によって異なる集落の内部構造

同作業を，ナコウジを単位として実施する場合がある．組のスケールと集落全体のスケールの間に，もうひとつナコウジという空間スケールでの水辺環境管理がおこなわれている．また，住宅地拡大による混住化が進む集落で，従来の集落内部に住宅地住民が構成した新たなグループも，空間スケールの観点からは，ナコウジと同じ位置づけになるだろう．したがって，ナコウジのない集落に比べると，ナコウジの連合体である集落や住宅地住民組織を内部に持つ集落は，より複層的な構造を持つことになる（図4-1-10）．

もうひとつ重要な空間スケールは，稲枝地域に3つある小学校の「学区」である（図4-1-11のN，E，W）．小学校ではそれぞれの身近な水辺を生かした環境教育がおこなわれている．稲枝地区全体の連合自治会役員は，各学区の連合自治会長・副会長が務めている．旧村の範囲とも重なっている学区は，ミクロ・スケール（農業集落や自治会）とメソ・スケール（稲枝地域）の中間に位置する空間スケールである（図4-1-11）．

ここまでに述べた事例を含め，稲枝地域における空間スケールをまとめたものが，図4-1-11の①である．本プロジェクトが中心に扱っている3つの空間スケール（滋賀県，稲枝地域，同地域の農業集落や自治会）以外にも，多様な空間スケールが存在し，それぞれのスケールにおいて水辺環境との相互作用がみられる．

2　同じ空間スケール（階層）内での連携

水利用の項で説明したように，稲枝地域の一部では，地域資源の共同管理が集落間の連携によっておこなわれている．寺井湯を共同管理する金沢町・稲里町の連携はその一例である（図4-1-12のA）．ほかにも，神上沼地区水質保全管理運営協議会（図4-1-12のB）・農業集落排水処理施設の管理（図4-1-12のa～g）といった活動の中で，複数の集落での横のつながりがみられる[注15]．こうした連携は，集落間のみならず学区間を水平方向に架橋する働きを持つ場合がある（図4-1-12のB）．集落同士や学区

---

14) ナコジ・コウジとも呼ばれる．漢字では，名小路・中小路，小路などと表記する．
15) 水辺環境保全と直接は関わらないが，稲村神社の太鼓登山（図4-1-12のa）のような祭において，複数の集落の連携がみられる．

307

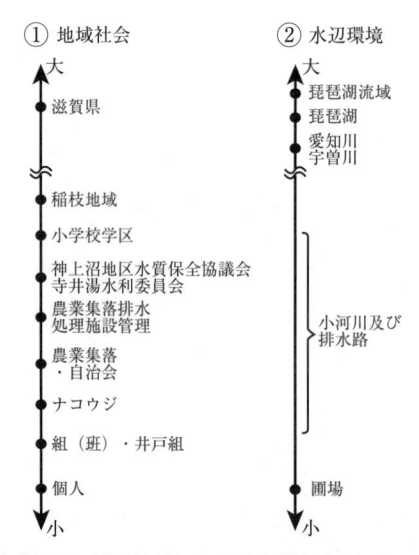

第 4 部　現場でのコミュニケーション支援

```
① 地域社会                    ② 水辺環境
   ↑大                           ↑大
   ●滋賀県                       ●琵琶湖流域
                                 ●琵琶湖
   ≋                             ●愛知川
                                 ●宇曽川
   ●稲枝地域                     ≋
   ●小学校学区
   ●神上沼地区水質保全協議会     ⎫
   ●寺井湯水利委員会              ⎬小河川及び
   ●農業集落排水                  ⎭排水路
    処理施設管理
   ●農業集落
    ・自治会
   ●ナコウジ
   ●組（班）・井戸組
   ●個人                         ●圃場
   ↓小                           ↓小
```

図 4-1-11　稲枝地域における多様な空間スケール

同士のような同じ空間スケールに属する主体をつなぐ連携は，階層間の相互作用と対比的に「階層内の相互作用」と呼ぶことができる．後に述べるように，小河川流域での水辺環境保全では集落間での連携が必要となるが，それは，階層内の相互作用を作り出していく取り組みである．流域単位での新たな連携を構築する際に，すでに存在する連携活動の経験を生かすことができる．

　なお，水辺環境保全に関わる活動は，集落や自治会あるいは組のような地域社会の組織を単位としたものばかりではない．特に，パックテストを用いた水質検査やホタル・魚の生息確認など水辺環境の調査に関する活動においては，個人による参加がしばしばみられる．たとえば，彦根市内河川の定期的な水質調査へは，稲枝地域からも有志が参加している．自治会活動への参加とは異なるが，地域の水辺環境に対して高い関心を持つ住民の自発的参加による個人間のネットワークも，水辺環境管理において重要な役割を果たすと考えられる．

3　流域管理に向けた横のつながり

　図 4-1-11 の②で示したように，稲枝地域には複数の空間スケールの水辺環境が関わっている．そして，各々の水辺環境と地域社会との関係は，その立地等によって異なる．

　図 4-1-13 では，同地域の主な小河川流域や排水系統に含まれる集落を，それぞれ点線でグループ化して示した（図 4-1-13 の 1 ～ 6）．以降は，こうした同じ流域に関わる集落のグループを「流域集落グループ」と呼ぶことにする．図 4-1-12 と図 4-1-

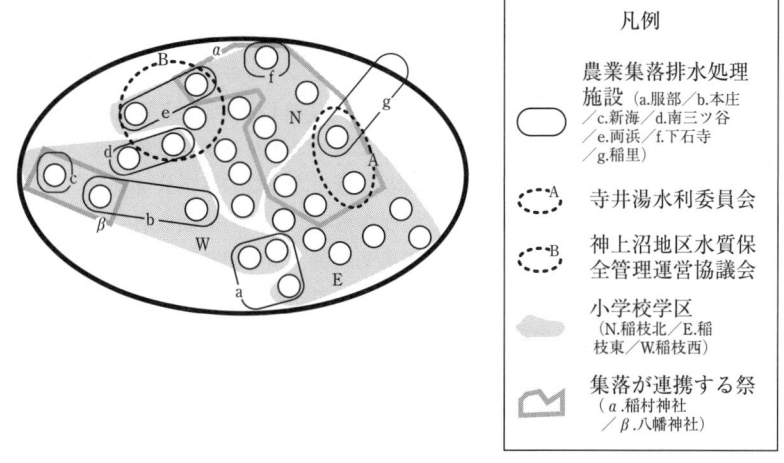

第1章　地域社会と水辺環境の関わり

図4-1-12　稲枝地域で見られる多様なつながり

13を比較するとわかるように，図4-1-13で示した6つの流域集落グループは，同地域ですでに連携している集落のグループ（図4-1-12）とは，かならずしも一致していない．流域単位での保全的活動を進める上では，集落を水平方向に架橋する新たな取り組み（階層内の相互作用）が必要であることが理解できる．

　さらに，個々の流域集落グループを見ると，内部に集落間の既存の連携が確認されている流域集落グループとそうでないものがあることに気付く．たとえば，比較的規模の小さい流域である新海新川の流域集落グループ（図4-1-13の1）や甲崎・普光寺幹線排水路の流域集落グループ（図4-1-13の4）は，それぞれ同じ学区に含まれており，一部では連携（図4-1-12のβ及びB）がすでにおこなわれている．また，比較的規模の大きな顔戸川についても，その流域集落グループ（図4-1-13の6）は，祭で連携している集落のグループ（図4-1-12のα）とかなり一致している．他方，不飲川の流域集落グループ（図4-1-13の3）や文録川の流域集落グループ（図4-1-13の5）では，集落間の既存の連携（図4-1-12）との重なりが見出しにくい．

　すでに述べたように，流域管理モデルは，流域を単位とした環境管理をおこなっていくことがその考え方の基礎にあり，農業濁水削減についても同様の取り組みが求められる．だが，上の例のように，流域によって集落による連携の経緯は異なり，流域集落グループが「環境管理主体」としてのまとまりを醸成する時間に差が生じると考えられる．流域集落グループ間での足並みを揃える場合には，水平方向の連携を歴史的に経験していない流域集落グループに対してのネットワークづくりの支援が，重要になると考えられる．

309

4　水辺環境管理と空間構造の動的側面

　ところで，稲枝地域には，琵琶湖，愛知川，宇曽川といったマクロ・スケールの水辺環境と直に接している集落がある．これらの集落は，どの河川や湖と接しているのかによって，グループに分けられる（図 4-1-13 の I ～ III）．たとえば，図 4-1-13 の I の灰色部分に含まれる集落は，琵琶湖というマクロ・スケールの水辺環境へ接する点が共通するグループである．同様に，愛知川と接する集落のグループが II，宇曽川と接する集落のグループが III である．これらの集落のグループは，単に空間的に接する水辺が共通しているだけではなく，その水辺環境について共通の課題を持つ可能性がある．たとえば，愛知川沿岸に近い集落（図 4-1-13 の II）であれば，洪水リスク・河畔林管理といった愛知川の抱える課題を，また，琵琶湖岸に近い集落（図 4-1-13 の I）では，水位の影響や砂浜の減退といった琵琶湖湖岸における課題を共有する可能性がある．

　マクロ・スケールの水辺環境は，稲枝地域内部で空間的に閉じたものではないため，その水辺環境に関わる活動において，マクロ・スケールの環境管理主体（滋賀県や国）との直接的コミュニケーションや稲枝地域を越えた広域での連携が起こりうる．つまり，「階層間の相互作用」には，「農業集落や自治会と稲枝地域，稲枝地域と滋賀県」といった空間スケールを順に昇降する「階層間の相互作用」のみではなく，「農業集落や自治会と滋賀県」のように，メソ・スケールを飛び越してミクロ・スケールとマクロ・スケールの間で直接おこなわれる「階層間の相互作用」が存在する．このようにメソ・スケールを飛び越した「階層間の相互作用」がおこなわれている時には，ミクロ・スケールの集落や自治会はメソ・スケールに包含される関係から外れるため，入れ子構造は一時的に崩れている．

　また，コンセプトにおける空間構造では，あるスケールの環境管理主体（市町や集落）は，その領域内部の水辺環境を管理すると考えられている．この見方に従えば，稲枝地域を区分する各集落は，それぞれの集落領域の内側の水辺環境を管理する．水路掃除を例にすると，集落は，その集落境界内部の水路を掃除し，各集落による水路掃除が積み重なることで，稲枝地域全体での水路管理がおこなわれているという理解である．ところが，本プロジェクトの報告[7]（図 4-1-14）にもあるとおり，水路掃除の範囲は，その集落内部で閉じた例ばかりではない．水源地やそこからの導水路を管理する作業として，自らの集落の領域を離れる掃除が，しばしばおこなわれる．この場合，異なる集落の管理する水辺の範囲が交差するため，やはり入れ子構造は一時的に崩れることになる．

　このように，コンセプトでは，整然とした入れ子構造のイメージを図式化しているが，実際には現場の交渉や管理によって，この構造が一時的に崩れる場合がある．地域社会の活動によって変化する空間構造の動的側面にも注意を向ける必要があるだろう．

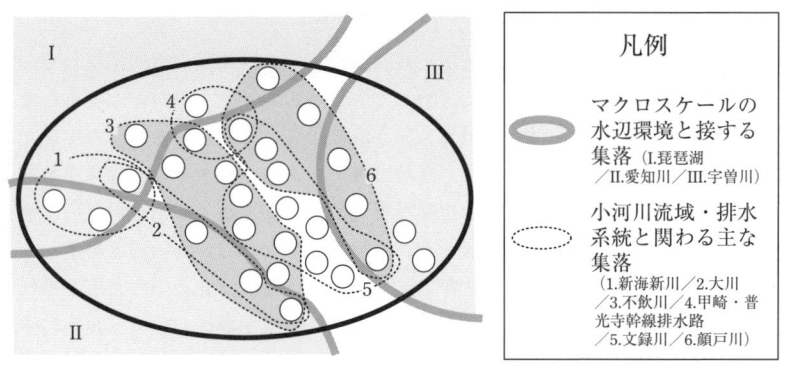

第 1 章　地域社会と水辺環境の関わり

凡例

マクロスケールの水辺環境と接する集落（I.琵琶湖／II.愛知川／III.宇曽川）

小河川流域・排水系統と関わる主な集落（1.新海新川／2.大川／3.不飲川／4.甲崎・普光寺幹線排水路／5.文録川／6.顔戸川）

図 4-1-13　稲枝地域の水辺環境と集落のグループ

集落内部の管理活動の概念と事例

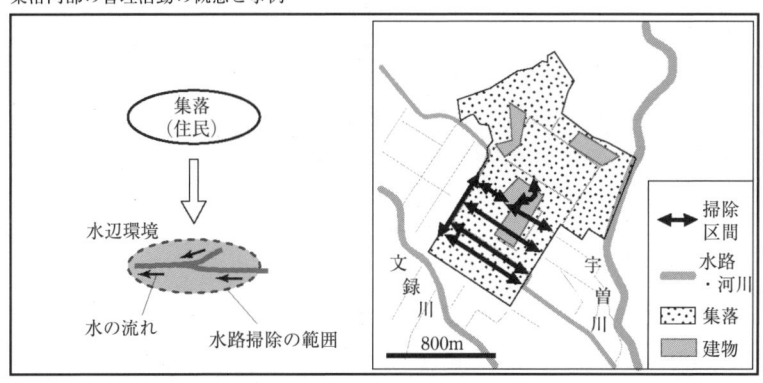

集落外部に及ぶ管理活動の概念と事例

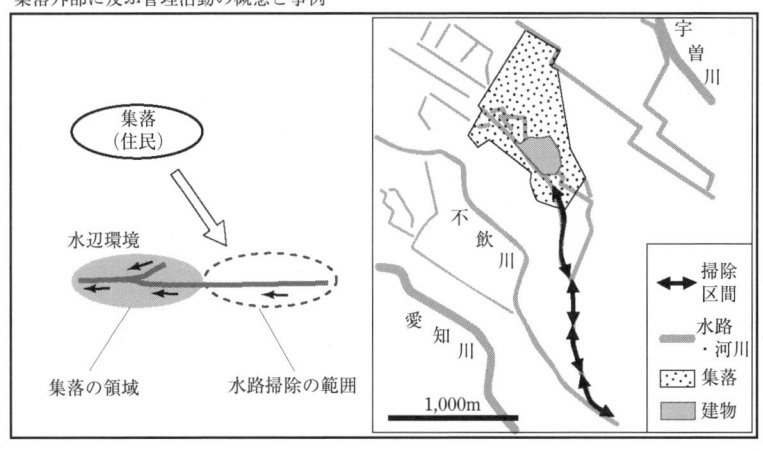

図 4-1-14　水路掃除の範囲と集落の領域の関係

311

5　まとめ

　本章では，稲枝地域の概況と水利用を説明した上で，同地域の水辺環境とその管理に関わる諸主体の空間構造について考察した．流域管理モデルのコンセプトが前提する空間構造の概念を稲枝地域へ適用し，聞き取り調査等で把握した限りの実態と比較した結果から，階層構造については，層数が場所によって異なるより複雑な多層構造であることがわかった．さらに，水辺環境管理のために連携する組織が互いに交叉するように存在し，必ずしも整然とした入れ子構造とはなっていないことを示した．また，マクロレベルとの直接的な対話や集落外での維持管理活動といった出来事によって，階層間の包含関係が変化することについて触れ，空間構造の動的側面への注意が必要であることを示した．

　ここまでの考察を踏まえると，流域管理モデルのコンセプトを実際の流域に適用する場合，流域の空間構造（階層構造・入れ子構造）を誰がどのように規定するのかという空間認識やモデル適用に関する主体性の問題があらわれてくる．その地域ですでにおこなわれている連携に配慮しながら水平方向や垂直方向のつながりを新たに作り出していくことが，流域管理へ向かうためには必要である．同時に，水辺環境やその管理主体の空間構造について，地域住民や地域社会が自ら明らかにしていく議論と取り組みが求められるだろう．

[田中拓弥]

参考文献
1) 田中拓弥・三俣学・今田美穂・田村典江・大野智彦 (2007)「稲枝地域の概況と水利用」琵琶湖—淀川プロジェクト編『琵琶湖—淀川水系における流域管理モデルの構築』総合地球環境学研究所，353-365.
2) 彦根市『彦根市統計書』(各年版)
3) 滋賀県 (2005)『滋賀県推計人口年報』
4) 滋賀県『平成14年度 滋賀県の下水道事業』
5) 彦根市 (2004)『彦根市の環境（環境の状況に関する年次報告書）』
6) 愛西土地改良区提供資料.
7) 今田美穂 (2007)「稲枝地域における水辺環境管理 —— 水路掃除を例に」琵琶湖—淀川プロジェクト編『琵琶湖—淀川水系における流域管理モデルの構築』総合地球環境学研究所，366-378.
　その他，下記のウェブサイトを参考にした．
　彦根市　http://www.city.hikone.shiga.jp/
　東近江市　http://www.city.higashiomi.shiga.jp/
　愛荘町　http://www.town.aisho.shiga.jp/
　滋賀県　http://www.pref.shiga.jp/

第2章 住民が愛着を持つ水辺環境の可視化

1 水辺環境について話し合うワークショップ

1 はじめに

　第2部第1章で説明した「階層化された流域管理」のコンセプトでは，農業集落・自治会といった地域組織が，身近な水辺に関する環境管理計画をつくり，目標像を自ら定めて，水辺環境の順応的管理を実施していく姿が理想として描かれている．この理想像を実現するために，ミクロレベルの地域組織においても，さまざまな意志決定を地元主体でおこなっていくことが求められる．たとえば，わたしたちの研究対象地域であった滋賀県には農業集落が1,500あまりある．流域管理とするためには，言うまでもなく，流域に関わるすべての集落が自らの集落における水辺環境管理の計画づくりに参加する必要があるだろう．

　わたしたちは，このような問題意識のもとで，住民どうしの話し合いを試験的に実施した．地域でおこなう水辺環境管理の計画づくりは，管理対象・指標・評価基準の設定や詳しい管理活動計画など，いくつかの段階に分かれると考えられるが，中でも，「どこの水辺の何を保全するのか」という保全対象や目標像に関する意見の共有が，活動の根拠を明確にし，活動目的の住民合意を進める上で重要である．そこで，今回の試みでは，地域で保全するべき水辺を話し合うプログラムを作成し，「水辺のみらいワークショップ」と銘打って実施した．この節では，実施したワークショップの概要を紹介し，その後で，わたしたちの流域管理のコンセプトを実地に適用する上での，特に費用に関する課題を検討しよう[注1]．

2 流域管理に向けたワークショップの条件

　ワークショップはこれまでにも多くの取り組みの事例があり，報告書やマニュアル・解説書が多数出版されている．手法に関して言えば，これまでおこなわれてきた町づくりや農村計画のワークショップと流域管理に向けたワークショップの間に本質的な違いはないと思われる．ここでは，流域管理に向けたワークショップにおいて重要と考えられる条件について述べよう．

1）本節で述べるワークショップの手法やそれに関する考察は，今田美穂氏，三俣学氏，大野智彦氏との共同研究の成果[1], [2]に依拠しており，一部重複があることをお断りしておく．

流域の環境を管理するためには，ミクロ・スケール（たとえば農業集落）の水辺環境管理のための議論が，その地域内部における結論を得るだけに終わっては不十分である．もちろん，豊かな議論をする場やそこへ参加する状況があることは大切であるし，その地域の住民が望ましい環境像や実施計画を得ることができれば大きな成果である．しかし，河川管理者などの行政関係者や市町村・他の集落の住民に対して議論の成果がうまく伝わらない状態は，さまざまな主体によって個々に得られた結論が，流域の社会内部において孤立する状態を生む可能性がある．流域全体での調整が進まない中で，諸主体が適切と考える計画を個別に実施すると，流域全体での一貫性はむしろ失われてしまう場合がある．流域は水系を通じて繋がっており，流域内部のある地域の問題がその地域のみの問題として閉じていないためである．つまり，ミクロ・スケールの集落で得た話し合いの結果（目標像や計画）が，メソ・スケールの市町村やマクロ・スケールの主体である県・国との調整の場や，他のミクロ・スケールの関係する集落との意見交換の場に，適切なタイミングで迅速に提示されることが，一貫性のある流域管理をおこなっていく上では不可欠な条件である．第4部第4章で述べるように，わたしたちは地理情報システム（以下，GIS）をプラットフォームとして情報交換することが調整のために有用と考えている．そのため，「水辺のみらいワークショップ」では，ワークショップの成果からGISデータを得るまでのプロセスを一連の作業としておこなった．

3 水辺のみらいワークショップの概要

私たちのプロジェクトでおこなった「水辺のみらいワークショップ」について概略を説明しよう．

ワークショップは，滋賀県彦根市南部の稲枝地域のA地域，B地域，C地域において1度ずつ開催した（図4-2-1参照）[注2]．稲枝地域は，1955（昭和30）年，稲枝村・稲村・葉枝見村が合併して生まれた稲枝町の範囲に相当しているが，ワークショップをおこなったA地域は旧稲村，B地域は旧葉枝見村，C地域は旧稲枝村にそれぞれ含まれる．

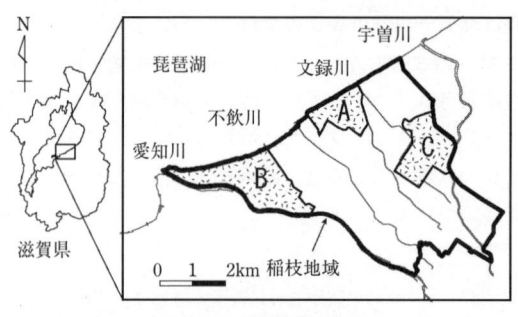

図4-2-1　調査地の位置

第 2 章　住民が愛着を持つ水辺環境の可視化

表 4-2-1　開催地域の人口及び世帯数 *

開催地域	合計 (人)	男 (人)	女 (人)	世帯数 (戸)
A 地域 (a 集落)	538	266	272	125
B 地域 (b1 集落及び b2 集落)	1,449	688	761	360
C 地域 (c 集落)	601	281	320	162
合計	2,588	1,235	1,353	647

* 平成 12 年国勢調査

また，A 地域は a 集落，B 地域は b1 集落及び b2 集落，C 地域は c 集落の領域に相当する．表 4-2-1 に，開催地域の人口と世帯数を示した．ワークショップ開催日は，A 地域では 2004 年 1 月 25 日，B 地域では同年 2 月 8 日，C 地域では同年 3 月 7 日であった（表 4-2-1）．

3 地域でのワークショップは，各開催地域の公民館で，同じ方法でおこなった．回覧板を通じて開催告知と参加者の募集をおこない，自治会からも参加要請した．以下，使用した道具，プログラム内容，運営スタッフについて述べる．

3.1　ワークショップで用いた道具

ワークショップで用いた道具は以下のとおりである．まず，各参加者には，シール，アンケート用紙，筆記用具を用意した．シールは，各参加者が地図上にポイントを指示するために用い，粘着剤つき既製ラベル（直径 8mm）を使用した．「美しい水辺」というテーマに対して黄色シールを参加者 1 人あたり 8 枚，「楽しい水辺」というテーマに対して青色シールを参加者 1 人あたり 8 枚用意した．

また，後述するように，ワークショップでは参加者を班に分け，各班に表 4-2-2 に示した道具を用意した．

3.2　ワークショップのプログラム

ワークショップのプログラムを表 4-2-3 に示す．プログラム作成にあたって複数の先行事例を参照した[3)〜7)]．プログラムは，約 2 時間を要したが，ワークショップの運営スタッフ及び開催地域の自治会関係者は，開催前の準備や受付及び開催後の撤収の時間を含めて約 3 時間を要した[(注3)]．なお，開催地域の自治会関係者に対しては，ワー

2）プロジェクト側のマンパワー，地元の状況，事業を背景としていない点を踏まえて，ワークショップは各集落で 1 回ずつの開催とした．1 回かぎりというワークショップは珍しく，一般的には回数や時間をより多く費やす．
3）開催地域の自治会関係者は，集会所の開錠のため 1 〜 2 名が WS 前に，机等の備品撤収のため 3 〜 5 名がワークショップ後に協力した．

表 4-2-2 ワークショップの各班に用意した道具

ID	項目	内容
T1	地図 （稲枝地域）	稲枝地域全体の地図（90cm×120cm）を1枚用意した．都市計画図と数値地図 2500（国土地理院）を基盤に，利水に関わる諸施設を記載した．さらに，聞き取り調査（2003年6月～8月）で得た主要な利水施設の位置を示した．縮尺は 10,000 分ノ 1.
T2	地図 （開催地域）	開催地域全体の地図（90cm×90cm）を1枚用意した．記載内容は地図（稲枝地域）と同様とした．縮尺は，A 地域が 2,600 分ノ 1，B 地域が 5,200 分ノ 1，C 地域が 3,000 分ノ 1.
T3	地図台	地図（稲枝地域）用（91cm×130cm）と地図（開催地域）用（91cm×91cm）の地図台としてベニヤ板を2枚用意した．
T4	透明シート	2 種類の地図に合う透明シートを 2 枚ずつ用意した．各シートには，地図との位置合わせのため印を付け，整理のため班名を記した．
T5	クリップ	透明シート，地図，地図台を固定するために用いた．
T6	水性マジック	透明シート上に直接記入するために用いた．約 5 本用意した．
T7	付箋	付箋（74mm×74mm）を適当量配布した．
T8	事物シート	事物・事柄を記入した付箋を貼る台紙．「美しい水辺」用・「楽しい水辺」用として約 10 枚用意した．
T9	未来像シート	「美しい水辺」「楽しい水辺」用に 2 枚用意した．

クショップのプログラムを事前に説明し，ワークショップ参加者に対しては，進行しながら説明している．

続いて，表 4-2-3 にしたがって，プログラムの各ステップを説明しよう．

P1 ではワークショップ開始にあたって，開催地域側の代表者（自治会長）が挨拶し，全体進行役を紹介した．P2 では，全体進行役がワークショップの趣旨と作業の概要を説明した．ここで，ワークショップの作業結果はニュースレターとしてまとめ，参加者及び開催地域の各世帯へ届ける旨を伝えた．そして，ファシリテータを紹介し，要望や質問は随時彼らが受け付けることを伝えた．P3 では，参加者がゲームなどにより，4 班に分かれた．班分けは，各班での作業や議論をおこないやすい人数とするために，会場の大きさも考慮しておこなった．各班の構成員が，年齢や性別において偏らないように班を分けた．

P4 では，各参加者が「美しい」と考える水辺の地点（以下，指摘ポイント）を，地図（開催地域）及び地図（稲枝地域）にかぶせた透明シート上に，8 枚までのシールを貼って指摘した．透明シートを交換し，同様の作業を「楽しい」と考える水辺についてもおこなった[注4]．続く P5 では，P4 の作業結果を見ながら班内部で意見交換した．

P6 では，グループ内部で相談して，指摘ポイントが集まっているエリア（以下，指

表 4-2-3　ワークショップのプログラム内容と時間配分

ID	内容	時間
P1	はじまりの挨拶	5分
P2	趣旨の説明	10分
P3	班分けをする	5分
P4	地図にシールを貼る(指摘ポイントの作成)	20分
P5	班の中で意見を交換する	10分
P6	指摘ポイントの集まりを囲み，名前をつける(指摘エリアの作成)	5分
P7	指摘エリアに登場する事物を挙げる	20分
P8	挙げられた事物を並べて順位をつける	10分
P9	班ごとに互いの成果を発表	15分
P10	終了の挨拶	5分

摘エリア）を水性マジックで描いて示した．そして，参加者が地名などを考慮した言葉を用いて，すべての指摘エリアに対して名前を付けた．この作業を「美しい水辺」と「楽しい水辺」の透明シートについておこなった．

　P7では，P6で付けた指摘エリアの名前を，ひとつずつ「事物シート」に転記した．指摘エリア内部のシールを参照しながら，その地点を「美しい水辺」や「楽しい水辺」と考えた理由を話し合い，具体的事物を挙げた．

　たとえば，「美しい水辺」用の透明シート上に，「X」という名前の指摘エリアがあるとする（図4-2-2参照）．この場合には，事物シートの上段に指摘エリア名のXを記入し，指摘エリア内の指摘ポイントを「美しい水辺」とした理由を想起して，具体的事物を示す言葉を付箋に記入する．事物は1個〜8個まで挙げるものとし，それらを記入した付箋を事物シートの下枠内に貼った．

　P8では，はじめに，各事物シートに貼られた複数の事物から班内で話し合って代表を1つ選んだ．この際に，同じ事物シート上の指摘エリア名を，選んだ付箋に転記した．すべての事物シートについてこの作業をおこない，未来像シート上に付箋を集めた．そして，集められた付箋を用いて，水辺環境とそこでの事物について将来展望を話し合った．はじめに，その重要性を主観的に判断して横軸（「残したい」軸）に沿って並べた．続いて，客観的な観点から，より持続すると予想される事物を縦軸（「残りそう」軸）の上方向に移動させた．この作業を通じて，水辺環境を維持管理する上での現実的な課題を話し合った．

---

4)「美しい」「楽しい」という水辺の属性は，参加者の主観的判断でおこなった．維持管理の当事者の水辺に対する意識の理解は，それらの活動の動機付けを明確にする上で重要と考えたためである．なお，「美しい」「楽しい」という形容表現は，稲枝地域（35自治会）の聞き取り調査（2003年6月〜8月）での内容を踏まえて選んだ．

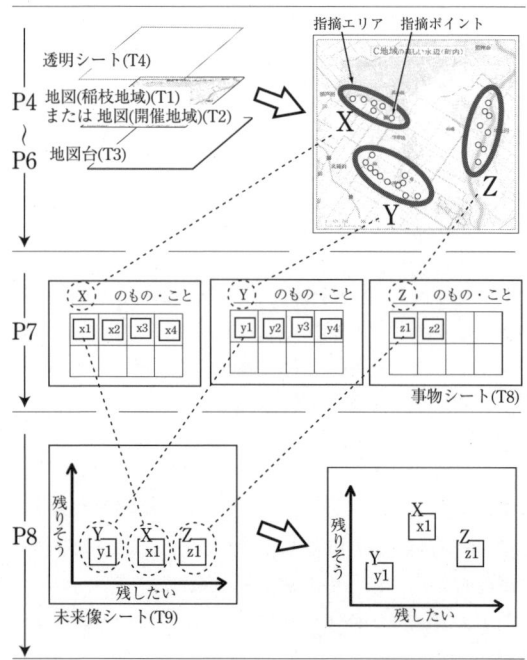

T1～T4，T8，T9は表4-2-2を，P4～P5，P6，P7は表4-2-3を参照．
図4-2-2　ワークショップのプログラムの流れ（概念図）

P9では，各班の成果である地図と未来像シートを並べて，互いに紹介した．P10では，全体進行役と開催地域側の代表者（自治会長）が締めくくり，参加者はアンケートを記入した．アンケートでは参加者の年齢と性別のほかに，選択式質問と自由記述欄を設けて，参加者のワークショップに対する意見や感想を尋ねた．

3.3　ワークショップ開催の運営スタッフ

ワークショップ開催のためには，少なくとも，全体進行役が1名，ファシリテータが班ごとに1名，記録係が1名，受付係が1名，必要であった．本研究のワークショップでは，すべて研究者がおこなった．

全体進行役は，プログラムの全体を把握し，各メニューでおこなう作業の意図をよく理解した者がおこない，各班の状況を観察しながら，進行管理した．ファシリテータは全体進行役の指示にしたがって班内での議論の進行を担った．ワークショップの前に，全体進行役と打ち合わせをおこない，ワークショップのプログラムを事前に理解して，質問等への対応方法を確認した．記録係は，ワークショップ後の参加者への報告を目的として，デジタルカメラなどにより記録した．受付係は，開催前後の受付と途中入出場する参加者への対応をおこなった．

3.4 研究者による成果のデジタル化と結果報告

ワークショップで作業を施した透明シート，事物シート，未来像シートの内容を研究者がデジタル化した．透明シートの指摘ポイントはポイントデータとして，指摘エリアはポリゴンデータとしてGIS上で入力した．いずれも属性データに，作業班名と地図の種別を入力した．事物シート上に挙げられた項目は，その事物を挙げた班名とその事物が挙げられた指摘エリアの名称とともに表形式で入力した．未来像シートの内容は，テキストデータを入力し，シート上の位置関係を図として作成した．

以上のデータを用いて，住民配布用のニュースレター（参加者には個別配布，開催地域の住民には回覧）と自治会報告用の大判地図（図4-2-3）を作成した．

3.5 ワークショップの実施状況

各開催地域の人口（表4-2-1）に対するワークショップ参加者数の割合は，A地域6.7%（36人），B地域1.2%（18人），C地域5.7%（34人）であった．また，全開催地域の男性と女性の人口比は48：52であるが，ワークショップ後のアンケート回答者においては75:16（男性66人，女性14人，無回答8人）であり，年齢別では40歳代～60歳代の参加者が多かった．参加者構成におけるこうした偏りは，自治会関係者である壮年男性が多く参加したことによる．

参加者が寄せた感想の中で多く見られたのは，身近な自然環境について再発見する上で役立ったというものである．また，地域の中でコミュニケーションをはかる機会が得られたことを高く評価する感想も見られた．もちろん，班の間での細かな手順の違いなどワークショップのプログラムの改善すべき点は寄せられているが，表4-2-4に示すように，参加者は総じて，易しく，楽しいワークショップであったと回答している．

4　ワークショップに要する費用

さて，前節で説明したワークショップを，琵琶湖流域に存在するすべての集落でおこなう状況を作り出していくために，どのような条件を満たさなければならないだろうか．この条件について考える中で避けて通れないもののひとつが，ワークショップに要する費用の問題である．ワークショップでは，地域での話し合いの場を作り，流域の他の諸主体との相互調整に利用可能な形式（ここではGISデータ）の成果を得ることが必要であるが，その地域社会が担うことのできる費用の範囲をあまりにも越えているのであれば，ボトムアップ的な活動には適用できないだろう．地域社会がワークショップを実施する経費について今回の事例を踏まえて検討しよう．

地域の人々がボランティアで参加する場合であっても，ワークショップを開催し，他の諸主体とのコミュニケーション可能な形態の成果を作成するためには，さまざまな経費が必要となる[注5]．当然のことながら，ワークショップを実施するための費用

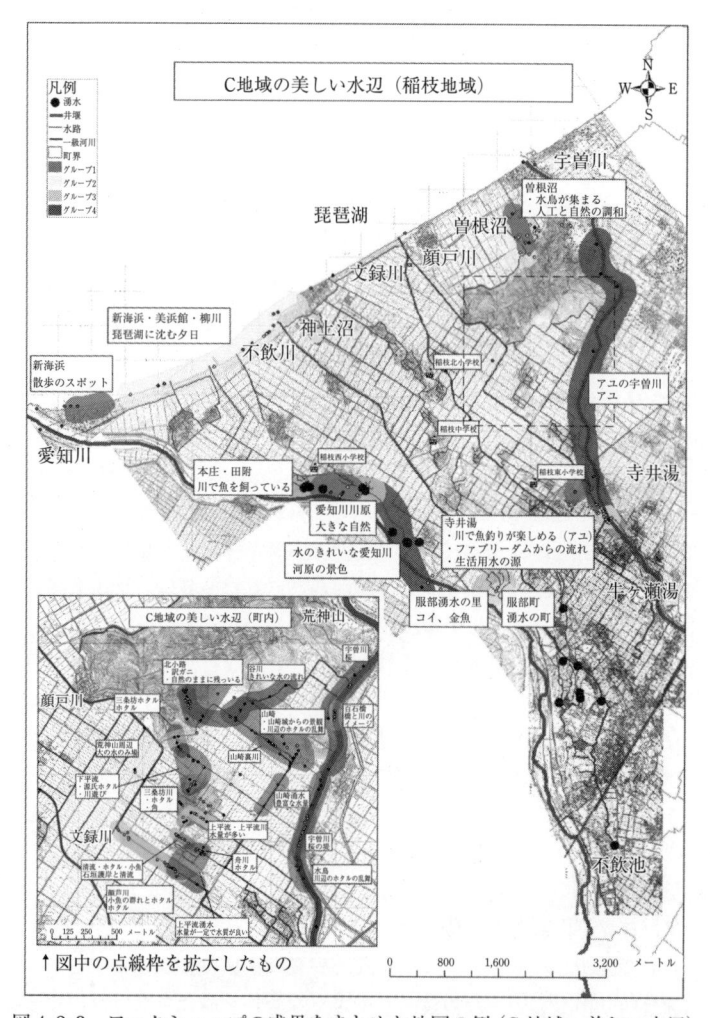

図 4-2-3　ワークショップの成果をまとめた地図の例（C 地域・美しい水辺）

(W) がまず必要である．たとえば，開催地域での事前説明，住民への開催の通知，ワークショップ当日の装備，ワークショップの記録，開催地域での結果報告等のために相応の費用がかかる．次に，ワークショップの成果から GIS データを作成するための情報機器 (I) が必要であり，これにはコンピュータ・GIS 等のソフトウェア・入出力

---

5) ワークショップ開催のためには，地域の諸施設（集会所等）を利用した．また，支援組織には拠点（事務局）が必要と思われる．この考察では含めていないが，こうした施設や拠点を維持するためにも費用を要する．

第 2 章　住民が愛着を持つ水辺環境の可視化

表 4-2-4　ワークショップに対する感想 *

選択肢	人数	選択肢	人数
とてもやさしかった	4	とても楽しかった	2
やさしかった	19	楽しかった	27
どちらでもなかった		どちらでもなかった	
むずかしかった	6	つまらなかった	
とてもむずかしかった		とてもつまらなかった	
合　計	29	合　計	29

* この質問は C 地域でのみおこなった．回収数 32，有効回答数 29 である．

機器が含まれ，現状では高額な出費が求められる．また，プログラム進行・GIS データ作成のために外部の研究者や NPO がサポートするのであれば，スタッフが移動するための費用 (T) が必要であるし，彼らに報酬や謝礼 (P) を支払うのであれば，そのための費用がさらに加算される．

このようにワークショップの費用は，求められる成果の形式と外部からの支援状況によって異なると思われる．ここでは，地元が自主的に開催するパターン，地域外部の組織がボランティアで支援するパターン，地域外部の組織が報酬を受けて支援するパターンに分けて検討しよう[注6]．

パターン 1 の地元自主開催型は，ミクロレベルの地域がワークショップを自主的に開催し，外部からの支援を受けない場合である．プログラムを実施するが，成果を GIS データ化しないのであれば，ワークショップの実施費用 (W) 以外は必要ではない．ワークショップの結果，地域で重要と考えられる水辺の位置やそこでの事物が明らかになれば，その情報を他の地域や行政機関との話し合いの場で材料にすることができる．3 つのパターンの中では最も費用が少ないが，ワークショップの成果は，GIS で利用可能なデータ形式を持たないため，他の諸主体との円滑な調整につなげることができない．他方，集落自らがコンピュータ等の機器を揃えて GIS データ化をおこなうことは，高額な出費が求められるだけでなく，担当する人材確保が難しい．一部の集落では可能かもしれないが，流域の多くの集落での適用は現実的でない．

そこで，ワークショップ開催やその成果の GIS データ化の中で，集落単体では担うことが困難な箇所を軽減する対策として，外部の支援組織が担うパターン 2 やパターン 3 を考えてみたい．

---

6) ワークショップを積み重ねた成果から，結果的に，共通する要素を発見する可能性はある．たとえば，「水辺のみらいワークショップ」であれば，「美しい水辺」の条件として，そこに存在する代表的事物がいくつか挙げられている．研究者が，これらの事物が存在する環境条件を調べ，ワークショップでは言及されなかった稲枝地域の「美しい水辺」を新たに発見できるかもしれない．

パターン 2 では，ボランティアによる外部の支援組織が協働してワークショップをおこなう．ワークショップの開催運営（全体進行役・ファシリテータなど）は，地元の人や支援組織から派遣された者がボランティアでおこなう．さらに，ワークショップの成果の GIS データ化も支援組織の技術スタッフがボランティアでおこなう．この条件では，ワークショップに要する費用と GIS データ化をおこなうための情報機器の費用 (I) に加えて，装備・スタッフの移動・運搬経費 (T) が加算される．支援組織は GIS データ化の設備を整えるために，はじめに高額の費用を負担することになるが，ワークショップを実施する複数の集落で分けて負担すれば，単体の集落で実施する場合に比較してかなり負担は少なくなる．また，装備・スタッフの移動運搬の費用は，支援組織の拠点と開催地域の距離によっておおよそ決まるため，身近な範囲に拠点を持つ支援組織と協働することで費用を抑制することができる．

続くパターン 3 は，外部の組織が有償でワークショップを支援するタイプである．地域と支援組織が協働してワークショップをおこなっていく点など，パターン 2 と同様であるが，ワークショップ開催や GIS データ化等の情報処理作業のスタッフに対して，報酬 (P) を支払う点が異なる．このパターンでは，設備のための初期投資に加えて，継続的に報酬のための予算を確保する必要がある．報酬をワークショップ開催の複数集落が分担した場合，ワークショップ 1 回あたりの経費は上昇してしまう．ただし，このパターンでは，ワークショップの運営や GIS 処理等の専門的支援者に報酬を与えることで支援者自体を支援することができ，こうした配慮を利点として挙げられる．流域の社会が，コミュニケーションの場を多く必要とするのであれば，こうした場を支える支援組織を疲弊させないことが重要と考えられるからである．

以上，ワークショップに関わる費用について検討した．ワークショップ後におこなう GIS データを用いた諸主体間のコミュニケーションを実践するためには，パターン 1（地元自主開催型）は多大な負担が必要であり，現実的ではない．他方で，パターン 2（支援組織ボランティア型）やパターン 3（支援組織有償型）の場合であっても，まず支援組織をつくり出した上で，集落が負担できる費用であることを確認していく必要がある．

ところで，もし流域外からサポートを受けられないとすれば，流域のすべての集落におけるワークショップ費用の合計は，ワークショップに対して流域の各集落が負担可能な費用の流域内部での総和を下回っているのが自然である．そこで，流域内の持続的なコミュニケーションに向けて，流域全体のスケールから見て 2 つのアプローチが考えられる．ひとつは，ワークショップ開催，GIS データ化，支援組織の移動，支援スタッフへの報酬などを抑制して，ワークショップ全体にかかる費用を下げていくアプローチである（図 4-2-4 の矢印 A）．特に，GIS データ化のための情報処理機器には高額の費用が必要であり，一般にも利用可能な技術開発が求められる．もうひとつは，流域管理のための GIS プラットフォームでのコミュニケーションが高い価値を

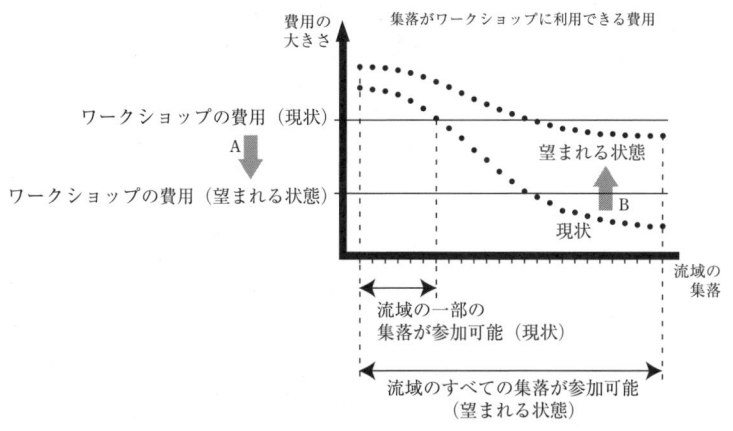

図 4-2-4 流域の集落がワークショップに利用できる費用とワークショップ経費の関係（概念図）

持つという意識を，流域の住民の間で醸成していくアプローチである（図 4-2-4 の矢印 B）．

5 流域管理のためのワークショップに向けて

今回実施したワークショップは，水環境に対する人々の普遍的な価値意識を見出すことが目的ではなく，水環境に対する地域固有の意識を住民が主体的に言語化していく試みであった．従来のように，モデル地域を抽出して，そこでの実施結果を普遍的に適用するのではなく，すべての地域でおこなうことを想定している(注5)．そのため，さまざまな地域でのワークショップの適用可能性の検討が重要と考えられ，特に費用に関して考察した．

流域管理に向けた活動において，今回のワークショップのようなミクロな地域のコミュニケーションの場は，最終的には地域住民が主体となって実施することが望ましい．ただし，ミクロな地域でのコミュニケーションを進めて，流域というマクロな空間の環境管理と関係づけることが，その地域にもたらす「益」について，十分な理解が必要である．たとえば，ワークショップの結果から得た水辺環境の情報が，真にその地域社会が管理すべき水辺環境であるのか吟味する機会を，制度的に確保する．そしてその機会には，管理活動の中で継続して水辺環境情報を収集し分析すると，どのようなメリットが得られるのか再確認する必要がある．話し合いで明らかになった水辺環境情報を用いるコミュニケーションの益を明示することは，住民主導の環境自治制度を持続させるという観点からも重要である(注7)．同時に，上述したようなコミュニケーションの場を流域管理の中で運用するためには，ミクロな地域とメソレベル，

メソレベルとマクロレベルの間で，コミュニケーションの基盤として地理情報システム (GIS) を用いることについて合意しておく必要があり，この合意事項自体を見直す機会を用意するべきである．

また，住民が流域管理につながるコミュニケーションの意義を認めたとしても，流域の各地で実践されるまでには時間がかかる．そのため，一時的には，流域内部に情報作成やその後の調整活動に偏りが生じる可能性がある．したがって，流域のミクロスケールでの計画づくりのための話し合いの場を普及させていくために，一時的には人的・金銭的支援が必要であるし，GIS 技術の費用削減のための開発や流域管理モデルの認知を高めるための啓発に対しても支援が求められると考えられる．

[田中拓弥]

2 ワークショップの成果にもとづくアンケート調査

1 はじめに

ワークショップは，参加者が意見を活発に交換できる場であるが，さまざまな理由により参加しない人が多い．他方，地域の水辺環境の管理は多くの住民によって担われており，それらの人々が，守るべき水辺について合意していなければ，水辺保全活動を維持することは難しい．そこで，一部の住民による参加で得たワークショップの成果を，地域住民の中で共有しながら，地域全体で承認していくような取り組みが必要である．

調査票によるアンケート調査は，ワークショップに比較すると，少ない負担で参加可能であり，上述した成果共有や承認のための方法として適している．さらに，調査票の設計段階へ，地元の水辺について具体的な情報を反映させていくことで，住民にとってより身近な調査を作ることができるのではないか．このような考え方で，「水辺のみらいワークショップ」の結果を利用した調査票によるアンケート調査「身近な水辺とその保全に関する意識調査」をワークショップ開催地のひとつである B 地域 (前節参照) においておこなった．本節では，その調査の概要と若干の考察を述べる．

2 身近な水辺とその保全に関する意識調査

2.1 調査の実施

以下に，「身近な水辺とその保全に関する意識調査」について簡単に説明しよう(注8)．

まず，「水辺のみらいワークショップ」で得た地図情報からアンケートのための選択肢を作成した．ワークショップで4班に分かれた参加者は多数の指摘エリアを作成

---

7) 益が住民にはっきり認識されている場合，そうでない場合に比べて，より長期持続的制度となることは，Ostrom[8] らの海外の研究蓄積からすでに明らかなことである．
8) アンケート調査にあたっては，文献[9], [10] を参考にした．

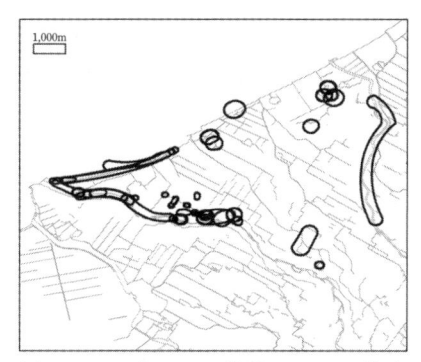

第 2 章　住民が愛着を持つ水辺環境の可視化

図 4-2-5　4 班による指摘エリアの集成図：美しい水辺

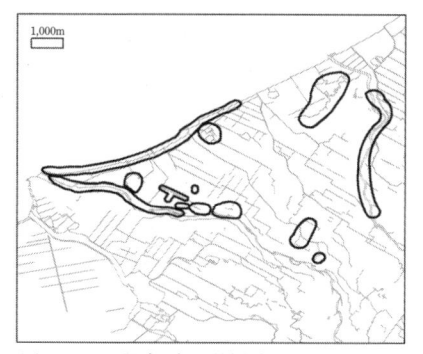

図 4-2-6　調査票の選択肢で用いたエリア：美しい水辺

した（図 4-2-5）．その数は，「美しい水辺」で総計 42 箇所，「楽しい水辺」で総計 31 箇所にのぼった．選択式の質問では，多くても 15 程度の選択肢が望ましいことから，ワークショップで指摘された指摘エリアの空間的配置を検討しながら，選択肢を絞り込んだ．

たとえば，ワークショップで，ある班の作った指摘エリアが，他の班の作った指摘エリアと重なっている場合には，GIS 上で実際に描画されたポリゴンデータを見ながら，重複を避けるよう 1 つにまとめた．重複していた元の指摘エリアには，ワークショップにおいて固有の名称が付されているので，それらを参照して新たなエリアの名称を作成した．また，重なりを考慮して指摘エリアの数を削減しても，まだ選択肢が多い場合には，離れている指摘エリアを統合して，さらに絞りこんだ．エリアの統合にあたっては，近くにあるもの同士のように，各エリアの特徴から見て，無理のない組み合わせとなるよう配慮した（図 4-2-6）．

このように作成した調査票（図 4-2-7）を，2005（平成 17）年 1 月 8 日・9 日の 2 日間配布した．調査員が B 地域の各戸を訪問し，384 の調査票を届けた．回答済みの調査票は，調査員が現地で直接受け取るか，郵送によって回収した．最終的に回収された調査票は 299 であり，回収率は 77.9％であった．

2.2　調査結果とその地図メッシュ化

アンケートの結果から，「美しい水辺」と「楽しい水辺」に関する回答を単純集計したものが表 4-2-5 及び表 4-2-6 である[注9]．「美しい水辺」については，愛知川沿岸からの取水口付近やその下流の水路が，「楽しい水辺」については，琵琶湖沿岸の公園地域が主として選択されている．このような集計によって，地域住民が価値を置く水

9）アンケート調査の詳細については，報告書[11], [12]を参照してほしい．

第4部 現場でのコミュニケーション支援

場所の名前（後に続く言葉は、昨年のワークショップで話題になったものや事柄です。）

1. くるみ神社（本庄町伏流水）　澄んだ水　水草、貝や魚　神社　サクラ
2. 湯の花湯から八幡神社　コイ・ムツなどの魚とカニやカメのいる水路
3. 井戸水の川　ゴリ・ドジョウ・メダカなどの小魚とザリガニ
4. 愛知川　川原の景色　竹林・サクラ　カブトムシ・野鳥　運動公園　釣り
5. 三ツ谷神社川　流れがある深い水　魚
6. ホタルの水路　ホタルを見る　シラサギや魚がいる
7. 外周掘　いつも水がある
8. 琵琶湖湖岸　ヨシ・マツ　シジミ・魚・水鳥　砂浜で見る琵琶湖や山並み
9. 神上沼　湿原・水・ヨシ・景色・野鳥
10. 荒神山・曽根沼　湖の眺め・ヨシやヤナギの風景　芝生の公園　魚
11. 宇曽川河川敷　サクラの並木
12. 服部町伏流水　豊かな水
13. 稲葉の川　流れがある深い水　魚

図4-2-7　実査に用いた調査票（一部）：美しい水辺

第2章　住民が愛着を持つ水辺環境の可視化

表4-2-5 「美しい水辺」として選択された場所（4つまで選択可）

	美しい水辺の場所	選択数
1.	くるみ神社（本庄町伏流水）	132
2.	湯の花湯から八幡神社	133
3.	井戸水の川	46
4.	愛知川	112
5.	三ツ谷神社川	5
6.	ホタルの水路	68
7.	外周堀	12
8.	琵琶湖岸	119
9.	神上沼	13
10.	荒神山・曽根沼	72
11.	宇曽川河川敷	46
12.	服部町伏流水	46
13.	稲葉の川	30
14.	ここにはない	18

表4-2-6 「楽しい水辺」として選択された場所（4つまで選択可）

	楽しい水辺の場所	選択数
1.	くるみ神社と本庄水路	54
2.	宮の前から湯の花（田附水路）	39
3.	三ツ谷神社	4
4.	北うらのホタルの川	48
5.	竹かぶとレクリエーション	21
6.	愛知川河川敷・旧簗（やな）場	99
7.	新海浜湖岸と松林	158
8.	湖岸・北川口・美浜	68
9.	美浜公園と南三ツ谷緑地公園	194
10.	神上沼	19
11.	曽根沼公園と荒神山	144
12.	ここにはない	18

辺の位置が明らかになるが，マクロ・スケールの国や県とのGIS上での調整においては，さらに利用可能なデータ形式にすることが望まれる．

たとえば，メッシュ地図は，人口等の統計や学術研究においてデータが蓄積されており，実際の政策決定においても活用されている．そこで，アンケートの結果からメッシュ地図を作ることによって，GIS上での調整を促進することを目標とする．ここでは，例として，標準地域4次メッシュ（500mメッシュ）へ加工する過程を示そう．

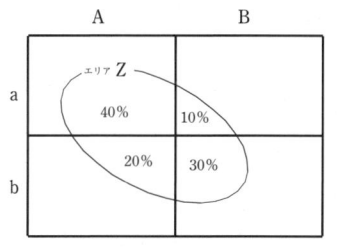

図4-2-8　面積比に基づいたアンケートデータのメッシュ化の例

アンケートは，ワークショップの指摘エリアをもとにいくつかの選択肢を地図上に提示し，「美しい」と思うエリア，「楽しい」と思うエリアを回答する方法を採った．したがって，アンケート終了後には，それぞれのエリアについて「美しい」と選択した回答者数，もしくは，「楽しい」と選択した回答者数を得た．これらの選択肢ごとの人数をメッシュ化する方法として，ここではエリアをポリゴンごとに分割した際の面積比に応じて配分した．例えば，図4-2-8で示したエリアZにn人の人が「美しい」と感じたとしよう．今，エリアZはメッシュごとに分割した場合，その面積の比率は，メッシュaAに含まれるものが40%，aBが10%，bAが20%，bBが30%とする．この場合，メッシュaAを美しいと感じる人の数は0.4n, aBは0.1n, bAは0.2n, bBは0.3nである．このような考え方に基づいて，エリアごとの人数をメッシュ化した．具体的な作業としては，まずメッシュごとのエリアの面積比を求めることから始める．エリ

アのポリゴンデータをGISソフト上で投影し，分析上の利便性からそれをグリッドデータに変換する．次に，変換したグリッドデータと，メッシュを用いて，面積のクロス集計をおこなう．これによって，メッシュごとに各エリアがどれくらいの面積だけ含まれているのかが明らかになる．その集計結果をエクスポートし，表計算ソフトを用いてメッシュごとのエリアの面積比を求め，その面積比にアンケートによって明らかになった人数を乗ずる．これによって，アンケート結果から各メッシュの「美しい」「楽しい」と感じる人数を求めることができた．図4-2-9に，アンケート結果をメッシュ化した地図を示した．このような地図データを流域の各集落で集積していくことで，流域管理のためのGIS上での調整にミクロスケールから参加することが可能となるのである．

3 身近な水辺保全に関するアンケート調査の費用

　地域の一部の住民が，身近な水辺に関するアンケートを自主的に実施する場合，その調査企画が自治会などの地域組織において承諾されている必要がある．そのためには，目的や趣旨が十分に説明されていることに加えて，アンケート調査に要する経費・時間・人手などの広い意味での費用が無理のない範囲にあることが必要である．ミクロスケールの地域でのこのようなアンケート調査の可能性を費用の面から検討しよう．

　ワークショップと同様に，地域が負担する「費用」は，外部からの支援状況によって異なると考えられる．ここでは，その地域の環境管理主体が，NPO等の外部の組織によるボランティア支援を受ける場合を例に考える．アンケートは，①調査のお知らせ，②調査票の作成（ワークショップの結果にもとづいて作成する），③調査票の印刷，④調査票の配布と回収，⑤入力・集計，⑥結果の報告，という一連の手順を含むものとした．なお，彦根市統計書（平成16年度）によれば，29集落ある彦根市稲枝地域の各集落の平均世帯数は144世帯である（最小は39世帯，最大は403世帯）．以下では，アンケート調査を集落の全世帯を対象におこなう状況を想定するが，集落におけるこれらの世帯数を参考とする．

　①調査の通知は，アンケートの趣旨や調査結果の利用方法について伝えるためにおこなう．地域で実施したワークショップを踏まえているとは言え，その地域の多くの人にとってはアンケートが具体的な活動に接するはじめての機会であるため，事前に，地域の自治会役員など関係者と相談して，説明内容や方法を十分に検討しておく．通知する方法は，「自治会等の総会で配布」「組・班を通じて回覧配布」「各世帯に配布」などが考えられる．

　②調査票の作成を，GISや描画ソフトを用いておこなう．この分野に明るい人が設備を提供しながらボランティアで参加する場合には，地域の自主的活動の中でもこれらのツールを用いることができる．この場合，新たな経費はかからないと思われる．

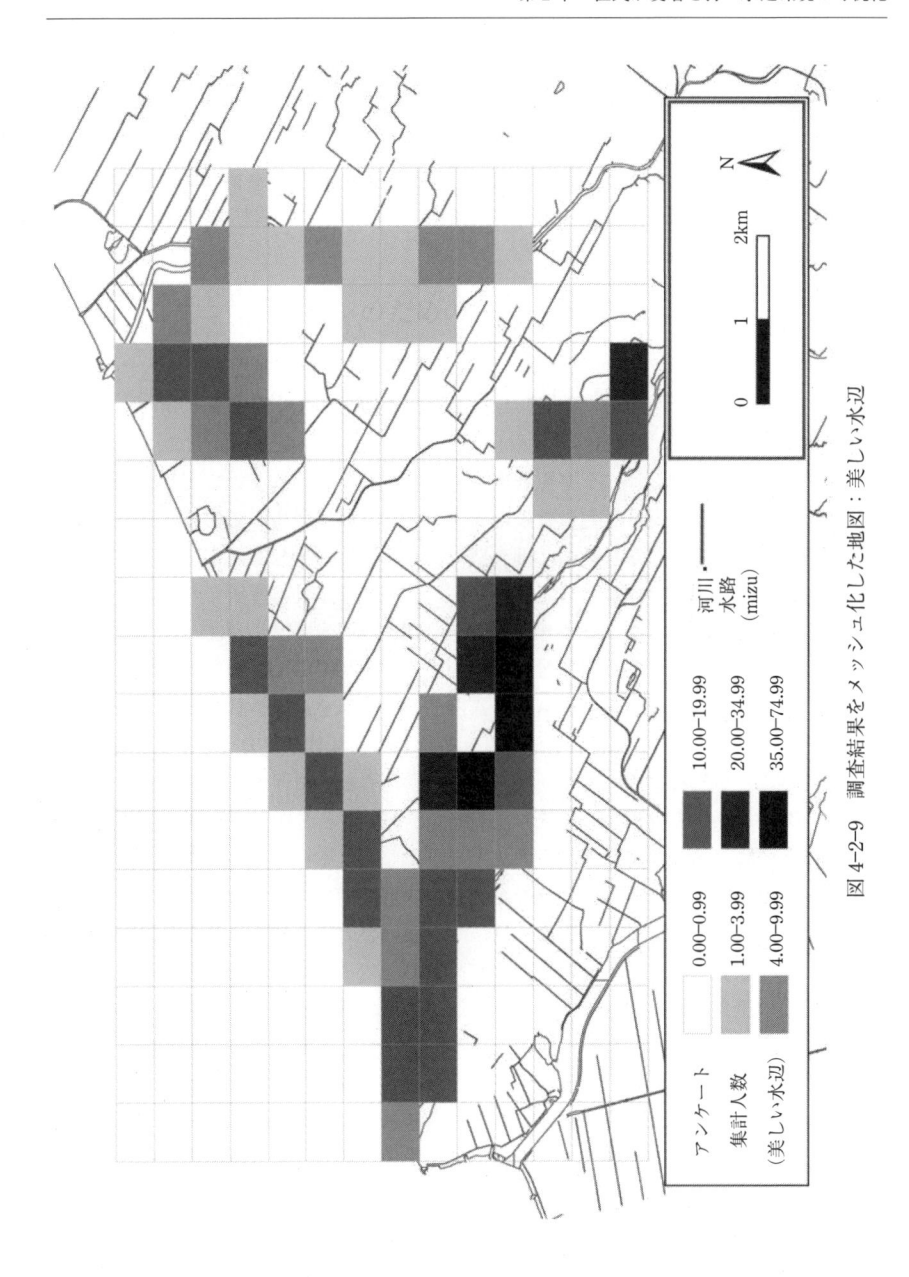

第 2 章　住民が愛着を持つ水辺環境の可視化

図 4-2-9　調査結果をメッシュ化した地図：美しい水辺

329

地図の作成と並行して，それぞれの選択肢のエリアに名称を付ける．単に番号やアルファベットでの選択肢としてもよいが，ワークショップで作成した「地名」を生かして具体的な場所をイメージできるように補足した方がよりわかりやすいだろう．

③調査票の印刷は，調査票1部あたり50円と考えると，7,200円（最小1,950円，最大20,150円）必要である．

④調査票の配布と回収は，郵送でおこなうものとしたが，各戸を訪問して配布・回収をおこなう方法や自治会の組や班を通じて配布・回収する方法も考えられる．

⑤入力・集計は，ボランティアが作業する場所に集まって，手持ちの道具を用いておこなう．最小の39件程度であれば，1人で入力・集計をおこなっても大きな負担ではないが，件数が多い場合（平均144件，最大403件）には，数人で手分けしておこなう必要がある．

⑥結果の報告は，コンピュータで作成する．形式にとらわれないで既存設備を利用するものとした．この場合，各世帯に配布するため，印刷費用が必要である．作成した配布物は，①調査のお知らせや②調査票の配布と回収の場合と同様にボランティアで各世帯に届ける方法を採ると想定した．

さて，表4-2-7に，アンケート調査費用の試算結果を示した．当然のことながら，地域の世帯数が多くなると費用の総額は増加するが，世帯あたりの負担額は同じである．また，住民との情報伝達手段も費用に関わってくる．今回の試算では，アンケートの案内，調査票，結果の報告，をいずれも各戸に配布・回収する方法を想定したが，もし，各戸ごとへ配布・回収しないのであれば費用を軽減できると思われる．たとえば，ワークショップの成果から作成した地図を公民館などに掲示し，掲示された地図を参考にその場で調査票に記入する方法が一例として考えられる．調査票に掲載する地図作成が不要であり，その場で調査企画関係者と会話できるなど，この方法には利点がある．ただし，アンケートには，ワークショップの非参加者に新たな参加の機会を作るという意義があり，自宅で好きな時間に参加できる従来の方法を採る方がより多くの参加の機会を提供できるかもしれない．集落の状況に応じた方法を採用することが望まれる．

ところで，環境情報に関して優れた専門的作業を担う外部組織は，地域の環境保全的活動を持続的に支援する上で大切な存在であり，その組織が人材の確保や財政運営において困らないような仕組みが必要である．そのため，GISデータの処理など支援活動に対して報酬を調査地域が支払うことも考えられるが，全体の経費を押し上げてしまう（表4-2-7の試算であれば，②や⑤の段階での費用が発生する）．財政的に余裕のない地域がある中で，集落間での対応にばらつきがあまり拡大しないように注意する必要がある．メソ・スケール（市町村）やマクロ・スケール（県・国）のレベルでは，ミクロ・スケール（集落）のコミュニケーションをサポートする組織に対しての人的・財政的支援を，流域管理のための費用として見込んでおくべきだと思われる．さらに

表 4-2-7　集落でのアンケート調査の費用試算

(単位：円)

調査の手順	項目	単価	集落の世帯数		
			最小 39	平均 144	最大 403
①調査の通知	印刷 (A4 × 1 頁)	10	390	1,440	4,030
②調査票の作成			0	0	0
③調査票の印刷	印刷 (A4 × 5 頁)	50	1,950	7,200	20,150
④調査票の配布と回収	配布用封筒	5	195	720	2,015
	回収用封筒	5	195	720	2,015
	郵送料	80	3,120	11,520	32,240
⑤入力・集計			0	0	0
⑥結果の報告	印刷 (A4 × 2 頁)	20	780	2,880	8,060
		合計	6,630	24,480	68,510
		世帯あたりの費用	170	170	170

調査票の配布は訪問・留め置きにより，回収はNPO事務局への郵送によると想定した．

言えば，それらの行政的支援に対する社会的な合意を作り出していく上では，流域管理におけるコミュニケーションに対する価値意識の醸成が求められるだろう．

4　住民のワークショップとの関わりとアンケート調査

　流域管理において階層間コミュニケーションを進める時，地域住民がそこでの議論に参加していることが重要である．とくに，住民自らが水環境の保全活動に関わる場合，保全する対象や方法に関する討議の場を設けるべきである．そのような場のひとつとして，わたしたちはワークショップという方法を検討した．ところが，現実には，住民の多くが水環境やその保全に関心を寄せていない場合もある．また，ワークショップのような議論の場の重要性が認識されていたとしても，さまざまな理由により参加しない人は多い．結果的にではあるが，ワークショップの開催は，そのワークショップに対して関わり方の異なるグループを，地域内部において生み出している．

　このような状況の中で，アンケートは実施される．同じ内容の協力依頼状・調査票を配布するが，調査票を受け取る者は，ワークショップとの関わり方の違いから異なる範疇に含まれている．この際に，アンケートが各々のグループにもたらす付随的なメッセージは違ってくる．

　地域の住民をワークショップとの関わりにおいて次のように分けて考える．まず，ワークショップの開催を知っている住民は，テーマ（望ましい水環境像）への関心の有無とワークショップ参加・非参加の違いによって4つのグループに分けられる．すな

表 4-2-8　ワークショップとの関わりとアンケートに付随するメッセージ

グループ	ワークショップの開催	ワークショップへの参加	テーマへの関心	アンケートに付随するメッセージ
A	知っている	参加	あり	ワークショップ成果の活用プロセス
B			なし	ワークショップ成果の活用プロセス 保全活動の意義
C		不参加	あり	ワークショップ成果の活用プロセス ワークショップ参加者以外に開かれている
D			なし	ワークショップ参加者以外に開かれている 保全活動の意義
E	知らない	—	—	ワークショップを含む水環境保全活動の存在 ワークショップ参加者以外に開かれている 保全活動の意義

わち，テーマに関心があり，ワークショップに参加した人（A），テーマに関心はなく，ワークショップに参加した人（B），テーマに関心があり，ワークショップに参加しなかった人（C），テーマに関心はなく，ワークショップに参加しなかった人（D），の4グループである．さらに，これらの4グループに，ワークショップ開催を知らない人（E）のグループを加えると，その地域の住民全体になると考えられる（表4-2-8）．

さて，上に述べたそれぞれのグループの人に，アンケートはどのようなメッセージをもたらしていくだろうか．まず，ワークショップに参加した人のグループ（A及びB）に対して，アンケートは「ワークショップ成果活用のプロセス」を提示する意味をもつ．もちろん，ワークショップの場やニュースレターの中で，成果を活用することは通知しているのだが，実際にアンケートを届けることで活用過程を具体的に示していく役割がある．また，ワークショップに参加しなかった人（C及びD）に対しては，議論の場への参加資格の継続を伝える．水環境保全に関する議論がワークショップ参加者のみで進められているのではなく，その地域の水環境管理に携わる多くの関係者に対して開かれていることを具体的に示す意味をもつ．

このテーマに関心のないグループ（B及びD）が多い状態はよく起きると予想される．さまざまな機会に参加を呼びかけることが必要であるが，アンケートはそうした呼びかけの一環であり，保全活動の意義をアピールする手段と考えられる．また，ワークショップ開催について広報した場合でも，開催を知らない住民（E）は少なからず存在する．このグループに対しては，上のDのグループに対してと同様に，活動の価値や参加資格について伝える意義に加えて，ワークショップを含む水環境保全に向けた動向を知らせる役割がある．本来，ワークショップは住民に十分知らされた後に開催されるべきであるが，知らされている範囲を正しく知ることは難しい．このグルー

プ (E) に含まれる住民の存在を念頭に置いて，彼らに対してアンケートがもたらす意味についても配慮しておくべきである．

なお，テーマに関心はあるが，参加しなかったグループ (C) には，参加意志はあるが，何らかの事情で参加できなかった人も含まれる．このグループに含まれる人は，参加の機会が限定されていることに対して不満をもっているかもしれないが，本来，地域の保全的活動において重要な役割を果たす可能性があり，参加できなかった事情を考慮して別の参加形式を模索し，柔軟に対応していく必要がある．また，テーマに関心のあるグループ (A及びC) には，保全に向けて進行する活動の趣旨や形態に，何らかの提案や意見をもつ人が含まれる可能性がある．地域で生まれつつある保全的活動への提案や意見を自由に記載できる欄を用意して，さまざまな考えを集めていくことが重要である．

水環境の保全対象や方法を議論する過程には，多様な住民がいろいろな形式で参加できることが望ましい．そして，ワークショップに続くアンケートには，ワークショップでの成果を確認すると同時に，異なる形式の参加の機会を作って，議論の過程をオープンにしていく役割がある．しかし，それまでの活動（ここでは，ワークショップ）への関わり方によって，同じアンケートが異なるメッセージを担う余地がある．現在関心のない人やワークショップへの参加経験のない人は，保全活動を持続的におこなっていく上で大変重要な存在であり，こうした人々によって受け取られるメッセージも念頭に，調査を設計していくことが望ましい．

5 階層間の相互コミュニケーションに向けて

前節で記述したワークショップと本節のアンケート調査は，身近な水辺環境に関する地域でのコミュニケーションの方法論開発を目的としたものである．地域の住民が保全すべき水辺環境の対象を主体的に探り，その成果を他の諸主体との対話において利用可能な情報のかたちにしていく状況を，具体的なプログラムを作成して試行した．いまだ原始的な段階ではあるが，実際に，地域内部でコミュニケーションの場を作り，その結果をわかりやすい形で得ることができた．

もっとも，地域内部のコミュニケーションの成果から，国・県などマクロな環境管理主体とのコミュニケーションに至るまでには，まだ隔たりがあると思われる．まとめに代えて，考えられる課題について最後に触れよう．

流域の各集落での話し合いの結果がGISデータ形式を伴って得られれば，階層間や階層内の相互コミュニケーションが自動的に起こるわけではない．そこから，流域の各地の関係者が互いにデータを示し合いながら対話を重ねる必要がある．着目している水辺やそこで保全対象と考える事物を，環境管理主体が相互に認識して，コンフリクトの生じる領域や協調して保全活動をおこなえる領域を明らかにしていく作業である．専門家・研究者・行政を交えた地道な「対話」を継続しながら，個々の現場に

おける実践や経験を積み重ねていくことが求められる．そういった対話の現場では，第4部第4章で述べる GIS を用いたコミュニケーションツール「しなりお君」のような対話支援のための技術が一層必要になるだろう．

　もちろん，流域管理に向けたコミュニケーションにおいては，地域の主体的な取り組みが重要である．しかし，同時に，ワークショップ・アンケート調査の方法論や情報処理技術の提供によって，側面から参加を支援することが，流域におけるコミュニケーションを促進する上で重要だと思われる．

［田中拓弥］

参考文献

1) 田中拓弥・今田美穂・三俣学・大野智彦 (2005)『水辺のみらいワークショップ報告書 ── 流域管理における階層間コミュニケーションに向けた水環境情報構築の試み』(プロジェクト 3-1 ワーキングペーパー・シリーズ J-13)，総合地球環境学研究所プロジェクト 3-1 事務局．
2) 田中拓弥・今田美穂・三俣学・大野智彦 (2007)「身近な水辺の今と未来を話し合う」琵琶湖─淀川プロジェクト編『琵琶湖─淀川水系における流域管理モデルの構築』総合地球環境学研究所，379-403．
3) 浅海義治・伊藤雅春・狩野三枝 (1993)『参加のデザイン道具箱』世田谷まちづくりセンター．
4) 財団法人三鷹市まちづくり公社 (1997)『丸池復活プランづくりワークショップの記録』．
5) 中野民夫 (2001)『ワークショップ ── 新しい学びと創造の場』岩波書店．
6) 日本水環境学会 WEE21 編集委員会 (2004)『やってみよう！　環境教育　みんなでつくる川の環境目標』環境コミュニケーションズ．
7) ヘンリー・サノフ (1993)『まちづくりゲーム　環境デザイン・ワークショップ』晶文社．
8) Ostrom, E. (1990) *Governing the commons*. Cambridge University Press, Cambridge.
9) 宝月誠・中道實・田中滋・中野正大 (1989)『社会調査』有斐閣．
10) 大谷信介・木下栄二・後藤範章・小松洋・永野武 (2005)『社会調査へのアプローチ (第2版)』ミネルヴァ書房．
11) 田中拓弥・坂上雅治・大野智彦 (2006)『身近な水辺とその保全に関する意識調査報告書』(プロジェクト 3-1 ワーキングペーパー・シリーズ J-17)，総合地球環境学研究所プロジェクト 3-1 事務局．
12) 田中拓弥・坂上雅治・大野智彦 (2007)「水辺への関心を地域で調査する」琵琶湖─淀川プロジェクト編『琵琶湖─淀川水系における流域管理モデルの構築』総合地球環境学研究所，404-426．

ブリーフノート9

流域の環境情報と要因連関図式

――――――――――――――――――――――（田中拓弥）

　本プロジェクトに先行して，京都大学生態学研究センターが中心になって「地球環境情報収集の方法の確立 ―― 総合調査マニュアルの作成に向けて」（プロジェクトリーダー　和田英太郎，日本学術振興会未来開拓学術研究推進事業・複合領域6：「アジア地域の環境保全」(JSPS- RFTF97I00602)）というタイトルの研究プロジェクト（以下，和田プロジェクト）が実施された．和田プロジェクトでは，経済学・文化人類学・工学・生態学等の研究者が集まり，地球環境情報の収集方法のマニュアル作成を目指して，議論を重ねた．

　和田プロジェクトでは，作業仮説として「『流域』を空間単位とした環境管理を積み重ねた結果として『地球』の環境管理を実現する」というボトムアップ的な考え方を採用し，「個々の流域の環境管理に資する研究者による総合調査とは何か？」を検討した．本書の随所で引用されている『流域管理のための総合調査マニュアル』（以下，総合調査マニュアル）は，その最終成果物である．

　この総合調査マニュアルを研究者が作成していく過程で，「多様なアジアのさまざまな個性を持つ流域に対して，画一的な方法論を適用できるのだろうか」という問題が浮かびあがった．環境負荷のメカニズムにおいて，流域の個性が重要な役割を演じる可能性があり，流域が固有に持つダイナミズムを理解する方法を環境情報収集のフローの中に用意する必要があった．

　では，流域における環境負荷の個別要因を理解するためには，どのような方法があるだろうか．ひとつは，その流域に関する既往の研究結果や統計資料等を用いる文献調査が有効な手段である．また，実際に現地へ赴いて，地域住民やその地域に詳しい行政担当者・研究者に対する聞き取り調査やアンケート調査を実施する方法もある．社会科学的な調査だけではなく，自然科学的な環境調査が流域の環境負荷の新たな要因を発見するきっかけとなるかもしれない．さまざまな方法が考えられる中で，総合調査マニュアルでは，研究者が地域の人々や行政担当者と共同作業をおこなうワークショップ形式での情報収集法「要因連関図式」を提案した．

　要因連関図式のワークショップとは，各参加者による環境問題に関する知識を重ね合わせ，参加者全体の問題認識を深めようとする方法である．このような方法を提案した理由の一つは，流域における環境負荷のメカニズムは，地域住民・行政関係者・研究者などの関係する人々によって，さまざまな因果的関係のなかに位置づけて解釈されていると考えられたためである．ワークショップでは，各人が認識する環境問題の要因連関を，話し合いながら相互に補っていくので，流域の環境問題のメカニズムについての参加者全体の理解が深まると考えられた．

また，流域管理において，流域の住民が管理目標や実施計画に関して合意していることは不可欠であるが，その流域環境に関する問題認識の共有がそのような合意をかたちづくるうえで重要だろう．環境情報や環境問題に関わりのある地域住民・行政担当者・研究者は多数存在している．ワークショップの参加者によって捉えられた流域の環境問題のメカニズムを，参加していない人々へ端的に伝達する手段として，図式化が効果的だと考えられた．これが要因連関図式を提案したもう一つの理由である．

　ところで，諸々の現象がもつ問題構造を理解するために，要因の連関を図式化する方法は，新しい手法ではない．たとえば，『社会調査の基礎』[2]では，質的調査の結果の全体像をコンパクトに示す方法として「チャート」を挙げているが，本文中では「逸脱的自己意識の形成」を巡る要因の連関が例示されている．また，『社会調査へのアプローチ』[3]では，ドキュメント分析の手法として挙げられており，新聞記事のテキストにおける「不幸」の要因連関図が例として示されている．総合調査マニュアルで示した要因連関図式の手法は，研究者個人の営みではなくグループで作成するところが異なっているが，図によって問題構造をわかりやすく可視化する意図は同じである．

　和田プロジェクトでは，生活排水系と農業排水系に分けて，琵琶湖への環境負荷が発生するメカニズムに関する要因連関図式作成のワークショップを研究者・行政担当者・市民ら数名が集まっておこなった．プログラムの前半では，議論をおこないながら重要な問題やメカニズムに関するさまざまな意見を出して記録し，プログラムの後半では前半の議論を踏まえて要因連関の図へとまとめていった．適当な広さの会議室で，ホワイトボード・付箋・筆記用具などを使っておこない，前半と後半をあわせてほぼ1日をかけた．ワークショップで作成した図は，大変複雑であったため，全体構造を一目で理解できるように要約した概要版の図を別途作成した．

　要因連関図式のワークショップをおこなった結果，環境負荷のメカニズムについての問題認識が参加者によって図式化された（図bn9-1）．この図式によって，研究プロジェクト内部での研究者間のコミュニケーションは促進されたと思われる．たとえば，「滋賀県の農業排水による環境負荷のメカニズムを考える際には，用排水分離などの土地改良事業（圃場整備）による環境改変だけではなく，兼業農家率というこの地域特有の社会的要因も重要なファクターとして考慮するべきである」という認識は，この図式作成をきっかけとしてプロジェクト関係者の間で広まった．環境負荷のメカニズムにおける広範な要因の連鎖を，異なる分野の研究者が共有し，問題認識を全体として深める効果があったと思われる．

　ただし，総合調査マニュアルは，さまざまな流域を実際に総合調査した経験を踏まえたマニュアルではなく，理念の提案をおこなったものであった．総合調査マニュアルで示された他の多くの手法と同様に，要因連関図式のワークショップも提案や試みの段階にある[注1]．

　ところで，総合調査マニュアルでは，流域における環境問題の地域固有の要因を理解する手法として，要因連関図式のワークショップのみを挙げているが，手法を限定

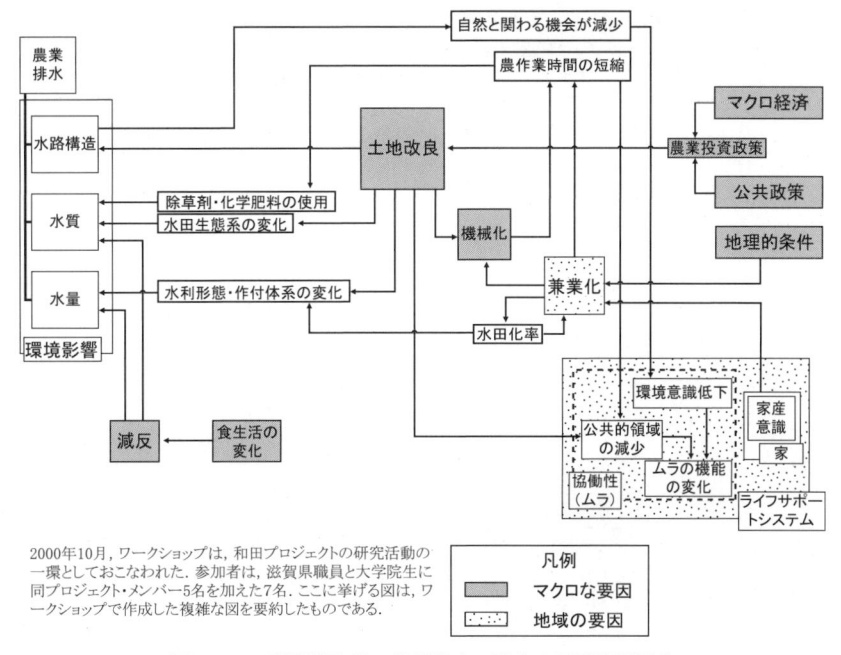

ブリーフノート 9　流域の環境情報と要因連関図式

2000年10月，ワークショップは，和田プロジェクトの研究活動の一環としておこなわれた．参加者は，滋賀県職員と大学院生に同プロジェクト・メンバー5名を加えた7名．ここに挙げる図は，ワークショップで作成した複雑な図を要約したものである．

凡例
■ マクロな要因
▒ 地域の要因

図 bn9-1　琵琶湖流域の農業排水に関する要因連関図式

する意図によるものではない．グループで作業しながらディスカッションする KJ 法[4]や，要因の連鎖をグラフ化してシミュレーションする認知構造図[5]という手法は，具体的な実践例があり，環境負荷の問題構造を理解するための議論の方法としても学ぶべき点が多くある．当然のことではあるが，その流域固有のメカニズムを理解していくためには，一つの手法にこだわるのではなく，その地域の状況に応じて適切な方法を選んでいく必要がある．

参考文献

1) 和田プロジェクト編（2002）『流域管理のための総合調査マニュアル』京都大学生態学研究センター．
2) 岩永雅也・大塚雄作・高橋一男（1996）『社会調査の基礎』放送大学教育振興会．
3) 大谷信介・木下栄二・後藤範章・小松洋・永野武（2005）『社会調査へのアプローチ［第2版］』ミネルヴァ書房．
4) 川喜田二郎（1967）『発想法』中央公論社．

1) 海外の農村開発の現場で実施されてきた「参加型農村調査法（PRA）」[6]や，国内に目を向ければ，東北農業試験場による「TN法」[7]，国土庁による「水文化の衰退要因図」[8] などでは，地域固有の問題を導く段階が体系化された手法の中で位置づけられている．

5) 山本吉宣・谷明良 (1979)「認知構造図 (cognitive map) ―対外政策決定の1つの手法」『オペレーションズ・リサーチ』**24**(**8**): 462-470.
6) マイケル・M・チェルネア編 (1998)『開発は誰のために ―― 援助の社会学・人類学』日本林業技術協会.
7) 門間敏幸編著 (1998)『TN法―むらづくり支援システム―実践事例集』農林統計協会.
8) 国土庁長官官房水資源部 (2000)『地域を映す水文化・水が導く地域の未来 ―― 水文化の保存再生を通じた水源地域の活性化方策 (指針)』.

第3章 農家の環境配慮行動の促進

本章では，農家の濁水削減に対する態度や行動の促進に向けたフィールド実験による取り組みとその効果について紹介をおこなう．またさらに，農家がどのような意思決定によって濁水削減行動を実行するのかについても紹介する．前者は農業濁水削減に向けた実践的な研究であり，後者は個人の意志決定プロセスに焦点をあてた基礎的な研究である．双方の研究をおこなうことにより，実際の濁水問題対策に向けた包括的なアプローチが可能になるであろう．

1 環境配慮行動の促進に向けた心理学的アプローチ

1 農業濁水問題への対策 ── ソフト的対策の必要性

農業濁水への対策を進めていく方法として，2つの方法が考えられる．まず1つがハードによる対策であり，例えば濁水の削減を目的とした条例の制定や，濁水を防いだり，浄化するための設備の整備などがあげられる．これらハード的な対策は，人々の環境負荷の高い行動を規制したり，ネガティブな行動結果を物理的に補完することで高い環境保全効果を期待することができる．しかしその半面，整備に多大なコストがかかったり，一旦そのハードの機能が損なわれると人々の行動が元に戻りやすい[1]など，ハード的な対策にはデメリットも内包されている．

現状の汚濁負荷を軽減し，長期的な視点に立ってこの問題を解決するためには，より早急で持続的な対策をとる必要がある．この場合，汚濁負荷の主体である個人（個々の農家）が，自らの行動を環境配慮的な方向に変容させ，内発的，自律的に行動を統制していくことが重要になる．すなわち，濁水問題対策のもう1つの方法として，汚濁負荷の主体である個人の行動を変容させるよう働きかけるソフト的な対策が重要であると考えられる[2]．

2 環境配慮行動を促進させるためのアプローチ

個人に内発的・自律的に環境配慮行動を実行させるためには，環境にやさしくしなければならないという目標意図と，具体的な環境配慮行動を実行したいという行動意図を高めることが重要である[3]．これまで社会心理学の分野では，個人の目標意図および行動意図を促進させる様々なアプローチについて検討が進められてきた（表4-3-1）．

表4-3-1 個人の目標意図および行動意図を促進させる社会心理学的アプローチ

アプローチ	促進させる要因	促進される要因
① 環境認知の変容アプローチ	環境リスク認知・対処有効性認知・責任帰属認知	目標意図
② 行動評価の変容アプローチ	費用便益評価・実行可能性評価・社会規範評価	行動意図
③ 態度と行動意図の関連強化アプローチ	態度と行動の結びつき	行動意図
④ 情動的アプローチ	地域への帰属意識・地域環境への愛着	行動意図

　まず環境認知の変容アプローチとは，環境リスク認知や対処有効性認知，責任帰属認知などを高めることで，個人の目標意図を促進させる方法である[3),4),5)]．より具体的には，現状の環境問題の危険度を示す情報や，環境配慮行動を実行することでどの程度環境を改善できるかという情報，環境問題の責任の所在がどこにあるかという情報を個人に与えることで，環境を守らなければならないという態度が強化される．

　次に，行動評価の変容アプローチとは，費用便益評価や実行可能性評価，社会規範評価などの評価的要因を高めることで，個人の行動意図を促進させる方法である[3),6),7)]．この場合，環境配慮行動の実行にかかる時間的・金銭的なコストに関する情報や，環境配慮行動の実行に必要な知識や技術に関する情報，環境配慮行動を実行することに対して周囲がどの程度期待をしているかという情報を提供することで，具体的な環境配慮行動を実行したいという個人の意図が強化される．

　3つ目は，態度と行動意図の関連強化アプローチである[3)]．いかに肯定的な目標意図が形成されていたとしても，それが行動を決定する時に想起されなければ，環境配慮行動は実行されない．つまり態度と行動の乖離を取り除き，両者に一貫性を持たせることが重要なのである．具体的に目標意図と行動意図の関連を強化する方法として，段階的要請法や役割演技法などがある．

　以上の3つのアプローチは，個人の合理的な意思決定に基づく合理的アプローチである．それに対し，野波・加藤・池内・小杉[8)]は，個人の行動意図を促進させる要因として，地域への帰属意識や地域環境への愛着などの情動的要因が効果的であることを明らかにしている．これはいわば情動的アプローチである．具体的には，地域に対する郷愁や地域環境との関わりを喚起するような情報を提示することで，環境配慮行動を実行したいという個人の意図が強化されるのである．

2 農家の濁水削減行動の促進に向けた実践的な取り組み

1 フィールド実験によるアクション

　本節では，前節で紹介したアプローチを実際の現場に導入したフィールド実験をおこない，農家の濁水削減に対する目標意図や行動意図を実践的に促進させるための取り組みについて紹介する．

　まず農家の目標意図を促進させる方法として，合理的アプローチの１つである環境認知の変容アプローチを用いる．特にここでは，近年のリスク学の発展や環境問題の深刻さに対するメディア報道の多用性など，環境リスクに対する社会的関心が高まっていることから，環境リスク認知に着目する．次に行動意図を促進させる方法として情動的アプローチを用いる．また農家の環境配慮行動をより実践的に促進させるために，環境認知の変容アプローチと情動的アプローチを組み合わせた複合的なアプローチについても探索的に実施する．さらに各アプローチの効果をより明確に比較検討するために，特にいずれのアプローチもしない統制群を実験条件として設定する．

　それぞれのアプローチの具体的な方法および仮説は以下の通りである．

①環境リスク認知の変容アプローチ

　農業濁水に含まれる化学的物質の組成とその生物的影響などの科学的情報について提示をおこなう．ここで提示される科学的な情報は，客観的に現状の農業濁水の危険度を示すものである．この情報を提示することにより，農家の環境リスク認知は高まり，肯定的な目標意図の形成につながると考えられる．

　これらの情報を提示するには，本プロジェクトの生態学および物質動態学の研究者からの専門的な知識が必要である．そこで，プロジェクト内でこれらの分野の研究者と提携し，彼らが対象フィールドで実施した種々の河川調査（2003 年〜 2004 年にかけ実施）の結果をもとに，提示情報の選定と資料の作成をおこなった．

②情動的アプローチ

　地域の歴史や思い出，地域環境と集落との関連，地域環境に生息する生き物などの情報を提示する．これらの情報を提示することにより，農家の地域への帰属意識や地域環境への愛着が喚起され，行動意図が促進されると考えられる．

　これらの情報を提示するには，フィールドの風土や歴史的な社会背景，さらには住民のライフヒストリーなど環境社会学的な知見や視点が必要である．そこで，さきほどと同様，本プロジェクトのこの分野の研究者とも連携し，提示情報の選定と資料の作成をおこなった．

③複合的アプローチ

　環境リスク認知の変容アプローチと情動的アプローチ双方の情報を提示する．２つのアプローチの組み合わせであることから，目標意図・行動意図ともに促進されると考えられる．

図 4-3-1　仮説モデル

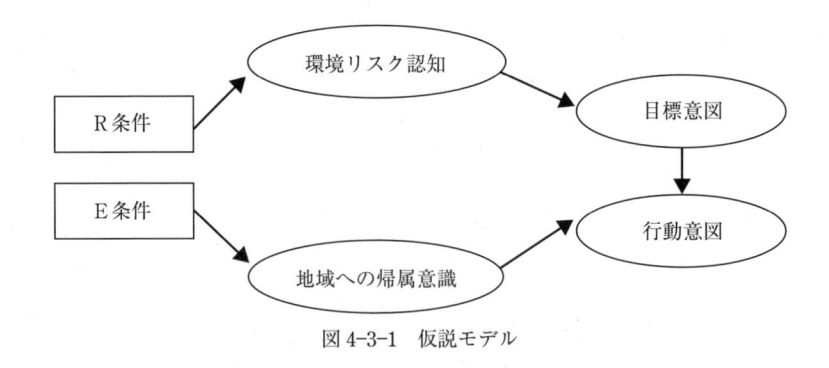

④統制群

　特に情報提示はおこなわない．各アプローチの比較基準として設定する．

2　フィールド実験の手続き

　フィールドにおける実践的な取り組みとして，以下のような手続きでフィールド実験を行った．

○対象地域

　滋賀県彦根市愛西土地改良区の6町を調査対象地域とした．

○住民参加型ワークショップの開催

　実践的に現場介入する1つの方法として，住民参加型ワークショップが効果的であることが知られている (例えば，山本[9]など)．そこで本研究では，農家を参加者とするワークショップを開催した．ワークショップの開催時期は，2005年3月23日〜4月10日の間であった．1回あたりのワークショップの開催時間は 19:30〜21:00 までの1時間半であり，場所は各町の公民館で実施した．

　なお，農家へのワークショップ開催の案内・告知は，各町の自治会長あるいは改良組合長に，自治会内の集会 (総会・農家の集まり等) において口頭説明と案内資料を配布してもらうよう依頼した．時期は2月下旬〜3月上旬にかけておこなってもらった．

○ワークショップの流れ

　ワークショップは①導入，②実験条件 (各アプローチ)，③ディスカッションの3部構成とした．

①導入

　導入では，農業濁水の実態を説明することを目的に，田圃から排出された農業濁水が水路や琵琶湖を汚濁する様子を映像によって提示した．特に説明にあたっては，農業濁水の水路〜河川〜琵琶湖の空間的な連続性に重点を置いて説明した．所要時間は約10分であった．

②実験条件

表 4-3-2　R条件のスケジュール

R条件：環境リスク認知の変容アプローチ
①農業系・工業系・家庭系・自然系の汚濁割合
②第1次産業での規制の状況（水産・畜産系）
③農業濁水の中身1（濁り）
④農業濁水による水路の変化
⑤農業濁水のアユへの影響
⑥農業濁水の中身2（栄養分）
⑦富栄養化のメカニズム
⑧湖東地域の水田が琵琶湖周辺の土地に占める割合
⑨濁水問題の背景と取り組み

表 4-3-3　E条件のスケジュール

E条件：情動的アプローチ
①開催する町付近の空中写真を現在・過去（圃場整備前）で比較提示する
②水路の過去と現在の風景の変化を提示
③農作業の昔と今を写真で提示
④湖東の昔と今を写真で提示
⑤暮らしの風景の昔と今を写真で提示
⑥漁具の昔と今を写真で提示
⑦水路や川の生物を写真で提示
⑧水田・水路とのつながりを提示

各アプローチについて，以下の要領で情報を提示した．
・環境リスク認知の変容アプローチの条件操作 (Risk condition：以下R条件)
　農業濁水の成分の説明と農業濁水が生物や環境へ負荷を及ぼすメカニズムについて説明をおこなった（表4-3-2）．所要時間は約30分であった．
・情動的アプローチの条件操作 (Emotional condition：以下E条件)
　昔の記録や思い出，また水路や河川，琵琶湖に生息する生物についての情報を映像によって提示した（表4-3-3）．所要時間は約30分であった．
・複合的アプローチの条件操作 (以下，E+R条件)
　R条件とE条件でおこなった情報提示を両方おこなった．所要時間は約55分であった．
・統制群
　特に何もおこなわなかった．
③ディスカッション
　研究者とワークショップ参加者相互で，農業濁水についてディスカッションをおこなった．所要時間は約30分であった．なおディスカッションの際，意見交換をより

活性化させるために，農業濁水を削減させるための対策を示したチェックリスト（滋賀県が作成したものを改定）を資料として提示した．具体的には，「あぜ塗りをしたり，あぜシートを設置する」，「強制落水はできるだけせず，自然減水で調整する」など10項目を提示した．
○実験条件の振り分け
　全6町中，R条件に2町，E条件に1町，E＋R条件に2町，統制群に1町を割りあてた．なお，E＋R条件に関しては，両町でEとRの順を入れかえ，カウンターバランスを取った．
○質問紙調査
・調査対象者
　ワークショップ参加者99名．各条件の内訳は，R条件31名，E条件21名，E＋R条件26名，統制群21名であった．
・調査方法および調査時期
　郵送法による質問紙調査．各ワークショップ実施1週間後に質問紙を配布し，2週間以内に回答の上，返送するように求めた．
・調査項目
　ワークショップに参加した感想（「先日のワークショップでの研究者の話に，どんな感想を持ちましたか」）を尋ねた．回答は自由記述によった．

3　フィールド実験の結果

　前項のような手続きによってフィールド実験をおこなった結果，以下のことが示された．
○有効回答率
　有効回答数は，39票であり，ワークショップ参加者に対する有効回収率は39.39％となった．条件ごとの有効回答数は，R条件16名，E条件7名，E＋R条件9名，統制群7名となった．
○KJ法による自由記述回答の分析結果
　質問項目「先日のワークショップでの研究者の話に，どんな感想を持ちましたか」に対する自由記述回答をKJ法[10]によって分析した．
　KJ法による分析にあたり，まず各回答者のコメントをセンテンスごとに1文ずつカードに記入した．そして，大学院生3名（男性1名・女性2名，平均年齢25.7歳）を評定者とし，条件ごとにコメントを分類するよう依頼した．
　なお，各条件のコメント数は，R条件で22個（1人平均1.38個），E条件で12個（1人平均1.71個），E＋R条件で18個（1人平均2.00個），統制群で10個（1人平均1.43個）であり，条件間でコメント数に有意差は認められなかった（$F_{(3,35)} = 1.07, n.s.$）．
・R条件の分類結果

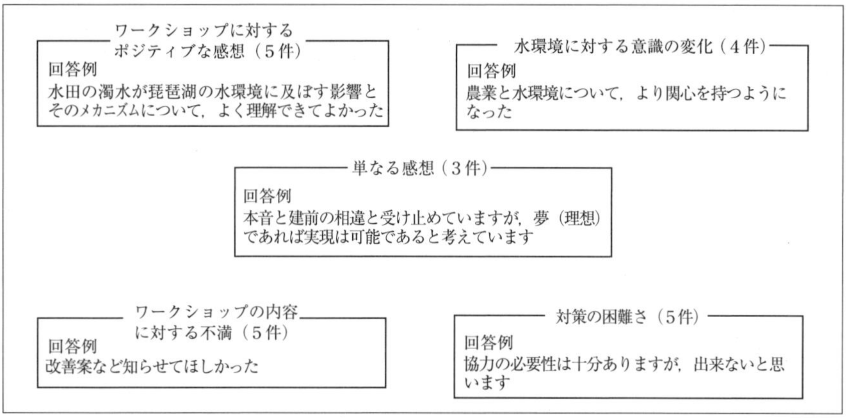

第 3 章　農家の環境配慮行動の促進

```
┌─────────────────────────────────────────────────────────────────┐
│  ┌── ワークショップに対する ──┐         ┌── 水環境に対する意識の変化（4件）──┐
│  │    ポジティブな感想（5件） │         │ 回答例                              │
│  │ 回答例                     │         │ 農業と水環境について，より関心を持つように  │
│  │ 水田の濁水が琵琶湖の水環境に及ぼす影響と │         │ なった                              │
│  │ そのメカニズムについて，よく理解できてよかった │         └─────────────────────────────────┘
│  └─────────────────────────┘
│                    ┌── 単なる感想（3件）──┐
│                    │ 回答例                │
│                    │ 本音と建前の相違と受け止めていますが，夢（理想） │
│                    │ であれば実現は可能であると考えています │
│                    └─────────────────────┘
│  ┌── ワークショップの内容 ──┐           ┌── 対策の困難さ（5件）──┐
│  │    に対する不満（5件）   │           │ 回答例                    │
│  │ 回答例                   │           │ 協力の必要性は十分ありますが，出来ないと思い │
│  │ 改善案など知らせてほしかった │           │ ます                      │
│  └─────────────────────┘           └─────────────────────┘
└─────────────────────────────────────────────────────────────────┘
```

図 4-3-2　R 条件の A 型図解

R 条件で得られたコメント 22 個を分類したところ，5 つのグループに分類された．第 1 グループは「ワークショップに対するポジティブな感想（5 件：22.73%）」，第 2 グループは「水環境に対する意識の変化（4 件：18.18%）」，第 3 グループは「単なる感想（3 件：13.64%）」，第 4 グループは「ワークショップの内容に対する不満（5 件：22.73%）」，第 5 グループは「対策の困難さ（5 件：22.73%）」であった．各グループの具体的な回答例および A 型図解を図 4-3-2 に示す．

なおこの R 条件においても，ワークショップで提示された情報（農業濁水が水環境に及ぼす科学的メカニズム）に関するコメントが得られており，条件の操作が有効であったと考えられる．

・E 条件の分類結果

E 条件で得られたコメント 12 個を分類したところ，4 つのグループに分類された．第 1 グループは「ワークショップに対するポジティブな感想（3 件：25.00%）」，第 2 グループは「対策への前向きな意志（4 件：33.33%）」，第 3 グループは「単なる説明と感想（3 件：25.00%）」，第 4 グループは「現実の厳しさの訴え（2 件：16.67%）」であった．各グループの具体的な回答例および A 型図解を図 4-3-3 に示す．

なお，「古い写真」や昔の状況に関するコメントなど，E 条件で提示された情報を反映するコメントが複数得られたことから，この条件の操作が的確に回答者に認識されたと考えられる．

・E + R 条件の分類結果

E + R 条件で得られたコメント 18 個を分類したところ，5 つのグループに分類された．第 1 グループは「研究者への感謝（3 件：16.67%）」，第 2 グループは「対策への前向きな意見（4 件：22.22%）」，第 3 グループは「昔の自然を懐かしむ感情（4 件：22.22%）」，第 4 グループは「単なる説明（2 件：11.11%）」，第 5 グループは「ワークショッ

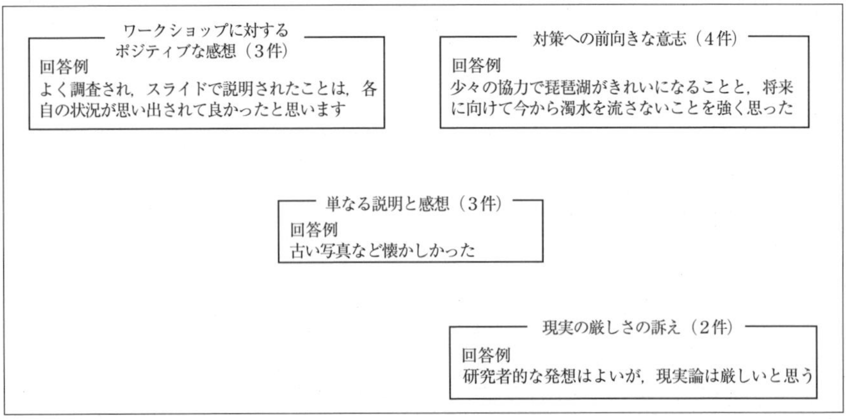

```
┌─ ワークショップに対する ─┐      ┌─ 対策への前向きな意志（4件）─┐
│  ポジティブな感想（3件） │      │ 回答例                        │
│ 回答例                   │      │ 少々の協力で琵琶湖がきれいになることと，将来│
│ よく調査され，スライドで説明されたことは，各│ │ に向けて今から濁水を流さないことを強く思った│
│ 自の状況が思い出されて良かったと思います│      │                               │
└─────────────────┘      └──────────────────┘

         ┌─ 単なる説明と感想（3件）─┐
         │ 回答例                    │
         │ 古い写真など懐かしかった │
         └──────────────┘

              ┌─ 現実の厳しさの訴え（2件）─┐
              │ 回答例                        │
              │ 研究者的な発想はよいが，現実論は厳しいと思う│
              └────────────────────┘
```

図 4-3-3　E 条件の A 型図解

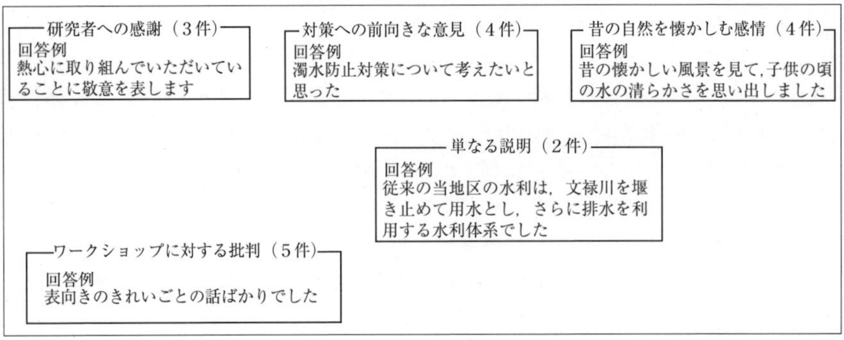

```
┌─研究者への感謝（3件）─┐ ┌─対策への前向きな意見（4件）─┐ ┌─昔の自然を懐かしむ感情（4件）─┐
│ 回答例                │ │ 回答例                        │ │ 回答例                          │
│ 熱心に取り組んでいただいてい│ │ 濁水防止対策について考えたいと│ │ 昔の懐かしい風景を見て，子供の頃│
│ ることに敬意を表します│ │ 思った                        │ │ の水の清らかさを思い出しました│
└──────────┘ └──────────────┘ └──────────────────┘

              ┌─ 単なる説明（2件）─┐
              │ 回答例                │
              │ 従来の当地区の水利は，文禄川を堰│
              │ き止めて用水とし，さらに排水を利│
              │ 用する水利体系でした│
              └──────────────┘

┌─ワークショップに対する批判（5件）─┐
│ 回答例                              │
│ 表向きのきれいごとの話ばかりでした│
└────────────────────┘
```

図 4-3-4　E＋R 条件の A 型図解

プに対する批判（5 件：27.78%）」であった．各グループの具体的な回答例および A 型図解を図 4-3-4 に示す．

条件操作については，「子供の頃の様子」や「昔の懐かしい風景」といった内容のコメントが得られており，条件の具体的な内容が回答者に認識されていたと考えられる．

・統制群の分類結果

統制群のコメント 10 個を分類したところ，4 つのグループに分類された．第 1 グループは「ワークショップに対するポジティブな感想（3 件：30.00%）」，第 2 グループは「単なる感想（2 件：20.00%）」，第 3 グループは「ワークショップへの不満（2 件：20.00%）」，第 4 グループは「対策の困難な現状（3 件：30.00%）」であった．各グループの具体的な回答例および A 型図解を図 4-3-5 に示す．

・KJ 法における条件間の比較

以上のように，各条件で得られたコメントはいくつかのグループに分類された．各

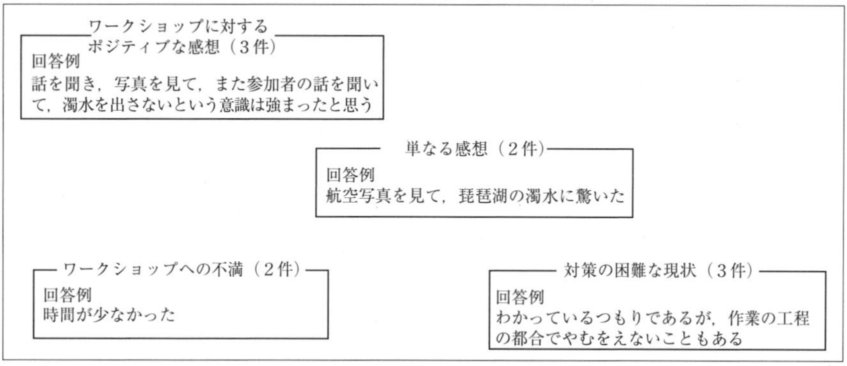

```
┌─────────────────────────────────────────────────────────────────┐
│  ┌─ワークショップに対する──┐                                    │
│  │  ポジティブな感想（3件）│                                    │
│  │回答例                   │                                    │
│  │話を聞き，写真を見て，また参加者の話を聞い                    │
│  │て，濁水を出さないという意識は強まったと思う                  │
│  └─────────────────────────┘                                    │
│                          ┌─ 単なる感想（2件）──┐                │
│                          │回答例               │                │
│                          │航空写真を見て，琵琶湖の濁水に驚いた  │
│                          └─────────────────────┘                │
│  ┌─ ワークショップへの不満（2件）┐   ┌─ 対策の困難な現状（3件）┐│
│  │回答例                         │   │回答例                   ││
│  │時間が少なかった               │   │わかっているつもりであるが，作業の工程│
│  │                               │   │の都合でやむをえないこともある│
│  └───────────────────────────────┘   └─────────────────────────┘│
└─────────────────────────────────────────────────────────────────┘
```

図 4-3-5　統制群の A 型図解

表 4-3-4　各条件の評価ごとの分類

評価		条件			
		R 条件	E 条件	E＋R 条件	統制群
肯定的評価	サブグループ	WS に対するポジティブな感想／水環境に対する意識の変化	WS に対するポジティブな感想／対策への前向きな意志	研究者への感謝 対策への前向きな意見 昔の自然を懐かしむ感情	WS に対するポジティブな感想
	コメント数（%）	9 件（40.91%）	7 件（58.33%）	11 件（61.11%）	3 件（30.00%）
中立的評価	サブグループ	単なる感想	単なる説明と感想	－	単なる感想
	コメント数（%）	3 件（13.64%）	3 件（25.00%）	－	2 件（20.00%）
否定的評価	サブグループ	WS の内容に対する不満／対策の困難さ	現実の厳しさの訴え	WS に対する批判	WS への不満 対策の困難な現状
	コメント数（%）	10 件（45.45%）	2 件（16.67%）	5 件（27.78%）	5 件（50.00%）
分類不能	サブグループ	－	－	単なる説明	－
	コメント数（%）	－	－	2 件（11.11%）	－

※ WS＝ワークショップ

　条件で分類されたグループを条件間で見ていくと，概念的に類似しているグループも複数あった．そこで，条件間で同一の基準を設定し，その基準に基づいて各条件のグループを再分類するよう評定者に依頼した．このように同一基準を設定することで，条件間におけるコメントの相違をより直接的かつ明確に比較検討することができると考えられる．

　評定者に全条件の A 型図解および各コメントを概括してもらったところ，同一基準として，肯定的評価・中立的評価・否定的評価の3つが設定された．各条件のグループをこの3基準に分類してもらったところ，表 4-3-4 のような結果となった．

4　フィールド実験の効果

　本節では，農家の濁水削減に対する目標意図や行動意図を実践的に促進させること

を目的に，フィールド実験による様々なアプローチをおこなった．フィールド実験の条件として4条件を設定した結果，各条件で以下のような特徴が認められた．

まずR条件では，KJ法の分類の結果，肯定的評価と否定的評価がほぼ同数得られた．肯定的評価の内容について検討すると，「水環境に対する意識の変化」に示されたように濁水問題への関心の高まりが認められ，肯定的な態度が生じたと考えられる．一方，否定的評価の多くは，「対応の困難さ」に示されたように態度レベルでは濁水削減行動の有効性を評価するものの，行動レベルでは実行が困難であることが示された．つまり，環境リスク認知の変容アプローチは，目標意図の促進にはつながるものの，行動意図の促進にはつながらないのである．

次にE条件では，KJ法の結果，肯定的評価の割合が最も多く，またその内容も，「対策への前向きな意志」に表されたように濁水削減行動を推進していきたいという回答が多かった．このことより，情動的アプローチは行動意図を促進すると考えられる．

E+R条件については，肯定的評価が最も多かった．また内容的にも「昔の自然を懐かしむ感情」が喚起され，濁水削減行動を推進していきたいという「対策への前向きな意見」が示された．このことより，複合的アプローチは目標意図・行動意図とも促進させると考えられる．

統制群については，否定的評価が最も多く，現状では対策を実行することが困難であることが示された．つまり，統制群では農家の目標意図や行動意図は促進されていないと考えられる．

以上のように，各実験条件で目標意図や行動意図に異なる影響が認められた．まず全体的な傾向として，情報提示をおこなわなかった統制群では，目標意図・行動意図ともにほとんど促進されなかったのに対し，情報提示をおこなった3条件（R・E・E+R条件）では，目標意図と行動意図のいずれかもしくは両方が促進された．

実験操作をおこなった3条件については，R条件は目標意図に，E条件は行動意図に，E+R条件は目標意図と行動意図に影響を及ぼしていた．この結果は仮説を支持するものである．その中でも，個人の情動に訴えかける情動的アプローチは，行動意図を直接的に促進させる効果を有していた．このことから，情動的アプローチは早急な対策が求められている農業濁水問題において，有効な解決手段になると考えられる．

一方，環境リスク認知の変容アプローチは，目標意図に対する影響は認められたものの，行動意図に対する影響はあまり認められなかった．この点から言えば，環境リスク認知の変容アプローチは，農家の濁水削減行動を直接的に促進させる効果が相対的に低く，早急な問題解決に結びつきにくい．しかしこのことは，環境リスク認知の変容アプローチが，個人の濁水削減行動の促進に無益であることを意味するものではない．個人が環境配慮行動を長期的に継続させていくためには，環境にやさしくしたいという内発的な態度が必要である．その点，目標意図は行動意図の重要な規定因と

して，個人が内発的に環境配慮行動を実行するよう動機づける．長期的な視点に立てば，環境リスク認知の変容アプローチも農家の濁水削減行動の促進につながっていくのではないだろうか．

さらに複合的アプローチでは，目標意図・行動意図の両方が促進された．この結果より，農家の濁水削減行動を促進するためには，単一のアプローチからだけでなく，複数のアプローチを組み合わせることがより効果的であると考えられる．なおこのように目標意図と行動意図が同時に促進されたことは，単にそれぞれの意図が高まったということだけでなく，両者の関連性が強化されている可能性も考えられる．すなわち複合的アプローチは，態度と行動意図の関連強化アプローチの効果も有しており，より行動意図が促進されるのではないだろうか．

以上のように，アプローチの方法によって促進される要因が異なることが示され，またいずれのアプローチがより効果的であるかが明らかになった．このことは，地域レベルの環境問題解決のための1つの糸口を提案できるものと考えられる．

3 濁水削減行動に対する農家の意思決定プロセスの検討

以上の検討の結果，アプローチによって促進される要因が異なるとともに，いずれのアプローチがより効果的かが明らかになった．ただし前節で用いたアプローチは，環境配慮行動に関する一般的な意思決定プロセスを前提としたものである[3]．

実際に農業従事者が濁水削減行動の決定をどのようにおこなっているのか，その意志決定プロセスをより具体的に明らかにすることで，さらに効果的なアプローチをとることも可能になると考えられる．そこで本節では，農業従事者の濁水削減行動の意志決定プロセスを解明することを目的とする．

1 環境配慮行動の意思決定プロセス

環境問題に関する個人の意志決定プロセスの代表的なモデルとして，広瀬[3]の環境配慮行動の要因連関モデルがある．前節で示した各アプローチは，この広瀬のモデルをもとに提案されたものであるが，改めてこのモデルの骨子をあげておく．

通常，個人の態度と行動には一貫性が保たれやすい[11]．しかし，こと環境問題に関しては，態度（目標意図）と行動（行動意図）が乖離しやすい傾向にある．現状，「環境を守らなければならない」と思いつつも，実行できていない人が多いのはこのためである．ただし高い目標意図を持っている人ほど，行動意図も高くなることはこれまでの先行研究でも明らかにされている（例えば，広瀬[3]；野波ら[12]など）．つまり両者の間には，前者から後者への影響力関係がみられるのである．

また個人の目標意図や行動意図には様々な要因が影響を及ぼしており，目標意図には環境リスク認知や責任帰属認知などの認知的要因が，行動意図には費用便益評価や

社会規範評価などの評価的要因が影響を及ぼしている．さらに広瀬のモデルを発展的に検討した野波ら[8]や加藤ら[13]は，地域への帰属意識や地域環境への愛着などの情動的要因が行動意図に影響することを明らかにしている．

そこで本節では，これらの先行研究をもとに濁水削減行動に対する農家の意志決定プロセスを認知的要因，評価的要因，情動的要因の観点から検討をおこなう．なお行動意図については，個人で実行可能な環境配慮行動である個人行動意図と，他者と共同し集団レベルで実行する集団行動意図の2種類がある[8]．また目標意図についても，態度の対象が地域環境に特化したものと広範囲な環境問題に対するものに分かれることが明らかにされている[13]．農業濁水問題について考えてみると，環境問題の悪影響の範囲は集落といったミクロレベルの環境から，琵琶湖といったメソ・マクロレベルの環境，さらには水環境全般といったマクロレベルにまで及ぶことから，集落の環境・琵琶湖の環境・水環境全般それぞれに対する目標意図を設定し，行動意図に及ぼす影響を検討する．以上を検討するために，ワークショップの2ヵ月後にフィールド調査を実施した．

2 フィールド調査の手続き

農家の環境配慮行動の意志決定プロセスを明らかにするために，以下のような手続きでフィールド調査をおこなった．

○調査対象者

ワークショップに参加した農家99名．

○調査方法および調査時期

郵送法による質問紙調査．調査時期は2005年6月上旬．

○調査項目

「水田と琵琶湖のつながりに関するアンケート」として，以下のような項目を尋ねた．いずれも5件法（「1.全くそう思わない」～「5.非常にそう思う」）であった．

・行動意図

　個人行動意図：「水や畦を管理して，できるだけ自分の水田から濁水を減らしたい」など3項目

　集団行動意図：「集落で濁水を減らすよう，まわりの農家と話し合いをしたい」など3項目

・目標意図

　集落の環境：「集落の自然を大切に守りたい」など3項目

　琵琶湖の環境：「できるだけ琵琶湖を汚さない暮らしをするべきだ」など3項目

　水環境全般：「水の環境を守ることは，私たちの大切な義務である」など3項目

・認知的要因

　環境リスク認知：「現在，琵琶湖の汚れは深刻な状況になっている」など3項目

責任帰属認知:「水田からの濁水が琵琶湖を汚しているとは思えない（逆転項目）」など2項目
・評価的要因
　費用便益評価:「水田からの濁水に気をつけるのは，家では費用や手間が大きすぎる」など2項目
　社会規範評価:「私の身近には，環境に配慮した農業をしている人もいる」など2項目
・情動的要因
　地域への帰属意識:「この集落と強い結びつきを感じることがある」など5項目
　地域環境への愛着:「琵琶湖は，私にとって重要なものである」など3項目

3　フィールド調査の結果

　前項のような手続きによって，フィールド調査をおこなった結果，以下のことが示された．
○回答者の属性
　有効回答数は，60票であり，ワークショップ参加者に対する有効回収率は60.6%となった．回答者の属性は，男52名（91.2%），女が5名（8.8%）（未記入3名）であり，大半の回答者が男性であった．また回答者の平均年齢は62.11歳（$SD=9.19$）であり，65歳以上の高齢者が全体の約40%を占めていた．このことは，農業が男性の高齢者によって担われているという現状を反映していると考えられる．また，専業・兼業別の割合を見ると，専業農家が19名（37.3%），農業収入を主とする兼業農家が3名（5.9%），農業以外の収入を主とする兼業農家が29名（56.9%）（未記入9名）であり，兼業農家の割合が比較的高かったが，全国平均（22.6%）と比較すると[14]，専業農家の割合が高い結果となった．なお職業分布は，「農業・林業・漁業」：23名（38.3%），「一般従業者」：17名（28.8%），「無職」：15名（25.4%），「自営業主」：4名（6.8%）という割合になった．
○モデルの検討
　行動意図に対する目標意図，認知的要因，評価的要因，情動的要因の影響力（因果関係）を検討するために共分散構造分析をおこなった．なお各構成概念については，先行研究に基づいて簡便的因子得点を算出し，それを観測変数として分析に用いた．有意な影響が認められなかったパスおよび変数（責任帰属認知・社会規範評価）を削除し，さらに修正指標に基づく分析をおこなった結果，最終的に図4-3-6のようなモデルが得られた．
　まず個人行動意図に対しては，集落環境に対する目標意図（$\beta=.32, p<.01$）および琵琶湖に対する目標意図（$\beta=.27, p<.05$），さらに地域への帰属意識（$\beta=.20, p<.05$）が有意な正の影響を及ぼしていた．また費用便益評価が有意な負の影響（$\beta=-.18, p<.05$）

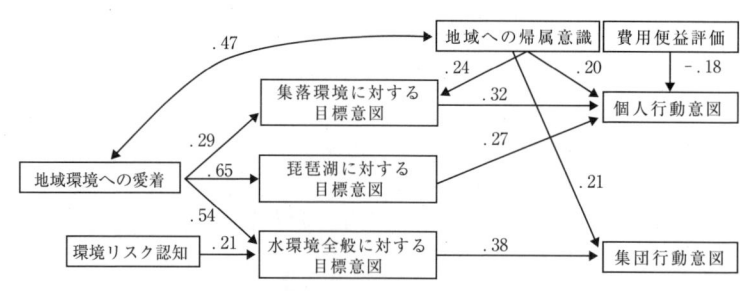

観測変数間のパス・共分散のみ表示．いずれも5％水準以下で有意

モデル適合度
$\chi^2_{(18)} = 13.26$, n.s., GFI = .96, AGFI = .89, RMSEA = .01, AIC = 67.26, Hoelter(.01) = 155

図 4-3-6 農家の意思決定プロセス（共分散構造分析：結果）

を及ぼしていた．

一方，集団行動意図に対しては，水環境全般に対する目標意図（$\beta = .38, p < .001$）と地域への帰属意識（$\beta = .21, p < .05$）が有意な影響を及ぼしていた．

目標意図に対しては，地域環境への愛着がいずれの目標意図にも有意な影響を及ぼしていた（集落環境：$\beta = .29, p < .05$，琵琶湖：$\beta = .65, p < .001$，水環境：$\beta = .54, p < .001$）．また，集落環境に対する目標意図には，地域への帰属意識が有意な影響を及ぼしており（$\beta = .24, p < .05$），水環境全般に対する目標意図には，環境リスク認知が有意な影響を及ぼしていた（$\beta = .21, p < .05$）．

また地域への帰属意識と地域環境への愛着については，有意な共分散（$r = .47, p < .001$）が認められた．

4 　農家の意思決定プロセス

本節では，農家の濁水削減行動の意志決定プロセスを解明することを目的とした．共分散構造分析の結果，個人行動意図と集団行動意図には，それぞれ異なる影響力が認められた．

各行動意図に対する目標意図からの影響力については，まず個人行動意図に対して，集落環境および琵琶湖に対する目標意図が有意な影響を及ぼしていた．すなわち農家は，集落や琵琶湖など身近な環境（ミクロ，メソ・マクロ）に対する保全意識から個人で実行可能な濁水削減行動をとるのである．

一方，集団行動意図に対しては水環境全般に対する目標意図のみが有意な影響を及ぼしていた．つまり，農家が行政や他の農家と共同するなど集団的に濁水削減行動を実行するためには，水環境全般というよりマクロな視点からの保全意識が必要なのである．個人が集団行動を実行するには，行為者間で共通目標が存在すること，また目標の達成によって集団的利益を得られることが重要である[8]．ただし環境問題が深刻化している現状において，求められる集団的利益は単に行為者（農家）自身にとって

のものだけでなく，より広範な人々に享受されるものでなくてはならない．このことは，環境リスク認知が水環境全般に対する目標意図に影響を及ぼしていたことからも明らかであろう．すなわち農家が集団行動によって達成すべき集団的利益は，人々を取り巻く水環境を改善することであり，このことが結果に影響したものと考えられる．

いずれにせよ，行動意図の種類によって影響を及ぼす目標意図が異なったことから，農家の濁水削減行動を統合的に促進させるためには，多様なレベルの目標意図を喚起させることが重要であると考えられる．

次に認知的・評価的・情動的要因からの影響力についてみていく．まず認知的要因については，環境リスク認知が水環境全般に対する目標意図に影響を及ぼしていた．つまり，琵琶湖の水質悪化を深刻だと認知している人ほど，水環境を守らなければならないという態度を高く持っている．評価的要因については，費用便益評価が個人行動意図に負の影響を及ぼしており，濁水削減行動にかかるコストを高く評価するほど，個人行動を実行しにくいことが明らかになった．情動的要因については，地域への帰属意識がいずれの行動意図，さらには集落環境に対する目標意図にも有意な影響を及ぼしていた．一方，地域環境への愛着は，全ての目標意図に対して有意な影響を及ぼしていた．また地域への帰属意識と地域環境への愛着には高い共分散があった．これらの結果より，地域への帰属意識と集落環境への愛着は，相互に影響しあいつつ，目標意図・行動意図に幅広く影響することが示された．すなわち，情動的要因は農家の濁水削減行動を直接的にも間接的にも促進させることが明らかになった．

4 より実践的な順応的管理に向けて

1 フィールド実験と調査の対応

フィールド実験の結果，環境リスク認知の変容アプローチは目標意図を，情動的アプローチは行動意図を促進させることが明らかになった．一方，フィールド調査より，環境リスク認知が水環境に対する目標意図の規定因であること，また情動的要因の1つである地域への帰属意識が，個人行動意図と集団行動意図の規定因であることが示された．2つの研究の結果には整合性があり，農家の意思決定プロセスからみても，各アプローチが有効な方法であったと考えられる．なお，地域環境への愛着が目標意図の規定因であったことから，情動的アプローチは行動意図だけでなく，同時に目標意図を高めていたとも考えられる．

2 現場への効果的なアプローチ

フィールド実験より，情動的・環境リスクの変容アプローチのいずれも農家の濁水削減に対する態度や行動に効果があることが認められた．特に情動的アプローチは，

行動意図を直接的に促進させることから農業濁水問題の有効な解決手段になると考えられる．一方，環境リスク認知の変容アプローチについては，目標意図に対する影響しか認められなかった．しかし，目標意図が行動意図の規定因となること，また持続的な環境配慮行動の実行には態度（目標意図）による内発的な動機付けが必要であることから，決して無益なアプローチとはいえない．

両アプローチを組み合わせた複合的アプローチでは，目標意図・行動意図のいずれも促進された．さらにフィールド調査の結果から見ても，複数の要因を高めることは，それだけ行動意図に対して強い影響を持つことになる．より実践的に農家の濁水削減行動を促進させるためには，多面的に規定因を促進させる複合的なアプローチをとることが重要であると考えられる．

なおこれまで対象地域では，行政などが主体となって濁水の現状についての報告や濁水を削減するための方法や取り組みについての研修（意見交換会）がおこなわれてきている[15]．ただし研修の内容を見てみると，本研究における導入とディスカッションに類似しており，ほぼフィールド実験の統制群に該当する．ただし，統制群は目標意図や行動意図を促進させる効果があまり認められなかった．今後，行政などが現場に介入する際には，フィールド実験で効果が認められたようなアプローチを導入していくことも1つの方法であろう．

また今日のフィールド実験では具体的に条件として設定していなかったものの，両研究の結果より，行動評価の変容アプローチも必要であると考えられる．というのも，フィールド実験において「対策の困難さ」や「現実の厳しさの訴え」，「対策の困難な現状」など対策にかかるコスト感や実行可能性の低さを示すコメントが得られており，フィールド調査においても，費用便益評価が個人行動意図に有意な影響を及ぼすという結果が得られた．これら評価的要因が環境配慮行動の実行に大きな障壁となることは，これまでの先行研究でも一貫して指摘されている（例えば，広瀬[3]；野波ら[8]など）．現実的に農家の濁水削減行動を促進させるためには，農家のコスト感を低下させ，実行可能性評価を高めるアプローチも重要であろう．今後，行動評価の変容アプローチについても検討をおこなう必要がある．ただしこのアプローチを実施するためには，効果的に濁水を削減させるための技術的な問題や，コストを軽減させるためのシステムの構築など，科学的・政策的な問題を抜きにはできない．この点もあわせて考える必要があるのではないだろうか．

3 残された課題と今後の展望

まずサンプルに関する問題があげられる．全体的にサンプル数が少なかったため，結果が必ずしも農家の一般的な意見を反映できているとは限らない．またサンプル自体についても，一般的にこのようなワークショップに参加する個人は，すでに問題に対する関心が高い傾向にあるため，バイアスがかかっている可能性がある．むしろ現

実的な問題としては，濁水問題に対する関心が低い農家の態度や行動を変容させることが重要である．

2つ目の問題点としてデータの取り方があげられる．ワークショップ実施前の事前態度を測定していなかったため，目標意図や行動意図が，個人内でどのように変容したかについては検討できていない．またフィールド実験において，質的データのみで効果を測定したことも問題であろう．

今後，濁水問題に対する関心が低い農家も巻き込んだワークショップを実施し，サンプル数を増加させることが重要である．そうすることで，データの妥当性・信頼性を高められるとともに，コミュニティ全体で農家の濁水削減に対する態度や行動をボトムアップ的に促進できると考えられる．また，より効果的な順応的管理を推進していくためには，ワークショップ前後での時系列的な効果測定，質的データだけでなく量的データにもよる効果測定など，より厳密な測定および評価手法を確立することが重要である．さらに，その結果をフィードバックするための継続的なワークショップの実施や，各アプローチの長期的な効果を検討するための追跡調査などをおこなうことも必要であろう．

[加藤潤三]

注

本研究の一部は，『コミュニティ心理学研究』に発表した論文（「集団説得による農家の濁水削減行動の促進 ── 地域レベルの環境問題解決に向けた実践的アプローチ」(2007)）をもとに，本書向けに加筆・修正したものである．

参考文献

1）藤井 聡 (2003)『社会的ジレンマの処方箋 ── 都市・交通・環境問題のための心理学』ナカニシヤ出版．
2）樫澤秀木 (2001)「環境法学と環境社会学」飯島伸子・鳥越晧之・長谷川公一・舩橋晴俊（編）『講座環境社会学第1巻　環境社会学の視点』pp. 208-224，有斐閣．
3）広瀬幸雄 (1995)『環境と消費の社会心理学 ── 私益と共益のジレンマ』名古屋大学出版会．
4）Hass, J. W., G. S. Bagley, and R. A. Rogers, (1975) Coping with the energy crisis: Effects of fear appeals upon attitudes toward energy consumption. *Journal of Applied Psychology*, **60**, 754-756.
5）杉浦淳吉・野波 寛・広瀬幸雄 (1999)「資源ゴミ分別制度への住民評価に及ぼす情報接触と分別行動の効果 ── 環境社会心理学的アプローチによる検討」『廃棄物学会論文誌』**10**, 87-96.
6）Burn, S. M. & Oskamp S., (1986) Increasing community recycling with persuasive communication and public commitment. *Journal of Personality and Social Psychology*, **39**, 29-41.
7）高橋直 (1996)「ある商店街におけるゴミ捨て行動への介入の試み」『心理学研究』**67**, 94-101.

8) 野波　寛・加藤潤三・池内裕美・小杉考司 (2002)「共有財としての河川に対する環境団体員と一般住民の集合行為 —— 個人行動と集団行動の規定因」『社会心理学研究』**17**, 125-135.
9) 山本徳司 (2006)「住民参加ワークショップによる地域景観づくりの実践と課題」『村落社会研究』**24**, 35-45.
10) 川喜田二郎 (1967)『発想法』中央公論社.
11) Ajzen, I. and M. Fishbein. (1980) *Understanding attitudes and predicting social behavior.* Englewood Cliff, New Jersey: Prentice-Hall.
12) 野波　寛・杉浦淳吉・大沼　進・山川　肇・広瀬幸雄 (1997)「資源リサイクル行動の意思決定における多様なメディアの役割 —— パス解析モデルを用いた検討」『心理学研究』**68**, 264-271.
13) 加藤潤三・池内裕美・野波　寛 (2004)「地域焦点型目標意図と問題焦点型目標意図が環境配慮行動に及ぼす影響 —— 地域環境としての河川に対する住民の意思決定プロセス」『社会心理学研究』**20**, 134-143.
14) 農林水産省 (2006)「2005年農業センサス」(http://www.maff.go.jp/toukei/sokuhou/data/census2005-nourin3/census2005-nourin3.pdf).
15) 滋賀県湖東地域振興局環境農政部農産普及課 (2007) (http://www.pref.shiga.jp/hikone-pbo/nogyo/index.html).

ブリーフノート 10

簡易モニタリングと重層的なコミュニケーション

――――――――――――――――――――――――――（田中拓弥）

1．はじめに

　滋賀県では，1980年代から2000年代にかけて，しろかき田植え期の農業濁水削減のための諸策を実施してきた[1]．今後，さらに農業濁水を削減するためには，広く適用可能な削減策の普及を促す一方で，地域固有の環境に対応した方策を考える必要がある．たとえば，既存の濁水削減メニューを平均的に実施するのではなく，その地域でより効果的な技術の組み合わせを導く方法や，さらに言えば，その地域の環境に適した独自の技術を導く方法である．ただし，こうしたアプローチを採る場合，実施した対策の効果をその地域で個別に把握していく必要がある．

　第1部で述べたように，本プロジェクトのコンセプトでは，マクロレベルのみならず，ミクロレベルの水辺環境においても，順応的管理をおこなうことを提唱している．これが実現するためには，水辺環境のモニタリングをミクロレベルにおいても実施する必要がある．費用や労力の面から，行政機関がすべてのミクロレベルのモニタリング活動を担うことは困難であり，住民参加によるモニタリングが重要な役割を持つと思われる．しかし，地域住民がモニタリングに投下できる費用や労力は多くはなく，少ないコストで実施可能なモニタリング手法の存在が，ミクロレベルでの順応的管理を実現する条件になるだろう．このことは，地域個別の濁水削減策を考えていく場合でも同様である．

2．濁水削減の仮想的な計画

　図bn10-1は，水環境保全を目的としたある地域Xでの農業濁水削減の仮想的計画を，模式的に示したものである．この濁水削減計画を題材に，住民参加型のモニタリングをおこないながら，ミクロレベルでの順応的管理を実践する状況を検討しよう．この計画では，B集落の一部で試験的に新しい方策（以下，削減策N）を実施して，その効果を確認し，さらに，B集落全体での取り組みの効果を，従来の慣行技術を実施したA集落との対比によって確認する．いわば，X地域での順応的管理を重層的におこなう概念的なモデルである．以下，手順を簡単に説明しよう．

　1年目には，X地域全体での情報交換と調整をおこなう（①，以下，図bn10-1中の番号を示す）．ここで，順応的管理の考え方・濁水削減が必要な根拠・計画全体について住民が情報を共有し，集落ごとの分担などの調整をおこなう．続いて，A集落とB集落の内部でモニタリングや削減策実施に関する計画を相談する．B集落の実験区（サイト1）・対照区（サイト0）の設定や，それに伴うモニタリングの準備も，この段階でおこなう（②）．

2～4年目にかけて，A集落では慣行技術を実施する（③，⑦，⑩）．2年目と4年目にモニタリング（⑤，⑪）をおこない，集落全体が従来の技術を適用した場合の結果をおさえておく．

B集落の方は，少し複雑である．B集落のサイト0では，2年目と3年目に慣行技術を実施する（③，⑦）．サイト1では，2年目に慣行技術をおこない，3年目に削減策Nを実施する（③，⑦）．サイト1で翌年度に実施する削減策Nを決定する際（⑥）には，モニタリング時（⑤）の観察を踏まえて議論する．そして，サイト0とサイト1の2年間に渡るモニタリング（④，⑧）の結果から，削減策Nの効果を評価し，その上で，B集落のサイト2（サイト0・サイト1以外の圃場群）とサイト0に対して，削減策Nを広く適用するのかどうかを決める（⑨）．

さらに，B集落では，A集落と同様に2年目と4年目に，集落全体での濁水削減策の効果を確認するためのモニタリング（⑤，⑪）をおこなう．B集落で効果のある削減策Nが普及した結果（⑩），慣行技術を使い続けているA集落に比べて，濁水がより削減されたのかどうかを確認していく．そして，以上の4年間にわたる両集落の取り組みの成果は，A集落とB集落が情報交換する中で，X地域全体の知識として共有する（⑫）．

3．順応的管理にともなうさまざまな交渉・調整

以上が，濁水削減策を順応的に導き出すための仮想的計画の概念である．繰り返しになるが，ミクロな地域で順応的管理をおこなうためには，その地域で実施可能なモニタリングの方法が必要である．たとえば，目視観察や透視度調査のような簡易な手法であれば，少ない費用や手間で実施可能であり，市民参加型の環境モニタリング活動等としておこなわれてきた事例がある[2～4]．

ただし，どれほど簡易ではあっても，調査方法に関する関係者の理解が必要になる．多くの人々が参加する場合に，測定の個人差を少なくする意味でもこれは欠かせない．たとえば，2～4年目にA集落・B集落でモニタリングを担当する者の間では，②の段階でモニタリング手法の講習会をおこなう必要がある．手法が簡易であるため経済的・技術的な敷居は低いが，モニタリングへの参加の呼びかけやモニタリング手法に関する講習会の開催など，地域の人々の間でのコミュニケーションに時間を費やす必要があるだろう．とりわけ，農家が多忙となるしろかき田植え期におこなうモニタリングは時間的な負担感が大きいと考えられ，X地域での濁水削減計画に伴う経費や時間に関する負担の配分を合意し，協力体制を整えておく必要がある．そのためにも，削減策Nを考案・修正する際には，豊富な経験を持つ農家が検討に加わり，実施可能な無理のない削減策を導き出していくことが望まれる．

ところで，ある削減策が，実験区のレベルで有効だと確かめられただけでは不十分であり，その方法を集落の中で広く普及させていかなければ，流域での濁水削減へとつなげることはできない．農家が個々に実施可能な場合はともかく，地域住民による共同作業として実施しなければならない削減策もあるだろう．2年目のサイト1のレベルでの調整（⑥）や3年目の集落レベルでの調整（⑨）では，共同作業を具体化して

いくための地域内部での交渉をおこなう必要がある．

　もちろん，X地域の人々が，モニタリング・削減策Nの実施・調整等のコストをかける前提として，「農業濁水は解決するべき問題である」ということが十分認知されていなければならない．計画の目的やその前提である環境リスクに関するに対する参加者の十分な納得である．もし，計画の根拠である「農業濁水問題に関する科学的知見」に不確実性が伴うのであれば，その不確実性に関しても説明されている必要があり，新しい科学的知見が加われば，計画の根拠を見直す必要がある．1年目と4年目におこなわれるX地域での交流は，そのための機会であるが，科学的知見の最新情報に詳しい農学や生態学などの研究者の参加が求められる．

　また，図bn10-1で示した計画は，X地域の農家・住民が緊密に連携する取り組みである．望むらくは，他地域や外部の研究者との交流をおこなって，X地域が一体となった濁水削減活動全体を見直していく，俯瞰的視点を用意しておくことも重要ではないだろうか．

　ここまで，濁水削減に向けた順応的管理の仮想的計画について，交渉や調整の機会を検討したが，上に述べたのは最小限の状況である。たとえば，削減策NがB集落

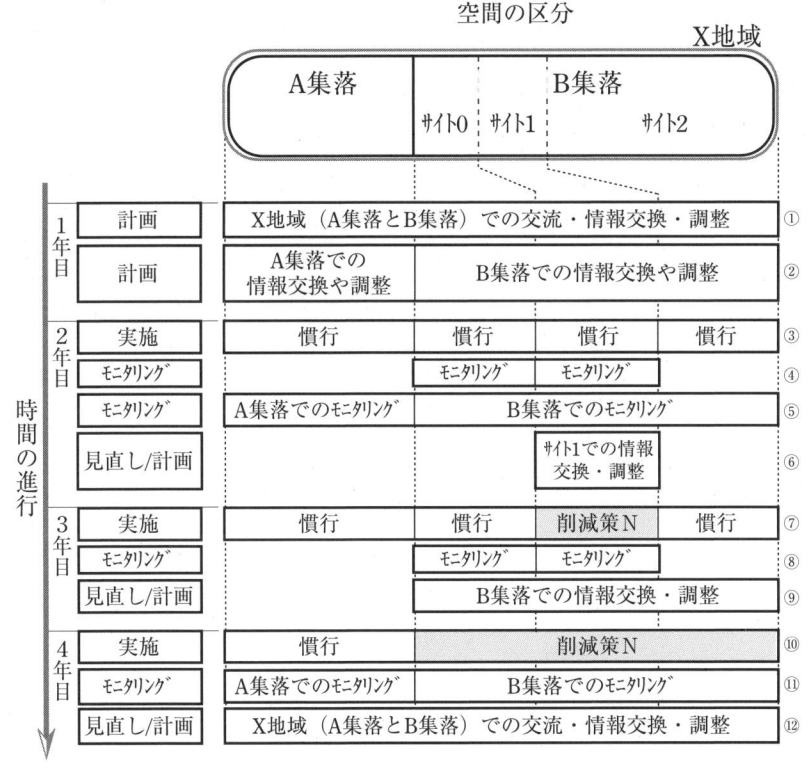

図bn10-1　X地域における農業濁水削減に向けた仮想的計画

全体に普及するまでに複数年を要する場合のように，さらに長い期間での取組が必要になることがあるだろう．また，削減策Nの効果をきちんと評価するために，多地点・多時点でのモニタリングの計画立案やそれへの参加協力が必要となるかもしれない．ミクロレベルでの順応的管理をおこなうためには，低コストで実施可能なモニタリング手法の開発に加えて，地域の状況に応じた交渉・調整を積み重ねていく重層的なコミュニケーションが求められる．

　なお，このブリーフノートの内容は，本プロジェクトでの簡易モニタリングの試みから示唆を受けたものである．その試みの詳細については本プロジェクト報告書[5]を参照されたい．

参考文献

1) 富岡昌雄 (2005)「琵琶湖水質保全と農業排水」戦後日本農業の食料・農業・農村編集委員会編『農業と環境 (戦後日本農業の食料・農業・農村　第9巻)』農林統計協会, 381-394.
2) 小倉紀雄 (2003)『市民環境科学への招待 —— 水環境を守るために』裳華房.
3) 風間真理 (2001)「手作り透視度計による水環境評価」『用水と廃水』**43**：1067-1071.
4) 増田佳昭 (2003)「水田土地改良と環境保全 —— 琵琶湖の農業濁水問題を事例に」『公共事業と環境保全』環境経済・政策学会年報 **8**：139-151.
5) 田中拓弥・井桁明丈・山田佳裕・谷内茂雄 (2007)「濁水削減に向けた簡易モニタリングの試み —— 圃場観察と透視度調査」琵琶湖—淀川プロジェクト編『琵琶湖—淀川水系における流域管理モデルの構築』総合地球環境学研究所, 441-457.

第4章 ツールとしてのモデル・GIS・シナリオ

1 コミュニケーションのためのモデルとシナリオ

　本節では，まず流域診断の方法のひとつとして数理モデルの役割と特徴を整理する．次いで流域ガバナンスの立場から見た，数理モデルの問題点を挙げる．最後に，数理モデルの問題点を克服し，多様な利害関係者（ステークホルダー）間のコミュニケーションを促進するためのツールとしての，シナリオアプローチの試みについて紹介する．この節での数理モデルとシナリオの説明を受けて，第2節では，数理モデルの生態系保全における利用について，第3節では，GISとシナリオを使った階層間コミュニケーション促進の試みについて紹介する．

1　流域診断の方法としての数理モデル[1]

　流域でおこる複雑な現象を理解し，それに伴う問題を解決したいときには，第3部「流域診断の技法と実践」で説明された多様な診断ツールを，その地域に即した形で組み合わせて流域の診断をおこなうことが出発点となる．ここで説明する「数理モデル（以下，簡単に「モデル」ともよぶ）」は，流域診断の科学的ツールとしてみたときに，次のような特徴をもっている．

　科学では，関心のある現象や問題の発見・記述・説明・予測を目的とし，目的に応じて仮説や理論をたてる．これを観察や実験，調査などにより得られるデータで検証（あるいは反証）し，逐次，データとの違いをフィードバックすることで，より高い信頼性を持つ仮説・理論へと置き換えていく．モデリングとは，この科学のプロセスの中で，仮説や理論を，関係すると思われる諸要因の（因果）関係の連鎖あるいはシステムとして表現する作業であり，その作業の結果がモデルである．

　モデルと現象の関係においてもっとも大切なことは，モデルには対象とする現象があっても，現象そのものではないということである．言い換えると，モデルを作成する専門家（モデラー）は，その目的と用途に応じて，モデリングの過程において，かならず主観的に現象を「簡略化」する．モデリングという活動は，数理生態学者の東正彦によれば，「実物の何らかの意味で重要な側面に焦点を絞って捉え，他は捨象することにその神髄がある」のだ．したがって，同じ現象や問題を対象としていても，モデルを使う目的や用途が違えば，現象のどの側面に焦点を当てるかも当然異なり，モデル作成上の哲学やノウハウ，必要とされるモデルの複雑さの度合い，そして出来上

がるモデルも異なってくるのである．たとえば，モデリングの目的が「記述」である「記述モデル」と，「説明」である「説明モデル」では，モデリングのプロセスにおいて，「捨象の仕方」が正反対になる．記述モデルでは，「関係する要素はできるだけ含めたところからスタートし，関連を整理（分析）する中で捨象していく．一方，後者（注：説明モデル）では，「最小限のセット（最大限の捨象）」から出発するのが得策」[1]なのである．

　特に，モデルの表現手段として，日本語や英語などの自然言語の代わりに，歴史的に発達してきた数学的表現（変数，ベクトル，行列，微分方程式など）を積極的に採用するとき，これを「数理モデル」とよぶ．数理モデルが科学や工学において，いわゆるモデルの代名詞となっているのは，数学によってモデルを表現することで，得られるものが大きいからである．そのメリットを列挙すると次のようになる．まず数学の洗練された記号体系を使うことで，現象に関わる複雑な要因の連鎖やシステムを，数量関係を含めて，コンパクトな数式・関係式として「集約」できる．ベクトルや行列を使うことで，「体系性」や「拡張性」のある記述が可能となる．記述モデルをつくる場合には，このような表現上の見通しのよさが，現象の中でどのような要因をどこまで取り込むべきかを明らかにするとともに，要因間のつながりや因果の連鎖を「システム」として明確に定義できる，というメリットにつながる．いったん記述モデルを作成すれば，システムの理解に必要となる現実のデータや情報の間の整合性・一貫性がチェックできるというメリットにもつながる．実際，流域でおこる現象や問題は，水循環や水資源など水量や水質に関わるもの，栄養塩や汚染物質などの物質循環，生物の分布や個体数の変化，人間活動との関係では，人口動態や土地利用の変化，経済などの数量的パタンが，流域現象の理解や問題の解決に本質的となる場合が多い．このような数量の記述が重要で，複雑な要因が絡み合った現象については，自然言語や図式・表による表現や推論には限界があり，数理モデルがすぐれた情報の集約・縮約方法を提供してくれるのである．

　数理モデルのもうひとつの長所は，いったん数理モデルをつくれば，計算によって新たな命題や作業仮説を演繹的に導く数学の体系的な技法を利用でき，コンピュータによる数値シミュレーションを実行できることだ．特に，現象やパタンのメカニズムにおける「説明」を求めている場合，自然言語による作業仮説がすでに作られていたとしても，それを数理モデルに表現しなおすことには大きなメリットがある．言葉による作業仮説には，多くの暗黙の仮定が隠れているのだが，言葉のままでは，なかなか気がつかないのが普通である[1]．しかし，数理モデルに定式化すると，その過程で，作業仮説がどのような仮定を前提としているかを明確に自覚することができる．さらに，言葉による作業仮説では，現象を引き起こすメカニズムが一見うまくはたらくように見えても，実際には，メカニズムは無条件で作動するのではなく，何らかの条件の下で限定的にはたらく場合が多い．数理モデルを解析することで，どのような条

件のときにメカニズムがうまく機能するかを調べることができる[1]．本書での例をあげると，陸域からの栄養塩の総負荷量と植物プランクトン量の変化との関係を解析することで，琵琶湖の富栄養化がどのような条件の下で急激に進行（レジームシフト）するのかを明らかにすることができる（第2部第2章第4節）．また，言葉では，因果の長い連鎖をたどっていくことや複数の要因の相乗効果を予測することには限界があるが，数理モデルでは，機械的に計算することで比較的容易に到達できる[2]．富栄養化が，湖岸の土地利用の変化，漁獲圧といった複数の要因と複合的にはたらくことで，固有種の急激な絶滅をひきおこしうることはその例である（本章第2節）．

2　流域ガバナンスの視点から見た数理モデルの弱点と限界

　このような長所をもつ数理モデルは，適切に使われれば，私たちが社会的意思決定をおこなう上で，第3部で紹介した指標とともに，科学的な流域診断手法として最良の判断材料を提供してくれる．しかし，弱点や限界もある．以下では，流域ガバナンスを進める上での，問題点をみていこう．

　一つめの問題は，モデルの目的にもよるが，流域管理のための統合的なモデルの作成や利用には膨大なデータが必要だということだ．たとえば，琵琶湖の富栄養化を予測するためのモデルを作ろうとすれば，モデルに含まれる多くのパラメータを決めるために，琵琶湖の定期的な水質の観測だけでなく，流入河川も含めて，陸域からの人間活動による負荷の見積もりが必要となる．モデルのカリブレーションには，変数のデータが必要であり，予測をおこなうためには，空間的に広範な観測網と継続的なモニタリングが必要になる．しかし，モデルをつくることで，どのようなデータが必要であるかをはっきりさせることができるのだから，膨大なデータの必要性自体は，むしろ数理モデルを作ることの長所に数えるべきだろう．本当の問題は，流域を管理しようとするときには，現時点で最大限利用できる情報を使った最良のモデルであっても，技術的問題やモニタリングコスト等によるデータ不足によって，通常，さまざまな仮定によるデータの外挿がおこなわれたり，パラメータに不確かさを内包することにある．しかもこのようなモデルの内部に潜む仮定や不確かさは専門家だけが知っている場合がほとんどである．

　二つめの問題は，モデリングの原理的な限界である．人間社会の未来を予測するモデルの作成は困難であるということだ．数理モデルは，その素過程がしっかりした物理法則で記述できる気象や海洋などの物理現象に対しては有効性を発揮してきたが，人間社会が数十年先にどうなるかといったことに対しては限界がある．少なくとも，単発的なモデルやシミュレーションで予測することは不可能である．グローバル化によって，地球の各地域が社会経済をはじめ，さまざまな面で相互依存的に結びついている現在，流域内の特定の地域社会が十年以上の時間スケールでどう変化するかを予測するのは難しい．しかし，流域ガバナンスを構築していこうとすれば，生態系と人

間社会の相互作用を前提とした流域の長期的な展望が不可欠となる．この限界を克服するひとつの方法が，次項に説明するシナリオアプローチである．

　三つめの問題は，数理モデルの高度な専門性に由来するコミュニケーション阻害の問題である．これまで見てきたように，数理モデルは，流域診断の上では，数学を表現手段とすることで，言葉では難しかった複雑な現象を簡潔に表現し，説明・予測の上でも，大きな進歩を遂げてきた．しかし，日常生活とかけ離れた高度なモデルに基づく流域診断のエッセンスは，専門家でない多様な利害関係者はどのようにすれば共有できるのだろうか？　数理モデルが能力を高め，流域診断の道具として，精密になればなるほど，専門家以外の利害関係者にとっては，その診断結果を理解するのが困難となる．さらに，第1項で説明したように，どんなモデルも，専門家による現象の主観的・積極的な「簡略化」の結果である．簡略化するために，どのような目的・問題意識で，どのような視点から何をそぎ落とした結果であるのかは，専門家以外には，通常，ブラックボックスである．一般市民がこのような事情を含めて流域診断の結果を理解するには，科学者が市民とのコミュニケーションを通じて，その結果を市民に効果的に伝える必要があるのだが，どうすればうまくいくのだろうか．

3　コミュニケーションの方法としてのシナリオアプローチの展開

　第2項で述べたように，モデルは流域診断の上では欠かせない重要なツールだが，多様な利害関係者を巻き込んだコミュニケーションのツールとして使うときには，弱点もある．この節では，これらのモデルの弱点を克服する方法のひとつとして，シナリオアプローチを紹介する．

　近年，地球温暖化など，地球規模の大きな不確実性とリスクをはらんだ地球環境問題に対処する総合的な方法論として，また科学と政策のコミュニケーションを促進する手段として，「シナリオアプローチ」[2]と呼ばれる方法論が発展してきた（「ブリーフノート11」参照）．自然現象と社会経済にまたがる広範な分野の科学的知見を，計算機上のモデルとして統合し，全体像を明らかにする「統合評価モデル（integrated assessment model）」[3]の分析をもとに，問題対策の将来シナリオを描く方法論である．シナリオアプローチでは，社会構造の変化など，通常のモデルでは予測不可能な不確実性を含む部分は，明示的に「ストーリーライン」という形で分離する[3]．言い換えれば，複数のストーリーラインを人間社会の将来の選択肢として積極的に位置づけるのである．その上でそれぞれのストーリーライン選択のもとで，統合評価モデルによるシミュレーションにより，将来シナリオとしての未来像を集約する．この方法では，人間がどのような選択肢を選ぶかによって，異なる将来像が具体的に提示される．つまり，人間社会の未来を予測するモデルをつくることは不可能だが，それは人間の主体的な選択によって未来が変わりうるからであり，シナリオアプローチは，モデル化できない人間の主体的な選択の重要性を，むしろ積極的に浮かび上がらせたのであ

る．この主体的な選択を私たちにせまる点が，政策や社会一般に対する問題提起や提言などの点で，シナリオアプローチを単なる予測以上の有効なコミュニケーション手段としたといってもよい．

現在，シナリオアプローチの基本的な構図は，IPCC[4]に代表されるように，専門科学者集団が，自ら代表的なシナリオ作成をおこない，それを国や国際的なレベルでの政策決定者に対して提示し，啓発・意思決定支援・相互コミュニケーションの基盤とするという，マクロな視点からの方法論が中心である．2000年代以降，シナリオアプローチは，流域圏の環境問題に対しても，持続可能性を論じられる統合的な方法論として，急速に普及してきた[5]．流域管理の文脈でも，今後，モデルから発展した新しいコミュニケーションの方法として，使われていくことが予想される．

このようにシナリオアプローチは，モデルの限界をストーリーラインの分離とシナリオ選択というアイディアで積極的に乗り越えた．またシミュレーションの結果を，日常言語でストーリー性豊かなシナリオとして表現することで，従来の専門家集団のモデルからガバナンスを促進するコミュニケーションツールへ向けて大きな一歩を踏み出したといえる．その可能性を踏まえて，私たちの流域管理研究の中でも，この方法を階層間のコミュニケーションを促進する立場から検討している（本章第3節）．

[谷内茂雄]

2 複合要因を前提とした固有種の存続評価モデル

1 生態系の視点に立った環境影響評価の必要性

近代化に伴う人間活動の増大は，生態系に大きな影響を与えてきた．そして今日，生態系の劣化や破壊は大きな環境問題として広く認識されている．例えば，水生生物の個体群の減少や絶滅は，水域生態系への影響が顕在化したものであるが，その原因としては，生息地破壊，水質汚染（富栄養化・化学物質汚染），乱獲，外来種侵入，気候変動といった複数の人為的要因があげられている[6], [7], [8], [9]．これらの人為的要因については，生態系保全の見地から，規制の設定などの対策がとられるようになりつつある．しかし，その実効性はまだ十分とはいえない．その大きな理由は，これらの対策が，要因ごとにとられている点にある．言いかえると，「影響を受ける生態系の側」に立って総合的な対策を検討するのではなく，「影響を与える要因側」の視点に立って，それぞれの人為的要因ごとに，個別に対策が検討されている点が問題なのである（図4-4-1）．以下では，水域生態系に即して，詳しく説明しよう．

ある人間活動がなされた場合，その環境を通じて，通常，複数のベネフィット，コスト，リスクなどの「影響」がもたらされる．従来，農業，漁業，工業などの人間活動の影響は，それらが人間社会にもたらす有益性と有害性から評価されていた．しかし，人間活動の規模が増大し，人間社会への健康等の被害だけでなく，生態系に対

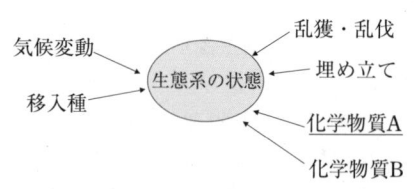

図4-4-1 人間活動の環境への影響を評価する際の2つの見方（本文参照）．(a) 要因側の視点．例えば，化学物質Aを水域へ排出することの生態系への影響は，それがもたらしうる人への利便や人の健康へのリスクなどと相対化して評価される．(b) 影響を受ける側の視点．化学物質A排出の生態系への影響は，同じ生態系に対して影響を与えうる他の外部要因と相対化して評価される．この図式は，化学物質Aのところに，生息地破壊や，過剰収奪などの人為的作用を入れ替えても成り立つ．

する悪影響が認識されるようになると，生態系への影響も判断材料に加えた，より総合的な有害性に関する評価（アセスメント）をもとに規制が作られるようになってきた（図4-4-1a；化学物質汚染の例）．しかし人間活動が盛んな現代において，生態系に生息する生物が，特定の要因の影響だけを受けているとは限らない．特に，人口の多い都市周辺の水域では，複数の人為的要因の影響を受けていることは明白である（図4-4-1b）．繰り返すが，人間活動の規模が増大し，人為的要因の種類も新たに加わっていく現代において，各要因についての規制を，他の要因と独立であるという仮定のもとで，個別に考えて対策の検討をおこなっていたのでは，生態系の保全は困難なのである．そこで「影響を受ける生態系の側」の視点に立つことが必要となる．しかし，複数の人為的要因間の相互作用がどのようなもの（たとえば相加的，相乗的，拮抗的，飽和的など）で，その程度はどれくらいかを統一的に評価することは，簡単ではない．なぜなら，多くの人為的要因は一様に分布するわけではなく，その影響範囲が時間的・空間的に局所性を持つことと，複合要因の影響を検証するには，膨大な要因の組み合わせが必要となり，時間的，経済的なコストの面から，網羅的な実証研究がおこなえないからである．そのため，結果として検討の上で不確実性が大きくなるため，規制を作る場合にも事実上考慮されえていないのである．ここに，新しい方法が求められているのである．

第4章　ツールとしてのモデル・GIS・シナリオ

　いま琵琶湖生態系が置かれている状況も，同様であるといえる．第二次世界大戦以降，琵琶湖およびその集水域では，国家政策として推進された食糧増産計画（1940年代～）と琵琶湖総合開発計画（1970年代～）に主導されるかたちで，内湖干拓，湖岸堤構築，水位操作による大規模な湖内の水生生物の生息地破壊がおこなわれるとともに，水田・用排水路，農業形態の改変にともなって，肥料や農薬を含む農業排水の増加がもたらされた．また同じ時期に起こった集水域の人口増加や工業発展は，生活排水，工業排水の琵琶湖への流入の増大につながった．これらの変化もあわせると，琵琶湖生態系に対する人為的負荷は，この50年の間に，その種類も規模も非常に大きく増加したといえる．時期を同じくして，琵琶湖の生態系自体も，非常に大きな変化を示すようになった．顕著な現象として，最も一般的に知られているのは，植物プランクトンの異常発生（淡水赤潮・アオコ）や琵琶湖固有種の絶滅傾向である[10]．しかし，これらの目に見える生態系の変化とは，さまざまな人為的撹乱に対して，琵琶湖の生態系構成種の一部の直接的，間接的応答が，「とくにその変動が大きい」，あるいは「人間社会に対して大きな影響がある」という理由で顕在化しているにすぎない．その背後で，他の生物群集も，顕在的でなくても「見えない」影響を受けている可能性は大きいのである．また，顕在化している生態系の応答に対しても，複数の原因が存在することは認識されながら[11]，上述のように複数要因の複合的影響を総合的に考察できる枠組みが存在しない．そのために，取られる対策も，単一の主要原因を個別に評価し規制する，従来の「影響を与える要因側」の視点に立った方法以外にないのが現状である．例えば，琵琶湖固有種の二枚貝であるセタシジミ（*Corbicula sandai*）について見てみよう．この種は古くから食用とされる二枚貝であるが，1960年ごろより湖内の資源量（＝個体群サイズ）の著しい減少が大きな問題となり[12]，現在では，保全対象としても重要な生物となっている．琵琶湖に生息する貝類のうち，セタシジミの資源量減少の原因としては「砂利採取や埋め立てによる生息環境の喪失，富栄養化，土砂供給の変化による沿岸域の泥質化など」があげられている[11]．滋賀県では，漁獲の影響については数値実験にもとづく漁獲制限と種苗放流量の数値目標を立てた対策を進めているが[12],[13]，生息地の回復の対策についてはまだ端緒についた段階である．

　ここで琵琶湖の事例をより一般的に整理してみよう．人間が利用する水域生態系では，生態系が多様な人為的要因から受ける影響は，一般に空間的・時間的に一様ではない．要因ごとに異なる影響を，全体として不均質に受けている．そうであれば，ある要因の影響を，他の要因の影響や変動を考慮せずに一様に評価し，その評価をもとに，国内や自治体内で画一的な規制基準を設けることは，生態系に対して，次の2種類の危険をもたらす可能性がある．すなわち，(1) 他要因の影響を低目に評価して規制規準を設定した場合，他要因の影響が強い水域においては，想定した以上の絶滅リスクを招く可能性があり，また (2) 他要因を高めに評価した場合は，他要因の影響の少ない水域においては，生態系利用の不効率性を招く可能性があるのだ．つまり，地

域ごとに異なる人為的要因の影響に対して，一様で固定的な規制基準を当てはめることは，「持続的な生態系の利用と保全の両立」とは乖離した結果をもたらす可能性が高いのである．時空間的に不均質な環境にある実際の生態系において，生態系を構成する種個体群の絶滅リスクを下げると同時に，資源利用の効率低下を防ぐ保全策を講じるためには，本質的に複数要因をとりこんだ個体群モデルを基盤とした，複数要因の相対的評価の枠組みの構築が不可欠となる．

そこで本節では，「影響を受ける側の視点」に立って，生態系を構成する生物個体群の存続に，複数の人為的要因が影響を与える過程を記述する数理モデル（以下，個体群モデル）の意義を説明する．個体群モデルを使うことで，個別要因ごとにではなく，各要因の特徴や，要因間の相互作用を考慮に入れて，複数の要因が個体群存続に与える影響を検討することが可能となる．複数の人為的要因がはたらくことを前提として，生態系への影響を評価する基盤を提供することで，個体群モデルは，利害関係者の立場によって特定の要因に偏重しがちな対策の検討を，互いにコミュニケーションが可能な状況に変える可能性を秘めているのである．次項以降では，琵琶湖生態系を事例としながらも，一般的な水域生態系の固有種絶滅問題に適用できることを視野に入れ，主要な人為的影響を取り込んだ個体群モデルを紹介する．このモデルを解析することで，生息地破壊，水質汚染，乱獲という3つの主要な人為的撹乱要因の性格の違いや互いの量的関係を明らかにすることができる．一般に，個体群モデルの基本構造は，対象とする種の生息場所や生活史に依存するため，本来は，生物分類群ごとに検討する必要がある．しかし，本節では上述したセタシジミを含む二枚貝を対象としたモデルを提示する．その理由は，二枚貝は能動的移動能力が小さく，またフィルター・フィーディング（濾過食）という採餌様式をもつことから，一般に魚類に比べても，局所的・短期的な人為的撹乱に対する感受性が高いと考えられ，保全対象としても重要と考えられるからである．

2　二枚貝に代表される底生生物の一般的な個体群モデル

2.1　基本モデル

個体群モデルをつくるためにまず，対象となる二枚貝類の生活史を仮定する．二枚貝の個体群は，その底生生活段階に適した生息地（干潟・浅瀬）を持つ閉鎖水系にいるとする．二枚貝の生活史は，他の多くの底生無脊椎動物と同じく，年一回の産卵孵化後の短い浮遊分散期間と，それに続く着底後の底生生活期間からなる[14), 15)]．孵化後，幼生は水中を受動的に分散して，好適な生息地を探索する．生息地への着底に成功した幼生は，1年後，繁殖可能な成熟個体となる．このような生活史を持つ二枚貝個体群の t 年における生息地での成熟個体の密度を n_t（匹／面積）とすると，次年度 $t+1$ 年における成熟個体の密度 n_{t+1} は，次のように表現できる：

$$n_{t+1} = F(n_t) = n_t(1 + Rf(n_t) - m) \tag{1}$$

ここで，R，m および $f(n_t)$ はそれぞれ，成熟個体の加入率（匹／面積／年），成熟個体の死亡率（匹／面積／年），加入時の密度依存性を表す関数とする[16]．

2.2 2種類の密度依存性

加入時の密度依存性 $f(n_t)$ は，成体1個体あたりが生産する幼生数が，成体の生息密度によって変化することを表している．高密度のときには，個体密度の上昇は，個体あたりの利用可能資源量の減少などを通じて増殖率を低下させるため，$f(n_t)$ は個体密度 n_t の単調減少関数で表されることが多い．(1) で，$f(n_t)=1-n_t/K$（K は環境収容力）としたロジスティックモデルは，その最も簡単な例である．このロジスティックモデルの個体群密度の定常点は $n^*=0$（不安定），$K(1-m/R)$（安定）となり，加入率が死亡率を上回れば（$R>m$）個体群は $n^*=K(1-m/R)$ で安定に持続することがわかる．さらに，二枚貝のように移動能力が低く体外受精を行う生物では，低密度のときには，個体密度の上昇が受精の成功率の上昇を通じて増殖率の上昇につながる正の密度依存性（アリー効果[17], [18], [19], [20]）がはたらく．したがって加入の過程は，低個体密度では正の，高密度では負の密度依存性を示すように凸型の関数となる．以下ではその最も簡単な形として $f(n_t, \beta) = - (n_t/(n_t + \beta))(1-n_t/K)$（ただし β はアリー効果の程度を示す種特異的な正の定数[22]）とおいて議論を進める．

2.3 3種類の人為撹乱の基本モデルへの取り込み

では，このような二枚貝の個体群が「生息地破壊」，「化学物質汚染」，「乱獲」という性質の異なる人為撹乱に同時にさらされるとどうなるだろうか．これらの人為撹乱とは，具体的には，それぞれ，(i) 生息地面積（A）の減少，(ii) 化学物質濃度（c）の増加，(iii) 漁獲圧（Y）の上昇のことである．これらの人為撹乱がどのように二枚貝個体群の増減に影響するかを，順を追って説明する．まず基本モデル (1) 中の，成体の加入率 R とは，幼生生産（r）および着底率（a）という，2つの独立した過程における，より具体的な二枚貝の特性を表す量の積（$R=ra$）に分解できることに着目する．すると，着底率 a は生息地面積 A が多いほど高くなるので A の増加関数 $a(A)$ となり[22]，生息地破壊の影響は，着定率の減少となって現れることがわかる．次に，幼生生産 r は化学物質濃度 c が高くなるほど低下するので c の減少関数 $r(c)$ となる[23], [24]．一方，成体の死亡率 m は c の増加関数 $m(c)$ となる．したがって，化学物質汚染の影響は，幼生生産の減少と成体の死亡率の上昇という形で現れることがわかる．最後に，乱獲，すなわち漁獲圧 Y の上昇は，もちろん直接成体の個体数を減少させる効果を持つ．また，漁獲圧 Y は，具体的には，個体群密度に比例する部分[25]と一定量[26]の和，$Y=Qn_t+D$（Q は漁獲係数，D は定量漁獲圧で，ともに定数）として表せる．

以上の3種類の人為撹乱の影響に関する考察を，基本モデル (1) に代入すると，次の二枚貝の個体群ダイナミクスとなる：

$$\begin{aligned} n_{t+1} = F(n_t) &= Max[n_t(1+\alpha(A)r(c)f(n_t,\beta)-m(c))-Y, 0] \\ &= Max[n_t(1+\alpha(A)r(c)f(n_t,\beta)-(m(c)+Q))-D, 0] \end{aligned} \quad (2)$$

（個体群密度 n_t は負の値はとらないが，右辺括弧内は定量漁獲圧 D の大きさ次第で値が負をとりうる形をしている．このような間違いを防ぐため，Max 演算子を用いて常に 0 と比較して大きい方を採用する必要がある．）

こうして3種類の人為撹乱の影響を，生息地面積 A，化学物質濃度 c，漁獲圧 Y（漁獲係数 Q，定量漁獲圧 D）（の変化）として，ひとつの個体群モデルに取り込むことができ，各要因の相対的重要性や複合的な影響を，一元化して評価する準備が整ったのである．この式 (2) を式 (1) と比較すると，加入率 R は生息地面積 A と化学物質濃度 c によって，また死亡率 m は化学物質濃度 c と漁獲圧 Y の漁獲係数 Q によって変化することがわかる．

2.4 個体群の急激な絶滅を避けるための人為撹乱の条件

まず，モデル (2) の特別な場合として，アリー効果（正の密度効果）β も定量漁獲圧 D もない（$\beta=0$，$D=0$）場合を考える．この場合，モデルの挙動は定性的にはロジスティックモデルと同様で，常に1つの不安定定常点 $n=0$ と1つの安定定常点 $n^*=K(1-(m(c)+Q)/\alpha(A)r(c))>0$ をもつ．この正の安定定常点の密度は，生息地面積 A の減少，化学物質濃度 c と漁獲係数 Q の増加によって減少する．しかし低密度になってもゼロにならない限り安定定常点に向かって増加する．

次に，アリー効果 β と正の定量漁獲圧 D がゼロでない場合を考える．この場合には，$F(n_t)$ の形は，ロジスティック型とは異なってしまうことに注意してほしい．この違いを再生産曲線：$n_{t+1}=F(n_t)$ を用いて視覚的に示したのが図 4-4-2 である．ロジスティックモデルと比較すると，アリー効果 β は非線形性を加え，定量漁獲圧 D は再生産曲線の上下の位置を下げることがわかるだろう（図 4-4-2a）．力学系のことばを使えば，アリー効果 β と定量漁獲圧 D が，不安定であった $n^*=0$ を安定な定常点に変えるとともに，新たに $n^*>0$ となる不安定定常点を生み出すことにほかならない．このようなシステムでは，個体群密度が不安定定常点密度以下になると，不可逆でカタストロフィックな個体群絶滅（「レジームシフト」）[27] が起こることを意味している．そしてアリー効果 β と定量漁獲圧 D の値が大きな場合には，システムは，安定な $n^*=0$ 以外に定常点を持たない状態へと変化する．こうなると個体群はどのような初期値からスタートしても，必ず絶滅する運命に陥ってしまうことを意味する．

それでは，個体群モデルの性質を大きく変えてしまうアリー効果 β と正の定量漁獲圧 D は，現実にはどのような値をとると考えればよいだろうか？すでに，二枚貝個

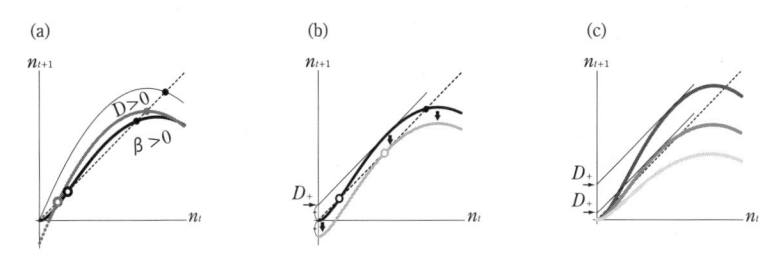

図 4-4-2　離散時間個体群ダイナミックス $n_{t+1}=F(n_t)$ における定常点と最大定量漁獲圧 D_+.

定常点 (増殖曲線 $n_{t+1}=F(n_t)$ と $n_{t+1}=n_t$ となる直線の交点) の内，安定なものを●，不安定なものを○で示す．(a) アリー効果 β と定量漁獲圧 D の効果．基本となるロジスティック増殖曲線 (細い曲線) は唯一の定常点 (安定) をもつが，アリー効果 ($\beta>0$，黒曲線)，定量漁獲圧 ($D>0$ 灰色曲線) はいずれも系に不安定定常点をあたえる．(b) 最大定量漁獲圧 D_+ の求め方．$F_0(n_t) \equiv n_t(1+fR-(m+Q))$ とすると，本文中の式 (2) は $F(n_t)=\mathrm{Max}[F_0(n_t)-D,0]$ と表すことができる．任意の R, m と Q をもつ F_0 (黒) に対して D_+ は $n_{t+1}=F_0(n_t)$ の傾き 1 の接線の正の切片として求めることができる．$D=D_+$ のとき，基本の増殖曲線は $n_{t+1}=n_t$ となる直線と接する (不安定定常点が 1 つのみ存在する) 位置まで下がる (灰色)．D_+ より大きい定量漁獲圧を与えると系内には正の定常点は存在しなくなり，その場合個体群は必ず絶滅する．(c) 最大定量漁獲圧 D_+ と潜在的増殖力 λ (本文参照) との関係．異なる値の $\lambda \equiv R/(m+Q)$ をもつ増殖曲線を例示している (大きい方から，黒，濃い灰色 薄い灰色)．λ が大きいほど D_+ も大きくなる.

体群ではアリー効果 β は正の値をとると仮定すべきことは上で述べたが，定量漁獲圧 D はどうだろうか？　漁獲圧 $Y=Qn_t+D$ を決める 2 つのパラメーターの内，Q は漁業努力量に，D は漁獲目標に対応すると考えることができる．つまり，漁業者が漁獲量とは関係なく一定の漁獲努力 (操業時間・回数) しかおこなわないのであれば，定量漁獲圧 D はゼロとなり，漁獲圧は，$Y=Qn_t$ と表すことができる．しかし漁獲目標が設定され，これより漁獲が少ないときには漁獲努力を増やしてしまうような場合は，定量漁獲圧 $D>0$ とするのがより現実的であろう．したがって，現実には，やはりアリー効果 β と正の定量漁獲圧 D は，ともに正の値となることが多いだろう．

正の β と D を仮定したとき，個体群の存続のためには，次の 2 つの条件が必要となることがわかる：

(I) 定量漁獲圧 D の値が，個体群に正の値の定常点が存在するための最大 D 値 (D_+) より小さいこと
(II) 個体群密度の初期値が，閾値となる密度より大きいこと

許される定量漁獲圧の上限を意味する D_+ の値は，図 4-4-2b に示す方法で求めることができる．この D_+ は，$\lambda \equiv a(A)r(c)/(m(c)+Q)$ で定義される個体群の潜在的増殖力と正の相関がある．したがって，個体群の潜在的増殖力 λ が，A, c, Q であらわされる，生息地破壊，化学物質汚染，乱獲のいずれかの人為攪乱によって低下するときには，最大定量漁獲圧 D_+ もより小さい値に抑制されなければならないことがわかる（図 4-4-2c）．化学物質濃度の規制を例に挙げれば，対象となる生物種のアリー効果 β が大きいほど，水域がより開発されている（言い換えると，生息地面積 A が小さい）ほど，また漁獲圧 Y がより高いほど，個体群の絶滅を避けるためには，化学物質濃度 c は，より低い値に厳しく制御されなければならないことになる．この結果は，改善の可能性や優先順位などによって着目する人為攪乱の要因を入れ替えて考えても同様の結論が得られる．

以上，ここまでは，個体群存在のための最もゆるい必要条件である，正の定常点の存在条件に対する各人為攪乱要因の関係について議論した．しかし，個体群持続の上でこれだけではもちろん十分ではない．そこで次項では，この定常点での個体群密度が各要因とどのような定量的な関係があるか，個体群密度を高く保つためにどのような方策を取りうるのかについて，アサリを事例とした，より具体的なケースを用いて議論を進める．

3 アサリを用いた定量的個体群モデルでの例
3.1 明示的な $r(c)$, $m(c)$, $\alpha(A)$ の関数形の導入

琵琶湖の生物ではないが，国内のアサリ（*Ruditapes philippinarum*）の例を用いて，式(2)の個体群モデルの挙動を定量的に調べてみよう．アサリを事例として取り上げる理由は，商業漁業対象となっている二枚貝の中で，幼生生産力 $r(c)$, 成体の死亡率 $m(c)$ および幼生の着底率 $a(A)$ の関数形を推定する上で，定量的なデータがもっとも豊富に揃い，かつ自然個体群の減少が著しいからである．アサリの幼生生産力 $r(c)$ と成体の死亡率 $m(c)$ は，それぞれ化学物質濃度 c との間に，シグモイド型の用量-反応関係関数を仮定することができる（詳細は Box 参照）．ここで用いられる化学物質と個体レベルでの死亡率，繁殖率などとの用量-反応関係は，毒性試験から調べることができ，その結果はデータベース化が進んでいて利用しやすい（例：ECOTOX[28]）．また，この個体レベルでの毒性試験値は，水域が異なっても，生物種と化学物質が同じであれば同じ関係が維持されると考えることができる．一方，幼生の着底成功率 a については，$a(A) = A(1-w)/(w+A(1-w))$ と仮定することができる（w は着底の困難さをあらわすパラメータで，潮汐や海流など水流が大きい環境では大きくなる[22]）．漁獲圧については前項と同じ $Y=Qn_t+D$ とする．

3.2 複数の人為撹乱パラメータ空間内での定常点の分布

これらの具体的な関数形を式(2)へ代入し，$n_{t+1}=n_t$ を解けば，定常点の個体群密度（n^*）を生息地面積 A，化学物質濃度 c，漁獲圧 Y の関数として求めることができる．実際に A, c, 定量漁獲圧 D の値の変化に対する定常点（n^*）の分布を示したのが図4-4-3である（水平軸：A, c, 離散値：D，垂直軸：個体群密度，ただし漁獲係数 Q は一定）．この図からわかるように，任意の定量漁獲圧 D（$<D_c$）に対する n^* の集合は生息地面積 A，化学物質濃度 c の空間中に曲面を形作る（図4-4-3a，複数の D の離散値に対してタマネギを1/4に切ったような構造）．この曲面の上部の表面（実線）と $n^*=0$ 面（灰色）は安定した定常点の集合であり，曲面の下側表面（破線）は不安定定常点の集合である．生息地面積 A が大きいほど，また化学物質濃度 c が小さいほど，安定定常点における個体群の密度は高く保たれ，カタストロフィックな個体群減少の閾値である不安定定常点は逆に小さく保たれることが見て取れる．しかしこれだけでは，いったいどのような基準をもとに各人為撹乱要因を制御すれば，個体群の持続性を最大化できるのかは分からない．

3.3 レジリアンス指標 ρ の導入

そこで，環境の時間的変動に対する個体群の安定性を評価するために，安定性指標のひとつである「レジリアンス（resilience）」の概念を導入する．レジリアンスとは外力に対するシステムの復元力のひとつで，個体群生態学の分野では，個体群動態における安定定常解の周囲の吸引領域の大きさとして定義されることが多い．本項では，個体群密度は正の安定定常点のまわりで変動すると仮定し[28]，正の安定定常点と正の不安定定常点（ない場合は0）との値の差をレジリアンス指数 ρ と定義して議論を進める．図4-4-3a を見てほしい．定量漁獲圧 D が大きい場合ほど，対応する定常点の集合はより内側に移るため安定・不安定の定常点の間の距離が短くなる，すなわちレジリアンス指数 ρ が小さくなることがわかるだろう．つまり，定量漁獲圧 D を増加させようとすると，生息地および化学物質濃度の条件をそれに合わせて改善させないかぎり，個体群の持続性を同程度に確保することはできなくなるのである．実際に本節で取り上げた3つの人為撹乱すべてにさらされている東京湾など3つの都市湾域のアサリ個体群について，レジリアンス指数 ρ の等高線を図示したのが図4-4-3b である．定量漁獲圧 $D=0$ のときのレジリアンス指数 $\rho=0$ の曲線（図4-4-3a の最も外側の曲面の外周）は，定量漁獲圧がないときの正の定常点の存在，すなわち個体群の存在のための臨界条件となる化学物質濃度と生息地面積の条件（c, A）を示している．ここからも化学物質汚染と生息地の破壊という異なる人為撹乱の間の明確なトレードオフ関係が読み取れる．

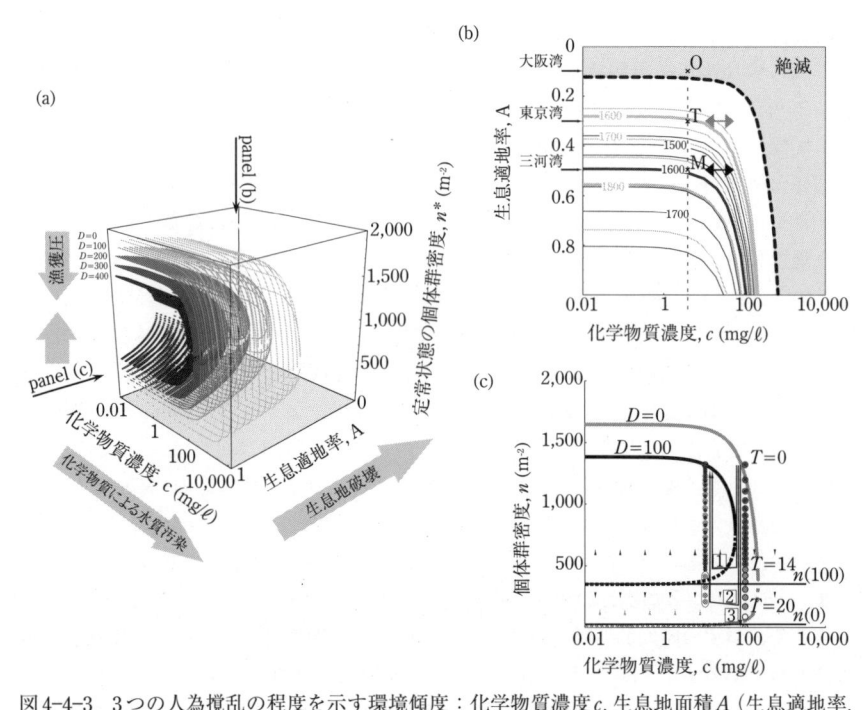

図4-4-3 3つの人為撹乱の程度を示す環境傾度：化学物質濃度 c, 生息地面積 A (生息適地率, $0 \leq A \leq 1$), 定量漁獲圧 D に対する定常点の個体群密度 n^* とそのレジリアンス指数 ρ. 環境傾度内の式(2)の個体群モデルの定常点およびレジリアンス指数の分布を示す. (使用パラメーター値：K=2000, m_0=0.1, r_0=20, b=100, w=0.9, H_r=H_m=1, EC50$_r$=200(μg/ℓ), EC50$_m$=2000(μg/ℓ), 各量の意味は本文・Box参照)). (**a**) 化学物質濃度 c, 生息地面積 A (水平軸) と漁獲圧 (離散量, Q=0.1, D=0, 100, 200, 300, 400) に対する n^* (鉛直軸) の 3-D 表示. 曲面の上面 (実線) と c-A 平面 (灰色) は安定定常点. 曲面下面 (破線) は不安定定常点である. 灰色の幅広矢印は人為撹乱の方向を示している. (**b**) パラメーター空間内のレジリアンス指数 ρ を等高線で表したレジリアンス・ランドスケープを示す. D=0 (灰色), 50 (黒) のときの ρ-等高線で間隔は 100. 太い破線は漁獲なしの条件での個体群存在のための c-A に関する臨界条件を示す. 日本の典型的な3つの都市域湾部の A=[10m 以浅水域面積]/[湾内水域面積][40]：東京湾 (0.31), 三河湾 (0.50) 大阪湾 (0.10) を縦軸上に示す. 図中2本の両矢印は異なる A 値を持つ2水域での同じ範囲での化学物質濃度変化 [20, 50](μg/ℓ) を示している. 東京湾 (灰色) では ρ がほとんど変化していないが, 三河湾 (黒) では大きく変化することが示唆される. (**c**) カタストロフィックな個体群の減少が始まったあとの3つの回復シナリオ (A=0.3). 曲線は個体群密度の定常点 n^* の値, △▽は個体群の増減の方向を示す. 灰色：D=0, 黒：D=100. T 高濃度 (c=100) 汚染が起こってからの経過年. 各矢印は異なるシナリオを表している (詳細は本文参照). 各①●：早期 (T=14) の化学物質削減措置をとった場合 (本文中シナリオ1), ②●：遅れた (T=20) 化学物質削減の後に必要な禁漁 (漁獲制限) の期間 (囲い) を設けた場合 (シナリオ2), ③○：有効期間内に削減措置がなされず絶滅過程を進む場合 (シナリオ3).

3.4 レジリアンス・ランドスケープを用いた個体群持続性の現状評価

対象生物の生活史や繁殖に関する基礎情報と，これらに対する化学物質の用量-反応関数に関する情報 ($r(c)$, $m(c)$, $a(A)$, K) があれば，図 4-4-3b のように，任意の水域の種個体群と化学物質について，個体群安定性を評価するレジリアンス指数 ρ の等高線を引くことができる．これをレジリアンス・ランドスケープと呼ぶこととする．生息地面積，水域の化学物質濃度，漁獲圧の値を与えれば，着目する生物個体群が置かれている状況を，このレジリアンス・ランドスケープ上の位置として理解することができ，現状でのレジリアンスの大きさを知ることができる．すなわち，3 つの人為撹乱の影響をひとつの個体群安定性の基準に集約することで，複数の環境や個体群を比較することが可能となる．たとえば，生息地の破壊が進み化学物質濃度も高いが漁獲圧のない A 水域と，生息地は十分あり化学物質濃度もそれほど高くないが非常に高い漁獲圧がある B 水域で，どちらが個体群の持続性が高いかという比較が可能になるのである．

3.5 レジリアンス指数を使った個体群持続性の改善策

また，このレジリアンス・ランドスケープは，次のような個体群管理計画に応用することも可能である．(i) 例えば，国などの広い領域で，共通の目標となるレジリアンス指数 ρ の値を定め，この目標 ρ の等高線に乗るように，領域内の各湾，水域ごとに化学物質濃度の目標値を調節する．たとえば湾岸開発などにより成体の生息場所が大きく失われている水域では，生息場所が多く残っている水域に比べると，より化学物質濃度の規制が厳しくないと同じ ρ 値を持ち得ないであろう．また，(ii) 与えられた水域において，$\partial\rho/\partial c$, $\partial\rho/\partial D$ などそれぞれの人為撹乱に対する感受性 (sensitivity) を比較することによって，より効率的にレジリアンス指数 ρ を高める方法を見つけることも可能になる．つまり，生息地のもともと少ない水域の個体群にとっては，化学物質の減少はわずかな ρ 値の上昇しかもたらさないが (図 4-4-2b の灰色の両頭矢印)，生息地の豊富な水域の個体群にとっては，同じ化学物質濃度削減の処置はより有効となる (図 4-4-3b，黒両頭矢印) というように，水域の状況に応じた対策を考えることが可能になる．この方法は，複数の人為撹乱の影響が懸念されるような禁漁区域・保護区域などで，定着性の成熟期を持つ種個体群のレジリアンスを高める方策を考える上でも非常に有効である[29]．

3.6 カタストロフィックな減少が起こった後の個体群回復策

ここまでは式 (2) のモデルで想定されるカタストロフィックな絶滅を可能な限り起こさないことを目標に，個体群のレジリアンスを大きく保つための予防的な方策を考えてきた．では，もしなんらかの過剰な人為撹乱の影響により，個体群のカタストロフィックな減少が始まってしまっていた場合には，なすすべはないのであろうか．こ

の項では，このような減少開始後に個体群回復のためにとるべき方策について，現実的なシナリオに沿って議論する．説明を分かりやすくため，3つの要因のうち，定量漁獲圧 D および化学物質濃度 c が制御可能なパラメータであり，生息地面積 A が制御しえない（生息地の改善が短期的には絶望的）場合を考える．

いま，定量漁獲圧 $D=\delta$ を受けている個体群のいる水域の化学物質濃度が，レジリアンス指数 ρ がゼロとなる臨界濃度 (c_+) を超過する $c(>c_+)$ まで上昇し，その結果カタストロフィックな個体群減少が引き起こされたとして話を始める．対策を立てずにこのまま放っておけば，もちろん個体群は絶滅してしまうが，絶滅するまでの途中に2つの個体群密度レベルを通過することに注目しよう．ひとつは，$c=c_+$, $D=\delta(>0)$ 下の不安定定常点の個体群密度 $n_A(\delta)$（第1レベル）であり，もうひとつは $c=c_+$, $D=0$ 下の不安定な定常点 $n_A(0)$（第2レベル）である．

シナリオ1

個体群密度が第1レベルまで低下する前 $(n>n_A(\delta))$ に，化学物質濃度 c を臨界濃度 c_+ 以下まで削減することができた場合．このときには，定量漁獲圧 $D=\delta$ を維持したままで，個体群密度を安定した n^* まで回復することができる（図4-4-3c 矢印①）．

シナリオ2

化学物質濃度の削減が遅れ，個体群密度が第1レベルを下回り，第1レベルと第2レベルの間 $(n_A(\delta)>n>n_A(0))$ の値にまで減少した場合．このときには，化学物質濃度 c の臨界濃度 c_+ 以下までの削減に加えて，個体群密度が第1レベルの値 $n_A(\delta)$ に回復するまで，漁獲圧 D を一時的に下げるか，または禁止しなければ個体群は回復できない（図4-4-3c 矢印②，囲いは禁漁期間）．この範囲であれば，主原因の改善だけでは回復不可能だが，2種類の人為撹乱要因の十分な制御ができれば，個体群は回復しうる．

シナリオ3

シナリオ2より，さらに化学物質濃度の削減対策が遅れ，個体群密度が第2レベルを下回る $(n<n_A(0))$ 値まで減少した場合．この段階に達してしまうと，個体群は化学物質および漁獲圧が完全に除去されても，確実に絶滅する．つまり，これら2つの人為撹乱の要因の改善だけでは決して回復できなくなる（図4-4-3c 矢印③）．

このようにシナリオごとに検討してみると，第2レベルと呼んできた個体群密度の値 $n=n_A(0)$ は，自然個体群回復のための限界密度とみなすこともできる．つまり，一旦個体群密度がこの値を下回ってしまうと，十分な数の個体が外部から再導入されない限り個体群はかならず絶滅するのである．レジームシフトが始まってからこの限界密度 $n=n_A(0)$ に達する時間は当然のことながら，化学物質濃度が高いほど短くなるし，もともとの漁獲圧が高く，生息場所が狭いほど短くなる（Box参照）．したがって，個

体群のカタストロフィックな絶滅を水際で防ぐためには，人為攪乱の程度と個体群動態の継続的なモニタリングが非常に重要となる．

ここまでに示した例はすべて，従来は個別に管理されてきたが同時に起こりうる複数の人為攪乱の影響について，今後統合された管理をおこなうことの重要性を強調するものである．

4 具体的な個体群保全対策に向けて

本節では，二枚貝を事例として，複数の人間活動の影響を取り入れた個体群モデルを紹介した．このモデルを琵琶湖の底性生物に応用する場合，(1) 成体が生息できる生息地の面積 A，(2) 生息地の単位面積に生息可能な成体の最大密度 (K)，(3) 幼生の浮遊期間と生息地への着底成功率 w，の3つのパラメーターを推定できるデータがあれば，数値目標の設定などが可能な，具体的な環境負荷削減方針の検討に用いることができる．その上で，人間活動に対する生物の復元力の指標である「レジリアンス指数 ρ」を用いることで，複数の人為攪乱が引き起こしうるカタストロフィックな個体群絶滅のリスクの大きさを，同一基準で包括的に評価することが可能になる．

本研究のモデリング手法は，実験，実証データのデータベース化（例えば，生物の生活史については FISHBASE[32]，毒性試験に関しては ECOTOX[28] などがすでにある）が進むことで，より多くの種に適用できることが期待される．もちろん，データベースの値をモデルのパラメーター値の推定に使用する際には，注意が必要となる．たとえば，多くの生物分類群では，最大増殖率 R の値が個体群密度の凸型関数となるため，低密度での測定値から線形関係を仮定して R 値を推定する場合，高密度で過大評価となる危険がある[33]．またデータベースが整備されていっても，セタシジミの例がそうであるように，必ずしも対象となる固有種の情報がすべて揃うことは期待できない．そういう場合でも，まずは，不確実性を考慮しながらも，近縁の種のデータを代替値として用いることから，対象種のモデル化を試行的に開始し，とにかくも，包括的な規制の方針を探り始めてみることが重要なのである．また，本研究で紹介した決定論的モデルの枠組みに，従来の環境変動・人口学的変動による個体群の絶滅確率によって，単一要因の影響を評価する確率論的モデル[34],[35],[36] を組み込むことも可能である．そのことにより既存の影響評価を相対化することが可能となると同時に，基準値を設定する過程においては，従来の研究の知見を活かすことができる．

さて，前項で見てきたように，個体群密度の減少に関しては，生息地破壊，化学物質汚染，漁獲圧の各人為攪乱の要因は，いずれも他要因との複合効果を示す．したがって，他の要因の影響によってすでに絶滅臨界レベル近くにまで個体群密度が低下していれば，たとえ単独要因としての影響は強くなく，短時間の低レベルの汚染や過剰漁獲であっても，その個体群にとっては，絶滅への最後の一押しとなってしまう可能性がある．実際に，人間によるさまざまな形の利用と有害な影響を受ける都市域に隣接

した水域では，種個体群の減少や絶滅の唯一の要因を特定することは不可能な場合が多い．人為撹乱の中でも，目につきやすい乱獲や生息地破壊に隠れて，水質汚染やその他の要因は，その影響が見逃されたり，過少評価されがちになり，その結果十分な対策がなされない可能性も否定できない．本節で紹介したモデルからも分かるように，特に体外受精を行うために大きいアリー効果を示す種や，常時漁獲圧を受ける種（商業的に重要な種やその副次的漁獲種）の個体群に関しては，カタストロフィックな絶滅を防ぐために，極めて慎重にならなければならない．なぜなら，もしその種がその水域の固有種であれば，当該水域での個体群の絶滅は種としての絶滅を意味するからであり，広範な分布をもつ種であった場合でも，地域個体群の回復には非常に多くの個体の移植が必要となるからである．後者の場合は当該水域の生態系に「外来種の侵入」という別の新たな脅威をもたらす可能性もある．日本国内でも，上で取り上げたアサリでは，以下のように，すでに外来種による影響が実際におこっている可能性が指摘されている．第二次世界大戦後，1970年代にかけて，日本の都市近郊内湾域では大規模な埋め立て，水質汚染，乱獲が続いた．それが収束して十年ほどたった1980年代には，東京湾などでアサリの収穫の低下は非常に深刻なものとなった．いったん収穫量が低下して以降は，相当な量のアサリを毎年外部から移植することで，アサリ漁業はどうにか継続している状態である．しかし今日，そのプロセスで混入し導入されたと考えられる外来の肉食性の巻貝サキグロタマツメタ（*Euspira fortunei*）が，アサリへの新たな深刻な脅威となっているのである[37]．この例からもわかるように，地域個体群が絶滅しそうになったら外部から移入すれば解決する，という単純なものではない．まず可能な限り自然個体群としての持続の方策を探るべきなのである．以上，本節では複合要因の相対評価のための基礎モデルを，パラメーター値が推定されている国内都市湾域のアサリ個体群の事例をまじえて議論した．

　最後に，もう一度琵琶湖に話を戻そう．はじめに説明したように，さまざまな人的影響が戦後急増し，その結果，セタシジミを含めた多くの水生生物の固有種の個体数の減少が顕著になっている．セタシジミに関しては，その対策として現在おこなわれている漁獲制限や稚魚・稚貝の放流などの努力を継続することはもちろん重要である．それと同時に生活史を通じて種が利用する生息地の面積や水質の空間分布を，もう一度総合的に評価した上で，より効果的な対策を考えていくことが必要である．例えば，琵琶湖集水域でも1970年ごろまでは，全国の農地がそうであったように，多量のダイオキシン系の農薬が使用され，現在も場所によっては湖底に蓄積されていることがわかっている[38]．そのような水域に生息するセタシジミは，その影響を産卵数 $r(c)$ の低下や死亡率 $m(c)$ の上昇としてまだ受け続けている可能性も考慮すべきであろう．また，浚渫や埋め立てなどにより着底・生息に適した浅瀬の面積が減少していれば，当然着底率（$a(A)$）も下がっていることになる．その他にも，琵琶湖では水位変動，栄養塩の過剰供給など多くの人間活動の生態系への影響が懸念されている．こ

れらはいずれも空間的に不均質な分布をもち，場所によってはそれらの影響が集中する場所が出てくる．したがって，とくに漁獲対象で，その個体群の激減がすでに深刻なセタシジミなどの固有生物種の個体群持続を考える場合には，生物学的知見と共に，要因の空間分布の分析を行い，早急に保全の具体策をたてることが必要である．繰り返すが，モデルを使うことで，生息地破壊，水質汚染，乱獲という具体的な人為撹乱要因の性格の違いとともに，互いの要因間の相互作用による複合的な効果が，個体群の存続に与える影響を検討することが可能となる．本節で紹介した事例はその出発点にすぎないが，利害関係者の立場によってバイアスがかかりやすい，複数の要因が関係する環境問題の対策の検討を，モデルは，互いにコミュニケーションが可能な状況に変える可能性を持っているのである．

［石井励一郎・谷内茂雄］

Box

(1) 繁殖率 $r(c)$ と死亡率 $m(c)$ を化学物質濃度 c の具体的関数で表す

個体レベルでの繁殖率と死亡率に対して，ある化学物質が与える影響は，その化学物質の濃度に応じて変化する．一般に，高濃度であるほど影響も大きくなるが，濃度変化に対する感受性は低濃度でも高濃度でも低くなるシグモイド型の反応が多いことが知られている．毒性試験で得た離散濃度に対する影響データを，シグモイド型の用量-反応モデルにフィッティングしてパラメーターを決定することで，連続量である化学物質濃度に対する反応関数を得ることができる．用量-反応モデルにはさまざまな定式化の手法があるが，本節の例で用いた $r(c)$，$m(c)$ の用量-反応関数は以下のように Hill 型関数を用いて定式化している[30]：

$$r(c) = r_0 / (1 + 10^{\wedge(\log EC50_r - \log c)H_r})$$
$$m(c) = m_0 (1 - 1/(1 + 10^{\wedge(\log EC50_m - \log c)H_m}))$$

ただしここで H_r，H_m，$EC50_r$ および $EC50_m$ は，それぞれ r，m の Hill 勾配（Hill 型関数の変化の強さを示すパラメーター）と EC50（50%の個体に影響が見られる濃度）であり[31]，添字ゼロは化学物質濃度がゼロの状態での値を示す．

(2) 対策が手遅れになるまでの時間の評価

時刻 $T=0$ において，レジームシフトを引き起こすレベルに化学物質濃度 $c(>c_+)$ が上昇したとすると，化学物質濃度の削減が有効となるタイムリミットは，$T_m = \text{Max}[T | F_c^T(n_0) > n_A(0)]$ となる．ただし個体群の初期密度は $n=n_0$ とした．ここで F_c は c が大きくなるほど小さくなるので，T_m は c が増加するとともに減少する．

3 GISによる階層間のコミュニケーション促進

1 GISシナリオワークショップ

1.1 流域管理におけるクロスシナリオアプローチの提案

　地理情報システムGIS（Geographic Information System）とは，コンピュータの電子地図上に多様なデータを空間的に結びつけて蓄積し，表示・編集・解析することができるソフトウェア技術である．私たちは，流域管理における階層間コミュニケーションを具体的に調整する方法のひとつとして，このGISが持つ潜在的な可能性（ブリーフノート12参照）に着目した．本節では，流域管理課題に関するトップダウンとボトムアップの調整を促進するための方法として，シナリオアプローチ（本章第1節）を発展させた「クロスシナリオアプローチ」を提案する．また，それをGISで具体化する「GISシナリオワークショップ」とそのためのソフトウェアシステム「しなりお君」について紹介する．

　私たちは，流域に分散する多様な利害関係者（ステークホルダー）を前提に，その利害関係者の地域や生活に密着した多様な環境への関わり方をどのように調整するかを課題として，具体的な方法論に取り組んできた．言い換えると，「マクロスケールの「トップダウン」的なアプローチと，地域社会からの「ボトムアップ」的なアプローチとを接合すること（第1部第1章）」を流域管理の主要課題としている．本節の階層間コミュニケーション促進の方法論の開発も，この視点に立っている．流域管理においては，多様な利害関係者のコンセンサスの上に立ったシナリオが策定されなくては，その実現性が期待できないのである．このような理由から，流域管理においては問題群を統合して分析する方法論としてシナリオアプローチが有効であっても，コミュニケーションを促進する手法としては，トップダウンの視点に立つ従来のシナリオアプローチには限界があるのである．ここに，多様な利害関係者によるガバナンスを前提とした，新たなシナリオアプローチが必要となる．私たちが提案する「クロスシナリオアプローチ」とは，流域管理のこうした必要性に応えるものなのである．

　具体的に農業濁水問題の事例で説明すると，次のようになる．琵琶湖の生態系は，滋賀県や淀川水系の人々にとって，さまざまな生態系サービスの源となる大切な財産であるが，近年，人間活動の影響でそのレジリアンスが低下してきている．農業濁水をはじめとした陸域からの負荷を，どうすれば減らしていくことができるのかが問われている．一方，農村地域においては，農業政策の変化，食のグローバル化に起因する農村や集落の大きな変化によって，農業や農村の将来が真剣に検討されている．琵琶湖と農村地域の将来は，お互いに無関係に決まるのではなく，それぞれの未来像が互いに深く関わってくる．その意味で，琵琶湖と農村地域の将来を，言い換えるとマ

クロスケールとメソ・ミクロスケールを，ともに持続的に考えるための方法が必要とされており，クロスシナリオアプローチはそのための提案なのである．

1.2 GIS シナリオワークショップ

クロスシナリオアプローチの考え方は，一言で言えば，「各階層の利害関係者が，それぞれの問題意識に基づいて将来シナリオを作成し，突き合わせる．その結果生じるシナリオ間のコンフリクトをもとに，互いの考え方を理解し，双方にとってより現実的なシナリオを試行錯誤で探っていく方法」である．具体化する方法としては，シナリオ間のコンフリクトを地図上の具体的な場所として表現できる GIS とシナリオアプローチを組み合わせた「GIS シナリオワークショップ」という方法を考えた．このワークショップは，GIS ワークショップの方法（ブリーフノート 12 参照）に基づくが，ワークショップの場でのシナリオ作成と参加者の探索的なディスカッションを支援するために，GIS とシミュレーションモデルを基盤とした「シナリオプランニングツール」と呼ぶソフトウェアを用意する．私たちは，琵琶湖流域の農業濁水問題を事例として，将来的には流域の利害関係者が実際に利用できるシステムを想定した上で，まず，研究者レベルでその有効性を確認するために，プロトタイプとなるソフトウェアシステム「しなりお君」を作成した．

1.3 シナリオ作成のためのシナリオプランニングツール

GIS シナリオワークショップでは，各階層の参加者が，それぞれが関係する階層のシナリオを画面上で選択する．つまり，議論に集中できるように，あらかじめ想定されるすべてのシナリオに対して計算結果を用意して，シナリオプランニングツールにストックして選び出すようにしておくのである．また，各参加者が選択したシナリオの組み合わせに応じて，異なった 2 つのスケールでのシナリオ結果を，両方画面に表示する．この機能で，異なるスケールでのシナリオ選択の結果が各参加者にフィードバックされ，双方にとってより現実的なシナリオを試行錯誤で探っていくことができるのである（図 4-4-5）．

(1) シナリオプランニングツールによる GIS 紙芝居機能

シナリオワークショップの参加者は，終了後，ワークショップに参加していないそれぞれの関係者に対して，ワークショップのプロセスや結果を説明する必要がある．このような場面で使用するのが，シナリオプランニングツールの「GIS 紙芝居」機能である．GIS 紙芝居では，まず，調整の結果選択されたシナリオの最終段階（目標像）やそのシナリオが実現されていく段階的過程を示す．また，シナリオが選択された場合，その過程が考えられた時の議論のプロセスを再現する．こうした機能は，比較的容易に持たせることができると考えられる．シナリオプランニングツールを用いた調

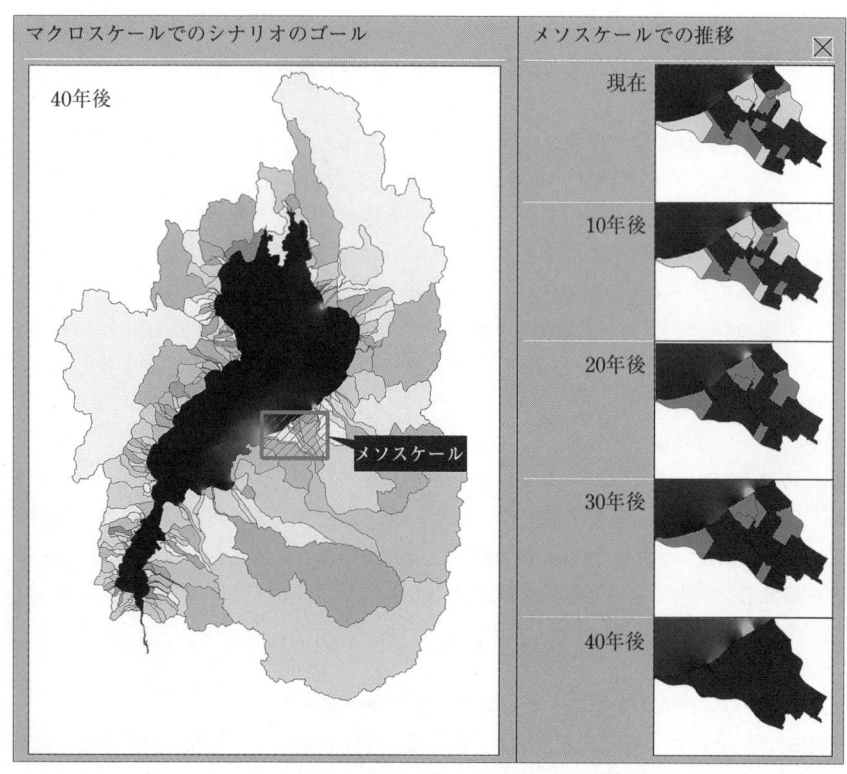

図 4-4-5　シナリオプランニングツールの概念図

シナリオプランニングツールは，GIS シナリオワークショップ参加者が容易にシナリオを探っていくために，マクロおよびメソスケールにおいて，選択したシナリオによる農業濁水量（その濃淡で表現）の推移を同時に表示している（マクロスケールでは，集水域ごとに表現されている）．

整の結果を保存しておき，GIS 紙芝居で利用するというフローになる（図 4-4-6）．

(2) シナリオプランニングツールの具体化

　以上の考えをもとに，具体的なシナリオとシナリオプランニングツールのプロトタイプ（しなりお君）の設計を検討するため，プロジェクトメンバーを主体に，GIS シナリオワークショップをおこなった．ここで「しなりお君」とは，具体的には，農業濁水問題を事例に，琵琶湖流域レベル（マクロスケール）での，琵琶湖への流入負荷削減に関わる環境保全シナリオと，琵琶湖周辺に展開する農村地域の集落レベル（ミクロスケール）での将来シナリオとの関係を表示するシステムのことである．まず，マクロな琵琶湖流入河川の水文シミュレーションに調査地域での中小河川と農業排水ネットワークを結合することで，調査地域の詳細な情報が琵琶湖に流入する濁水に反映できる水文シミュレーションモデルを作成した．一方で，地域レベルでのシナリオの選

```
┌─GIS─────────────────────────────────────┐
│ ┌─時間空間データベース─┐ ┌─シナリオのストック─┐ │
│ │  土地利用          │ │  シナリオ0       │ │
│ │  河川             │ │  シナリオ1       │ │
│ │  農業排水ネットワーク │ │  シナリオ2       │ │
│ │  …               │ │  …             │ │
│ └─────────┬────────┘ └────────────────┘ │
│           ↓                              │
│ ┌─シナリオプランニングツール─┐              │
│ │ 「しなりお君」          │               ──→ 調整の場で利用
│ │  水文シミュレーション    │               │
│ │  湖面に流入した濁水の表示 │               │
│ │  …                 │                │
│ └─────────────────────┘                │
│                                         │
│         ┌─────────┐                    │
│         │GIS紙芝居│ ─────────────────── ──→ 調整結果の説明
│         └─────────┘                    │
└─────────────────────────────────────────┘
```

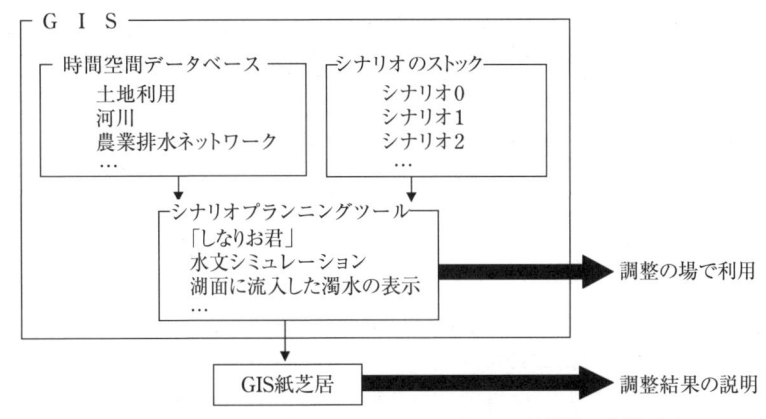

図4-4-6　シナリオプランニングツールとGIS紙芝居の位置づけ

択肢として，大規模農家支援・農地集積への取り組みの度合いを試みに採用した．調査地域の集落レベルでの農業経営タイプの類型が，シナリオによってどのように変化するかを模擬的に構築した．つまり，農業経営タイプと水管理との間に相関があると仮定して，ワークショップでは，地域のシナリオ選択によってどのような農業・農村形態となるか，その結果琵琶湖への濁水流入がどのように変化するかを，GIS画面上で同時に表示したのである．

　将来的には，流域の多様な利害関係者の代表が，琵琶湖の環境保全シナリオと，各地域シナリオを構築していく過程で，GIS上に明示されるシナリオ選択の結果をもとに，よりよい共存シナリオを求めて試行錯誤しながら相互の理解を深めるツールとなる可能性が期待できる．次項では「しなりお君」のより詳しい構成について説明する．

[谷内茂雄・田中拓弥]

2　「しなりお君」の開発

　現在，流域スケールにおける流出過程について数値計算に基づくモデルが数多く開発されており，流域内部の状態の取り扱い方によって集中型モデルと分布型モデルに大別できる．「しなりお君」は，琵琶湖流域における水循環プロセスをモデリングするために分布型モデルを採用し，琵琶湖流域内部の地形起伏をはじめ，土地利用，降水量分布などの空間データを蓄積することにより，流域内の局所的な環境変化による流出特性の変化をシミュレーションする．ここで，地形起伏を表現するためには，数値標高モデル（Digital Elevation Model; DEM）が用いられる．

　第3節第1項で説明したように，「しなりお君」はGISシナリオワークショップにおいて，参加者が対話しながら画面上でシナリオを選択し，シナリオに対する結果をす

ぐに議論できるように，その計算を短時間で完了させる必要がある．そのため，「しなりお君」のプロトタイプの開発は従来の分布型モデルを簡略化したものとして試みた．

2.1 基本概念

「しなりお君」における流域空間データの表現方法としては，GRID モデルを用いた．このモデルでは，地形形状や土地利用などの空間データを規則的なグリッドに分割し，グリッドの各点にそれらの値を付与する．流域が放出する土壌粒子，リン・窒素などの栄養塩などの「特定物質の量」を算出するために，まず同流域の DEM や水路データ，そして農業政策や集落の変化を表す土地利用図を GIS に登録する．次にDEM と水路データをもとに琵琶湖に流れ込む各地点からの表面流水を求め，その中に含まれている特定物質の量を計算する．最後に，これらの特定物質の量を琵琶湖の湖岸沿いの河口ごとに積算し，湖面上にその濃度をグラデーションで表示する．ここで，各地点の特定物質の量は，各種のシナリオが定義した土地利用をもとに計算される．図 4-4-7 は，「しなりお君」の処理のフローを示す．以下，それぞれの処理について述べる．

(1) 流出方位の決定

水は重力によって高い場所から低い場所へ流れたとき，その流出方位は低い場所への最も傾斜の大きい方位をとる．GIS ではある地点からの流出方位について，一般にその地点から見た 8 方位の中の最急方位の一つとなる[39), 40)]．本来，DEM から各地点の傾斜を直接計算することによって，流出方位を容易に決定できるが，DEM の精度が起因する問題によって事前にその問題を解消する前処理が必要になる．「しなりお君」では，まず DEM 中に存在している窪地を処理する．次に，傾斜地における流出方位を最急傾斜方位として求め，最後に平地における流出方位を既存の水路への最短経路に沿った方位として求める．流出方位を決める際に，既存の水路を用いることによって，主に平野部にある水田からの特定物質の流出をシミュレーションすることが可能となる．

a. 窪地の処理

窪地とは，全ての近傍地点の標高が着目地点よりも高い標高を持っている場合のことをいう（図 4-4-8）．DEM 中に窪地が存在すると，その地点での流出方位が求められず，処理が中断してしまう．「しなりお君」では，琵琶湖流域内の各々の地点の表面流水が琵琶湖に流れ出ると仮定しており，DEM 中の窪地は，実在したものではなくデータのノイズによって表れたものと考える．そのため，これらの窪地において，流出方位を決定できるように窪地の処理を施している．この処理は 3×3 近傍点ごとに DEM を走査し窪地を見つけ，その窪地の標高に対して近傍点中の最も低い地点の標高と等しくする．なお，この処理は窪地が見つからなくなるまで繰り返される．

```
┌─────────┐  ┌──────────┐  ┌──────────┐  ┌────────────┐
│  DEM    │  │ 水路データ │  │ 雨量データ │  │土地利用データ│
└────┬────┘  └────┬─────┘  └────┬─────┘  └─────┬──────┘
     │            │             │              │
     ▼            │             │              │
┌─────────────┐   │             │              │
│流出方位の決定│   │             │              │
└──────┬──────┘   │             │              │
       ▼          ▼             ▼              ▼
┌─────────────────────────────────────────────────┐
│  表面流水に含まれている特定物質量の計算          │
└────────────────────┬────────────────────────────┘
                     ▼
         ┌─────────────────────────┐
         │ 湖面における特定物質の濃度の表現 │
         └─────────────────────────┘
```

図 4-4-7　しなりお君の処理のフロー

3×3近傍点の窪地　　　　　処理後の窪地

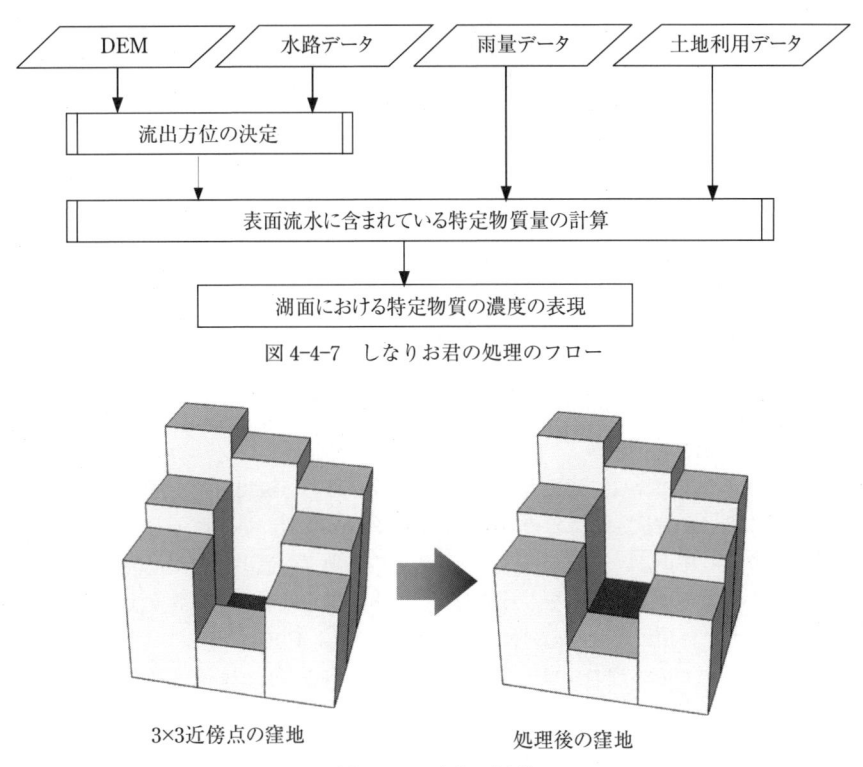

図 4-4-8　窪地の処理

b. 傾斜地と平地の識別処理

これまで平地からの流出方位は，平地に付加した起伏における最急方位[40]や平地から出口への最短経路に沿った方位[41]として計算する方法が提案されているが，どの方法を適用しても，広域の平地における流出方位を正確に求めることが困難である．「しなりお君」では，平地における正確な流出方位を計算するために，水路データを補助データとして用いる．なお，傾斜地と平地を識別するために，DEMから対象領域における各地点の傾斜を計算し，その傾斜の度合をもとに傾斜地および平地を識別する閾値を決定する．ここで，閾値の設定を実験的に決定し，閾値を約0.1度に設定することによって，琵琶湖流域内の大部分の傾斜地と平地（農地を含む）を識別することができる．

c. 最急方位の計算

ある地点の流出方位は，その地点から見た8方位の中の一つであり，GISでのデータ記録では各方位について識別番号が与えられる．図4-4-9は各方位の識別番号を示す．傾斜地における最急方位（dir）は，着目地点とその近傍地点との標高差（Δz）お

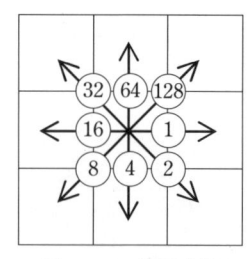

図 4-4-9 流出方位

よびそれらの地点間の距離 (d) の比によって算出される (式1).

$$dir = \frac{\Delta z}{d} \qquad (式1)$$

d. 平地での流出方位の計算

平地では，式1によって最急方位が求められないため，流出方位を既存の水路への最短経路に沿った方位として求める．水路データは，支流，排水路そして河口のデータから成り立っている．支流データはある水流内の地点の流出方位が最終的に支流の出口に向かうようにする役割をもっており，一方，排水路データは各支流内の地点からの表面流水を河口に流すための経路を提供する．図4-4-10は，平地での流出方位（式1）を決定するための処理のフローを示す．各々の処理手順について下記に述べる．

- 手順1： 平地における DEM のメッシュサイズに合わせて，メッシュに変換した水路データ（以後，これを「水路メッシュ」と呼ぶ）を重ねる．
- 手順2： 河口のメッシュに対して，識別番号を設定する．図4-4-10では，その識別番号を255とする．
- 手順3： 水路メッシュの流出方位を決定する．この流出方位は，水源点から河口へ向かう方位（下流への方位）として決定する．
- 手順4： 水路メッシュをもとに，平地のバッファリング処理をおこない，平地のメッシュに対して水路メッシュまでの距離を付与する．
- 手順5： メッシュのバッファの値を平地の標高（DEM）に加算し，その標高データから最急方位によって流出方位を決定する．

(2) 河口への流入特定物質の計算

上述のように，河口に流入する特定物質の量を算出するには，各地点の表面流水に含まれる特定物質の量を知る必要がある．「しなりお君」では，シナリオによって変化した土地利用データをもとにした表面流水に含まれる特定物質の量を定義し，それらを流出方位にしたがって河口まで積算する．図4-4-11は，各地点の流出方位にしたがって積算する特定物質の量の概念図を示す．最終的に各地点で定義した特定物質の量が河口に積算されている様子が分かる．湖面に特定物質の広がりを視覚的に表現

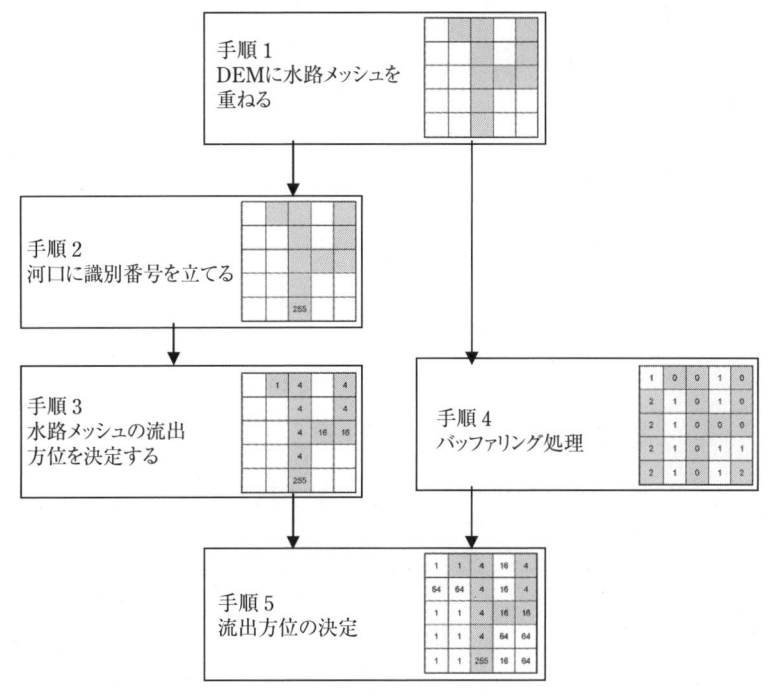

図4-4-10　平地での流出方位決定処理のフロー

するために，各河口に積算した特定物質の量を加重平均によって湖面全体の領域に補間し，補間した値の大小によってグラデーションで着色する．ただし，「しなりお君」では湖流を考慮していないため，特定物質の広がりは円形の広がりとして表現される．

2.2　各流域スケールにおける特定物質の量の計算

　第3節第1項で説明したように，シナリオワークショップの参加者が「しなりお君」を用いて選択したシナリオの組み合わせに応じて，異なった2つのスケールでのシナリオ選択の結果を出力し，その結果をもとにシナリオを試行錯誤で探っていく．さらに，農業経営タイプと水管理との間に相関があると仮定した場合，ある集落レベル（ミクロスケール）でのシナリオ選択によって決定された農業経営タイプから，琵琶湖全体における特定物質（農業濁水）の量を表示できる．前者については，上記の「しなりお君」の基本概念で記述したように，シナリオによって土地利用が変化すれば，その変化に伴う特定物質の量を琵琶湖の湖岸沿いの河口に積算することで，異なったスケールでの変化をすぐにみることができる．しかしながら，後者については，琵琶湖全体の集落レベルの農業経営タイプが分からなければ，琵琶湖全体の特定物質の量を計算することができない．この問題に対処するために，「しなりお君」では，琵琶湖

```
  特定物質が一様に分布した場合の量        河口での特定物質の累積量
```

1	1	1	1	1	1
1	1	1	1	1	1
1	1	1	1	1	1
1	1	1	1	1	1
1	1	1	1	1	1
1	1	1	1	1	1

→

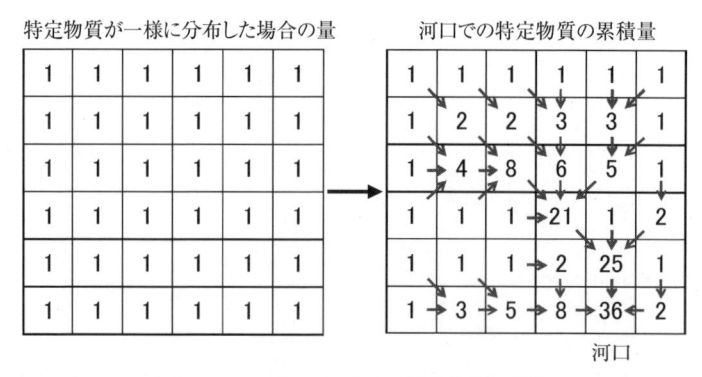

1	1	1	1	1	1
1	2	2	3	3	1
1	4	8	6	5	1
1	1	1	21	1	2
1	1	1	2	25	1
1	3	5	8	36	2

河口

図4-4-11　河口に流入する特定物質の計算

大規模農家支援・農地集積への取り組み度合い

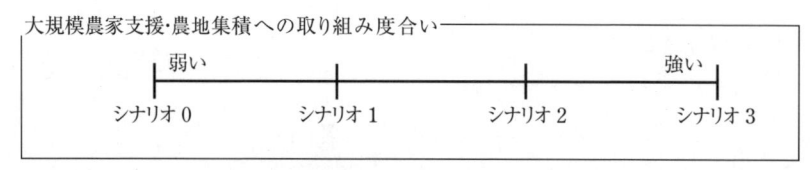

弱い ──────────────────── 強い
シナリオ0　シナリオ1　シナリオ2　シナリオ3

図4-4-12　シナリオの軸

流域内の各支流の集落レベルにおける農業経営タイプ割合が一定であると仮定した．

2.3 しなりお君の利用の一例

　2006年8月5日,6日にみずほ文化センター(滋賀県彦根市)において開催された「いなえ水辺環境学サロン」で「しなりお君」のデモ展示をおこなった．デモでは,予め用意したシナリオをもとに,琵琶湖に流入する特定物質の量(農業濁水量)を計算し,湖面全体に表示した．ここで,滋賀県の大規模農家支援による農地集積への取り組み度合いを軸とし,その取り組み度合いにより4つのシナリオを設定した(図4-4-12)．ここで,土地利用データの代わりに,農地集積への取り組み度合いを農業経営タイプとして表現した．より農地の集積している大規模農家のある集落を農業タイプⅠとし,農業経営タイプⅡから農業経営タイプⅢへと規模が縮小していくことを意味する(表4-4-1)．なお,ある一定の期間を過ぎると農業経営タイプⅠは農業経営タイプⅡへ,農業経営タイプⅡは農業経営タイプⅢへと遷移するが(図4-4-13),大規模農家支援の取り組み度合いが強いほど農業経営タイプが遷移するまでの期間が長い(表4-4-2)．

　本デモでは,水路データ,農地区画データ,集落境界そして国土地理院発行の50mメッシュDEMを使用した(図4-4-14)．水路データの中には,支流域データと排水路データの精度が異なるため,排水路が支流をまたがることがある．そのような場合,支流をまたがった排水路の修正をおこなった．また,農地区画データに含まれる道路等情報を予め除去した．なお,農業経営タイプⅠ,Ⅱ,Ⅲの集落の農地から流

表 4-4-1　集落の農業タイプの特徴

農業経営タイプ	経営規模	支援による影響	流出する特定物質の濃度
I	大規模経営	支援が大きいほどタイプIでいる時間が長い	低
II	農地維持経営	支援が大きいほどタイプIIでいる時間が長い	高
III	小規模経営	支援にかかわらずタイプIIIのまま変わらない	高

図 4-4-13　農業タイプの遷移

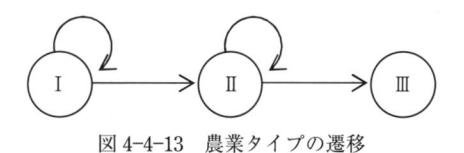

表 4-4-2　農業タイプが遷移するまでの期間

シナリオ	農業経営タイプが遷移するまでの期間
0	10 年
1	15 年
2	20 年
3	遷移無し

出する農業濁水量をそれぞれ1メッシュ当たり1，2，3と設定した．

図 4-4-15 は，稲枝地区における流出方位を示す．図 4-4-16 は，水路を辿り河口へ流れている農業濁水量を示す．図 4-4-17 は，稲枝地区におけるシナリオ0の結果を示す．各河口に積算した流量を加重平均によって湖面全体の領域に補間し，着色した．そのとき，特定物質の量が多ければ多いほど黒から白へと変化する．なお，「しなりお君」の説明を分かりやすくするために，これらのシミュレーション結果は，濁水流出の画像を視覚的に強調しており，シナリオ自身もまた，現時点では仮想的なものであることに注意されたい．

2.4　「しなりお君」が促進する新たな階層間コミュニケーション

「しなりお君」は，メソ・ミクロスケールでの農業・農村形態のシナリオをもとに，琵琶湖に流入する農業濁水量の変化を可視化するだけでなく，各支流域と集落（ミクロ）との関係を明らかにし，新たな階層間コミュニケーションの重要性を教えてくれる．図 4-4-14(a), (c) から分かるように，支流域が集落をまたがったり，一つの支流域が複数の集落を含んだりするものが見られる．一つの支流域の各圃場から排出された濁水が，最終的に当該支流域の河口に合流して琵琶湖に流入することから，よりよ

第 4 部　現場でのコミュニケーション支援

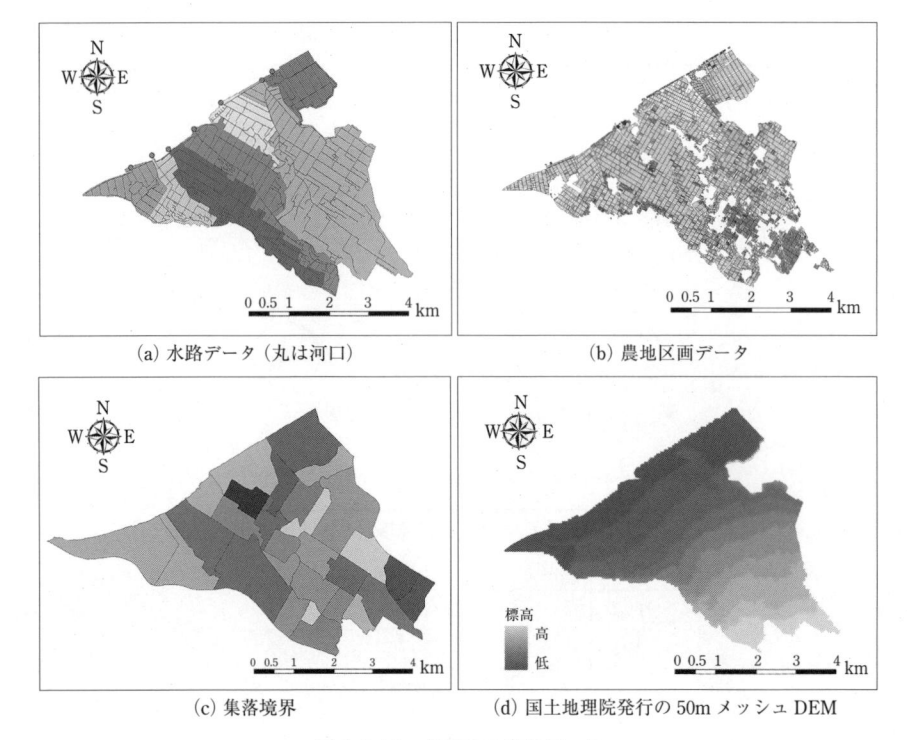

(a) 水路データ（丸は河口）

(b) 農地区画データ

(c) 集落境界

(d) 国土地理院発行の 50m メッシュ DEM

図 4-4-14　本デモの使用データ

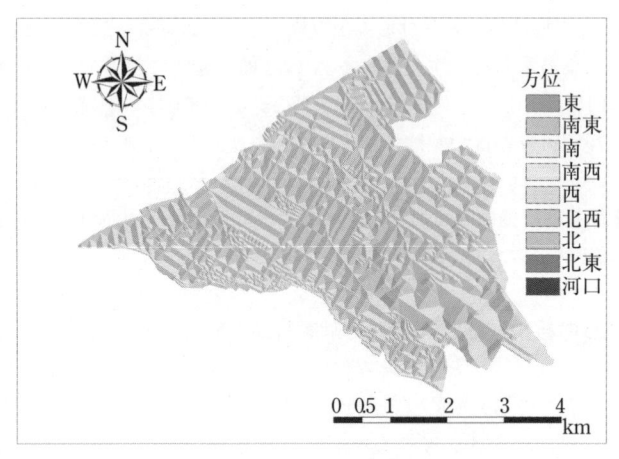

図 4-4-15　流出方位

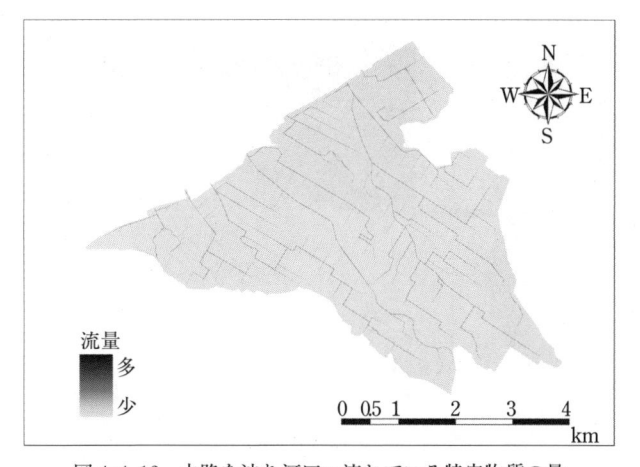

図4-4-16　水路を辿り河口へ流れている特定物質の量
(注) 水路が細いために特定物質量の変化を観察しにくいが，水路の濃淡は上流から下流へその濃度が増している．

い環境保全シナリオを構築していく過程では，まず同一支流をもつ集落の代表者およびステークホルダーが議論し，相互理解を深める必要がある．そのうえで他の集落の代表者と協議し，メソスケールレベルのシナリオを吟味することが望まれる．「しなりお君」によって，よりよいマクロ・メソ・ミクロ各スケールにおける階層間コミュニケーションを構築するために，行政が決めた各階層の境界に加え，それぞれの階層を構成する支流域への配慮が必要であると再認識させてくれる．

[プリマ オキ ディッキ・谷内茂雄]

参考文献

1) 東正彦 (1998)「記述モデルと説明モデルと予測モデル」『エコフロンティア』**1**: 62-63.
2) 松岡譲・原沢英夫・高橋潔「地球環境問題へのシナリオアプローチ」(http://www.nies.go.jp/social/kojin/takahasi/file/matuoka200101.pdf：平成19年3月末アクセス)
3) 松岡譲・森田恒幸 (2002)「地球温暖化問題の構造と評価」pp.37-66．森田恒幸・天野明弘編『岩波講座環境経済・政策学第6巻　地球環境問題とグローバル・コミュニティ』岩波書店所収．
4) IPCC (気候変動に関する政府間パネル) 編，気象庁・環境省・経済産業省監修 (2002)『IPCC地球温暖化第三次レポート　気候変化2001』中央法規．
5) 加藤文昭・丹治三則・盛岡通 (2004)「流域圏におけるシナリオ設計システムの構築に関する研究」『環境システム研究論文集』**32**: 391-402.
6) Norse, E. A. (1993) *Global Marine Biological Diversity: A Strategy for Building Conservation into Decision Making.* Washington, D. C.: Island Press.
7) National Research Council. (1995) *Understanding Marine Biodiversity*, Washington, D. C.: The National Academies Press.

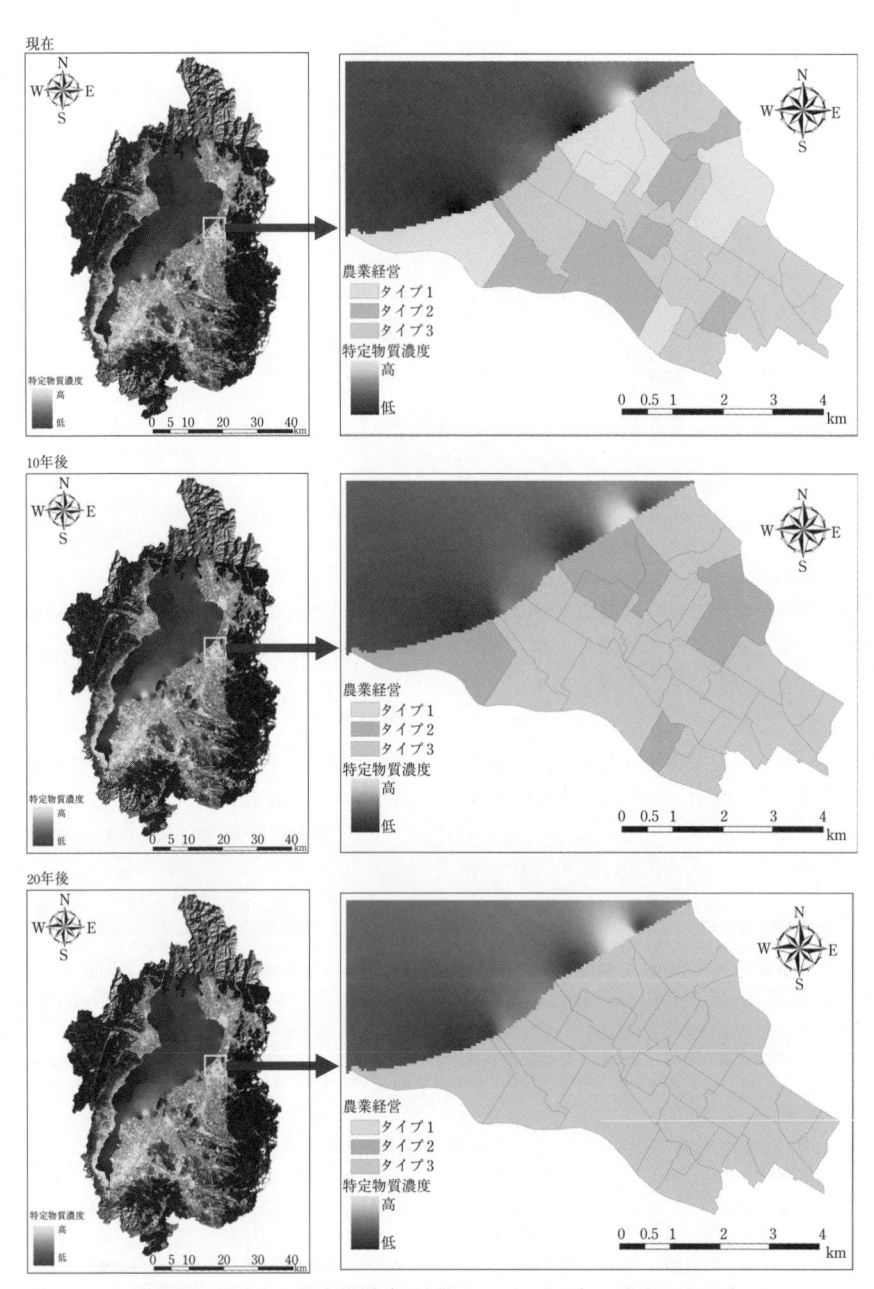

図 4-4-17 琵琶湖へ流入する特定物質（土壌粒子，リンなど）の濃度の表現（シナリオ 0 の結果）．湖面への描像は画像的に強調処理されていることに注意．

8) Millennium Project. (2005) Task Force on Environmental Sustainability: Environment and human well-being: a practical strategy. (http://www.unmillenniumproject.org)
9) Hughes, J. M. R. and B. Goodall (1992) Marine pollution. In *Environmental Issues in the 1990s*, (eds. A. M. Mannion and S.R. Bowlby). New York: John Wiley and Sons.
10) 中西正己・野崎健太郎・鏡味麻衣子・神松幸弘 (2001)「琵琶湖の近況——植物プランクトン群集」『海洋化学研究』**14**: 104-111.
11) 淀川水系流域委員会 (2004)「琵琶湖環境保全について課題の整理」『第 2 回ダム WG 資料』琵琶湖河川事務所.
12) 滋賀県 (2006)『琵琶湖セタシジミ資源回復計画』.
13) Matsuda, H. and K. Nishimori, (2002) A size-structured model for a stock-recovery program for an exploited endemic fisheries resource. *Fisheries Research* **1468**: 1-14.
14) Gaines, S. D. and J. Roughgarden, (1985) Larval settlement rate: a leading determinant of structure in an ecological community of the rocky intertidal zone. *Proceedings of the National Academy of Sciences of the United States of America* **82**: 3707-3711.
15) Gaines, S. D. and M. D. Bertness, (1992) Dispersal of juveniles and variable recruitment in sessile marine species. *Nature*, **360**: 579-580.
16) Olafsson, E. B., C. H. Peterson, and W. G. Ambrose, (1994) Does recruitment limitation structure populations and communities of macroinvertebrates in marine softsediments: the relative significance of presettlement and postsettlement processes. *Oceanography and Marine Biologg: An Annual Review.* **32**: 65-109.
17) Allee, W. C., (1931) *Animal aggregations. A Study in general sociobiology*. Chicago: University of Chicago Press.
18) Knowlton, N. (1992) Thresholds and multiple stable states in coral reef community dynamics. *American Zoologist.* **32**: 674-682.
19) Levitan, D. R., M. A. Sewell, and F. S. Chia, (1992) How distribution and abundance influence fertilization success in the sea urchin *Strongylocentrotus franciscanus*. *Ecology* **73**: 248-254.
20) Courchamp, F., T. Clutton-Brock, and B. Grenfell, (1999) Inverse density dependence and the Allee effect. *Trends in Ecology and Evolution.* **14**: 405-410.
21) McCarthy, M. A. (1997) The Allee effect, finding mates and theoretical models. *Ecol Model* **103**: 99-102.
22) Pineda, J., and H. Caswell, (1997) Dependence of settlement rate on suitable substrate area. *Marine Biology.* **129**: 541-548.
23) Barnthouse, L. (1993) Effects assessment: Population-level effects. In G.W. Suter ed. *Ecological risk assessment*, Chelsea, MI: Lewis Publishers,.
24) Pastorok, R. A., S. M. Bartell, S. Ferson, and L. R. Ginzburg. eds. (2001) *Ecological Modeling in Risk Assessment: Chemical Effects on Populations, Ecosystems, and Landscapes*. Boca Raton, FL: CRC Press.
25) Schaefer, M. B. (1954) Some aspects of the dynamics of populations important to the management of the commercial marine fisheries. *Bullitin of the Inter-American Tropical Tuna Commission.* **1**: 27-56.
26) Brauer, F., and D. A. Sanchez, (1975) Constant rate population harvesting: equilibrium and stability. *Theoretical Population Biology.* **8**: 12-30.
27) Carpenter, S. R. (2003) *Regime Shifts in Lake Ecosystems: Pattern and Variation*. Oldendorf/Luhe: International Ecology institute.
28) *ECOTOX* database, U. S. Environmental Protection Agency (http://www.epa.gov/ecotox/).
29) Hastings, A. and L.W. Botsford, (1999) Equivalence in Yield from Marine Reserves and

Traditional Fisheries Management. *Science* **284**: 1537-1538.
30) Motulsky, H. and A. Christopoulos. (2003) *Fitting Models to Biological Data Using Linear and Nonlinear Regression*. GraphPad Software, Inc.
31) Mitchell, E. J.A.K., J. E. Burgess, and R. M. Stuetz, (2002) Developments in ecotoxicity testing. *Re/Views Environmental Science and Bio/Technology*. **1**: 169-198.
32) *FISHBASE*, (www.fishbase.org/).
33) Sibly, R. M., D. Barker, M. C. Denham, J. Hone, and M. Pagel, (2005) On the regulation of populations of Mammals, Birds, Fish and Insects. *Science*, **309**: 607-610.
34) Lande, R. (1993) Risks of population extinction from demographic and environmental stochasticity and random catastrophes. *American Naturalist*. **142**: 911-927.
35) Iwasa, Y., H. Hakoyama, M. Nakamaru and J. Nakanishi, (2000) Estimate of Population Extinction Risk and its Application to Ecological Risk Management. *Population Ecology*. **42**: 73-80.
36) Tanaka, Y., and J. Nakanishi. (2000) Mean Extinction Time of Populations Under Toxicant Stress and Ecological Risk Assessment. *Environmental Toxicology Chemistry*. **19**: 2856-2862.
37) Okoshi, K. (2004) Alien Species Introduced with Imported Clams: the Clam-eating Moon Snail Euspira fortunei and Other Unintentionally Introduced Species. *Japanese Journal of Benthology*. **59**: 74-82.
38) Sakai, S-I., S. Deguchi, S. Urano, H. Takatsuki, K. Megumi, T. Sato, and R. Weber, (1998) Time trends of PCDDs/DFs in sediments from Osaka Bay and Lake Biwa *Organohalogen Compounds* **39**: 359-362.
39) O' Callaghan J. F. and D. M. Mark. (1984) The Extraction of Drainage Networks from Digital Elevation Data. *Computer Vision, Graphics and Image Processing,* **28**: pp. 323-344.
40) Martz, L. W., and J. Garbrecht. (1992) Numerical Definition of Drainage Network and Subcatchment Areas from Digital Elevation Models. *Computers & Geosciences,* **18**(6): 747-761.
41) Jenson, S. K., and J. O. Domingue. (1988) Extracting Topographic Structure from Digital Elevation Data for Geographical Information System Analysis. *Photogrammetric Engineering and Remote Sensing,* **54**(11): 1593-1600.

ブリーフノート11

流域管理におけるシナリオアプローチの現在

――――――――――――――――――――――（谷内茂雄）

　地球環境問題の研究過程で発展したシナリオアプローチ（第4部第4章第1節参照）は，現在，流域管理においても主要な方法のひとつとして急速に浸透しつつある．ここでは，滋賀県の「持続可能な滋賀社会ビジョン」を事例として紹介する．

流域管理におけるシナリオアプローチ

　シナリオアプローチは，不確実性が高く将来予測が困難な問題に対処するために開発された，システム論に基づいた方法論である．シナリオアプローチでは，定性的なストーリーラインと統合的なモデルに基づいた定量的なシミュレーションとの組み合わせによって，複数の将来像を具体的に提示する．目標像に到達するために必要な問題分析と対策・施策の効果を統合的に評価する，いわば戦略的データベース機能を持つとともに，望ましい将来像の社会的意思決定について，多様な利害関係者間のコミュニケーションを促進する可能性（第4部第4章第3節）を持つ．地球温暖化問題の研究において，地球環境問題に対処する科学的方法論，科学者と政策担当者間のコミュニケーションを促進する手段として確立したシナリオアプローチは，21世紀に入ると，流域管理に対しても，持続可能性を論じうる統合的な方法論として，急速に普及してきた[1]．

　流域管理において，この方法が採用されてきた理由は次のとおりである．まず，流域というシステムは複雑系であるとともに，流域内に多様な利害関係者を有するため，その本質に不確実性をはらんでいる（第2部第1章）．また，流域管理においては，流域全体のマクロな制約条件（たとえば環境容量）の下で，独立ではなく，相互に関係しあう生活と環境のさまざまな課題を調整しながら，持続的な社会を構築することが課題となる．統合的流域管理はそのための指針となる考え方のひとつであり，従来の課題ごとに個別最適化をおこなうのではなく，総合的評価を前提としている．この統合的流域管理を具体的に実践する上で，統合的なモデルに基づいて課題相互のトレードオフやさまざまな対策・施策の組み合わせを評価できるシナリオアプローチは，有効な方法論となるのである[1,2]．以下では，シナリオアプローチを環境政策，特にビジョン策定に活用している，滋賀県の試みを紹介する．

滋賀県の事例：持続可能な滋賀社会ビジョン[3,4,5]

　滋賀県は，地球温暖化などの地球規模での環境変動，近年の琵琶湖流域での大きな環境変化（第2部第3章第1節）に対応し，滋賀県が持続可能な社会へと転換していくための指針として，2008年に「持続可能な滋賀社会ビジョン（以下「ビジョン」という）」

を策定した．このビジョンは，県民，事業者，行政の各主体が共有する指針と位置づけられ，2030年の目指すべき持続可能な滋賀の将来像を描くとともに，各主体によって，その実現の上でなすべき行動を共有することを目的としている．このビジョンが示す2030年の滋賀の姿や施策の展開は，今後，滋賀県環境総合計画等の指針として反映される．

　ビジョンでは，まず2030年の滋賀の社会経済の姿を，人口推計や経済指標をもとに，人口およそ136.8万人で，実質県内総生産は7.7兆円と想定する．この社会経済の想定を前提に，「低炭素社会」，「循環型社会」，「自然共生社会」に向けて目指すべき持続可能な滋賀の社会像を整理する．その上で滋賀県における2つの目標として，(1)低炭素社会の実現，(2)琵琶湖環境の再生を掲げるのである．ここに，(1)の低炭素社会の実現とは，具体的には，「2030年における滋賀県の温室効果ガス排出量(1990年比)が50%削減されている」ことと定め，(2)の琵琶湖環境の再生とは，「琵琶湖流域および周辺で健全な生態系と，安全・安心な水環境が確保されている．遊・食・住などの人の暮らしと琵琶湖のかかわりが再生している」こととしている．(2)の琵琶湖環境の再生に関して言えば，滋賀県は「琵琶湖流域統合管理モデル」を産官学連携によって構築し，その運用を始めている．また，別途，市民による琵琶湖の望ましい将来像の反映方法についても学術的な検討が進められている．この目標(1)(2)の下で，具体的なプロジェクトを提案し，先に述べた2030年の社会経済の想定下で，複数の個別シナリオによって，各主体の役割を考慮した対策の効果を評価するのである．

参考文献

1) 加藤文昭・丹治三則・盛岡通 (2004)「流域圏におけるシナリオ設計システムの構築に関する研究」『環境システム研究論文集』**32**:391-402.
2) 佐藤祐一・金再奎・岩川貴志・内藤正明 (2008)「どうすれば統合的な流域管理ができるのか？ ── 琵琶湖を対象とした流域管理システム」『水』**50**:26-35.
3) 滋賀県琵琶湖環境部環境政策課編 (2008)『滋賀の環境2008 (平成20年版環境白書)』滋賀県琵琶湖環境部環境政策課発行.
4) 滋賀県琵琶湖環境部環境政策課 (2008)『持続可能な滋賀社会ビジョン』滋賀県琵琶湖環境部環境政策課発行.
5) 滋賀県持続可能社会研究会 (2007)「持続可能社会の実現に向けた滋賀シナリオ」http://www.lberi.jp/root/jp/01topics/scenario.htm からダウンロード (2008年12月15日取得).

第5章 階層間コミュニケーションを促進する社会的条件[注1]

1 参加型アプローチが求められる背景

　第4部では，流域管理において階層間のコミュニケーションを促進するいくつかの手法について検討を行ってきた．だが当然のことながら，いくらそういった手法が発展したとしても，それが十分に活用される社会的条件が整っていなければ「宝の持ち腐れ」となってしまう．例えば，第4章第3節で紹介したGISを用いたシナリオプランニングツールにしても，地域の水環境の将来像に関心を持ち，どのような水環境が望ましいのかを議論する場に参加する意欲を持った人々が流域に数多く存在しなければ，それは本来の威力を十分に発揮することはないだろう．

　では一体，人々が流域の水環境を改善するための諸活動へ参加することを促進する社会的条件とは何であろうか．本章では，流域管理における「参加」を促進する要因の一つとして社会関係資本を取り上げ，その影響についてアンケート調査から得られたデータを用いて実証的に検討を行うことにしたい．既に本書で度々述べてきたように，近年，環境管理の様々な局面において参加型アプローチが注目され，実践が試みられている[1),2),3)]．流域管理においても，その管理計画づくりや実際の管理活動の過程において市民参加の重要性が様々指摘されている[4),5),6)]．一般的に流域管理といってもその対象は幅広く，森林管理，都市計画にまでその範囲は及ぶ[7)]が，ここでは，流域を形成する基本的な要素として河川に注目して議論を進めていくことにしたい．

　日本の流域管理において参加型アプローチが求められる理由は，河川政策の歴史的変遷と密接に関連している．日本では，1964年の河川法の改正以降，河川管理はもっぱら国や都道府県といった行政機関によって担われてきた．こういった行政的な河川管理体系の結果として，河川流域に暮らす人々は治水や利水を目的とした河川整備事業に関する意思決定過程に参加することができなかった．市民参加を欠いたために，不適切な河川整備を招き，自然環境，社会環境に対して深刻な悪影響[注2]を与えることもあった[8),9)]．同時に，河川管理が国や都道府県によって担われるようになった結果として，多くの人々のなかで河川に対する心理的な距離が遠いものとなり，関心が薄れていってしまったということも社会学的な分析[10)]によって指摘されている．

1）本章は，Ohno, Tanaka, and Sakagami (forthcoming)[56)]をもとに本書に向けて一部加筆，修正しなおしたものである．
2）例えば，生物多様性の喪失，ダム湖の富栄養化，水没集落に対する不十分な合意と補償など．

こうした河川管理のあり方に対する反省として，近年様々な形で河川管理に市民が参加する機会が設けられるようになってきている．象徴的なのは，1997年に改正された河川法において，今後20年から30年の具体的河川整備の内容を定める「河川整備計画」の策定に際して，関係住民の意見を反映させる機会が設けられたことである．しかし，市民参加に関する規定は単に，「河川管理者は，前項に規定する場合において必要があると認めるときは，公聴会の開催等関係住民の意見を反映させるために必要な措置を講じなければならない」（河川法16条の2第4項）と定められているのみである．

河川管理における市民参加の重要性は繰り返し指摘され，その趣旨に沿うような形で制度が整備されつつあるものの，制度化を図るだけで住民参加が実現するわけではない[11]．たとえ住民参加のための制度ができたとしても，行政が参加の場の設定に消極的であったり，住民が積極的に参加しない[12]ために制度が形骸化する可能性も十分にある．実際に，いくつかの流域では改正河川法に定められた手続きにもとづいて新たな計画作りが行われているが，行政機関が参加の場の設定に積極的ではなかったり，市民があまり参加していないこともある[13]．したがって，ここでは流域管理における参加行動を促進する要因として，社会関係資本（social capital）について検討することにしたい．

2 参加と社会関係資本に関する研究動向

実証的な分析に入る前に，これまでの関連する先行研究を簡単に振り返っておきたい．ここでは主に，市民参加，コモンズの管理，社会関係資本に関連する研究を取り上げる．

市民参加は，一般的には「行政的な意思決定において市民やその代表者を関与させるよう意図的に組織化された何らかのメカニズム」（文献[2]のp.6）と定義されている．しかし本研究では，行政的な意思決定のみでなく，主にコモンズ論で議論されているような実質的な管理活動への参加についても注目したい．後に述べるように，流域管理においては双方の参加が重要となると考えられる．

もともと参加型民主主義論において議論されていたように（例えば，文献[14],[15]），市民参加には2つの役割があると考えられている．まず，市民参加は地元に密着した情報や，市民の選好を取り込むことを通じて，効果的な政策結果を生み出すのに重要な役割を果たすと考えられている[16]．二つめの役割は，市民参加それ自体が，「民主的な権利」として価値を持つというものである（文献[16]のp. 154）．市民参加の過程にかかわることで，人々は他の参加者との交流の中から多くを学び，公共的な問題解決に役立つような相互理解を深めることが出来るだろう[2]．

実質的な流域管理活動への参加を考える上では，コモンズの管理に関する先行研究

が有益となるだろう．これまでのコモンズの管理に関する研究においては，自然資源管理における地域コミュニティの重要性が強調され，地域コミュニティによる資源管理を成功させる条件が模索されてきた[17]．日本においても同様に，自治会や町内会といった地域組織[18),19)]が，地域環境保全において重要な役割を果たしてきた．こういった組織は既存の地縁によって成り立っている．一般に，自発的な組織は，所属するか否かについて個人の選択の余地がある関係性であるのに対して，自治会や町内会は，ほとんど選択の余地がない関係性であるという特徴を有している[20]．自治会や町内会は，包括的で多目的な組織であり，その活動は防犯活動から祭りの開催まで多岐にわたる[18]．そういった活動は都市化の進展によってかつてほど盛んにはおこなわれなくなってきたが，数多くの現地調査が，自治会やその他の地域組織が依然として日常的な水環境の維持管理に重要な役割を果たしていると指摘している[21]．

社会関係資本は，最も頻繁には「ネットワーク，規範，信頼」（文献[22]のp. 167）という定義が引用されており，様々な学問分野で研究されている[23]．近年，市民参加論とコモンズ論の双方においても社会関係資本への注目が高まっている．

地域計画策定への参加と社会関係資本の関連については，Y. ライディンとM. ペニングトンが政策過程への市民参加を一種の集合行為問題ととらえ，単純に市民参加の機会を増やすだけでなく，地域コミュニティが長期的に集合行為問題を克服できるように社会関係資本を創出することの重要性を述べている．こういった観点からすれば，例えば，広域を対象とした流域管理組織を設立するよりも，より地域に根ざした組織のほうが好ましい[16]ということになる．

コモンズ論においても，E. オストロム[17]がコモンズのジレンマを解決するための制度的な調整を可能にするものとして，社会関係資本に言及している．さらにオストロム[24]はフィリピンの灌漑システムの事例を取り上げ，ルールや社会関係といったかたちの社会関係資本が，灌漑システム内の水分配に影響を与えていることを明らかにした．現在では，コモンズの管理組織をうまく機能させる条件として，社会関係資本への注目が集まっている[25]．

流域管理に関する研究においても，いくつかの研究で流域パートナーシップの成否と社会関係資本との関連が議論されている[6),26),27)]．しかし，これらの研究はパートナーシップ組織を分析単位としているように，主に組織レベルでの考察に限定されており，個人の参加行動を促進する要因としての社会関係資本の役割については，ほとんど実証的に検証されていない．ただし，M. ルーベル[27]はスワニー川流域での個々の農家の調査データを使って，社会関係資本としての期待される互酬（expected reciprocity）と地方政府への信頼が，スワニー・パートナーシップへの参加に良い影響を与えていることを明らかにしている．

さらに，環境ボランティアや環境配慮行動に関する先行研究[28),29)]も，流域管理への参加者の特性を調査する上で有益である．これまでの研究からは，環境への関心[27]

や，個人の社会的属性[30]がボランティア活動や環境配慮行動への参加に有意な影響を与えていることが明らかにされている．

3 社会関係資本の諸類型と計測をめぐる問題

社会関係資本の明確な定義が確立されていないために，これまでの実証研究においては実に様々な変数が社会関係資本として扱われてきた[31]．どういった変数が社会関係資本として選ばれるのかによって研究の最終的な結論が異なることを考慮すると，異なったタイプの社会関係資本は区別されるべきである．

内部結束型（Bonding）と橋渡し型（Bridging）という2つの区別はR. ギッテルとA. ヴィダルによって提案されたもので，既に知り合いである人々をより近づけるものを内部結束型，それまでに知り合いでなかった人々や集団を結びつけるものを橋渡し型であると区別をしている[33]．内部結束型の社会関係資本は，それがいくら豊富に蓄積されていたとしても閉鎖的で非社会的な団体を生み出す恐れがある[34],[35]ことから，現在では，双方のタイプがバランスよく存在することが望ましいという点について，一定の合意が得られている[36]．内部結束型と橋渡し型の区別について，前者は集団内における集合行為問題を克服するのに有効に機能すること[37]が指摘される一方で，後者は集団の外部の資源へのアクセスや，情報の普及に対して有効に機能する[35]のではないかといわれている．

一方，構造的（Structural）と認知的（Cognitive）の区別はN. アプオフによって提唱されたものである．パットナムは社会関係資本を「調整された諸活動を活発にする信頼，規範，ネットワーク」と定義したが，鹿毛[39]の指摘するとおり，このパットナムの概念規定自体が整合的でない可能性があり，特に団体への参加と信頼感情の間には必ずしも強い関係は確認されていない．そこで注目されるのは，アプオフ[38]における社会関係資本の区別である．アプオフ[38]は，社会関係資本を認知的な社会関係資本（規範，価値，信条など）と構造的な社会関係資本（役割，ルール，ネットワークなど）に区別して具体的な定義をする必要を述べている．この二種類の社会関係資本の関連について，M. フォーリーとB. エドワーズ[40]は，構造的社会関係資本としてのネットワークは資源へのアクセスに不可欠であるが，それのみでは社会関係資本の構成要素として不十分であると述べている．つまり，認知的社会関係資本と構造的社会関係資本の双方が豊富に存在することによって，効果を発揮するというわけである．しかし，この仮説についてはこれまでの研究の中で実証的な検証が十分におこなわれていない．

さらに，社会関係資本の計測をめぐって，適切な計測の単位が個人レベルなのか集計レベルなのかという点も，主要な論点の一つである[41]．しかし，本研究の目的は社会関係資本のタイプごとに個人の参加行動に対する影響を明らかにすることなので，論点を明確にするためにも個人レベルの社会関係資本に焦点を当てて議論を進めてゆ

きたい.

4 アンケート調査の概要

　調査は，淀川水系内の8市町（大津市，彦根市，草津市，京都市，亀岡市，八幡市，久御山町，大阪市）を対象におこなった（表4-5-1）．淀川水系は，日本列島の中心部に位置し，京都や大阪といった大都市を含む流域である．流域面積は8,240km^2，流域人口は約1,196万人である．調査の対象とする自治体の選定にあたっては，上流域の自治体と下流域の自治体，水田面積割合の高い自治体と低い自治体がそれぞれ含まれるように配慮した．水田農業地帯においては，コミュニティ全体の協力を要する灌漑システムの維持管理の歴史から，社会関係が強固である可能性がある[42]．したがって，水田面積を考慮に入れることとした．

　調査対象者は，市町ごとに400人を住民基本台帳から二段無作為抽出によって抽出した[注3]．調査期間は2006年3月10日〜31日までの間で，郵送法にておこなった．また，調査期間中に，調査対象者に対して督促葉書の送付を一度おこなった．調査票の送付は各回答者に対して一度のみで，回収率の向上を目的として500円分の商品券を謝礼として同封した．これらの手法は，林[43]を参照して実施したものである．有効回収数は1,298で，41.87％の有効回収率であった．市町ごとの回収率は，上流から順に彦根（47.3％），草津（47.5％），大津（52.3％），京都（41.8％），亀岡（34.5％），久御山（35.7％），八幡（40.3％），大阪（34.3％）であった．プライバシー意識の高まりによって郵送法の回収率が一般的に減少していることを考慮すれば，今回の調査の回収率は現在の日本の郵送調査の中では標準的な回収率であると思われる[44]．

　とはいえ，有効回答数が計画サンプルの半分以下であることを考慮すると，分析に先立ってそのことに起因する非回答バイアスについて検討する必要がある．まず，サンプルの基本的な個人属性（性別，年齢，世帯人数）について，2005年国勢調査の結果と比較した．これらの属性についてサンプル内の割合や平均値の95％信頼区間を算出して比較したところ，性別については差が見られず非回答バイアスはなかったが，年齢と世帯人数についてはバイアスが見られた．これら二つの変数のサンプル平均値は49.7と3.4で，母集団の値（41.7と2.6）よりも有意に高かった．したがって，今回分析に用いるサンプルは母集団よりも高齢で，世帯人数が多い人を若干多く含んでいることに注意しなければならない．

5 流域管理への参加状況

1 流域管理における参加の諸類型

　流域を全体として広い空間スケールで考えるのか，より小さく分割された小流域の

表4-5-1 調査対象区の概要

市・町	都道府県	人口	水田面積比率
彦根	滋賀	107,860	0.402
草津		115,455	0.412
大津		288,240	0.098
京都	京都	1,467,785	0.058
亀岡		94,555	0.178
久御山		17,080	0.455
八幡		73,682	0.243
大阪	大阪	2,598,774	0.009

Note. 2000年国勢調査,国土数値情報より作成.

スケールで考えるのかによって,参加の特徴は異なってくるだろう[45].一般的に,比較的小さな規模の流域においては,水量や水質の管理の面において,直接的に地域住民が関与することが可能である.例えば,町内会や自治会といった単位で慣習的に行われている水路の清掃活動は,地域の水辺の景観や水質を保全する上で重要な役割を果たしている[21].特に今回の調査地域について言えば,農業地域の小河川からの流入水が,琵琶湖の水質形成に影響を与えることが明らかにされており[46],水路において栄養塩を含んだ堆積物の除去などの清掃活動を地域の住民がおこなうことは環境保全の点から意味のあるものである.

一方で流域全体を考えた場合,水量や水質の管理を直接的に地域住民がおこなうことは通常困難であり,行政機関がその役割を担っている.とはいえ,そのような行政機関による管理行為の帰結は,直接,間接に地域住民に影響を及ぼすものであるから,何を対象に,どのような管理をおこなうのかという流域全体や比較的広域での管理計画づくりに利害関係者が参加する機会が設けられていることは重要である.

以上のような整理にもとづいて,この研究ではマクロな空間スケールにおける参加の事例として行政が主催した活動への参加を,ミクロな空間スケールにおける参加の事例として,水路掃除への参加を取り上げて,検討を進めていくことにしたい.

2 行政機関が主催した活動への参加

ここでは,「行政機関が主催した河川や琵琶湖についての活動」への最近1年間の参加の有無を尋ねた.対象となる活動の具体的な内容としては,何らかの計画作りのためのワークショップも含まれるだろうし,単に水環境に親しむためのイベントへの参加も含まれるだろう.「行政機関が主催した活動への参加」は,行政包括や,単なる行政による住民の動因の可能性もあるが,現状として行政機関は様々な形の「参加」

の場を設けている．近年そのような場が増加していることを考えれば，一つの参加の形態として取り上げて検討する価値はあるだろう．

具体的には，「あなたは，最近1年間に，行政機関が主催した河川や琵琶湖についての活動に参加したことがありますか？」との問に対して，「一回だけ参加したことがある」もしくは「2回以上参加したことがある」と回答した人を行政が主催した活動への参加経験あり（全回答者中8.2%）とした．市町ごとの参加率は，彦根（15.1%），草津（9.0%），大津（21.7%），京都（1.8%），亀岡（5.1%），久御山（3.7%），八幡（1.3%），大阪（0.0%）であった．

参加率について，母集団の値と比較した場合にサンプルの値がどれほど代表性を有しているのかを検討するために，2006年に総務省統計局によって行われた社会生活基本調査の結果と比較しておきたい．社会生活基本調査のデータは都道府県単位で集計された平均値なので，比較のためにサンプルの値を都道府県ごとに平均値を算出した（滋賀県：15.6%，京都府：2.8%，大阪府：0.0%）．一方で社会生活基本調査によれば，環境保全活動に参加したことのある人の割合は，滋賀県（9.3%），京都府（5.8%），大阪府（4.0%）であった．サンプルの値は滋賀県では社会生活基本調査の値より高かったが，京都府や大阪府では低かった．この結果から，今回のサンプルは行政が主催した活動への参加経験を有する人を多く含むというバイアスがあるとは言えないだろう．

3 付近の水環境改善活動への参加

小さなスケールにおける具体的な水環境管理活動として，「町内会や自治会が行っている河川や水路の清掃活動」を取り上げた．「だいたい参加している」もしくは，「いつも参加している」と答えた人を身近な水環境管理活動に参加している人とした．ただし，別の問でそもそも回答者の居住する町内会や自治会において河川や水路の清掃活動が行われているかどうかを確かめており，そういった活動が「行われている」と答えた回答者のみを分析の対象とした．全回答者の中で47.6%（n=618）が居住地の町内会や自治会で水路や河川の清掃活動がおこなわれていると回答しており，その中でも68.0%（n=437）がその活動に参加していると回答した．

水路掃除への参加についても，サンプル値の代表性を検証するために他の統計資料との比較を行うことにした．水路や河川の清掃を行っている自治会や町内会の割合については，大阪市市民局が2003年に行った調査によれば，46.2%の自治会や町内会がそういった活動を行っている．水路や河川の清掃活動への参加率については，そういった活動が行われている地域に居住する人のうち68.8%が参加していることが報告されている．こういった調査結果を参照すれば，サンプルの値はそれほど大きくバイアスがかかったものではないと言えるだろう．

6 参加行動に影響を与える諸要因

先行研究のレビューを踏まえて，本研究では「個人レベルでの社会関係資本」，「個人属性」，「流域環境に対する態度」の三要因を，参加行動を説明する変数として取り上げる．各変数の詳細は，表4-5-2に記載している．

1 個人レベルでの社会関係資本

社会関係資本といった場合，それが内部結束型なのか橋渡し型か，構造的なのか認知的なのかによって，それが具体的に指し示すものや，その果たす機能も異なってくる．この二つの整理軸によれば，社会関係資本は四つの類型に区別することができる．今回の調査では表4-5-2で説明されているように，内部結束型で構造的な社会関係資本 (*bond-stsc*)，内部結束型で認知的な社会関係資本 (*bond-cgsc*)，橋渡し型で構造的な社会関係資本 (*bridge-stsc*)，橋渡し型で認知的な社会関係資本 (*bridge-cgsc*) の四つをそれぞれ定義した．内部結束型で構造的な社会関係資本とは，どちらかといえば閉鎖的かつ固定的な社会関係（例えば，自治会内での社会関係）で，内部結束型で認知的な社会関係資本とはそういった社会関係に属する人に対する信頼（例えば，自治会に属する人への信頼）を指す．橋渡し型で構造的な社会関係資本とは，比較的開放的かつ流動性の高い社会関係（例えば，趣味のクラブ・サークル活動における人間関係）で，橋渡し型で認知的な社会関係資本とはそういった社会関係に属する人に対する信頼（例えば，趣味のクラブ・サークル活動に属する人への信頼）を指す．

構造的な社会関係資本の計測のために，いくつかの社会集団のリストを提示し，回答者に自身が所属する集団を答えてもらった．社会集団のリストは，ISSP2001[47]の調査票における設問をもとにし，調査対象区において重要と思われる集団をいくつか追加したものを用いた．先行研究の中には，研究目的に関連の深い団体への所属のみを社会関係資本と定義しているものもあるが[48]，地域組織の多目的な性質を考慮すると，流域管理に関連の深い団体を先見的に識別するのは困難であり，本研究においては流域管理に直接的な関係がある組織に考察対象を限定しなかった．

これまでの社会関係資本研究において，組織や集団への加入は，社会関係の存在を示す指標として頻繁に用いられてきた[35],[49],[50]．しかしパットナム[35]は，環境保護団体が社会関係資本を生み出すということについては懐疑的であった．なぜなら，パットナムが念頭に置いていたアメリカにおける多くの環境保護団体の会員は，直接活動に参加するのではなく，会費を払ってダイレクトメールを受け取るという関係にあるからだ．しかし，日本の環境団体はどちらかといえば小規模で草の根的な団体が多い[19]ので，本研究ではボランティア団体，NPO，市民団体への所属も構造的社会関係資本の指標として採用した．

認知的な社会関係資本の計測については，「一般的に，次に示す団体に所属する人

第 5 章　階層間コミュニケーションを促進する社会的条件

表 4-5-2　説明変数の概要

個人レベル社会関係資本		Max	Min	Avg	SD
bond-stsc	自治会・自治会，消防団，農業水利組合，水防団，子ども会，連合自治会，小・中学校（PTA）のうち，所属している団体の数	6	0	1.21	0.99
bridge-stsc	スポーツ，趣味，レジャーの会，主に市町村内で活動するボランティア団体・NPO・市民団体，主に市町村外で活動するボランティア団体・NPO・市民団体のうち，所属している団体の数	3	0	0.34	0.6
bond-cgsc	町内会・自治会と，小・中学校（PTA）に所属する人に対する信頼感．それぞれについて「全く信頼できない」から，「とても信頼できる」までの 5 段階の尺度でたずね，加算した得点	10	2	6.93	1.38
bridge-sgsc	スポーツ，趣味，レジャーの会，主に市町村内で活動するボランティア団体・NPO・市民団体，主に市町村外で活動するボランティア団体・NPO・市民団体に所属する人に対する信頼感．それぞれについて「全く信頼できない」から，「とても信頼できる」までの 5 段階の尺度でたずね，加算した得点	15	3	9.41	1.90
インフォーマルネットワーク	重要な事を話したり，悩みを相談する人の数	36	0	5	4.07
一般的信頼	Yamagishi & Yamagishi（1994）の一般的信頼尺度	2.51	−2.97	0	1.00
個人属性					
学歴	最終学歴について，「中学校」から「大学」までの 5 段階尺度	5	1	3.13	1.43
年収	「収入なし」から「1000 万円以上」までの 7 段階尺度	6	0	1.98	1.60
性別	1 ＝男性，0 ＝女性				
年齢	回答者の年齢	92	20	49.73	15.37
世帯人数	回答者の世帯人数	9	1	3.43	1.47
テレビ視聴時間	1 日の平均的テレビ視聴時間（分単位）	960	5	197.52	124.24
滋賀ダミー	1 ＝滋賀県在住者，0 ＝その他				
流域環境に対する態度					
流域環境についての関心	琵琶湖―淀川水系の環境についての 23 のキーワードのうち，聞いたことがある言葉の数	23	0	10.42	4.87
有効性感覚	自身の取り組みが，川や湖の水質改善につながるという文章に対する，「反対」から「賛成」までの 5 段階尺度	5	1	3.72	0.90
琵琶湖の水質に対する評価	琵琶湖の水質について，「非常に不満である」から「非常に満足である」までの 5 段階評価	5	1	2.33	0.86
付近の水辺の水質に対する評価	居住市町村内を流れる河川の水質について，「非常に不満である」から「非常に満足である」までの 5 段階評価	5	1	2.34	0.95

Note．Avg は平均値，SD は標準偏差を意味する．

びとをどの程度信頼することができますか？」という質問を五件法にて尋ねた．この質問は，JGSS (Japan General Social Survey) の2003年度におこなわれた調査の質問文[51]にもとづいている．D. ハルパン[52]によれば，信頼を簡便な社会関係資本の指標として多くの研究が成功裡におこなわれている．

本研究において，内部結束型社会関係資本と橋渡し型社会関係資本の区別は，リストに挙げられた団体のメンバーシップが比較的固定的なのか，流動的なのかにもとづいている．したがって，「選べない」関係と「選べる」関係との区別[20]を考慮すれば，自治会・自治会，消防団，農業水利組合，水防団，子ども会，連合自治会，小・中学校 (PTA) といった地縁による組織を内部結束型とみなすことができる．同様に，スポーツ，趣味，レジャーの会，主に市町村内で活動するボランティア団体・NPO・市民団体，主に市町村外で活動するボランティア団体・NPO・市民団体といった自発的組織を橋渡し型とした．

しかし，個人の団体への所属を計測する際に生ずるバイアスについては注意しておく必要がある．de Ulzurrun[53]は，(1) リストに挙げられた団体の数，(2) 質問文のワーディング，(3) リストに挙げられた団体の正確な意味についての回答者の混乱といった要因からバイアスが生じると指摘している．したがって，団体のリストを用いた計測では十分にカバーできていない部分を補完するために「インフォーマルなネットワーク」と「一般的信頼」についても社会関係資本の要素として計測することにした．インフォーマルなネットワークについては，組織化されていないパーソナル・ネットワークも社会関係資本の重要な要素と考えられるために，社会関係資本に関する説明変数としてモデルに投入することにした．具体的には，「重要なことを話したり，悩みを相談する人」の数を尋ねた．

さらに，数多くの社会関係資本研究で用いられている一般的信頼[54]も個別の団体のリストをもとにした定義では捉えることのできない部分であるので，社会関係資本に関する説明変数として採用することにした．具体的には，山岸ら[53]の方法にしたがって，まず「ほとんどの人は基本的に正直である」「ほとんどの人は信頼できる」「ほとんどの人は他人を信頼している」「たいていの人は，人から信頼された場合，同じようにその相手を信頼する」の4つの文章について，「反対」から「賛成」までの五件法で尋ねた．得られた四変数に対して主成分分析を行い，その第一主成分に対する主成分得点を一般的信頼指標として用いることとした．

2　個人属性

回答者の参加行動に影響を与える可能性がある個人属性を統制するために，説明変数として，各回答者の性別，年齢，学歴，年収，世帯人数，テレビ視聴時間を取り上げた．これらの変数の多くは猪口[55]にもとづいており，学歴，収入，世帯人数は参加に対して正の影響を及ぼすと考えられている．テレビ視聴時間についてはパットナム[35]と

猪口[55]の間で正反対の見方が存在するが，社会的な活動をする時間を少なくするという理由から，負の影響が考えられる．性別と年齢は，一般的に参加の場においては高齢の男性が多いというこれまでの著者の観察にもとづいて取り上げた．同様に，「行政が主催する河川や琵琶湖についての活動」についての分析では，滋賀県居住者を表すダミー変数を用いることにした．これは，琵琶湖が滋賀県の中心に位置し，滋賀県民にとっては潜在的にそういった活動に参加する機会が多いことが想定できるためである．

3　流域環境に対する態度・評価

環境ボランティアと環境配慮行動に関する先行研究にもとづいて，環境に対する態度や評価についても統制変数として取り上げることにした．流域環境に対する態度として，琵琶湖‐淀川水系についての関心度，流域環境改善に対する有効性感覚を，流域全体にかかわる評価として「琵琶湖の水質に対する評価」を，身近な水辺環境に対する評価として「付近の水辺の水質に対する評価」を尋ねた．それぞれについて，「非常に不満である」から「非常に満足である」までの五件法で尋ねた．

7　参加と社会関係資本に関する計量分析

1　分析手法

分析にあたっては，従属変数が二値（1＝参加した，0＝参加していない）なので，離散選択モデルを使うことが望ましい．したがって，ロジスティック回帰分析を用いて，他の要因の影響を統制したうえで社会関係資本が参加行動に与える影響を推定することにした．基本的な回帰式は，以下のとおりである．

$$\log\left(\frac{P}{1-P}\right) = Intercepts + \sum_i \beta_i x_i$$

P は回答者が参加する確率，i は説明変数の数を表している．β_i を，最尤法を用いて推定する．なお，推定値の計算には JMP IN 5.12 (SAS Institute, Inc.) を利用した．本章第2節で触れたフォーリーとエドワーズ[40]の議論を考慮して，構造的社会関係資本と認知的社会関係資本の交互作用についても，以下の回帰式によって検討することにした．

$$\log\left(\frac{P}{1-P}\right) = Intercepts + \sum_i \beta_i x_i + \beta_j BondStsc \times BondCgsc + \beta_k BridegStsc \times BridgeCgsc + \beta_l InformalNetworks \times GeneralTrust$$

上記の式において，β_j，β_k，β_l が交互作用の影響を表すパラメータである．

2 計量分析から明らかになったこと

2.1 基本モデルの分析結果

表4-5-3に，ロジスティック回帰分析の結果が示されている．社会関係資本をより詳細にタイプ分けして分析したことによって，参加行動によって有意に働く社会関係資本が異なることがわかった．比較的広域での行政活動への参加の場合，橋渡し型で構造的な社会関係資本，内部結束型で認知的な社会関係資本，インフォーマルなネットワークが正に有意であり，水路掃除への参加の場合は内部結束型で構造的な社会関係資本とインフォーマルなネットワークが正に有意であった．つまり，ある人がそういった種類の社会関係資本を豊富に保持していれば，より積極的に参加しているというわけである．例えば，表4-5-3の *bridge-stsc* の限界効果は，もしある人が橋渡し型の組織のうちどれか一つに追加的に所属すれば，他の要因が一定であった場合に，行政が主催する活動へ参加する確率が0.4%増加することを示している．

内部結束型と橋渡し型の機能の違いは，先行研究における概念的区別とおおむね一致している．先行研究に反して，多くの認知的社会関係資本はモデル1と2の双方において有意にはならなかったが，内部結束型で認知的な社会関係資本はモデル1において正に有意となった．統制変数の中では，年齢，関心度，付近の水辺の水質に対する主観的評価，滋賀県居住者を表すダミー変数が，正に有意となった．

2.2 交差項を追加した分析結果

表4-5-4は，交差項を追加したロジスティック回帰分析の結果である．R^2と正判別率について基本モデルと比較すると，双方のモデルの説明力はほぼ同一であることがわかる．モデル3において，内部結束型で構造的な社会関係資本と内部結束型で認知的な社会関係資本の交差項は負に有意であったが，橋渡し型で構造的な社会関係資本と橋渡し型で認知的な社会関係資本の交差項は正に有意であった．つまり，ある人が内部結束型で構造的な社会関係資本と認知的な社会関係資本を多く有していると行政が主催する活動には参加しないという傾向がある一方で，橋渡し型で構造的な社会関係資本と認知的な社会関係資本を多く有している人はより参加するようになるという分析結果となった．内部結束型社会関係資本と橋渡し型社会関係資本に対照的な影響があるということは概念的に議論されてきたが，この分析結果はそれを実証的に裏づけるものである．内部結束型社会関係資本に関する交差項は，行政が主催する活動への参加に対して負に有意の結果となったが，だからといって内部結束型社会関係資本を否定的に捉えるべきではないだろう．むしろ，現在の行政が主催する活動への参加者は，橋渡し型社会関係資本を有する人に偏っていると解釈して，広域での流域管理においても，内部結束型社会関係資本を有する人びとの意見を反映する方策を検討すべきである．

内部結束型で認知的な社会関係資本の主効果は，モデル3において正に有意であっ

表 4-5-3　ロジスティック回帰分析の結果

従属変数	Model 1 行政が主催する活動への参加		Model 2 水路掃除への参加	
個人レベル社会関係資本				
bond-stsc	0.13 (0.15)	0.004	0.46 (0.15) ***	0.027
bridge-stsc	0.48 (0.21) **	0.004	0.02 (0.19)	0.019
bond-cgsc	0.32 (0.14) **	0.057	0.13 (0.10)	0.179
bridge-cgsc	0.08 (0.10)	0.021	−0.05 (0.07)	−0.004
インフォーマルネットワーク	0.06 (0.03) **	0.008	0.06 (0.03) **	0.051
一般的信頼	−0.27 (0.17)	0.000	−0.21 (0.13)	−0.001
個人属性				
学歴	0.02 (0.11)	0.001	−0.06 (0.09)	−0.027
年収	0.06 (0.11)	0.003	0.04 (0.09)	0.013
性別	−0.04 (0.39)	−0.001	0.14 (0.31)	0.020
年齢	0.03 (0.01) **	0.033	0.04 (0.01) ***	0.292
世帯人数	−0.01 (0.11)	−0.001	0.22 (0.09) **	0.124
テレビ視聴時間	0.00 (0.00)	−0.004	0.00 (0.00)	0.006
滋賀ダミー	2.32 (0.41) ***	0.079		
流域環境に対する態度				
流域環境についての関心	0.10 (0.04) ***	0.026	0.02 (0.03)	0.034
有効性感覚	−0.17 (0.18)	−0.016	0.14 (0.14)	0.082
琵琶湖の水質に対する評価	−0.26 (0.19)	−0.015	0.07 (0.14)	0.024
付近の水辺の水質に対する評価	0.35 (0.16) **	0.021	−0.13 (0.12)	−0.045
定数項	−10.23 (1.68) ***		−3.77 (1.24) ***	
χ^2	115.40***		64.42***	
R^2 (U)	0.24		0.11	
正判別率	93.0%		72.5%	
N	933		437	

Note. *p<0.1, **p<0.05, ***p<0.01. 右側の列の数値は回帰係数，カッコの中は標準誤差を表す．左側の列の数値は，限界効果を表す．

表 4-5-4　交差項を追加したロジスティック回帰分析の結果

従属変数	Model 3 行政が主催する活動への参加		Model 4 水路掃除への参加	
個人レベル社会関係資本				
bond-stsc	0.22 (0.15)	0.003	0.48 (0.16) ***	0.032
bridge-stsc	0.22 (0.26)	0.001	0.15 (0.22)	0.183
bond-cgsc	0.44 (0.16) ***	0.037	0.08 (0.11)	0.132
bridge-cgsc	0.03 (0.10)	0.003	−0.05 (0.08)	−0.005
インフォーマルネットワーク	0.06 (0.03) **	0.004	0.06 (0.03) **	0.056
一般的信頼	−0.29 (0.17) *	0.000	−0.18 (0.13)	−0.001
構造的社会関係資本と認知的社会関係資本の交差項				
bond-stsc × bond-cgsc	−0.16 (0.10) *	−0.018	−0.13 (0.12)	−0.099
bridge-stsc × bridge-cgsc	0.20 (0.11) *	0.009	−0.14 (0.10)	−0.094
Informalnetworks × Generalizedtrust	0.00 (0.03)	0.000	0.02 (0.03)	0.004
個人属性				
学歴	0.01 (0.12)	0.000	−0.07 (0.09)	−0.038
年収	0.07 (0.11)	0.002	0.04 (0.09)	0.014
性別	−0.06 (0.40)	−0.001	0.09 (0.31)	0.015
年齢	0.03 (0.01) **	0.014	0.04 (0.01) ***	0.327
世帯人数	−0.03 (0.11)	−0.001	0.23 (0.09) **	0.141
テレビ視聴時間	0.00 (0.00)	−0.001	0.00 (0.00)	−0.007
滋賀ダミー	2.34 (0.42) ***	0.038		
流域環境に対する態度				
流域環境についての関心	0.10 (0.04) ***	0.013	0.02 (0.03)	0.041
有効性感覚	−0.16 (0.18)	−0.007	0.12 (0.14)	0.076
琵琶湖の水質に対する評価	−0.27 (0.19)	−0.007	0.06 (0.14)	0.022
付近の水辺の水質に対する評価	0.37 (0.16) **	0.010	−0.15 (1.42)	−0.057
定数項	−10.62 (1.75) ***		−3.10 (1.31) **	
χ^2	122.54***		67.81***	
R^2 (U)	0.26		0.12	
正判別率	93.0%		71.9%	
N	933		437	

Note. *p<0.1, **p<0.05, ***p<0.01. 右側の列の数値は回帰係数，カッコの中の数値は標準誤差を表す. 左側の列の数値は，限界効果を表す.

た．現在のところ，その理論的な解釈は不明であるが，付近の水辺の水質に対する主観的評価も同時に正に有意になっていることを考慮すると，自らの居住する地域に対する好意的な認識が，行政が主催する活動への参加を促進しているのではないだろうか．

モデル4ではどの交差項も有意ではなく，社会関係資本の構成要素のうち有意となったものはモデル2と同じであった．このことは，水路掃除への参加はほぼ構造的な社会関係資本によってのみ規定されていると理解できる．こういった結果を考えると，構造的な社会関係資本と認知的な社会関係資本の双方が存在して初めて効果を生み出すという仮説[40]は，モデル3によって部分的にのみ支持されたといえるだろう．

3 類型によって異なる社会関係資本の効果

以上の分析の結果から，社会関係資本は流域管理における参加行動を促進するが，その類型ごとに異なった機能を果たすことが明らかになった．冒頭で述べた問題意識に即して言えば，本研究の結果は，階層間コミュニケーションを促進する手法が最大限効果を発揮するためには，社会関係資本という地域の社会特性を十分に考慮しなければならないということを示唆している．

内部結束型社会関係資本と比較的小さな流域での参加の関連を考えると，本研究の結果はこれまでのコモンズ論における研究成果を支持するものである．内部結束型で構造的な社会関係資本が水路掃除への参加を促進しているという結果は，固定的で地縁的な地域組織の社会関係が実質的な管理行為への参加を促進するという点で重要であることを示している．社会関係のうちには流域管理に直接的な関係を持たないものもあるが，地域組織の包括的で多目的な性質[18]によって，そういった社会関係が流域管理にも役立っていると考えられる．

橋渡し型社会関係資本とより広域での流域管理の関連については，橋渡し型で構造的な社会関係資本が参加を促進していた．橋渡し型で認知的な社会関係資本が全てのモデルで有意とならなかったことは，先行研究においても指摘されているとおり，構造的な社会関係資本と認知的な社会関係資本が異なった役割を果たすことを示唆している．なぜこのように役割が異なるのかという点については今後さらに検討が必要であるが，本研究の結果は少なくとも社会関係資本の類型ごとにその影響を検討する必要があることを示している．

社会関係資本といっても類型ごとに果たす役割が異なるという点は，研究者だけでなく政策担当者も認識すべきである．現在，国や地方自治体は政策の中で社会関係資本について言及したり，それを計測しようと試みている[52]．しかし，どんな種類の社会関係資本がどのような影響を与えているのかについて正確に把握することができなければ，社会関係資本に関連した政策は結局のところ失敗に終わる可能性がある．

日本の流域管理の問題に立ち戻ってみれば，現在の参加型流域管理に関する議論は

主により多くの参加の機会を増やすような制度改革に焦点が集まっている．そういった改革は確かに人々により多くの参加する機会を与えるが，本研究の結果から人々の社会関係資本の豊富化も同様に参加行動を促進することが明らかになった．流域には複数の空間スケールが存在することを考慮すれば，内部結束型と橋渡し型の双方の社会関係資本に注意が払われるべきである．例えば，もし政府が広域での参加にのみ焦点を当てていれば，より多くの内部結束型社会関係資本をもつ地域住民の意見を反映することは困難となるだろう．

最後に，残された研究課題について述べておきたい．まず，社会関係資本と参加の関連についてより理論的な考察が必要である．今回の分析は，あくまでも経験的なものであり，社会関係資本の蓄積から参加行動の促進に至るプロセスを理論的に解明する必要がある．この検討によって，社会関係資本の類型ごとの機能の違いも，より明確にすることが出来るだろう．2点目は，参加することによって社会関係資本が生み出されるという側面について検討が必要である．人々が社会的な活動に参加し，そこでコミュニケーションをおこなう中で社会関係資本が新たに生み出されていく側面[37]があると考えられる．本研究では，参加行動それ自体は現時点で長期間にわたるストックではなく，社会関係資本のフローであると考えられるので，社会関係資本の結果として参加が促進されるという前提で分析を進めた[注4]．だが，この点についての十分な考察は別稿に譲ることとしたい．しかし，本研究において明らかになった流域管理への「参加」に対する社会関係資本の異なった効果は，いかにして社会関係資本を形成していくのかという具体的な方策を考える上でも重要な知見となるだろう．

[大野智彦・田中拓弥・坂上雅治]

参考文献

1) Blahna, D. J., and S. Yonts-Shepard. (1989) Public Involvement in Resource Planning: Toward Bridging the Gap between Policy and Implementation. *Society and Natural Resources* **2** (3): 209-227.
2) Beierle, T. C., and J. Cayford. (2002) *Democracy in Practice: Public Participation in Environmental Decisions*. Washington: RFF Press.
3) Creighton, J. L. (2005) *The Public Participation Handbook: Making Better Decisions through Citizen Involvement*. San Francisco: Jossey-Bass.
4) Duram, L. A., and K. G. Brown. (1999) Assessing Public Participation in US Watershed Planning Initiatives. *Society & Natural Resources* **12** (5): 455-467.
5) Webler, T., and S. Tuler. (2001) Public Participation in Watershed Management Planning: Views on Process from People in the Field. *Human Ecology Review* **8** (2): 29-39.
6) Sabatier, P. A., W. Focht, M. Lubell, Z. Trachtenberg, A. Vedlitz, and M. Matlock, eds. (2005) *Swimming Upstream: Collaborative Approaches to Watershed Management, American and Comparative Environmental Policy*. Cambridge: MIT Press.

4) ストックとフローの区別については，諸富[36]を参照．

7) Goldfarb, W. (1994) Watershed Management: Slogan or Solution? *Boston College Environmental Affairs Law Review* **21** (3): 483-509.
8) Takahasi, Y. (2004) Public-Private Partnership as an Example of Flood Control Measures in Japan. *International Journal of Water Resources Development* **20** (1): 97-106.
9) 華山謙 (1969)『補償の理論と現実 —— ダム補償を中心に』勁草書房.
10) 嘉田由紀子 (2000)「遠い水，近い水 —— 現代社会における環境の自分化」嘉田由紀子・山田國廣・槌田劭編『共感する環境学 —— 地域の人びとに学ぶ』ミネルヴァ書房, pp. 24-37.
11) 篠原一 (1977)『市民参加』岩波書店.
12) 原科幸彦 (2002)「環境計画と市民参加」寄本勝美・原科幸彦・寺西俊一編『地球時代の自治体環境政策』ぎょうせい, pp. 28-42.
13) 大野智彦 (2005)「河川政策における'参加の制度化'とその課題」『環境情報科学論文集』**19**: 247-252.
14) Pateman, C. (1970) *Participation and Democratic Theory*. Cambridge: Cambridge University Press
15) Parry, G. (1972) The Idea of Political Participation. In *Participation in politics*, edited by G. Parry: Manchester University Press.
16) Rydin, Y., and M. Pennington. (2000) Public Participation and Local Environmental Planning: The Collective Action Problem and the Potential of Social Capital. *Local Environment* **5** (2): 153-169.
17) Ostrom, E. (1990) *Governing the Commons: The Evolution of Institutions for Collective Action, Political Economy of Institutions and Decisions*. New York: Cambridge University Press.
18) Yoshihara, N. (2003) Governance and Chonaikai. In *Grass roots and the Neighborhood Associations: on Japan's Chonaikai and Indonesia's RT/RW*, edited by N. Yoshihara and R. D. Dwianto. Jakarta: Grasindo.
19) Pekkanen, R. (2006) *Japan's Dual Civil Society: Members without Advocates*. Stanford: Stanford University Press.
20) 上野千鶴子 (1987)「選べる縁・選べない縁」栗田靖之編『日本人の人間関係』ドメス出版, pp. 226-243.
21) 鳥越皓之・嘉田由紀子編 (1991)『水と人の環境史：琵琶湖報告書 増補版』御茶の水書房.
22) Putnam, R. D. (1993) *Making Democracy Work: Civic Traditions in Modern Italy*. Princeton: Princeton University Press.
23) Adler, P. S., and S. W. Kwon. (2002) Social capital: Prospects for a new concept. *Academy of Management Review* **27** (1): 17-40.
24) Ostrom, E. (1994) Constituting Social Capital and Collective Action. *Journal of Theoretical Politics* **6** (4): 527-562.
25) 嶋田大作・大野智彦・三俣学 (2006)「コモンズ研究における社会関係資本の位置づけと展望：その定義と分類を巡って」『財政と公共政策』**28**(2): 51-56.
26) Leach, W. D., N. W. Pelkey, and P. A. Sabatier.(2002) Stakeholder Partnerships as Collaborative Policymaking: Evaluation Criteria Applied to Watershed Management in California and Washington. *Journal of Policy Analysis and Management* **21** (4): 645-670.
27) Lubell, M. (2004) Collaborative Watershed Management: A View from the Grassroots. *Policy Studies Journal* **32** (3): 341-361.
28) Ryan, R. L., Kaplan, and R. E. Grese. 2001. Predicting Volunteer Commitment in Environmental Stewardship programmes. *Journal of Environmental Planning and Management* **44** (5) : 629-648.
29) Donald, B. J. 1997. Fostering Volunteerism in an Environmental Stewardship Group: A Report

on the Task Force to Bring Back the Don, Toronto, Canada. *Journal of Environmental Planning and Management* **40**(4): 483-505.
30) Grese, R. E., R. Kaplan, R. L. Ryan, and J. Buxton, (2000) Psychological Benefit of Volunteering in Stewardship Programs, in P. H. Gobster and R. B. Hull eds. *Restoring Nature: Perspectives from the Social Sciences and Humanities,* Washington: Island Press.
31) Hines, J. M., H. R. Hungerford, and A. N. Tomera. (1987) Analysis and Synthesis of Research on Responsible Environmental Behavior: A Meta-Analysis. *Journal of Environmental Education* **18**(2): 1-8.
32) Durlauf, S. N., and M. Fafchamps. (2004) Social Capital. *NBER Working Paper* No. 10485, National Bureau of Economic Research.
33) Gittell, R, and A. Vidal. (1998) *Community Organizing: Building Social Capital as a Development Strategy*: Thousand Oaks: SAGE Publications.
34) Portes, A. (1998) Social Capital: Its Origins and Applications in Modern Sociology. *Annual Review of Sociology* **24**: 1-24.
35) Putnam, R. D. (2000) *Bowling Alone: the Collapse and Revival of American Community*. New York: Simon and Schuster.
36) 諸富徹 (2003)『環境』岩波書店.
37) Ostrom, E. (2000) Social Capital: A Fad or a Fundamental Concept. In *Social Capital: A Multifaceted Perspective*, eds. P. Dasgupta and I. Serageldin. Washington: The World Bank.
38) Uphoff, N. (2000) Understanding Social Capital: Learning from the Analysis and Experience of Participation. In *Social Capital: A Multifaceted Perspective*, eds. P. Dasgupta and I. Serageldin, pp. 215-252. Washington: The World Bank.
39) 鹿毛利枝子 (2002)「'ソーシャル・キャピタル'をめぐる研究動向（一）：アメリカ社会科学における三つの'ソーシャル・キャピタル'」『法学論叢』vol. 151(3), pp. 101-119.
40) Foley, M. W., and B. Edwards. (1999) Is it time to disinvest in social capital? *Journal of Public Policy* **19**(2): 141-173.
41) 例えば，Lochner, K., I. Kawachi, and B. P. Kennedy. (1999) Social Capital: A Guide to its Measurement. *Health & Place* **5**(4): 259-270. など.
42) Fukutake, T. (1980) *Rural Society in Japan*. Tokyo: University of Tokyo Press.
43) 林英夫 (2004)『郵送調査法』関西大学出版部.
44) 大谷信介・木下栄二・後藤範章・小松洋・永野武 (1999)『社会調査へのアプローチ：論理と方法』ミネルヴァ書房.
45) Cheng, A. S. and S. E. Daniels. (2003) Examining the Interaction between Geographic Scale and Ways of Knowing in Ecosystem Management: A Case Study of Place-Based Collaborative Planning. *Forest Science* **49**(6): 841-854.
46) Nakano, T., I. Tayasu, E. Wada, A. Igeta, F. Hyodo, and Y. Miura. (2005) Sulfur and Strontium Isotope Geochemistry of Tributary Rivers of Lake Biwa: implications for human impact on the decadal change of lake water quality. *Science of the Total Environment* **345**(1-3): 1-12.
47) International Social Survey Program 2001. Social Networks ll Questionnaire for Japan. http://www.za.uni-koeln.de/data/en/issp/questionnaires/q2001/jp2001.pdf (accessed August 18, 2005).
48) 例えば，La Due Lake, R., and R. Huckfeldt. (1998) Social capital, Social Networks, and Political Participation. *Political Psychology* **19**(3): 567-584. など.
49) Brehm, J., and W. Rahn. (1997) Individual-Level Evidence for the Causes and Consequences of Social Capital. *American Journal of Political Science* **41**(3): 999-1023.
50) Ikeda, K., and S. E. Richey. (2005) Japanese Network Capital: The Impact of Social networks

on Japanese Political Participation. *Political Behavior* **27** (3): 239-260.
51) 日本版 General Social Survey. 2003. 留め置き調査票　B 票. http://jgss.daishodai.ac.jp/japanese/surveys/2003/JGSS2003_Self－Administered_QuestionnaireB. pdf (accessed January 15, 2009).
52) Halpern, D. (2005) *Social Capital*. Cambridge: Polity Press.
53) de Ulzurrun, L. M. D. (2002) Associational Membership and Social Capital in Comparative Perspective: A Note on the Problems of Measurement. *Politics and Society* **30** (3): 497-523 + 363.
54) Yamagishi, T., and M. Yamagishi. (1994) Trust and Commitment in the United-States and Japan. *Motivation and Emotion* **18** (2): 129-166.
55) Inoguchi, T. (2002) Broadening the Basis of Social Capital in Japan. In *Democracies in Flux: The evolution of social capital in contemporary society*, edited by R. D. Putnam. New York: Oxford University Press.
56) Ohno, T., T. Tanaka, and M. Sakagami (forthcoming) Does Social Capital Encourage Participatory Watershed Management?: An analysis using survey data from the Yodo River watershed. *Society and Natural Resources*.

第5部

流域環境学の発展に向けて

第1章 琵琶湖流域から見えてきた課題

1 コミュニケーション促進のための指標
――研究者と社会の関わり

　本書では，第1部で現代の流域管理の課題を整理し，第2部では，その課題に対処するために「階層化された流域管理」という考え方を提案した．この階層化された流域管理を地域で具体化する方法を，琵琶湖流域でのプロジェクト研究に基づいてまとめたのが，第3部と第4部である．本書の最終部となるこの第5部では，琵琶湖流域からさらに視野を広げ，世界の流域における流域管理のための流域環境学の展望をおこなう．その前に第1章では，琵琶湖流域での具体的研究から見えてきた，流域管理研究を進める上での課題を検討する．第1節では，本書で説明した指標を中心とした流域診断方法を，階層間をつなぐコミュニケーション促進に向けて発展させる上での課題をまとめる．続く第2節と第3節では，プロジェクト研究をおこなう上での課題について，異分野の研究者間の協働のあり方，研究者と地域社会との関わり方，アクションリサーチと地域の主体性との関係の3点から論じる．

1　階層間をつなぐ流域診断方法の必要性

　階層性を持った流域においては，階層ごとの流域の問題認識に差異が生じて，結果として，階層間にコンフリクトが発生する．本書では，このような状況を「状況の定義のズレ」が生じていると表現し，特にトップダウンとボトムアップの間でのコンフリクトを，流域管理をおこなう上での大きな課題としてとらえた．その上で，この状況を克服して流域管理をおこなう考え方として，「階層化された流域管理」を提案したのである（第2部第1章第1節～第3節）．この考え方の基盤にあるのが，「行政や地域住民による階層ごとの流域管理を支援するとともに，そのような個々の階層ごとの流域診断の方法を連関させ，同時に複数の階層に分散した主体の間に流域管理に必要なコミュニケーションを豊富化していくこと」なのである（第2部第1章第4節）．

　本書では，第3部と第4部において，流域診断の方法とコミュニケーションを促進する方法として，指標（第3部第2章），モデル・GIS・シナリオ（第4部第4章），聞き取り調査（第4部第1章），要因連関図式（ブリーフノート9），アンケート（第3部第3章，第4部第2章），ワークショップ（第4部第2章・第3章）といった多様な方法を対象や目的に応じてプロジェクトの中で提案し，現場の中で発展させながら実際に使ってき

た．その過程で見えてきた今後の発展課題のひとつは，個々の階層において有効性を持った流域診断の方法とその方法を適用して得られた知見をもとに，どのように階層間をつないでいくかである．言い換えると，「階層間の流域診断方法の連関（第2部第1章第4節）」である．本節では，指標を代表とした主に理工学的な方法を中心に，この課題がどれだけ達成されたかを見ていくことにする．

2　階層に応じた理工学的な環境指標の開発と利用

本プロジェクトでは，主に物質動態班と生態系班が，流域情報モデリング班とも連携しながら，人間活動が流域の物質循環や生態系に与える影響を診断し，そのメカニズムを解明する上で必要となる流域診断手法を開発してきた．特に，現象のおこる主要な階層（空間スケール）に応じて，汎用性の高い環境指標や，これまでの指標にない検出能力を持つ指標（安定同位体）の利用や開発をおこなってきた（第3部第2章，ブリーフノート7）．

これらの環境指標の元となる環境情報に関しては，独自の調査を主としたが，琵琶湖－淀川水系に関する既存のデータベースも活用した．既に存在し，広く普及している指標も，本プロジェクトでは必要に応じて積極的に活用した．利用した指標群の中には，たとえば農業濁水の直接的な評価基準となる懸濁物質（SS）や栄養塩濃度のような標準的な化学指標の他に，クリーンメジャー法による簡便な分析による指標なども含まれる．同時に，本プロジェクトでは，新しい手法として安定同位体指標を提案した．安定同位体比は，栄養塩濃度などの量的パラメータではなく質的パラメータであるため，量の変化がなくても質的な変化をとらえることができるという長所を持つ．さらに，近年の分析技術の進歩により簡便に分析できるようになったため，安定同位体分析は研究のための手法から，実際に流域管理をおこなう手段として用いることが出来るようになりつつある．実際，特に窒素安定同位体比が，富栄養化といった人為影響の程度を把握する感度のよい指標であることが本プロジェクトでも実証できた．本書第3部第2章で紹介したように，階層間のつながりを意識しながらも，空間スケール（ミクロ，メソ，マクロスケール）に応じて，このような理工学的な指標群を使いわけながら，調査を進めてきたのである．例をあげると，ミクロな圃場レベルのしろかき濁水の流出負荷の評価においては，懸濁物質（SS）や窒素，リンといった標準的な化学指標が有効であった．一方，メソスケールにおける流入河川が琵琶湖に与える影響を知る上では，安定同位体や多元素を使った履歴（トレーサビリティ）の診断が威力を発揮したのである．

3　流域全体を俯瞰する環境容量の必要性[1]

階層（空間スケール）に応じた流域診断のための環境指標とともに，流域管理には，流域全体を俯瞰的に見たときの指標が必要となる．流域すべての利害関係者に関わる，

流域が持続的に維持されるためのマクロな制約条件を表す情報としての環境容量である．

本書では，流域の「望ましい流域像」を，その流域の住民と行政とがガバナンスによって決めていくという立場をとっている（ブリーフノート6）．望ましい流域像が決まれば，モニタリングによる順応的管理によって，流域をその目標に近づけていくことになる．しかし，ここで重要なのは，生態系や生態系サービスの現状を診断する環境指標だけでは，流域の健康診断はできても，その結果を法的規制などの具体的な流域管理施策につなげることはできないという点である．つまり，生態系サービスの状態に直接影響を与える人間活動の「環境負荷量」を同時にモニタリングするとともに，流域の望ましい状態をもとに，「許容できる環境負荷量」をあらかじめ社会的合意によって決めておくことが必要なのである．そのためには，流域環境が「望ましい状態」にあるためには，どのくらいまでの量の環境負荷が許されるかが決められることが前提となる．そこで，環境負荷に関しても指標化をおこない，流域環境の望ましい状態を表す判定基準をもとに，許容できる環境負荷量を決めることができればよい．この許容できる環境負荷のように，環境の望ましい状態をあらわす判定基準をもとに決められ，環境状態の管理ができる操作性を持った量を「環境容量」と呼ぶ[2), 3)]．

環境容量は，過去には大気や水の総量規制に関係した「汚染の排出許容総量」といった狭い文脈で用いられてきたが，その後，「複雑化する環境問題の総合対策や枯渇しつつある環境資源の開発，利用のあり方など人間の活動全般を環境側から規定する新たな環境政策理念として」位置付ける努力がなされてきた経緯を持つ[3)]．

環境容量は，流域全体に人間活動が与える負荷の総量を決めることで，(1)マクロな制約条件として，何が可能な選択肢なのかを絞り込む機能を持つとともに，(2)その制約のもとに，その流域の人間の活動量を適正に配分するための基盤的役割を果たすのである．この環境容量の決め方には，大きく2通りある．地球温暖化が人類の存続に致命的とならない温暖化ガスの排出量，琵琶湖にレジームシフトが起こらない陸域からの負荷量といった，持続可能性に関わる条件から決定する方法と，環境基準などの外的規範を設定し，それをもとに決定する方法である．前者は，生命の維持や生存に関わるレベルのものであり，後者は，ライフスタイルとの相関で決定されるものである．したがって，後者のタイプの環境容量では，社会的な意思決定がたいへん重要になってくる．本書では，琵琶湖の溶存酸素濃度（第3部第2章）やレジームシフトの閾値（第2部第2章第4節），水質汚濁と人口密度の関係（ブリーフノート15）において，環境容量と関係した研究が進展したが，今後も発展させる必要がある．

4　地域の固有性や住民の主体性の論理にもとづいた指標の必要性

これまで理工学的な立場から開発された指標は，その一般的適用性や普遍性が強調されてきた（ブリーフノート8）．例えば，代表的な指標である水質指標を例に取って

みると，行政が河川の水質の管理目標として水質基準を位置づけており，pH, BOD, SS, DO, 大腸菌群数を検査している．これらは法律で定められた検査項目であり，日本全国一律の基準が設定されている．衛生状態が悪い時代や，公害問題などが悪化した時代においては，一律の基準を設定すること自体が重要なことであった．また，健康や生命に影響が及ぶ項目に関しては，当然必要な根拠を持つ．しかし流域の多様性・個別性，いいかえると地域固有性に配慮した流域管理をおこなう上では，管理対象の対象によっては，全国一律の基準ではなく，各地域において独自の管理目標を設けることが，流域ガバナンスの考え方からは重要になる．また，流域の階層性を考慮すると，ある階層における問題は異なる階層では同じ指標で扱えないこともあろう．

　本プロジェクトで選んだ農業濁水に関する指標を例にとると，標準的な水質指標の他に，濁水流出が原因となる底質の酸化還元状態やメタン放出の濃度（第3部第2章第2節第4・5項参照）も，水路や河川の環境指標として重要な要素となった．また，生息地破壊，水質汚染，乱獲など，複数の人為的要因を前提とした場合の生態系の影響評価においては，個別の人為撹乱要因ごとに独立に規制基準を設定することは，生態系を管理する上で大きなリスクを負う可能性が指摘されている（第4部第4章第2節）．生態系にも多様性があり，流域によって，それぞれの人為撹乱要因のインパクトの大きさに違いがあるのがむしろ普通である．そういう場合には，モデルを用いることで生態系の地域固有性に基づいた規制基準の導出の可能性が考えられる．

　一方，ミクロな集落などのスケールにおいては，地域の主体性の論理（本章第3節）に基づいた「有効性感覚」を感じられるような順応的管理のための指標開発が重要となる（第2部第1章第3節）．しかし，そのような指標のもとになる情報は，理工学的な指標とは異なり，地域の固有性や地域の文脈に結びつき，容易に数値化できない情報である可能性が高い（第2部第1章第5節，ブリーフノート8）．社会文化システム班は，このような地域の固有性・歴史性に基づく情報を掘り起こし，記録する方法を開発してきたといってよい．

5　階層間のコミュニケーションの促進に向けて

　そもそも流域環境に関する問題認識が，階層間で違う場合には，特定の階層における環境診断手法の診断結果だけでは，階層が異なる利害関係者間のコミュニケーションを促進することにはならない．階層間コミュニケーションを促進するためには，本書の最初で例示した農業濁水問題の複雑性（第2部第2章）のように，個々の階層での異なる環境診断手法によって得られた環境情報を，階層を超えてつなぎあわせて，流域の問題の全体像を明らかにする必要がある．その上で，流域全体を俯瞰して，利害関係者すべてが共有すべきマクロな環境情報（環境容量）と，地域社会の個別事情に応じた診断手法，つまりトップダウンの視点とボトムアップの視点を接合する手法が必要となる．

本書では，問題認識のズレを解決する手段として，異なるスケール間での情報のやり取りのために，GIS 上に環境情報を記述・可視化することで関係者が共有することを提案した（第 4 部第 4 章第 3 節，ブリーフノート 12）．たとえば，地域社会レベルの環境情報について，ミクロスケールからメソスケールにわたる水質情報や水管理の情報を，GIS を用いて重ね合わせたのである（第 4 部第 1 章）．この中には，ミクロな社会組織が管理しているが，大きなスケールでは無視されがちな堰・湧水などの利水施設も，地域住民への聞き取りと社会文化システム班の地道なフィールド調査によって記載された．この GIS 上に記述された情報を解析することによって，水路のつながりや上下流関係を認識できるようになり，地域住民とプロジェクト関係者のあいだで実施したワークショップの場面でも多いに活用され，その有効性が示されたのである（第 4 部第 2 章）．本プロジェクトの試みから，GIS を使って，ミクロな集落スケールでの水質・水管理の情報，さらに，安定同位体比の測定値のような最新の科学的知見を電子地図上に重ね合わせることで，流域情報・環境指標を具体的に示し合いながら対話（ワークショップなど）する可能性を示すことができた．

　一方，メソスケールからマクロスケールにかけての環境情報としては，一連の「琵琶湖一周調査」として琵琶湖流入河川の水質・生物の安定同位体情報の調査結果をGIS 化し，メソスケールとマクロスケールをつなぐ基礎的なデータベースを作成した．残念ながら，このスケールでの GIS を用いた，階層間のコンフリクトを埋める実践的な議論は十分には出来なかったが（第 4 部第 4 章第 3 節），今後ますます可視化された環境情報をもちいて，地域住民，行政，研究者が議論する場の必要性は広がってくると考えられる．

　平成 18 年 4 月に閣議決定された第 3 次環境基本計画では，国レベルとして「総合的環境指標」という考え方を示している．国の方針として，計画の内容に応じた『長期的な目標に関する総合的な指標あるいは指標群』（総合的環境指標）や数値等の具体的な目標を計画に導入し，これらについて適切な状況把握を行って点検に活用することなどにより，計画の実効性を高める必要がある，と述べている．だが先にも述べたように，実際には，国レベルで設定される総合的指標に対して，ある地域の具体的な問題を扱うのに適した指標が一致しない場合が考えられる．このような階層間の意識の違いやコンフリクトを解消する場と手段を作らなければ，流域において「複合問題」化した環境問題の解決は容易ではないであろう．この場合，地域住民・行政・研究者のそれぞれが着目する環境指標をうまく組み合わせることによって，流域の階層ごとの環境診断をつなぎ，流域におけるガバナンスを促進していくことが重要ではないだろうか．この問題認識に立って，流域の各階層において環境診断を実践し，環境情報・環境指標を用いて問題状況を可視化していくことを，本書ではまず提案しているのである．

　環境情報や環境指標の内容は，いろいろな質のものが存在しており，環境指標を組

み合わせることが，すなわち，ガバナンスを意味するものではない．本プロジェクトでは，行政機関による定期的なモニタリングのデータに，研究者が独自の研究データを重ね合わせた．また，琵琶湖の赤野井湾流域の河川水質については，住民が長年モニタリングに使ってきた日常生活に密着した指標に関して，住民側の提案に本プロジェクトの研究者が応える形で，GIS上での指標の重ね合わせもおこなった．このようなデータの「重ね合わせ」は一部で実践されたが，共通プラットフォームとしてのGISに載せられた状態から，コミュニケーションをさらに進めることが，流域の環境ガバナンスに向けて重要である．本書が提案するワークショップやGISによるシナリオアプローチは，「階層性を組み込んだ測定と指標の開発（第2部第1章第4節）」に向けた出発点と位置づけることができる．

[谷内茂雄・陀安一郎]

2 琵琶湖‒淀川プロジェクトにおける研究者の協働と地域社会との関わり

1 プロジェクトにおけるチームの編成

わたしたちのプロジェクトでは，異なる分野の研究者が協働し，調査地域の人々と関わる中で研究をおこなった．はじめに，研究者による協働について述べよう．表5-1-1は，本プロジェクトに参加した研究者の数を年度ごとに集計したものである．新しい研究活動のための新規の参加と異動などによる離脱が見られたが，19名ではじまったメンバーは，期間中に48名まで増えた[注1]．

表5-1-1 琵琶湖‒淀川プロジェクトのチーム構成

	合計	勤務地別		作業班別 **			
		地球研*	地球研以外	物質動態	生態系	社会文化システム	流域情報モデリング
2002年度	19	9	10	7	4	5	3
2003年度	39	11	28	12	14	9	3
2004年度	44	10	34	14	15	12	4
2005年度	45	9	36	14	15	12	5
2006年度	48	9	39	14	17	12	5

文献[4]より，筆者作成．

* 主として地球研内で研究に従事したことを意味する．
** 複数班に属するメンバーが存在するため，班別人数の和は合計に一致しない．なお，リーダーが途中で交代しており，2002～2003年度は物質動態班に属し，2004～2006年度は生態系班及流域情報モデリング班に属した．

プロジェクトでは，初期に，物質動態班，生態系班，社会文化システム班，流域情報モデリング班の4つの班が作られた．参加する研究者は少なくとも一つの班に属した．そして，各班に1～2名含まれるコアメンバーが，リーダーとともにプロジェクト全体の研究活動を方向づけた．

さらに，初年度の8月から最終年度の7月にかけて，1～4ヶ月に一度，リーダー・コアメンバーらが集まる統合作業班会議を開いた．この会議では，プロジェクトが基礎に置く流域管理モデルのコンセプトや研究活動のロードマップについて議論し，サブプロジェクトや各班による研究活動の計画検討及び進捗報告をおこなった．この会議は，基本的にすべてのメンバーが参加する資格を持っていたが，実質的には，コアメンバー，総合地球環境学研究所に勤務する9～10名のプロジェクトメンバー，直近の研究活動に関わる外部の共同研究者が参加して開かれた．

プロジェクトを進めるために，4つの班とそれらを統合する会議以外に，班内部のグループや班をまたぐグループが適宜作られた．たとえば，社会文化システム班の内部に作られた社会心理グループ・環境経済グループ，物質動態班と生態系班の一部メンバーや社会文化班の一部メンバーで構成された拡大物質動態グループがそのようなグループの例である．これらのグループは目的に応じて作られており，研究者を分野別に便宜的に分けた初期の4班とは性質が異なっている．

2　協働のための研究資源の共有

本プロジェクトの研究者は，セミナー・会議・電子メール・印刷物を通じて，分野の異なる班やグループの間で，研究情報を共有した．たとえば，当初のプロジェクトメンバーが専門としない分野の研究者をプロジェクト外部から講師として招いてセミナーをおこない，プロジェクト推進上の重要な知見を学んだ．また，彦根市稲枝地域をはじめとする調査地域への視察を，さまざまなグループで幾度もおこなった．さらに，ワークショップ等を実施する際には，その準備作業の場や住民と対話する場を研究者は共有した．プロジェクトの研究者全員が，すべての情報・視察・対話の場を同時に共有したわけではないが[注2]，各研究者がこうした研究資源を部分的に共有することを通じて，プロジェクトの研究者全体は結び付けられた状態にあり，そのことが，プロジェクトにおける研究活動の基盤にあった．

3　異分野の研究者の協働 —— 相互支援と連携

プロジェクトの異分野の研究者チームの協働は，その結果に続く研究での利用が明確に意図されているのか否かによって，2つのタイプに分けられるだろう．

---

1) 研究者に加えて，地球研内のプロジェクト事務局を1～2名が担当した．
2) プロジェクトの印刷物・電子メールの一部は，全メンバーに届けられた．

たとえば，プロジェクトの中期以降には，社会文化システム班内部のグループ（社会心理グループ・環境経済グループ）が，ワークショップやアンケート調査を実施した．こうした調査活動にあたって，物質動態班や生態系班の研究成果を含む資料や説明文が必要であり，両班によるサポートが求められた．社会心理グループが中心になっておこなった「農業と水環境に関わるワークショップ」では，物質動態班と生態系班がプレゼンテーションの一部を作成し，ワークショップにも参加した．また，環境経済グループが実施したアンケート調査では，物質動態班や生態系班のアドバイスを受けて，調査票の内容を修正した．もちろん，ある班が他の班をサポートする活動は，一方向ではなく，相互におこなわれた．物質動態班による小河川調査や生態系班による生物調査のために，社会文化システム班が小河川網や湧水地点に関する地理情報を提供した場合のように，社会文化システム班が物質動態班や生態系班の研究をサポートする事例も多く見られた．このように，ある班の調査活動のために，他の班が既存の調査結果や研究成果を提供するサポートを相互におこなう協働を，仮に「相互支援」タイプとしよう．支援する側の班が支援される側の班の研究成果を利用する計画を明確に持っていない点が特徴である．

　もう一方の協働作業は，「連携」タイプである．その一例が，プロジェクト中期のしろかき田植え時期に稲枝地域の圃場や水路でおこなわれた物質動態班と社会文化システム班の研究者による調査活動での協働である．この調査では，はじめに，実験圃場選定のために，社会文化システム班が得た作付け計画に関する情報が活用された．また，水路の水質調査にあたっては，社会文化システム班が得た用排水系統に関する情報が活用された．こうして，社会文化システム班の研究者は，物質動態班の研究者がおこなう調査の基盤整備に関わり，筆者を含む同班の研究者の一部は，現場での調査活動にも補助的に参加した．2004年4月に物質動態班が始めたこれらの研究の成果は，翌2005年3月におこなわれる社会心理グループの研究活動（地域住民への環境情報のプレゼンテーション）において利用する計画があり，複数年度にわたる連携の枠組みの中に位置づけられていた．このように，連携タイプの協働では，支援する側の研究者が支援を受ける側の研究者の成果利用の計画を明確に持っている点が特徴である．

　連携タイプの協働では，調査地域の条件などさまざまな理由によって，想定された成果が得られない事態が起こり，その成果を利用した協働が成立しなくなる可能性がある．プロジェクトがこのような危険を回避して効率性を優先するのであれば，相互支援タイプの協働を中心におこなうべきだろう．他方，連携タイプの協働では計画の慎重な検討を通じて異分野の研究者が緊密に話しあい，協働不成立の失敗経験を通じて，異分野で連携するための新たな知見を得る可能性がある．分野横断的なプロジェクトが統合性を高めることを志向するのであれば，連携タイプの協働は実施するに値すると考えられる．

4　研究者のさらなる協働に向けた課題

　プロジェクトの統合作業班会議では，(1) 流域管理モデルのコンセプト，(2) コンセプトにもとづいた流域管理を実現するための具体的方法論（コンセプトの実現可能性の検討を含む），(3) 流域管理の具体的方法論の構築に向けて，本プロジェクトにおいて実施可能な研究計画，の3点を主に議論した．同プロジェクトが拠って立つコンセプトは，おおよそ「流域の多様な環境管理主体（住民を含む）が，相互に豊富なコミュニケーションを保ちながら，各々の環境の順応的管理をおこなう」という内容であった[注3]．プロジェクトの初期には，先行したプロジェクトで成果の総合に苦心した経験から，コンセプトをきちんと文書化しトップダウン的に個々の研究活動を導き出すという方針があった．しかし，文書化されたコンセプトやそれにもとづく流域管理の具体的方法論や方法論構築に資する研究計画は，トップダウンには示されなかったため，コンセプトのおおよその内容を念頭に置いた研究者チームは，ボトムアップ的に具体的方法論と研究計画を検討した．4班のチーム構成とコンセプトを所与とする中で，具体的な研究計画を探索的に作り上げるためには，多くの労力と時間を要した．効率性を重んじるのであれば，コンセプトと並んで，方法論やプロジェクトが実施する活動計画を具体的に示す必要があるだろう．他方で，コンセプトと方法論・研究活動の統合性を重んじるのであれば，コンセプトからプロジェクトの諸活動を演繹する一方向的な考え方自体を再考する必要がある．方法論や研究計画を議論する過程において，参加した研究者のコンセプトの理解が進み，コンセプトの改善に資するアイデアや知見の蓄積が見られる．初期にコンセプトを明示し，コンセプトを修正するための開かれた機会を用意することで，研究者間の相互作用を促し，コンセプトの現実性と研究活動全体の統合性を高める働きが期待できるのではないだろうか．

5　プロジェクトの考え方 ── 地域社会との関わりについて

　プロジェクトでは，琵琶湖流域においてさまざまな調査をおこなった．聞き取り調査・アンケート調査などの社会調査にあたって，調査対象地域の住民や組織は，研究者へ協力した．また，圃場・水路等でおこなわれるような自然科学的調査であっても，地域社会の協力は不可欠であった．一般社会に対してのアウトリーチと並んで，協力を得た地域社会に対して，プロジェクト終了後に研究成果を還元し，地域社会が研究協力を評価できる状況を確保する必要がある．

　わたしたちのプロジェクトは5年間で終了する期間限定的な研究事業であり，プロジェクト活動の多くを担う地球研のメンバーは，任期制によって流動する．プロジェクトの研究組織の変化は初期から予想された．また，既述のように，研究計画の全体像は初期段階で明確ではなく，プロジェクトは探索的に進められており，調査地域で

3）先行した未来開拓プロジェクトの最終成果物[5]において示された．

の計画が変更される可能性も高かった．このように不確定な要素が多いため，ひとつの研究活動をおこなうたびに，地域社会へ簡単に成果や経過を報告し，続く研究調査活動への協力を仰ぐという方法を採った．地域社会とこまめなコミュニケーションをおこなうため，プロジェクトについての認知度を高める効果もあったと思われるが，これは付随的な効用である．むしろ，研究プロジェクトの計画や研究組織の変化に際して，協力する地域社会側の意向の変化を受け取る機会をつくることが主たる目的であった．

6 水辺環境研究のためのプロジェクト活動と地域社会

彦根市稲枝地域での農業濁水に関わる研究活動での地域住民と研究者との関わりについて時系列に紹介しよう．2002年9月まで，コンセプトの検討や個別班での調査をおこなっていたが，2003年4月の農業濁水を調査するためには，2003年の年明けに準備活動を開始する必要があり，調査対象地域の決定などの研究計画の具体化が急がれた．

2002年9月，琵琶湖流域の複数の候補地域を，谷内，脇田，筆者らが視察と聞き取り調査をおこなった．このとき，プロジェクトとしてはじめて彦根市稲枝地域へ訪問した．同年11月に，コアメンバーらによる視察や統合作業班会議を経て，稲枝地域を中心的な調査対象地域と決定した．これ以降，土地改良区事務局との関わりはプロジェクト終了時まで継続した．事務局は，聞き取り調査に加えて，水路地図・揚水機稼動スケジュール等の既存データの提供や地域社会との関係づくりの支援など，さまざま形でプロジェクトの研究活動に協力した．

翌2003年6月から8月にかけては，稲枝地域の35自治会の100名近い住民を対象に聞き取り調査をおこなった．地域の水環境や地域組織についての概況を理解することが目的であった．この調査に先立って，連合自治会に対する趣旨説明等をおこなって調査実施の了承を得たが，同地域の連合自治会との関わりはこの時期からはじまった．また，聞き取り調査では，各集落の公民館などで自治会役員から直接お話をお聞きしている．連合自治会経由での協力要請を契機として，ミクロレベルの集落との直接的な対話がはじまったのもこの時期である．

2004年1月から3月には，「水辺のみらいワークショップ」をおこなった．聞き取り調査の結果を踏まえて，プロジェクトの研究者が候補地を複数選び，ワークショップの企画を自治会へ持ちかけた．連合自治会からの協力要請へ自治会長らが対応するだけではなく，開催の許諾・参加者募集など自治会役員や自治会総会での検討や判断が求められた．したがって，自治会が開催に意義を見出し[注4]，かつ，地域内部の調

---

4) ある自治会担当者は，「自らが役職にあるうちに，集落のためにそのような話し合いの場を持ちたい」と言われた．

第1章　琵琶湖流域から見えてきた課題

表5-1-2　農業濁水関連の調査活動における研究者と稲枝地域の関わり

時期	活動内容	対象地域	プロジェクト関係者（括弧内は補助的参加）	地域社会の関係者
2002年9月-11月	聞き取り調査	愛西土地改良区	コアメンバー・統合作業班会議参加者	土地改良区
2003年6月-8月	聞き取り調査	稲枝地域（35自治会）	社会文化システム班	連合自治会，各町自治会
2004年1月-3月	水辺のみらいワークショップ	3地域（4自治会）	社会文化システム班（地球研メンバー）	各町自治会
2004年4月-6月	圃場調査	3圃場（4農家）	物質動態班・生態系班（社会文化システム班）	農家
2004年4月-6月	水路調査	6圃場群	物質動態班	各町自治会
2005年3月-4月	農業と水環境を考えるワークショップ	6自治会	社会文化システム班（物質動態班・生態系班）	各町自治会，農家
2006年8月	いなえ水辺環境学サロン	稲枝地域	物質動態班・生態系班・社会文化システム班・流域モデリング班	連合自治会，各町自治会，土地改良区，稲枝支所

整が成功した場合にのみワークショップを開催することができた．プロジェクトの研究過程への参加において，住民側の積極的な関わりが求められる段階となった．

2004年4月から6月にかけての圃場調査は，圃場からの農業濁水による水環境へのインパクトを実験によって明らかにした研究である．翌年の社会心理グループによる環境情報のプレゼンテーションで，同地域の農家が実感できる身近な環境情報を提供する意図があり，同地域内の圃場で測定した．圃場での調査環境の確認や耕作と研究活動のスケジュール調整のために，4名の大規模農家との打ち合わせをおこなった．

2005年の灌漑開始前には，「農業と水環境にかかわるワークショップ」をおこなった．圃場や水路での調査結果等を用いながら，6集落に対して4種類のプレゼンテーションをおこなうために，社会心理グループを中心に，社会文化システム班・物質動態班・生態系班が緊密に共同作業した．また，ワークショップ開催のためのスケジュール調整は，多忙な時期であり難しいと予想されたが，自治会側の尽力によって実施が可能となった．その結果作られた地元農家と直接対話する場（ワークショップ）には，プロジェクトの研究者の多くが参加した．

最後に，研究成果の調査対象地域への発信と双方向の交流を目的として，2006年夏に成果報告会「いなえ水辺環境学サロン」をおこなった．連合自治会と彦根市稲枝

支所の協力のもとで，同地域の全世帯へのお知らせや自治会経由での参加の呼びかけをおこない，プロジェクトからも多くの研究者が参加した．行事などが重なって，地域住民側の参加者は約40名であり想定より少なかったが，地域の水を利用する養殖業者・環境調査にボランティア参加する住民・教育関係者らとはじめて対話する機会を持つことができた（表5-1-2）．

7 地域社会と関わるプロジェクトの課題

　本プロジェクトの初期に土地改良区でおこなった聞き取り調査では，水環境問題と同じく，農業の後継者問題にも注目するべきだと指摘された．続く自治会での聞き取り調査とワークショップでは，上流部での湧水量の減少や湖岸の地形変化など，農業濁水問題以外の地域の水環境問題が挙げられた．プロジェクトでは，地域社会に対して，ミクロな地域からの問題認識を重視する立場を表明している．そのため，研究の過程では，地域住民の積極的な参加や意見・提案の表明が見られた．しかし，実際の研究活動においては，すべての意見に対応できたわけではなく，農業濁水問題や農業の後継者問題という一部の問題認識を研究者側が選択的に取り扱う状況が生れている．わたしたちのプロジェクトは，地球研の理念や制度の上で，研究者によるコンセプトや課題設定にしたがって，トップダウン的に骨組みがつくられている．また，時間的制限などから，プロジェクトでは，理想型として示した流域管理モデル像のある一部分に注目して研究をおこなっている．このような研究プロジェクトの実施状況をわかりやすく提示し，等身大のプロジェクト像を伝えていく必要がある．

　圃場調査の結果報告のために訪問した際，ある農家は「こうした基礎的研究への農家の参加は，地域の環境保全的農業への取り組みをアピールする上で大切だ」と話された．このように，調査活動への協力参加や研究の成果について，地域社会が独自の意義を見出している例はあった．他方で，「実地ですぐに使える技術開発が必要だ」という意見のように，研究成果の直接的効用を実感できないという率直な意見も寄せられた．また，ワークショップの感想などでは，「滋賀県ではなく，外部の研究機関がこのような活動をおこなっているのはなぜか」「示された対策メニューはすでに実践している」というコメントが寄せられている．滋賀県では，県の啓発活動によって農家が農業濁水問題を認知し濁水削減策を実践しつつある．県下で実践する農家・地域住民のコメントからは，あえて農業濁水に着目するプロジェクトの文脈を読み取る難しさがうかがえる．わたしたちのプロジェクトは，流域管理の概念モデルを基盤にして，その方法論を具体的現象（農業濁水問題）において研究するという二層構造の中で進められてきた．研究者の立場が理解されるためには，この構造が十分認知される必要があるだろう．

　わたしたちのプロジェクトは，「地域社会と自然環境の相互作用環を客観的に研究し，そこから流域管理に関する普遍的な知見を得る」という立場を基調にしたプロ

ジェクトである．ところが，近年，普遍的な知を生産する営みとしての環境調査が前提する「第三者的な観点」の相対化がおこなわれている．たとえば，三浦は，環境調査における「住民参加」について，単なるデータ収集や研究者による啓蒙的交流への参加だけではなく，住民による科学知に対する批判，科学知に対する住民独自の意味づけや読み替え，住民固有の環境知の創出までを含む定義を与え，環境認識の主体性を住民側に見出した時の環境調査の概念を拡張しようと試みている[6]．また，井上は，環境学の研究者の役割を，研究対象地域の人々と共に問題を発見し，共に研究し，問題解決のための行動計画を共に策定することと述べ，「研究過程への地域住民の関与」をともなうプロジェクトを実践している[7]．従来とは異なるこれらの考え方において，研究者は地域住民と協働する中で自然環境に対峙しており，地域社会と自然環境の対峙を俯瞰する位置にはない．本プロジェクトの当事者として振り返ると，プロジェクトの調査活動（表5-1-2）に際して，各研究者は，第三者的な客観的立場と住民に寄り添って共同作業する立場についてそれぞれ独自の重心配分をしていたと思われる．このような多様な研究者がグループを成すプロジェクトは，地域との関わりにおける2つの立場が混交した複雑な様相を全体として呈していた．地域社会との関わりを志向する異分野連携の研究プロジェクトにおいて，プロジェクトが持つこの外観に自覚的であることは，地域におけるプロジェクトの理解を深め，研究者の協働を豊かなものとする上で大切であると考える．

［田中拓弥］

3　アクションリサーチの実践にむけて
── 農村コミュニティの主体性の論理

1　アクションリサーチの必要性と本節の課題

近年，農村における主体的な地域づくり活動が数多く報告されるようになってきた．もちろん，それらは本プロジェクトが直接的な課題とする濁水問題解消のための活動というわけではない．しかし，地元居住者が中心となり地域に密着した活動を通して環境保全に貢献していることから，本プロジェクトにとっても大変重要かつ注目すべきものと考えられる．というのも農業濁水問題の解消への道のりを考えるならば，濁水防止の啓蒙をすることやトップダウン的に農家の行動を規制することは，問題の根本的な解決には至らないからである．必要なことは，農業者だけでなく住民が自分の問題として取り組む自発性や必然性に支えられた活動であり，それらが地元から承認された形で継続性を持つことなのである．

本プロジェクトでは，時間的制約の関係から十分に展開することができなかったが，将来的には，そういった自発性や必然性，すなわち主体性に支えられた地域住民の取り組みに，研究者が寄り添い支援する形で社会調査や環境調査がおこなわれる必要性

がある．そして，調査の諸結果を地域社会の計画にフィードバックすることで，さらに社会的実践を深めていくような協働の過程が必要とされることになるだろう．通常，それらはアクションリサーチ（あるいは参加型アクションリサーチ）と呼ばれている．このようなアクションリサーチは，地域社会の当事者である住民にとって，「地域の関心や利害からしばしばかけ離れた中央の組織が研究や政策の提案を押しつけて，人々を標準化したり飼い慣らしたりする手段として」「受け取られてきた伝統的な研究実践に対する抵抗として意図して現われ」てきた[注5]．すなわち，あらかじめ課題や目標が決定されたトップダウン的な研究・政策への対抗手段として登場した．ただし，本プロジェクトの濁水問題の文脈に位置づけた場合，以下の点に注意してほしい．このようなアクションリサーチと，自然科学系の研究者を中心に組織された物質動態ワーキンググループによるトップダウン的なアプローチとのあいだに，緊張感を伴う有機的かつ相補的関係が構築されていく必要があるということだ．そして，そのような関係構築のためには，本プロジェクトで繰り返しおこなってきた様々なワークショップが重要な役割を果たすに違いない．

現在，稲枝地域では，自治会や営農関連の組織が集落を代表する主な組織である．だが，それらとは別にボランティア的な組織の形成や再編がみられる．自分達の居住地のゴミ拾いを定期的にしたり，河川敷の竹藪を整備したりと活動は一様ではないが，主体的な活動を通じて都市住民と連携したりネットワークを形成し始めている．というのも，農村の人々は，行政の下部組織に組み込まれた自治会組織などの集落組織が，地域の目前の課題を解決する実効性のある機能を失っているのではないか，という実感をもっている．そして彼らは自分たちの身近で切実な諸課題を解決するために，自らが所属する任意の組織をベースにボランティアグループを作って活動を展開している．これらは，本研究プロジェクトの根本においている「ガバナンス」や「社会関係資本」といった概念とも深くかかわるものであり，先に述べた地域住民の自発性や必然性という点で注目していく必要がある．本節では，将来的に実施することが期待されるアクションリサーチで注目されるこういった地域住民の自発性や必然性に焦点を当て，それらを「主体性の論理」として抽出しようと思う．後の項では，このような「主体性の論理」を具体的にみていくが，以下の手順ですすめることにしよう．まず，アクションリサーチの必要性と主体性の論理を明らかにし，次に，具体的事例を紹介したうえで，事例に共通している理念を抽出することである．さらに，主体的活動をいかに支援できるのかについて支援学を援用しながら検討する．以上をふまえて最後にアクションリサーチに向けた課題を考察することにする．では，次項におい

---

5) アクションリサーチについては，文献[8]を参照のこと．
6) 吉原直樹は，地域住民組織，とりわけ町内会組織を分析し，現在のコミュニティ政策の一つの主要なテーマとしてボランタリーアクションの叢生，ネットワーク化に着目している．本論でも同様な視座で考察をおこなっている．吉原著[9]，第7・8章を参照のこと．

て先行研究から主体性の論理を検討しておこう．

2　主体性の論理と支援の原則

　地域社会の必要に応じて住民が自発的に組織をつくり，様々な活動をおこなうグループ組織をここでは，地域社会学者吉原[9]の言葉を援用しボランタリーアソシエーションと呼ぶことにしよう．集落をベースに活動するボランタリーアソシエーションはその形成過程から大きく二つに区分することができる．ひとつは，課題を解決するためにつくられた新しい組織である．たとえば，観光地のゴミ問題を解決するために地域住民によってゴミを定期的に収集するボランタリーアソシエーションが新しく結成されるといった活動はこれにあたるだろう．地域内の固有で特定の課題や問題に取り組む必要性から新しく編成された組織による活動である．これは地域住民運動などの組織であることが多い．

　そして今ひとつは，従来からある組織が地域の現代的な課題を自ら発見し，それに対応するために従来の活動内容を一部変更したり，あるいは，新しい課題に専門に取り組む下部組織を編成して問題に取り組もうとするものである．たとえば，よりよい景観を造るために自治会の老人会の中からプランターに花を植えるグループが枝分かれして作られるような場合や，時代の要請をうけて老人会が通学路で子供たちを見守る活動等はこれにあたるだろう．これはいずれも地域に密着して活動をするが，外部との連携や協力関係をつくりネットワーク化される傾向がある．では，こういった活動の指向性について，住民組織の主体形成と地域生活の変化に至るプロセスを主張した鳥越[10]を参考に説明しよう．

　環境社会学者の鳥越は，従来の農村コミュニティを含めた組織の変容過程について以下のように述べている．生活者は生活をめぐる社会的な諸条件，いわゆる，外部条件の変化に対応するために常によりよい選択をおこなう．そしてその選択が地域住民に承認を得ることによって，地域の組織は再編されるというのである．またあるいは，従来の組織を再編するだけでは対応できない場合は，新しい組織が作られる場合もある．そういった組織は，行政が対応するには困難な地域独自の問題を解決するために機能して住民の生活を豊富化させるのである．したがって，課題や要請の変化に柔軟に対応できるのである．

　図5-1-1は，以上の組織の形成過程を概念図にあらわしたものである．図にあるように，装置となる組織は再編か新設かという形態に違いはあるが，重要なことはどちらも従来から村にある組織の理解を得た相補的なものである点だ．こういった組織が創設されるプロセスの中にこそ「主体性の論理」を見いだすことができるのである．

　また，地域社会学者の今野は，阪神大震災後における救援と復興の住民活動の調査を通じて，多様性のある住民コミュニティの持つ現代的意義と小地域社会におけるコミュニティの正当性を実証した[11]．その際に今野は，有効に機能するコミュニティ

433

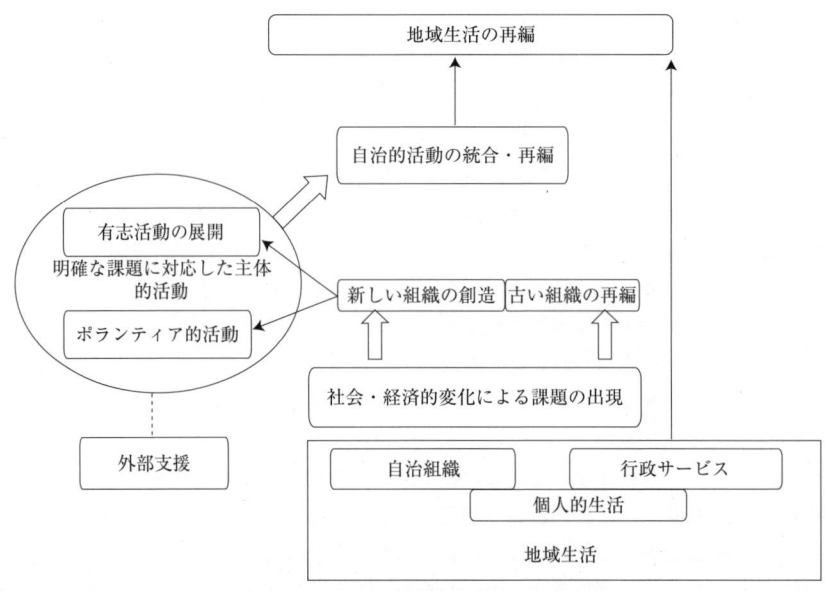

第 5 部　流域環境学の発展に向けて

図 5-1-1　生活組織の再編と生成

出所：鳥越皓之[13] より作成．

の構成要素を「もの」，「ひと」，「こころ」，「行事」と述べている．これは，コミュニティ形成においてはこの四つの要素がうまく連携することが重要であるとの主張と解釈できるだろう．同時に，四つの要素が有機的に結合するためには，継続的なコミュニケーションが必要であることが想定される[注7]．つまり地域の課題や問題点を共有し，解決に向けて活動を起こすためにコミュニケーションを重ねる過程が必須となってくる．このように，地域力や住民パワーが発揮される条件の一つの「主体形成」に着目する三者は，その過程や理念の重要性を丁寧に検証するなかで，実際の地域に存在する住民パワーや自治の可能性を炙り出している．

以下ではそういった視座から，アクションリサーチを実践するために「核」になると考えられるボランタリーアソシエーションの実態を検討していきたい．事例で取り上げるのは，濁水問題に特化した環境活動をおこなうものではないが，地域に根ざした主体的活動をおこなっているグループである．

---

7) 宮本常一[12]，p.36．村の寄り合いに関する記述において，村落内で合意形成や共通認識の形成のために一同に会しておこなうコミュニケーションこそが重要であると暗示的に述べられて

3 地域に根ざす活動事例
3.1 手作り加工で地域発信を ── 集落を越えた女性グループ

　最初の事例は，稲枝地域に居住している農家女性たちによる加工グループである．この組織の母体は生活改善グループであり，結成は22年前にさかのぼる．地元の農産物をもちより地域内の自給分を自分達で加工することを目的に作られた会である．

　もともとは，農閑期の副収入を兼ねた仕事を創出することが目的であった．しかし22年の間に，生活に占める農業経営のウエイトが少なくなったことや様々な要因から，副収入を得ることよりも地域の特産を伝えることや食育への貢献といった方向へと活動の軸足は向かった．当初は有志メンバーが小規模におこなっていたが，大量に加工できる機械を導入した時から公式な活動となった．メンバーは40歳代から60歳代までの7名で固定していたが，最近若嫁2名の参加があり世代間交流も担い手の継承もうまくいきつつある．

　活動内容は，味噌の加工および特産品の生産（ジャム，餅等）である．味噌加工部門では，地元の大豆を味噌に加工する委託を個別に100件以上請け負っている．他方で，稲枝地域や近隣地域の学校給食への味噌提供も長年おこなってきた．最近は，口コミで評判が広がり全国から問い合わせが来るようになった．使用する大豆は地域の転作田で収穫されたものをもちよっている．ジャム生産も同様である．市場出荷では商品価値のない特産品のナシをジャムの加工するのだが，こちらも好評を博している．味噌加工は地元に根づいている伝統的な食品生産であるが，ジャムは新しい加工活動である．

　この活動は，地元の伝統食や加工技術を継承すること，そして，地場の農産物を残さず活用することを目指している．それは無添加で自分たちが加工できる範囲の「もの作り」を継続させることを通じて，地域にある「恵み」や「知恵」を普及させたいという思いに支えられている．その結果，大量の委託という事実が物語るように，地元から承認されるだけではなく，地域を越えた交流が長年続いている．そういった実績から，商工会の特産品作りではブレインとして協力を要請された．

　このように，農家の兼業化や都市的消費生活の普及などの社会状況の変化や，あるいは，パン食の普及にともなう食生活の変化という現代的ニーズに応じて，活動の内容や意味合いを少しずつ変化させながら現在にいたっているのである．

3.2 集落に根ざしたボランタリーアソシエーション

　この会は，子供たちの地域活動を支援する有志メンバーが，長期にわたって活動をしている間に固定化されてできたものである．最初は，地元の自然観察など学習的な行事から始まり，参加していた子供たちが成人したのを契機に，会に名前が付けられて正式な組織となった．メンバーはキーパーソンを核にして集落に生まれ育った青年たちで構成されている．さらにキーパーソンをサポートする年長者が集落の中に重層

的に存在する．したがって，地域に密着した幅広いネットワークを有している．キーパーソンは，自宅の旧母屋を改築して活動拠点の「場」を提供しており，その空間は集落の小学生や中学生も自由に集うことができるために，近隣からは地域に開かれた活動として認知されている．

　活動内容をみてみると，年齢幅が広く重層的な主体が存在していることもあり不定期で分化的である．具体的には，地域の伝統的行事の開催や支援をはじめ，地域環境の整備や保全のための活動，ネットワークを通じて外部から人を招致したコンサートや寄席などのイベントとか，多彩で独創的である．また，地域整備に関する行事の場合は，清掃作業とバーベキューというようにボランティアプラスアルファとなっている．

　この組織がある集落は，圃場整備以前には琵琶湖に通じる水路が一部に張り巡らされていた地域であるが，現在はほとんどを埋め立てられており，唯一残されている水路がかつての集落の領域を表す外堀が残るのみである．そこでこのグループは集落のかつての姿を喚起させるこの外堀を保全するため，取り組みを始めた．現在はその水路で琵琶湖固有の水草を繁茂させることで水質の浄化を図る活動にも取り組んでいる．このようにこの活動は自然発生的な組織が現代的な課題を見い出し，主体的に活動を展開できる点で注目すべきものである．

3.3　宮世話組織をベースにしたボランタリーアソシエーション

　この会は地域作りに特化したボランティアであり，組織母体は当地域の各集落に古くから存在しているお宮さんの行事を執りおこなう組織である．この組織は15歳になった男子が一つの組を作り，3年ごとに昇格していくという若衆組み制度の関係をもとにしている．この3学年一集団のことを「連中」と呼び，「連中」が一つの組を形成する[注8]．各組は，神社からそれぞれ党名を授かり，宮さんの行事を取り計らうのである．15歳から始まり3年毎にランクアップしていき，36歳から39歳には最後の階梯である「甲組」を迎える．40歳以上で甲組を上がるとみな「綱引きの目付け」に当たるとされている．また，3年一組の各党はそれぞれ六条講という名前の集会をするのだが，それは構成員の自宅を持ちまわっておこなわれる．構成員が集う集会は祭りの時期以外は親睦・交流のためであり，それぞれが課題と思う何らかの問題を話し合う場にもなる．ここで取り上げる事例のボランタリーアソシエーションは，かつて「連中」として仲間同士であった構成員や，上下関係であった者が「綱引きの目付け」になったあと年齢を超えて合流した会である．したがってメンバーは男性だけであり現在は30歳代から60歳代まで幅広い参加者がいる．

---

8) 甲，乙，丙，丁，戊，己，庚，辛の組があり，15歳になったときに「太閤若衆」＝辛組に入り，年齢とともにランクアップしていき最後に「綱引きの目付」となる．本庄町自治会（1994）『ふるさと本庄』サンライズ出版，参照のこと．

では，活動内容を見ていこう．現在の取り組みの中で主たるものは，愛知川の河川敷の竹林整備である．隙間ものないほどに生い茂った竹を間引く作業を定期的におこなっているのだ．最初にグラウンドを整備し，現在は，竹林内を散策できるように遊歩道を創設している．このように地元所有の共有地である竹林を整備し河川敷の景観を手作りし，川を地域から近い存在に取り戻そうと地道に活動しているのである．伐採した竹は，竹炭や竹細工，遊歩道に敷き詰める竹チップの資源として活用されている．また，会の行事は子どもたちに竹を使った遊びや加工の技術を伝承する教育機能も果たしている．

かつてこの河川敷に隣接する集落はみな部落竹林を持っており，竹林からの資源を活用し河川敷を日常的に利用していた．しかし，現在はエネルギー転換やライフスタイルの変化によって共有竹林を活用する必要はない．そのため，人々の関心は資源の宝庫だった竹林から急激に遠ざかり，竹林を利用しながら維持管理するための歴史的な工夫や秩序は徐々に崩壊していった．河川敷に通じる竹林が荒れることは，同時に人々の意識を川から遠ざける作用も持った．人々が足を踏み入れない河川敷や竹林は荒れ，不法投棄が頻発する事態が引き起こされた．こういった目前の課題に対して動き始めたのが，竹林を管理し活用していた頃のこの会なのだ．このようにこの会は，従来あった年齢階梯の組織がベースとなっている．

4 主体的活動の理念における共通点
4.1 主体的活動を支える理念

では，これらのグループ活動を支えている地域に対する思いがどういったものなのかを考えてみよう．

地元農産物の加工に取り組む一つめの事例では，活動の源は「楽しみ」であるとメンバーは語っていた．女性たちの述べる内容からこの「楽しみ」には二つの意味が込められていると考えられる．ひとつは集落を越えた仲間と加工技術について議論をし，試作品作りをして創意工夫を重ねる楽しみであり，コミュニケーションを重ねることで活動を積み上げていく直接的な「楽しみ」である．今ひとつは，地域の食文化を守り伝承していくことへのこだわりである．後者は「楽しみ」を継続させる必然性の根拠となっている．地域の子どもたちが自校方式の給食で日々食べていて当たり前のように知っている地元の味や地場食材などを，その親世代が知らないことへの危機感である．というのも子どもたちの母親は結婚を契機に他地域，おもに都市部から移り住んできた人が多い．そういった危機感と伝承の必要性，さらにはそれを広めてゆきたいという明確な目標がメンバー間で共有されていた．

メンバーの女性たちの多くは琵琶湖岸の農家に生まれ育ち，小さい頃は遊び感覚で農家の仕事を手伝ってきたという．そうやって幼い頃に大人から伝承され身体化された生活知や加工技術を大切にしている．この活動は，地域内農家の加工を請け負うこ

とや学校給食への貢献など，地元へ豊かさな還元するという要望に応えながら，他方では，外の世界に対して自分たちが生まれ暮らす地域のよさを発信し続けてきた．その理念を支えているのは「地元地域」への愛着と地域文化の伝承である．地域の農産物という「もの」に対して，地域資源を生かした伝統的な食文化を伝承しようという「こころ」と，加工という「行事」が女性たちを強く束ねているのだ．

　二つめの事例はどうだろう．ここにもキーパーソンが存在していた．キーパーソンはこの集落に生まれ育ち，かつてクリークの全面埋め立てに反対をした若者であった．他出した経験があり，その際に外から地元を再評価する機会があったという．活動を公的なものにする契機となったのは，他出先で再確認した「帰属場所」の存在であるという．変化著しい都市近郊の集落にとって，劇的に変化してきた集落の歴史を掘りおこし，保存・整理することや，今ある自然や環境をこれ以上悪化させないように保全することは必須であると感じたという．ふるさとともいえる地元はそれがそこにあればいいというものではなく，コミュニケーション機能が健全に維持されトータルな環境が保全されていてこそである．この活動は，ふるさとという「場所」を大切にするために，するべきことが何なのかに思いを馳せ，仲間とのコミュニケーションを通じて課題をみつけていた．キーパーソンの強い理念は独創ではなく，メンバーとともに導き出されたものでもある．よりよい集落の将来像を構築するために，世代を超えた人々や外部の関係者が関わることができるシステムを模索してきた．さらに，この会が伝統的な地域組織にも積極的に関与することで，地元地域で承認されることを何よりも優先していたことがわかる．地元に根ざした活動組織に意味があるからである．

　では，従来の組織を再編させて竹林の整備に取り組んでいる三つ目の事例の理念はどのようなものだろう．川がかりの集落に生まれ育ったメンバーは，小さい頃から青年時代まで川と密接に繋がった生活を営んできた人々である．河川敷の竹林や川を集落総出で管理し，川や琵琶湖に繋がる水路で魚を捕り，食し，生活の一部として当たり前のように川と関わってきた．メンバーの多くは，かつての水害と旱魃に悩まされた厳しい時代も知っていると同時に，高度経済成長の劇的な地域再編を目の当たりにした世代だ．つまり，自然の恩恵や厳しさと現代の経済的豊かさの功罪の両面を知っているのである．彼らは人が関わることによって自然が守られることの重要性を経験的に知る最終の世代なのである．だからこそ，現在と過去とを相対化でき，将来に向けた今の課題に敏感なのである．川を自分たちが子ども時代に過ごしたような身近な存在に戻すこと，地域で自然を管理するシステムを作る必要性を感じ，河畔林の整備を始めたのである．

　この会の集まりでメンバーから語られる川の思い出は，子ども時代の川遊びや魚捕りの思い出であったり，厳格な制度や規範に則った地域資源管理の活動であったり，様々である．そうやって口々に川にまつわる体験を語ることは，地域の歴史や自分史を再確認するための重要なプロセスであると考えられた．地域生活と川のつながりと

いう共通の「記憶」を原動力として，地域資源を現代にふさわしい形で再整備するために取り組むことがこの会の理念なのである．今野の指摘する「もの」とはここでは川であり魚であり，川と人とのつながりなのである．

4.2　三事例にみる理念の共通点

地域に存在する三つの主体的活動を支える地元への思いを分析することを試みたが，以下では各活動に共通する理念を考えてみよう．

主体形成過程を見てみると，この三つのグループ組織はいずれも新しく編成された組織ではなく，それぞれの母体組織があり，その時代やライフサイクルに応じて縮小されたり拡大されたり再編しながら継続されてきたものであった．またそれぞれ日々の生活に密着した活動でもあった．地域の課題に対して自分たちのできることから解決しようと知恵を絞りながら自発的に活動がなされていた．つまり鳥越の指摘するように，一旦私的な領域へと入ってしまったものが，「私」を超え「公共性」を持つ活動へと転じたことにより，地域組織が再編されたことを示していたといえる[13]．地域の食文化を実践する担い手が減少している危機感や，川が遠ざかることによる水環境の悪化や，地域への無関心からくる環境の変化への危機感が，「私」を超えて「私たち」という公共性を持つ契機となったのだ．各活動は，行政の末端組織である自治会活動の枠では対応できない課題に取り組むためのものであり，自発的に活動を興し，世代を超えた人々を巻き込み，さらに，地元地域内に止まらず，外部へと活動の担い手を広げてネットワークを形成していた．

活動を支えている理念の共通点は，集落の歴史や生活文化などを維持・継承することで地域を豊かにしようとする「地域への贈与」といったボランタリー思考（贈与的思考とここでは呼ぶことにする）であるといえるだろう．いずれの活動も自分たちが生活を営む地域を足場にすることに重要な意義があった．言い換えれば，地域への回帰意識が構成員間に共有されていた．

匿名性を一つの成立要件としている都市社会とは反対に，農村社会では多くの場合，所有と居住の原理が貫徹している．活動は，自らが「そこに住まう」こと，つまり，移動を前提に置かないところから始まっていた．その地域に住み続けるという意思が，地域をよりよくしコミュニティにしようとする活動へと繋がっていた．地域の良さを守り継承したいという「こころ」は，生活を楽しもうという思いと表裏一体であり，活動に共通する「楽しみ」の追求にも表れていた．この「楽しみ」はグループ成員だけではなく，地域の子供や参加者すべてに開かれた楽しみであり，地域の人々の生活を豊富化させようという贈与的思考に基づいていた．それぞれの活動内容は異なっているが思いは根底で一つの鉱脈のように繋がっていた．その思いの一つは「そこに生まれ，そこに住まい，地域の歴史を継承していくという愛着と自負そして責任」にほかならない．農村地域の伝統的な集落組織は，近代化・個人化がもてはやされた際

には一般に疎ましく思われ，集落から若者が流出し都市住民を疎外する最大の要因であるように言われてきた．しかし，事例のような集落の歴史を踏まえた組織が，地域づくりの際には大きな原動力となる可能性がここには提示されていた．こういった諸活動がたちまち何らかの発展的な連携のもとでアクションを興すことを期待するのは時期尚早である．というのも，ボランタリーアソシエーションの活動が地域資源を自ら管理するシステムを点的に作ることは可能かもしれないが，点在する活動をつなぎ面へと展開させるためにはやはり何らかの支援が必要不可欠だからである．では，点として始まった主体的活動が協働による参加型のアクションリサーチへと展開するための支援のあり方を次項でみておこう．

5　支援の原則とアクションリサーチに向けた課題
5.1　望まれる支援とは

現在，事例地域においては農業濁水問題をはじめ本当の意味での「コモンズの悲劇」(注9)的状況が散見される[14]．そういった事態においても，事例でみたような地元に密着したボランティア活動が存在していれば，地域環境は良好に保全され農村の景観整備はすすめられるというわけではない．残念ながら，農村地域の生活は多様化しており高齢化も進行している．それでも地元の資源を保全したいという切実な希望がボランタリーアソシエーションを支えているのだが，世代や地域を越えた外部を巻き込みネットワーク活動でしか現実には課題は解決に向かわないのも事実である．外部支援者たちも農村と関わりを持つことを望んでいるのだが，ではどういった外部支援のあり方が求められるのだろう(注10)．重要なポイントは，外部関係者が地域活動に参加するさいに重要なことは，外部者としてのスタンスを自覚し，あくまでも支援者の域を超えないことなのである．この点について支援を分析する今田の提示は明確である[15]．今田は「支援に要請される三つの条件」を提唱し，その理由を以下のように解説している．

　　第一，自分の意図を前面にださない．
　　第二，相手への押し付けにならない．
　　第三，相手の自助努力を損なわない．

9）嘉田由紀子はその著作（文献[14]，21頁）で，ハーディンの共有地の悲劇という翻訳を無主地の悲劇と訳すべきであるとして，共通地と無主地を区別する根拠と重要性について言及している．本節で扱う水は，歴史的伝統的に集落が紛争を巻き起こしながらも権利を獲得し守り続けてきた共有の財であり，まさにここでいうところのものであると考えられる．それが現在は利活用という枠を外されたために，誰からも主体的に管理されなくなり，汚れ，濁水化していることを意味している．

10）ここで指す外部とは，専門家，行政，都市住民によるボランティア活動やNGO，NPOなどを総称している．

支援は従来の目的合理的な行為と異なり，被支援者の行為の質を維持・改善するとともに被
　支援者のエンパワメントをはかることによって，自己の目的（自己実現）が達成される行為で
　ある．したがって，自己中心ではなく相手への配慮が基本的に重要である．

　このことは当プロジェクトの基礎となっている『流域管理のための総合調査マニュアル』[6] においてもすでに明示されている．地域の問題を解決するために求められる支援とは，萌芽的かもしれない住民組織の主体的活動をエンパワメントするようなものでなくてはならないのである．自発的な活動に寄り添い，住民が十分な力を継続的に発揮できるように支援することがエンパワメントの意味するところであり，その結果，より多くの住民が主体的に参加することにより「公共性」が醸し出されることが目的なのだ．したがって，行政や専門家が誘導したり先導することは，地域の主体性を包摂する危険性をはらんでいる．この求められる支援を明確にするためにも，外部関係者は住民の意向と問題を普遍化し解決方法を模索することが必要となる．そこで生活を営まない外部者が地域プランを考えるならば多様な活動シナリオを作ることができるだろう．しかし，活動の方向性を決め責任を持つのは地元生活者であることを忘れてはならない．外部主体は，あくまでも支援主体でしかなく，地域に愛着をもてても将来にわたり地域に責任を持つことができない存在なのだ．地元の主体性や活動の理念に寄り添うことが支援主体としての責務でもある．したがって，もっとも重要なプロセスとは，地域主体と外部主体とのコミュニケーションの促進であり，外部支援者と地元地域主体の共働の成果をフィードバックし続けることである．

5.2　農業濁水問題解決へのアクションリサーチに向けて

　これまでの検討を踏まえて，以下では農業濁水問題との関係においてアクションリサーチを進めるに際し課題と考えられる二点を指摘しておこう．一つ目は，地域内部の問題である集落間や旧村間のコミュニケーションの偏りである．既述のように同地域は歴史的に集落内の領土意識が強いといった特徴が存在している．そのために現在も「集落の領土は集落で守る」という自己完結的な気風が，旧村あるいは集落レベルで受け継がれている．そういった気風を背景にして，土地を集積しながら耕作放棄地を最小限に食い止めているのも事実である．しかしその反面，最も必要と思われる近隣集落間や旧村間の連携関係が希薄になる傾向がある．地域内には事例以外にも多様なボランティ主体があるが，お互いの活動内容を詳細には知らず，連携しようという意向も今のところ感じられない．将来的に有効な連携関係を構築するためには，地域内や集落間における共通課題を見つけ出す「コミュニケーションの場」を作ることが望まれるだろう．

　二つ目は，活動および支援の継続性の問題である．稲枝地域でも外部主催のワークショップや研究会などのイベントが多数開催されている．そういった活動は，地域住

民にとっては当たり前である地域資源が，いかにすばらしいものであるかを再発見するための契機となる．しかし，活動の持続性といったときに限界があることは明らかだ．地域主体の活動に寄り添うことを前提にするならば，外部主体は活動がもたらす波及効果や影響を吟味しながら，地元主体が活動を継続できる仕組みをつくらなくてはならない．さらに，地元の主体が「地元」＝自分の集落や旧村という守備範囲を少しずつ拡大していくことを手助けするような目立たない支援も必要となってくるだろう．

6　むすびにかえて

　ここまで，地域資源を維持管理する方向性を決定付けると思われるアクションリサーチの可能性を検討するために，地域の中に埋もれている主体的活動に焦点をあてて事例分析をおこなってきた．事例に取り上げた活動以外にも，稲枝地域には，住民が自らの課題を見つけ自分たちの問題として取り組んでいる主体的活動が多数あった．こういった地元主導の諸活動は，従来の組織を生活の論理に沿って再編しており，地域住民からもその存在意義が承認されていた．また，アクションリサーチの前提となる社会関係資本であるネットワークも形成していた．

　活動理念を詳細に考察していくと，ボランティアに代表される主体的な地域組織活動は贈与的思考を諸活動に共通していた理念は，地元地域への愛着と責任といえるものであり，地域生活をより豊かにしようとするものであった．各活動には，生活様式の変化の過程で，細分化されたり行政組織に取り込まれたりして一旦は自分達の主体的管理から切り離されたものを，再び地域住民の力が及ぶ範囲へと取り戻そうとする意思が示されていたといえる．

　最後に今一度課題に即して本節で明らかになった点を整理しておこう．課題のひとつは，活動の実態や主体形成のプロセスを明らかにし，主体的活動を支える理念を抽出することであった．活動主体は，それぞれの小地域に根ざした女性や年長者，あるいは意欲的な若者であり，活動は公式・非公式な集落組織を母体に分化したボランタリーアソシエーションであった．女性の加工グループの場合はボランティアには限定されないが，地域の豊かさを伝承しそこに住まうことをより豊富化させようとする理念に根ざしていた点で，他の二つの事例と通じていた．他の二つのボランタリーアソシエーションはイベントを通じて地域資源を管理，保全しようとする活動であった．いずれの活動も地域の現代的な課題に気がつき危機意識を持っている点や，「楽しみ」に引きつけながら，ネットワークを形成しながら拡げている点は共通していた．諸活動の理念は，既述のように「ここに生まれ今後もここに住まう」ことへの意味づけであったと考えられた．地元地域の有り様や運営に参加することで，それぞれが生活の場に対して責任を果たそうとする意思なのだ．

　最後の課題は，アクションリサーチを進める際の地域づくりの方向性や課題を浮き

彫りにすることであった．アクションリサーチを進めるにあたり，地元発の主体的活動だけでは「地域資源の維持管理」は困難になってきていることを受けて，支援における理念を援用した．外部の個人や組織が支援者として地域に参入するさいに，地元主導の主体的活動に対して，どのような距離感で寄り添うべきかは，常に慎重でなくてはならない．というのも，外部の支援者がトップダウン的に地域の未来図を描いて誘導しようとする機運が未だ強いからである．強力な影響力を持つ外部支援が投入されることで，地元の萌芽的な主体性が弱体化してしまうことは最も危惧されることである．地域の問題を解決するために求められる外部支援の要件とは，地元の主体性をエンパワーメントするものでなくてはならないのだ．稲枝地域の中で自発的に生起したそれぞれの小さな活動が，継続的に活動を展開できるようにすることが最大の支援となることは明白である．具体的には，より多くの住民を巻き込むことで，すでに形成されている外部ネットワークと有機的に結合させる仕組みを共につくり出すことであり，当面の到達点は活動の公共性を確立するために地道に支援をすることなのだ．

[柏尾珠紀]

参考文献

1) 環境庁企画調整局環境計画課・地域環境政策研究会編 (1997)『地域環境計画実務必携 (指標編)』ぎょうせい．
2) 内藤正明・西岡秀三 (1984)『環境指標 —— その考え方と作成方法』環境庁国立環境研究所〔現在，再編集され，下記出版物として刊行されている．日本計画行政学会編 (1986)『環境指標 —— その考え方と作成方法』P191 学陽書房〕．
3) 内藤正明 (1987)「環境容量論」『環境情報科学』**16**：49-54．
4) 総合地球環境学研究所『総合地球環境学研究所年報』各年度版．
5) 和田プロジェクト編 (2002)『流域管理のための総合調査マニュアル』京都大学生態学研究センター．
6) 三浦耕吉郎 (1998)「環境調査と知の産出」石川淳志・佐藤健二・山田一成編『見えないものを見る力 —— 社会調査という認識』八千代出版，117-132．
7) 井上真 (2002)「越境するフィールド研究の可能性」石弘之編『環境学の技法』東京大学出版会，215-257．
8) ケミス，S.，R．マクダガート (2006)「参加型アクションリサーチ」デンジン，リンカン編，平山満義監訳，藤原顕編訳『質的研究ハンドブック』北大路書房，第10章．
9) 吉原直樹 (2000)『アジアの地域住民組織』御茶の水書房．
10) 鳥越皓之 (1994)『地域自治会の研究』ミネルヴァ書房．
11) 今野裕昭 (2001)『インナーシティーのコミュニティ形成』東信堂．
12) 宮本常一 (1984)『忘れられた日本人』岩波文庫．
13) 鳥越皓之 (1983)「地域生活の再編と再生」松本通晴『地域生活の社会学』世界思想社．
14) 嘉田由紀子 (2002)『環境社会学』岩波書店．
15) 支援基礎論研究会編 (2000)『支援学』東方出版．
　その他，第3節では全体にわたって以下の資料を参考にした．
長濱健一郎 (2003)「地域資源管理の主体形成」日本経済評論社．

船橋晴俊編 (2001)『講座環境社会学2　加害・被害と解決過程』有斐閣.
本庄町自治会 (1994)「ふるさと本庄」サンライズ印刷.

ブリーフノート 12

異分野連携のための GIS の活用

――――――――――――――――――――（谷内茂雄・田中拓弥）

　GIS（地理情報システム）は，地図の上で多様なデータを統合し，編集する機能を持つことから，異なる研究分野を専門とする研究者どうしのコミュニケーションを促進する方法としても使える．ここでは，私たちの分野横断型プロジェクト研究を事例として，異分野連携のための GIS の活用について紹介する．

連携研究のプラットフォームとしての GIS

　「地図」は，誰もが共通に理解し利用できる，長い歴史を持つメディアである．そして GIS は，コンピュータ上でデジタル地図情報を表示・蓄積・編集・解析するソフトウェア技術である（第 4 部第 4 章第 3 節）．このことは，GIS を使って，(1) 異なる考え方や問題意識を持つ多様な人々の意見や考えを，地図を共通の言語（プラットフォーム）として，地図上に具体的なデータとして重ね合わせることで，人々のコミュニケーションを促進できる可能性を意味している．ここでいう「人々」とは，異なる学問分野を専門とする研究者でもあり，流域の多様な利害関係者でもよい．また，(2) GIS が容易に地図のスケール（解像度）を滑らかに変えて表示する機能を持つことは，階層間のコミュニケーションを促進する方法を探求する私たちにとっては，特に大きな可能性を持っていた．さらに，(3) GIS は，野外における調査活動においては，地図上でのデータの解析結果を，次の調査計画に効果的にフィードバックすることができる道具でもある．以下では，このような機能を持つ GIS を，研究者間での異分野連携に活用した事例を紹介する．

　私たちのプロジェクトでは，「物質動態班」，「生態系班」，「社会文化システム班」という三班によって，水・物質，生きもの・生態系，人・社会を対象として調査をおこなうとともに，それぞれの関係を結びつけることで総合的な流域診断をめざしてきた（第 2 部第 3 章第 3 節）．しかし，研究対象が違えば，研究手法も，河川水の採取（サンプリング）と分析，生きものの採取と分類，聞き取り，アンケート，ワークショップと多岐にわたっている．異分野の研究者どうしが，研究成果を共有するとともに，具体的な研究のレベルで連携し，プロジェクト研究に各々の調査結果をフィードバックさせるにはどうしたらよいだろうか．

　まず流域管理における調査研究とはどういう活動なのかをよく考えてみる．例えば物質動態班の場合であれば，例えば窒素やリンなどの物質の濃度とその河川などの場所との関係を調べることが基本となる．言い換えると，物質の性質に関する情報を地図の上で場所の情報と結びつけることである．このように捉えれば，研究対象が違っても，場所を共通項として，物質と場所，生きものと場所，人間活動と場所のそれぞ

れの関係を，同じ地図上にそれぞれの調査データを記載することはできる．そうすれば，今度は地図を媒介として，お互いの調査結果を共有し，関係づけることができる．三橋によれば，GISの本質は，「あらゆる情報に対して必ず地図上に表現する事を共通ルールとする道具」[1]である．GISを使って，電子地図上に，各班が採取した多様なデータやその解析結果から作成した主題図を重ね合わせることで，異なる学問分野間の調査結果が共有できるのである．この作業を出発点として，場所を媒介とした関係の考察から，分野を横断した新しい発見につなげることや，調査結果をプロジェクト全体にフィードバックさせることが可能となる．異なる主題図の重ね合わせは，GISの活用では，「オーバーレイ（overlay）」と呼ばれる基本的な手法であるが，それが異分野の連携研究の促進に使えるのである．

　具体的に紹介しよう．実際には，私たちのGISの利用は，まず研究者個人ごと，班ごとに，データを蓄積することから始まった．ただ，マクロスケール（琵琶湖流域）における電子地図は，国土数値情報や滋賀県が作成したシェープファイルが利用できたが，メソ・ミクロスケール（彦根市稲枝地域）では，高い解像度を必要とした．そのため，地域の土地改良区提供によるGISデータの利用とともに，四番目の班である「流域情報モデリング班」を中心に，私たち自身がGISで作業するための電子地図を整備した．GIS上で琵琶湖流域，調査地に関する基本データ，各種統計が利用できるようになると，各班が調査・測定したデータも個々にGIS上に整理・蓄積することができ，GISの持つ空間解析機能を使ったデータの解析がおこなえるようになってきた．

GISワークショップにおける文理連携の試み

　さて私たちは，同時にGISを階層間のコンフリクトを解消するためのツールとして使う方法の開発にとりくんでいた（第4部第4章第3節）．流域における異なる階層に所属する主体が組になって，異なる問題意識からGIS上で具体的な課題に取り組むことが，階層間のコミュニケーションの促進に使えるのではないかというのが，基本的なアイディアである．その際，兵庫県立人と自然の博物館とNPO法人地域自然情報ネットワーク共催による実習「地域生態系の保全計画をつくってみよう──GISの活用講座」[2]をモデルとし，プロジェクトの研究者を対象として「GISワークショップ」を開いた．主目標は，（1）GISの階層間のコミュニケーション支援ツールとしての可能性をテストすることであったが，同時に，（2）個々に蓄積されてきた各班のGISデータを，GIS上で重ね合わせ，ワークショップでの実習課題を解決することを試みた．実習課題は，マクロから見た琵琶湖の流入負荷の効果的な削減シナリオと，メソ・ミクロスケールにおける地域環境保全シナリオが，できるだけ両立するストーリーを，GISを使って模擬的に求めることである．具体的には，琵琶湖の水環境保全の視点にたって，支流域単位で環境負荷を評価する「マクロ班」と，地域の集落単位で環境負荷を評価するとともに，地域で保全したい水環境を抽出する「メソ・ミクロ班」に分かれて，具体的な作業課題を選択した．以下では，プロジェクトが開催した第2回GISワークショップの結果を紹介したい．

```
         ┌─────────────────────────────┐
         │ マクロスケール「環境こだわり農業」│
         │ ④マクロ側での対応(制度案修正) │
         └─────────────────────────────┘
┌──────────────┐      ↑↓       ┌──────────────────┐
│①マクロ側からの要請│    GIS     │③ミクロ側からの要請   │
│ (制度適用案の提示)│            │(制度修正案と具体的適用案の提示)│
└──────────────┘              └──────────────────┘
         ┌─────────────────────────────┐
         │②ミクロ側での検討(コンフリクトの発見)│
         │  メソ・ミクロスケール「水草保全」 │
         └─────────────────────────────┘
```

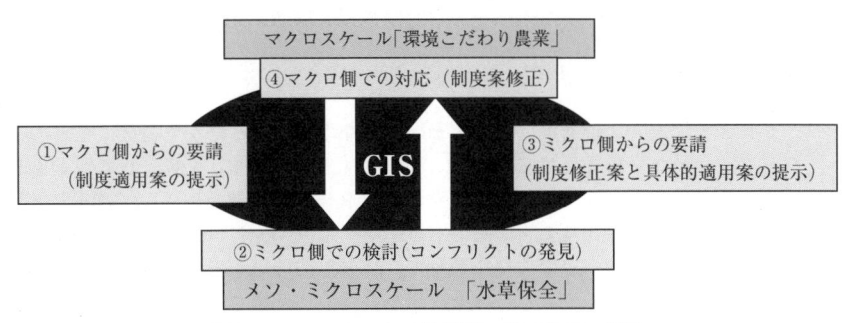

図 bn12-1　GIS による階層間の相互作用の促進

第 2 回 GIS ワークショップ「階層間のコンフリクト解消への GIS 手法の適用」

　第 2 回のワークショップでは，第 1 回の結果を踏まえて，最初から階層間のコンフリクトを課題とし，GIS の階層間コンフリクトの解消ツールとしての使い方を目的とした．4 つの班をつくり，マクロスケールでの課題とメソ・ミクロスケールにおける課題がコンフリクトを起こす状況を実習課題として班ごとに考えて設定した．その上で，GIS 上での階層間の調整をおこなった．ここでは，第 1 班のレポートを中心にワークショップの結果を紹介したい．

　第 1 班では，階層間のコンフリクトの調整を，「各階層を出発点とした意見提出をお互いに重ねることで，適用可能性に関する議論を重ねて，計画の修正改善をおこなっていく一連のプロセス」と考えた．「階層間の相互作用」の具体的な作業を，次のように定義したのである（図 bn12-1）．

　　①マクロ側からの要請（計画案・制度適用案の提示）
　→②メソ・ミクロ側での適用可能性の検討（コンフリクトの発見）
　→③メソ・ミクロ側からマクロ側への要請（計画・制度修正案と具体的適用案の提示）
　→④マクロ側での対応（計画・制度案の修正）

　なおこの事例ではマクロ側を出発点としているが，メソ・ミクロ側から調整フローを始めることも当然考えられる．

　このように，階層間の調整過程を定義した上で，マクロ側（滋賀県）の課題として，滋賀県における「環境こだわり農業」の実施率の向上（水稲栽培面積の 10％）を選び，ミクロ側（地域の各集落）では，各集落の水路に生息する水草（固有種）の生息域を貴重な地域の水環境としてできるだけ保全することを課題とした．ここでは，「環境こだわり農業」に転換することが，水路の水草生息域の保全にとって好ましいと見ることにする．そうした場合，マクロ側の「各集落の面積割合に応じて，「環境こだわり農業」へ転換する農地の割合を集落ごとに一律配分」する計画と，ミクロ側の「水草保全に適した面積配分」，言い換えると「水草の生息域が広い集落ほど「環境こだわり農業」へ転換する面積配分を大きくする」という要望がコンフリクトをおこすことになる（いうまでもないが，このコンフリクト設定は，模擬的に設定したものである）．この

ような設定をもとに上記①→②→③→④という手順を実施したのである．

GIS 上での指標化の意義

　ワークショップが，文理連携にとってどのような効果があったかを最後にまとめよう．ワークショップで基本となる作業は，選択した課題ごとに，「優先して保全あるいは再生すべき地域を，適切な評価基準をもとに具体的な指標を作成し，GIS 上で評価することで地図上に抽出する」ことである．実習は，GIS データと指標を使う具体的な作業の連続であるが，この作業を通じて，作業以前の思考の抽象性や判断の恣意性がいやおうなしに露呈してくる．作業課題を具体的に評価するには，評価基準をもとになんらかの指標を自分自身で考えなければならない．さらに手持ちのデータは有限であり，常に計算できるデータがあるわけではない．このような制約条件の中で適切な指標を捻り出すのに，頭を使う必要があるし，議論も起こってくる．しかし，このようなプロセスこそが，異分野間の具体的な研究レベルでのコミュニケーションを促進する原動力になるのだ．GIS を使えば，適切な指標を選択する場合，直観的な理由が考えられれば，指標としてどんどん試すことができる（といっても，実際には結構時間がかかるが）．参加者は，各人の考えの違いを「指標化」という明確な手続きで，同じ地図上に可視化して比較できるので，その有効性を参加者全員で評価・判断できるのである．また，GIS 上での指標による評価を念頭に置いた場合，意味のあるデータとはどういうものかが明確になる．必要な指標を計算するのに，今後こういうデータが必要だということが理解されれば，プロジェクト研究の焦点を引き締めるフィードバックが関係者全体にかかるのである．

　ここで紹介したのはその一端にすぎないが，GIS は身近な異分野連携のためのコミュニケーションツールとして，大きな潜在力を秘めているのである．

参考文献

1）三橋弘宗・池田啓（2002）「フィールドワークの軌跡が語る生態系のすがた　地図の上で展開する生態学」『GIS Japan』**3**: 93-99.

2）三橋弘宗（2003）「地域生態系の保全計画をつくってみよう ―― GIS 活用講座」『京都大学生態学研究センターニュース』**82**: 11-12.

第2章 淀川下流域と琵琶湖-淀川水系での展開

1 淀川下流域の問題構造と水系データベース(注1), 1), 2)

　前章では，琵琶湖流域でのプロジェクト研究を通じて明らかになった，3つの課題について論じた．一方で，私たちは，琵琶湖-淀川水系の下流域である淀川流域においても，研究活動を進めてきた．本プロジェクトの「研究の枠組みと方法，(第2部第3章第3節)」でも述べたように，湖岸に農業地帯が広がる琵琶湖流域と，都市域の広がる淀川流域，その中でも特に淀川下流域とでは，かなり性格が異なる．そこで，淀川流域では，琵琶湖流域での研究活動の上にたち，水質・流入負荷の視点から，流域の主要な問題構造を抽出し，琵琶湖流域で展開した流域診断や流域管理の考え方が，どのように課題解決に向けて提言できるか検討することを目標とした．
　第2章では，まず第1節で，その準備として，琵琶湖-淀川水系～大阪湾の概況を整理する．琵琶湖流域と比較して淀川流域の特徴をまとめた上で，淀川下流域の問題構造を抽出する．この淀川下流域の課題に対して，その問題構造を構成する淀川下流域の「複雑な取水・排水ネットワーク」に焦点を当て，このシステムを可視化する方法として，水系データベースの構築を提案する．第2節では，プロジェクト研究の成果を踏まえ，流域ガバナンスの視点から，琵琶湖-淀川水系の流域管理のあり方について提言する．

1 琵琶湖流域と比較したときの淀川流域の特徴
1.1 琵琶湖-淀川水系～大阪湾の概況

　本書における流域の定義は，特に断りの無い場合，表 5-2-1 に示すとおりである（巻末の付録地図も参照）．「淀川下流域」は，「淀川流域」から，木津川，宇治川，桂川の各流域を除いた，三川合流部より下流の範囲を指す用語として使用する．後述するように，淀川流域においては，負荷の河口域～大阪湾への影響を検討するため，まず「琵琶湖-淀川水系」を含む「大阪湾集水域」のレベルで，琵琶湖-淀川水系，および淀川流域の概要を整理した（以下の詳細は，報告書[1),2)]参照）．
　まず，瀬戸内海，大阪湾，淀川，琵琶湖流域の諸元を表 5-2-2，大阪湾～琵琶湖流域の地形を図 5-2-1 に示した．大阪湾の諸元を瀬戸内海と比較すると，容積は 5％で

---

　1) 本節は，文献[1),2)]をもとに加筆修正したものである．

表 5-2-1　本書における流域の定義

流域名	定　　義
琵琶湖-淀川水系	河川法に定められた全国109の1級河川水系の1つである淀川水系の流域を指す（ただし，猪名川流域を除く）．　琵琶湖流域と淀川流域から構成される
三川	木津川，宇治川，桂川を指す
淀川流域	木津川，宇治川，桂川とこれら三川が合流する地点より下流の流域（淀川下流域）を加えた範囲を指す
淀川下流域	淀川流域から木津川，宇治川，桂川の各流域を除いた範囲を指す
淀川（本川）	三川合流地点より下流の範囲を指す
大阪市内河川	大川（旧淀川），寝屋川などの大阪市内を流れる河川を指す
神崎川	神崎川上流の安威川も含めて神崎川とする

表 5-2-2　瀬戸内海～琵琶湖流域の諸元

	単位	瀬戸内海	大阪湾	淀川	琵琶湖
集水域面積	km^2	50,883[1]	11,200 (22%)[1]	8,240 (16%)[2]	3,848 (8%)[3]
水面積	km^2	23,203[1]	1,447 (6%)[1]	—	674 (—)[3]
容積	億m^3	8,815[1]	440 (5%)[1]	—	275 (—)[3]

注：瀬戸内海の集水域面積は，瀬戸内海環境保全特別措置法による対象区域に，滋賀県（琵琶湖を除く）を加えた面積とした．カッコ内の数字は，瀬戸内海を100%としたときの割合を示す．

出典：1)（社）瀬戸内海環境保全協会『瀬戸内海の環境保全』資料集．
　　　2)（有）国土開発調査会刊『河川便覧』琵琶湖総合開発協議会．
　　　3)『琵琶湖総合開発事業25年のあゆみ』．

あるのに対し，集水域面積は22%も占めている．このことから，大阪湾は，地形的に陸上からの汚濁負荷の影響を受けやすい海域であることがわかる．また，淀川流域の集水域面積は大阪湾集水域の74%に相当し，琵琶湖流域の集水域面積は淀川流域の47%に相当する．

次に，琵琶湖-淀川水系の流域面積を図5-2-2に示す．淀川下流域には琵琶湖＋宇治川，木津川，桂川が流入する．琵琶湖および三川の流域面積は約7,000km^{2}であり，淀川下流域の約9倍に相当する．琵琶湖-淀川水系全体の流域面積に占める割合は，琵琶湖＋宇治川，木津川，桂川の順で大きい．

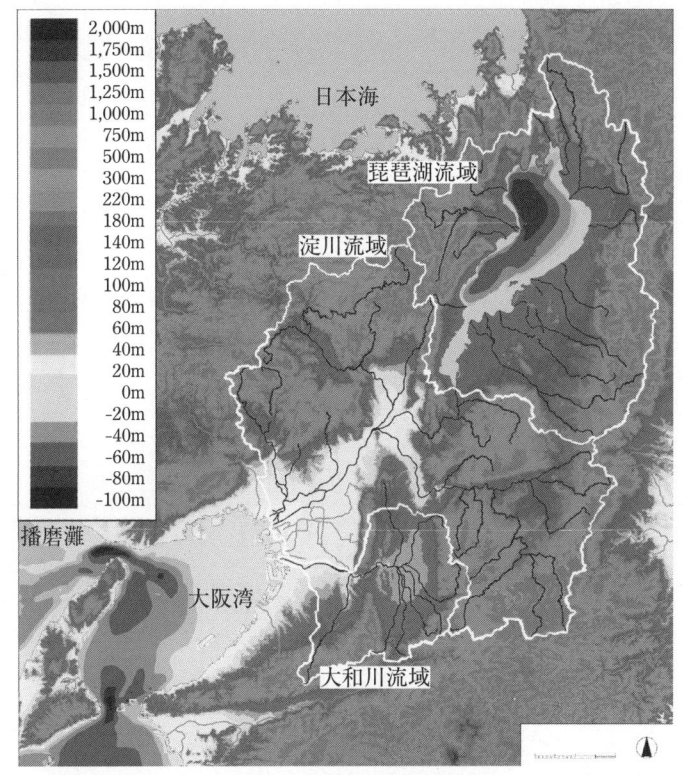

第 2 章　淀川下流域と琵琶湖-淀川水系での展開

図 5-2-1　大阪湾〜琵琶湖流域

出典：国土交通省『国土数値情報・流路，流域界・非集水域』，国土地理院『数値地図 250m メッシュ（標高）』，国土地理院『数値地図 25000（行政界・海岸線）』，滋賀県琵琶湖研究所『滋賀県地域環境アトラス』，海上保安庁『海図 W107』（大阪湾至播磨灘）より作成（本図の淀川流域は猪名川流域を含む）．

1.2　水質・流入負荷から見た淀川流域の特徴

　琵琶湖は，農業濁水も含めて，琵琶湖流域におけるさまざまな人間活動の流入負荷の集積点である．琵琶湖生態系への影響は，琵琶湖の生態系サービスの受益者にさまざまな影響を及ぼす．同様に，淀川流域の負荷は，最終的には，淀川河口域〜大阪湾に流入し，その沿岸生態系に影響を及ぼす．そこで，まず，淀川河口域〜大阪湾を，淀川流域からの流入負荷の集積点として捉え，人間活動の沿岸生態系への影響を，赤潮や貧酸素水塊の発生を指標として検討した[2]（ブリーフノート 13 参照）．

　一方で，琵琶湖流域についての研究蓄積をもとに，琵琶湖流域と淀川流域を比較する作業をおこなった．琵琶湖流域と比較したときの，淀川流域の共通点と相違点をまとめたのである（表 5-2-3）．並行して，「琵琶湖・淀川水質保全機構」，「大阪湾再生推進会議」をはじめとした，淀川流域の水環境に関わる代表的な公開資料・既存研究を下に，淀川流域〜大阪湾の水質に関わる重要課題を整理し，問題を客観的に洗い出

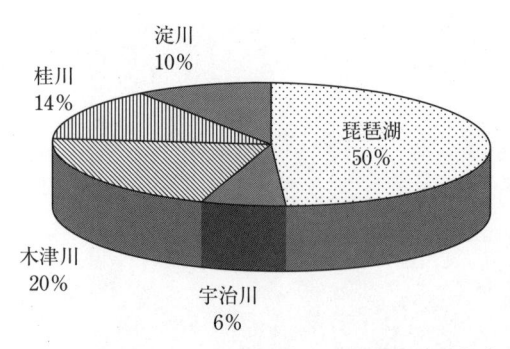

第5部 流域環境学の発展に向けて

水域	流域面積 (km²)
琵琶湖	3,848
宇治川	506
木津川	1,596
桂川	1,100
淀川下流域	807
合計	7,857

円グラフ：琵琶湖 50%、木津川 20%、桂川 14%、淀川 10%、宇治川 6%

図 5-2-2　琵琶湖－淀川水系の流域面積
注：猪名川流域（383km²）を除く．
出典：(財) 琵琶湖・淀川水質保全機構『BYQ 水環境レポート』[9] より作成．

表 5-2-3　琵琶湖流域と対比した淀川流域の特徴

比較項目	琵琶湖流域	淀川流域
(1) 影響が集積する閉鎖水域	琵琶湖	淀川河口域～大阪湾奥部
(2) 閉鎖水域の主な環境課題	富栄養化，湖底の貧酸素化と温暖化の影響，外来生物，水位変動の変化	富栄養化，貧酸素水塊形成
(3) 閉鎖水域の特徴	1. 琵琶湖流域の負荷の集積 2. 下流の治水・利水に関して巨大ダムとしての役割，淀川下流域の最大水源 3. 夏季成層・冬季混合	1. 淀川流域の負荷の集積 2. 大阪湾は琵琶湖の約2倍の面積・容積 3. 春～夏に湾奥部底層に孤立水塊形成
(4) 閉鎖水域から見た流域の空間構造と土地利用の比較	1. 100本以上の流入河川と1本の流出河川（瀬田川－宇治川）：並列構造が支配的 2. 湖岸に農業地帯が卓越	1. 淀川本川をはじめ，都市域からの河川流入 2. 宇治川を通じて淀川に，琵琶湖流域の負荷が流入 3. 流域全体に都市域が広がる
(5) 流入河川からの汚濁負荷の特徴	農業排水を含む面源負荷の割合が高い	1. 生活排水由来の負荷の割合が高い 2. 上流域からの排水負荷の流入
(6) これまでの主な水質対策	下水道整備など技術的対策，法的規制	下水道整備など技術的対策，法的規制

す作業をおこなった (以下の詳細は，報告書[1),2)] 参照)．

これらの検討作業から，以下のような点が淀川流域の特徴として浮かび上がってきた[1),2)]．

1．三川 (宇治川，桂川，木津川)，琵琶湖，淀川の負荷量を比較すると，京都市を含み，人口が集中する桂川流域からの負荷・下水処理量が比較的大きい．また，淀川下流域では，上流の水を反復利用している．
2．淀川本川の負荷濃度 (水質) は下流まであまり変わらない．淀川本川よりも，大阪市内の生活排水・工場排水の負荷が流入する大阪市内河川，神崎川，大和川からの下水負荷濃度が高く，末端の淀川河口域で，流量の大きな淀川本川と同程度の負荷量となる．
3．大阪府，京都府では下水道の普及率は高く，90％以上であるが，合流式下水道が多く，大雨時に未処理水が川に流出する．そのときの負荷量は定量的に評価されていないが，非常に大きい可能性がある．
4．大阪湾は，東京湾と比較して浅場・干潟面積が極めて小さく，海岸のほとんどが人工護岸 (海岸) となっている．
5．大阪湾奥部では，依然として COD が高く，DO (溶存酸素) が低い．流入負荷は，淀川，大阪市内河川，神崎川，大和川で全体の 85％ を占める．

すなわち，淀川流域においては，都市域を流下する大阪市内河川からの大量の生活排水による負荷，大和川・神崎川の負荷が，淀川本川に匹敵する負荷を淀川河口域〜大阪湾に与えている．また，淀川本川の負荷に関していえば，琵琶湖流域を含む，上流の三川流域，特に京都市を含む桂川流域からの，下水処理後の排水に含まれる負荷の間接的影響が問題となる．

次に，琵琶湖と大阪湾奥部は閉鎖水域ではあるが，流入河川の水系の空間構造と土地利用が両者で大きく異なる．琵琶湖では，大河川から中小河川まで，100 以上の河川が並列的に流入し，湖岸には，土地利用の上で農業地帯が卓越する．一方，淀川河口域〜大阪湾には，都市域を通り淀川，大和川，神崎川といった少数の大きな河川と大阪市内河川が流入する．淀川は，琵琶湖流域とつながり，上流の負荷も運んできている．

2 水質・流入負荷から見た淀川下流域の問題構造
2.1 淀川下流域の課題：上流からの負荷流入＋都市域の生活排水

前節の考察から，淀川流域での主要な水環境問題の課題のひとつは，都市域からの生活排水による負荷とともに，琵琶湖流域と三川からの負荷が淀川本川へ流入することである．流入負荷は，その地域の水環境に影響を与えるだけでなく，淀川河口域〜

大阪湾奥部の沿岸生態系へ与える影響が見逃せない．

　私たちのプロジェクトが，琵琶湖流域で取り組んできた農業濁水問題は，典型的な面源負荷であり，技術的な解決の難しさと歴史的な経緯から，トップダウン的な環境政策だけでは解決できない．そのため，関係者間のコミュニケーションを促進する方法論が，主要テーマとなった．一方，淀川流域で問題となる生活排水の負荷は，人口の集中する都市域の典型的な課題である．淀川流域では，法的規制と下水処理という技術的の解決策が進められ，高度処理，超高度処理といった，より進んだ技術導入で解決しようという方向も見える．しかし，インフラ整備コストの負担が関係自治体の財政を圧迫することも懸念される．このような問題を生み出す，淀川流域の問題構造（問題を生み出す諸要因の連関）とはどのようなものだろうか？　本問題の特徴は，以下に見るように，「淀川流域の中でも，三川合流以降の淀川下流域で顕著な特徴」であることから，以後，「淀川下流域の問題構造」とよぶことにする．

2.2　淀川下流域の問題構造

　次の3つの要因が連関して，淀川下流域の問題構造をつくりだすことが考えられる．

(1) 上流三川の淀川本川への合流

　上流三川（宇治川，桂川，木津川）は，淀川本川へ合流する．このため，琵琶湖流域を含む三川からの負荷が，自然浄化や下水処理などで逓減しつつも，完全には除去されず，下流の淀川本川まで残存し，運ばれてしまう．

(2) 技術的対策の推進と複雑な取水・排水のネットワークの発達

　人口や産業が集中する淀川下流域の都市域では，産業の基盤整備に必要な大きな水需要と都市の人口増加による負荷の増大に，早急に対応できる技術的対策に依存する必要があった．その結果，高い上水道・下水道普及率に反映される，大規模で複雑な取水・排水のネットワークが発達・整備されてきた．

(3) 大阪湾沿岸の人工護岸化，埋め立ての進行

　大阪湾では，高度経済成長以後，工業用地の造成を目的とした大規模な埋め立てが始まり，その後も目的は変わりながらも埋め立てが進行した．その結果，海岸線は，ほとんどが人工護岸で覆われてしまった．

　つまり，都市域を含む淀川下流域では，人口集中と産業開発に技術的対策で対処した結果，複雑な取水・排水（上下水道）網の発達，淀川河口域〜大阪湾沿岸の埋め立て・人工海岸化が進んだ．その結果，淀川下流域の都市住民は，河川や海岸の水辺空間との物理的・心理的距離が大きくなるとともに，水辺との関係も疎遠となり，関心も弱まったのである．この関係や関心の変化は，自らの生活排水の負荷の実感を困難にし，排出レベルでの負荷削減を難しくする．それに加えて，淀川下流域だけでは制御が困難な，上流からの負荷が加わる．これらの要因連関が，下水処理に代表される

第2章　淀川下流域と琵琶湖-淀川水系での展開

```
    ┌──────────────┐      ┌──────────────────┐
    │  上流からの排水  │      │ 都市域への人口集中  │
    └──────┬───────┘      │ 急激な産業開発     │
           │              └────────┬─────────┘
           ▼                       │
    ┌──────────────┐ ◀─────────────┘
    │  大量の生活排水  │ ◀──────────────┐
    └──────┬───────┘                 │
           │                ┌──────────────┐
           ▼                │ 不可視性      │
    ┌──────────────┐        │ 距離の増大    │
    │ 下水処理技術への依存│        └──────▲───────┘
    │ 埋め立て・人工護岸化│               │
    └──────┬───────┘               │
           ▼                       │
    ┌──────────────┐               │
    │ 複雑な取水・    │───────────────┘
    │ 排水網の発達    │
    └──────────────┘
```

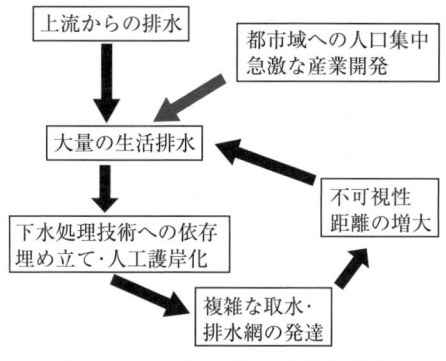

図 5-2-3　淀川下流域の問題構造図

技術的対策を，現在でも主要な水質対策と位置づけることを強化し，そのことがまた，都市住民と水環境との距離を大きくし，自らが排出する負荷への配慮が困難となる悪循環を形成するのである．これが，淀川下流域の問題構造といえる（図 5-2-3）．

3　淀川下流域における取水・排水に関わる水系ネットワーク

本節では，淀川下流域の問題構造を構成する要因である，「複雑な取水・排水網」の分析をおこなう．淀川下流域の現行の取水・排水システムと水利用の概要について述べた後，主要な水利用がされる上水道と下水道に関する基本データを整理する．最終目的は，淀川下流域における上下水道の取水・排水量と取水・排水負荷量を，上下水道や市町村を単位に解きほぐすことで，複雑な取水・排水網を可視化する水系データベース構築の提案である．

3.1　淀川下流域の取水・排水の概要

淀川下流域での上水取水は，最上流である枚方市楠葉に位置する大阪市取水口から，最下流の大阪市柴島に位置する大阪市と阪神水道企業団取水口まで，約 23km 区間に 18 取水口が集まる[3]．また，淀川本川・神崎川・その他大阪市内河川に放流する下水処理場は 25 処理場に及ぶ．このように，淀川下流域では上流や周辺からの排水を受け入れるとともに，上水道や工業用水道等に利用されている．図 5-2-4 は，琵琶湖流域と淀川流域の水利用関係を集約した，琵琶湖-淀川水系全体の取排水のしくみの概念図である．

3.2　淀川下流域の水利用の概要

国土交通省資料（水利権，平成 17 年 3 月 31 日現在）[5]より作成した，淀川下流域（大阪府，兵庫県利用分）の水利権許可状況を図 5-2-5 に示す．淀川下流域の河川水は，水道用水（68.0%），工業用水（18.2%），農業用水（13.7%），その他用水（0.1%）として用

第5部　流域環境学の発展に向けて

琵琶湖疎水（単位m³/s）

	最大取水量	使用目的	
第1	8.35	水道	12.96以内
第2	15.30	工水	0.004以内
		かんがい	1.12以内
		雑用	6,751以内
計	23.65m³	その他	23.65以内

滋賀県内利用（単位m³/s）

水道	6.58
工水	4.21
農水	57.69
雑用水	0.28
合計	68.76

◆大阪府・兵庫県利用（単位m³/s）

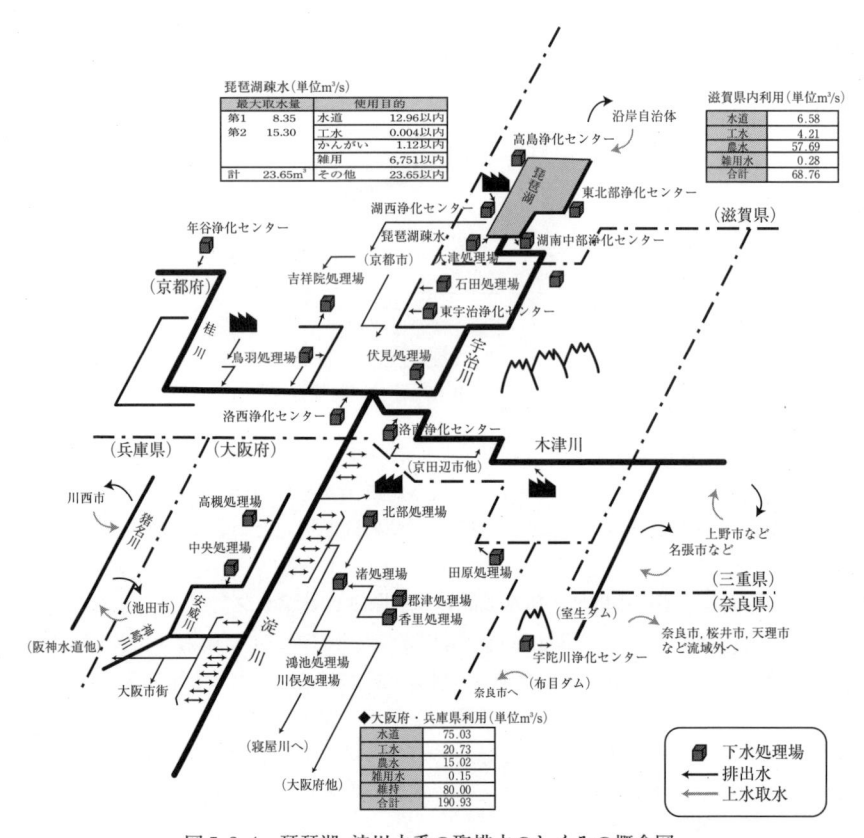

水道	75.03
工水	20.73
農水	15.02
雑用水	0.15
維持	80.00
合計	190.93

図5-2-4　琵琶湖−淀川水系の取排水のしくみの概念図
資料：水利権量は淀川流域委員会資料，その他の取排水構成は各府県資料等を参考とした．
出典：(財)琵琶湖・淀川水質保全機構『20世紀における琵琶湖・淀川水系が歩んできた道のり』[4]より引用（一部改変）．

いられている．工業用水，農業用水，その他用水は，利用割合が水道用水に比べて小さいこと（約30%），民間を含め様々な機関に利用され実態が複雑なことから，以下では水道用水（上水道と下水道）を中心に，水利用の実態を説明する．

3.3　淀川下流域における上水道

淀川下流域における上水供給区域は，西は神戸市から南は大阪府南端に及び，給水人口は1,100万人にのぼる[3]．淀川下流域において，淀川表流水を水源とする浄水場の位置と，大阪府および大阪市の工業用水道の位置もあわせて図5-2-6に示した．

(1) 大阪府の市町村別上水給水量の算定

大阪府下の，淀川からの給水対象地域である42市町村における水源の内訳は，淀

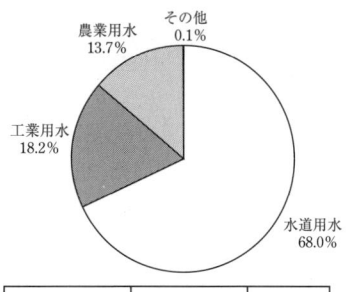

	水利権 (m³/s)	割合 (%)
水道用水	75.909	68.0
工業用水	20.263	18.2
農業用水	15.334	13.7
その他	0.1273	0.1
計	111.6333	100.0

図 5-2-5　淀川の水利権許可状況
出典：国土交通省資料（水利権，平成 17 年 3 月 31 日現在）[5]より作成

川等の表流水（池田市，箕面市，富田林市〜岬町は淀川以外）が 46％，府営水（淀川表流水）が 47％であり，あわせて 93％を占めている（注：平成 11 年度の市町村別の上水道給水量より求めた）．また，1 人 1 日あたりの平均給水量は平均 369 ℓ であり，大阪市では 558 ℓ と多い．そのうち，生活用水量では平均 273 ℓ であり，大阪市も 268 ℓ と平均的な量となっている．

(2) 上水取水による物質除去量の算定
a. 大阪府の水量

「大阪府の水道の現況」に記載されている市町村別給水量には，伏流水や地下水等，淀川取水以外の水が含まれている．そのため，淀川を水源としている「表流水」，「府営水」，「その他の受水（大阪市営水等）」を積算し，淀川からの 1 日最大給水量とした（水源の情報については自治体ウェブサイト等を参考とした）．淀川からの 1 日最大給水量の合計は，3,995,000m³ となり，総給水量（4,392,333m³）の 91％となる．

b. 兵庫県の水量

兵庫県の水量については，淀川からの 1 日最大給水量とした．合計は，1,022,407m³

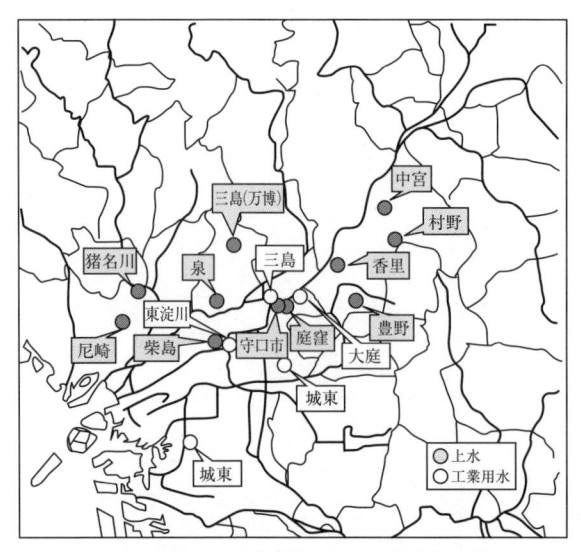

第5部　流域環境学の発展に向けて

図 5-2-6　淀川表流水を水源とする浄水場の位置
出典：国土交通省（1977）『国土数値情報』流路，国土地理院（2001）『数値地図25000』（行政界・海岸線），北海道地図（株）『GISMAP25000V』より作成．埋め立て地等については，港湾計画資料等を参考にした．

となり大阪府分の 26% となる．

c. 取水の水質濃度

取水（原水）の水質濃度は，柴島，庭窪，豊野，村野，三島の各浄水場原水の平均値とした[2]．ただし，COD については原水の測定がおこなわれていないため，枚方大橋（流心）における平成 11 年度の平均値とした．COD で 3.6mg/ℓ，BOD で 1.5mg/ℓ，T-P で 0.23mg/ℓ，FN で 1.5mg/ℓ であった．

d. 上水による物質除去量

以上で得られた値をもとに，上水による物質除去量を算定すると，BOD で 7.5t/日，COD で 18.1t/日，T-N で 7.5t/日，T-P で 1.2t/日であった．

3.4　淀川下流域における下水道

(1) 淀川下流域における下水処理場の概要

淀川下流域に放流する下水処理場の位置を図5-2-7 に示した．淀川下流域には 25 の下水処理場がある．平成 11 年度における処理面積は，42,456ha（424.56km^2）であり，処理人口は約 530 万人，晴天時日平均水量の合計は約 300 万 m^3/日である．晴天時日平均水量の内訳は，生活系が 70%，工場系が 9%，その他が 21% である．また，1 人 1 日あたりの処理水量は約 563 ℓ であり，うち生活系は 397 ℓ である．

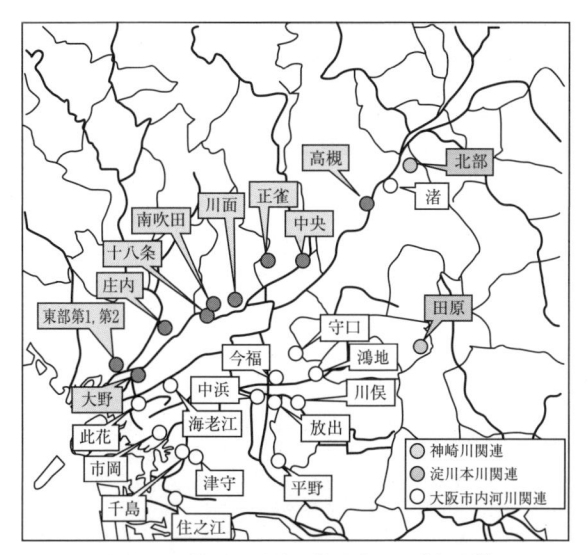

図 5-2-7　淀川下流域に放流する下水処理場

出典：国土交通省（1977）『国土数値情報』流路，国土地理院（2001）『数値地図25000』（行政界・海岸線），北海道地図（株）『GISMAP25000V』より作成．埋め立て地等については，港湾計画資料等を参考にした．

（2）大阪府の市町村別下水量の算定

処理場別下水量から市町村別下水量を算定した．市町村別下水量は，大阪府下水道計画概念図をもとに，淀川下流域に放流する下水道区域内において，各下水道処理区域の市町村割合を求め，その割合に各下水量を乗じることによって求めた[2]（市町村割合は概算であり，厳密なものではない）．

（3）下水による汚濁負荷量

淀川下流域に放流する処理場の晴天時日最大下水量と流入・流出水質濃度を乗じることにより，処理場別の物質流入・流出量を求めた．下水処理場を通じて，淀川下流域へ放流される負荷量は，BOD で 33.6t/日，COD で 55.0t/日，T-N で 64.8t/日，

表 5-2-4　算定に用いた資料

淀川流量（枚方）	21,589.4
上水水利権量	6,415.7
下水放流量	4,450.5

（単位：1,000m³/日）

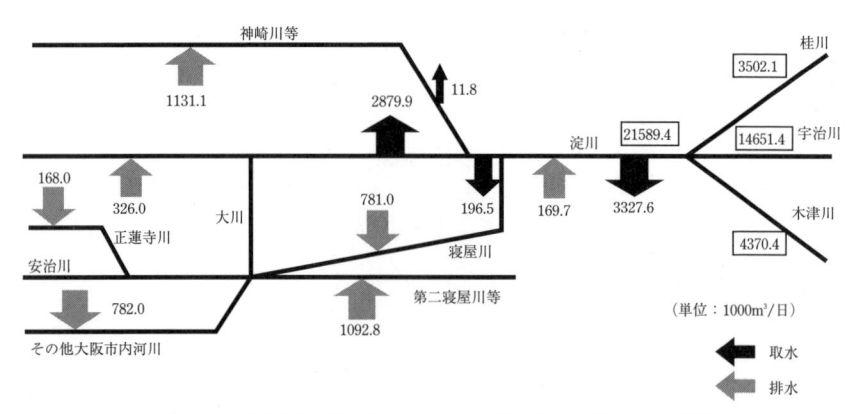

第5部 流域環境学の発展に向けて

図 5-2-8 淀川下流域における上下水道の取水・排水量の概要
出典：水利権量（平成10年3月時点）；淀川流水保全水路整備計画検討委員会「委員会資料」
　　　下水放流量；（社）日本下水道協会『平成11年度版下水道統計　行政編』
　　　河川流量；国土交通省河川局『平成11年流量年表』より作成．
注：水系ネットワーク構築に係るデータは，環境省の発生負荷量等算定調査における負荷量算定年次にあわせ，平成11年度を基本とした．

T-P で 4.0t/ 日となった．

3.5　淀川下流域における取水・排水に伴う水と物質の流れ

(1) 淀川下流域における上下水道の取水・排水量

水利権量（平成10年3月時点），晴天時日最大処理水量（平成11年度）および河川流量（平成11年）をもちいて計算した，淀川下流域における上下水道の取水・排水量の概要を図5-2-8に示す．なお，より詳細な図は図5-2-9に示した（数値の詳細は省く）．上水による取水量（水利権量）は，淀川の河川流量（枚方）の約30%に相当する．図5-2-8から，淀川大堰より上流では上水のための取水がおこなわれており，それよりも下流では下水の放流のみがおこなわれていることがわかる．

(2) 淀川下流域における上下水道の取水・排水負荷量

各上下水道での取水排水量と物質の除去率がわかれば，淀川下流域全体での負荷に関する物質循環の実態も計算できる．例として，淀川下流域における上下水道による物質の流れを図5-2-10に示す．たとえば，BODでは，上水道を通じて，枚方大橋における負荷量の四分の一に相当する 8t/ 日が淀川から取水され，家庭，工場等を経て 598t/ 日が下水処理場に送られる．下水処理場では，その約94%が除去されるものの，取水量の約4倍に相当する 34t/ 日が淀川に流れ込む．同様に，CODでは取水量の約3倍の 55t/ 日，T-Nでは約8倍の 65t/ 日，T-Pでは約4倍の 4t/ 日が流入することになる．

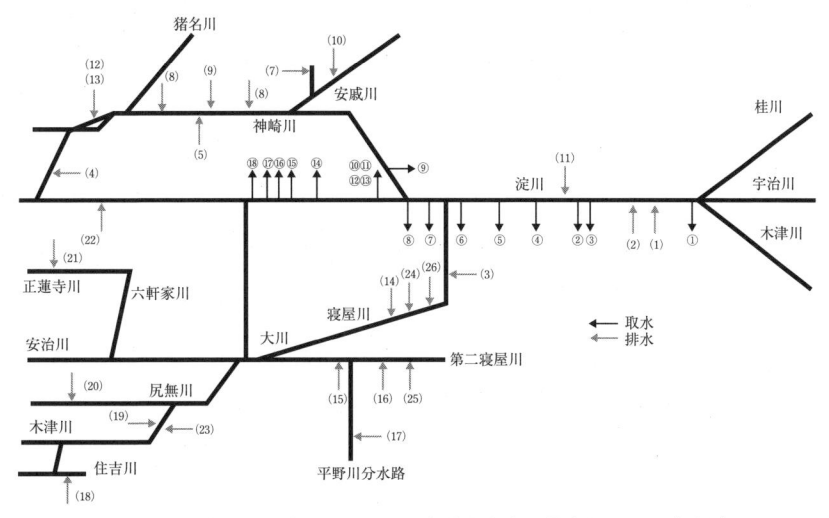

第2章　淀川下流域と琵琶湖-淀川水系での展開

図 5-2-9　淀川下流域における上下水道の取水・排水量の概要（詳細）
出典：水利権量（平成10年3月時点）・取水点；淀川流水保全水路整備計画検討委員会「委員会資料」
下水放流量；（社）日本下水道協会『平成11年度版下水道統計行政編』
注：図中，18の上水道の取水場の位置を○で，26の下水道の処理場の位置を（　）で示した．数値の詳細については文献[2]のp.81を参照．

(3) 大阪府の市町村別の上下水道の取水・排水負荷量

　より詳細に，市町村レベルでの上下水道の取水・排水負荷量も計算できる．詳細は省くが[2]，取水時と排水時の負荷量変化を見ると，負荷の増加率（流出量／取水量）では取水量の小さい島本町で大きい傾向が見られるが，負荷の増加量（流出量－取水量）では他市町村と比較し，大阪市が1～2オーダ大きい，といったことがわかる．

　以上の手順によって，淀川下流域における複雑・不可視な取水・排水網の実態を，上下水道の取水・排水量と取水・排水負荷量をもとに，上下水道や市町村を単位に水循環と負荷の物質循環の流れとして解きほぐすことができた．いいかえると水系データベースとして「可視化」する道筋が得られたのである．このような水系データベースを淀川下流域の課題解決に向けてどう活かすかは，次節で述べる．

[谷内茂雄]

2 ▌ 琵琶湖-淀川水系のあり方

　本節では，まず，本書の基盤となった「琵琶湖流域の農業濁水問題」の内容を中心に，発展課題のまとめと提案をおこなう．その上で，前節で整理した淀川下流域の課題に

BOD(t/日)

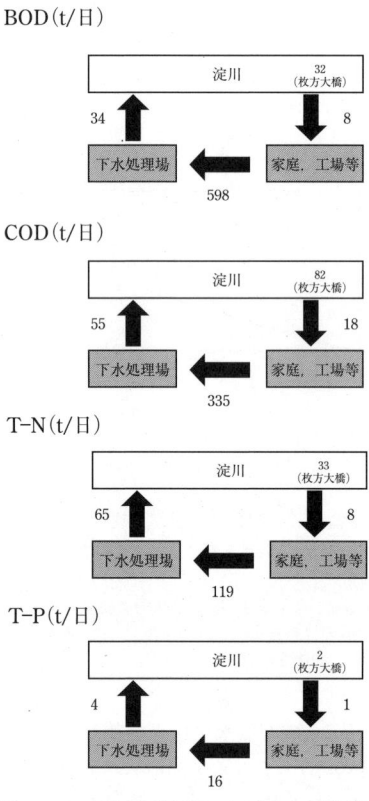

```
         ┌─────────────────────┐
         │  淀川    32         │
         │        (枚方大橋)    │
         └─────────────────────┘
           ↑ 34            ↓ 8
    ┌──────────┐      ┌──────────┐
    │ 下水処理場 │ ←── │ 家庭, 工場等│
    └──────────┘      └──────────┘
           598
```

COD(t/日)

```
         ┌─────────────────────┐
         │  淀川    82         │
         │        (枚方大橋)    │
         └─────────────────────┘
           ↑ 55            ↓ 18
    ┌──────────┐      ┌──────────┐
    │ 下水処理場 │ ←── │ 家庭, 工場等│
    └──────────┘      └──────────┘
           335
```

T-N(t/日)

```
         ┌─────────────────────┐
         │  淀川    33         │
         │        (枚方大橋)    │
         └─────────────────────┘
           ↑ 65            ↓ 8
    ┌──────────┐      ┌──────────┐
    │ 下水処理場 │ ←── │ 家庭, 工場等│
    └──────────┘      └──────────┘
           119
```

T-P(t/日)

```
         ┌─────────────────────┐
         │  淀川    2          │
         │        (枚方大橋)    │
         └─────────────────────┘
           ↑ 4             ↓ 1
    ┌──────────┐      ┌──────────┐
    │ 下水処理場 │ ←── │ 家庭, 工場等│
    └──────────┘      └──────────┘
            16
```

図 5-2-10　淀川下流域における上下水道による物質の流れ

対しても，流域ガバナンスの視点から提案する．これらは，琵琶湖-淀川水系の流域管理に関する一提言でもある．

1　琵琶湖流域の農業濁水問題の総括と提案[6]
1.1　プロジェクトの時代背景と目的

　私たちがプロジェクト研究「琵琶湖-淀川水系における流域管理モデルの構築」を始めた背景には，繰り返しになるが，1990年代以降の世界と日本の環境政策の大きな変化がある（第1部第1章・第4章）．

　世界的には，冷戦終結後の国際政治の主要課題として地球環境問題の解決が浮上し，1992年の地球サミットを契機にIPCCに代表される科学者による地球環境の現状報告が注目を集め，持続可能な発展という理念が国際的な環境政策の新しい底流を築きつつあった．また地域スケールで見ると，北米においては，行政主導による森林資源

第2章 淀川下流域と琵琶湖-淀川水系での展開

管理の失敗から，順応的管理と多様な利害関係者の参加を理念とした「エコシステムマネジメント」[7]が試みられ，流域管理においても「統合的流域管理」や「collaborative approach（協働アプローチ）」[8]などの新しい動きが生まれた（第1部第2章・第3章）．

一方，国内では，1993年，地球サミットの理念を基に日本の環境政策の基本となる環境基本法が制定された．都市の生活排水による富栄養化，ごみ問題など，従来の公害と異なる大量消費型社会の新しい環境問題と地球環境問題に対処するためである．また国内各地の河川や流域においては，長引く水資源開発（多目的ダムの建設）による地域社会の混乱と自然破壊が問題化していた．戦後の治水と利水を目的とした，国によるトップダウン的な河川行政は，一定の成果を上げながらも，地域住民の意見や環境に配慮しない公共事業による地域開発・河川管理の限界と弊害が，国民の眼に明らかとなった．しかし，1995年の長良川河口堰建設問題を契機に，1997年に河川法改正という河川行政上の大転換がおこり，それまでの「治水」「利水」に加えて「河川環境の整備と保全」が河川法の目的に追加された．また，長期的な河川整備の基本となる「河川整備基本方針」と，今後20〜30年間の具体的な河川整備の内容となる「河川整備計画」が策定されることになり，後者については，地方公共団体の長，地域住民等の意見を反映する手続きが導入された．淀川水系においては，「河川整備計画」について学識経験を有する者の意見を聴く場として，「淀川水系流域委員会」が，平成2001年2月1日に国土交通省近畿地方整備局によって設置された．このような内外の動きは，多様な利害関係者のガバナンスによって流域を管理していく時代への移行を期待させたのである．2000年代には，河川管理や流域管理だけでなく，広く資源管理や地球環境問題の解決においても，ガバナンスが問題解決の要であると認識されてきた．

このような時代背景の中で，私たちは，流域管理におけるガバナンスをテーマとして，「従来のトップダウンではなく，入れ子状の構造を持つ流域の中で，ボトムアップとトップダウンがどのような形で結びつくことが可能なのか？」という問いを基本問題として設定した．特に，流域の階層性から生じる利害関係者間の認識の阻害を，流域ガバナンスの上での主要課題と捉え，その問題を解決するシステムとして，「階層化された流域管理」[9],[10]を提案したのである（第2部第1章）．その下で，(1) 各階層に応じた流域診断によって順応的管理を支援する方法（第3部）と，(2) 問題解決に向けた流域ガバナンスを促進する上で，階層間のコミュニケーション促進の方法論の構築をめざしてきた．その事例として，トップダウン的な法的規制や技術的方法だけでは解決が困難な，流域管理の課題の代表である面源負荷のひとつ，琵琶湖流域における農業濁水問題を選んだのである（第2部第2章・第3章）．

1.2 プロジェクトのスタンスと実践の関係

はじめに，第2部第3章第3節でも簡単に説明したが，私たちのプロジェクト研究

463

のスタンスと「実践」との関係について，誤解を生まないために，あらためて整理しておきたい．私たちは実践的なプロジェクト研究をめざしてきたが，あくまで学術に軸足を置き，基礎的な研究成果を導き出すことを主目的としてきた．具体的に濁水問題の政策に関わるプランナーやファシリテーター，あるいは現場の問題解決の中に利害関係者として参加したのではない．私たちが提案した新しい流域管理システムを具体化するための方法を，現場でのワークショップや調査・聞き取りを通して原理的なアイディアを模索しながら，地域の実情に応じた雛型を実際に作ってみる，そういう意味での実践をめざしてきたのである．それは，順応的管理に向けた社会心理学的アプローチ（第4部第3章）に代表されるような，現場での地域住民との顔を突き合わせたプロジェクトの試みが，環境問題の解決に結びつく新しい学問を作り出す上で，必要不可欠であると考えたからである．もちろんその過程で，地域への支援・協力を依頼すると同時に，研究経過を逐次地域に伝え，研究成果も地域に還元するように努めてきたが，プロジェクトの期間内に，地域の人々の行動を変えて，問題を解決していくことを意図したものではない．それは，ガバナンスを不可欠とする環境問題の解決の基本は，地域の主体性に基づくものと考えるからである（第2部第1章，ブリーフノート3，第5部第1章）．

1.3 トップダウンとボトムアップをいかに結びつけるか？

一言で私たちの試みをいえば，従来の琵琶湖全体を視野にいれたマクロレベルのトップダウン的なアプローチと，地域社会からのボトムアップ的なアプローチとを接合させることである．前者のトップダウン的なアプローチが，琵琶湖の水質を中心とした環境問題を焦点化する「イッシュー（issue）志向」のアプローチであるのに対して，後者のボトムアップ的なアプローチは，地域社会の農家の生活世界のなかに埋め込まれた諸要素を包括的に把握しようとする「コンテキスト（context）志向」であるともいえる．つまり，流域ガバナンスとは，イッシュー志向の環境政策の課題と，コンテキスト志向の地域社会の課題との間に，階層間のコミュニケーションを促進するための架橋を作り出していこうということなのである．以下では，この視点からプロジェクトの成果の位置づけを再確認するとともに，総括していこう．

1.4 農業濁水問題を組み換える必要性

行政が，琵琶湖の環境保全という環境政策の理念から出発して，農業濁水を問題として設定し，演繹的にトップダウンで施策を立て実行していく．これがイッシュー志向であるが，それでは農家とのコミュニケーションが成り立たなくなる．なぜならば，農業濁水問題の上流（原因・背景）を検討すればわかるように，至近的には，地域の土地改良事業の推進に伴う，近代的な灌漑システムの導入が濁水問題を顕在化させたわけだが，その背景には，国策として進められてきた農業の近代化政策があるからであ

る．農家は将来の営農上の強い不安を感じながら，濁水を生み出さざるを得ないようなシステムのなかに巻き込まれているのである．また，現在農村は，農業と地域社会ともに，大きな転換期にあり，将来を模索している．濁水を出している・出さざるをえない状況にある農家の立場からは，このような生活のコンテキストの中に濁水が埋め込まれている．つまり濁水だけでなく，農家の経営の問題から，いろんな問題が複合的に構造化された問題として存在するのである．

　私たちのプロジェクトでは，農業濁水問題の全体像を解明することを目標のひとつとしてきたが，それは，このような階層間（マクロとメソ・ミクロスケール）における問題認識の違いを具体的に明らかにすることで，問題解決に向けた重要な情報が得られると考えたからである．問題の下流（影響）において，農業濁水問題が空間的には，スケールによって発現の仕方が異なる複合問題であることも，問題認識の違いを生み出す要因のひとつである（第2部第2章）．

　それでは，イッシュー志向の環境課題とコンテキスト志向の地域課題の間を，どのように結び付けていったらよいのだろうか？　そのためには，農業濁水を，単に環境課題としていわば「規制」の文脈で切り取るのでなく，もう少し広い範囲で，地域づくりや村作りの環境整備，アメニティーをより豊かにしていくといった，地域社会の文脈に濁水問題を置き換えていくことが必要なのである．農家が，加害者であるとともに，濁水を出さざるをえない構造に巻き込まれているということ，また現在直面している営農や生活の不安を，地域住民が非農家も含めて，地域の中から内発的に自分たちの環境をどう改善していくのか考える場を，環境課題としての濁水問題とセットできちんと論ずることができる場をつくることが必要なのである（第4部第3章）．そういう方法のひとつとして，私たちは，調査地域の全集落における聞き取り調査（第4部第1章第1節），農業センサスを使った分析（第3部第3章第1節）によって，集落の個別性を抽出する手法の開発とともに，その個別性を前提として，「水辺のみらいワークショップ」という，住民自らが，地域の水環境やその未来像について考える手法を開発してきた（第4部第2章）．こういったコミュニケーションを促進する条件として，社会関係資本といった人間関係のネットワークの重要性を，再評価した試みもそのひとつである（第3部第3章第2節，第4部第5章）．農村振興や村づくりの文脈の中にポジティブに濁水を位置づけていく（第5部第1章第3節）．その上で，階層間を越える場を共有していくことが可能となるのである（第4部第3章）．

　このように，環境課題としての濁水問題を，農家や農村の視点から，「組み換えて」いくことが必要なのである．また農地というのは，単に産業のための場，稲刈りだけの場でなく，地域の人たちにとってもっと多様な意味づけがある．その意味を再評価して，地域社会づくりの中に濁水問題も位置づけて，多様な利害関係者とその場を共有していくことが大切になる．だから，特定の人，特定の階層だけから，特定の問題意識だけで濁水を問題として設定するのは無理がある．流域あるいは地域の，多様な

利害関係者がお互いに地域の問題を発見して,診断して,解決のための道筋をガバナンスの中で見つけていく.そういう原理的なアイディアが,現地の中でカスタマイズされていくことが重要なのである(第2部第1章:第3部第1章第3節).また,行政の側にとっては,農家自身の危機意識,問題意識,その根本のところにある地域の問題意識を共有して,政策のツールを使いながら解決の方向に向けていくプロセスが大事となる.

1.5 地域社会の文脈でのモニタリングと順応的管理の意義

このような視点で,トップダウンとボトムアップを結びつける可能性を考えたとき,おのずから,環境診断やモニタリングにも,従来と異なる意味があることや新しい重要性に気づく.これまでの環境診断,その方法の代表である理工学的な指標は,主に下流(影響)の側から,環境課題となる農業濁水を「規制」の文脈でとらえるツールとして使われてきた(第3部第2章).モニタリングも,どちらかといえば「責任追及」をするための文脈で考えられてきた.イッシュー志向の文脈にたった指標やモニタリングである以上当然であり,このような原因解明のための診断ツールは,もちろんたいへん重要なのである.しかし,一方で,農村振興や村づくりをおこなう住民の努力の成果が見えてくるような,指標やモニタリングの開発と使い方の工夫,地域の村づくりをエンパワメントしていくような文脈でのモニタリングも必要なのである.水環境でいえば,地域住民,広い意味での生態系サービスをどうやって享受できるのかを,具体化する上で使える指標が必要となる.なぜならば,地域づくりにおいて自分たちの努力した結果が,指標とモニタリングによって形になって見えてくると,そのプロセスに参加することで,自分たちがコントロールできているという実感,つまり「有効性感覚」を持てるからである.それが結果として,地域と環境に変化をもたらすことへとつながっていくからだ.繰り返すが,環境の現状を社会的規範として提示して,人々の理性に働きかける指標とともに,住民自らが自分たちの生態系サービスを保全していく,そういう広い意味でのメリット・利益を確保するために,環境保全の担い手,主体形成を支援していくような指標が必要なのである(第4部第3章).

さて,本書では,「順応的管理」ということばを,(1)通常の意味での,生態系など不確実性が高いシステムを管理しようとする場合に,管理施策の限界・失敗の可能性を積極的に認め,その施策結果を分析し,次のステップに活かすサイクルを前提にする,「リスク管理システム」,という意味とともに,(2)結果のフィードバックを通じて,その主体が社会的にエンパワメントされるプロセス,という意味の2つの意味で使ってきた(第2部第1章).ここでは主に,(2)の意味に着目して順応的管理の意義を考えてみよう.社会心理学的なアプローチ(第4部第3章)の結果は,モニタリングや順応的管理において,いわば農業濁水問題の指標が,社会規範として使われる場合と主体形成として使われる場合の役割と効果の違いを示していたと考えることもでき

る．つまり，この研究における「合理的アプローチ」は，水質汚濁に関する科学的情報を社会規範として提示したものであったため，「環境を守らなければならない」という目標意図の促進にはつながったが，行動意図の促進にはつながらなかった．一方，地域への帰属意識や地域環境への愛着などの情報を提示する「情動的アプローチ」は，行動意図の促進に効果があった．そして，両者の情報を提供する「複合的アプローチ」では，目標意図と行動意図の両方が促進されたのである．このことは，順応的管理におけるフィードバック効果においても，社会規範的な指標とともに，地域の村づくりに関わる文脈での指標やモニタリングが重要であることを示しているのである．

1.6 階層間のコミュニケーションの促進

階層間のコミュニケーションの促進に関しては，十分な方法の提示までには至らなかった．GISシナリオワークショップは，地域のワークショップの議論の中から出てきた題材をもとに，地域の住民が参加しておこなうところまでを予定していたのだが，研究者を参加者とした模擬的な方法論の有効性の確認と，ワークショップで必要となるソフトのプロトタイプの完成までで終了している（第4部第4章第3節）．しかし，ここで広く階層間のコミュニケーションを促進する方法について整理してみると，(1) GIS を使った技術的な方法，のほかに，(2) メソスケールなどのステークホルダーで，マクロスケールやミクロスケールの両方の階層間を行き来する人がいて，その人が階層間のコミュニケーションを促進する，(3) ワークショップの開催，(4) 互いの現場に実際に足を運んで体験する，ことなどが考えられる．

(2) の「階層間を行き来する人」は，調査地でも実際に存在しており，積極的に活動している．また，(3) のワークショップとは，たとえば，階層を越えて各階層の人たちが集まる研究会を組織することや，行政と農家だけでなく，それ以外に，研究者や，農家の周辺に住んでいる非農家など，もっと多様な人たちが地域の将来を話し合える場をつくることを意味する．他の方法と比較した場合の，ワークショップという場を持つことの大切さは，自分が知らないことに気づいていくということや，その場である種の素朴な信頼関係（社会関係資本）ができてきたりすることであろう（第4部第2章・第3章・第5章）．実際に問題解決に具体的に関わり，利害関係者の行動を変えていくプロジェクトで，ワークショップを異なる階層の間で企画する試みをおこなっている事例がある（第5部第3章第3節）．

1.7 方法論の構築と問題解決・実践の関係：リナックスのイメージをもとに

1.2項でも説明したが，私たちは，学術研究の立場から，「階層化された流域管理」のいわば「コア」となる考え方を，現場でのワークショップなどをもとに，雛形としての限界は認識した上で具体化するとともに，このシステムに関する基礎的な研究成果を導き出してきた．プロジェクト活動を「問題解決における実践活動」と区別したの

は，私たちの主目的が，農業濁水問題という事例を通して，流域管理の方法論を，学問的につくりだすことにあったからである．一方で，私たちが提案した流域管理システムが，地域で具体的に動きだす場合には，その地域の個別性を前提として，地域の多様なステークホルダーが主体となり，地域の個別性と具体的問題の発見の段階から，ガバナンスの下で，試行しながらつくられていくことを想定している．言い換えると，将来的に，このようなシステムが有効であると評価され，地域で導入される場合には，私たちの試みで生まれてきた環境診断やワークショップなどの取り組み方・方法論は，リナックスシステムのコアとしての役割を持ち，各地域で，地域の個別性に合わせて，カスタマイズされる，そういうイメージなのである（第3部第1章第3節）[11],[12]．

　流域管理のアイディアに関しても，ただひとつのアイディアが規範となり，マニュアルのように多様な流域に適用されるというのではなく，世界のさまざまな流域において，いろいろなアイディアが生み出され，持ち寄られる中で，リナックスのように，多様なバージョンの中で具体的な情報がカスタマイズされ，組み込まれる中で，流域管理の知のコモンズが豊かになっていく（第2部第1章第5節）．そういう形で，地球環境も，流域というスケールから，多様な流域のネットワークとしてマネジメントされることにつながることを期待している．琵琶湖流域の流域管理においても，さまざまな利害関係者がコミュニケーションを促進することによって，互いの考え方の違いを理解し，ガバナンスによってその望ましい健康像・将来ビジョン（ブリーフノート6）をつくる段階からはじめることが大切なのである．

2　淀川下流域の課題への提案

　前節において，水質・流入負荷の視点から，淀川流域（淀川下流域）の主要な問題構造を抽出した．本節では，階層化された流域管理の視点から，どのように課題解決に向けて提言できるかを考える．

2.1　淀川下流域の問題構造

　繰り返すが，淀川下流域では，都市域の人口集中・産業開発が，下水処理に代表される技術的対策を進行させ，複雑な上下水道網の発達，淀川河口域～大阪湾沿岸の埋め立て・人工海岸化を進めてきた．その結果として，都市住民の水系との関係が疎遠となり，負荷排出レベルでの負荷削減を難しくしてきた．それに加えて，淀川下流域だけでは制御が困難な，上流からの負荷が加わっている．淀川下流域の問題構造とは，これらの要因連関が，下水処理に代表される技術的対策を，現在でも主要な水質対策と位置づけることを強化し，そのことがまた，人と水環境との距離を疎遠にする，不可視なシステムの発展を促す悪循環を形成していることにある．

　琵琶湖流域では，農業濁水を含む陸域からの人間活動による排水は，地域の流入河

川を通じて琵琶湖に流入し，マクロスケールでの富栄養化をはじめとした水質や生態系に影響を与えていた．同様に，淀川下流域でも，最終的に負荷は，淀川河口から大阪湾に流入し，淀川河口域～大阪湾奥部の生態系へ影響を与えることが懸念される．この点に関しては，流入負荷の総量の多さに加えて，大阪湾岸の埋め立てや防波堤が，海域の流動を妨げ，陸域から流入した栄養塩（負荷）の滞留，赤潮発生や貧酸素水塊の形成につながることがわかっている．

一方で，淀川下流域の都市域においては，量的に自然河川に匹敵する，人工的な上水道・下水道のネットワーク（管網）が，人間の血管系（動脈系・静脈系）のように，メソ・ミクロスケールにおける「見えない川」として流れて，都市域の人間活動を維持している[2]．

さて，淀川下流域の生活排水問題は，人口の集中する都市域の典型的な問題である．淀川下流域では，法的規制と下水処理という技術的対策が進められ，さらに，高度処理，超高度処理といった，より進んだ技術導入で解決しようという方向が見える．しかし，下水処理の向上と普及だけでは，淀川河口域～大阪湾奥部のCOD濃度や貧酸素化軽減には，限界のあることも指摘されている[2]．また，技術導入による解決は，短期的には，一定の効果が期待されるが，インフラ整備コストが関係自治体や住民にとって，財政上の大きな負担となることも予想される．また，技術的対策だけでは，都市住民のライフスタイルを変え，生活排水を発生レベルで削減するフィードバックには結びつきにくい．したがって，発生負荷量そのものの削減は，相変わらず難しいことが予想される．根本的には，淀川下流域の問題構造である，負荷発生レベルからの生活排水の削減が必要となる．ここに，琵琶湖流域の農業濁水問題と，生活排水と農業濁水の違いはあるが，同様の問題が現れてきたのである．

2.2　階層化された流域管理の視点：負荷発生レベルからの対策を進めるには

農業濁水問題と同様，生活排水の環境配慮行動の促進にも，行動とその結果のモニタリングをフィードバックする仕組みが必要である．淀川下流域の場合，淀川河口域～大阪湾の生態系を淀川下流域や淀川水系全体のマクロな集積点として位置づけ，琵琶湖と同じように，淀川下流域の負荷が水質や生態系に与える影響を，自然科学的な指標とモニタリングで評価することが可能である（ブリーフノート13）．しかし一方で，その負荷排出をメソ・ミクロレベルでの地域や個人と結びつけるには，琵琶湖流域での農業濁水の場合と比べて，人や地域と水環境の間に取水・排水システムに代表される巨大な技術システムが介在しているという困難がある．

前節で私たちは，現行の下水処理技術による負荷処理を前提に，まずは，下水処理単位や行政区画スケールなどの，水や物質の流れが明確な空間単位を基準にとり，水系に沿った取水・排水の単位ごとに負荷の物質循環を評価できる水系データベースの雛形を試作した．このような水系の負荷データベースと，流入負荷と淀川河口域～大

阪湾の生態系へ与える影響の対応が結びつけば，流入負荷の自然浄化，上流からの負荷流入の直接・間接効果，下水道の負荷削減効果などを評価し，処理単位間，あるいは，行政区画単位間でコミュニケーションをおこなうための共通基盤として機能することが期待できる．具体的には，このような雛形をもとに，水・物質循環レベルのしっかりしたデータベースが発展すれば，負荷排出量をもとに，下水処理の経済負担等を議論する際の共通の基盤とすることもできる．言い換えると，経済的な金銭というメディアを媒介としてコミュニケーションをすることが可能となる．たとえば，大阪湾の水環境を改善していくための下水処理などの社会的コストをどう費用負担するかを，負荷排出量などを指標に，モニタリングをおこない，どの地域がどれだけ負荷を出しているのかという関係から，検討していくのである．ただ，この場合，生活排水は，マクロな行政レベルでの環境課題としての問題設定となり，指標やモニタリングは，「規制」の文脈でとらえるツールとして使われ，モニタリングは，先のことばを使えば「責任追及」をする文脈となる．

　しかし，琵琶湖流域で展開した「階層化された流域管理」の考え方によれば，都市域で生活する個人レベルでの都市住民の問題意識をもとに，生活排水問題を組み替えないと，目標意図の促進にはつながっても，行動意図は喚起されない．つまり，淀川下流域にとっても，マクロな淀川下流域全体や大阪湾との関係だけではなく，都市住民が住む地域のミクロな水問題との関係とそのための指標を考える必要があるのだ．マクロなスケールでの社会規範的なモニタリングの結果を，金銭を媒介にしてコミュニケーションを進めると同時に，もっと小さな地域スケールでの，都市住民が自分で自分の地域をよくしていくといった有効性感覚を助ける指標をもとにした順応的管理が必要なのである．その結果として，淀川流域全体を意味ある環境に作り変えていくことを階層化された流域管理は提案するのである．

[谷内茂雄・脇田健一]

参考文献

1) 杉本隆成・谷内茂雄・国土環境株式会社（注：現在，「いであ株式会社」）(2005)『琵琶湖・淀川・大阪湾における水質・負荷量に関する総合レポート』総合地球環境学研究所・プロジェクト3-1.
2) 淀川下流域ワーキンググループ・谷内茂雄・田中拓弥・杉本隆成・国土環境株式会社（注：現在，「いであ株式会社」）(2006)『水質・流入負荷から見た淀川下流域の問題構造』総合地球環境学研究所・プロジェクト3-1.
3) 淀川流水保全水路整備計画検討委員会 (2000)「委員会資料」(http://www.yodogawa.kkr.mlit.go.jp/activity/comit/past/hozen/top.html)
4) (財)琵琶湖・淀川水質保全機構 (2003)『20世紀における琵琶湖・淀川水系が歩んできた道のり』．
5) 国土交通省 (2005)『淀川水系における水利権許可状況』(http://www.kkr.mlit.go.jp/river/news/20050329-047453.html)

6）プロジェクト 3-1 編（2007）『国際ワークショップ報告書　琵琶湖の流域管理から始める地球環境学』総合地球環境学研究所・プロジェクト 3-1.
7）柿澤宏昭（2000）『エコシステムマネジメント』築地書館.
8）Sabatier, P. A., Focht, W., Lubell, M., Trachtenberg, Z., Vedlitz, A. And Matlock, M. eds. (2005) *Swimming Upstream: Collaborative Approaches to Watershed Management.* American Comparative Environmental Policy Series. The MIT Press.
9）和田プロジェクト編，脇田健一著（2002）「住民による環境実践と合意形成の仕組み」『流域管理のための総合調査マニュアル』京都大学生態学研究センター，342-351.
10）脇田健一（2005）「琵琶湖・農業濁水問題と流域管理」『社会学年報』**34**: 77-97.
11）和田プロジェクト編（2002）『流域管理のための総合調査マニュアル』京都大学生態学研究センター.
12）谷内茂雄・脇田健一・原雄一・田中拓弥（2002）「水循環と流域圏 ── 流域の総合的な診断法」『環境情報科学』**31**: 17-23.

ブリーフノート13

陸からの負荷と河口域の生態系
── 大阪湾の貧酸素水塊の解消策

(杉本隆成)

はじめに

　1960年代以降の日本経済の高度成長期に，東京湾をはじめ，閉鎖的内湾の浅海域が工場用地として大規模に埋め立てられた．また，人口の都市集中化に伴って陸域からの栄養負荷が増大し，富栄養化と赤潮の頻発を引き起こしてきた．その結果，海底に沈積した有機物の分解に伴う酸素消費が著しく，夏季の成層期には上層からの補給が断たれた底層水が貧酸素化し，底生生物を棲めなくしてきた．この問題を解決するため，1970年代半ば以降，陸域では下水処理場による負荷削減，海域では藻場・干潟の修復などに努力が重ねられてきた．

　大阪湾では，窒素・リンの負荷量が1960年頃から1970年頃にかけて3倍程度に急増し，富栄養化に伴う赤潮と貧酸素水塊の発生が1970年代半ばにピークに達した．埋め立てと貧酸素化で底生生物が減った浅海域は有機物浄化能力が著しく低下した．また，底泥の無酸素化がリンの溶出を促進し，富栄養化がさらに増大するという「悪循環」に陥った．その後，1970年代末以降の総量規制で，負荷は1980年代末にはピーク時の半分近くまで減少した．しかし，1990年代に再び大規模な埋め立てが進められた結果，湾奥部の停滞水域が広がり，負荷削減の努力にもかかわらず，赤潮と貧酸素水塊の発生が慢性化している[1),2)]．

　図bn13-1は1998〜2000年時点における夏季の底層の溶存酸素濃度DOの水平分布を示す．水深20m以浅のDO濃度は5mg/ℓ以下で，東岸沿いと淀川河口付近は3mg/ℓを下回り，底生生物が棲めなくなっている．底層におけるDO濃度が5mg/ℓに満たない海域の表面積は湾全体の約30％，3mg/ℓに満たない海域は湾全体の約10％に達している．

　このノートでは，琵琶湖・淀川水系の出口に当たる淀川河口〜大阪湾奥部を念頭において，栄養塩収支と流動環境特性の視点から，大阪湾全体の生物生産力を落さずに湾奥部の貧酸素水塊を解消する方策について提言する．

大阪湾の流動環境の特徴

　河口から流出する河川水は，海水を取り込み希釈されながら扇状に拡がり，潮流の影響を受けて，下げ潮後期から干潮時にかけてより強く流出する．この河口密度流の鉛直構造を冬季と春夏季について模式的に図bn13-2に示す．夏季には海面の加熱によって密度成層が強まり，沖合の上層水は河川水の下の中層に貫入し，底層には低温で高密度の孤立水塊が形成される．

　上層の河川系低密度水塊は，2，3日すると地球自転の影響を受けるようになって，

ブリーフノート 13　陸からの負荷と河口域の生態系

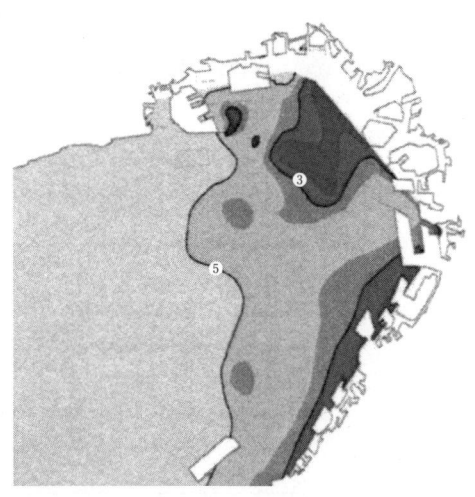

図 bn13-1　大阪湾の夏季底層の溶存酸素濃度 DO（mg/L）の水平分布[3]

時計回りの渦流（西宮沖環流）を形成する．しかし，この密度流の流速は数 cm/sec 程度であり，図 bn13-3 に示す大阪湾中央部の 10cm/sec 以上の流速を持つ潮汐残差還流（沖の瀬環流）の影響をより強く受けて和歌山県沿いに南下し，沖の瀬環流域および紀伊水道へと流出する．

大阪湾の栄養塩供給源と生物生産の特徴

　大阪湾の栄養塩類の供給源としては，淀川・大和川等からの河川系水と，紀伊水道からの沖合系の底層水の流入が約半分ずつを占める．河川からの供給は淀川からが最も多い．これは淀川が大阪湾に注ぐ全河川流量の約 7 割を占め，水質が比較的良好でも流量が多いためである．次は大和川で，上流に養魚場が多く，下水道普及率も低くて水質が悪いためである．2003 年度の下水道の未普及率は，淀川流域が 11% であるのに対して大和川流域は 33% である．その結果，大阪湾に流入する化学的酸素要求量 COD 負荷量の河川別の割合は，淀川が 32%，大和川と神崎川がそれぞれ 15%，淀川と大和川間の市内小河川の和がその中間の 24% である．淀川からの COD 流入負荷のうち，生活系がその 70% 近くを占めている[1,3]．

　図 bn13-4 の左側の図は，表層の COD 濃度の 1998～2000 年時点の分布を示す[3]．高濃度の水域は，淀川河口西側の尼崎港の周辺と，南側の大和川河口（堺港）にかけての沿岸域である．両者とも栄養塩の流入負荷が大きい上に停滞気味の海域であり，底泥からのリン溶出が多く夏季には陸からの流入負荷を上回る．他方，湾央の環流域では，COD に対する植物プランクトンの内部生産の影響が大きい．これを支える栄養塩類の供給源は半分以上が沖合起源であり，陸域からの負荷の影響は相対的に小さい[6,7]．

　つぎに大阪湾全体の漁業生産に注目すると，浮魚類ではカタクチイワシとマイワシ

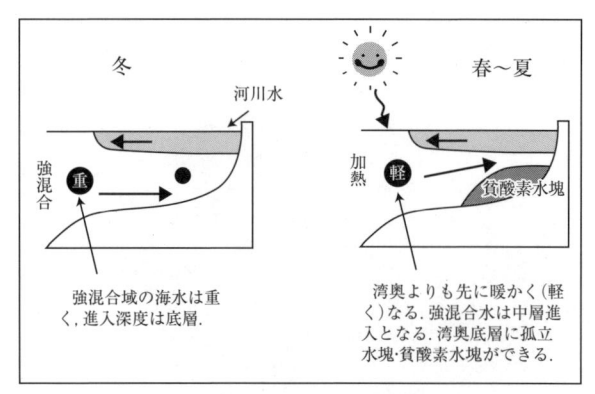

図 bn13-2　淀川河口先の密度流の鉛直構造
出所：藤原[4]による．

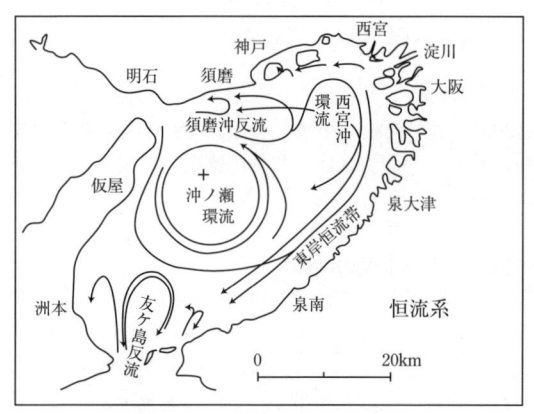

図 bn13-3　大阪湾の恒流の模式図
出所：藤原ほか[5]による．

が漁獲の大半を占め，同じプランクトン食であるマアジやサバ類とともに奥部寄りの20m以浅の水域で多獲される．汽水を好むボラやスズキは淀川・大和川河口の周辺に分布する．これに対し，底魚類のアナゴやカレイ類は湾央環流部の泥質海域，サワラ，ヒラメ，クロダイは明石海峡や友が島水道の海峡周辺海域が主漁場である．シャコ，エビ類などの底生甲殻類も湾奥の貧酸素水域を避け湾央部に分布するが，汽水性のヨシエビは河口域に分布する．

　大阪湾の海岸線は人工護岸化され，干潟は皆無に近い．仔稚魚の成育場として重要な藻場は淡路島の東岸と泉南の10m以浅の沿岸域に限られているが，明石海峡周辺の沿岸域では浅草ノリの養殖漁業が盛んである．大阪湾の魚類生産の水準は，瀬戸内海の中西部や東京湾・伊勢湾に比べても高い．しかし，赤潮と貧酸素水塊が頻発する

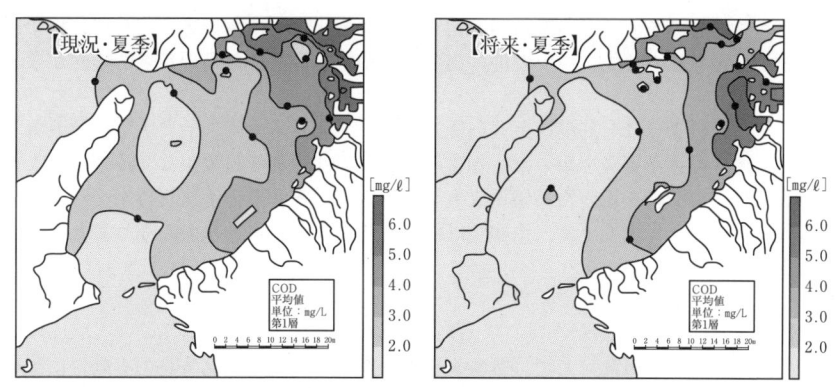

図 bn13-4　表層の COD 濃度分布．左は 1998 〜 2000 年現在の実測，右は 10 年後の予測．大阪湾再生推進会議[3] による．

夏季の湾奥は藻類と底生生物の生息が不可能になり，仔稚魚の重要な成育場が失われている．

陸からの栄養塩流入負荷削減の有効性と限界

　大阪湾や東京湾，三河湾等の閉鎖的内湾の奥部では，夏季に貧酸素水塊が発生し，底生生物の大量斃死(へいし)が頻発している．この問題を解決するために，下水処理場のリン除去の高度化や，港内のヘドロの浚渫(しゅんせつ)や覆砂(ふくさ)に力が注がれている[8]．しかし，それらの努力を重ねても夏季の貧酸素水塊の解消は依然困難な状況にある．図 bn13-4 の右図は陸からの汚濁負荷量をピーク時の約 1/3 に減らした場合に予測される大阪湾表層の COD 濃度の分布である．これによれば水質は湾全体では改善されるが，湾奥部は望ましい水準（表層の COD 濃度 5mg/ℓ 以下，底層の DO 濃度 3mg/ℓ 以上）には届かない．淀川河口西側の尼崎港周辺域と東側の堺港周辺域については，これまでに蓄積した底泥からの栄養塩の溶出の影響が大きいためと考えられる．陸域からの負荷は現在生活排水が大半を占め，その負荷削減は下水処理場に頼っている．しかし，大阪湾全体を奥部とそれ以外に分けて栄養塩収支を考慮した場合，奥部については水理学的な手法と生物浄化を組み合わせた手法の検討が重要と思われる[2]．

　まず発生源対策として，家庭や食品業界からの生ゴミの削減，飼料・肥料としての再利用が進められている．水田からの濁りの抑制もこれに繋がる．しかし，一般にはあまり注目されていないより大きな課題は，雨水管と生活排水管を分離し，増水時における下水処理場からの越流の影響を避けることである．次に河口域では，海水交換を悪化させている埋め立てや防波堤の影響を極力避け，潮流と密度流による海水交換を促すために，河道と航路筋をミオ筋として活用することである．

　しかし最も強調したいことは，下水処理排水の放出口を港外に移すことである．これは汚染物質が港内に滞留してヘドロ化している状況を回避するためである．また，大阪湾全体の生態系にとって栄養塩類の収容力にまだ余力があるという海洋生態学的

判断に基づくものである．大阪市内河川および神崎川系の下水処理排水を川に出すのではなく，人工島の地先に導いて沖に出すことである．その効果の数値的検討が望まれる．

そして，このようにして港内と河口周辺の水質・底質を水工学的にある程度改善した上で，ノリやカキ養殖を用いた生物生産による浄化機能を最大限に発揮させることである．既に綱や網を用いた藻場造成も試みられているが，下水処理排水の沖出しである程度回復した光環境下で，生物学的浄化手法をより効果的におこなうことが肝要である．

おわりに

以上，大阪湾奥を対象にして，貧酸素水塊を解消するための諸方策の有効性について論じた．三河湾では，干潟の生物学的浄化機能の再生が最も重要なようであるが[9]，奥部の貧酸素水を解消するためには下水処理場排水を夏季には渥美外海の底層に放流することも一考に値すると思われる．いずれにしても，それぞれの地域の特性をパラメータ解析し，負荷の削減や港外放流，干潟・生物浄化機能の再生，海水交換の促進などそれぞれの場の制限因子を有効に活用した対応策を採用することが重要である．このことは最近，中村・石川[10]や柳[11]らによっても指摘されている．

参考文献

1) 杉本隆成・谷内茂雄・国土環境株式会社 (2005)『琵琶湖・淀川・大阪湾における水質・負荷量に関する総合レポート』総合地球学研究プロジェクト 3-1.
2) 杉本隆成 (2007)「淀川河口域～大阪湾奥部の貧酸素水塊解消に向けた検討」『琵琶湖―淀川水系における流域管理モデルの構築　琵琶湖―淀川プロジェクト最終成果報告書』総合地球学研究所プロジェクト 3-1, 537-543.
3) 大阪湾再生推進会議「大阪湾再生行動計画」説明資料 (2004, 2005).
4) 藤原建紀 (2005)「沿岸海域の体系的理解とモデル化」『月刊海洋』号外 **40**: 80-85.
5) 藤原建紀・肥後竹彦・高杉由夫 (1989)「大阪湾の恒流と潮流・渦」『海岸工学論文集』**36**: 209-213.
6) 西田修三・入江政安 (2006)「大阪湾沿岸域の流動・水質の現況と予測」『シンポジウム「自然共生型流域圏・都市再生研究」を考える ── 大阪大学の淀川流域プロジェクト予稿集』.
7) 藤原建紀・宇野奈津子・多田光男・中辻啓二・笠井亮秀・坂本亘 (1997)「外洋から瀬戸内海に流入する窒素・リンの負荷量」『海岸工学論文集』**44**: 1061-1065.
8) 中辻啓二・韓銅珍・山根伸之 (2003)「大阪湾における汚濁負荷量の総量規制施策が水質保全に与えた効果の科学的評価」『土木学会論文集』**741**: vii-28, 69-87.
9) 西条八束 (1997)「エピローグ」西条八束監修・三河湾研究会編『三河湾』八千代出版, pp. 273-293.
10) 中村充・石川公敏編著 (2006)『環境配慮・地域特性を生かした干潟造成法』厚星社厚生閣, pp. 1-140.
11) 柳哲雄・石井大輔 (2008)「瀬戸内海の貧酸素水塊」柳哲雄編著『瀬戸内海の海底環境』厚生社恒星閣, pp. 77-86.

第3章 琵琶湖から地球環境へ

1 流域環境学の展望

　本節では，本書がめざしてきた，流域ガバナンスを理念とする持続可能性の学問，「流域環境学」の展望についてまとめる．第5部第1章・第2章の琵琶湖-淀川水系での事例研究の検討をふまえて，第1部で指摘した流域管理の4つの課題に立ち返り整理する．その上で，流域管理研究の新しい潮流を紹介し，流域環境学の今後の展望についてまとめる．次節以降では，流域管理の関連テーマ（コモンズ論・ガバナンス論・社会関係資本論）との関係（第2節），多様な流域での事例紹介（海外での実践事例：第3節，国際河川管理：第4節），流域管理と持続可能性科学や地球環境問題との関係（第5節，ブリーフノート15）について論じる．

1　流域管理の4つの課題

　本書で展開してきた流域管理論は，流域全体の大局的な視点に立った「トップダウン」的なアプローチと，地域社会の生活を基盤とした「ボトムアップ」的なアプローチとを接合させる，ガバナンスのしくみの追求に核心があった．流域全体の健全な水・物質循環の維持，生態系が耐えられる環境容量などの大局的な視点は，流域を問題解決の単位とする流域管理の根幹である．しかし，流域を単位とした管理ではあっても，限定された目的の下に，短期的な経済性を追求しておこなわれた20世紀の多くの河川管理や水資源開発は，全国一律の管理・開発方式によって地域社会の歴史的文脈や生態系の連続性を分断して，地域社会に大きな負担を強いるとともに，管理目的から除外された自然環境に大きな外部不経済を与えたことも事実である．ここに，トップダウン的な統治に基づく流域管理の限界と弊害が存在する．そのために，地域の歴史性や固有性の文脈の中に生きる，地域社会の多様な利害関係者が流域管理に参加する必要性が唱えられたのである．このような時代の要請に対して，流域全体のいわばマクロな制約条件を共有した上で，生活と環境の多面的な関係や課題を調整しながら，長い目でみた持続的な地域社会をつくっていくしくみが流域ガバナンスなのである[1),2)]．

　流域ガバナンスを実現する上での課題とは，まず，流域すなわち地域社会と自然の持続可能な存続である．この持続可能性を達成する上で克服すべき，流域管理の3つの課題が，科学的不確実性，地域固有性，空間的重層性であった（第1部第1章，続く

第2節を参照)．第2部から第4部で展開された，指標やワークショップなどは，この流域管理の課題に対する具体的な方法を，現場での文理連携の実践の中から求めてきたものである．そしてその基盤となるアイディアが，「階層化された流域管理（第2部第1章）」なのである．

本節では，事例研究の対象であった琵琶湖-淀川水系を離れ，より多様な流域を念頭におく．その上で，まず流域管理の4つの課題に対して，本書がどこまで，どのようにこたえているかを個別に整理する．

持続可能性

まず流域の現状を知ることが，持続可能な流域を構築するための出発点となる．本書では，文理連携による総合的な調査として流域診断を提案した（第3部第1章）．流域で解決すべき問題を発見し，その問題を引きおこす社会システム側の要因（問題の上流）から生態系への影響（問題の下流）までをひとつなぎにして，総合的に現状を理解すること，これが持続可能性の診断の出発点となる．本書では，指標とモデルに代表される自然科学的な調査（第3部第2章，第4部第4章）と社会科学的手法による社会調査（第3部第3章，第4部第1章・第3章）をつなぐことで，流域診断の基本的な方法を提案した．

ただし，本書では，持続可能性の具体的な基準については，原理的な説明にとどめている（ブリーフノート6）．実際に，持続可能性の基準を具体的に設定し，ガバナンスにうまく反映することは，大きな課題である[1]．そのためには，具体的な流域を対象として，流域全体の環境容量の評価や，統合的なモデルを使ったシナリオアプローチ（第4部第4章，ブリーフノート11）を試みていくことが，現実的である（第4部第4章）．先駆的な試みとして，滋賀県では，持続可能社会研究会を設置し，持続可能な滋賀シナリオを検討している[3]．このようなシナリオを検討する方法が確立すれば，望ましい流域像を，流域の持続可能社会のビジョンとして位置づけ，流域の住民参加のもとで構築していく出発点となる．

科学的不確実性

流域は，非線形システムとして，複雑系という性質を持っている．流域内の生態系でおこる現象への人間活動や対処がどのような結果を生ずるかは，正確に予測することは困難であり，生態系自体，複数の安定な状態を遷移する可能性もある（レジームシフト）．さらに流域診断についても，時間的制約や経済的コストのため，十分な情報を収集できない状況で判断を下さなければならないことも普通にある（第3部第1章第2節）．

科学的不確実性をはらんだ流域管理には，予防原則や順応的管理とよばれるリスク管理の考え方が本質的となる（第1部第2章）．さらに，社会システムの長期的な変化

に関していえば,通常の意味での予測は不可能である.このような場合には,持続可能性の課題でも述べた,シナリオアプローチの考え方が不可欠となる(第4部第4章第1節・ブリーフノート11).「階層化された流域管理」でも,この科学的不確実性に対処する方法として,順応的管理を提案している(第2部第1章第2節・第3節).ただし,本書では,順応的管理のためのワークショップについて説明したが,その目的は,効果的な順応的管理をおこなう社会条件(第4部第5章)や情報の提供のあり方に関する基礎的研究(第4部第3章)に重点があった.実際に順応的管理を進める上では,先行している生態系管理の事例が参考になる[4].

地域固有性

　流域は,水循環・物質循環という物理化学的な側面では,汎用性のある指標やモデルの構築がある程度まで可能であり,流域の個性は,システムのパラメータとして集約することも可能かもしれない.しかし,生態系や地域社会に関しては,その生態系や社会が成立した地域の自然科学的特徴や歴史的経緯,いいかえると地域固有性が流域管理の上で重要な課題となる(ブリーフノート8).そのため,流域診断に限ったとしても,どこでも使える汎用的な「マニュアル」はないのである[5].

　流域診断においては,したがって,社会科学が対象とする領域で,地域固有性がより大きな課題となる.(第3部第1章第2節).そのため,社会科学で確立した聞き取りや要因連関図式(第4部第1章,ブリーフノート9)を使って,地域固有性に関わる要因を,その社会的文脈とともにすくい取る必要がある.また,流域診断の結果をもとにおこなうコミュニケーションの促進においても,地域社会でのボトムアップ的なワークショップによる手法(第4部第2章)やリナックス方式を提案している(第2部第1章第5節).このような提案の,現場での有効性・実現については,あらためて次項で論じる.

空間的重層性

　流域では,通常,河川が本川—支川—……と枝分かれし,流域自体も入れ子構造になっている.生態系や地域社会も,この水系の入れ子構造に直接・間接に影響を受けて歴史的に成立したものである.そこで,生態系では,流域の階層性によってどのような影響を受けているかが大きな問題として現れてくる.同様の課題が,地域社会では,空間スケール(階層)によって,住民のものの見方や考え方,問題認識に違い(「状況の定義のズレ」)を生じることである(第2部第1章).本書で事例として挙げた農業濁水問題では,空間スケールによって,問題そのものの性質や被害者−加害者関係が異なるタイプの問題が結合した「複合問題」としての構造を持っていた(第2部第2章).

　この空間的重層性という課題に対して,本書では,まず流域診断において,空間ス

ケールを明確にして調査する重要性を提案した（第3部第2章・第3章）．また，階層間のコミュニケーションを促進するしくみを流域で構築することによって，問題認識の違いを互いに共有することが，ガバナンスを実現する上での基礎となることを主張した（第2部第1章第4節，第4部第4章第3節，第5部第2章）．この流域管理における空間的重層性という課題は，空間スケールを拡大して，国際河川の流域管理（第4節）や，地球環境問題におけるガバナンス（第5節）を検討する場合にも共通する．この点については，地球環境学との関係を含めて，あらためて第5節で論じる．

2　流域環境学の展望
流域ガバナンスの実際

　流域ガバナンスは，もともと起源の異なる「流域」，「持続可能性」，「ガバナンス」という3つの理念を合わせたものから成り立っている（第1部第1章）．流域の持続可能性を達成する上で，トップダウン的な統治（ガバメント）に親和性のある流域管理の大局的な視点と，科学的不確実性，地域固有性，空間的重層性といった流域管理に付随する課題を克服するための順応的・分権的・自治的な理念との接合である．このような異なる理念を内包する流域ガバナンスのしくみは，どのような形で実現していくのが望ましいのだろうか？　実際にはどのような形で進んでいるのだろうか？

　現在，日本を含め世界のさまざまな地域において，流域ガバナンス（あるいは流域ガバナンスと同様の理念に基づく流域管理・資源管理）が試みられている[6)-8)]．それを見ると，成功と思われる事例を含めて，多くが基本的な理念を共有した上で，現場での試行錯誤の過程の中で，その地域に合った流域ガバナンスを模索している．たとえば，水資源の持続的な利用を実現するための「統合的水資源管理（IWRM：第1部第2章)」についても，「「全体的な青写真はない」（GWP-TAC 2000, 6)，「IWRMの実践は状況次第である」（GWP-TAC 2000, 18)）(大塚健司編[6)]，9)」のが一般的で，現場での試行錯誤を続けている．大塚は，流域ガバナンスを，「これまでの水資源管理の失敗あるいは困難という現実問題から出発し，流域を単位として，水資源をはじめとする多様な流域資源に関する新たな管理の仕組みを模索する概念（大塚前掲書，216)[6)]」と捉え，IWRMを実践するための方法と位置づけている．またその実現については，「流域ガバナンスはあくまで，順応的な方法や相互学習により実現していくものであり，最初から完成されたシステムの構築をめざす必要はない（大塚前掲書，219)[6)]」とする．前項で流域管理の課題として挙げた地域固有性，空間的重層性に鑑みれば，大塚の指摘するように，流域ガバナンスの実践が，流域管理に参加する利害関係者により，自発的，順応的に学習を通じてその地域にあった形を見出していく形態をとるのは，自然なプロセスであると思われる（第1部第2章，第2部第3章第3節）．

　このように，流域ガバナンスの実践が，基本的には理念を指針に，地域ごとに試行錯誤的におこなわれるものとしても，先行事例から成功のための条件を学び取れない

だろうか？　たとえば，流域ガバナンスの理念や具体的な住民参加のしくみ・制度が，流域管理の成否や有効性とどのように関係するのかが理解できれば，その知見を新たな流域ガバナンスの試みに生かすことができる．本書で提案した流域管理の個別課題に対する個々の方法，たとえば安定同位体による流域診断などは，短期間に大きく進展し，その有効性を検証できた[9]（第3部第2章）．しかし，階層化された流域管理システム全体としては，現場でどれだけ有効に機能するのだろうか？　うまく導入するには，どのような条件が必要なのだろうか？　それをどう検証すればよいかが実践に向けての次の課題となる．

流域環境学の構築に向けて

　Sabatierら[8]は，アメリカ合衆国において1980年代後半に登場した流域管理の新しい潮流である，「協働的流域管理(collaborative watershed management)」を，現代の複雑化した流域管理課題に対して生まれてきた経験的な方法論と位置づける．その上で，その制度の有効性を実証的に論じる枠組みを提案する．そのエッセンスを紹介しよう．彼らは，まず協働的流域管理の本質を，"The collaborative watershed management is not a detailed blueprint, but rather a broad strategy for solving very complex sets of interrelated problems.（上掲書，6)[8]"とした上で，広範な利害関係者を巻き込む「協働アプローチ(collaborative approach)」の制度を，Ostromの制度分析に倣って分析する．具体的には，協働的流域管理の成否に影響を与える主要な要因を，「Process（制度・仕組み），Context（社会経済，地域社会，生態系，政府の制度），Civic Community（人的資本，社会関係資本，政治的効率，信頼感，正当性，集団の信念），Policy Outputs（プランとプロジェクト），Watershed Outcomes（Contextに与える効果）」とし，これら要因群の連関として，協働的流域管理のプロセスをモデル化（概念モデル）する．この概念モデルを分析枠組みとして，協働的流域管理の有効性や実現性は，その制度（利害関係者の参加のルール）と各要因間の相互作用によって決まると捉え，具体的な仮説をたてて実際の事例をもとに検証するのである．このような枠組みで，従来の個別事例の記述・記載中心の流域管理研究から仮説検証型の実証的な流域管理研究への転換を提案する．

　このような流域管理研究の新しい流れは，流域ガバナンスの研究と実践が，相互のフィードバックの段階に入ったことを意味する．いいかえると，アカデミックな理論的枠組の進展と現場での発見的な試行が相互に交流することで，流域ガバナンスを成功に導くのに有効な制度や社会的条件についての実証的な知見が蓄積していくのである．本書の，階層間コミュニケーションを促進する社会的条件としての社会関係資本の実証的分析（第4部第5章）も，このような研究の方向性を示すものである．

　流域環境学とは，繰り返しになるが，「流域ガバナンスを理念とする持続可能性の学問」，と私たちは考える．その構築には，(1) 流域管理の4つの課題に対する方法を生みだすために，文理連携のような諸学問の連携が不可欠である．また，(2) 流域

管理論だけで閉じるのではなく，同じ理念を持つ持続可能性科学や近接するコモンズ論，ガバナンス論，社会関係資本論などとの概念や方法の比較検討（第2節参照）によって，相互に学問的理解を深め合うことが大切であろう．また実践の学問としては，(3)学術的研究と現場での実践の相互のフィードバックの確立が，今後の流域環境学の中心的な課題となる．

[谷内茂雄・脇田健一]

2 流域管理とコモンズ・ガバナンス・社会関係資本
—— 流域管理における管理主体のあり方(注1)

1 はじめに

　流域管理は，その具体的な管理原則や基準を，例えば中央省庁が全国で一律にその詳細まで設定するといった具合に，外生的，かつ一義的に決定することが困難であるという課題を内在している．河川工学者の高橋裕は，流域管理を「河川を全流域一体としてとらえた上で，それぞれの時代の社会的ニーズを考慮し，河川の正常な機能（たとえば，動植物の保存，環境維持，舟運，漁業，塩害防止など）を維持するための，流域の土地および水の管理のあり方を考えること」[10]と定義している．つまり，流域管理のあり方は，その流域を取り巻く自然環境や社会的環境，歴史的環境など様々な環境によって左右され，そもそも流域ごとに多様である．

　流域管理の多様性を考慮すれば，その管理に誰がどのような形で関わるのかという，管理主体のあり方についても流域ごとの多様性を考慮する中で検討されていくべきである．しかし，流域管理における管理主体のあり方については必ずしもこれまで十分に検討されてきたわけではなく，望ましい管理主体のあり方も明確ではない．したがって，関連する研究分野においてどのような議論がなされてきたのか，これまでの動向を整理し，研究課題を提示することが重要である．

　環境管理主体のあり方という点で，流域に限らず様々な自然資源を対象に議論を展開してきたのはコモンズ論である．また，もともとは環境管理とは異なる文脈で議論が始まったものの，近年環境分野で盛んに取り入れられている議論としてガバナンス論と社会関係資本論がある．ここで挙げたコモンズ，ガバナンス，社会関係資本という概念は，流域管理における主体のあり方を考えていく上で有効な手がかりとなることが期待されるが，発展途上の概念であるためその理解について混乱が生じている面もある．また，コモンズ，ガバナンス，社会関係資本の概念間の共通点や相違点については，これまで十分に整理されてきたわけではない．

---

1) 本節のうち，コモンズ，ガバナンス，社会関係資本の概念整理に関する部分は三俣学氏（兵庫県立大学経済学部），嶋田大作氏（京都大学経済研究所）との共同研究の成果[46), 50), 55)]に大きく依拠しており，一部重複する箇所もあることをお断りしておく．

そこで本節では，コモンズ，ガバナンス，社会関係資本という資源管理の主体のあり方に深く関わる概念を，流域管理との関連でその研究動向を整理し，今後の展望を提示したい[注2]．以下では，次のように議論を進めていく．まず，流域管理のもつ一般的特性について若干の整理をおこない，管理をおこなう上で問題となる点とそれに対処する上で考えられる方策をまとめておきたい．次に，コモンズ，ガバナンス，社会関係資本についてそれぞれの概念の展開を整理し，概念間の共通点や差異についても述べておきたい．最後に，流域管理における主体のあり方を考える上でコモンズ論，ガバナンス論，社会関係資本論が提起する重要な論点を整理し，今後の研究課題を提示したい．

2　流域管理概念の変遷

河川や水の管理を流域を単位として総合的におこなうべきであるということは，なにもごく最近になって言われ始めたことではない．例えば，鉄道が普及する以前には川が唯一の内陸部大量輸送路として流域の生活や文化を結びつけ，流域という単位が一般生活の上で重要な意味をもっていた[12]と指摘されている．

政策的にも様々な領域において，流域単位の総合的管理の必要性は提起されてきた[注3]．例えば，1977年には第三次全国総合開発計画（三全総）において計画の領域として新たに「流域圏」が提唱され，計画の中で大きく注目された[13]．戦後，築堤やダムの建設といった手段によって河道内で洪水を処理することに主眼を置いてきた治水対策の分野でさえ，1980年には「総合治水対策の推進について」と題した建設事務次官通達が出され，流域での貯留，浸透を加味した治水対策がいくつかの河川で実践されてきた．国際的にも，統合的水資源管理（IWRM）という考え方が世界水パートナーシップ（GWP）などによって推進されている[14]．このように，いまや水，河川，さらに地域環境の管理は流域を単位としておこなうべきであることがごく当然のように語られている．物質循環や生態系という観点から見た場合に流域は1つのまとまりを有しており，そのまとまりに応じた管理のあり方[20]を構想していく必要がある．

ところが，前述のような流域を単位とした管理の取り組みは，必ずしも成功しているとは言い難いのが実情である．三全総における「流域圏」構想も，流域の生活経済圏としての性格が希薄化し，流域共通の課題への認識が生じにくくなったことでその後の展開は必ずしも満足すべきものではなかった[16]．その重要性が指摘されてきたにもかかわらず，実際には多面的な関係を有する「流域社会」から，水そのものの利用面にのみ特化され結びつく「水系社会」へと近代以降変化してきた[12]と論じられて

---

2) 同様の問題意識から最近おこなわれた研究の成果として，コモンズ論とガバナンス論のサーベイを踏まえてサロマ湖流域の漁業を中心とする資源管理問題を扱った藤田・大塚[64]を挙げることができる．
3) 河川行政における「流域」概念の展開については，吉田[65]の論考に詳しくまとめられている．

いるように，一部の例外的事例を除いて流域を単位とした管理は実現していない(注4)．

なぜ，流域を単位とした管理は，多くの分野で提唱されているにもかかわらず十分進展しないのだろうか．もちろん，個別の問題領域ごとに固有の事情が障害となっているのだろうが，ここではあえてそういった個別の事情に立ち入った分析はおこなわない．むしろ，ここでは流域管理に本来的に付随する次の3つの特徴がその進展の障害となっているという仮説を提示することで，流域を単位とした管理をおこなうことに内在する一般的な問題点を整理してみたい．

3　流域管理の基本的特徴

ここで検討する流域管理の3つの特徴とは，科学的不確実性，地域固有性，空間的重層性の3つである．それぞれについて検討していく中で，これらの特徴がなぜ，どのように流域管理を困難なものにしているのかを明らかにしたい．

まずは，科学的不確実性の存在である．流域は広大かつ複雑なシステムであり，ある管理行為がどのような帰結を生むのかを正確に把握することは極めて困難である．例えば，治水対策において100分の1規模の降雨に対応する河川改修をおこなうという方針を定めたとしても，一体それに相当する降雨量や降雨パターンがどのようなもので，流域に降った雨のうちどれほどの量が河川に流出し，結果として河川の水位がどれほどになるのかという点については，非常に不確実性が高く，これらを正確に予測することは実に困難である．したがって，ある目標状態に向けて，それを完全に達成するような管理計画を策定することは難しく，仮に管理計画を立てたとしても，計画では予期しなかったような結果が生じることもある．

次に，地域固有性である．植田[15]が言うように，環境は歴史的に形成され，地域固有の特徴をもったものである．ならば，その管理のあり方についても一律に定めるのではなく，地域固有性に配慮したものとなるべきだろう．高橋[10]は，「河川には世界，または日本に共通した性格」があるとしつつも，「それぞれの河川ごとに著しい固有の特性がある」と述べている．このような河川の地域固有性を考えると，流域管理の具体的手法や管理基準を一律に規定することは困難である．

例えば，近年各地の河川で自然環境に配慮した河川改修として，多自然型川づくりがおこなわれている．こういった川づくりにおいては，地域の自然特性をよく把握して，それに適合した形でその川に見合った河川改修がおこなわれるべきである．ところが，各地の多自然型川づくりの評価をおこなうために国土交通省が設置した多自然型川づくりレビュー委員会の報告書は，「直線的な平面形状や画一的な横断面形状ありきで，護岸工法として石等の自然の素材を使用したり，植生の回復に配慮したりさ

4）三井[67]は，「流域社会」が明治以降における国家主導の近代化の過程で衰退し，戦後の高度経済成長によって崩壊したと分析している．

えすれば多自然型川づくりであるとの誤解が見られる」[16]として，画一的な多自然型川づくりを批判している．

最後に，空間的重層性である．流域は，全体流域の中にいくつかの支流域が含まれ，さらにその支流域もいくつかの支流域に分割できるといった具合に，入れ子状の構造をしている．この場合，それぞれの空間スケールで適切な管理がなされ，さらにスケール間で調整が取れた管理がおこなわれることが望まれる．しかし，空間スケールによって流域に対する認識は異なり，「状況の定義のズレ」[17]が生じやすい．したがって，流域の様々な空間スケール間で調整の取れた管理をおこなうことは困難である．すなわち，物質循環，生態系の面では明らかな流域単位でのつながりが，社会組織や人々の認識のレベルでは上手くリンクされていないのである．

以上の3つの特徴を総合して考えると，流域管理を実施するにしても，その管理原則・基準や手法を外生的かつ，一義的に決定することができないという点にその困難を集約することができる．

4　流域管理の特徴への対処

さて，以上挙げたような流域管理の3つの特徴に起因する困難を克服するためには，現状の流域管理の考え方とは異なった考え方が必要となる．そういった考え方の1つとしてここで取り上げるのが，利害関係者の参加とコミュニケーションにもとづいた順応的な流域のガバナンスである[18), 19)]．

まず，流域管理に付随する科学的な不確実性に対処するために，順応的管理を基本的な方針とする必要があるだろう．順応的管理とは，1976年にJ. ウォルターズとR. ヒルボーンによって提起された概念で，現象を説明するモデルにもとづいて実験的な管理をおこない，そこで得られた知見にもとづいて再度モデルを修正するといった具合に，実験的な管理を繰り返すことによって，科学的不確実性の存在を前提とした管理をおこなうという手法[20]である．そこでは，順応的な学習と，フィードバックコントロールが重要な要素となる．しかし，順応的管理の議論においては，誰が管理者であり，どのような制度的枠組みが求められているのかについては検討されていない[20]．

地域固有性に対処するためには，その流域に関わる人々の参加によって，流域管理がなされなければならない．利害関係者が管理に参加することで，その流域の個別性を反映した管理のあり方を考える必要がある．実際に，1997年の河川法の改正においては，「地域の意向を反映する手続き」として，河川整備計画策定時における公聴会の開催などが制度化されている[22]．

また，空間的重層性に起因する流域に対する認識の違いに対処するためには，空間スケールを超えてコミュニケーションがおこなわれ，共通意識が醸成されていくことが必要である．環境社会学者の舩橋晴俊が指摘するように，「公論形成の場において

異質な視点・情報を集め，突き合わせた上で，より普遍性のある問題認識と解決策を見出す事」[23]が重要になってくるのである．

つまり，流域管理が本質的に抱える科学的不確実性，地域固有性，空間的重層性・異質性という特徴から考えてみると，順応的管理を基本的な戦略として，利害関係者の参加とコミュニケーションを活発にすることによって対処していく必要があるといえるだろう．

こういった点を踏まえれば，流域を単位とした管理を実現していくためには，その管理の対象や基準，それを実現する手法が内生的なプロセスを経て決定され，実際の取り組みの結果を受けて継続的な改善がなされていくという動的なプロセスを通じて実行されていくべきである．

5 コモンズ，社会関係資本，ガバナンス ── 概念の展開と相互関連

流域管理の実現に向けては以上のような困難が存在するわけであるが，これらの障害をどのようにして乗り越えていけばよいのだろうか．この点についてさらなる示唆を得ることを目的として，次に，流域管理に限らず対象を広げ，環境・資源の管理主体のあり方に関するこれまでの議論の潮流を，コモンズ，ガバナンス，社会関係資本というキーワードに注目して簡単に紹介していきたい．

5.1 コモンズ論の展開

コモンズ論はこれまで，社会と自然資源とのかかわりについて精力的に議論を展開してきた．コモンズとは，もともと中世イングランドにおける「コモン」という言葉と密接に関連している．「コモン」はもともと他人の所有，保有する土地で自然に生みだされるものの一部を採取，利用する権利の意味で用いられることが多かったが，後にそのような権利の行使が認められる土地を指すようになり，その総称として複数形のコモンズという言葉が用いられるようになったと推測されている[24]．もともと法的概念と具体的資源の双方を指し示す言葉であったことを考慮して，ここではコモンズを「自然資源の共同管理制度，および共同管理の対象である資源そのもの」[25]と考えて議論を進めていきたい．

1968年に生物学者 G. ハーディンが発表した人口問題について警鐘を鳴らす論文[26]の中で，所有権が明確に設定されていないがために各人が過剰な利用をおこなう結果として荒廃してしまう環境の例としてコモンズについて言及された．このことをきっかけとして，その後活発に議論がおこなわれることとなる．ハーディンが一種の思考実験として展開した議論に対して，現地調査にもとづいた研究から批判が噴出するのである．議論の焦点は，ハーディンがコモンズを全ての人に開かれた牧草地であり，人々がそれぞれ利己的な利用をおこなえば全体としての資源が枯渇してしまうという点，そしてそのような悲劇的状態を回避するためにはコモンズを分割して私有財産化

> 1. 明確に定められた境界
> 2. 利用や規制のルールと地域の条件との適合
> 3. 集合的選択についての調整が存在すること
> 4. モニタリングがおこなわれること
> 5. 段階的制裁がおこなわれること
> 6. 紛争解決メカニズムが存在すること
> 7. 組織する権利への最小限の認識
> 8. （より大きな資源の一部である場合）ルールが入れ子状の構造であること

図 5-3-1　共同利用資源（CPR）の長期存立条件
出典）Ostrom[28] をもとに著者作成

するか，公的管理に委ねるぐらいしか「コモンズの悲劇」を回避する方策はないだろうと述べた点[注5]にあった．

　まず現地調査から明らかになってきたのは，コモンズには区別すべき多様な形態が存在するという点である．例えば井上[27]は，資源へのアクセス可能な集団の範囲に注目して，それが一定の集団に限定されていないものを「グローバル・コモンズ」，一定の集団に限定されるものを「ローカル・コモンズ」と整理している．このうちローカル・コモンズについては，利用規制の有無に着目して集団内に管理・利用の規律が定められているコモンズを「タイトなローカル・コモンズ」，集団の成員であれば比較的自由に利用できるものを「ルースなローカル・コモンズ」と整理している．このような分類にしたがえば，前述のハーディンの議論は「グローバル・コモンズ」もしくは「ルースなローカル・コモンズ」を念頭に置いたもので，「タイトなローカル・コモンズ」には当てはまらないことが明らかになる．

　さらに，数多くの事例研究から，様々な種類の資源が私有財産化や公的管理がなされていなくても，長期間持続的に利用されてきたことが明らかにされてきた．これらも，ハーディンの議論に対する反証である．事例研究の中で取り上げられてきた世界のコモンズについては，室田・三俣[24]の著作の中に「世界のコモンズ一覧」としてまとめられている．

　こういった多くの事例研究の成果を体系的にまとめたのは，1990年に刊行された *Governing the Commons*[28] である．この中では長期間持続的に管理がなされてきた様々なコモンズについての事例研究の成果が紹介されると同時に，それらの成功事例に共通する制度的特徴を探り，長期持続可能なコモンズのための設計原理（Design Principle）としてまとめている（図 5-3-1）．この設計原理はその後様々な論者によって取り上げられ，精緻化が計られることになる[注6]．

5）実際に発展途上国においては，地元住民によって慣習的に利用されてきた森林が，国有化，ないしは私有財産化されてきた[27]．
6）例えば，文献[67]など．

5.2 ガバナンス論の展開

ガバナンス（governance）の辞書的意味は「統治方式，管理法，支配，統治」であり，その起源はラテン語で「舵取り」を意味する gubernantia にさかのぼる[29]．ガバナンスという言葉の辞書的意味が指し示す内容は，これまでの政治学や行政学が議論を重ねてきたテーマでもある．にもかかわらず，1990年代中頃以降に急速に「ガバナンス」が議論されるようになってきたのはなぜだろうか．たとえばガバナンス概念についてのレビュー論文の中で戸政[30]は，行政改革，政府活動の変化，政府の限界の明確化，NPOの台頭といった状況を，ガバナンス論の登場する社会背景として挙げている．つまり，伝統的な政府による統治の限界に対する問題意識と，新たな統治の担い手に対する期待が現在のガバナンス論の根底にあると言えるだろう．

ガバナンスについては現在実に多様な領域において議論がなされているが，環境に関する分野においても活発な議論がなされるようになってきている．原嶋[31]が指摘しているように，1990年代の初期にはグローバルなレベルでの環境ガバナンスに関する議論が多く，国内レベルでの環境ガバナンスに関する議論はほとんどなかった．初期の環境ガバナンス論の中心であったグローバルなレベルの議論においては，対象の異なる多国間環境協定の間の重複や矛盾を避け，効果的な実施体制をどのように構築するかというインターリンケージなどについて論じられてきた[32],[33]．

日本において最も早い段階で環境ガバナンス論について言及しているのは，管見の限りでは行政学者の宇都宮深志[34],[35]である．彼は，生物中心主義の新しい環境理念を訴える中で，環境保全に関する決定やその実施枠組みとしての環境ガバナンスの重要性を指摘している．彼の環境ガバナンス論においては，「ガバメントは，中心となってすべてのものをおこなうという役割から，市民，NGO，団体，事業者などの自主的活動を支援する触媒的役割へとシフトする」と，「ガバメント」の役割の変化を指摘している[34]．また，毛利[36]は『NGOと地球環境ガバナンス』という著書の中で，グローバル・ガバナンス委員会の報告書 *Our Global Neighborhood* で提唱されたガバナンスや，国際関係論での議論に依拠したガバナンス論をもとに，地球規模でのNGOのネットワークについて論じている．

『環境ガバナンス』の著者である松下和夫も同様に，グローバル・ガバナンス委員会での議論や，国際関係論でのガバナンス論を参照しつつ，多様な主体がよりよい環境の管理のためにどのような役割を果たすべきかを考える枠組みとして，環境ガバナンスを論じている[37]．彼の著書では国際関係のみではなく，地方自治体や企業，国家など様々なレベルのアクターについて包括的にまとめられており，環境問題の解決に向けて，多様で，多元的な主体が何らかの取り組みをおこなう必要性が強調されているのが特徴的である．

一方で，2000年以降にはローカルな地域環境管理の議論の中でも，環境ガバナンスについて言及した研究が散見されるようになってきた．例えば，「地域のパートナー

シップやネットワーク，政府以外の組織への注目」[38]や，「統合的な環境管理体制の必要性」[37]という問題関心からは，明示的にその言葉を定義していないものの，「ガバメントよりも広い何か」として地域の環境ガバナンスのあり方について論じていることが分かる．日本においても，フィールドワークを交えて地方自治や地域環境政策について研究をおこなってきた寄本勝美は，その著書『公共を支える民』の中でローカル・ガバナンスについて触れている．同著において寄本は，ガバナンスに含まれる意味として「ガバメントとは異なって政府部門のみならず民間部門による公共問題・社会問題への対応」と「民間部門の公共的な活動や機能への期待」を挙げている．その上で，市民の行政や民間活動への参加を通じて，ガバナンスを発展させることを提唱している[40]．また，柿澤[39]は，政治学者 R. ローズ[42]によるガバナンスの定義を援用して，様々な組織の協働による地域環境ガバナンスの実現を提唱している．

5.3 社会関係資本論の展開

社会関係資本（social capital）とは，道路やダム，港湾といった物理的なインフラストラクチャーを指すのではなく，文字どおり人々の社会的な関係性の特徴を表す概念である．もともとこの概念に言及したのは，ウエストバージニア州の地方学校の指導主事（supervisor）であった L. ハニファンであったといわれている[43]．彼は，1916年に発表した論文の中で「農村コミュニティを形成する個人の集団や家族の中の善意，連帯感，相互共感，社会的交際」を資本にたとえて，その蓄積が重要であることを説いた[44]．社会関係資本の定義についてはいまだ論争のあるところであり，実証研究においても混乱が見られるが，最も広く引用されている定義は「調整された諸活動を活発にする信頼，規範，ネットワーク」[45]である．しかし，その指し示すところがあまりに幅広いため，現在ではいくつかの区別すべき類型が提示されている[46]．

この概念が広く知れわたることとなったきっかけは，イタリアの州政府の制度パフォーマンスと社会関係資本との関連を実証した政治学者 R. パットナムによる研究である．パットナム[45]は内閣の安定性，予算成立の迅速さ，州の助成による保育所の数，農業支出の規模，官僚の応答性といった12の指標から合成指標を作成し，20の州政府の制度パフォーマンスを測定した．そして各州の制度パフォーマンスが，市民共同体の豊かさを示す指標と非常に強く相関していることを示したのである．そして J. コールマンの議論[47]を引用しつつ，諸制度のパフォーマンスの悪化につながる集合行為ジレンマを解決する上で，市民度の指標で表されるような社会関係資本が重要な役割を担っていると指摘した[45]．この研究をきっかけに，社会関係資本は疫学，開発援助，経営学などさまざまな分野で盛んに議論されることとなる．

社会関係資本が環境管理において果たす役割については，パットナム[45]に先駆けて E. オストロム[28]が「繰り返しコミュニケーションがおこなわれるような小集団に暮らし，共有された規範と互酬のパターンをある程度の期間発展させたとき，彼らは

それを用いてCPRジレンマを解決するための制度設計が可能になるような社会関係資本を持つ」として言及をしている．オストロム[48]でもコールマン[47]の定義を参照し，灌漑システムの運営にあたっておこなわれる調整のための諸取り組みが社会関係資本であると述べている．そして，社会関係資本への投資としての制度設計が重要であると説いている[注7]．同著の中で社会関係資本に関して十分な分析がなされてはいないが，早い段階でその重要性を指摘していることは注目に値する[注8]．

オストロム[49]では，ゲーム理論を用いて物的資本や社会関係資本が灌漑用水管理に与える影響を考察した後，そこから導き出された仮説を統計分析によって検証している．この研究においては，直接的に社会関係資本を変数として定義していないが，物的資本の状態が社会関係資本に影響を与えるという概念モデルのもとに分析が進められている．それは，水路や堰といった物的資本がコンクリート等でつくられた恒常的な構造物であれば，地域コミュニティによる定期的な維持，管理の必要がなくなり，そこでの社会関係がなくなったことによって農業者間での水分配に関する交渉結果にも影響を与えるというものである．

ゲーム理論を用いた考察から引き出されたこの仮説を，オストロムはネパールの76の灌漑組織についてのデータを用いて検証している．その結果は，頭首工[注9]が恒常的なものであるところほど，灌漑組織内で水の分配が平等におこなわれていないというものであった．このことを通じてオストロムは，地域の社会関係資本を考慮しない物的資本の開発は，それによって生産性を上げるどころか，逆の結果をもたらしかねないと主張している．

5.4 概念間の共通点と差異

これまでコモンズ，ガバナンス，社会関係資本のそれぞれについて概念の展開を紹介してきたわけであるが，これら3つの概念の間には重要な共通点と差異を指摘することができる[50]．特に冒頭で述べたような特質をもつ流域管理においては，これらの共通点と差異を整理して3つの概念を統合した枠組みにもとづいて分析を進めていくことが有益であると思われる．

まず共通点として挙げることができるのは，資源管理に関わる主体間の関係性が資源の状態に重要な影響を与えていることを示している点である．たとえばコモンズ論が資源そのものとその管理組織を同時に論じてきたように，ある資源をめぐって密接な社会関係がそこにあることによって，人々は利用を抑制するようなルールをつくり，

---

7) この段階で，オストロムは社会関係資本を埋め込まれた制度デザイン（embedded institutional design）と表現しており，制度と近いものと認識している．
8) オストロムはその後も社会関係資本に関する分析を続け，文献[68]，文献[69]においてそれぞれsocial capitalをタイトルに付した章を執筆している．
9) 灌漑用水を河川から用水路へ取り入れるための堰と取り入れ口のこと．

それを履行することができたのである[注10]．

しかし，近代化によってそういった関係性が消滅していくことにより，コモンズも消滅してしまう．環境社会学者の宮内泰介はコモンズとしての川が崩壊した要因を，(1) 住民の生業や生活との直接的な関係性が希薄化ないし消滅したこと，(2) 所有や管理主体の変化，(3) 地域社会のまとまりの崩壊の3点にまとめている[51]．資源と社会との関係性と同時に，社会における関係性が自然資源の崩壊にかかわっているのである．

環境ガバナンス論についても，多様で多元的な主体の参加を念頭においており，必然的にそれらの主体の間の関係性が問われることになる．こういった関係性の重要さをもっとも中心に据えて論じているのが，社会関係資本論である．実際に，コモンズ論やガバナンス論において社会関係資本に注目した分析が数多くおこなわれてきている．

一方，3つの概念を比較してみると，対象とする資源の規模が異なっていることがわかる．これまで社会科学においては，自然科学ほど規模 (scale) の重要性を認識していなかったが，人と自然環境とのかかわりを解明する上では社会科学者も分析の中で考察の対象に据える資源の規模が与える影響を明らかにする必要がある[52]．ここで取り上げた3つの概念についても，それぞれが異なった資源の規模を想定し，往々にしてそれが明示されないまま論が進んでいる．特にその差が顕著にみられるのは，コモンズ論とガバナンス論においてである．

オストロムが，多くとも15,000人程度の利用者 (appropriators) がかかわり，かつ，ある1国内に収まるような小規模な資源を分析の対象にしている[28]と述べたことに象徴されるように，コモンズ論は比較的小さなスケールでの資源管理を念頭において，その有用性を示してきた．一方環境ガバナンス論においては，NPOや地縁組織，企業といった集団，あるいは地方自治体や国家などを主体として議論がなされており，対象とする資源も比較的大きなスケールのものとなっている．

以上のような共通点と差異を概念図の形で整理したものが，図5-3-2である．資源の規模が小さくなるほどコモンズ論の対象領域が拡大し，資源の規模が大きくなるほどガバナンス論の対象領域が拡大することを表している．コモンズ論は主に1つの集落の中での組織内調整に焦点を当て，ガバナンス論は複数の集落間や市町村，国との組織間の調整に焦点を当てる．そして，それらの調整をおこなう際に共通して必要となってくるのは社会関係資本論であり，コモンズ論，ガバナンス論に通底するものと

---

10) ただし，民俗学者の菅[70]が指摘するように，そういった関係性は予定調和的に生まれたものではなく，葛藤や軋轢，いがみ合い，戦いの中で生み出されてきたという理解はコモンズの成り立ちを考える上で重要な点であろう．なお，菅の論考はコモンズの重層性についても，「ひとつの層へと単純に収斂しない状況は，必然的に所有，使用の権利，そしてアクセスの度合いを抑制，あるいは牽制する」など示唆的な議論を展開している．

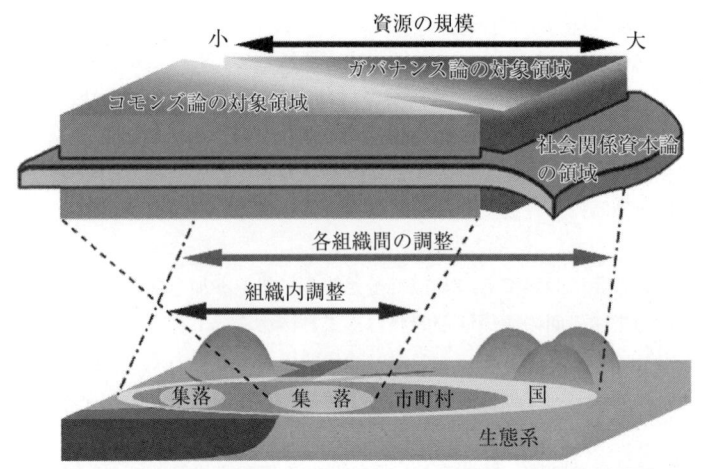

第 5 部　流域環境学の発展に向けて

図 5-3-2　コモンズ論，ガバナンス論，社会関係資本論の相互関連
出典）三俣・嶋田・大野[50]．

して位置づけることができる．

6　流域管理におけるコモンズ・ガバナンス・社会関係資本

再び流域管理における管理主体のあり方という課題に立ち戻って考えてみるならば，コモンズ論，ガバナンス論，社会関係資本論は次のような方策を提起していると整理できるだろう．

まず，利害関係者の参加にあたっては，コモンズ論が実証的に明らかにしてきたように，小さな流域での自治的な管理を重視すべきである．こういった管理は農村地帯を中心にすでに継続的におこなわれている事例もあるし，環境社会学者の鳥越[53]が報告している事例のように都市的な河川においても十分に実行可能性がある．

地域での自治的な流域管理の実行可能性を高める要因の 1 つは，地域における社会関係資本の蓄積量である．例えば，地域で自治会や町内会がおこなっている水路掃除への参加の有無は，地縁的な社会関係を中心とする内部結束型で構造的な社会関係資本によって規定されていることが，アンケート調査の結果を用いた定量分析によって明らかにされている[54]．同時に，農業集落での聞き取り調査においても「集落での対話があるところほど，集落としてのまとまりがよい」という回答を得ることができた[56]．すなわち，社会関係資本が豊富であり，コミュニケーションが活発におこなわれている地域ほど，共同で地域内の資源管理をおこなうことが可能となるだろう．

同時に，より広い視点から隣接する小流域や流域全体との利害調整をおこなうことも必要である．この点については，井上真の提唱する協治 (collaborative governance) 論[57]が示唆的である．インドネシアの森林管理を対象として，井上は人々の「ウチと

ソト」の感覚が強すぎると，議論の対象とする規模（スケール）が拡大するにつれ「みんなのモノ」が「自分たちのモノ」であるという感覚が弱まっていくという仮説のもとで，「ウチとソト」の垣根を低くする，あるいは入れ子構造を解体することが必要だと述べている．その上で井上は，「中央政府，地方自治体，住民，企業，NGO／NPO，地球市民など様々な主体（利害関係者）が協働して資源管理をおこなう仕組み」として森林の協治（collaborative governance）を提唱している．流域における協治の具体的取り組みとしては，例えばよく知られる矢作川の流域管理の事例[57), 58)]を位置づけることができるのではないだろうか．また，1997年の河川法改正以降，各地で地域住民が参加した河川計画づくりが試みられているところであり[59)]，今後の動向に注目していく必要がある．

さらに，隣接する小流域や流域全体との連携を図り共通の目的の遂行に尽力する人や組織といった，いわば「階層間をわたり歩く人」[60)]の存在も重要になる．その重要性は主に経験的に理解されているところであるが，理論的には社会関係資本論における内部結束型（Bonding）社会関係資本と，橋渡し型（Bridging）社会関係資本の関係についての議論に引きつけて考えることができる．この2つの区別はギッテルとヴィダルによって提案されたもので，既に知り合いである人々をより近づけるものを内部結束型，それまでに知り合いでなかった人々や集団を結びつけるものを橋渡し型であると区別をしている[61)]．内部結束型の社会関係資本はそれがいくら豊富に蓄積されていたとしても，閉鎖的で非社会的な団体を生み出す恐れがあることから，現在では，双方のタイプがバランスよく存在することが望ましいという点について，一定の合意が得られている[62)]．すなわち，小さな流域内における内部接合型の社会関係資本を豊富にすると同時に，流域全体において様々な集団をつないでいく橋渡し型の社会関係資本を豊富にすることも求められているのである．

7　今後の研究課題

コモンズ，ガバナンス，社会関係資本に関する研究動向を概観する中で，流域管理の主体のあり方についていくつかの示唆を得ることができたが，一方で今後さらなる検討が求められる点も数多くある．以下では今後の研究課題について何点か指摘をおこない，論を閉じることにしたい．

まず1つめは，流域の重層的性質を考慮した場合に，それぞれの空間スケールをつなぐ社会関係を解明し，どのような関係性が望ましいのかその方向性を提示していくことである．資源管理組織や制度のスケール間のつながりに関するレビュー論文[63)]において F. バークスは，「過去数十年のコモンズ研究の成果を考慮すると，純粋に地域レベルでの管理も，純粋により高いレベルでの管理も，単独ではうまく機能することはないと言える」としながらも，「重層的な組織のつながりとそのダイナミックスの重要さを考慮すれば，この領域においては驚くほど研究がおこなわれていない」と

述べている．流域管理においては空間スケール間の相互調整は重要な意味をもっており[19]，例えばこれまで自治会と都道府県の河川行政当局，あるいは都道府県の河川行政当局と国の河川行政当局の間でどのような調整がおこなわれてきたのかという点について具体的に明らかにし，今後のあるべき関係性を探る上での手がかりとしていく必要があるだろう．

2点目は，流域管理に関わる主体の中でも，行政当局の役割をどのように考えていくかという点である．管理の対象とする空間的領域が広がるにしたがって行政的な管理の色彩が強くなるために，この点は上述のような空間スケール間にまたがった管理主体間の社会関係を考えていく上で特に課題となってくる．これは典型的には，流域管理における「市民参加」のあり方をめぐる議論において表出する課題である．実践的には各流域で様々な「市民参加」を目的とした取り組みが数多くおこなわれつつあるところであるが，その具体的な実施形態や取り組みの成果に対する評価は十分なされていない．これはそもそも流域管理における行政当局の役割や市民の役割について十分考察がなされておらず，実際の取り組みを評価できるような理論的枠組みが十分構築されていないことに起因すると思われる．したがって，政治学，行政学を中心にこれまでの市民参加に関する議論を総括し，それにもとづいて，数多くおこなわれてきた実証研究の成果を整理していくという作業が必要になるだろう．

3点目に，流域管理がすぐれて実践的な課題であることを考慮すれば実証研究が不可欠であるが，その成果を踏まえた上での理論化や，さらにその理論を踏まえた上での実証研究がおこなわれるといった具合に，相互補完的に深化していく研究サイクルが求められる．こういった観点からこれまでの流域管理の主体のあり方に関する研究成果を見てみると，個別の事例報告や実証的研究がある程度存在するものの，その成果を体系づけるような業績はあまり見られない．体系化に向けては，十分に考慮された研究設計にもとづいた複数の流域間での比較研究が1つの有益な方策となるだろう．

［大野智彦］

3 ▎ 海外における実践事例
―― バングラデシュとインドでの地域資源管理

本書で紹介した琵琶湖流域での研究事例（第4部）は，学術的立場から，利害関係者のコミュニケーションを支援するさまざまな方法を現場で検討してきたものであった（第2部第3章第3節，第5部第2章第2節）．本節では，コミュニケーションの支援によって，実際に現地の人々，特に貧困層の行動をエンパワメントすることで，地域の自然資源管理の向上を図る，バングラデシュの氾濫原での開発型プロジェクトの事例を紹介する．このプロジェクトでは，コミュニティを対象とした，ワークショップ

に基づく利害関係者の合意形成手法（PAPD）が開発された[71),72),73)]．その後，PAPD は，インドのカルカッタ近郊の湿地帯での生活排水問題など，より大規模で複雑な問題への発展の試みがなされている．PAPD の根底にある考え方は，私たちのプロジェクトと共有する部分が多く，学術的な方法をどのように実践に生かすかという点においても，学ぶことが多い．

1 バングラデシュにおける参加型合意形成手法（PAPD）の開発の背景 [73)]

本節で紹介する事例は，バングラデシュで開発された自然資源管理，主にコミュニティレベルでの地域資源管理の支援を想定した PAPD（Participatory Action Plan Development：参加型アクションプラン開発手法）と呼ばれる合意形成手法である．この手法は，バングラデシュの氾濫原（floodplain）での自然資源管理の向上を目的に，一連の開発型プロジェクト研究の成果をもとに作成された．主たるスポンサーは，英国の国際開発省（DFID: Department for International Development）であり，ポーツマス大学，バングラデシュの自然資源研究センター（CNRS: Center for Natural Resource Studies）などが，CARITAS など NGO の協力のもとにおこなってきた，現地での草の根レベルでの研究に基づいている．最初にプロジェクトの背景を説明しよう．

PAPD の開発メンバーであるロジャー・レウィンズ（Roger Lewins）ら[(注1)]によれば，バングラデシュをはじめとした開発国においては，貧困問題の解消等を目的とした地域開発において，過去数十年におよぶ，外部資金援助や政府による移植型の開発プロジェクトの失敗が続いてきた．失敗の大きな理由のひとつは，トップダウンで作られる開発の青写真（blueprint）を信頼しすぎ，現地の貧困層が計画に関わる余地がなかったこと，また現地の利害関係者の関心を無視した点にあった．その後，反動として，現地の利害関係者を開発プランに巻き込む参加型（participatory）開発プロジェクトの動きが活発化したが，その多くは従来の方法に接木をした，形だけの参加型開発にすぎず，最も影響を受けやすい貧困層は参加できなかったのである．レウィンズらが関わった，バングラデシュ氾濫原の自然資源管理においても，特定のセクターと密着したエージェントや技術的専門家は，機械的に参加者を決める方法を採用し，地域コミュニティ独自の視点と地域固有の参加型アプローチのやり方を軽視してきたという背景があった．形式的な上からの参加型プロジェクトではなく，本当の意味での参加が待望されていたのである．こうした時代背景の中，従来の参加型アプローチに

---

1) 私たちは，琵琶湖-淀川プロジェクトの開始時と終了年度に，プロジェクトを進める上での課題を議論する国際ワークショップ[74)]と，プロジェクトの成果について総括する国際ワークショップ[77)]を催した．本節で紹介した PAPD の開発者の一人であるロジャー・レウィンズ氏には，現地での実務経験を持つ自然資源管理のコンサルタントの立場から，PAPD について話題提供[74)]をしていただくとともに，本プロジェクトをまとめる上でも貴重なご意見[77)]をいただいた．

欠落しているのは，コミュニティ内に，多様な利害関係者やさまざまな関心があることを前提とした，コミュニティにとって意味のある計画であることが認識されてきた．そのための新しい参加型アプローチのひとつが PAPD なのである．

2 PAPD の基本的考え方[73],[74]

　PAPD は，生活の視点（livelihoods perspective）に立ち，コミュニティは小さな社会であっても，その中の利害関係者の間には，多様な関心と相互に複雑に関連しあった人間関係，力関係があり，この多様性こそがコミュニティの持続可能性や貧困削減に影響を与えうる，という認識から出発する．コミュニティの自然資源管理においても，多様な利害関係者の存在を認識し，各々の考え方を尊重した上で協働することが，その成功に不可欠だと考えるのである．PAPD では，「合意形成（consensus building）」に対して独自の定義をおこなっている．「合意（コンセンサス）」とは，ゼロサムゲーム的状況やトレードオフをあらかじめ仮定して，利害関係者間のコンフリクトを妥協や譲歩によって解消することではなく，すべての利害関係者がメリットを享受でき，それぞれの立場を尊重することができる状況の実現ととらえる．つまり，PAPD では，問題解決において，多様な利害関係者による相互理解と相互学習を通じて「win-win」となる関係を探し出すことを原則としている．その意味で，ダイナミックな方法であり，すぐに解決策が得られるわけではない．PAPD では，このような意味での合意を構築するため，外部からの関与ができるだけ少ない，利害関係者自身による「内発的な（endogenous）」方法を採用する．具体的には，後述する「ソフトなファシリテーション（light facilitation）」と呼ばれる，スキルを持った専門ファシリテータによる参加型のワークショップである．この方法では，多様な利害関係者，特に貧困層の参加を支援し，相互発見と相互学習を通じて，内部から資源管理プランを生み出すことを支援する．言いかえると，外部から強制された資源管理のやり方を受け入れたり，固定化した資源管理に頼るのではなく，コミュニティが変化に対応できる管理能力を形成することを支援するのである．

　さて，PAPD では，3 つの時間スケールで合意形成の目標を考える．短期・中期的には，利害関係者が自分の所属するコミュニティの資源管理に対して，発言だけでなく実際の行動のレベルにまで反映できることを目標とする．中長期的目標は，主に国際的援助機関の目標となるが，地域の利害関係者と国の政策レベルとの間に，強い社会的・政治的なネットワークを構築すること，言いかえるとセーフティネットの意味での社会関係資本の構築が目標となる．最後に，国際援助機関の目標である長期的な目標は，永続的な社会関係資本を構築し，第 3 者によるファシリテーションがなくても，コミュニティ自身が内発的に資源管理を持続していけることである．

3 PAPDの概要とバングラデシュでの実践事例 [73], [74], [75]

PAPDは，以上のような時代背景と考え方をもとに，意思決定のグループダイナミクスを考慮して，次の (2) 〜 (5) までの一連のワークショップの連鎖としてデザインされている．

(1) スコーピング期間 (Scoping phase)

熟練したファシリテータが，対象地域の環境と人々の生活を熟知した上で，PAPDに参加する利害関係者を選ぶ．このスコーピング期間に，利害関係者の分析 (stakeholder analysis) をおこない，コミュニティを適切な利害関係者のグループに分ける．バングラデシュの氾濫原の場合，典型的な一次利害関係者は，比較的裕福な地主 (land-owner) および分益小作人 (share-cropper) と，土地をもたない一般労働者 (landless)，漁師 (fulltime fisher) の4グループとなる（以下の説明では，便宜的に4グループとしている）．他に二次利害関係者として，地方自治体の政府代表やNGOも対象となる．

(2) 問題意識調査のステップ (Problem census)

ここからがPAPDのステップとなる．4つの利害関係者のグループごとに，分かれてワークショップをおこなう．利害関係者ごとに，どのような生活・生計上の問題があるかを話し合い，問題をリストアップする．その上で，なぜそういう問題がおこるのか，原因の要因分析をおこなう．次いで，どういう解決策が可能か解決策を議論し，問題の重要性の優先順位 (priority) を話しあって決める．このステップで，利害関係者ごとのグループに分けるのは，利害関係者間の力関係によって率直な議論が妨げられないようにし，自由な意見を出してもらうためである．

(3) 問題のクラスター化と順位づけのステップ (Planning cluster and prioritization)

今度は，4つの利害関係者グループが，合同でワークショップをおこなう．前のステップで各利害関係者グループが独立にリストアップした問題を，自然資源管理との関係をもとに，問題どうしの関連性を見つけ出す．その上で，どの問題が一番重要なのかを考え，優先順位をつける．このステップで，二次利害関係者も参加することで，すべての利害関係者グループに，議論している問題の深刻さや重要性を認識させる効果が生まれる．このステップで，議論の幅はいったん大きく広がる．

(4) 問題解決策の提案ステップ (Analysis of solutions)

再び，4つの利害関係者ごとのワークショップをおこない，全体ワークショップで優先順位が高いとされた問題の解決法を，ステップ分析 (STEP analysis) と呼ばれる方法を使って話し合う．ステップ分析とは，具体的な解決法を考えて，社会，技術，

環境，政治，持続可能性という5つの項目ごとに，解決策の現実性を評価する方法である．また，ある解決策をとった場合に，その解決策が他の利害関係者へ与える影響を評価する．このステップで，各利害関係者は，全体を理解する枠組を共有して議論をすることができるので，議論は収束に向かうことが期待できる．

(5) 解決策とアクションプランへの合意ステップ (Consensus on solutions)

最後に，再び4つの利害関係者グループが，合同でワークショップをおこない，二次利害関係者も参加して，それぞれのグループごとに提案された問題への解決策を評価しあう．話し合いをおこなって，コミュニティとしての解決策をアクションプランとして採択する合意をとる．このステップにおいて議論はコンセンサスへと収束する．ここまでが PAPD のステップである．

(6) アクションプランの実行 (Action plan implementation)

あらかじめ，アクションプランを実行に移すための実行委員会を設置しておく．PAPD 終了後，その実行委員会がより詳細なアクションプランを作成し，コミュニティの機構を通して実行していく．

PAPD に要する時間だが，自然資源研究センター (CNRS) が作成したパンフレット[75]によれば，バングラデシュの氾濫原の事例では，4集落で全1000世帯を含む，最大 $3km^2$(300ha) 程度の広さのコミュニティを対象とした場合，4つの利害関係者グループ，2人のファシリテータ，十分なワークショップ会場を前提として PAPD をおこなう場合，その実施には最低8日間程度が必要と見積もっている．

あるコミュニティの事例をもとに，PAPD のプロセスを簡単に紹介しよう．まず，スコーピングによって，上記の4つの利害関係者が区別されると，問題意識調査がおこなわれた．それによれば，裕福な地主と分益小作人は，農業によって土地を有効に使い，冬の乾季もいろんな米を作りたいと思っていた．そのためには，水利が重要になる．一方，土地を持たない一般労働者や漁師は，土地の多面的利用によって漁業などにより，食糧を収穫したいと思っていた．次に，問題のクラスター化と優先順位付けによって，両方の利害関係者に共通する問題要因とは，土地の流出しやすいシルトであることがわかってきた．つまり，土地から水路に流出したシルト（泥）が堆積することで，農業の灌漑が非効率化するのである．また，シルトで水路の酸素が欠乏することで，魚の生息場所が少なくなり，漁業をする場所も奪われていたのである．したがって，両者に共通する本質的な問題とは，水路へのシルトの堆積であり，問題解決策として，水路を再び掘ることが提案されたのである．水路を掘ることで灌漑システムの効率は向上し，水路に魚が増えることで食糧や漁業の上でも便益となり，4つの利害関係者グループすべてにとって望ましい解決策となったのである．

4　PAPD 手法の適用範囲のスケールアップ[76), 77)]

　PAPDは，バングラデシュでのプロジェクトでの実践を通じて，その有効性が検証され，現在ではバングラデシュ以外に，ベトナムのメコンデルタなどにおいても採用されている．ここで紹介したバングラデシュの事例では，基本的な問題構造は，コミュニティレベルでの農家と漁業者間の土地利用をめぐる対立であった．そのため，コミュニティレベルの合意形成で解決可能である．レウィンズらは，PAPDの次の課題として，インドのカルカッタ郊外の湿地帯におけるより大規模で複雑な生活排水問題に取り組んでいる[76), 77)]．

　カルカッタの状況は，バングラデシュの事例に比べて非常に複雑であり，政府の利害関係者，経済的な側面も絡んでくる．問題の詳細には立ち入らないが，この事例の場合，湿地帯の面積は $125km^2$ (12,500ha) を超え，およそ6万人の生計を支えている．したがって，バングラデシュの事例のように，ミクロなコミュニティレベルだけでは，問題は解決できない．まず，この地域に含まれるコミュニティ自体，大きな異質性を含んでいることが問題になる．そこで，この地域の排水システム全体を，スケールとともに行政区分も考慮して11の区域に分け，区域ごとに現地の人々とその区域の問題意識を反映した管理プランを一つずつ作成したのである．次にコミュニティとメソ・マクロスケールの二次利害関係者，特に政府との間をつなぐことでコミュニティのプランを伝え，政府からどうやって財務面の支援を受けるようにしていくのかが問題となる．この段階で最も重要になるのはメソスケールのレベルである．それはメソレベルには農業組合のような組織が存在し，階層間を行き来できるからである．このことを踏まえて，政府をサポートする人に，コミュニティレベルでのプランニングを提示し，マクロ，メソ，ミクロレベルの代表者は必ず定期的にワークショップに参加するような仕組みをつくったのである．

　以上，地域資源管理におけるコミュニケーション支援の実践例を，開発型プロジェクトの事例をもとに紹介した．現地で実際に問題解決にかかわり，プロジェクト期間内に人々の行動を変えていくことがミッションとなる開発型プロジェクトと，学術に軸足を置き，新しい流域管理の方法を現場の中から抽出して原理的なアイデアを考えていくことに重点を置いた私たちのプロジェクトではもちろん性格が異なる．しかし，地域社会の問題意識を尊重し，ボトムアップからのマネジメントを支援し，トップダウンとボトムアップを結びつけるためのコミュニケーションを促進する方法の必要性に関しては，同じ問題認識を持つものであり，ここに学術と実践の交流の可能性を見出せるのである．

［谷内茂雄・脇田健一］

4 ❙ 国際河川の流域管理課題
—— メコン川流域

　国際河川の流域管理の課題は，通常の河川流域における上流・下流という地理的位置関係以外に，国状の違いによる国家間の対立という複雑な図式がはいる．一方で，流域の自然システムは国境と関係なく流域を単位として閉じた空間の中で完結している．この国境という人為システムと自然システムとの調整を図ることが国際河川での流域管理の目標となる．メコン川流域は流域内に中国，ミャンマー，ラオス，タイ，カンボジア，ベトナムの6ヶ国を有する典型的な国際河川である．開発ポテンシャルが高く，ダムや道路など多くのインフラ整備が計画されている．メコン川流域での開発の現状を踏まえ，急速に失われていく自然のサービスに対して，持続可能な流域社会を構築するためのマクロスケールでの流域管理やミクロスケールでの流域管理の取り組みを紹介する．最後に，今後の展望として，自然資源のインベントリ作成，シナリオによる将来の予測，流域管理を担う人材育成の重要性，環境に経済，社会，国際という要素を総合化することの必要性を示す．

1　メコン川流域の多様性

　メコン川は東南アジアを流下する国際河川であり，総延長は4,350km，世界第12位の河川である．中国のチベットに源流を持ち，ミャンマー，ラオス，タイ，カンボジア，ベトナムの6ヶ国を流下し，南シナ海につながる．源流から河口までの高度差は約5,500mであるが，このうち中国領内だけで5,000mの標高差があり，ラオスから河口までの高度差は500mと緩やかである．また，総延長4,350kmのうち約半分は中国領内を流下する．メコン川の流域面積79万5,000km^{2}のうち，中国領内が全体の24%の18万6,000km^2，ラオスより下流が残り76%の60万9,000km^{2}の面積を有する．中国領内のメコン川の河川特性と，ラオスから下流の特性とは大きく異なり，メコン川流域といった場合，このラオスより下流のメコン川下流域を指す場合が多い．

　メコン川流域はアジアモンスーンの影響下にあり，毎年5月から9月下旬～10月までが雨季に相当する．決まって訪れるこの降雨を利用した稲作が基本的な産業であり，ベトナムのメコン川デルタはアジアの穀倉地帯とも呼ばれている．メコン川流域は豊富な水と森林資源に恵まれた土地条件を有する地域であるが，森林伐採などの影響を受け続け，森林の減少は著しい．東北タイでは，国立公園区域を除いて，ほとんどの地域の森林が伐採されている．比較的森林面積比率が高かったラオスでも，1940年頃と比較すると1996年には約44%にまで森林面積は減少している[78]．森林は水と土壌の源であることを考えると，森林資源の喪失はこの地域での生態系のサービスに大きな影響を及ぼしているものと考えられる．

　メコン川は，南北4,350kmに及ぶ多様な土地条件の中を流下することから生物の

表5-3-1 メコン川流域の国々と流下距離

国名	国土面積 (km²)	メコン川流域面積(km²)	国土の中のメコン川流域が占める割合（％）	流下距離（km）[81]
中国	9,597,000	165,000	1.7	2,130
ミャンマー	678,030	24,000	3.5	31：中国・ミャンマー国境
ラオス	236,725	202,400	85.5	235：ミャンマー・ラオス国境 789
タイ	513,115	184,240	35.9	975：ラオス・タイ国境
カンボジア	181,000	154,730	85.5	490
ベトナム	331,700	65,170	19.6	230
合計	11,537,570	795,540		4,880（国境：1,241）

宝庫でもあり，多くの固有種が存在している．流域面積は世界第26位であるが，流域内に生息する魚類は1,200〜1,700種ともいわれており[79]，世界第2位の豊富な魚類相を有している．また，カンボジアのトンレサップ湖は，乾季は琵琶湖の4倍程度の湖であるが，雨季になると湖面の面積が乾季の3倍以上に増大する[80]．これは，メコン川の水位が，雨季になると最大で10m程度上がることから，メコン川から増水した河川水が逆流することによって生じる現象である．この逆流によって，トンレサップ湖周辺の森林や草地は水没し，この水没地域の豊富な酸素と栄養分を求めて魚類が産卵に訪れる．この自然の水位の上下変動によって，トンレサップ湖があたかも大きく深呼吸するように大量の水を吸い込み，多様な魚類の生息を支えている．トンレサップ湖で獲れる魚類がカンボジア国民のたんぱく質の多くを提供しており，まさにマザーレイクと呼ばれるにふさわしい役割を果たしている．

2 メコン川流域の開発計画の現状

第二次世界大戦が終結して，日本ではその後速やかな復興が見られたが，メコン川流域はベトナム戦争，カンボジアの内戦などの政治的混乱が長期に及び，経済開発から取り残された．1990年代になってようやく平和が訪れ，産業基盤としてのダムや道路などのインフラの開発計画が多数立案されている．表5-3-1は流域6ヶ国のメコン流域が占める割合を示しているが，ラオスとカンボジアの国土面積の85％がメコン川流域に含まれ，メコンの国と呼ぶにふさわしく，メコン川の自然がもたらす恩恵によって成立している国である．この両国はGDPのレベルでもタイ，ベトナムと大きな差があり，これからの開発のポテンシャルが高い地域として位置づけられている．図5-3-3はメコン川流域での既存のダムと開発中のダムの位置を示している[82]．これらのダムは，流域での暮らしと環境への影響から必ずしも着工されるかどうか確定していない．しかし，ラオスの首都ビエンチャンの近郊にあるナムグムダムの工事の

雨季（2002.10.9）

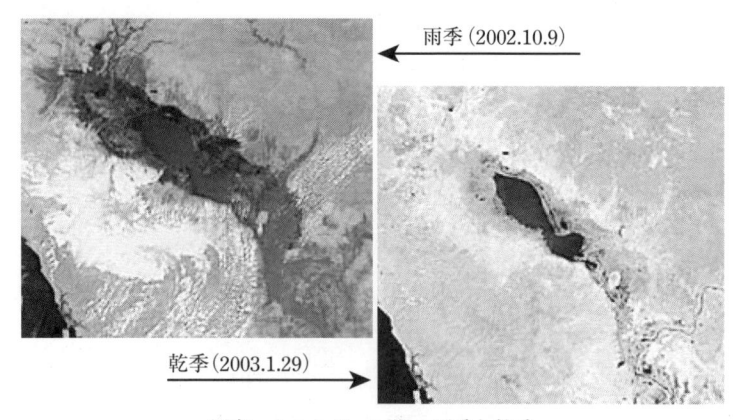

乾季（2003.1.29）

写真　トンレサップ湖の雨季と乾季

際，水没予定地内の樹木を伐採する前にダムの水位を上げ，その後，危険な水中伐採を実施したことから，計画中であるにも関わらず，事前に水没予定地域の伐採が進められているのが現状である．

3　国際河川メコンの流域管理課題とメコン川委員会

　メコン川が流下する6ヶ国の国情は大きく異なることから，もともと流域管理をおこなう上での合意形成が困難な状況を抱えている．メコン川下流域では本流でのダム建設は見送られているが，中国の領土ではすでに本流へのカスケード式のダム建設が進行しており，これらのダムによる下流への影響については，まだ十分な検討がおこなわれていない．ベトナムのデルタ地帯では上流からの水量が減少すれば，河口からの塩水の遡上の影響が大きくなり，上流と下流とのコンフリクトが発生する可能性がある．また，メコン川は，表5-3-1に示したように，国境を流下する部分が多く，右岸と左岸とで国が異なることから，統一した管理を困難にしている．メコン川流域は全体として一つの自然システムを形成しているが，上流と下流，右岸と左岸に分断して管理されているのが現状である．

　このような状況に対して，流域全体の持続可能な発展と資源の管理を狙いとしたメコン川委員会（ラオス，タイ，カンボジア，ベトナムの4ヶ国で構成）が設立されており，政治的に不安定な時期の活動休止期間があったものの，現在もメコン川流域全体を俯瞰し，流域管理の調整を図っている．1975年の流域各国の合意により，本流を共通の財産とするなど，水資源の乱開発の防止や環境劣化の防止に委員会が機能してきたものと考えられる．しかし，流域の開発ポテンシャルが高く，人口の増大と地域経済の発展が急速に進んでおり，流域の自然資源の劣化が著しい．カンボジアのトンレサップ湖では漁獲量が近年減少しており，世界遺産のアンコールワット周辺地域からの汚

濁負荷の増大などによる水質悪化が原因と考えられている．

4　メコン川流域における流域管理プロジェクト

　メコン川流域はアジアモンスーンの影響により温暖湿潤な気候を生かした水田稲作農業が広く展開しているが，一方で，たびたび洪水にも見舞われている．最近では1998年，2000年，2001年に連続して大規模な洪水が発生している．洪水時には1時間で水位が3mも上昇するといわれており，沿岸地域に大きな被害をもたらしている．流域内の精度の高い観測データが少なく原因を特定することは困難であるが，グローバルな異常気象の影響のほかに，流域での開発の蓄積が水循環の健全性に影響を及ぼしていることが予想される．このようなメコン川流域全域の流域管理のプロジェクトとしては，「文部科学省；人・自然・地球共生プロジェクト」の一環でおこなわれた「アジアモンスーン地域における人工・自然改変に伴う水資源変化予測モデルの開発」(2002年～2007年)のプロジェクトにおいて，20年後の水循環・水利用の予測を可能性のある複数のシナリオを作成することで実施された．

　メコン川流域は日本との関わりが深く，日本の国際援助や技術協力の位置づけも高く，さまざまな流域管理に関連するプロジェクトが実施されてきた．日本が中心となって進められている地球地図プロジェクトのプロトタイプ版が作成されたのがメコン川流域である．地球地図は全世界を対象にGISベースのデジタル地図を作成することを目的としている．メコン川流域では流域全体の土地被覆，植生，行政界，河川・湖沼，都市区域，標高，交通網，土地利用などのGISデータが整備された．これらのデータは流域管理を進める上での各プロジェクトの必須の背景情報を提供している．筆者が関わった地球地図活用のプロジェクトとしては，メコン川流域の東北タイのナムカム川流域を対象としたダム事業を取り上げた環境影響評価と社会経済効果の融合を進めた事例がある．このダムはすでに完成しており，すでに土地利用の変化が生じている流域であるが，シナリオとして，現状（電力ダム），ダムがなかった場合，ダムが灌漑ダムであった場合の3つを想定した．シナリオごとに，指標として流域内の森林面積，土壌保全（以上，環境影響評価），所得水準，水資源量（以上，社会経済効果）の4つを取り上げ，新たに構築した土地利用モデル（空間サブモデル，経済モデル），水文環境モデル，土壌保全モデルによって予測し，総合評価を試みたものである[83]．

5　メコン川流域の住民参加型流域管理

　メコン川流域全体を対象としたマクロ的な流域管理が進められる一方，住民参加型のミクロ的ともいえる流域管理がメコン川流域には存在している．その多くは日本や他のドナー国による国際援助によるものである．ラオスでは，同国の最大のダム湖であるナムグムダムの集水域を対象として，森林資源の持続的利用と住民生活の向上を図りつつ，ナムグムダムの将来の水資源を確保しようという「ヴァンヴィエン

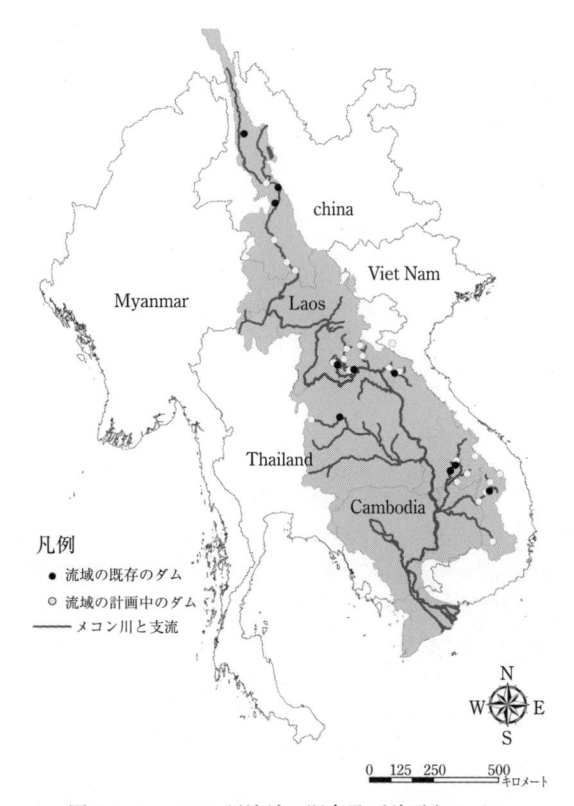

第5部 流域環境学の発展に向けて

図 5-3-3 メコン川流域の既存及び計画中のダム

地域森林保全流域管理計画」が日本の JICA により実施された．住民のニーズをくみ上げるために，流域の立体的な模型を作成し，住民が流域を俯瞰的に見ることができる工夫などが試みられた．また，住民参加の工夫として，PCM 手法（Project Cycle Management Method）が取り入れられた．PCM 手法は，問題となっている事象の原因と方策を住民参加で明らかにしていくもので，立場が異なる多様な利害関係者（ステークホルダー）のもとに実施することが基本である．複雑な事項が階層的に関連づいた問題に対する解決策と合意形成を得ることを目的としている．

他のドナー国であるドイツ GTZ のナムグムダム流域管理保全プロジェクトは，山地でのリン成分の少ない土壌で急速な人口増加と森林破壊が起こっている地域を対象としている．ラオスの首都ビエンチャンの北部の森林地帯は，以前の衛星写真や資料で見る限りは全域が森林で覆われているはずであるが，実際にはかなりの森林伐採が進行している．16 のパイロットコミュニティを設定して，住民参加のもとに現在の

土地条件と利用の分析を通じてより適切な利用パターンへの転換を図り，村落レベルでの土地利用計画と自然資源管理計画が進められている．このほかにもスウェーデンSIDAのプロジェクトでは，JFM (Joint Forest Management) をコアとして，森林の周辺住民が森林の計画と実施に参加し，持続可能な森林管理を目指している．

メコン川流域は水と森を中心とした豊富な自然資源に恵まれ，自然のサービスを生かした持続可能な地域社会が形成されてきたが，近代化の波により，根本となるこれら自然の資源は現状で大きく劣化してきている．メコン川流域の流域管理はまさにこの自然資源の持続可能な形をどのように協働して維持できるかにかかっている．急速に多くのものが失われている現状に対して，何が失われて，まだ何がどの程度残っているのか，自然資源のインベントリ作成は重要な課題である．また，将来のシナリオを作成し，予測をおこなうなどの作業には，科学的に信頼できる観測データが必要であるが，現在の水文や気象などの観測網はきわめて不十分であり，技術支援が望まれる．技術の支援を図る一方，システムを実際に運営，管理する人材の育成や組織の立ち上げも平行して進めていかなければならない課題であろう．

6　今後の展望 [84], [85]

メコン川流域は琵琶湖-淀川流域の100倍に近い流域面積を持ち，流域全体の多様性は高く，かつ6ヶ国を流下する国際河川であることから国家間の利害調整が困難な特性を有している．また，発展から取り残された過去の歴史があり，その後急速な近代化の波に洗われ，自然資源や地域のコミュニティを基盤とする長年にわたって維持されてきた地域システムが崩壊しつつある．このような中で，流域管理の調整を具体的に進めるためには，流域全体を視野にいれながら科学的に裏づけされたデータの集積と，それをもとにした流域の自然資源の現状の把握，さらに将来の動向のシナリオ作成が必要である．この中で，何が失われたかを明確にしていくことが重要であり，将来のシナリオによる流域の展望が欠かせない．

次に，流域全体のモニタリング情報を視野に入れながら，メコン川流域をサブ流域に区分し，流域単位のヒューマンスケールでの取り組みを進めることが必要となる．本書で言及しているミクロスケールでの流域管理の活動を具体的に展開してゆく．このミクロスケールあるいはメソスケールのサブ流域は，国や民族が異なり，地形や植生・水系も状況が異なる場合があり，他のサブ流域の成果をそのままマニュアル的に展開することはできない．PCM手法や流域の模型を作成するなど，流域住民が主体的に参加できる工夫を個別に提案していく必要がある．流域管理は，インフラのプロジェクトのように初期の建設時に多くの人的資源を使うのではなく，タイのチェンマイ近郊でのメタチャン流域の事例に見ることができるように，むしろ流域の人々自身による継続的な管理が求められ，人材育成が果たす役割は高いと考えられる．

メコン川流域は上流の中国（メコン川委員会に属せず）と下流のラオス，タイ，カン

ボジア，ベトナムで構成されるメコン川委員会との対立という図式で見ることができる．上流の中国側での本流のダム建設と下流での流量の減少による生態系や塩分遡上による環境影響が懸念されている．一方的ともいえる中国側での本流のダム建設は，その後，様相が変化してきている．中国側の水文データの提供など当初に比べて下流国との協調路線が強められてきた．原因としては，中国側での下流地域との経済的な連携の強化を進める必要性の増大と，中国が世界の中での国家として品格を維持しなければならないというより大きな流れのなかで，その品格を欠くような行為への制限が働いたものと考えられる．環境に関連する問題解決を進めようとする場合，環境だけで検討することはすでに限界があり，経済，社会，あるいは国際に関する事項を踏まえたより大きな総合化に関する研究が必要である．

［原　雄一］

5　流域ガバナンスと持続可能性科学，地球環境問題

　本節では，本書の締めくくりとして，流域ガバナンスのための流域管理論を，より広く，理念と問題意識を共有する学問的潮流の中から捉えなおす．まず「流域」という空間スケールの限定をはずして見ることで，流域ガバナンスの思潮は，持続可能な社会構築のための学問連携を目指す，持続可能性科学 (Sustainability Science) や地球環境学の胎動と呼応していることが鮮明になる．そこで，まず前者から Resilience Alliance（レジリアンス・アライアンス）の世界観，後者から総合地球環境学研究所（地球研）の地球環境学の構想を紹介し，本書の流域ガバナンス論と後者との関係を明らかにする．これらの学問的試みの共通課題は，「人間の福利 (Human well-being) の持続的な存続を目的とした，多様な利害関係者による，不確実性を前提とした複雑系のマネジメント」として集約できる．次に，マネジメントの空間スケールや複雑性をスケールアップすることで，流域ガバナンス論と，国際河川流域管理，グローバル・コモンズ論，地球環境問題に共通する問題が見えてくる．そこで，空間の重層性（空間スケール）の視点から，これらに共通するマネジメント上の課題を整理する．最後に，本書で展開してきた流域ガバナンスのための流域管理論は，地球環境問題に取り組む上でどのように位置づけられ，どのような展望をもつかをまとめる．

1　流域ガバナンスと持続可能性科学
流域ガバナンスの理念と課題
　本書で展開してきた流域管理論は，流域の多様な利害関係者（ステークホルダー）によって流域管理をおこなう上で，『マクロレベルの「トップダウン」的な視点と，地域社会からの「ボトムアップ」的な視点とを接合させる』方法論の構築に核心がある．本書で紹介したさまざまな研究の試みと，指標の開発やワークショップなどの具体的

方法は，この問題意識に対する答えを，現場での試行の中から，文理連携で抽出してきたものである[9, 18), 19), 86)–91)]．繰り返しになるが，流域ガバナンスを実現する上での課題とは，まず流域の生態系と地域社会の持続可能な存続であり，この持続可能性を達成する上での流域管理の3つの課題が，科学的不確実性，地域固有性，空間的重層性であった（第1部第1章，第5部第3章第1節・第2節）．持続可能性への対応とは，第一には，人間の社会経済システムと生態系（自然）を不可分のシステムと捉え，世代間あるいは地域間の衡平を達成しながら，人間の生存や生活を保障し，人間の福利を向上する形でその総体を存続させることである．科学的不確実性への対応とは，複雑系としてのシステムの特徴や，多様な価値観，時間や経済的制約に起因するリスクへの対応であり，地域固有性への対応とは，流域の自然環境や地域社会の個別性・歴史性に由来する個性・多様性への適切な対応である．そして空間的重層性への対応とは，空間スケールに由来する課題への対応である．

共通する時代の要請への理念的・実践的な対応

この流域ガバナンスの理念と課題は，第1部でもみてきた，エコシステムマネジメント，統合的流域管理，1997年の日本の河川法改正などの理念とも通底する．どの試みも，時代とともに，管理対象とする問題が広範囲化，複雑化，相互依存化してきたため，それまでの行政主導のトップダウン，コマンド・コントロール (command & control) による管理方式では対処できなくなったことから生まれてきている．トップダウンによる，限定された目的のもとに，短期的な経済的効率を追求しておこなわれた資源管理や地域開発では対応できず，時代が新しい方法を生み出してきたのだといってよい．その共通点は，地域社会の固有性を尊重し，多様な問題意識・価値観を持つ利害関係者の参加による，リスク管理を前提とした複雑系の持続的なマネジメントである．

このような思潮は，地域資源管理のスケールから，流域管理，地球環境問題の解決にまで及び，1987年のブルントラント委員会の報告と1992年のリオサミットを経て「持続可能な発展」の理念として国際的に普及した．日本においては，1993年の環境基本法の制定によって，「公害・自然保護・地球環境保全の要請を「持続可能な社会の形成」として統合し，環境行政の転換点となった（松下[9)]，p.68）」[88)]のである．

持続可能性科学の勃興と共有する枠組み

1990年代以降，新たな理念に基づいた実践的な試みが試行錯誤的に進められる一方，アカデミズムからも，このような思潮に呼応した学際的なアプローチの必要性が国際的に唱えられてきた（ブリーフノート15）．環境や新しい資源管理を標榜する新しい学問的潮流は，1990年代の保全生態学，環境経済学，環境政策学，環境社会学などの既存学問分野としての発展を経て，今世紀に入ると，既存諸学問の連携によって，「持続可能性」に関わる理念をもとに，根底から学問的基盤をつくろうとする動きが

勃興してきた[1), 93)-101)]。持続可能性科学 (Sustainability Science) や地球環境学と呼ばれる学問領域である。本書で展開してきた流域ガバナンス論は、「流域」という空間スケールに特徴的な流域管理固有の課題は有するが、その理念や問題意識においては、持続可能性科学と共有するところが大きい。そこで、持続可能性科学の視点から、あらためて流域ガバナンスや流域環境学を捉えなおしてみる。

持続可能性科学の特徴は、生態系と社会経済システムの相互作用まで視野に入れた総合性、いいかえると、社会-生態システムの視点を共有し、人間の福利の持続的維持を目的に、多様な利害関係者によるガバナンスを前提として、持続可能な社会経済システムのモデル（低炭素、循環、自然共生・調和等）の探求を、概念や方法の構築とともに事例研究によって実践的に進めている点にある。最近の重要な進展には、(1) 生態系と社会経済システムの相互作用の研究、(2) 複雑系のリスクマネジメント論、(3) ガバナンスを実現するしくみの研究とその制度設計、(4) 地域スケールでの持続可能な社会経済シナリオの探求、などが挙げられる。

Resilience Alliance（レジリアンス・アライアンス）の世界観

Resilience Alliance（以下、RA）は、このような持続可能性科学の構築を推進する新しい研究組織のひとつであり、レジリアンス (resilience) をキーコンセプトに、精力的な研究活動で学術を世界的にリードする集団である。その根底にある世界観は、特に現代生態学と複雑系科学に影響を受けており、現実的であるとともに斬新なものである。以下にそのエッセンスを紹介する[96)-101)]。

RA は、世界の変化が不可避であることを前提とする。その変化に対して、社会システムを変革することで対応できる、柔軟な社会システムの構築を目指すのである。RA は、そのための理論的枠組みと具体的な行動指針の提供を目的としている。RA の認識によれば、世界（地域社会、地球システム）は、社会-生態システム (Social-Ecological System、以下、SES) として不可分に結合し、両者の相互作用によって、全体システム SES は複雑適応系としての挙動を示す。現代生態学の知見から、生態系は、ひとつの安定な定常点で揺らいでいるのではなく、外部ドライバーによる撹乱や社会システムとの相互作用によって、複数の異なる状態に急激に遷移する可能性もあると捉えられる。大局的には、全体システム SES が相互作用や外部ドライバーによって変化するのは不可避であり、その局面を adaptive cycle というメタファーで、「rapid growth, conservation, collapse, re-organization」という 4 つの局面を通じて変化すると捉える。さらに、SES は基本的に空間スケールに関して、階層的（入れ子的）に結合しており、上層から下層までがスケール間で相互作用をもって影響しあいながら (Panarchy)、各層が adaptive cycle によって変化すると見る。

このような SES の変化の局面で、SES が備えるべき大事な性質とは、システムの撹乱を吸収して、変化に柔軟に対処しながらも、システムの機能を維持することがで

きるレジリアンスとよぶ性質であると考える．そして，マネジメントの視点からは，マネジメントをする主体は，システム全体が破局的な状態に陥ることがないように，レジリアンスを高めることで，システムの舵取りをすることになる．このマネジメントをする主体の能力を adaptability と呼び，システム自体が自らを変革していくポテンシャルを transformability と呼ぶ．つまり，RA の世界観は，「世界 (SES) は，長期的には破局的な局面をむかえうる可能性がある．しかし，そういう場合であっても，レジリアンスを高めるようなシステムにしておくことで，大きな混乱は避けうるし，そのような危機の場合こそ，適応できなくなった社会システムを変革するチャンスである」と見るのである．

　このような RA の世界観の大きな特徴は，社会システムや SES そのものが，自己組織化する複雑適応系であり，大局的には不可避である危機に対して，SES 自体が共進化することで対抗しようとする見方である．そのために必要となるのが，SES のレジリアンスを高めるための条件となる，システムの多様性や冗長性という性質であり，マネジメントにおける順応的管理や多様な利害関係者によるガバナンスの導入である．ここでは，困難に対して危機を舵取ることで乗り切ることは，次の危機までのサイクルの 1 フェイズに過ぎない．そういう意味での社会システムの持続可能性観を提示している．いいかえると，恒久的な（あるいは究極の）固定した望ましい社会（像）というものは存在しない．存在しないのではあるが，その時代その時代で，変革を前提とした望ましい社会システム像を構築し，世代間・地域間の衡平を達成しながら，人間の生存や生活を保障し，人間の福利を向上する形で SES を存続させることを目指しているのである．

　もちろん，持続可能性を目指したさまざまな試みのすべてが，この RA のような世界観，持続可能性観を根底にもっているわけではない．しかし，長い時間スケールの中で持続可能性や世界観を根底から考え，それに対処する枠組みや方法を構築するという点は，次項で紹介する地球研が目指す地球環境学の世界観とも通底するところがある．

2　総合地球環境学研究所の地球環境学構想
〈循環，多様性，資源，環境史，地球地域学〉領域の統合による地球環境学の創出

　総合地球環境学研究所（地球研）は，地球環境問題の解決に向けた新しい学問「地球環境学」創出をミッションとして，2001 年 4 月に文部科学省の大学共同利用機関のひとつとして，京都に設立された．その後，2004 年に国立大学の法人化にともない，大学共同利用機関法人・人間文化研究機構の一員となったが，「人間文化」，「人間と自然の相互作用環」，「未来可能性」をキーワードに，5 年間の「研究プロジェクト方式」による，既存の学問分野・領域で研究活動を区分しない総合的な研究を展開してきた．2009 年現在，およそ 20 のプロジェクトが進行している．

第5部　流域環境学の発展に向けて

　地球研の地球環境問題の世界観は，現所長の立本成文による「地球環境学序説 ―― 未来可能性に向けてのデザイン構築（文献[95]所収，pp. 5-11）」によれば，次のように捉えられている（以下，立本からの引用を，『　』で表す）．まず，地球環境問題は，『環境に対応するだけでなく，環境（資源）を利用し，人間活動によって，環境を改変するようになった』人間文化のあり方に起因するとする．今日の人間の社会経済システムは，人間活動と自然の相互作用環（相互フィードバックのサイクル）を通じて，地球スケールで人間の well-being（福利，幸福，安寧，福祉）を脅かすに至ったと見るのである．立本は，『地球環境問題というのは，本来 well-being のためのシステムが，それ自身が生んだ環境変化によって危機に瀕している状況』と捉え，『環境問題の根本的な解決策は，未来可能性に向けて人間と自然との相互作用環を解明する人間学（人間科学，Humanics）の立場に立つ必要がある』と述べる．ここで「持続可能性」ということばを使わず，あえて「未来可能性」ということばを提唱したのには，次のような意味がある．『むしろ，常なる変化，循環，フローを前提に考えないと，基準となるものに画一化される恐れがあり，それは必ずしも永久の持続性を保障するものではないことを文明の歴史から学ばねばならない』，『持続するものの現状維持という持続可能性ではなく，well-being の連続であり，もっと根源的に生存・生活が保証されるということこそが重要であろう．その保障は，現状維持でなくともよいのである』と述べ，『未来可能性ということばは持続可能性を否定しているのではない．持続可能性はひとつの未来可能性であり，それしか人間には残されていないかもしれないという可能性もあり得るのである．それを明確にする学問的立場を構築するのが地球環境学である』と述べる．

　こうした世界観のもとに，次のように地球環境学を構想する．まず，人間と自然の相互作用環を解明する上で，主に環境の側からのメカニズムとして「循環」と「多様性」を，人間から自然への働きかけを媒介するものとして「資源」を取り上げ，〈循環・多様性・資源〉を地球環境学分析のための道具と位置づける．その上で，これらを統合するフレーム（枠組）として，「文明環境史」と「地球地域学」をすえる．文明環境史は，変容と持続とを象徴する時間軸であり，『持続可能性のみで担保する，あらゆる持続ではなく，未来のある変容（transformation）の追求である』とし，地球地域学は，『総合的・学際的な地域研究の地域概念と地球環境学の環境概念とがある意味では即応関係にある』とし，『ローカルな問題を地球規模で解決する環境ガバナンスの設計が使命である．このガバナンスは地球規模だけでなく，各階層と地球圏全体の間の階層間統合モデル（ミクロ－マクロリンク）が必要である』と述べ，『文明環境史そのものが必要なのではなく，その成果から未来可能性を取り出すことが地球環境学であり，地域研究そのものをするのではなく，地球地域学の成果を活用して環境ガバナンスの確立を図ることが地球環境学なのである』と結ぶ．このような視点は，持続可能性科学の社会-生態システム（SES）に着目する認識を共有するものであり，また，世界の

510

持続可能性に対する認識は，Resilience Alliance の世界観に極めて近いといってよい．

その上で，全体像を『文明環境史（持続可能性論）と地球地域学（ガバナンス論）が，狭義の環境学（人間と自然の相互作用環のダイナミクスまたはシステム−環境動態論）〈循環，多様性，資源〉と相まって，地球環境学を創生するという構図』と捉える．具体的な地球環境学構築のプランは，〈循環，多様性，資源，文明環境史，地球地域学〉を5つの研究プログラム領域とし，各プログラム領域で地域の環境問題を事例とするプロジェクトを実施する．その成果を材料として，帰納的結論を統合的（Consilience）に理論化することで地球環境学が創出されるとする．

本書で展開した流域ガバナンス論は，このような地球研の地球環境学構想の中で，地球地域学領域のプログラムの最初のプロジェクトに位置づけられた「琵琶湖−淀川水系における流域管理モデルの構築」の成果をもとにしている．そこで，以下では，特に地球地域学領域の問題認識を説明し，本書でこれまで展開してきた流域ガバナンスのための流域管理論が，地球環境学の中では，どのように位置づけられ，どのような展望と課題を持ちえたかをまとめる．

地球地域学における地域固有性と相互依存性

地球研の地球環境問題へのアプローチの大きな特徴のひとつは，地域の重視である．地球環境問題といえば，地球（global）スケールでの地球温暖化が思い浮かぶが，地球温暖化の影響ひとつをとっても，IPCC の第4次報告書が示すように，その影響評価は地域的なばらつきが大きく一様ではない．緯度や属する気候帯といった地理的・自然科学的な条件だけでなく，その地域の生活の基盤である社会経済システムのあり方によって，物理的には同じ気温上昇であっても，生存や生活へのインパクトが違ってくるのである．本書で展開した流域管理課題のことばでいえば，「地域固有性」の問題である．したがって，温暖化の対策（緩和策と適応策）も，地球スケールでの国際的な対策と同時に，当然，個々の地域においては，その地域の実情にあった対策を立てていく必要がある．これが，地球環境問題が地域で具体的にどのように発現しているかを重視するひとつの理由である．そのため，地球研では，具体的な地域（region）における地球環境問題の具体的な発現をプロジェクト課題として設定し，その研究成果を帰納的に統合して，地球環境学構築を目指すという方法をとっている．

さらに，地球地域学では，グローバリゼーションによる地球上の各地域の「相互依存（interdependency）」の進行をその重要な問題認識とする．相互依存とは，世界に効率的な生産の集中拠点が分業的に形成され，たとえ大国といえども，その存続に必要な資源，食糧，労働力，資本において，互いに他の地域に依存しないと維持できなくなった状態をさす．このような地域間の相互依存は，地球レベルでは，モノやカネの巨大なフローや循環を生み出し，『世界各地を地球規模のネットワークで結びつけることになった（渡邊紹裕：私信）』のである．その結果，地球環境問題の視点からは，『さま

ざまな現象や問題が，地球規模で展開し，個々の地域の問題と地球の環境が直接に強く結びつくようになった（渡邊紹裕：私信）』のである．いわば，『地球上のさまざまな地域から個別に地球環境問題の「もと」が発生し，その帰結がまたそれぞれの地域に特異的な環境問題として跳ね返ってくる（湯本貴和：私信）』という「地域-地域連関」と「地域-地球連関」の出現である．つまり，現代においては，どのような地域も，他地域との関係を考慮せずに，単独で持続可能な社会を実現することはできないし，地球全体への影響を考慮せずに，人間圏だけで持続可能な社会を達成することもできないということである．

地球地域学領域のプログラム主幹である渡邊紹裕によれば，『地球地域学とは，地域の環境問題を地球環境問題と結合して捉える広い意味での統治（ガバナンス）論』であり，『地球地域学の基本は，地域における人間と自然の相互作用環の動態に関する「知」と，それによる地球の未来を可能とする統治の「知」の体系として構築されるべき』とし，『地域の問題が地球環境問題となることの認識を前提に，「地球を一体として認識する価値観」と，「地域としての価値観」との交叉を，つねに考えることが求められる』としている．このような認識のもとに，地球地域学とは，『「地域の知による統治」を考究する方法の確立をめざす』としている（渡邊紹裕：私信）．

地球環境問題に関わる地球スケールと地域スケールの関係

地球環境問題の分類と定義は，目的と取り組む姿勢によって多様だが，上述した地球環境学，地球地域学の視点からは，地球（global）スケールと地域（regional）スケールの双方を等しく見ることができる分類が便利である．森田・天野[102]は，「地球環境問題とは，地球温暖化やオゾン層破壊のように地球規模で生じる環境問題，及び，酸性雨や熱帯地域の森林減少のように国境を越えて広域に生じる環境問題，の2つが中心である．これらに加えて，国内で生じる環境問題であっても，途上国の公害問題のように世界規模で共通して生じるために地球的視点からその影響や解決が議論される問題や，野生生物の絶滅のように世界的な価値を根拠にして国際的に議論される問題が含まれる (p.1)」と捉えている．この定義の後半に着目し，本項では，石井・和田[103]に従って，地球環境問題を次の2タイプに分類してみる．

グローバル（global）型：越境（transboundary）あるいは地球規模（global）スケールで生じる環境問題

ユニバーサル（universal）型：地域（regional）スケールの環境問題だが，同じあるいは相似の構造が地球上の広い範囲で普遍的に見られ，地球的視点からその影響や解決が議論されるべき問題

「グローバル型」の範疇には，原因と影響が，気象や海洋などの物理システムへの集積と拡散を通じて発現する，酸性雨，国際河川汚染や，地球温暖化，オゾン層破壊など，普通にイメージする地球環境問題が入る．一方，「ユニバーサル型」の範疇に

は,「相互依存性」を前提として,(1) その原因が世界の社会経済システムのあり方に由来する,途上国の環境問題,貧困問題,感染症拡大や外来種侵入などの諸問題と,(2) その影響が世界的な価値の喪失や人類の存続に関わる,野生生物絶滅,熱帯林破壊,生物・文化多様性の減少,世界的景観の破壊,などの問題が含まれる.もちろん,すべての地球環境問題がどちらか1つのタイプに峻別できるといっているのではないことに注意してほしい.

地球環境問題を捉える上で,もう一点重要なことは,植田[1](pp.292-295)が指摘するように,このような地球環境問題が,単独で生起するのではなく,異なる空間スケールを互いに重なって覆うようにして,重層的・複合的に発現しているのが,地球環境問題の実態なのである.つまり地球環境問題においても,「空間的重層性」は,本質的な課題となるのである.したがって,「状況の定義のズレ」は,次項に述べるように,地球環境問題のガバナンスの上でも,根本的な課題として立ち現れるのである.

地球地域学と流域ガバナンス論

このような地球研の地球環境学,その一領域である地球地域学の文脈に即していえば,本書で展開した流域ガバナンス論とは,「流域」という空間スケールでの,『ローカルな問題を流域規模で解決する環境ガバナンスの設計』,あるいは『地域の環境問題を流域環境問題と結合して捉える広い意味での統治(ガバナンス)論』であり,『「流域を一体として認識する価値観」と,「地域としての価値観」との交叉』を接合する方法論を求めてきたといってよい.立本[95]に即していえば,「階層化された流域管理(システム)(第2部第1章)」とは,『各階層と流域全体の間での階層間統合モデル(ミクローマクロリンク)』の試みに相当するのである.また,同じく本書で展開した,安定同位体診断法をはじめとした流域診断の方法論[18),19),86)-91)]とは,同じく地球環境学[95]の「循環」領域の文脈においては,重層的な循環の検出や重層性のときほぐしをおこなうことによって,人間と自然の相互作用環の実態を解明する試みということができる.

3 空間スケールと複雑性のスケールアップに伴う空間的重層性の課題

前項で,地球環境学の視点から地球環境問題を捉えるときには,相互依存性(地域-地域連関,地域-地球連関)の認識のもとで,やはり,地域固有性,空間的重層性という課題を克服して,未来可能性(あるいは持続可能性)を実現するガバナンスの確立が課題とされた.特に,地球環境問題においては,最上層の階層である地球(global)スケールと,各階層の地域(region)とを結びつけて解決するしくみが必要となる.

以下では,空間的重層性に付随する重要課題を,第5部第1節の流域環境学の残った課題としても,関連分野のレビューも含めて整理・検討する.小さな地域社会スケールの資源管理(community-based resource management)から,国内の流域管理,国際河川流域管理,そして地球環境問題のアセスメントへと,空間スケールあるいは複雑性

が増していったときに，どのような課題が出現し，それに対してどのような研究が進んでいるのかを整理する．

スケールと複雑系の視点からのグローバル・コモンズ論

Resilience Alliance の機関誌 (online journal) である *Ecology and Society* は，2006 年に "Scale and Cross-scale Dynamics" という特集を組み，重層的な資源管理・環境ガバナンスを今後の大きな課題として取り上げた．この中で Cash[104] らは，資源管理・環境ガバナンスにおいて障害となる，スケールに関わる 3 つの課題 (scale challenge) として，無知 (ignorance)，不適合 (mismatch)，多元性 (plurality) を挙げる．無知とは，重要なスケールやスケール間の相互作用を認識できないこと，不適合とは，例えば，人間による生物資源管理の制度のスケールと資源の生物地理的な分布・移動のスケールが一致せず，ずれていること，多元性とは，関係主体の問題認識が異なること，あるいは，関係主体すべてに最適な唯一の管理スケールがあると仮定すること (による失敗) を意味する．本書の事例に即していえば，かつての環境保全における，琵琶湖とその内湖や流入河川との間の連続性の認識の欠如が，無知に相当する．琵琶湖流域の河川管理の主体が，国と県，さらにその中で，異なる行政担当ごとに分割されていることや，流域の現象を総体として対象とする学問がないことが不適合に相当する．また流域の階層性による農業濁水問題に対する問題認識の違い，「状況の定義のズレ」が，多元性に相当する．

Cash らは，これらスケールに関する諸課題を克服する制度的仕組みとして，異なる階層の制度間の調整 (institutional interplay)，異なる階層間の協働マネジメント (co-management)，階層間調整機関の設置 (boundary or bridging organizations) を検討し，多層にわたる資源管理・環境管理問題には，協働的な多層間マネジメントの構築が有効であるとする．一方で，Berkes[105] は，小さな地域社会における資源管理論としてのコモンズ論の成果を検討した上で，マグロなどの大洋を回遊する魚類の資源管理を例に，グローバル・コモンズの管理には，空間的なスケールアップとしてよりも，むしろ複雑適応系の視点をもとに，スケール，自己組織化，不確実性，レジリアンスに留意したマネジメント構築を説いている．

重層的環境ガバナンス

このような階層間の主体の連関を考慮したガバナンスの必要性は，コモンズ論や環境ガバナンス論の文脈からも唱えられている (第 5 部第 2 章第 2 節)．松下・大野[1] は，今後の環境ガバナンス論の重要課題のひとつとして，「環境問題のもつ空間的重層性に対処するガバナンス論を構想していく必要がある (p. 27)」と主張する．同様に，植田[1] は，現代の環境問題を，「地球環境問題だけでなく，国境を越える広域環境問題，

ローカルな地域環境問題が相互関係を持ちつつ，複合的に発生している (p. 294)」と捉え，「これらの困難を克服できる環境ガバナンスは，世代間衡平など時間軸上の課題に対する対処能力と，ローカルからグローバルまでさまざまな単位の相互作用が生み出す空間上の問題に対する調整能力を併せ持つものでなければならない (p. 294)」として，「重層的環境ガバナンス」構築の必要性を主張する．

流域管理における上流-下流問題

　本書では，琵琶湖流域の農業濁水問題をめぐる階層間（マクロ，メソ，ミクロ）の問題認識の違いとその調整に焦点を置いてきた．ところが，琵琶湖流域から一段階スケールを上げた琵琶湖-淀川水系においては，異なるタイプの問題が出現する．上流と下流の対立である．上流の琵琶湖流域（滋賀県）と下流の淀川流域（京都，大阪，奈良，三重，兵庫）においては，治水と利水（それに現在は環境を含む）をめぐる上流と下流の対立の歴史があり，その時々において，琵琶湖からの唯一の流出河川である瀬田（宇治）川の水位操作・流量調節が争点となってきた[6), 106)]．

　さらに国内の流域管理から，国際河川の流域管理にスケールアップすると，水資源をめぐる上流国と下流国の対立は，しばしば国際紛争や水戦争に発展するほど先鋭化する[84)]．中山[107)]によれば，国際河川においては，上流国と下流国の対立は，歴史的には，「地理的条件の上で優位に立つ上流国が絶対的な主権を有する（ハーモン・ドクトリン）」という上流国側のローカル・ガバナンスによって，複数の国家による国際河川全体のグローバル・ガバナンスに齟齬をきたす場合が多かったのである（第1部第3章第2節，第5部第3章第4節）．このような流域管理における上流と下流の対立は，水資源を介して密接に連関する，主に同じ階層内の地域と地域の水平的な調整の問題であるが，その解決に際しては，より大きな階層や小さな階層との垂直的な調整も視野に入れる必要性が示唆されるのである．

国連ミレニアム生態系評価における多層的・参加型アセスメント

　地球温暖化問題の研究方法論としては，IPCCによる地球環境システム科学と統合評価モデルを基盤としたシナリオアプローチが，国際的なスタンダードとして広く認知されている（ブリーフノート11, 15）．近年，この成功にならって，地球環境問題の水問題や生態系・生物多様性問題に関しても，同様の国際的アセスメントがおこなわれている．

　国連ミレニアム生態系評価（Millennium Ecosystem Assessment，以下，MA）[108)]は，2001年-2005年にかけて，特に「生態系サービス」の評価に焦点を絞り，生態系の変化が人間の福利に及ぼす影響の検討をおこなった．ここでは，MAがおこなった地域スケールでの「サブグローバル評価（Subglobal Assessment）」を，空間的重層性を克服する新たな試みとして紹介する．サブグローバル評価とは，生態系サービス評価にお

ける空間スケールの課題への配慮であり，MA はグローバル評価と並行して，独立にサブグローバル評価を世界 33 の地域でおこなった．これは，従来の IPCC にはなかった試みである．さらに，サブグローバル評価においては，地域の利害関係者がアセスメントに主体的に参加し，「地域の概念と原理に基づいて，地域に適した概念枠組みを開発」する方針をとっている．

　MA が新たにサブグローバル評価を採用した理由は，IPCC が「平均気温上昇」という物理的変化を第一義的に評価してきたのとは異なり，MA では，「生態系サービス」という人間の福利に直結する価値の評価を目的とした点にある．つまり，Cash ら[104]のいう，無知 (ignorance)，多元性 (plurality)，不適合 (mismatch) といった「空間的重層性」に由来する問題が，生態系サービスの劣化を引き起こすドライバーの認識と生態系サービスの評価において，具体的な形で発現するのである．加えて，生態系サービスへのダメージや生物多様性の減少は，前項で述べたユニバーサル型の地球環境問題であることも評価を難しくしている．つまり，生物多様性や生態系サービスは，二酸化炭素吸収のような地球全体のグローバルな基盤的サービスであるとともに，その地域に固有な生物や絶滅危惧種として，地域固有の文化的サービスとしての異なる価値をあわせ持つので，アセスメントのスケールによって，評価が大きく分裂する危険があるのである[109]．MA のアセスメントを設計する上で，これらの空間的重層性に関する問題点を検討し，Reid ら[110]を参考に，多層的・参加的なアセスメントの意義と目的を次のように整理してみる．

　(1) アセスメントの科学的な精度と信頼性の向上
　　まず，主要なドライバーやその影響の発現，有効な対策は，スケールで異なりうる．また，スケール間には相互作用が存在する．したがって，複数のスケールで評価を行うことにより，ひとつのスケールの評価では見過ごされる洞察と評価が得られる．
　(2) 多様な生態系サービス評価の妥当性の担保
　　生態系サービスは，異なるスケールの利害関係者にとっては，異なる多様な価値を持つ．また，地域スケールでの評価は，地域の文脈，いいかえると地域固有性に依存する．そのために，生態系サービスの重要性が地域間でどの程度異なるかを評価する必要がある．
　(3) スケール選択を政治的に利用すること (Politics of scale) の回避
　　アセスメントが実施されるスケールは，問題認識の主要フレームとして，重要な問題の定義と評価結果に大きく影響する．いいかえると，アセスメントのスケールの選択は，政治的に利用される可能性がある．これを避けるためにも，多層的なアセスメントが必要となる．
　(4) 地球環境アセスメントにおける科学と民主主義の両立

アセスメントへの民主的な参加と，地域固有の知識体系を取り入れることで，多様な利害関係者に，評価結果の妥当性・信頼性・合法性が高まる．

このような理念のもとに，MAでは，空間スケールに付随して生じる「空間的重層性」を，グローバル評価とサブグローバル評価によって克服する試みをおこなっている．また，参加型のサブグローバル評価の導入は，地域社会の文脈で生態系サービスを評価することで，地域固有性の問題を克服する試みでもあるといえる．

さらに，専門科学者が主に中心となっておこなうグローバル評価と，地域社会の利害関係者が地域固有の知識体系をもとにおこなうサブグローバル評価を，マルチスケール・シナリオで結びつける試みも始まっている[111]．これは，生態系サービスのトップダウンによる評価とボトムアップによる評価を結びつける可能性に向かって，一歩踏み出したものと評価できる．

空間的重層性と今後の展望

以上，空間的重層性の視点から，関連分野の事例を見てきた．グローバル・コモンズ論，環境ガバナンス論，流域管理，地球環境アセスメント，それぞれに固有の課題はもちろんあるのだが，空間的重層性を重要課題と認識する点においては共通する．空間的重層性に関しては，(1) 各階層での制度設計と同時に，(2) 階層間の調整をおこなう制度や仕組みが不可欠である．本書で提案した「階層化された流域管理」も，流域ガバナンス論からの試案のひとつであると位置づけることができる．今後，関連分野からの多様な提案との比較検討，事例による検証によって，実践的な理論が構築されていくことを期待したい．そしてその実現は，流域ガバナンスの実践（第5部第3章第1節）に見たように，各地域での試行錯誤と相互学習を通して，その地域に見合うやり方で進化させていくことが基本であろう．この場合でも，関連分野の理論的・学術的な研究連携と実践とのフィードバックがその過程を促進するのは間違いない（第5部第3章第1節）．

4　琵琶湖から地球環境へ：流域ガバナンス論と地球環境システム科学の出会い

最後に，本書で検討してきた流域ガバナンスにおける理念や提案が，地球環境問題のスケールで，今後，具体的にどのような形で進んでいくかを考えてみたい．特に，進展著しい地球環境システム科学と，本書で展開したトップダウンとボトムアップの接合を目指す流域ガバナンス論，地球地域学がどのようにそれぞれの問題を解決しながら，合流していくのかを展望する．

地球環境システム科学の急速な進展

現在，地球環境フロンティア研究センターに所属する和田は，地球環境研究の50年史を概括した上で，地球温暖化問題に代表される，地球 (global) スケールの地球環

境問題の主要な研究方法論である,地球環境システム科学の今後を展望している(ブリーフノート15,以下,和田からの引用を『 』で表す).和田は,『地球環境問題は,地球温暖化,生物多様性,水,食料そして健康に代表され,地球の理解を深めること,自然のシステムと人間活動の相互作用環の基本を解明し,未来予測可能なデータベースの整備と予測モデルの展開が求められるようになった』と総括し,『環境科学の研究は,基礎的な理解から政策立案を可能とするシナリオ提示型の成果を求められるように激変した』とする.その上で,2005年に策定された地球観測国際戦略10年計画に触れ,『今後の10年は時空間分解能を高めた地球の観測・研究・予測モデルの開発が飛躍的に進むと期待され』,『地域特異性の高い自然現象の予測研究も急速に進もうとし』,『地球観測や予測研究が先端技術を駆使できる時代に入った』と見る.衛星画像,センサー,シミュレーションなどの精度上昇による地球環境システム科学の「地球スケール→地域スケール」へのスケールダウンとともに,ITをはじめとした先端技術の急速な生活への浸透,例えばGoogleが提供するGoogle Earthなど各種ネット検索サービスによって,日常生活でもこれらの地球スケールの研究成果は身近なものになりつつある.

大都市を含む流域圏の統合的流域管理

流域管理においても,すでにこのような地球環境システム科学の進展に呼応する動きがでている.「自然共生型流域圏・都市再生研究」などの国の研究プログラム(第1部第3章)では,沿岸に発達した大都市を含む流域圏を単位に,水利用・水循環を適正化し,循環型社会,都市再生が試みられた.ここでは,個々の問題に特化して最適化するのではなく,問題群を総合的に評価し,統合的に解決する統合的流域管理の理念を受け継いで,シナリオによる統合的なアプローチが主流となりつつある[112]).

しかも,流域圏管理と地球環境システム科学の共通点は,方法論と統合的な問題解決の理念だけではない.実際に大都市を含む流域圏の環境問題と地球スケールの地球環境問題の解決は大きく関係するのである.都市域は,人類の居住域全体に占める面積比は小さくとも,世界人口の約50%が集住する.したがって,巨大な負荷を排出する大都市を有する流域圏の,都市再生を目指した環境問題の解決は,単に地域環境問題だけでなく,グローバルな地球環境問題の解決においても,具体的な解決策を実践することにもなるのである.

流域スケールでの流域ガバナンス論と地球環境システム科学との出会い

しかし,地球スケールからどんどんスケールダウンして,流域スケールまで降りてくると,流域に分散する多様な利害関係者の存在,その利害関係者地域や生活に密着した多様な環境への関わり方を,地球環境問題や流域全体のマクロな課題と,どのように調整するかが重要な課題として現れてくる.すなわち,空間的重層性の課題であ

る，マクロレベルの「トップダウン」的な視点と，地域社会からの「ボトムアップ」的な視点との接合である．

この点に関して，上述の流域圏のシナリオ[112]は，統合的問題解決の点では前進であるが，流域全体の視点からの専門家の問題意識によるシナリオ立案が主流であり，流域ガバナンスに立ったシナリオではない．前項で紹介したMA（国連ミレニアム生態系評価）のサブグローバル評価のように，流域の異なるスケールでの多様な利害関係者が参加できるシナリオ構築でないと，生態系サービスのアセスメントの妥当性が担保できないし，評価結果自体の妥当性・信頼性についても，コンセンサスが得られず，紛争する可能性が高い．つまり，流域圏あるいは流域スケールにおいて，多様な利害関係者の参加に基づいたシナリオが策定されなくては，実行段階で効果があがることは保証できないのである．そして，この空間的重層性やガバナンスの視点こそが，地球環境システム科学と，流域ガバナンス論や，地球環境学，持続可能性科学との連携を必要とする大きな理由のひとつなのである．

それでは，流域ガバナンスの実現と地球環境問題の解決はどのように進んでいくのであろうか？　和田は，次のような三段階を踏んで，流域ガバナンス論（あるいは地球地域学）と地球環境システム科学の出会いが実現すると予想する（ブリーフノート15）．

ステップ1　地球スケールでの科学的不確実性に対する地球環境システム科学の進展

人工衛星によるリモートセンシングやロボットブイによる地球スケールでの観測体制の充実，観測網によるプロセスモデルの提示，プロセスモデルに基づく予測シミュレーションと検証などが挙げられる．この観測・プロセスモデル・予測シミュレーションが三位一体になって進み，まず「理工農連携」のもとに進展して方法論が整備される．

ステップ2　流域スケールでの研究の進展

人間活動と自然の相互作用を評価する新しい意味での環境容量や，環境診断指標の方法論の開発．それに，具体的な政策立案を可能とする戦略的データベースとシナリオ作成の方法論の整備・確立．

ステップ3　社会科学との文理連携と住民参加

戦略的データベースによるシナリオや地球スケールでの観測体制をもとに，順応的管理を前提とした流域ガバナンスの現実的なマネジメントが可能になる．

和田によれば，現状は，ステップ1からステップ2への過渡期であり，まず，理工農連携によって，環境診断指標，観測体制，シミュレーション・シナリオの精度をできるだけ高めることにより，流域管理における「科学的不確実性」をできるだけ縮減する必要があるとする．科学的不確実性がある程度まで削減できてはじめて，シナリオへの科学的信頼性が増し，順応的管理や文理連携によるガバナンスが有効に機能す

る地盤が整うと見るのである．谷内も，流域ガバナンスの実現には，科学的不確実性の削減は重要とする点で一致する．しかし，現状が地球環境システム科学の視点からは，ステップ1～2の段階であったとしても，ボトムアップの視点からの社会科学的方法論の蓄積と事例研究は，同じように必要不可欠であると考える．空間的重層性を克服するシステム構築にも，やはり同様の研究体制と事例研究の蓄積が必要と考えている．したがって，流域ガバナンス論や地域に立脚した地球環境学，持続可能性科学の研究アプローチは，地球環境システム科学と同時並行で，それぞれの研究蓄積が相補的に進んでいくとともに，おそらく流域スケールで，両者の接合の試みが具体化するのではないかと予想する．このような文脈からは，流域ガバナンス論は，グローバルな地球環境問題アプローチからのプログラムを，流域というスケールで完結し，実際に地球環境問題の解決につなげる役割も担っているのである．

地球環境の中の流域ガバナンス・ネットワーク：地球環境システム科学とリナックス

現代のグローバリゼーションのもとで進行する相互依存（interdependence）の中では，流域は決して閉じた空間単位ではないし，ひとつの流域が独立に存続していくこともできない．個々の流域の流域ガバナンスといっても，実際には，空間的重層性（地球-地域連関，地域-地域連関）の中に埋め込まれており，地球環境のマネジメントとは無関係ではいられない．その意味で，今後の流域ガバナンス論も，より大きなスケールとの相互依存の中で，どう調整していくかを具体化する必要がある．その場合に，地球環境システム科学で発展した方法論を役立てることができる．和田によれば，たとえば，流域よりも大きなスケールでの地球環境変動によって流域環境がどのような変動を受けるかは，近接するアジア流域群との連動性も含めて，衛星シミュレーションでリアルタイムに地球スケールで解析できる時代にきている．

一方で，流域というスケールは，依然として，人間や社会にとって最も基本となる，水利用や水環境を見直す上での空間単位である．その意味で，流域の多様性・個別性を前提にして，各地の流域が抱える環境問題に対応できる流域管理の方法論を構築することは，地球環境を，流域というヒューマンスケールからボトムアップ的に，住む人の視点から地球環境を管理するための第一歩となる．本書で紹介したリナックス（Linux）方式[91]（第2部第1章第5節）は，このような水平方向の流域のネットワークの構築をイメージしている．流域ガバナンスの実現に関しても，世界のさまざまな流域において，各地域の個別性に合わせて，いろいろアイディアが生み出され，持ち寄られる．その中で，リナックスのように，多様なバージョンの中で具体的な情報がカスタマイズされ，組み込まれる過程で，流域管理の知のコモンズが豊かになっていく．そういう形で，各地の流域と水平的なガバナンスが自発的に進んでいく．このような発想は，地球温暖化対策においては，すでに国立環境研究所の森田恒幸らにより開発されたアジア太平洋統合評価モデルAIM (Asia-Pacific Integrated Model) により提唱さ

れ，アジアにおける AIM 国際ワークショップを通じて，国レベルで着実に進展している[113]．

琵琶湖流域と地球環境の未来

　最後に，地球環境変動やグローバリゼーションの中で，琵琶湖流域あるいは琵琶湖‒淀川水系の持続可能な社会はどのように構築していけばよいだろうか？　まず琵琶湖生態系の維持・再生に限ってみても，ドライバーとなるさまざまな人間活動が生起する琵琶湖‒淀川水系まで視野に入れた社会‒生態システムと捉えて，その長期的な変化を考察する必要がある．つまり，多様な問題意識を持ったさまざまな人が生活する社会‒生態システムに組み込まれた生態系として琵琶湖生態系を捉えることである．その上で，ガバナンスを前提とした地域の持続可能な社会構築の枠組みの中に琵琶湖の生態系を位置づけて，保全・再生を推進する体制が必要となる．一方，地球温暖化が進行すると，琵琶湖の湖底の低酸素化が急激に進行し，琵琶湖生態系は大きなダメージを受けることが懸念されている（第2部第2章第4節）．そのためには，琵琶湖のモニタリングに基づいたレジームシフトの対策を立てるとともに，地球スケールでの環境変動を視野に入れた琵琶湖流域や琵琶湖‒淀川水系の予測や施策が必要となる．和田は，地球環境システム科学の進展を取り入れた「衛星シミュレーション」の開発によって，地球環境変動のモニタリング情報をリアルタイムに取り入れて琵琶湖流域の環境変化を予測するとともに，地球スケールで，アジアのセレンゲ‒バイカル湖流域などの流域の変動を同時に把握して，流域スケールのガバナンスに役立てる方法を提案している．

　流域ガバナンスに関しては，まず，琵琶湖‒淀川水系における河川整備計画の今後が注目される[106]．1997年の河川法改正後の新制度下で，国土交通省近畿地方整備局は，2001年に淀川水系流域委員会（以下，委員会）を設置した（ブリーフノート1）．この委員会は，「淀川モデル」と呼ばれる流域ガバナンスの理念を取り入れた委員会の運営を実施するとともに，淀川水系の河川整備計画に対する基本的な考え方の取りまとめと具体的な提言をおこなってきた．しかし，2005年7月以降，ダムが治水に与える効果と環境への影響評価に関して，河川管理者側と委員会の考え方や理念の違いが鮮明となり，2008年6月，近畿地方整備局は，委員会の審議を打ち切り，「淀川水系河川整備計画案」を発表した．現時点では，琵琶湖‒淀川水系の河川整備計画が今後どのように決まるかは，予断を許さない状況であるが，改正河川法の理念や世界の大きな思潮に逆行した形で決着することは，琵琶湖‒淀川水系の今後にとって，大きな禍根となるだろう．

　次に，滋賀県の琵琶湖流域を単位とした「持続可能な滋賀社会」実現の試みに注目したい（ブリーフノート11）．滋賀県では，水環境保全施策の効果を定量的に予測する目的で，琵琶湖流域の水・物質循環を把握するための「琵琶湖流域水物質循環モデル」

を開発している[114].また,専門家によって,2030年の滋賀県の社会経済を想定し,低炭素社会と琵琶湖環境の再生をもとにした,「持続可能な滋賀ビジョン」をシナリオによって策定している[115].これら先進的な試みをもとに,多様な住民が共有できる持続可能な滋賀社会像を構築していくことが今後の大きな課題となる.

[谷内茂雄・和田英太郎]

参考文献

1) 松下和夫編著(2007)『環境ガバナンス論』京都大学学術出版会.
2) 仁連孝昭(2007)「流域システムの価値と流域ガバナンス」『流域ガバナンスとは何か――流域政策研究フォーラム報告書2006』滋賀大学環境総合研究センター・滋賀県立大学環境科学部・財団法人国際湖沼環境委員会(ILEC),pp.12-16
3) 滋賀県ホームページ http://www.pref.shiga.jp/d/kankyo/sd_shiga.html.
4) 松田裕之編(2008)『生態リスク学入門――予防的順応的管理』共立出版.
5) 和田プロジェクト編(2002)『流域管理のための総合調査マニュアル』京都大学生態学研究センター.
6) 大塚健司編(2008)『流域ガバナンス――中国・日本の課題と国際協力の展望』アジア経済研究所.
7) 流域政策研究フォーラム2006編(2007)『流域ガバナンスとは何か』滋賀大学環境総合研究センター.
8) Sabatier, P. A., Focht, W., Lubell, M., Trachtenberg, Z., Vedlitz, A. And Matlock, M. Ed. (2005) *Swimming Upstream: Collaborative Approaches to Watershed Management, American Comparative Environmental Policy Series*. The MIT Press.
9) 永田俊・宮島利宏編(2008)『流域環境評価と安定同位体――水循環から生態系まで』京都大学学術出版会.
10) 高橋裕(1990)『河川工学』東京大学出版会.
11) http://www.mlit.go.jp/kisha/kisha06/05/050530/00.pdf(2007年11月18日アクセス)
12) 秋津元輝(1993)「'水系社会'から'流域社会'へ――いま流域を考えることの社会学的含意について」『林業経済』**46(5)**: 1-7.
13) 糠谷真平(2002)「国土計画と圏域の考え方――流域との関連において」『環境情報科学』**31(4)**: 2-8.
14) 松岡勝実(2004)「水法の新局面――統合的水資源管理の概念と制度上の諸課題」『水利科学』**48(1)**: 1-26.
15) 植田和弘(1996)『環境経済学』岩波書店.
16) 多自然型川づくりレビュー委員会(2007)「多自然川づくりへの展開:これからの川づくりの目指すべき方向性と推進のための施策」
17) 脇田健一(2002)「コミュニケーション過程に発生する'状況の定義のズレ'」『都市問題』**93(10)**: 57-68.
18) 脇田健一(2005)「琵琶湖・農業濁水問題と流域管理――'階層化された流域管理'と公共圏としての流域の創出」『社会学年報』34: 77-97.
19) 谷内茂雄(2005)「流域管理モデルにおける新しい視点――統合化に向けて」『日本生態学会誌』**55(1)**: 177-181.
20) Walters, C.J. and R. Hilborn (1976) Adaptive-Control of Fishing Systems. *Journal of the Fisheries Research Board of Canada*. **33(1)**: 145-159.

21) Lee, K.N. (1993) *Compass and Gyroscope: Integrating Sciences and Politics in the Environment*. Island Press.
22) 佐藤直良（1997）「河川法の改正と今後の河川行政」『土木学会誌』**82**(**11**)：38-40.
23) 舩橋晴俊（1998）「環境問題の未来と社会変動：社会の自己破壊性と自己組織性」舩橋晴俊・飯島伸子編『講座社会学12　環境』東京大学出版会，191-224.
24) 室田武・三俣学（2004）『入会林野とコモンズ──持続可能な共有の森』日本評論社．
25) 井上真（2001）「自然資源の共同管理制度としてのコモンズ」井上真・宮内泰介編『コモンズの社会学──森・川・海の資源共同利用を考える』新曜社，1-28.
26) Hardin, G. (1968) The Tragedy of the Commons. *Science*. 162(**3859**): 1243-1248.
27) 井上真（1997）「コモンズとしての熱帯林──カリマンタンでの実証調査をもとにして」『環境社会学研究』**3**: 15-32.
28) Ostrom, E. (1990) *Governing the Commons: The Evolution of Institutions for Collective Action*. Cambridge University Press.
29) 堀雅晴（2001）「アメリカにおける'ガバナンス'──比較・概念・現状」『月刊自治研』**43**: 66-74.
30) 戸政佳昭（2000）「ガバナンス概念についての整理と検討」『同志社政策科学研究』**2**: 307-326.
31) Harashima, Y. (2000) Environmental Governance in Selected Asian Developing Countries. *International Review for Environmental Strategies*. **1**(**1**): 193-207.
32) 松下和夫（2002）「環境ガバナンスの構築」『科学』**72**(**8**)：792-796.
33) 蟹江憲史（2004）『環境政治学入門：地球環境問題の国際的解決へのアプローチ』丸善．
34) 宇都宮深志（1996）「各国の環境政策の動向と環境ガバナンス」『環境情報科学』**25**(**3**)：23-30.
35) 宇都宮深志（1996）「新しい環境理念と環境ガバナンス」『季刊自治体学研究』69: 4-11.
36) 毛利聡子（1999）『NGOと地球環境ガバナンス』築地書館．
37) 松下和夫（2002）『環境ガバナンス：市民・企業・自治体・政府の役割』岩波書店．
38) Gibbs, D. and A.E.G. Jonas (2000) Governance and Regulation in Local Environmental Policy: The Utility of a Regime Approach. *Geoforum*, **31**(3): 299-313.
39) Hercock, M.(2002)Integrating Local Environmental Management and Federal/State Interests through Governance: The Case of the Garden Island Environmental Advisory Committee. *Environmental Management*. **30**(3): 313-326.
40) 寄本勝美編（2001）『公共を支える民：市民主権の地方自治』コモンズ．
41) 柿澤宏昭（2002）「地域環境政策形成のために求められるもの──地域環境ガバナンスの視点から」『都市問題』**93**(**10**)：15-28.
42) Rhodes, R.A.W. (1997) *Understanding Governance: Policy Networks, Governance, Reflexivity and Accountability*. Open University Press.
43) Putnam, R.D. (2000) *Bowling Alone : The Collapse and Revival of American Community*. Simon & Schuster.
44) Hanifan, L.J. (1916) The Rural School Community Center. *Annals of the American Academy of Political and Social Science*. **67**: 130-138.
45) Putnam, R.D., R. Leonardi, and R. Nanetti (1993) *Making Democracy Work: Civic Traditions in Modern Italy*. Princeton University Press.
46) 嶋田大作・大野智彦・三俣学（2006）「コモンズ研究における社会関係資本の位置づけと展望：その定義と分類を巡って」『財政と公共政策』**28**(**2**): 51-56.
47) Coleman, J.S.(1990) *Foundations of Social Theory*. Harvard University Press.
48) Ostrom, E. (1992) *Crafting Institutions for Self-Governing Irrigation Systems*. ICS Press.

49) Ostrom, E. (1994) Constituting Social Capital and Collective Action. *Journal of Theoretical Politics*. **6(4)**: 527-562.
50) 三俣学・嶋田大作・大野智彦 (2006)「資源管理問題へのコモンズ論・ガバナンス論・社会関係資本論からの接近」『商大論集』**57 (3)**: 19-62.
51) 宮内泰介 (2001)「コモンズの社会学：自然環境の所有・利用・管理をめぐって」鳥越晧之編『自然環境と環境文化』有斐閣 : 25-46.
52) Gibson, C.C., E. Ostrom, and T.K. Ahn (2000) The Concept of Scale and the Human Dimensions of Global Change: A Survey. *Ecological Economics*. **32(2)**: 217-239.
53) 鳥越皓之 (1995)「そこに住む者の権利」三戸公・佐藤慶幸編『環境破壊』文眞堂 :178-198.
54) Ohno, T., T. Tanaka, and M. Sakagami (forth coming) Does social capital encourage participatory watershed management?: An analysis using survey data from the Yodo River watershed. *Society & Natural Resources*
55) 大野智彦・嶋田大作・三俣学・市田行信・太田隆之・清水万由子・須田あゆみ・礪波亜希・鷲野暁子 (2004)「社会関係資本に関する主要先行研究の概要とその位置づけ：概念整理と流域管理への示唆」琵琶湖-淀川水系プロジェクトワーキングペーパー no.11.
56) 井上真 (2004)『コモンズの思想を求めて ── カリマンタンの森で考える』岩波書店 .
57) 白井義彦 (1994)「河川水利と流域管理」『地理科学』**49 (3)**: 130-138.
58) 太田隆之・諸富徹 (2006)「里川への経済学的アプローチ：矢作川の保全活動から」鳥越晧之・嘉田由紀子・陣内秀信・沖大幹編『里川の可能性：利水・治水・守水を共有する』新曜社 : 67-89.
59) 大野智彦 (2005)「河川政策における'参加の制度化'とその課題」『環境情報科学論文集』19: 247-252.
60) 斎藤暖生・三俣学・田中拓弥 (2003)「信濃川流域における大規模水力発電と地域住民 ── くらしを潤す水のゆくえ」琵琶湖-淀川水系プロジェクトワーキングペーパー no.9, 総合地球環境学研究所・プロジェクト 3-1 事務局発行 .
61) Gittel, R. and A. Vidal (1998) *Community Organizing: Building Social Capital as a Development Strategy*. SAGE Publications.
62) 諸富徹 (2003)『環境』岩波書店 .
63) Berkes, F. (2002) Cross-Scale Institutional Linkages: Perspectives from the Bottom Up, National Research Council eds, *The Drama of the Commons*. 293-321.
64) 藤田香・大塚健司 (2006)「地域共有資源の持続可能な利用のためのパートナーシップの構築と費用負担：サロマ湖流域の資源・環境問題への接近」『桃山学院大学経済経営論集』**48 (2)**: 45-84.
65) 吉田竜司 (2005)「'公物'からコモンズへ：河川行政における流域主義の展開過程とその可能性」『龍谷大学国際社会文化研究所紀要』**7**: 74-101.
66) 三井昭二 (1997)「森林からみるコモンズと流域：その歴史と現代的展望」『環境社会学研究』**3**: 33-46.
67) Agrawal, A. (2002) Common Resources and Institutional Sustainability, National Research Council eds, *The Drama of the Commons*, National academy press. 41-85.
68) Ostrom, E., R. Gardner, and J. Walker (1994) *Rules, Games, and Common-Pool Resources*. University of Michigan Press.
69) Keohane, R.O. and E. Ostrom (1995) *Local Commons and Global Interdependence: Heterogeneity and Cooperation in Two Domains*. Sage Publications.
70) 菅豊 (2006)『川は誰のものか ── 人と環境の民俗学』吉川弘文館 .
71) Lewins, R. (2001) "Consensus building and natural resource management: a review" CEMARE Research Paper P157 University of Portsmouth.

72) Barr, J.J.F., Rahman, M.M., Thompson, P.M., Lewins, R., Islam, A., Islam, N., Sultana, P., Mallick, D. and Dixon, P.J. (2001) "Building consensus between stakeholders for management of floodplain wetlands in Bangladesh" Paper presented at the Asian Wetlands Symposium 2001 Bringing partnerships into good wetland practice'. Penang, Malaysia, 27-30 August 2001.

73) Lewins, R., Coupe, S., and Murray, F. (2007) *Voices from the Margins: consensus building and planning with the poor in Bangladesh*. Practical Action Publishing.

74) Lewins, R.「バングラデシュにおけるより良い地域自然資源管理のための合意形成 ── 水平的・垂直的拡大への展望」pp.78-93. 総合地球環境学研究所・研究プロジェクト 3-1 編集 (2006)『国際ワークショップ報告書 ── 分野横断による新たな流域管理システムの構築に向けて』総合地球環境学研究所,所収.

75) CNRS Resource Unit (2003) "PAPD Participatory Action Plan Development" http://www.research4development.info/PDF/Outputs/NatResSys/R8223PAP.pdf Center for National Resource Studies (CNRS) in association with Information, Training and Development Ltd. (ITAD).

76) Bunting, S. (2006) "Evaluating action planning for enhanced natural resource management in peri-urban Kolkata" Final Technical report R8365: University of Stirling, UK: Institute of Aquaculture.

77) 総合地球環境学研究所・プロジェクト 3-1 編集 (2007)『国際ワークショップ報告書 ── 琵琶湖の流域管理から始める地球環境学』総合地球環境学研究所 pp.149-154.

78) 社団法人海外環境協力センター (1998)『平成 9 年度環境庁委託　開発途上国環境保全企画推進調査報告書 ── ラオス』平成 10 年 3 月.

79) IUCN-The World Conservation Union, the International Water Management Institute, the Ramsar Convention Bureau, and the World Resources Institute (2003) The Watersheds of the World CD. http://www.iucn.org/themes/wani/eatlas/（2008 年 2 月 26 日取得）.

80) NASA Earth Observatory Collection (2003) Tonle Sap Wetlands, Cambodia. http://www.nasaimages.org/luna/servlet/detail/nasaNAS~10~10~75564~181141:Tonle-Sap-Wetlands,-Cambodia（2009 年 1 月 19 日取得）.

81) アシット・K. ビスワス,橋本強司編著,レックス・インターナショナル訳 (1999)『21 世紀のアジア国際河川開発』勁草書房.

82) UNEP,ADB,MRCS,SEI(2001) *Strategic Environmental Framework for the Greater Mekong Subregion: Version 1.0* CDROM.

83) 原雄一,倉田学児,勝本卓,水野啓,Srikanda Herath (2009)「流域におけるシナリオ・モデル分析による環境影響評価と社会経済効果の融合」『環境アセスメント学会誌』7(1),印刷中.

84) 高橋裕 (2003)『地球の水が危ない』岩波書店.

85) 蔵治光一郎編 (2008)『水をめぐるガバナンス ── 日本,アジア,中東,ヨーロッパの現場から』東信堂.

86) 谷内茂雄・田中拓弥・中野孝教・陀安一郎・脇田健一・原雄一・和田英太郎 (2007)「総合地球環境学研究所の琵琶湖-淀川水系への取り組み ── 農業濁水問題を事例として」『環境科学会誌』**20**: 207-214.

87) 和田英太郎・谷内茂雄監修 (2007)『琵琶湖-淀川水系における流域管理モデルの構築　最終成果報告書』総合地球環境学研究所　プロジェクト 3-1.

88) 陀安一郎 (2005)「生態圏の環境診断 ── 安定同位体アプローチ」『日本生態学会誌』**55**: 183-187.

89) Nakano, T., Tayasu, I., Wada, E., Igeta, A., Hyodo, F. and Miura, Y. (2005) Sulfur and strontium isotope geochemistry of tributary rivers of Lake Biwa: implications for human impact

on the decadal change of lake water quality. *Science of the Total Environment.* **345**: 1-12.
90) 山田佳裕・井桁明丈・中島沙知・水戸勇吾・小笠原貴子・和田彩香・大野智彦・上田篤史・兵藤不二夫・今田美穂・谷内茂雄・陀安一郎・福原昭一・田中拓弥・和田英太郎 (2006)「しろかき期の強制落水による懸濁物,窒素とリンの流出 ─ 圃場における流出実験」『陸水学会誌』**67**: 105-112.
91) 谷内茂雄・脇田健一・原雄一・田中拓弥 (2002)「水循環と流域圏 ─ 流域の総合的な診断法」『環境情報科学』**31**: 17-23.
92) 松下和夫 (2007)『環境政策学のすすめ』丸善.
93) 小宮山宏編 (2008)『サステナビリティ学への挑戦』岩波書店.
94) 山下洋監修・京都大学フィールド科学教育研究センター編 (2007)『森里海連環学』京都大学学術出版会.
95) 立本成文編 (2008)「地球環境学 ─ 地球研ワーキングペーパー 1 号 (RIHN-WP No. 1)」総合地球環境学研究所.
96) ジェラルド・G・マーティン (2005)『ヒューマンエコロジー入門』有斐閣.
97) サイモン・レヴィン (2003)『持続不可能性』文一総合出版.
98) Folke, C. et al. (2002) *Resilience and Sustainable Development: Building Adaptive Capacity in a World of Transformations.*
99) Berkes, F., Colding J. and Folke, C. (2003) *Navigating social-ecological systems: building resilience for complexity and change.* Cambridge University Press.
100) Folke, C., Hahn, T., Olsson, P. and Norberg, J. (2005) Adaptive governance of Social-Ecological Systems *Annual Reviews of Environmental Resources* **30**: 441-473.
101) Walker, B. and Salt, D. ed. (2007) *Resilience thinking: sustaining ecosystems and people in a changing world.* Inland Press.
102) 森田恒幸・天野明弘編 (2002)『【講座環境経済・政策学第6巻】地球環境問題とグローバル・コミュニティ』岩波書店.
103) 石井励一郎・和田英太郎 (2008)「モデルとミシュレーションと検証と―新しい生態糸の変動予測から」科学 78 No. 10, pp. 142-147, 岩波書店.
104) Cash, D. W., Adger, W. N., Berkes, F., Garden, P., Lebel, L., Olsson, P., Pritchard, L. and Young, O. (2006) Scale and cross-scale dynamics: governance and information in a multilevel world. *Ecology and Society.* **11 (8)** (online).
105) Berkes, F. (2006) From community-based resource management of complex systems: the scale issue and marine commons. *Ecology and Society.* **11 (45)** (online).
106) 嘉田由紀子 (2003)「琵琶湖・淀川流域の水政策の 100 年と 21 世紀の課題 ─ 新たな「公共性」の創出をめぐって」嘉田由紀子編『水をめぐる人と自然 ─ 日本と世界の現場から』有斐閣選書, 111-151.
107) 中山幹康「水のローカルガバナンスとグローバルガバナンス」蔵治光一郎編 (2008)『水をめぐるガバナンス ─ 日本, アジア, 中東, ヨーロッパの現場から』東信堂, 第 9 章.
108) Millennium Ecosystem Assessment 編 (2007)『国際ミレニアムエコシステム評価 ─ 生態系サービスと人類の将来』オーム社.
109) 中静透 (2005)「生物多様性とはなんだろう?」日高敏隆編『生物多様性はなぜ大切か?』昭和堂, p. 33.
110) Reid, W. V., Berks, F., Wilbanks, T. J. & Capistrano, D. (2006) *Bridging scales and Knowledge systems: concepts and applications in Ecosystem Assessment.* Island Press.
111) Biggs, R. et al. (2007) *Linking futures across scales: a dialog on multiscale scenarios.* **12(17)** (online).
112) 加藤文昭・丹治三則・盛岡通 (2004)「流域圏におけるシナリオ設計システムの構築に関

する研究」『環境システム研究論文集』**32**: 391-402.
113) 国立環境研究所編（2004）『Asia-Pacific Integrated Model 国際シンポジウム報告書』国立環境研究所.
114) 滋賀県琵琶湖環境部環境政策課編（2008）『滋賀の環境白書 2008（平成 20 年版環境白書）』滋賀県琵琶湖環境部環境政策課発行.
115) 滋賀県琵琶湖環境部環境政策課編（2008）『持続可能な滋賀社会ビジョン』滋賀県琵琶湖環境部環境政策課発行.

ブリーフノート14

流域管理におけるコアとなる考え方
—— メコン川流域を事例として

(原　雄一)

琵琶湖−淀川水系とメコン川流域の相違点と類似性

　琵琶湖−淀川水系は，上流の琵琶湖流域と下流の淀川流域を比較すると，人口の集積状況や土地利用状況など，多くの相違点があり多様性が高い．2つの大きな支流である桂川と木津川，さらに末端の支流の状況なども地域の独自性を有している．桂川の支流の亀岡盆地と岡山県の一部との2ヶ所にのみ，現在生息する絶滅危惧種のアユモドキ（ドジョウの仲間）などがその例であり，琵琶湖−淀川水系をひとくくりには表現できない多様性がある．一方，本節の対象であるメコン川流域はどうであろうか．表 bn14-1 は琵琶湖−淀川水系とメコン流域を比較したものである．流域面積でほぼ100倍の違いがあり，さらに流下国が上流から図 bn14-1 に示すように，中国，ミャンマー，ラオス，タイ，カンボジア，ベトナムの6ヶ国に及ぶことが琵琶湖−淀川水系との決定的な違いである．国際河川であるメコン川流域を対象とする場合には，琵琶湖−淀川水系で展開してきた階層化された琵琶湖−淀川水系での流域管理の方法論は，どのように取り組むのだろうか．

　河川の構造はすでに示したように，河口に流れる本川を1次河川，その支流を2次河川，さらに3次河川と枝分かれしていく．このようにスケールを変えても，同じような構造を有するのが河川そして流域の特徴である．海岸線や樹木の枝なども同様な構造を有しており，これらはフラクタル構造と呼ばれている．つまり，流域ではどのようなスケールにおいても，上流と下流があり，右岸と左岸に分かれるという相似性を有している．流域の課題においても，琵琶湖−淀川水系での上流の水資源開発と中・下流の京都・大阪での水利用の問題は，メコン川流域でも同様な構造を有している．すなわち，上流部に位置する中国のカスケード式のダム開発，そして下流のメコン河口での流量の減少に伴う塩水遡上に特徴付けられる上流・下流の問題は，スケールの違いを超えて基本構造は同じと考えることができる．

　カンボジアのマザーレイクと呼ばれるトンレサップ湖は乾季には琵琶湖の4倍程度の淡水湖であるが，雨季にはメコン川からの水が逆流し，一挙に3倍以上の湖面積に拡大する．この拡大によって乾季のときの大地に水が浸入し，広大な沈水林が生じる．この沈水林や草地にメコン川の逆流に乗って多くの魚類が豊富な酸素と栄養塩を求めて，産卵に訪れ，魚類の持続的な生産性が持続されている．トンレサップ湖から水揚げされる魚類がカンボジア国民の80%以上のタンパク源を支えているといわれている．このような雨季と乾季との水位差によって生じる湖岸沿いの推移帯（エコトーン）は，魚類の再生産にとって不可欠の要素である．自然の仕組みの中で持続的に維持されてきた生態系から多くのサービスを受けている状況なども，淀川水系の中

表 bn14-1 琵琶湖−淀川水系とメコン川流域の比較

2つの流域	流路延長 (km)	流域面積 (km²)	標高差 (m)	国 数	流域人口 (万人)	推定魚類種数
琵琶湖−淀川	75	8,240	1,377	1	1,400	60
メコン川	4,350	795,000	5,500	6	5,600	200

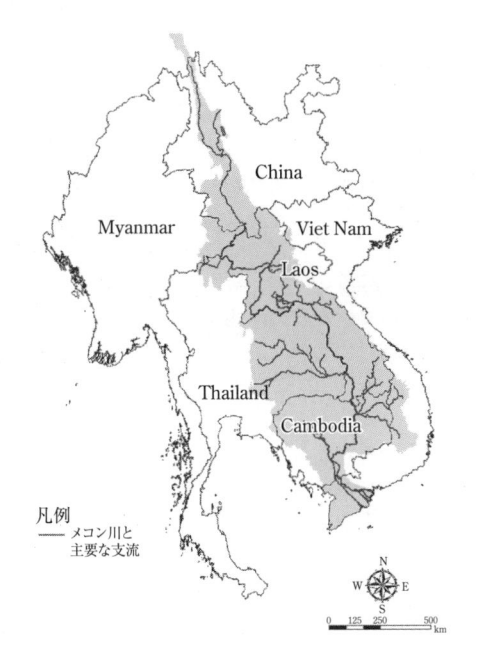

図 bn14-1　メコン川流域国と流域界

の琵琶湖とメコン川流域の中のトンレサップ湖は，スケールの違いを超えて類似している．

流域管理におけるコアになる考え方

　流域管理を進めるうえでコアになる考え方，これをリナックス方式として本書では定義づけしている（第2部第1章第5節）．このリナックスによりコアになる仕組みをつくり，さまざまな地域での参加主体がコア部分に新たな知見を付加，改良するなどのカスタマイズにより，流域管理における知のコモンズを形成するというコンセプトである．メコン川流域に代表される多様性と国際性を有した流域においても，共通なコアになる考え方として以下の事項が挙げられる．

1. 流域単位で個別最適化から全体最適化へ

コアになる考え方として，まず挙げられるのが，どのようなスケールの流域管理であっても，検討する単位を流域とする考え方である．これまでの流域管理の方法は行政区分，セクター区分（森林や農業）などによって設定される境界を用いて地域を物理的にも質的にも分割し，効率的・経済性を重視した管理を行ってきたことが特徴である．これは個別最適化が実施された断片をジグソーパズルのようにつなぎ合わせると全体が完成し，そして全体の最適化が達成できるという仮説に基づいている．たとえば，流域を森林，田畑，都市などの個別要素に分割し，それぞれのセクターでの研究や施策を進めるというもので，多くの場合，都市を扱う部署は森林について言及しない．この方法論によって，専門性を深め，効率的な施策の実施ができるという利点があるが，森林と都市の双方が密接に関係する課題を深めるという新しいテーマに対しては対応が困難となる．行政組織も上流と下流では異なることが多く，分割管理される傾向にある．このような個別最適化の集積から，流域を単位とする全体最適化へのシフトが，流域管理のコアになる方法論といえる．

2. 自然のもつあいまい性の再認識

河川や湖沼の水際線に広がるヨシなどの水生植物をじっくり観察すると，どこまでが陸でどこからが水面かが判別しにくい．しかも，この複雑に入りくんだ水際線は季節と時間によって微妙な変化をみせる．この陸とも水面ともつかない推移帯は，稚魚の産卵場や隠れ家を提供し，また陸からの栄養塩の水域への流入を防ぐフィルターの役割を果たしている．しかも，風景として私たちはこのような水際線に美的感覚を持つ場合が多い．琵琶湖沿岸であれば，ヨシ帯の海岸線は原風景とも呼ばれるものである．この原風景に私たちが心地良さを感じるのは，長い年月の中で形成されてきた自然と人との間の安定した関係性をそこに感じ取るからであろう．一方，私たちのこれまでの都市や地域の計画では，「線引き」に代表されるように線の「あっち」と「こっち」で明確に区分される．すなわち「ゼロ」か「イチ」の世界に置き換えられ，その中間が許されない．トンレサップ湖の自然の豊かさは，まさにこの「ゼロ」と「イチ」の間の遷移帯にあるといえる．自然のもつあいまい性を再認識し，自然と人とがバランスを保ちながら長年月の間に形成してきた自然の仕組みを最大限に生かすことがコアの部分に相当するものと考えられる．

3. エコロジカルプランニングの推進

エコロジカルプランニングは1970年代にイアン・L. マクハーグによって提唱された考え方である[1]．たとえば，流域には降雨が地中にしみ込む水の涵養域と，逆に流出する地域とに大きく分かれる．これは，自然の地形や植覆，地質などの自然の仕組みによって形成されるものである．流域での土地利用を考える場合も，土地が本来もっているエコロジカルな面からの潜在性を最大限に発揮させるという考え方である．メコン川流域は，かつては広い範囲の森林に覆われていたが，その後，さまざまな開発の圧力などを経て，減少の一途をたどっている．森林は水を育み，浄化する働

きを持つが，森林の減少は，水質の汚濁を契機として流域の生態系に影響を及ぼしてきている．流域の適切な土地利用を考えることは流域全体の生態系にとって必須の事項であり，土地が本来持っている生態的な機能を最大限に発揮できる土地利用計画，すなわちエコロジカルプランニングの思想を積極的に取り入れていくことがコアとして重要と考えられる．琵琶湖-淀川水系，メコン川流域ともこの数十年での土地利用の変化は大きく，拡大する経済圏とそれらをつなぐ交通網などの影響，それらを支える水資源開発などの影響により，このエコロジカルプランニングの考え方は薄れてきたと考えられるが，新たな流域管理を進める際に重要な方法論を提供できるものと考えられる．

4. 失われたものの価値とその評価

　日本においても身近な生物，メダカやトノサマガエルなどが知らない間に姿を消しつつある．伝統的な行事や風習，言語なども忘れ去られてきている．昔，子どもの頃に遊んだ何気ない風景も気がつくともうそこにはない．このような原風景と呼ばれる景観が失われてきている．メコン川流域ではもっと大規模な変革が起きている．カンボジアでは外国人が来てから，むしろ貧しくなってきたといわれている．それまでの伝統的な漁業で生計を立てていた沿岸の漁民は，経済的な価値をより多く取り込もうと違法な漁業によって乱獲し，生態系が失われてきている．森林の消失もこれまでの伝統的な焼畑と異なり，持続性を配慮しない無秩序な焼畑が横行し，焼畑すべてが有害であるとの認識が広がってきている．ラオスでは焼畑を制御するために，高地ラオ族の低地への移住政策が強制的に行われた．このような長い年月の中で培われた地域に根ざした仕組みを急変させる政策は小規模の民族の絶滅を招きかねない．民族の消失は言語を含め，多くの文化的価値が失われることを意味する．琵琶湖-淀川水系でも，これまでに多くの内湖が干拓などで消失し，内湖の生態系の劣化だけにとどまらずに，流域の中で育まれてきたニゴロブナを材料とするフナズシの食文化も同時に失われようとしている．それぞれの流域で，これまでにどれだけ多くのものが失われてきたのか，そしてその価値はどのようなものであったのかを考えていく必要がある．そういった中で，地域の将来のビジョンを形成していくことは流域管理を推進するうえでのコアに相当するものと考えられる．

5. 伝統的な昔の知恵の現代の文脈への投影

　メコン流域に隣接するチャオプラヤ流域の上流部，タイのチェンマイ近郊のメタチャン流域とメイワン流域での流域管理に触れる機会があった．この流域ではコンクリートの堰もあるが木と竹で作った堰が多く存在している．日本で堰といえば，コンクリートで作られた堰をイメージすることが多く，私たちは木と竹の堰はずいぶんと遅れているといったイメージを抱くかもしれない．しかし，この流域の管理に携わっている地元の方々の見解は私たちのイメージとは異なる．すなわち，木と竹でできた堰は，以下の5つの利点があると考えているのである．

(1) 流域住民が自分たちで作ることができる

　私たちの言葉に翻訳すると→住民参加，適正技術，順応型管理，帰属意識，当事者意識
(2) 木の堰ではすべての水を止めて利用できない

　私たちの言葉に翻訳すると→資源の適正配分
(3) 堰の素材の木や竹は周辺にたくさんある

　私たちの言葉に翻訳すると→地場産業の育成，自然資源の有効利用
(4) 木と竹の隙間から魚が遡上できる

　私たちの言葉に翻訳すると→近自然工法，生態系配慮
(5) 修理などで住民同士が常に協議する場を持つ

　私たちの言葉に翻訳すると→住民参加，合意形成，当事者意識

　木と竹で作った堰は，流域管理を考えている私たちの言葉に翻訳するとまさに今追い求めている事柄が多いことに気付く．日本でも，河川の構造物を従来のコンクリートから，間伐材でくみ上げた粗朶沈床が使われはじめている．これまでのコンクリート製のものよりも洪水時での耐久性能が優れていることに加えて，魚類などの生息環境も提供するといった多面的な利点が評価されてきた．このような伝統的な昔の知恵を現在の文脈にどのように生かしていくことができるか，さまざまな工夫が今試されているものと考えられる．

参考文献

1) イアン・L. マクハーグ (1975)「特集エコロジカルプランニング　地域生態系の方法と実践-1」『建築文化』**30** (**344**) : 52-55.

ブリーフノート 15

地球環境研究の進展と今後の流域研究の展望
―― 琵琶湖-淀川水系を例に

――――――――――――――――――――――――――――――（和田英太郎）

要旨

　琵琶湖-淀川水系史は一つの見方として，GNP 上昇に基づく開発の時代（進歩の時代），1992 年のリオ・サミット以降の理念追求の時代，1997 年以降の「相互作用環」重視の時代，2002 年のヨハネスブルク・サミット以降のシナリオ作成志向の時代，今後の地球観測網の進展とモデルと予測シミュレーションの信頼性が増す時代に区分されるであろう．この流れの中でようやく文理連携，住民参加の実現が見えてくるように思える．

1. 環境研究の 50 年史

　地球環境研究の 50 年史（図 bn15-1）[1] を概括すると，大気中の二酸化炭素濃度の増加に伴っていろいろな環境問題が顕在化している．

　1992 年のリオ・サミットでは地球温暖化条約（気候変動枠組条約）と生物多様性条約が締結された．この 10 年後に開催された，2002 年のヨハネスブルク・サミットを経て，2005 年 2 月 16 日には地球観測国際戦略 10 年計画も策定された．現在は全地球観測網の整備が，衛星観測やロボットブイ，そしてコンピューターによる予測研究の急速な発展と連動して進む時代となった．今後の 10 年は時空間分解能を高めた地球の観測・研究・予測モデルの開発が飛躍的に進むと期待され，地域特異性の高い自然現象の予測研究も急速に進もうとしている．地球観測や予測研究が先端技術を駆使できる時代に入ったとみなすことができる．一方，地球温暖化のもと，二酸化炭素の放出規制は世界の実行案となりつつある．ここでは生態系を中心とした地球環境の最近の研究について触れ，今後の琵琶湖-淀川水系に代表される流域研究のあり方と展望についてまとめたいと思う．

　琵琶湖を含む流域生態系は色々な時空間スケールを持つ環境との相互作用によって多様でダイナミックな構造となっている．大まかに見ると，生態システムは食物網に見られるように，タイムスケールの異なる生物相互作用がサイクルを形成し，サイクル間を情報によって繋いで生態系全体の順応性と持続性が保持されている世界に見える．

　図 bn15-2[2] はこのことを強く意識して環境変動の研究・調査と人間社会の順応的管理システムの関係を図式化したものである．これからの野外調査・研究から対策シナリオ提示までの仕組みは，次のようになると思われる．

　まず自然界の精度の高い観測・調査をおこない，環境の健全さを測る指標や環境容量を定める．さらに多角的な切り口で信頼性の高い予測モデルを創り，いろいろなシ

図 bn15-1 地球環境問題の50年史．縦軸は二酸化炭素の濃度．[1]

ナリオが提示される．ここで初めて法規制や環境税あるいはライフスタイルの変革を考える社会との結びつきが可能となり，社会科学者と協力してわかりやすい形で住民参加や順応的管理 (P-D-C-A) に繋げてゆくことができる．

この意味において，現在急速に発展中の観測・モデル・シミュレーションの三位一体の研究は明日の生態系を考え，社会が環境変動に対処する具体策を構築する入り口に位置していると言える．

ヒトの社会はその歴史上初めて，観測から社会システムの形成に至るハードルを越えることに挑戦しようとしている．この流れは色々な面で我々の意識や選択肢を変えてゆくと思われる．

2．地球環境研究の最近の動向

第二次世界大戦後，我が国における経済復興を中心とする変革は，世界の中でも特異的に激しい流れであったと評価される．これに伴った国土利用計画が「力技」で行われ，現在に至っていろいろな局面に歪みが顕在化するようになった．第2次科学技術基本法に重点項目として環境が取り上げられ，なおかつ総合科学技術会議の中に地球温暖化，水循環と並んで自然共生型流域圏・都市再生が取り上げられたのもこの歪みを是正することの重要性が広く認められだしていることの現われと見なせる．ここでは，繰り返しになるがより詳しく図 bn15-1 に示した環境問題の50年史を概括したうえで，今後10年間に想定されることをまとめることにする．

まず，図 bn15-1 の縦軸には大気中の二酸化炭素の濃度を ppmv で目盛ってあり，この50年間，年1ppmv強の速度で増加してきたことが読み取れる．増加曲線上には（説明は割愛するが）各時代に起こった事件が，また図の上段には世界政治におけるサミットの中心課題が時系列で示してある．第2次大戦終了後，サミットの中心課題が，戦後処理から軍縮，経済問題へと進み，地球環境問題が広く世界の関心を集めるようになったのは，1989年の環境国連に引き続く，通称「リオ・サミット」以後である．このとき気候温暖化条約と生物多様性条約が締結されている．

次に，視点を変えて，図の横軸に沿った国際共同研究の経緯を見てみよう．1957年国際地球観測年 (IGY) の時，現在著名となったキーリングによって，ハワイ・マウナロアにおいて大気二酸化炭素濃度のモニタリングが開始され，現在に至るも観測が継続されている．これが1960年代の国際生物事業計画に引き継がれ，人間と生物圏計画 (MAN and Biosphere; MAB) が1970年代に始まり，スミソニアンを中心として現在も継続している．リオ・サミットでは地球圏・生物圏国際共同計画が本格的に始まり，生物多様性に関係した DIVERSITAS や人間活動を考慮した国際計画 (IHDP) は1990年代の後半になって活発化している．

最後に，横軸の下には衛星による地球観測の流れをまとめてある．リオ・サミット10年後に開催されたヨハネスブルク・サミットでは地球観測国際戦略が討論され，一連の地球観測サミットを通して，全球規模の観測10ヶ年計画が2005年2月にまとめられた．

この一連の経緯はキーワードで示すならば，地球環境問題は，地球温暖化，生物多

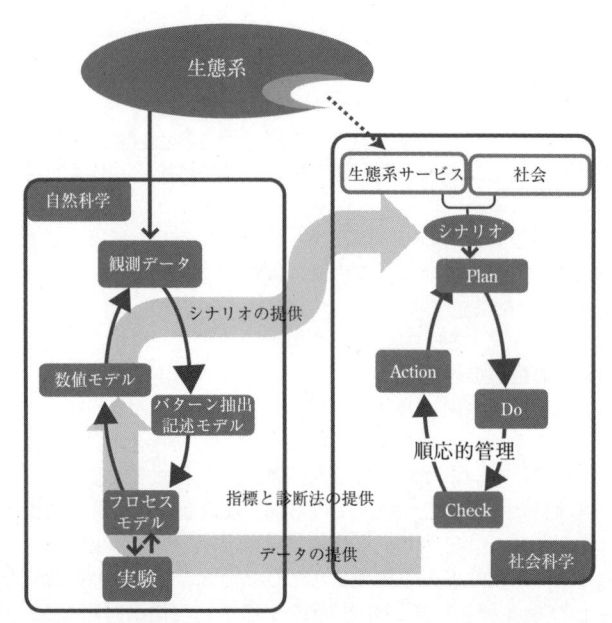

図 bn15-2 観測からモデル・予測そして順応的管理へ，調査・研究のサイクルからの成果が社会の順応的サイクルに組み込まれる.[2]

様性，水，食料そして健康に代表され，地球の理解を深めること，自然のシステムと人間活動の相互作用環の基本を解明し，未来予測可能なデータベースの整備と予測モデルの展開が求められるようになったと総括されよう．環境科学の研究は，基礎的な理解から政策立案を可能とするシナリオ提示型の成果を求められるように激変したといえる（図 bn15-2）．

地域性の強い，しかし人間生活とかかわりの深い流域共生系のマネジメントに関する社会の動向もそれなりに変革している．1997 年に河川法が改正され，1964 年（昭和 39 年）以来の「治水・利水の体系的な整備」から「治水・利水・環境の総合的な河川制度の整備」へと変わり，河川環境の整備と保全地域の意見を反映した河川整備の計画制度の導入がうたわれることとなった．ヨハネスブルクでのサミットが開催された 2002 年，滋賀県では世界湖沼会議が開催され，また上記の河川法の改正を受けて「淀川水系流域委員会」が 2001 年に発足した．

以上，地球レベルから流域レベルにいたるスケールダウンの方向で最近の動向をまとめてみたが，この流れの中から二つの点が浮き彫りにされる．

3. 科学の貢献 —— 指標からシナリオ提示への流れ

(1) 環境問題は待ったなしの対策・対応が必要

自然界はローカルな生態システムといえども十分複雑な系であり，観測により複数のプロセスモデルの提示，それらの統合とそれに基づいた予測シミュレーションモデルと検証によって，はじめて戦略的，政策につながる成果があげられる．この意味において，観測とプロセスモデルそして予測シミュレーションが三位一体となって進むことが求められる．一方，社会システムはP→D→C→Aサイクルを骨格とした順応的管理で対応してゆくことになり，これを評価する指標を提示することが求められる．

　図 bn15-2 には，従来の自然界における普遍性を追求する学問がどのように進みながら，人間社会システムの順応的管理に関わるのか，その仕組みを模式化している．現時点では文理連携を急激に推し進めることは益無く，むしろ自然科学の方から人間活動と自然界の相互作用を評価する新しい意味での環境容量や環境診断の指標を提案できることが急務となる．自然は十分に複雑な系であり，自然と人間活動の相互作用系の基本プロセスの研究は未だ歴史が浅く十分に理解されていない．加えて，複雑系は観測とプロセスモデルのみでは予測につながらないので，時空間的に分解能の高いシミュレーションとの組み合わせが必須である．そこで，理工農連携（学際的研究プロジェクト）が戦略的に行われることが急務となっている．図 bn15-2 はこの考えに沿って筆者が描いたものであり，現在所属している地球環境フロンティア，生態系変動予測プログラムの中でも骨子となる枠組みと考えている．このような戦略的な予測モデルがある程度確立した時点で，文理連携と住民参加が可能となる．

(2) 地球シミュレータの進歩

　また図 bn15-1 の横軸の下に示した衛星画像による地球の解析進歩には目を見張るものがある．これまでの環境科学の限界は，広い時空間スケールに渡って地球全体の情報を同時に知ることが不可能であったことにある．しかし現時点では海洋に降る雨の状況もわかり，いわゆる地球物理学者による大気-海洋循環モデルは，大気-海洋-陸域統合モデルへ展開し，炭素循環全球モデルも"月進年歩"の状況となっている．当面の目標となる空間格子（Grid）の細分化は，大気では積乱雲の動態を解析できる5km以下，海洋では，暖水塊や冷水塊の解析を可能とする10km以下である．私の所属する生態系変動プログラムでは陸域炭素循環モデルに窒素動態を組み込み，格子のスケールは1kmを目指す試みも始まっている．平行して人工衛星の空間解像度，センサーの開発も日進月歩の感がある．ここ数年進行中の地球観測サミットでは，従来の地球環境問題（温暖化，水循環，気候変動，生物多様性等）に加えて防災（地震，津波，食の安全）などを含めた総合的な全球観測体制を組織化することを目指している．地上，海における観測は，アルゴ計画に見られるように，ロボットブイがモニタリングの中心となっていくであろう．

4．琵琶湖-淀川水系の診断と安定同位体精密測定法

　山岳地帯の沢や渓流から小中河川，湖，平野部の河川を経て沿岸に到る集水域を，ここでは「水系」と定義して扱う．

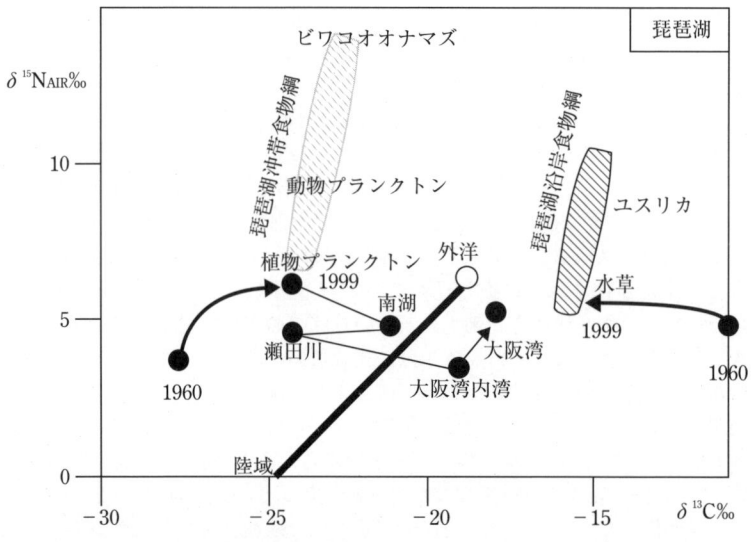

図 bn15-3 琵琶湖の δ^{15}N-δ^{13}C マップの 40 年の変化（文献[3]を修正）

　通常，有機物の生産者は，森林の樹木，河川内の藻類，葦など，そして湖や海の沿岸の植物プランクトンである．堆積有機物は，水系に沿って山岳森林地帯や平野部から枝葉や土砂の形で供給される．一方，湖や内湾では森林や平野部の植物起源の有機物と植物プランクトンの混合となる．人間活動の影響は，食料の水系内への輸入，河川へのN, Pの負荷と汚泥の負荷等の面から考えることができる．後者は水界内に富栄養化をもたらし，藻類の遷移や赤潮を引き起こす．沈降した未分解の有機物や汚泥は，河床や湖岸・湖底に堆積し，酸化・還元境界層の撹乱を引き起こし，局所的に脱窒，硫酸還元，メタン発酵などを引き起こすことになる．この水系を精度良く観察評価する方法として，以下の三つの方法が今後重要となる．(1) 目で見る．(2) 衛星で視る．(3) 感度の良い機器で診る．以下には筆者らが開発した安定同位体精密測定法（SI 法）について，2, 3 の例をあげる．

(1) 汚濁の進んだ水系
　生態系の有機物の生産者は植物である．同位体比の面から見ると，C_3 植物は大気中の二酸化炭素を利用する高等植物と水中の植物プランクトンに大別され，両者の同位体比は中緯度では有意に異なっている．沿岸の堆積物を δ^{15}N-δ^{13}C マップ上に目盛りをとると，人間活動の影響の小さい河川では直線で示される．一方，水質汚濁の激しい河川の代表である淀川水系は図 bn15-3 に示したように直線から大きくずれてくる．ちなみに δ^{15}N の上昇は，水質汚濁の進行による集水域や湖・内湖水系での脱窒に起因しており，大阪湾で低下するのは，富栄養化で生じた藻類が無機体窒素の一部を同化する時の同位体分別によるものと理解される．

近過去において著しく富栄養化が進行した琵琶湖には，この40年間の汚濁の進行状況を記録する湖沼の堆積物や，固有魚イサザの生物標本資料が残されている．イサザ標本・堆積有機物の分析結果は，近過去の琵琶湖の窒素循環系の変化を浮き彫りにしていることが明らかとなった[3]．このような近過去における系の変動のメカニズムの解析は近未来への重要な知見となりうる．

(2) 日本人のトウモロコシ依存性：食糧の輸入度の評価．

ヒトの髪の毛は比較的入手しやすい試料である．その窒素・炭素同位体比は，その人が普段何を食べているかによって異なってくる．他の動物と同様，経験則に従って，ヒトの$\delta^{15}N$値も食物連鎖の位置に対応した値となる[1,3]．

一方，高等植物にはC_3植物とC_4植物がある．前者の$\delta^{13}C$が－25‰であるのに比べて，後者のとうもろこし，アワ，ヒエ，サトウキビなどのC_4植物は－13‰と有意に高い値を示す．

現在，世界の中で北米，南米ではトウモロコシを家畜の飼料として用いている．その飼料や家畜の肉は世界中に輸出されているので，当然日本にも入ってくる．このため，第二次世界大戦後の日本人の髪の毛の$\delta^{13}C$値は，それ以前に比べて有意に高くなってきている．また，NH_3の蒸発のため$\delta^{15}N$値の高い堆肥や人糞から化学肥料に変わり，日本人の$\delta^{15}N$値は低下したことが予想される．そこで，江戸時代の人と米国人の髪の毛の$\delta^{13}C$を両端の基準値として，窒素・炭素同位体比を基に現在の日本人の米国からの食料輸入（トウモロコシ輸入に相当する）依存度を試算すると60～70％となり，これは統計上の値とほぼ一致する（図bn15-4）．現在世界の人口は64億人となり，2050年には87億人に達するといわれている．この人口増を支える食料として，生産性の高いトウモロコシの消費が増すことが考えられる．すなわちヒトの髪の毛の$^{13}C/^{12}C$比は，高くなってゆくことが考えられる．

(3) 新しい環境指標としての$\delta^{15}N$

湖の一時消費者や河川懸濁粒子が示す$\delta^{15}N$は集水域の人口密度と正の相関があることが知られており[6,7]，筆者らは現在，以下のようなモデルを考えている（図bn15-5）．

まず，人口密度が低い水系（Phase I）においては，人口密度と$\delta^{15}N$はほぼ直線関係にある．一般に生活排水の$\delta^{15}N$は森林起源有機物の値に比べ高いことから，このフェーズでは両者の混合比により水系の$\delta^{15}N$が決定されていると考えられる．より人口密度の高い水系（Phase II）では生活排水の寄与が多くなり，水系への有機物付加は増加する．しかしその殆どが酸化的に分解されるため，水系$\delta^{15}N$は生活排水の値近くで安定する．更に人口密度が高まると（Phase III），栄養塩や有機物負荷の増加が水系での生物活動を活発化して系内の酸化還元状態に乱れが起こり，底泥は局所的に無酸素状態になると考えられる．このことは硝化，脱窒反応を促進することで系の$\delta^{15}N$を高める．このような水系では富栄養化が進み水質は悪化すると予想され，温室効果ガスであるN_2Oやメタン，更には悪臭の原因となる硫黄化合物の発生を引き

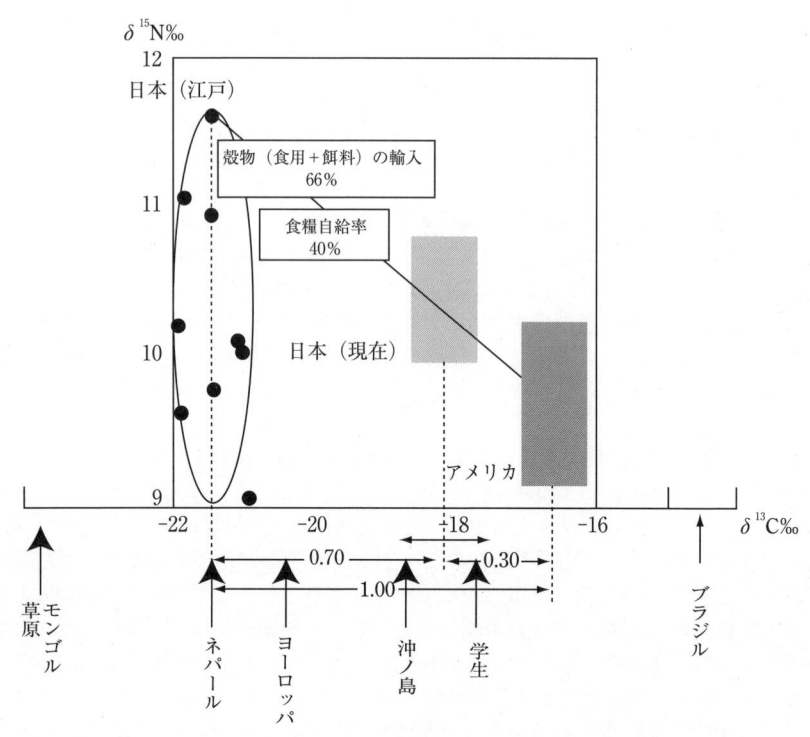

図 bn15-4　人の髪の毛の同位体比と食料の輸入（髪の毛のデータは文献[4), 5)]による）

起こすことになる．Phase II と Phase III の境界に当たる人口密度は日本の小河川では数百人/km² 程度と見積もられ，これは水系が持続的に維持される上限，すなわち一種の環境容量を表していると考えられる．ただし，実際には流量の違いを考慮する必要があるため，この値は地域によって変化する．しかしこのような概念は物質循環の観点から自然界と人間社会とをつなぐものであり，これまで便宜的に定められることの多かった環境基準に変わる新たな指標として，今後水系の持続的管理を考える上で有用な情報を与えてくれるものと思われる．

(4) 琵琶湖に関する新しい環境容量

　蛇砂川は琵琶湖東岸に位置する小河川で，丘陵から始まり，町を抜け，安土城跡の南側に位置する西の湖に注いでいる．その $\delta^{15}N$ (PDN) と人口密度には一定の関係が見出されている．

　この下流域は有機物に富む汚泥が堆積し，最下流域と西の湖堆積物は高い N_2O 放出能を示す．酸化還元境界層の層状構造は崩れ，堆積物表層は酸化部位と還元部位が入れ子構造になり，そこに NO_2 に富む水が流入し，脱窒がセミアネロビック（半嫌気

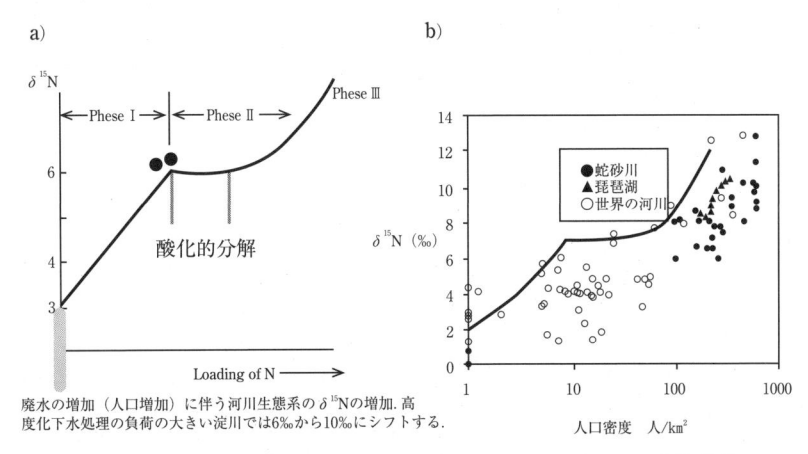

図 bn15-5　河川植食動物のδ^{15}Nと集水域の人口密度との関係　白丸は文献[5), 6), 7)]による

条件下）で生起していることがNO_3-Nの濃度とNO_3-Nのδ^{15}Nから推察された．このような事実から，都市周辺の汚濁の進んだ小河川はN_2Oが最終生成物となる脱窒系が駆動している可能性が高い．このような不均一場は自然界には少なく，今後基礎的な研究が必要不可欠となる．

琵琶湖に関係する新しい環境容量をまとめてみる．溶存酸素の中深層における飽和度は 30–50 以下となり，現状では 30万t もの O_2 が平均的に存在し，34万t もの O_2 が有機物の分解や生物の呼吸に使われる状況となっている．滋賀県の人口の増加と正の相関を持って，DO は低下し，Cl^- は増加している．

また図 bn15-5 から得られた結果は，現在の下水処理方式では，N, P が再度小河川に流出する為，δ^{15}N の値から判断して数百人/km^2 が適正な人口密度であることをうかがわせる結果となっている．これぐらいまでは表層で脱窒は進まず，いやな匂いも少ない状況が保たれる．

これから

これまでの地球環境問題の研究は，自然そのものの理解と人間活動と自然の相互作用環の理解の間を揺れ動いてきた．しかし，衛星画像の 35 年にわたる蓄積，情報処理システムの進歩は地球環境問題の解決の道筋に一つの方向を見せ始めたように思える．すなわち，観測の継続と基本プロセスの理解の進展，これを用いたシミュレーション実験の高度化が，シナリオ提示型の，信頼性が高くなってゆく予測モデルを生み出しつつある．理工農連携によるこのような成果に基づいて，はじめて社会システムの対応などが可能となる文理連携が見えてくる．現在使われている地球シミュレータはバージョン・アップされ，全球の格子は 10×10 km から 5×5km そして 1×1km に向かいつつある．シミュレーション実験においてはグローバルと地域の壁は取り除かれ，情報の共有化が進み，統合化されたシナリオが提示されるようになる．ここに至って，

はじめて文理連携と住民参加が可能となり，理解の深化に伴って，合意形成の可能性や新しいコモンズへの理解が高まることになるであろう．一方，地域の住民は目で見る，衛星で視ることによって地域から地方，アジア，世界へとその視野を広げることが求められよう．流域の再生をめざす軸はまさにこの点にあることが明らかとなりつつあるように思える．

参考文献

1) 和田英太郎 (2002)『環境学入門 3　地球生態学』, p.25, 岩波書店.
2) 石井励一郎・和田英太郎 (2008)「モデルとシミュレーションと検証と──新しい生態系の変動予測から」『科学』**78**: 1142-1147.
3) N. O. Ogawa, Koitabashi T, Oda H., Nakamura T., Ohkouchi N., and Wada E. (2001) *Limnology Oceanography,* **46**(5):1228-1236.
4) 南側雅男・柄沢亭子・蒲谷裕子 (1986)「人の食生態系における炭素・窒素同位体比の分布」『地球化学』**20**(2): 79-88.
5) 和田英太郎 (2008)「流域の健康診断：最近の動向と琵琶湖−淀川水系」『環境と健康』**21**(1): 13-23.
6) G. Cabana and J.B. Rasmussen, (1996) Comparison of aquatic food chains using nitrogen isotopes, *Proceedings of National Academy of Science of United States of America* **93**: 10844-10847.
7) Nishikawa, J., A. Kohzu, N. Boontanon, T. Iwata, T. Tanaka, N.O. Ogawa, R. Ishii, E. Wada (2008) "Isotopic composition of nitrogenous compounds with emphasis on anthropogenic loading in river ecosystems." *Isotopes in Environmental and Health Studies,* **45**(1): 1-14.

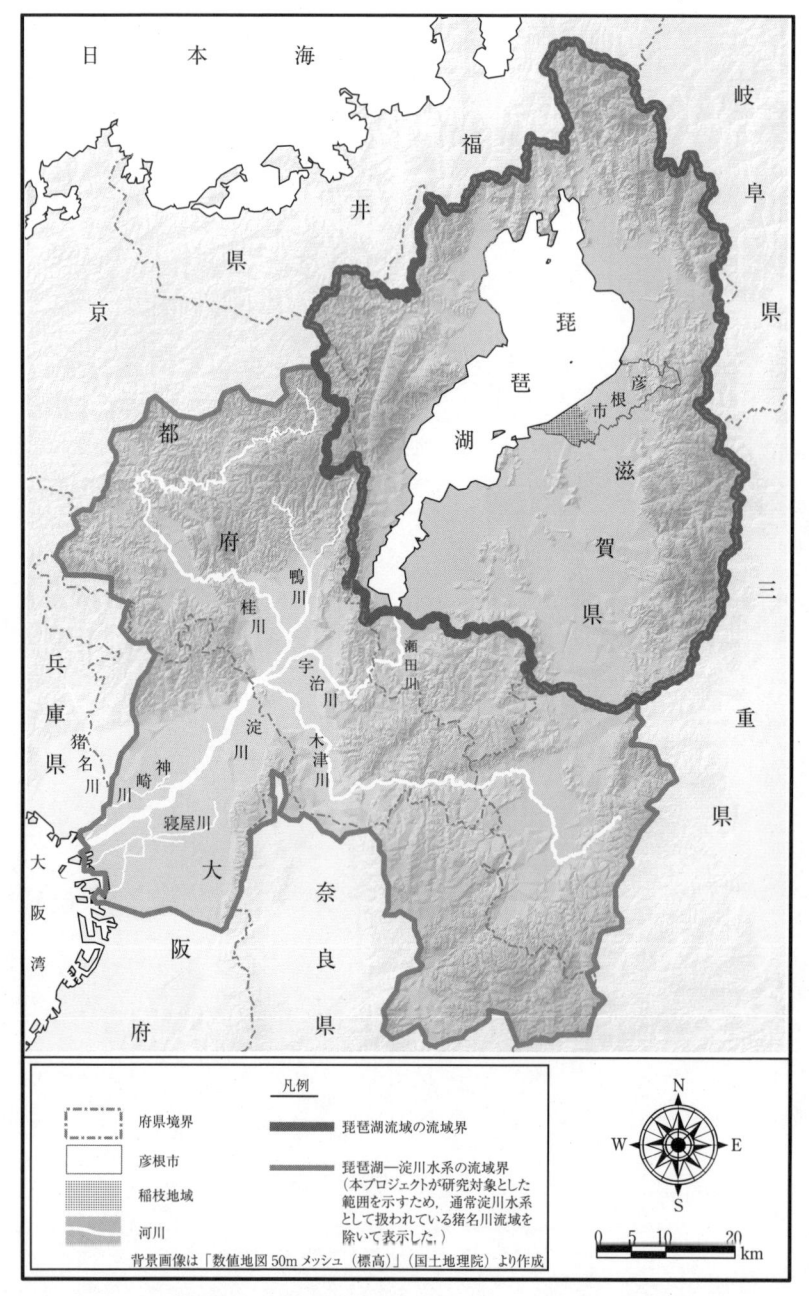

付録地図-1　琵琶湖—淀川水系における琵琶湖流域の位置

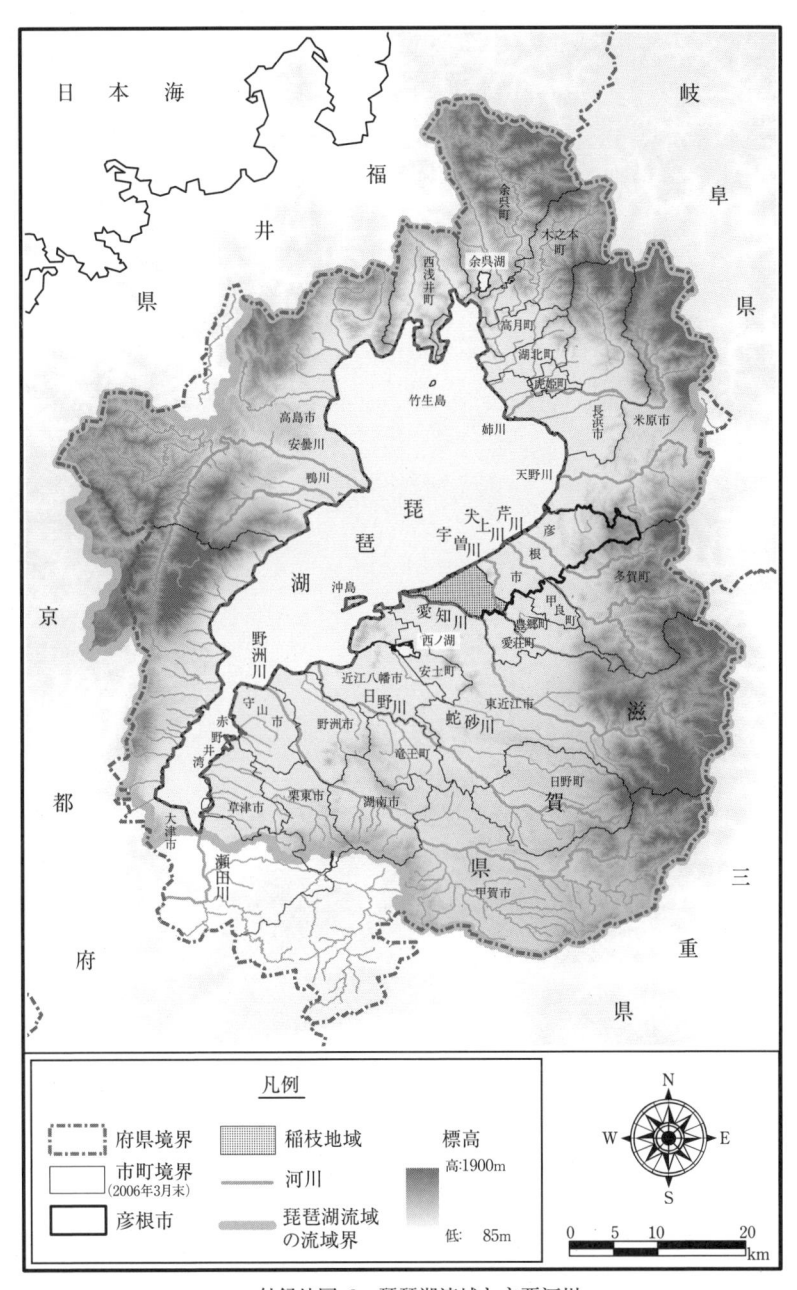

付録地図-2　琵琶湖流域と主要河川

用　語　集

　この用語集では，本書全体を通して大切なキーワード約30語を，大きく，(1) 全体（地球環境問題～共通性と個別性），(2) 流域管理（流域～琵琶湖―淀川水系），(3) ガバナンスとコミュニケーション（空間スケールと階層性～環境配慮行動），(4) 流域診断（順応的管理～総合的評価），の4つに分けて説明した．

地球環境問題
　地球環境問題として挙げられる主なものは，地球温暖化，オゾン層の破壊，海洋汚染，酸性雨，それに加えて，森林の減少，砂漠化，生物多様性の喪失などである．しかし，最初の四つと残りの三つの問題群では，問題の空間スケールと対象となる生態系の特質は大きく異なる．前のグループでは，問題が大気・海洋システムで広域に拡散するのに対し，後者のグループでは，問題が生じる空間スケールは地域レベルで閉じた構造を持っている．後者の問題も地球環境問題とされる理由は，個々には，地域スケールの環境問題であっても，同じあるいは相似の構造が，地球上の広い範囲で普遍的に見られることに起因する．我々は前者を「グローバル型（global）」の問題，後者を「ユニバーサル型（universal）」の問題と呼ぶ．後者は流域環境問題などのローカルな空間スケールの地域環境問題に直結している．

参考文献
1) 石井励一郎・和田英太郎 (2008)「モデルとシミュレーションと検証と――新しい生態系の変動予測から」『科学』**78 (10)**: 1142-1147．岩波書店．

持続可能性
　1987年のブルントラント委員会報告書による「持続可能な発展（sustainable development）」概念の提唱に加えて，1992年の地球サミット開催を契機にして，人間の福利（human well-being）は，(1) 現世代だけでなく将来世代に関しても維持すべき（世代間公正），(2) 先進国だけでなく発展途上国においても享受されるべき（世代内公正），という国際的なコンセンサスが形成された．そのためには，生態系，地域社会，経済システムの3者が社会—生態システム（social-ecological system）として不可分に結びついていること，そしてこの社会—生態システムが持続可能である必要性が理解され，これらを総称して持続可能性（sustainability）とよぶ．持続可能な社会のモデル（低炭素，循環，自然共生・調和等）を学問的，実践的に構築する試みが始まっている．

社会—生態システム

　地球環境問題の研究が進むとともに，人間の生活が、生態系が供給する多様な生態系サービスの上に成り立つこと，人間の社会経済（システム）と生態系が緊密に結び付いていることが理解されてきた．社会—生態システム（social-ecological system）とは，人間の社会経済，生態系の挙動や持続可能性を別々に考えるのではなく，人間活動と生態系サービスによって互いに影響を与え合う両者のダイナミクスとして捉える視点をいう．本書においても，流域診断とは，社会経済システムや人間活動の現状（問題の上流）と，生態系への影響や生態系サービスの状態（問題の下流）を，学問分野を連携することで結びつけ，環境問題の全体像を，社会－生態システムとして診断するための方法と捉えている．

文理連携

　流域管理には，多数の多元的な要因がからんでくる．そのため，流域管理の方法を確立していくためには，ひとつの学問領域または専門分野の知識や経験だけでは不十分である．このことは流域管理に限らず，環境問題一般にもいえることである．近年では，環境問題の解決のためには，これまでのように，理系・文系と制度的に分かれていた学問分野を，問題解決にむけて融合していくべきだとの主張がなされるようになってきた．ただし，一足飛びにそのような融合を実現することは容易なことではない．そのため，現実的には，個別科学のこれまでの蓄積を活かしつつ，同時に，諸学問領域が自明としてきた前提，また諸学問領域間の離齬やズレを明らかにしながら，少しずつ確実に，融合にむけての諸学問分野の協働作業，すなわち文理連携を進めていくことが必要になる．

共通性と個別性

　河川流域を例にとると，流域の水循環によって起因する水の上流から下流への移動，蒸発，浸透などの現象は，どのような河川でも生じる自然現象であり共通性という部分を持つが，一方で，河川流域の気象，風土，地形・地質，生物多様性，産業活動，土地利用，地域資源，観光資源などは流域ごとに異なり，全く同じ河川は存在しない．流域の特徴を把握するときに，この共通性と個別性に区分して整理することで，特徴把握を有効におこなうことができる．

流域

　流域とは，地形の起伏によって形成される分水嶺と呼ばれる境界に囲まれた範囲を指し，原則としてこの流域内に降った雨は，流域を流れる1つの河川水系に集まり流下する．流域内を水が移動するプロセスは水循環という言葉で表現され，「水循環の健全化」が陸域の流域管理での大きな目標として設定された．流域を単位とする考え

方は，水循環という現象がこの境界を単位としていることからもわかるように，本来の自然の仕組みに立脚した妥当な取り組み姿勢であることから管理手法として定着しつつある．流域のことを，集水域という用語で表現することもある．また，流域および関連する水利用地域や氾濫原を含めて流域圏と呼ぶ．

流域管理と流域ガバナンス

　流域という空間スケールを単位として，資源管理や環境問題の解決をおこなうことを流域管理とよぶ．水循環・物質循環の空間的な単位は流域であり，治水や水資源・生態系管理においては，水を媒介として緊密な関係にある上流と下流を一体として管理することが不可欠との認識がその根底にある．近年，従来の行政主導によるトップダウン的な流域管理の限界と弊害の反省から，流域の多様な利害関係者（ステークホルダー）のガバナンスによる，持続可能な社会構築を視野に入れた流域管理が注目されている．流域ガバナンス（watershed governance）である．流域全体の持続可能性に関わる，健全な水循環や環境容量といった大局的な視点を共有した上で，地域社会のボトムアップ的・自治的な視点から，住民，行政，企業，NGO，研究者といった多様な主体がその長所を活かし，生活と環境の多面的な関係や課題を調整しながら，持続的な流域社会をつくっていく試みである．

参考文献
1) 仁連孝昭（2007）「流域システムの価値と流域ガバナンス」『流域ガバナンスとは何か――流域政策研究フォーラム報告書　2006』滋賀大学環境総合研究センター・滋賀県立大学環境科学部・財団法人国際湖沼環境委員会（ILEC）発行 , pp. 12-16.
2) 松下和夫・大野智彦（2007）「環境ガバナンス論の新展開」松下和夫編著『環境ガバナンス論』京都大学学術出版会 , pp.3-31.

流域診断

　雨や雪は河川水や地下水となり湖沼や海に注ぐが，こうした水が流れる陸域の範囲を流域（集水域）という．人間は流域の水を利用しそれに関係した生態系サービスを享受しているが，そのいっぽうで，水害や水質汚染が及ぼす範囲もまた流域を単位としている．流域は人と自然環境の相互作用を理解する上で一つのまとまりをもった範囲であり，その環境を持続的に管理する基本となるのが流域診断である．流域管理には政治経済や歴史文化などの人文社会的な流域情報が必要であるが，地球規模や地域規模の環境変化に対処するためには，水循環と物質循環に基づいた流域診断法の開発が不可欠である．

水循環と物質循環

　地球は生物圏，岩石圏，水圏，大気圏から構成される．各圏を構成している物質は

異なる時空間スケールで移動しているが，地球という閉じた系での物流であることから地球化学的な物質循環とよばれる．いっぽう，近年のグローバルな環境改変に伴い，生態系や人間社会に大きな影響を与える物質や元素の循環が重視されている．炭素や窒素は温暖化や富栄養化・酸性雨などの環境問題を引き起こす元素であるため，炭素循環や窒素循環は地球環境研究の主要テーマになっている．生態系を扱う研究では，生産者，消費者，分解者の間でおこなわれている物質動態に対して，物質循環とよぶことが多い．いっぽう地球表層に存在する水は，固体，液体，気体と状態を変化しながら絶えず循環しており水循環とよばれる．水域では水と物質は一緒に移動するが，両者の発生源は互いに異なるために，流域管理には両者の循環をあわせた研究が必要である．

生態系サービス

生態系サービス(ecosystem service)とは，生態系の持つさまざまなはたらき(生態系機能)の中で，人間が利用できるもの，人間の利益になるものを総称したことばである．国連による定義では，生態系サービスを，(1)土壌形成・栄養塩循環・一次生産など，すべての生態系サービスを支える「基盤的サービス」，(2)食料・水・燃料・繊維・化学物質・遺伝資源など，生態系が供給するモノである「供給サービス」，(3)気候・洪水・病気の制御など生態系のプロセスの制御により得られる公共的な「調節的サービス」，(4)レクリエーション・教育的効果など，生態系から得られる非物質的利益である「文化的サービス」の四つに分類している．流域においては，「水循環のあり方→生態系のはたらき→生態系サービス」といった流れで，水循環のあり方が，さまざまな生態系サービスの量と質を決定する主要因となる．

参考文献

1) Millennium Ecosystem Assessment 編・横浜国立大学 21 世紀 COE 翻訳委員会監訳 (2007)『国連ミレニアム　エコシステム評価　生態系サービスと人類の将来』オーム社.
2) 中静透(2005)「生物多様性とはなんだろう？」日高敏隆編『生物多様性はなぜ大切か？』pp.1-39. 昭和堂.

レジリアンス

レジリアンス(resilience)とは，気候変動や災害などの変化・撹乱に対する，生態系や社会経済システムの柔軟な回復力の大きさを意味する．システムが，その基本的な構造や機能を維持あるいは回復可能な，限界となる撹乱の大きさで評価する．持続可能な社会を構築する上では，生態系と社会経済システムを一体と考えて，社会―生態システムとしてシステム全体が破局的な状態に陥ることがないように舵取りをする必要がある．その場合の指針として，レジリアンスを高めていくことが必要になる．

具体的にレジリアンスを高めるには，想定される事態に対して，さまざまな多様なしくみを備えることが鍵となる．B

参考文献
1) B. Walker and D. Salt (2006) *Resilience Thinking: Sustaining Ecosystems and People in a Changing World*. Island Press.

琵琶湖—淀川水系

琵琶湖は日本最大の淡水湖沼であると同時に，固有種に恵まれ生物学的にも貴重な古代湖である．そのいっぽうで，琵琶湖流域の人口はこの半世紀の間に年々増加しており，水利用や流域の人為改変に伴って，淡水赤潮，外来種侵入，湖底の貧酸素化などの様々な環境問題が発生している．琵琶湖の水は瀬田川さらに淀川を介して大阪湾に注いでおり，その集水域全体を琵琶湖—淀川水系という．琵琶湖は京阪神地域1400万人の生活や産業を支える水資源であり，湖水に対する人為影響は下流域に住む人々の生活に多大な影響を及ぼす．琵琶湖—淀川水系には空間的にも行政的にも様々な階層性が存在する．同水系の管理には多様な利害関係者（ステークホルダー）の調整と合意が必要であり，学術的にもガバナンスの面においても重要な水系の一つである．

本書では，研究対象である流域を琵琶湖−淀川水系という用語で表現している．しかし，文脈によっては，あえて淀川水系と言い換えている部分もある．琵琶湖−淀川水系とは，琵琶湖流域と淀川流域から構成される．また，淀川流域のうち，木津川，宇治川，桂川の各流域を除いた範囲，すなわち三川が合流した地点より下流を淀川下流域と呼んでいる．

空間スケールと階層性

流域においては，本流だけでなく，大小さまざまな支流が樹形図状にひろがっている．「階層化された流域管理」では，このような樹形図状の流域全体を，複数の空間スケールの階層をもつ構造として把握している．本書の場合，琵琶湖流域を中心とした一般的なフィールドの特性にあわせて，マクロ・メソ・ミクロといった3つの階層を設定した．本書の琵琶湖流域の場合，マクロレベルの流域とは，琵琶湖と琵琶湖に流入する河川を含めた琵琶湖流域全体を，メソレベルの流域とは，琵琶湖に流入する河川や湖岸域を含む支流域に相当する地域，そしてミクロレベルの流域とは，メソレベルの流域を構成するコミュニティ（集落）レベルの小河川や水路等を含んだ地理的範囲を指す．

利害関係者

「階層化された流域管理」では，流域をマクロ・メソ・ミクロといった複数の空間

スケールの階層をもつ構造としてとらえる．そのように構造をもつものとして流域を把握したさいに注目すべきことが，複数の空間スケールに分散した利害関係者＝ステークホルダーの存在なのである．「階層化された流域管理」においては環境ガバナンスを重視することから，このような階層に分散したステークホルダーが，それぞれの立場や利害を尊重し，相互に積極的に関与しながら，流域の環境問題の解決を図っていくことが大切になってくる．

コミュニケーション

「階層化された流域管理」では，流域のもつ複数の階層に分散した利害関係者（ステークホルダー）が，制約条件としての階層を乗り越えて，流域管理の諸問題の解決にむけてコミュニケーションを促進させていくことが期待される．そのさい，個々の階層における利害関係者の立場や利害を尊重しながら，利害関係者の排除や，特定の階層（立場）からの問題提起が隠蔽されないようなコミュニケーションを常に志向していくことが必要になる．

エンパワメント

「階層化された流域管理」の考え方にもとづけば，メソ・ミクロレベルの流域の管理は，地域住民がその主要な担い手となっていく必要がある．そのさい，流域に居住する地域住民が，ミクロレベルやメソレベルの流域管理に対する主体性や意欲，そして管理能力を向上させ，流域管理への統御感を獲得していくこと，すなわち地域住民のエンパワメント（empowerment）が重視される．また，マクロレベルの流域管理の主要な担い手である行政や専門家は，エンパワメントされ積極的に流域管理に関与しようとする地域住民を，「現場のプロ」，「もうひとつの専門性」をもつ主体として評価していく必要がある．

社会関係資本

Social Capital（ソーシャルキャピタル）の訳語．社会関係資本とは，パットナムの定義によれば「調整された諸活動を活発にする信頼，規範，ネットワーク」であり，さまざまな制度パフォーマンスを規定する一要因として盛んに議論されている．社会関係資本の醸成によって，自然資源管理制度のパフォーマンスの向上が期待されるが，自然資源管理における利害関係者（ステークホルダー）の参加をより充実させる役割が特に注目される．社会関係資本の概念は多様であるが，いくつかのタイプが示されている．たとえば，知り合い同士をより近づける"内部結束型の社会関係資本"と人々や集団を新たに結びつける"橋渡し型の社会関係資本"の区別や，規範・価値・信条などの"認知的社会関係資本"と役割・ルール・ネットワークなどの"構造的社会関係資本"の区別が挙げられよう．

参考文献

1) Putnam, R. D. (1993) *Making Democracy Work: Civic Traditions in Modern Italy*, Princeton University Press.（河田潤一訳（2001）『哲学する民主主義：伝統と改革の市民的構造』NTT 出版）
2) 大野智彦（2008）「日本の河川政策における市民参加と社会関係資本」京都大学博士学位論文.
3) 大野智彦（2007）「流域ガバナンスを支える社会関係資本への投資」松下和夫編著『環境ガバナンス論』京都大学学術出版会，pp.167-195.

コモンズ

　コモンズの定義は研究者によって異なるが，広く引用されている井上真の定義によれば，「自然資源の共同管理制度，および共同管理の対象である資源そのもの」である．例として，入会林野，共有・共用の草地・灌漑用水，入会漁場などとそれらを共同管理する制度が挙げられる．さまざまな分野の研究者が，コモンズにおける自然と人の関係性への多様な視点を相互に尊重しつつ，その歴史・実態や生成および持続性の条件等に関わる議論を幅広く展開しており，住民自治に基づく地域発展の在り方が重要なテーマとして含まれる．社会関係資本や環境ガバナンスの議論との関わりが深い．また，米国ではインターネットや遺伝子プールなど考察対象を自然資源に限定しない考え方が示されている．

参考文献

1) 井上真（2008）「コモンズ論の遺産と展開」井上真編（2008）『コモンズ論の挑戦 ── 新たな資源管理を求めて』新曜社.

環境配慮行動

　環境配慮行動とは，「資源の消費が少なく環境への負荷が小さな消費・廃棄行動や環境保全に貢献する行動」のことである．社会心理学者の広瀬幸雄は，環境にやさしくしたいという個人の態度である目標意図が，具体的に環境配慮行動を実行したいという行動意図に影響を及ぼす 2 段階の要因連関モデルを提唱している．この広瀬のモデルによると，目標意図には環境リスク認知や責任帰属認知，対処有効性認知といった認知要因が影響を及ぼし，行動意図にはコスト評価や実行可能性評価，社会規範評価などの評価要因が影響を及ぼすとされている．

参考文献

1) 広瀬幸雄（1995）『環境と消費の社会心理学』名古屋大学出版会.

順応的管理

　Adaptive Management の訳語．管理施策の限界・失敗の可能性を積極的に認め，その施策の結果を分析し次の施策に活かす「サイクル（PDCA サイクル）」を前提とした管

理方式．生態系やそれを含む流域は，多様で複雑な構成要素からなるシステムであるとともに，その挙動においては不確実性が高くなる．そのため，環境の変動や人間活動の負荷に対して，流域の状態がどのように変化するのかを知ることは，現在の学問的知見や先端の科学技術をもってしても限界があり，現実には，流域を理解するための情報が不十分なまま管理をおこなわざるをえない．このような状況下においては，順応的管理が現実的な方法として注目されている．

イッシュー志向，コンテキスト志向

社会学者の寺口瑞生の表現をもとにしている．寺口は，日本の環境社会学のアプローチを検討しながら，「社会のなかでクリアカットされた，特定の問題を焦点化するイッシュー志向」の研究と，地域住民の「生活世界のなかに埋め込まれた諸要素を包括的に把握しようとするコンテキスト志向」の2つに整理している．本書においては琵琶湖流域の農業濁水が問題にされるが，琵琶湖全体の環境負荷の観点から問題にされる場合には前者のイッシュー志向的な把握をしていることになる．一方，農業濁水がどうして発生してしまうのか，そのことを農家経営や農家の生活，農村を取り巻く諸条件のなかに位置づけて把握しようとする場合には後者のコンテキスト志向的な把握をしていることになる．

参考文献
1) 寺口瑞生 (2001)「環境社会学のフィールド」飯島伸子・鳥越皓之・長谷川公一・舩橋晴俊編『講座環境社会学第1巻　環境社会学の視点』有斐閣，243-260．

指標

流域環境の状態を診断し，流域管理を進めるためには，関心のある対象（あるいは現象）のデータを集めるとともに，そのデータを何らかの基準で評価する方法が必要となる．指標（環境指標）とはそのための「ものさし」であり，基準と比較できるように環境データを計量化した数値（のセット）のことである．もちろん，対象のどの特性に着目するかによって，何を指標とすべきかは一意的には決まらない．たとえば，河川や湖沼の水質の状態を評価する上では，科学的厳密性を踏まえた指標として，全窒素・全リン・BOD（生物化学的酸素要求量）・COD（化学的酸素要求量）などの，複数の水質指標が広く用いられている．しかし，指標を決めることで，現在のA川と過去のA川の水質，あるいはA川の水質とB川の水質の比較が，同じ基準によって評価できることが重要なのである．本書では，新たな試みとして「安定同位体指標」も用いている．一方，人の価値基準をもとに，環境データを主観的な尺度に変換した指標もある．たとえば，都市の住みやすさの指標や豊かさの指標などがそれにあたるが，計量化にあたっては，十分な注意が必要となる．

参考文献
1) 環境庁企画調整局環境計画課　地域環境政策研究会編（1997）『地域環境計画実務必携（指標編）』ぎょうせい.
2) 日本計画行政学会編（1995）『「環境指標」の展開――環境計画への適用事例』学陽書房.

安定同位体

　同位体とは，元素の性質を示す「陽子」の数は同じであるが，「中性子」の数が異なるため，質量数が異なる原子をさす．このうち，ある時間が経つと崩壊する「放射性同位体」とは異なり，安定に存在するものを「安定同位体」と呼ぶ．流域環境学においては，粒状有機物や生物体などの炭素同位体（^{12}C および ^{13}C）および窒素同位体（^{14}N および ^{15}N）が広く使われているが，近年，酸素同位体（^{16}O および ^{18}O），イオウ同位体（^{32}S および ^{34}S），ストロンチウム同位体（^{86}Sr および ^{87}Sr）なども用いられてきている．その中で，食物連鎖関係については，炭素・窒素の安定同位体比を2つの軸に取って2次元で表した「安定同位体マップ」を用いる場合が多い．また，窒素汚染源の特定や流域の栄養状態の指標として窒素安定同位体比（$\delta^{15}N$ 値）が注目されている．これらをまとめて，総合的な「安定同位体指標」とすることもできる．

原単位

　流域管理において原単位（発生原単位）とは，単位当たりで発生する環境負荷の量（グラム g，キログラム kg などで測定）を表す．単位としては，人口1人1日当たりの発生量（g/人/日）などが使われ，面源負荷の原因となる非特定汚染源からの排水では，森林面積 $1km^2$ 1年当たりの発生量（kg/km^2/年），水田面積 $1km^2$ 1年当たりの発生量（kg/km^2/年）などがある．GIS などを用いて，集水域の土地利用に占める割合から流域の負荷を計算する場合などに用いられる．実測値をもとにした文献値を用いて計算する場合が多いが，現地の排水処理の状況や，森林の管理，水田の水管理などにも影響されるので，対象とする地域の現状にあった値を採用することが重要になる．

環境評価手法

　自然環境の貨幣的（経済的）価値を導く方法であり，顕示選好法と表明選好法に分けられる．顕示選好法には，地価データを用いて環境質の価値を推定するヘドニック法や，旅費や利用料などから推定するトラベルコスト法がある．また，表明選好法では，CVM とコンジョイント分析が代表的であり，いずれもアンケートを用いて環境状態の変化に対する支払意志額を尋ね，統計的に処理して価値を推定する．包括的に評価する CVM に対して，コンジョイント分析は属性別に分解して評価することが可能である．なお，環境の経済的価値には利用価値と非利用価値があるが，表明選好法を用いると非利用価値も含めて評価することができる．

参考文献

1) 坂上雅治 (2003)「自然環境の価値と評価」室田武・坂上雅治・三俣学・泉留維『環境経済学の新世紀』中央経済社.

シナリオ

地球環境問題や，それらが引き起こすさまざまな災害に対して，我々の社会は安心・安全のための対策を立てる必要がある．しかし，これらの問題や災害の深刻さを決める原因となる人間社会の将来のありようには，条件しだいで複数のケースが想定される．例えば，近未来社会が環境重視型になるか経済重視型になるかは，自然科学の意味での予測はできないが，どちらの社会になるかによって，大気中の二酸化炭素の増加が異なり，温暖化の深刻さに差異が出てくる．このような予測不可能な問題への対策は，起こりうる事態に対応した複数のシナリオを作り，シナリオごとに影響評価をおこなった上で，社会的な意思決定をおこなうのが一般的な対応の仕方になる．

総合的評価

現在問題となっている事象（あるいは現象）について検討する場合，その事象の中には複数の要素が存在し，相互に関連性を持つのが普通である．しかし，これまでの評価の考え方は，事象の中に含まれる要素を細かく分割し，相互の関連性は無視して細かく区切られた要素にのみ着眼し，その要素ごとの個別最適化を進めるものであった．総合的評価とは，要素相互の関連性も考慮に入れて同時に複数の要素を扱うことにより，個別最適化から全体最適化にシフトする考え方である．要素間のトレードオフやコンフリクトに対して適切な判断をおこなう上で，合意形成に向けた重要なステップとなる．また，総合的評価に際しては，理系の分野だけでなく文系に含まれる要素も検討の中に入ってくることから，必然的に文理連携の取り組みが必要となる．

索　　引

[A-Z]

BOD　119, 122, 195-197, 271, 315, 458, 498-500, 502
COD　119, 122, 196, 218, 271, 492, 498-500, 510, 515　→化学的酸素要求量
CVM　298, 304
DEM　418-421, 423, 425
GIS　69, 133, 148, 187, 321, 342, 348-350, 354, 355, 357, 360, 363, 391, 413, 415, 417-420, 432, 455, 460, 483-487, 508, 547
GTZ　548
IPCC　30, 239, 502
JFM　549
JICA　548
PAPD　538-543

[あ 行]

愛西土地改良区　80-86, 89, 98, 103, 280, 292, 321, 323, 333, 372
アオコ　107, 119, 193, 400
アクションプラン　542
アクションリサーチ　131, 468, 469, 472, 478-481
亜酸化窒素　242
アジアモンスーン　544, 547
アジェンダ21　22
アンケート調査　298, 305, 316, 354, 355, 358, 360, 361, 363-365, 432, 436, 463, 464, 535
安定同位体　185
　　安定同位体精密測定法　537
硫黄同位体　209
イサザ　39, 194, 212, 215, 240, 538
意思決定プロセス　379-383
一酸化二窒素（N_2O）　239
稲枝地域　80, 114, 115, 132, 135, 279, 280-284, 287, 288-290, 292, 295, 298, 321, 325, 328, 330, 332, 336-340, 342, 344, 349, 463, 465, 469, 473, 479
入れ子構造　6, 12, 29, 321, 333, 338, 340, 520, 536　→空間的重層性
因子抽出法　288
インド　59, 535, 543
インフラ整備　138, 493, 510, 544
宇治川　251, 257-259, 261, 264, 488, 491-493, 496
宇曽川　80, 103, 167, 181, 202, 230, 232, 321, 330, 332, 336, 338, 357

栄養塩　6, 16, 107, 109, 112, 117, 121, 145, 167, 193, 196, 218, 221, 226, 229, 236, 240, 253, 257, 271, 392, 411, 419, 437, 456, 510, 514, 516
衛星画像　565, 587, 591
エコシステムマネジメント　16, 20, 21, 73
エコトーン　5, 36, 46, 138
エコロジカルプランニング　529
愛知川　80, 103, 187, 189-192, 202, 230, 232, 237, 280, 321, 323, 330, 332, 336, 338, 355, 357, 475
エンパワメント　62, 64, 67, 507, 537
沿岸帯植物　109-112
大阪市　261, 264, 436, 439, 489, 492, 495-497, 500, 517
大阪湾　129, 252, 262, 407, 488-493, 509, 512, 514-517
大津市　222, 257, 436
オストロム　434, 532-534
汚濁負荷　119, 121, 127, 251, 254, 271, 369, 488, 491, 499, 516

[か 行]

化学的酸素要求量（COD）　271
可視化　67, 75, 92, 341, 366, 424, 460, 487, 495, 501
科学技術社会論　58, 60, 64, 67, 70, 73, 78
科学的不確実性　4, 12, 518-521, 527-529, 552, 567
河口域　129, 229, 230, 234, 238, 273, 488, 490-493, 509-516
河川管理　4-7, 13, 17, 23, 40, 46-50, 57, 342, 432, 503, 518
河川整備基本方針　503
河川整備計画　5, 46-50, 503, 528
河川法　4, 7, 40, 42, 46, 50, 58, 432, 489, 503, 528, 536, 552
階層化された流域管理　14, 25, 34, 44, 55, 57, 59, 62, 64-66, 69, 71, 75, 77, 92, 95, 116, 129, 131, 133, 135, 159, 277, 297, 321, 341, 455, 508-510, 519, 523
階層間の相互作用　336, 338, 486
階層間をわたり歩く人　536
階層構造　114, 321, 333, 340
階層性　14, 25, 28, 32, 34, 55, 58, 62, 64, 67, 69, 71, 77, 92, 114, 116, 130, 143, 277, 455, 458, 461, 503, 520
外来魚　119, 121

557

索　引

外来性有機物　221, 227
概念モデル　330, 467, 523, 533
髪の毛　539, 540
亀岡市　436
桂川　251-254, 257-259, 262, 264, 488, 492, 578
環境
　　環境ガバナンス　35, 58-60, 64, 72, 75, 77-79, 122, 125, 461, 531, 556
　　　　重層的——　514
　　環境リスク認知　370-372, 378-380, 382
　　　　——（環境認知）の変容アプローチ 371, 373, 378, 383
　　環境影響　397, 547, 550
　　環境基準　119, 127, 217, 264, 270, 457
　　環境基本法　9, 503
　　環境経済学　298, 552
　　環境指標　166, 271, 314, 456, 458, 460
　　環境情報　13, 70, 104, 131, 143, 148, 150, 154, 160, 164, 166, 353, 360, 365, 458, 460, 466
　　環境政策　4-8, 10-13, 15, 32, 39, 56, 58, 65, 74, 104, 116, 122, 125, 127, 430, 457, 502, 505, 532, 552
　　環境配慮行動　296, 369, 370, 378-380, 384, 434, 443, 510
　　環境評価　275, 298
　　環境負荷　67, 74, 86, 153, 155, 365, 369, 457, 484
　　環境問題　4, 7-9, 11, 14, 16, 19, 28, 32, 34, 37, 39, 43, 59, 60, 64, 70, 73-75, 78, 90, 96, 117, 123, 126, 129, 149, 154, 239, 314, 365, 370, 379, 382, 385, 397, 412, 457, 460, 503, 505, 531
　　環境容量　7, 9, 13, 43, 151, 155, 262, 430, 456, 459, 518
管理主体　6, 11, 13, 20, 62, 114, 133, 281, 297, 321, 337, 340, 358, 363, 464, 525, 534
簡易モニタリング　387, 390
聞き取り調査　37, 99, 101, 103, 105, 131, 170, 279, 316, 331, 340, 365, 465, 467, 506, 535
基底流出水　198, 202
帰属意識　382
気候変動枠組条約　9
木津川　150, 251, 258, 262, 264, 488, 492, 578
規定因　378, 383
技術官僚モデル　60, 78
逆水灌漑　40, 80, 85-87, 106, 117, 138, 152, 170, 280, 282
行政
　　行政関係者　342, 365
京都市　251-254, 257, 264, 284, 436, 492

京都大学フィールド科学教育研究センター　17
京都大学生態学研究センター　73, 221, 230, 247, 365
共分散構造分析　381, 382
協治　535, 536
協働的流域管理　523
強制落水　88, 101, 114, 167, 169, 170-176, 374
近自然工法　582
空間構造　321, 330, 333, 338, 340, 491, 492
空間の重層性　4, 12, 518, 520, 528, 550
　　→入れ子構造
組　306-308
久御山町　436
係数　244, 247, 299, 304, 309, 402, 406, 445, 446
経済効率性　23
激甚公害　7, 17
下水処理　169, 195, 198, 253, 257, 259, 262, 326, 492-495, 498-500, 509, 516
下水道　17, 39, 43, 75, 96, 119, 122, 127, 138, 153, 176, 193-195, 259, 273, 326, 491-502, 509, 515
嫌気的環境　181, 184-186, 216
懸濁態　173, 178, 180, 219, 228, 235, 270
懸濁物　169-172, 175, 181, 236, 270, 456
懸濁粒子　178, 270, 273, 589
研究者　7, 14, 19, 43, 59, 71, 93, 95, 98, 135, 143, 148, 155, 163, 347, 350, 363, 365, 371, 373-375, 389, 415, 447, 455, 460-469, 483, 508
原単位　153, 175
原風景　530
個別最適化　430, 530
個別要素　152-154, 530
固有種　119, 212, 217, 393, 397, 400, 410, 486, 545
湖岸道路　117, 138
湖沼生態系　107
後継者問題　277, 291, 467
交渉　31, 78, 338, 388-390, 533
交流　19, 314, 389, 433, 466, 468, 473, 523, 543
公害
　　公害対策基本法　8, 74
　　公害防止条例　117
　　公害問題　7, 74, 96, 104, 117, 277, 458, 558
公共事業　4, 13, 47, 503
公共性　39, 73, 78, 477, 479, 481
公論形成の場　70, 78, 528
広義の担い手　295, 297
荒神山　80, 81, 115, 321, 357
行動意図　369-371, 377-385, 508, 512
　　個人行動意図　379-384
　　集団行動意図　379-383
行動評価の変容アプローチ　370, 384
高度経済成長　4-8, 17, 28, 37, 39, 74, 96, 116, 127,

137, 218, 277, 280, 295, 476, 493
合意　25, 49, 77-79, 93, 164, 281, 341, 354, 361, 366, 388, 432, 435, 457, 536, 538, 540, 542, 546
　　合意形成　73, 77-79, 314, 472, 538, 540, 543, 546, 548
顔戸川　82, 230, 232, 234, 337
合理的アプローチ　370, 508
国際河川　12, 22, 31, 34, 518, 521, 544, 546, 549, 558, 562, 578
国土交通省近畿地方整備局　47, 503, 570
国土数値情報　438, 484, 498
国連ミレニアム生態系評価　562
国連環境開発会議　9, 534
国連人間環境会議　8, 534
コミュニケーション
　　階層間——　131, 361, 391, 413, 424, 432, 447, 458, 523
　　重層的な——　387

[さ 行]
最急方位　419-421
サブグローバル評価　519
三川　129, 488, 489, 492, 493
参加
　　参加型　367, 372, 432, 447, 469, 478, 538, 540, 562, 564
　　参加型アプローチ　23, 30, 432, 538, 540
　　参加型民主主義論　433
　　参加率　439
サンプル　182, 247, 384, 436, 439
システム　5, 9, 11, 20, 42, 50, 52, 62, 65, 70, 75, 91, 116, 127, 129, 130-136, 138, 143, 145, 147, 148, 151, 153, 157, 162, 163, 176, 217, 239, 278, 280, 281, 295, 330, 384, 391, 403, 406, 413, 415, 417, 430, 434, 436, 458, 460, 462, 466, 476, 478, 483, 488, 495, 503, 505-510, 519-521, 527, 533, 543, 544, 549, 552
シナリオ　121, 151, 152, 155, 163, 215, 295, 297, 407, 409, 413, 421-427, 430-432, 455, 479, 484, 508, 547, 549, 554
　　シナリオアプローチ　30, 391, 395, 397, 413, 415, 430, 461, 520
　　シナリオプランニングツール　415, 417, 418
しなりお君　364, 413, 415, 417-424, 426
シミュレーション　213, 367, 392, 395, 397, 415-419, 424, 430
しろかき　97-99, 114, 115, 167-170, 175, 176, 180, 229, 235, 456, 463
　　しろかき田植え期　387, 388
ステークホルダー　9, 11, 42, 43, 44, 75, 77, 125,

143, 157, 159, 391, 413, 418, 483, 508, 509, 550
　→利害関係者
ストック　8, 22, 415, 418
ストロンチウム同位体　167, 206, 208
センサス分析　278, 296
市　民　4, 29, 30, 59, 60, 62, 77-79, 125, 155, 366, 395, 431, 432, 433, 434, 439, 440, 442, 531, 532, 536, 537
市民参加　304, 432, 433, 434, 537
市民参加型　388
指摘エリア　345, 348, 354, 355, 357
指摘ポイント　344, 345, 348
指標　12, 69, 72, 104, 117, 119, 147-149, 152, 155, 157-160, 166-168, 181, 196, 198, 205-209, 217, 221-223, 227, 236, 239, 250, 264, 270-273, 275, 277-279, 282, 288, 294, 296-300, 304, 309-311, 314-316, 341, 381, 393, 406, 410, 431, 440, 442, 455-461, 487, 490, 507, 508, 510, 512, 519, 520, 532, 547, 551
支援　14, 23, 44, 62, 66, 67, 75, 93, 130, 131, 133, 136, 155, 282, 294, 319, 321, 337, 349, 350, 352, 354, 358, 360, 364, 370, 397, 415, 418, 423, 424, 455, 462, 465, 468-474, 478-481, 484, 503, 505, 507, 531, 537, 540, 543, 549
支援の継続性　479
支援者　352, 478-481
支払意志額　298, 304, 309
事物シート　345, 348
持続可能性
　　持続可能性科学　518, 525, 550, 552, 554
持続可能な社会　9, 10, 32, 79, 125, 430, 552, 554
持続可能な森林管理　549
持続可能な地域社会　549
持続可能な発展　9, 22, 25, 502, 546, 552
滋賀県　36, 40, 50, 57, 65, 80, 88, 99, 101, 103, 106, 114, 117, 119, 121-124, 127, 129, 131, 137, 167, 170, 176, 187, 189, 193-197, 213, 217, 222, 251, 281-283, 286, 296, 298-302, 321, 323, 325-327, 333, 336, 338, 341, 342, 366, 372, 387, 400, 413, 423, 430, 439, 443, 467, 484, 486, 489, 519
治水　4, 5, 17, 23, 29, 39, 40, 42, 46, 49, 57, 127, 137, 145, 432, 491, 503, 526
自治会　132, 330, 333, 334, 336, 338, 341, 343, 344, 345, 347, 348, 358, 360, 372, 434, 437, 439, 440, 442, 445, 466, 467, 469, 471, 474, 477, 535, 537
自生性有機物　219, 221, 227-229
自然システム　23, 544, 546
自然環境保全法　8
自然共生型流域圏　28, 29, 565
自然資源のインベントリ　544, 549
自然資源の有効利用　582

索　引

自然資源管理　16, 20, 25, 31, 65, 537-541, 549
失われたものの価値　581
実行可能性評価　370, 384
実施計画　342, 366
実践　9, 12-14, 23, 50, 62, 65, 71, 73, 88, 92, 130, 131, 134, 135, 136, 155, 164, 352, 354, 364, 367, 369, 371, 372, 377, 383, 384, 385, 387, 391, 430, 432, 460, 461, 467, 468, 469, 472, 477, 503, 505, 508, 509, 518, 519, 521, 523, 525, 537, 538, 543
社会関係資本　297, 298, 300, 303, 304, 305, 309, 310, 311, 432, 433, 434, 435, 440, 442, 443, 444, 445, 446, 447, 448, 480, 506, 518, 523, 525, 526, 529, 532, 533, 534, 535, 536, 540
　　構造的――　435, 446
　　内部結束型――　442, 444, 447, 448
　　認知的――　435, 443, 444, 446
　　橋渡し型――　442, 444, 447
社会規範評価　379, 380, 381
社会経済システム　9, 11, 23, 116, 129, 143, 163, 552, 554, 557, 559
社会経済効果　547
社会－生態システム　11, 12, 21
社会的・文化的手法　44, 74, 75
社会的公平性　23
主体性　340, 455, 468, 469, 471, 479, 481, 505
主体性の論理　457, 458, 468, 469, 471
取水・排水　488, 493, 495, 500, 501, 510
集合的行為　297, 300, 302, 303, 304, 310
集水域　5, 6, 28, 29, 167, 169, 175, 176, 180, 181, 187, 214, 219, 221, 226, 227, 229, 237, 238, 240, 257, 273, 275, 400, 411, 417, 488, 489
集団的利益　382, 383
集落
　　自己完結型――　289, 292-294, 296
集落環境に対する目標意図　381-383
住民
　　住民参加　46-49, 64, 75, 125, 131, 155, 297, 300, 310, 372, 387, 433, 468, 519, 523, 547, 567, 581, 583, 585, 587, 591
循環
　　循環期　195, 218, 223, 228
順応的管理　65, 66, 69, 95, 581
硝化　176, 177, 178, 179, 180, 236, 241, 243, 244, 246, 273, 589
硝酸イオン　195, 211, 252
情動的アプローチ　370, 371, 373, 378, 383, 508
情動的要因　370, 379, 380, 381, 383
情報提示　372, 373, 378
条件付きロジットモデル　305, 310
状況の定義のズレ　11, 12, 56, 57, 58, 64, 70, 72, 77, 78, 93, 520, 528, 559

植物プランクトン　108-110, 112, 117, 119, 121, 145, 176, 191, 193, 211, 219, 222, 227-229, 241-243, 245, 249, 258, 259, 262, 270, 274, 393, 400, 515, 587
食料・農業・農村基本法　282
食糧管理法　280
信頼　60, 136, 169, 297, 298, 300, 310, 385, 391, 434-436, 440, 442, 445, 508, 523, 532, 538, 549
森里海連環学　17, 19
深水層　109-111, 180, 218, 225, 228, 240, 246
人為システム　23, 544
人為撹乱　32, 121, 219, 402, 403, 405, 406, 407, 408, 409, 410, 411, 412, 458
人口密度　187, 189, 190, 191, 196, 199, 202, 205, 251, 252, 254, 262, 263, 264, 273, 457, 589, 591
図式化　333, 338, 366, 583
水温　6, 36, 110, 177, 181, 195, 217-221, 229, 230, 233, 237, 239-241, 247-249, 271
水系　5, 12-14, 24, 35, 37-50, 55, 69, 95, 116, 126, 130-132, 137, 150, 166-170, 217, 240, 250-259, 262-264, 271, 273, 305, 310, 321, 336, 342, 401, 436, 443, 456, 463, 488-492, 495, 500-503, 509-512, 518-520, 526, 549
水系データベース　488, 501, 511
水産資源　17, 20, 117, 146, 162
（空間）スケール　4, 11-14, 21, 25, 28-34, 55, 59, 95, 114, 130, 143, 240, 251, 271, 323, 330, 333, 336, 338, 436, 448, 456, 520, 528, 536, 537, 550, 552, 554, 559, 563, 583
　　マクロ（な空間）――　95, 107, 115, 132, 217, 413, 415, 417, 437, 456, 460, 484, 486, 508, 510, 543, 544
　　ミクロ（な空間）――　98, 132, 251, 358, 415, 417, 422, 424, 437, 460, 484, 486, 506, 508, 510, 544, 549
　　メソ――　95, 98, 115, 132, 168, 251, 417, 426, 456, 460, 508, 543, 549
　　メソ・マクロ――　382
水資源　4, 6, 16, 22, 23, 31, 32, 40, 57, 137, 138, 167, 392, 521, 546, 547
　　水資源開発　5, 17, 23, 39, 49, 116, 137, 503, 518
　　水資源管理　5, 16, 21-23, 521
水質汚染　6, 8, 28, 29, 117, 397, 401, 411, 412, 458
水質管理　315
水質指標　72, 166, 202, 211, 457, 458
水質保全　43, 121, 124, 138, 334, 336, 490, 496
水質問題　14, 99, 116-122, 127, 143
水量　6, 17, 23, 95, 97, 127, 137, 144-147, 162, 170, 184, 197, 215, 217, 237, 315, 331, 392, 418, 424, 437, 467, 495-501, 546

560

索 引

水路掃除　186, 330, 333, 338, 437, 439, 444-447
数値標高モデル　418
数理モデル　109, 110, 155, 391, 392, 393, 395, 401
世界水パートナーシップ　22
瀬田川洗堰　57, 117, 138
成層期　180, 218, 219, 223, 228, 237, 247, 249, 514
生活知　62, 72, 475
生活排水　8, 39, 117, 122, 123, 129, 153, 250, 254, 262, 264, 273, 366, 400, 491-495, 503, 510, 512, 516, 538, 543
生態学　16, 20, 36, 101, 112, 212, 222, 229, 240, 252, 365, 371, 389, 391, 399, 406, 516, 552, 554
生態系
　　生態系サービス　9, 12, 16, 17, 19-22, 28, 30, 117, 121, 127, 130, 143-146, 162, 413, 457, 490, 507
生態系管理　7, 520
生物多様性　8, 20, 29, 119, 145, 166, 432
堰　5, 46, 138, 145, 170, 261, 330, 332, 460, 500, 533
責任帰属認知　379-381
赤潮　19, 117, 119, 193, 219, 400, 510, 514, 515, 588
石鹸運動　117
専門家　4, 43, 58, 60, 62, 66-69, 75, 78, 101, 125, 148, 305, 309, 363, 391, 393, 395, 397, 478, 538, 567, 570
全リン　119, 171, 226, 270
全国総合開発計画　116, 225
　　第一次――（一全総）　8
　　第三次――（三全総）　526
全循環　218, 247
全体最適化　530
全窒素　168, 171, 177, 218, 226, 236-240, 270
相互依存　20, 32, 393, 552
相互調整　348, 537
総合科学技術会議　30, 585
総合地球環境学研究所　13, 55, 462, 550, 555
『総合調査マニュアル』　13, 71, 73, 160, 365
草津市　117, 436
藻場　514-517

[た 行]
ダブリン宣言　22
ダム　5, 6, 31, 49, 73, 138, 145, 163, 169, 187, 251-254, 259, 264, 280, 310, 330, 432, 491, 526, 532, 544-548, 550, 570, 578
チグリス・ユーフラテス川　31
ツールボックス　23
データ　71, 98, 133, 148, 150, 167, 170, 195, 198, 212, 218, 226, 232, 236, 239-241, 246, 300, 303, 305, 309, 314, 316, 321, 323, 342, 348-352, 357, 360, 363, 385, 391-393, 405, 410, 412, 418-421, 423, 425, 430, 432, 434, 439, 456, 460, 465, 468, 483, 487, 495, 500, 512, 533, 547, 549, 550, 565, 567, 586, 590
トップダウン　4, 5, 13, 30, 58, 62, 64, 67, 93, 125, 413, 455, 459, 464, 467-469, 481, 493, 503, 505, 507, 518, 521, 538, 550, 552, 564, 567
トンレサップ湖　545, 546
多目的ダム　40, 42, 117, 127, 503
多様性　7, 29, 59, 70, 76-79, 95, 125, 149, 150-155, 157, 205, 458, 471, 525, 540, 544, 552, 555-557
堆積物　97, 168, 180, 185-194, 205, 209, 212, 215, 219-226, 227-229, 240, 243, 245, 250, 252, 254, 256, 259, 261, 273, 437
対話　340, 363, 418, 460, 462, 465-467, 535
濁水　14, 65, 85, 88, 89, 90, 91, 92, 93, 95, 97, 98, 99, 101, 103, 104, 106, 114, 115, 116, 122, 123, 124, 125, 126, 129, 130, 131, 133, 134, 167, 168, 170, 176, 177, 178, 180, 216, 217, 229, 230, 232, 234, 235, 236, 270, 277, 278, 296, 369, 371, 372, 373, 375, 378, 379, 380, 382, 383, 384, 385, 387, 388, 389, 417, 418, 424, 456, 458, 465, 466, 467, 468, 469, 472, 478, 505, 506, 510
　　濁水削減　89, 371, 377, 378, 379, 381-383, 385-389
　　濁水削減計画　387, 388
　　濁水削減行動　369, 378, 379, 381, 382, 383, 384
　　濁水削減策　387, 388, 467
脱窒　178, 196, 212, 216, 225, 236, 238, 239, 240, 241, 245, 246, 252, 261, 273, 588, 589, 590, 591
担い手賦存型　291, 292, 293
段階的調査　149, 150, 151, 152
地域への帰属意識　370, 371, 379, 381, 382, 383, 508
地域環境への愛着　370, 379, 381, 382, 383, 508
地域固有性　4, 12, 13, 458, 518, 520, 521, 527, 528, 529, 552
地域社会　5-7, 11-13, 19, 37-40, 43, 69, 92, 116, 131, 135, 143, 150, 155, 158, 193, 277, 280, 285, 287, 290, 292, 297-300, 310, 321, 336, 340, 348, 353, 393, 413, 455, 459, 460, 464, 467-471, 503, 505-507, 518, 520, 523, 534, 543, 552
地域住民　5, 8, 19, 40, 42, 44, 56, 58, 62, 64, 66, 74-78, 92, 95, 147, 154, 164, 295, 340, 353-355, 361, 365, 387, 437, 448, 460, 463, 465-471, 480, 503, 505-507
地域組織　49, 341, 358, 434, 440, 447, 465, 476, 477, 480
地球サミット　9, 22, 502, 503

561

索引

地球環境システム科学　520, 521
地球環境学　130, 521, 550, 554-559
地球環境問題　7-9, 11, 12, 14, 20, 28, 30, 32, 34, 59, 96, 117, 131, 395, 430, 502, 518, 521, 550, 552, 555
地球地域学　511-513
地理情報システム　69, 148, 342, 413, 483
窒素　6, 16, 117, 119, 121-124, 167-182, 193, 194-196, 205, 211-216, 218, 221-226, 235-240, 244, 250, 253, 256, 258, 262, 264, 270, 272, 419, 456, 483, 514
窒素循環系　539
窒素同位体　205, 212, 273
中立的評価　377
調整　7, 13, 43, 56, 79, 137, 177, 281, 287, 314, 342, 350, 357, 358, 374, 387-390, 413, 415, 417, 430, 434, 466, 486, 518, 528, 530-537, 544, 546, 549
長良川河口堰　4, 503
鶴見川流域　29
底生生物　246, 401, 514, 516
底泥　103, 259, 514, 515
適正技術　581
点源　43, 122, 123, 193, 196
伝統的な昔の知恵　531, 532
都市化　8, 17, 29, 39, 117, 138, 253, 434
都市化・生活型環境問題　8, 117
都市再生　17, 28, 29, 30, 31, 32, 565, 585
土地改良事業　132, 138, 277, 279, 280, 282, 284, 293, 294, 295, 366
土地改良法　280
当事者意識　532
統合管理　22, 23, 431
統合的水資源管理　21, 22, 23, 30, 31, 521, 526
統合的流域管理　16, 22, 23, 30, 31, 50, 430, 503, 552
統合評価モデル　395
透視度調査　388
動物プランクトン　109, 112, 121, 211, 217
泥化　97, 216

[な 行]

内湖　57, 80, 86, 87, 117, 152, 153, 240, 294, 321, 400
内発的　369, 378, 379, 384, 506, 540
ナコウジ　333, 334, 336
二酸化炭素　74, 215, 239, 240, 247
ニュースレター　344, 348, 362
人間と自然の相互作用環　557, 558, 559
人間と生物圏計画
人間の福利　9, 550, 552, 554, 555, 562, 563
人間活動　6, 11, 12, 16, 17, 19, 32, 95, 97, 98, 107, 116, 127, 129, 133, 145-147, 149, 151, 163, 169, 187, 193, 196, 198, 202, 205, 206, 209, 212, 219, 237, 239, 250, 262, 264, 271, 392, 393, 397, 399, 410, 411, 413, 456, 457, 483, 489, 490, 510, 519, 556
人間文化　555, 556
認知構造図　367
認知的要因　379, 380, 381, 383
ネットワーク　19, 32, 71, 72, 297, 300, 310, 336, 337, 418, 434, 442, 444, 469, 471, 474, 477, 480, 484, 488, 493, 495, 500, 506, 509, 531, 540, 557
農業経営タイプ　418, 422-424
農業構造改善事業　284, 294
農業集落　80, 122, 138, 279, 288, 300, 321, 326, 328, 333, 336, 338, 341, 535
農業濁水　43, 87-90, 96, 99, 101, 103, 106, 114, 116, 122-132, 216, 229, 236, 277, 296, 337, 369, 371-375, 387, 389, 413, 417, 422-424, 456, 458, 465-489, 505-507, 510
農業濁水問題　14, 43, 65, 69, 72, 80, 82, 88, 91, 98, 101, 114-116, 122, 125-132, 143, 153, 277, 280, 295, 297, 369, 378, 380, 384, 389, 413, 415, 417, 458, 467, 478, 493, 501-510, 520
農業排水　101, 103, 114, 117, 122, 170, 330, 366, 400, 418, 491
農地法　280
不飲川　82, 230, 232, 234, 330, 337
望ましい環境像　314, 342

[は 行]

バーチャルウォーター　32
ハーディン　478, 529, 530
パイロットコミュニティ　548
パットナム　435, 440, 442, 532
話し合いの場　298, 300, 303-305, 309-311, 348, 350, 364, 465
バングラデシュ　537, 541-543
阪神地域　40, 137
干潟　401, 492, 515, 517
ヒステリシス　107, 108
ヒューマンスケール　549, 569
ファシリテーション　540
ファシリテータ　344, 347, 352, 505, 540-542
フィードバック　109, 112, 385, 391, 415, 469, 479, 483, 484, 507, 508, 510, 523, 525, 528
フィールド実験　369, 371, 374, 377, 383-385
フェノール　221, 223-227, 229
フラクタル構造　578
プラットフォーム　133, 342, 352, 461, 483
プログラム　71, 341, 343-345, 347, 350, 363, 366
ヘキサ図　205, 206

索 引

ポイントデータ　348
ボトムアップ　7, 14, 30, 34, 43, 58, 59, 64, 93, 125, 155, 348, 365, 413, 455, 459, 464, 505, 507, 518, 543, 550
ボランタリーアソシエーション　471-474, 478
ボランティア　299, 300, 302, 348, 352, 358, 360, 435, 440, 442, 467, 469, 474, 478, 480
ポリゴンデータ　348, 355, 358
発言の機会　305, 309, 310
氾濫原　538, 541, 542
琵琶湖
　琵琶湖に対する目標意図　381, 382
　琵琶湖環境権訴訟　138
　琵琶湖総合開発　23, 40, 42, 104, 116, 117, 119, 122, 124, 126, 137, 138, 400, 489
　琵琶湖南湖　110, 115, 119
　琵琶湖北湖　96, 98, 111, 175, 180, 200, 222, 240, 246, 247, 248, 250, 257
　琵琶湖流域　14, 40, 43, 71, 75, 86, 89, 90, 96, 97, 114, 115, 116, 117, 122, 126, 127, 131, 132, 134, 137, 138, 149, 152, 160, 186, 187, 193, 196, 197, 198, 202, 205, 207, 209, 213, 214, 215, 217, 219, 251, 330, 333, 348, 367, 415-420, 430, 431, 455, 464, 465, 484, 488, 489, 490, 491, 492, 493, 501, 502, 503, 509, 510, 512, 537, 561, 562, 570, 578
琵琶湖−淀川水系　viii
彦根市　80, 103, 106, 117, 132, 170, 206, 279, 283, 298, 300, 305, 323, 325, 328, 336, 358, 372, 423, 436, 465
表水層　109, 218, 219, 228, 237, 239, 241, 247, 249
表明選好法　298, 305, 311
評価の要因　370, 379, 380, 381, 383, 384
貧酸素水塊　490, 491, 510, 514-517
不確実性　9, 11, 21, 58, 60, 62, 64, 65, 72, 77, 78, 157, 163, 389, 395, 399, 410, 430, 507, 527, 528, 550, 552
富栄養化　88, 90, 99, 107, 112, 115, 117, 119, 121, 123, 126, 159, 176, 181, 193, 196, 205, 212-219, 221, 225-229, 250, 373, 393, 397, 400, 432, 456, 491, 503, 510, 514
　富栄養化条例　118
俯瞰的視点　389
複合経営　285, 289
複合生業論　36
複合的アプローチ　371, 373, 378, 379, 384
複合問題　69, 91, 92, 95, 98, 99, 103, 114, 116, 126, 130, 277, 460, 506, 520
複雑系　11, 20, 163, 430, 519, 550, 552, 554, 561
複雑適応系　554, 555
物質循環　5, 6, 12, 13, 16, 17, 19, 20, 31, 32, 34, 111, 145, 176, 236, 264, 271, 275, 392, 456, 500, 501, 511, 512, 518, 520, 526, 528
文脈依存性　72, 158, 159, 160, 314, 315, 316
文理連携　14, 64, 65, 69, 94, 125, 126, 127, 130, 131, 155, 157, 316, 484, 487, 519, 524, 552
文録川　82, 87, 230, 232, 234, 237, 330, 337
平均水深　110, 111
平地　321, 419, 420, 421, 422
閉鎖水域　8, 127, 491, 492
保全活動　303, 361, 362, 363, 439
保全対象　341, 363, 400, 401
圃場　40, 65, 80, 85, 86, 88, 89, 91, 92, 103, 114, 124, 129, 138, 167, 168, 169, 170, 175, 277, 279, 280, 281, 282, 285, 286, 294, 328, 330, 388, 456, 463, 464, 466, 467
　圃場整備　37, 40, 80, 84, 85, 86, 87, 88, 89, 91, 103, 104, 106, 117, 124, 126, 167, 170, 277, 278, 280, 282, 283, 284, 286, 295, 366, 373, 474

[ま　行]
マザーレイク　545, 578
マルチトレーサー　217
マルチ安定同位体　217
水環境全般に対する目標意図　382
水環境問題　116, 217, 467, 492
水循環　5, 6, 12, 16, 20, 25, 28, 31, 34, 42, 46, 116, 144-147, 152, 162, 275, 392, 418, 520, 547
　健全な——　7, 16, 19, 28, 43, 143-147, 162
水草　109, 119, 121, 211, 273, 474, 486
水辺のみらいワークショップ　342, 350, 354, 465
水辺価値　17, 146, 147, 162
水問題　16, 22, 31, 89, 91-93, 99, 101, 103, 115, 125, 129, 369, 385, 467, 506, 512
メカニズム　59, 149-154, 159, 163, 193, 244, 271, 365, 367, 373, 375, 392, 530, 556
メコン川　144, 544-547, 549
　メコン川デルタ　544
　メコン川流域　31, 544-549
メタチャン流域　549
メタン　97, 181, 182, 184-186, 191, 239-242, 458, 588
メッシュ地図　357
メンド　330
もうひとつの専門性　62, 70
モデル　137
モニタリング　30, 64, 66, 101, 195, 216, 229, 271, 387-390, 393, 410, 457, 461, 507, 510, 512, 530, 549
未来可能性　555, 559
未来開拓学術研究推進事業　71, 160, 365

563

索　引

未来像シート　345, 347, 348
無酸素化　109, 112, 192, 216, 514
面源　104, 122, 123, 125, 127, 193, 196
　　　面源負荷　35, 43, 44, 104, 122-125, 127, 129, 196, 213, 491, 493, 503
目視観察　388
目標意図　369, 370, 377-381, 382-385, 508, 512
目標像　20, 341, 342, 416, 430
問題認識　11, 14, 55, 56, 57, 62, 70, 130, 143, 365, 455, 458, 460, 467, 506, 520, 529, 543
問題発見　149, 150, 151-153, 160

[や　行]

八幡市　106, 257, 436
有効性感覚　67, 443, 445, 446, 458, 512
予測　9, 12, 107, 109-111, 144, 151, 162, 164, 391, 393, 395, 397, 430, 516, 519, 544, 547, 549
　　　予測モデル　518, 538
溶存酸素　121, 168, 177-179, 184, 187-192, 218, 236, 238, 240, 243, 245-251, 271, 457, 492, 514, 590
溶存態　178, 228, 240-246, 253, 256, 270, 273
用排水システム　321, 330
用排水分離　91, 124, 126, 138, 152, 167, 366
要因連関図式　149, 152-155, 160, 316, 365, 455, 520
淀川　13, 23, 35, 37, 39, 43, 46, 49, 52, 55, 69, 95, 116, 126-132, 137, 150, 168, 217, 240, 250-262, 264, 271, 305, 310, 413, 436, 443, 456, 461, 488-503, 509-519, 538
　　　淀川モデル　47, 50, 52
　　　淀川下流域　14, 127, 129, 130, 131, 137, 488, 489, 491, 492, 493, 495, 496, 498, 499, 500, 501, 502, 509, 510, 512
　　　淀川水系流域委員会　46, 47, 49, 503, 570
　　　淀川流域　127, 129, 132, 150, 168, 217, 309, 488-496, 509, 512, 515, 549
ヨシ帯　57, 138, 530
寄り合い　300-304, 472

[ら　行]

ランダムパラメータロジットモデル　310
ランドスケープ　6, 29, 407, 408
リスク　36, 338, 371, 383, 389, 395, 397, 399, 400, 401, 410, 458, 519, 522
　　　リスク管理　12, 21, 164, 507, 552
リナックス方式　70, 135, 149, 520
リン　148, 151,157, 174, 198
レジームシフト　91, 107-110, 112, 115, 121, 126, 393, 403, 409, 412, 457
レジリアンス　406-410, 413, 555
　　　レジリアンス・アライアンス　550, 554
レッドフィールド比　176
ローカル・コモンズ　530
ロジスティック回帰分析　443-446
利害関係者　5, 7, 9, 11-13, 20-25, 30, 42-46, 56, 60, 65, 70, 77, 93, 95, 114, 125, 130, 134, 148, 157, 159, 391, 395, 401-413, 415, 430, 437, 456, 458, 503, 506-508, 518, 521, 523, 528, 535, 536, 538, 540-542, 548, 550, 552, 554 →ステークホルダー
利水　4, 5, 17, 23, 28, 29, 32, 39, 40, 42, 43, 46, 49, 58, 127, 137, 138, 146, 321, 326, 330, 432, 460, 491, 503
履歴現象　107
理工農連携　537, 541
離散選択モデル　302
流域
　　　流域ガバナンス　4, 7, 11, 13, 21, 23, 25, 34, 40, 43, 46, 50, 116, 122, 126, 129, 149, 159, 163, 391, 393, 458, 488, 502, 505, 518, 521, 523, 550, 552, 554, 557, 559, 564, 567, 569
　　　流域の望ましい姿　162, 164
　　　流域委員会　46-52
　　　流域下水道　119, 122, 138, 326, 330
　　　流域環境学　13, 19, 25, 131, 453, 455, 489, 518, 521, 523-525, 548, 554, 559
　　　流域管理　3, 515
　　　流域管理モデル　13, 55, 69, 330, 337, 340, 462, 464, 467, 502, 557
　　　流域圏　17, 28-32, 397, 526, 565, 567
　　　流域社会　7, 43, 50, 151, 526, 527
　　　流域診断　12, 14, 64, 66, 69, 88, 93, 116, 127, 130, 141, 143, 147-153, 157, 160, 162, 166, 284, 303, 307, 314, 316, 391, 393, 395, 455, 456, 483, 488, 519, 523, 559
流出方位　419-424
流入負荷　123, 127, 131, 138, 153, 417, 484, 488-490, 492, 509, 512, 515
連環　16, 17, 19, 25

[わ　行]

ワークショップ　66, 69, 129, 131, 341-345, 347-350, 352-365, 372-376, 380, 384, 413, 422, 437, 455, 460-463, 466, 484, 486, 505-509, 519, 537, 540-543, 551
　　　ワークショップ参加者　344, 348, 373, 381, 417

執筆者一覧

(（ ）内は所属，[ ]内は主な担当箇所)

谷内　茂雄（京都大学生態学研究センター）
　［はじめに，第1部第1・2・3章，第2部第3章第1・3節，第3部第1章第1・2節，第4部第4章第1・3節，第5部第1章第1節，第5部第2章，第5部第3章1・3・5節，ブリーフノート1・4・5・6・8・11・12］

田中　拓弥（京都大学生態学研究センター）　［第4部第1・2章，第5部第1章第2節，ブリーフノート9・10］

陀安　一郎（京都大学生態学研究センター）　［第3部第2章第1・4節，ブリーフノート7］

中野　孝教（総合地球環境学研究所）　［第3部第2章第3節］

原　雄一（京都学園大学バイオ環境学部）　［第5部第3章第4節，ブリーフノート14］

脇田　健一（龍谷大学社会学部）［第1部第4章，第2部第1章，第2部第2章第1節，第2部第3章第2節，第3部第1章第3節，ブリーフノート2・3］

石井励一郎（海洋研究開発機構・地球環境フロンティア研究センター）　［第4部第4章第2節］

大野　智彦（大阪大学大学院工学研究科，環境・エネルギー工学専攻）　［第4部第5章，第5部第3章第2節］

柏尾　珠紀（奈良女子大学大学院人間文化研究科）　［第3部第3章第1節，第5部第1章第3節］

加藤　潤三（大阪国際大学人間科学部）　［第4部第3章］

加藤　元海（京都大学生態学研究センター）　［第2部第2章第4節］

坂上　雅治（日本福祉大学情報社会学部）　［第3部第3章第2節］

杉本　隆成（東海大学海洋研究所）　［ブリーフノート13］

プリマ・オキ・ディッキ（岩手県立大学ソフトウェア情報学部）　［第4部第4章第3節］

山田　佳裕（香川大学農学部）　［第2部第2章第2節，第3部第2章第2節］

和田英太郎（海洋研究開発機構・地球環境フロンティア研究センター）　［はじめに，第5部第3章第5節，ブリーフノート15］

《監修者紹介》

和田英太郎（わだ　えいたろう）
独立行政法人海洋研究開発機構　地球環境フロンティア研究センター・生態系変動予測プログラムディレクター

1962年	東京教育大学理学部卒業
1967年	東京教育大学大学院理学研究科博士課程修了
	同年11月　東京大学海洋研究所助手
1976年	三菱化成生命科学研究所室長，1989年，同部長
1991年	京都大学生態学研究センター教授，1996年，同センター長
2001年	総合地球環境学研究所教授を経て，2004年より現職．

　これまで困難であった生物界の窒素同位体比の測定を世界で初めて本格的におこない，その海洋・陸域の生物などにおける自然存在比の分布則を提示した．2008年，日本学士院エジンバラ公賞を受賞．主な著作に，「生態システム」『岩波講座地球惑星科学2』地球システム科学』（岩波書店，1996年），「生物多様性研究の将来」井上民二・和田英太郎編『岩波講座地球環境学5』生物多様性とその保全』（岩波書店，1998年），『【環境学入門3】地球生態学』（岩波書店，2002年）．

流域環境学——流域ガバナンスの理論と実践

2009（平成21）年3月30日　初版第一刷発行

監修者	和田	英太郎
編著者	谷内	茂雄
	脇田	健一
	原	雄一
	中野	孝教
	陀安	一郎
	田中	拓弥
発行人	加藤	重樹

発行所　京都大学学術出版会
京都市左京区吉田河原町15-9
京大会館内（〒606-8305）
電話（075）761-6182
FAX（075）761-6190
Home Page http://www.kyoto-up.or.jp
振替 01000-8-64677

ISBN 978-4-87698-770-2
Printed in Japan

印刷・製本　㈱クイックス東京
定価はカバーに表示してあります

京都大学学術出版会

流域環境評価と安定同位体
―水循環から生態系まで―

永田 俊　　476頁
宮島利宏 編　5040円

次世代の流域環境診断技術として発展が期待されている安定同位体アプローチの原理と適用を基礎から解説する。

21世紀の河川学
―安全で自然豊かな河川を目指して―

芦田和男　　265頁
江頭進治　　3990円
中川 一 著

四季に変動することで生物を支えた姿は失われ、河は単なる「水路」と化している。防災と良質な流砂環境を両立させる、新しい治水学。

環境ガバナンス論

松下和夫 編著　317頁
4410円

重層化した環境問題にどう対処するか。ガバナンス論と豊富な事例から解決策を探る。持続可能な社会に向けた環境政策論の到達点。

古都の森を守り活かす
―モデルフォレスト京都―

田中和博 編　511頁
5460円

千年を越え愛でられてきた京都の森。里山であると同時に、美意識と文化を育んだ森の保護には、通常の森林保護を越えた枠組が必要だ。

森里海連環学
―森から海までの統合的管理を目指して―

京大フィールド科学　364頁
教育研究センター編　2940円

森林学に海洋学、河川工学……。細分化された枠組が真の環境理解を妨げている。生物と水を媒介した循環を科学し、環境の統合管理を目指す。

定価は消費税5％込です